驴学

LÜXUE

侯文通　主编

中国农业出版社

北　京

图书在版编目（CIP）数据

驴学 / 侯文通主编 . —北京：中国农业出版社，2019.8（2019.12 重印）
ISBN 978-7-109-25377-3

Ⅰ. ①驴…　Ⅱ. ①侯…　Ⅲ. ①驴－饲养管理－基本知识　Ⅳ. ①S822

中国版本图书馆 CIP 数据核字（2019）第 055880 号

本书由“国家胶类中药工程技术研究中心”资助出版

中国农业出版社出版
地址：北京市朝阳区麦子店街 18 号楼
邮编：100125
责任编辑：张丽四　丁瑞华
版式设计：王　晨　　责任校对：巴洪菊
印刷：中农印务有限公司
版次：2019 年 8 月第 1 版
印次：2019 年 12 月北京第 2 次印刷
发行：新华书店北京发行所
开本：787mm×1092mm　1/16
印张：30.75　插页：1
字数：710 千字
定价：130.00 元

编 写 人 员

主　　编 侯文通　（西北农林科技大学）

副 主 编（按姓名拼音排序）

党瑞华　（西北农林科技大学）
邓　亮　（沈阳农业大学）
潘庆杰　（青岛农业大学）
周祥山　（东阿阿胶股份有限公司）

参编人员（按姓名拼音排序）

陈建兴　（赤峰学院）
董　强　（西北农林科技大学）
嵇传良　（东阿阿胶股份有限公司）
李海静　（东阿阿胶股份有限公司）
刘广源　（东阿阿胶股份有限公司）
雷初朝　（西北农林科技大学）
卢德章　（西北农林科技大学）
沈善义　（东阿阿胶股份有限公司）
宋军科　（西北农林科技大学）
宋望成　（西北农林科技大学）
孙玉江　（青岛农业大学）
王建国　（西北农林科技大学）
王　涛　（东阿阿胶股份有限公司）
解　鹏　（沈阳农业大学）
杨章平　（扬州大学）
赵珊珊　（青岛农业大学）

前言

长期以来，教科书中驴业科学内容都依附于马学教材，仅作为一个独立的章节予以介绍，这是由于驴业科学研究和技术创新都远远落在其他畜牧学科之后，学科体系不全面、不完整、不先进、不系统而造成的。

当今我国驴业正在全面复苏，传统驴业向现代驴业转化的历史任务也已摆在我们面前。国内驴业在北方各省都在如火如荼地大力发展，引驴种、办驴场，政企联合、精准扶贫，热情空前高涨，诸多工作都有很大的进展。目前，虽然不少科研人员结合自己的实践需要开展了一些研究，但是从整体上来看，一些工作依旧跟不上形势发展需要，对驴业的学科体系、应用基础和应用技术集成配套创新利用研究仍然不足；工作引导偏于强调基础前沿，对生产系统急需数据的关注仍有欠缺；实践中仍沿袭“杂交就是改良”的错误理论，忽视保种和本品种选育；未能根据遗传稳定性和选育程度对驴进行分类指导，也未能根据现代驴业内涵提出科学的驴种调查和性能测定方法；未能依据现状和研究得出肉、奶、皮生产规律，给出可操作的选育方法，进而规划驴种选育具体目标和阶段性指标要求。

为了赶上养殖业科学技术进步的步伐，满足役、肉、奶、皮驴业不同业态和游乐伴侣与竞技休闲用驴的需求，我们应当梳理驴业科学在遗传育种、营养繁殖、资源保护、产品生产等诸多方面的现有基础和各体系环节中的不足和问题，加强拾遗补缺的力度，借鉴相邻相近学科的研究成果，创新发展思路，实现科学跨越，使驴业科技水平迎头赶上其他畜牧学科。

我们在接受编写《驴学》任务后，遵从上述思路，从驴业科学增加人才储备、增加技术积累的长远目标出发，特意邀请了一批有一定积累的中年驴业科学工作者参加编写。大家对驴业各个方面进行了认真地梳理，找出了不足和问题，在资料缺、难度大、驴业知识掌握多寡不一的困难面前，通过查阅大量相关资料，深入实践调研，团结一致，相互帮助，交换资料，克服了困难。编写工作历时一年有余，主编和编者几易其稿，最终完成了《驴学》一书的撰写工作。

本书由多位作者合作完成：侯文通、雷初朝负责编写第一章“绪论”，侯文通、党瑞华、孙玉江负责编写第二章“驴的体质外貌”，雷初朝、邓亮负责编写第三章“驴的品种和遗传资源”，解鹏、党瑞华负责编写第四章“驴的饲养和营养”，潘庆杰、赵珊珊、王涛负责编写第五章“驴的繁殖”，党瑞华、侯文通负责编写第六章“驴的选育”，侯文通、杨章平负责编写第七章“驴的肉用”，侯文通、李海静负责编写第八章“驴的乳用”，周祥山、李海静、嵇传良负责编写第九章“驴产品加工”，邓亮负责编写第十章“游乐伴侣与竞技休闲用驴（骡）”，侯文通负责编写第十一章“骡及骡和驴的役用”，沈善义、陈建兴、刘广源负责编写第十二章“福利、环境和驴场建筑”，董强、卢德章、王建国、宋军科、宋望成负责编写第十三章“驴的主要疾病及防治”，侯文通负责编写本书的前言与后记，邓亮、党瑞华负责编写驴的重要术语汉英（英汉）对照词汇。

在这里，我们对参与、指导驴病调研会议的曹光荣教授，撰稿过程中对书稿提出了很好意见的张英汉教授和孙秀柱、孙小琴、王平、肖海霞等老师，以及在终稿后根据要求对书稿做最后审改的党瑞华老师和他的研究生们所付出的辛勤劳动，一并致以深深的谢意！

同时，我们也对给予本书重大帮助的参考文献作者们，表示由衷的敬意！

《驴学》基本构建了现代驴业完整的学科体系，基本达到了全面、先进、科学、系统的初衷和要求。希望本书能够对我国驴产业作出总结，并对未来的创新发展起到应有的作用。从书中我们可以看到一些新的内容和重要观点，主要有以下几点。

1. 提出了“统筹兼顾、因地制宜、全面规划、分类指导”发展我国驴业的策略。要求各个驴种都应建立保种场，促进驴种保护和质量提高。反对不顾驴种遗传资源保护的乱引种、乱杂交。

2. 通过历史学研究和现代遗传学手段，探讨了驴的起源驯化问题。目前证据较为支持驴野生种中努比亚驴和索马里驴贡献最大。游猎到游牧应是草原上的家驴、家马最早的驯化方式。简述了驴分子遗传标记研究进展。

3. 引入公马狼齿概念，要求对公驴进行观察研究。简述了驴的毛色遗传规律和加快乌头驴选育的方法。强调在DNA遗传标记辅助选择（MAS）策略，选择与位点紧密连锁的DNA标记，在全面实行分子育种之前，驴的综合鉴定技术在生产实践中依然重要。反对以偏概全的偏选种，这在品种标准和等级鉴定拟定时必须注意。

4. 提出“杂交不等于改良”遗传学背景，根据遗传稳定性和选育程度，把我国现有驴分为大、中型优秀地方驴种，小型地方驴种和杂交驴三大类，倡导驴种都应进行本品种选育，并建立三级繁育体系，介绍了受外地驴种冲击的驴种调查和本地驴种的“提纯复壮”方法，以及小型驴种保种和杂交利用问题，对现有杂种驴建议有区别地加以利用。

5. 首次采用动物遗传资源学的观点，针对我国驴品种遗传资源的特点、分类、系统地位和研究现状，以及中国驴种遗传资源的评价、开发和利用提出了建议。重点介绍了国内外重要驴种。对于新驴种成立乱象，强调了家畜品种概念和分类。

6. 通过对驴的消化生理特点和国外驴的营养需要进行研究，提出了目前在驴的营养需要全面研究完成前，对驴日粮配合的建议。科学总结了各类驴饲养管理技术的基本要求。

7. 在对驴的生殖解剖、生殖生理和生殖激素基本理论全面了解的基础上，着重讲解了驴的繁殖方法和繁殖新技术。

8. 首次全面分析不同年龄、不同营养水平驴的肥育性能试验。为了生产优质驴肉，要求掌握肉品基础知识，驴肉营养特点、肉质，一般驴肉生产和高中档驴肉生产的方法及影响因素。简要介绍了畜禽肉质研究进展，拓展了驴的肉用研究方向和研究方法。

9. 科学论述了驴奶营养成分、生物学特性和功能性研究进展。通过对母驴乳房结构和泌乳生理的了解，提出驴的泌乳力测定方法，谋求建立驴的乳用方向选择标准、繁育体系和肉乳用综合评定方法，以便确立驴的乳用方向。

10. 全面了解了目前驴的皮、肉、奶加工技术和副产品利用现况。

11. 多角度介绍了国外驴的伴侣、竞技、休闲利用新方向；骡的生物学特性及繁殖、利用问题。

12. 首次引进驴的福利和健康养殖概念。提出驴对环境、驴舍的具体要求，以及粪污无害化处理的理论和方法。

13. 调查筛选了驴的主要疾病，提出了驴病特点和诊断防治方法，强调了“预防为主”的原则，给出了驴病防疫的一系列措施。

需要提及的两点是，编写时为了照顾一些章节的完整性，个别内容会有不同角度地交叉和重复。另外，根据学科发展水平和今后产业导向需要，编者对不同章节所含内容进行了必要取舍，如需深入阅读可查看相关参考文献。

虽然我们做了种种努力，尽量结合目前我国驴业生产实际，力求注意内容的科学性、系统性、先进性和实践性，但是由于编写人员较多，受编者水平和条件限制，书中内容和观点可能还会存在一些错误和缺点，在此敬请广大读者予以批评指正。

侯文通　谨记

2018年10月

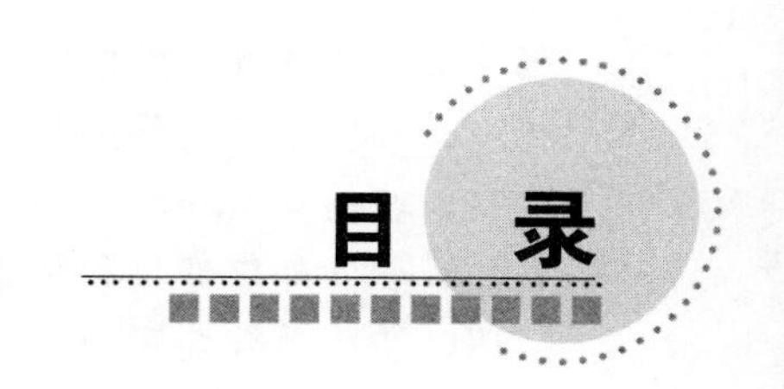

目录

CHAPTER1 第一章 绪论

第一节 驴的起源进化

驴（*Equus asinus*）属于脊索动物门（Chordata），脊椎动物亚门（Vertebrata），哺乳纲（Mammalia），奇蹄目（Perissodactyla），马科（Equidae），马属（*Equus*）。它和马（*E. Caballus*）、斑马（*E. hippotigris*）等物种（种）构成了马属动物（见图 1-1），相互间交配可产生异种间的杂种。驴和马相互杂交产生的杂种称为骡。

驴

马

斑马

图 1-1 马属动物

（来源：中国畜牧业协会驴业分会）

一、马属动物起源进化概要

对马属动物起源进化的研究，是古生物学家和地质学家，根据马的遗骸在不同地层中形成的化石马来判断的。现今，在各地质年代发现的化石马已有100多种，18个属。这些发现不仅揭示了马属动物在进化过程中身体结构的变化与自然环境的密切关系，而且由于它完整的系统演变，也基本代表了有蹄类哺乳动物的进化过程。研究马属动物的进化，是以达尔文的进化论为启导，百余年来随着马化石标本积累愈来愈丰富，各国古生物学家对马的进化程序研究也愈来愈深入，在争鸣中发表了许多有价值的论著，这里仅就较为一致的主线做一简要介绍，以便对马属动物的进化建立一个粗略概念。

马属动物来源于距今7 500万年以前，第二纪（中生代）的爬行动物。原始祖先为6 000万年以前第三纪（新生代）初期的踝节目（Condylarthra）动物，原蹄兽（*Phenacodus*）为马的直接古老祖先。马在进化过程中有着不同的路线，在进化的每一个年代中都有许多并行的马种消亡，其中较为直系的属种为始祖马（*Eohippus*）、渐新马（*Mesohippus*）、中新马（*Protohippus*）、原马（*Merychippus*，草原古马）、上新马（*Pliohippus*）、真马（*Equus*）。前5种马均属于第三纪（新生代），分别处在始新世（距今5 800万年）、渐新世（距今3 900万年）、中新世（距今2 800万年）和上新世（距今1 200万年），而真马属于第四纪（现生代、亦称洪积期）的更新世（距今100万年），现代马属于全新世（距今2.5万年）。

于北美洲发现，距今5 000多万年以前的始马化石，它是一种羔羊大的哺乳动物，前肢四趾，后肢三趾。第三纪之初，欧亚大陆与美洲大陆依然相接（无白令海峡），一些始马就由阿拉斯加到达欧亚大陆。直到演变为中新马，它们一直生活在炎热潮湿的森林沼泽地区，以采食幼嫩树叶为生。

原马所处的中新世，地球发生了重大变化，地面隆起，海拔升高，平原形成，雨量减少，气候干燥。多数原始马不适应草原干草植被，趋于灭绝，仅原马向高级方向发展。由于硬质草比树叶营养好，因而原马马体增大，还因其习惯快速运动，四肢变得较长，三趾组成了环形。多数学者认为，普遍存在于欧、亚、美洲大陆的三趾马（*Hipparion*），在上新世的末期，均已灭绝，仅有上新马（*Pliohippus*）继承了原马的进化。

第四纪洪积期的更新世，白令海峡形成，北美和北欧受冰川覆盖或袭击，气候严寒，那里真马属的野马全部灭绝，能适应气候变化的真马，分化成各自独立的支系，迅速地进化，这些马体躯变得更大，四肢更长，单趾，颌骨、头骨增大，牙齿复杂化。

在欧洲和亚洲，最早的单蹄马约在250万年前出现，200万年前进入非洲，直到产生现代马。进化的快慢造成体格上的差异，如非洲炎热进化得慢，斑马成为马属中最古老的一支，而欧洲的一支为现代马进化最快的一支，亚洲当时处于中间地带，因而马属进化也处于中间位置。

马从森林动物进化成草原动物的6 000万年中，曾产生过18个属，后来有17个属灭绝了，这足以说明在马的进化过程中变异之多和选择强度之大。现将马属动物进化主线以简图示之（见图1-2）。

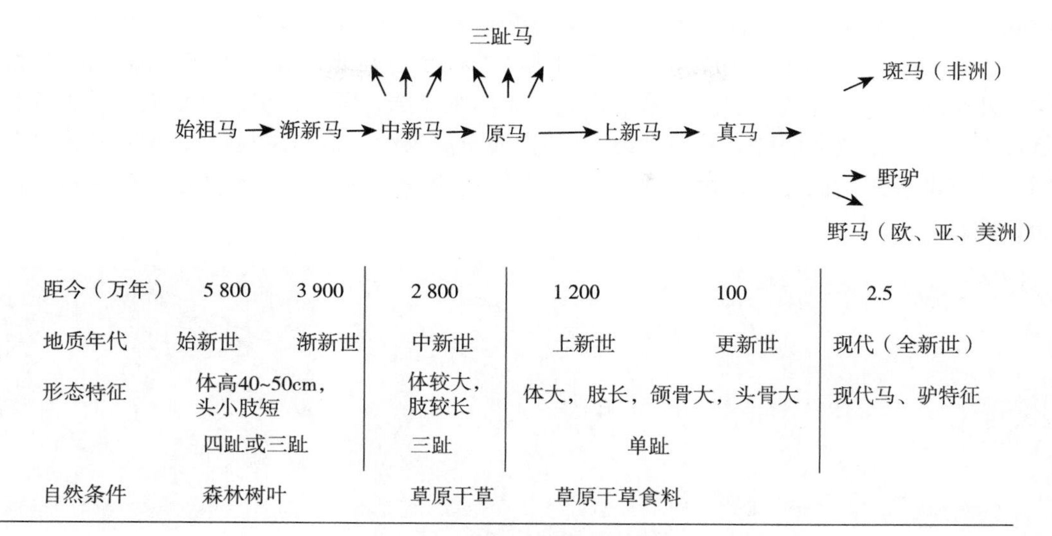

图 1-2　马属动物进化主线图

二、马属动物进化中驴的分化

有关驴的起源进化，在更新世以前，还没有古生物学的确切证据表明马、驴和斑马已能区分，但从三门马起，特别是到洪积期，化石野驴已出现于中国南北许多地方，与化石野马伴生。这些野驴化石，杨钟健等人都称它为骞驴（*Equus hemionus Pallus*）。在中国西北草原和青藏高原生存的野驴是否应是化石野驴的遗种，它们与现代家驴有怎样的进化关系，至今还有不同的认识。

Clutton-Brock（1999 年）认为，现代马、驴和斑马的祖先，大约在 400 万～450 万年前已经分化。而大约 10 年前，Guliberg 对马、驴和其他哺乳动物 mtRNA 完整序列的研究结果认为，由马和驴之间的差异推断认为，这两个种至少在 900 万年前就已分开。

三、家驴和近代野驴的遗传关系

我国家驴来源，因与亚洲野驴分布和外貌的类同，多年来不少学者一直倾向于来自亚洲野驴。而近些年，随着细胞遗传学和分子遗传学的研究，家驴和野驴的遗传关系才基本得到解决。

近代野驴可分为騑驴，即非洲野驴（*E. a. taeniopus*）和骞驴（即亚洲野驴，*E. a. hemionus*）。非洲野驴可分为两个亚种，一是努比亚野驴（*E. a. africanus*），分布在尼罗河、红海和埃塞俄比亚高原地区的多山半沙漠地区（见图 1-3）；二是索马里野驴（*E. a. somalieunsis*），分布在埃塞俄比亚高原东部——红海沿岸（见图 1-4）。亚洲野驴，现有三个野生种：库兰驴（*E. hemionus Kulan*），又称蒙古野驴，广泛分布于阿尔泰山南北，北部在蒙古国、俄罗斯贝加尔湖地区和哈萨克斯坦，南部在我国新疆、内蒙古和甘肃西部干旱草原上（2000 年我国有 1.5 万头）（见图 1-5）。康驴（*E. hemionus Kiang*）又称西藏野驴，分布于尼泊尔、印度（锡金），以及我国西藏和青海地区（1984 年航拍我国有 20 万头以上）（见图 1-6）。奥纳格尔驴（*E. hemionus Onager*），又称伊朗驴，分布于印度、伊朗、土库曼斯坦、阿富汗及塔吉克斯坦，并与库兰驴南部分布区相连（见图 1-7）。

虽然 Clutton-Brock（1999）认为，驴是 5 000 年前在北非和中东多个国家被驯化的。但是几乎所有专家都认为驴的最早驯化应在非洲东北部，野生种努比亚驴对驯养群应该贡献最大。由于多数驴的腿具有“虎斑”（即四肢上的条纹，也叫斑马纹），努比亚野驴仅有“鹰膀”（即肩纹）而无“虎斑”，因而又推测这是由索马里驴或当地其他有“虎斑”的野驴提供。

图 1-3　努比亚野驴
（来源：中国驴博物馆　李海静提供）

图 1-4　索马里野驴
（来源：中国驴博物馆　李海静提供）

图 1-5　蒙古野驴
（来源：中国驴博物馆　李海静提供）

图 1-6　西藏野驴图
（来源：中国驴博物馆　李海静提供）

图 1-7　伊朗野驴
（来源：中国驴博物馆　李海静提供）

驴的传播　驴在公元前 4 000 年以前驴被驯化，公元前 3 400 年在埃及西部可见到石雕驯养驴在驯养的绵羊和牛行列之间；公元前 3 000 年—公元前 2 000 年埃及就有驴做驮畜的记载（见图 1-8）。此时驯养驴也已经出现在亚洲的西南部、伊朗、阿富汗，此后家驴逐渐传播至中亚、南亚和中国新疆。公元前 2 000 年—公元前 1 000 年在印度和巴基斯坦也先后发掘出驯化驴的骨骼。驯化驴在欧洲出现相对较晚，驴先沿地中海传至意大利、西班牙、法国，后至巴尔干，逐渐再传播到其他欧洲国家。美洲和澳洲的家驴是随殖民者迁徙去的。家驴在世界各地经选择培育，形成了现在各具特色的驴种。

我国的一些专家，根据中国至今在西北草原和青藏高原依然生存着野驴这一事实，认为它们应是在我国出土的化石驴的遗族，中国现有驴种是这些野驴就地在几千年前驯化而来的。1986 年有的中国学者又提出根据我国野驴的外形和毛色特征，认为骞驴可能是中国驴的祖先，但也不排除中国古代从国外引入家驴并对中国各地驴种产生影响的假说。

图 1-8　古埃驴作为驮畜壁画

针对上述假说，根据现有的遗传学知识目前认为，亚洲野驴即骞驴的各亚种都不是中国家驴的始祖。虽然有中亚、西亚在公元前有家养骞驴的证据，近年来也有关于它们与家驴杂交成功的报道，但骞驴核型 2n=55 或 56，常染色体中 M 型 18 对另 1 条或 19 对，SM 型（亚中着丝点）4 对，A 型 4 对（性染色体与家驴相似）。而家驴的核型 2n=62，30 对常染色体中，M 型 19 对，A 型 11 对；X 染色体为 SM 型，Y 染色体是 A 型；NF=102。可见骞驴和家驴的核型差异太大，在自然和家养条件下，二者杂交相当困难，所以即使骞驴对我国家驴有一些血统影响，也是十分微小的。

雷初朝、陈宏等（2005）研究我国 5 个驴种与亚洲野驴 3 个亚种，以及克罗地亚 3 个家驴品种 mtDNA D-loop，对中国 5 个家驴品种 26 个个体的 mtDNA D-loop 区 399 bp 序列进行同源序列比对分析，肯定了我国驴种和克罗地亚种群同源，首次从分子水平证实中国家驴可能起源于非洲野驴，而与亚洲野驴无关；同时证实，DNA 核苷酸单倍体的分布和大、中、小型的类别无关，家驴体量分化是在其进入我国以后在不同生态环境、社会经济生活背景下选种的结果。

卢长吉等（2008）研究中国 13 个家驴品种 mtDNA D-loop，同样证明中国家驴的母系起源为非洲野驴中的索马里驴和努比亚驴，亚洲野驴不是中国家驴的母系祖先。

四、驴（马）驯化方式及遗传学背景

从地理上一般认为，家畜的驯化都在北纬 15°～45°进行的。受末次冰河期的影响，这里的原始居民过着采集和狩猎的生活。这里的自然条件与北纬 45°以北相比，它们尚能生存，但远比北纬 15°以南要困难得多。居住在山丘—森林地带的人们，借助于火和山洞避难，贮备过冬食物中除植物性种子和块根外，还拘系小动物，尤其是草食动物，在进行拘系、饲养的漫长过程中，先民们实施了人工选择，选留性情温和的动物。年复一年，代复一代，它们的体型、外貌、繁殖、习性均与野生相去甚远，这样就成了驯化动物。这种驯化的形成，仅在条件较好的山丘—森林地带有效。

驴（马）与一般家畜的驯化有所不同。从进化角度看，驴（马）原来是森林动物，后来才逐渐进化成草原动物，因而森林与草原的过渡地带，被认为是驯化家驴（马）的最好场所。野驴（马）驯化成家驴（马）这一种内进化的基本原因是基因频率的改变，它往往可以由以下四种因素促成。第一，突变，但频率很低，需很长的历史时期才能完成；第二，选择，是改变基因频率最强有力的因素，而且由于环境变化大且有一定的方向性，并经常可持续相当长的时间，因此，由选择引起的基因频率的改变往往是定向的；第三，迁移，种群或部分随机转移新地区，在新的生态条件下引起的变异；第四，遗传漂变，指小群体偶发基因频率的显著改变。迁移和遗传漂变在小种群条件下，容易引起基因频率的改变，可以导致种内进化，形成新种。一般来说迁移或遗传漂变导致新种的形成，总是要跟选择合作进行。生物适应性强了，基因频率才能相对稳定和发展。

对草原上驴（马）的驯化决定因素探讨如下：一是拘禁，这需人工繁殖无数世代，野驴（马）的基因频率才会改变，而人工繁殖在当时并非易事，因此这一驯化手段出现较晚。二是阉割，无疑是可以改变野驴（马）的基因频率，但阉割技术从发明到作为选优淘劣的手段，要经过漫长的历史时期，同样这一家驴（马）驯化手段在时间上也应是晚的。三是舍饲，它也是驯化家畜良好方法，但驴（马）舍饲的物质基础是足够的饲料和畜舍，而在草原上基本不具备这些条件。四是从游猎到游牧才是草原驯化驴（马）最早的方式。原始游猎（峙峪的猎驴人、猎马人），导致野驴（马）的迁移，新环境不仅会产生突变几率，而且新环境会有新选择，产生新适应，改变部分基因频率。原始游猎同时能分化野驴（马）的种群，部分个体的迁移使群体变小，不能实现种群内完全的随机分配，经过若干代后，引起基因漂变，即丢失部分基因，而另一部分基因频率增高。原始游猎也可能使不同驴（马）相互迁移，混杂，经过有性繁殖的方式交换基因。因而我们说，游猎可使驴（马）的基因频率发生改变，原始的选择又使之定向，最终被驯化成的家驴（马）采用游牧的方式从事畜牧生产。

第二节 我国养驴（骡）简史

我国养驴历史久远，多年来的报道仅是零星引用一些古籍和文献而缺乏系统研究，直到 20 世纪 80 年代农史工作者才有较为全面概述。现将相关内容汇总如下。

一、家驴由东北非渐次引入我国北部和西北部

确切时间已难详细考证。根据我国古文献记载，我国的新疆、内蒙古和甘肃等地很早就开始饲养驴并繁殖了与马的杂种骡。《史记·匈奴列传》说：“唐虞以上，有山戎、猃狁、荤粥、居于北蛮，随畜牧而转移，其畜之所多，则马、牛、羊。其奇畜。则橐驼、驴、骡、駃騠。”唐、虞是我国历史上传说的两个很著名的部落联盟领袖，其生活时代晚于公元前 2 200 年。可见，我国北方及其西部少数民族饲养驴、骡的历史，当远在原始公社时期，约四五千年以前。

到殷商时期，又据古文献《逸周书·王会》中记载：商汤时，伊尹为献令“正北空同，大夏、沙车（今新疆），姑他、旦略、貌胡、戎瞿、匈奴、楼烦、月氏……请令以橐驼，白玉，野马、騊駼（考证应为鞑靼野马）、騠、良弓为献”。这不仅说明，今属我国新疆、甘肃、内蒙古、宁夏等地的先民，早在三四千年前已确繁殖饲养了驴、骡，而且已将“奇畜”“騠”即“駃騠”作为贡品献于商王朝。从此，我国黄河流域中下游一带亦即开始了驴、骡的饲养。

二、驴（骡）进一步传入内地及内地驴（骡）业的初步发展

商代以后到春秋战国时，骡子已传入内地。如《吕氏春秋·爱士篇》中记述“赵简子

(？—公元前477年）有两白骡，甚爱之”，《史记·李斯列传》中说“而骏良駃騠不实外厩”，等等，都说明了这一点（见图1-9）。

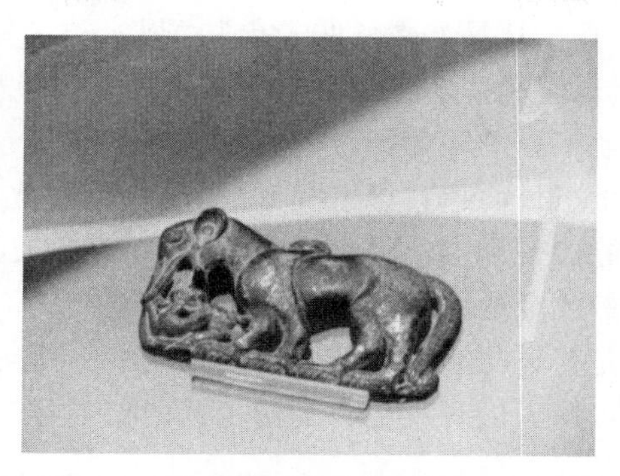

图1-9 虎噬驴透雕牌饰 战国 固原
（来源：中国文物网）

秦始皇统一中国以后，由于开拓了疆域，沟通了内地与西北的交往，使西北地区的驴、骡，更易进入我国内地，从而促进了内地的驴、骡业发展。不过，这种发展还是相当有限的。据汉初人陆贾所著的《新语》中说：“夫驴、骡、骆驼、犀、象、玳瑁、琥珀、珊瑚、翠玉、珠玉、山生水藏、择地而居。”以驴、骡与犀、象、琥珀、珠玉、珊瑚并列，可见当时驴、骡饲养数量还相当少，是作为珍贵物来看待的。

到西汉初，由于汉王朝对北方匈奴采取“和亲”、对内实行与民“休养生息”等政策，有力地促进了汉初经济的恢复和发展。这时，北方的驴、骡大量传入内地，《盐铁论·力耕第二》中所说：“赢驴馲驼，衔尾入塞，驒騱騵马，尽为我畜。”正是这一情况的反映。

当时，驴、骡从西北传入内地除了正常的商业贸易引入外，战争的掠夺和少数民族的迁徙携带，也是一个重要的传播因素。如秦朝蒙恬领军三十万众抗击匈奴，于公元前215年收河套以南地，置三十四县，并徙民几万户，戍守边疆，加速了少数民族与汉民族的融合，显然，亦有利于驴、骡的发展和传入内地。秦汉之际，匈奴一度控制了整个北方，横跨蒙古高原。及至汉初，经常出兵侵扰汉王朝，汉武帝于元朔2年（公元前127年）和元狩二年（公元前121年）先后遣派卫青、霍去病率军远征，西入匈奴境内千余里，沉重打击了匈奴迫使匈奴浑邪王不得不率部归汉。战争期间，掳获匈奴的驴、骡不在少数。《汉·常惠传》还记载：“以惠为校尉，持节护乌孙兵，昆弥自将翕侯以下五万余骑，从西方入右谷蠡庭，获单于父行及嫂居次，名王骑将以下三万九千人，得马、牛、驴、骡、橐驼五万余匹……”

及至东汉时期，匈奴又分为南匈奴和北匈奴两大部分，南匈奴降汉以后就逐渐内徙至今内蒙古以至山西北部和中部定居，并转向农耕生活，为发展内地的畜牧（包括驴、骡业）作出了贡献。

至此，我国内地的驴、骡业才真正发展起来。以往被视为匈奴“奇畜”的驴、骡，这时已成为常见之物。如《后汉书·张霸传》中记载：“家贫无以为业，常乘驴车至县卖药，足给食者辄还乡里。”“家贫”之户亦畜有驴了。

这时的辞书和字书上，也开始出现有关驴、骡的明确记载。如我国最早的解释词义和名物的专著《尔雅》中，就有“驴”字。东汉许慎的《说文解字》更对驴、骡、駃騠的词义作了具体说明，“驴，长耳，从马。骡，驴子也”“骡、驴父马母者也”“駃騠，马父驴子也”，从理论上第一次揭示了马、驴远缘杂交产生杂种骡和駃騠的事实。

同样在许慎的《说文解字》中还解释说“駃騠，生七日可超其母”，晋代郭璞为《上林苑》“駃騠”注释说，“生三日而超其母也”。说明汉代至南北朝时期中原地区的家驴大多数是小型驴，否则不可能如是形容駃騠生长速度。可能在“五代十国”以后，在农业发达的黄河中下游，大型驴的才渐渐培育，出现在文物中。

总之，殷商至两汉，是驴、骡从西北部少数民族地区不断向中原内地传播，并在西北部和内地得到了初步发展，使人们对其也有了初步认识和了解。

三、三国至隋唐时期驴（骡）业的进一步发展和饲养技术的提高

汉后，三国鼎立，居于中原地区的曹魏政权针对当时因长期战乱破坏了的农业生产，实行了屯田制度。屯田制度对当时中原经济的恢复和发展，起了一定作用。同时由于西、北边陲各少数民族（如匈奴、氐、羌等）持续不断的内迁，并逐渐转向农耕生活，促进了当时内地农畜业的发展，尤其是当时中原地区还较稀少的驴、骡、绵羊、骆驼等。

据有关文献记载，当时民间以及不少文人名士都很崇尚养驴。如著名的“建安七子”之一王粲，就曾很喜欢养驴，他家养驴数头，其价有至百金者，其一曰落钗，其二曰远游，其三曰紫翼，其四曰白凰，其五曰临江，其六曰上云，其七曰奔涛，其八曰飞星，都是些优良的驴。

从《三国志·魏书》记载看，当时民间饲养驴、骡也是较普遍的。正始五年（公元244年），曹爽为显军功，图谋蜀国，曾从民间征发大量的骡、驴供运输。《晋阳秋》也载，徐威“家贫，无车马童仆，威自驴单行，……每至客舍，自放驴。”可见一斑。

位于长江以南的吴国，据《三国志·吴书》载：“孙权大会群臣，使人牵一驴入。”说明驴这时不仅已从黄河流域传入到长江流域，而且已从内地传到了东南沿海一带。到两晋南北朝时，由于战争连绵不绝，人口发生较大的流动，北方一带又先后被几个少数民族所占领。但在经历长达二三百年民族大融合的基础上，驴、骡业以及整个畜牧业还是有很大的发展。如当时仅北魏就养马二百万匹，“橐驼将半之，牛羊则无数”。

对驴、骡的管理，据《唐六典》和《南北史补志未刊稿》说，北齐时已在中央设立掌管驼、骡、驴、牛的驼牛司。对驴、骡的重视，于此可见。

在饲养繁殖技术上，已总结出以“驴覆马生骡则准常。以马覆驴，所生骡者，形容壮大，弥复胜马，然必选七八岁草驴，骨目正大者；母长则受驹，父大则子壮。草骡不产，产无不死。养草骡常须防勿令杂群也”。这里不仅总结出公驴母马相配能生产具有杂种优势的骡，而且认识到，只要母驴好，与壮实的公马交配，也能生产优良的駃騠来，并且指出防止母骡乱群的必要性。

这一时期，驴、骡作为军用役畜，在军事上也起着很重要的作用，如《晋书·祖逖传》载：“石勒将刘夜堂以驴千头运粮，以馈桃豹，逖遣韩潜，冯铁等追击于汴水，尽获之。”《魏书·公孙表传》载：“世祖将北征，发民驴以运粮。”《周书·武帝纪》载：“发关

中公私驴、马悉从军。”

在民用上，驴、骡除仍作乘骑、运输外，由于当时连年战争，“牛马馈军”，致使当时耕畜奇缺，而出现了耕田以驴代牛的情况。如《魏书·食货志》载：“有以马、驴及橐驼供驾挽耕……”这大概是我国有关驴耕的最早记载。

继南北朝后，隋又一次统一全国，结束了我国几百年来划江而治的分离割据局面，使我国封建社会进入一新的发展时期——隋唐时代。尤其是唐代，驴、骡业取得了很大的发展。

隋时，据《隋书·百宫志》记载，当时国家亦设有专门管理驴、骡的官职，并设师都督及尉。《隋书·食货志》曾载：“关中连年大旱，而青、兖、汴、许……等州大水，百姓饥谨。高祖乃命苏威等，分道开仓赈给，又命司农丞王亶，发广通之粟三百余万石，以拯关中。又发故城中周代旧粟，贱粜与人。买牛驴六千余头，分给尤贫者，令往关东就食。”《隋书·食货志》还载，为西征，诏征关中富人计其资产出驴，往伊吾、河源、且末运粮，多者至数百头。可见当时驴、骡养畜业是相当发展的。

唐代的官制基本上承袭隋代并有所完善。在中央，仍设立有专司驴、骡、牛、驼的机构。在国家经营的马场中也有一定数量的驴骡。如马场中每群有马 120 匹或驼、骡驴 70 匹（据《唐六典》）。唐对马、驴、骡等家畜的饲养管理也作了比较具体的规定。如据《唐六典》记载，当时规定，每四头骡或六头驴，由一专人负责管理，每天供给一定量的饲草、青草、粟豆、食盐等，这些规定，都是比较合乎科学的，被称之为我国最古老，最原始的“饲养标准”。关于家畜的繁殖和死耗，当时规定牝马自四岁起计算游牝之数，到五岁就要课驹，马、驴每百匹每年取驹 60 匹，多取有赏，不足则有罚。对于死耗，规定骡的死亡率为 6%，驴、牛为 10%。外国新引进的马、牛、驴第一年为 20%，第二年为 15%，第三年照常规计算。

唐代“牧监”布设也比较广，不仅在北方、内地，而且在华南福建一带也有设置。据《唐会要》载：“贞元二十年（公元 804 年），福建观察使柳冕奏，置万安监，牧马于泉州，诏许之，乃大牧境内畜产，计马五千七百 匹，驴、牛八百，羊千头……”至此，我国的驴已从北到南，从西到东，基本遍及全国，就是历来无驴或少驴的贵州，也为好事者载入，并流传下“黔驴技穷”脍炙人口的典故（见图 1-10，图 1-11）。

图 1-10　三彩驴（唐　西安）

（来源：中国文物网）

图 1-11　蓝釉陶驴（唐　西安）

（来源：中国文物网）

四、宋、元、明、清时期的驴（骡）业

宋代，虽说版图不及汉唐，但东南财赋之区都在辖境内，加之宋政府一直采取“守内虚外”的政策，在一定程度上恢复发展了内地及东南地区农业生产和商业贸易，国家曾一度出现经济繁荣时期，在驴、骡业的发展上也有所反映，如当时南北各地的农村中的定期集市上，凡属于米、谷、麦、豆、牛、羊、驴、骡等，都可以在集市上交易。首都开封以及洛阳、扬州、成都都是当时全国最大的集市处，如宋《清明上河图》中，即反映了汴梁城驴、骡运输的繁忙景象。驴更是宋代诗文中屡见不鲜的一种役畜，程颐的《家世旧事》说：“族父文简公应举来京师，唯乘一驴，更无余资，至则卖驴，得钱数千。”王珪诗：“长安道上醉骑驴，困蹇驴嘶。”可见，驴、骡是当时城乡的一种重要交通运输工具，而驴更是人们普遍用以兼作代足的工具。

对于驴、骡疾病的治疗，《齐民要术》中有一“治驴漏蹄方”，《隋书·经籍志》医方类著录中载有《治马牛驼骡等经》三卷一目，惜只存其目，未见其书。当时对驴、骡疾病的治疗已取得一定的成就，看来应属无疑。到宋时，据陈师道的《后山谈丛》载：“马、骡、驴阳类，起则先行，治用阳药；羊、驼、牛阴类，起则先后，治用阴药。”这时对驴、骡疾病的治疗经验也有所积累和发展。

除宋以外，当时北方的辽、金、西夏等，原本都是游牧民族，故对畜牧业都很重视，加之北方有适宜畜牧的自然地理条件，因之驴、骡得到更好的发展。据《癸辛杂识》说：“北方大车，可载四五千斤，用牛骡十数驾之，管者仅一主一仆，叱咤之声，牛骡听命唯谨。”

到了元代，元王朝统治中国疆土之大是史无前例的。据《元史·兵志》说：“盖其沙漠万里，牧养蕃息，太仆之马，殆不可数计，亦一代之盛哉。”当时，在边疆以至江南腹地，设立了孳生马、牛、驼、驴、羊等一十四个国家经营的大牧场。与此同时，元王朝为了防范汉民谋反，采取了很严厉的“括马”政策，把民间所有马匹搜刮一空，并禁止民间养马。此举在一定程度上却又间接刺激了驴、骡业的发展。

元代的驴、骡除用于驾车、乘骑、农耕、肉食以外，还有用于旋磨、车水、牵船的。据明人张萱的《疑耀》载：“北地凡百可以代人力者，皆用骡驴，余尝欲以驴牵船，然世未有见者。偶阅元宋正献公集，有驴牵船赋。则在浊、漳，非北地也。”关于驴用以旋磨、车水，元《王祯农书》则记之甚详，配有插图，如“驴砻”“二驴石碾”“二驴辊辗”以及“卫转筒车”二驴“力转筒轮”等。此外，《王祯农书》中还有驴拉耧锄的记述：“耧锄，……用一驴带笼嘴挽之，初用一牵，惯熟不用人，止一人转扶，入土二三寸，其深痛过锄力三倍，所办之田，日不啻二十亩，今燕赵间用之，名曰劐子。”可见，驴、骡的用途已趋向多元化发展。

明代和以往各代相比，马政规模更大，并一改元时的“禁马”政策，为“官督民牧”的“丁马法”。按“丁马法”规定，江南民间每五户养马一匹，江北育马适宜之地，则家养一匹，而每十五匹母马要养一匹公马。这无疑对我国养马业的发展是一很大促进。然而由于人口、牧地的关系，这种限制在一定程度上制约了驴、骡业的继续发展。不过，据辽宁、河南、山东、内蒙古等省的方志记载，当时各地仍较普遍畜有

驴、骡，驴、骡仍是民间相当重要的役畜之一。又据《天工开物·舟车》卷九记载："凡车利行平地，古者秦、晋、燕、齐之交，列国战争必用车……则今日骡车，即同彼时战车之义也""凡骡车之制，有四轮者，有双轮者"，等等。交通运输用的车都称"骡车"，骡在运输中仍占重要地位。

至于驴，据明人余继登的《典故纪闻》记载，在明宣德以前，御史出巡外地多以驴为乘骑，到宣德时才由御史胡智奏请改为骑马。王士性的《广志绎》还记载："都人好游，妇女尤甚。每岁……三月东岳诞，则要松林，每每三五为群，解裙围松树团坐，……归则高冠大袖，醉舞驴背，间有坠驴地不知非家者。"自明代起，驴又成重要骑畜（见图1-12，图1-13，图1-14）。

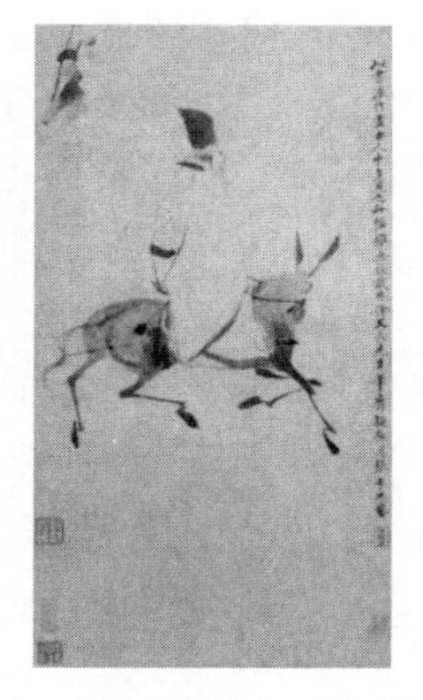

图1-12　《驴背吟诗图》轴明代　徐渭作

（来源：中国文物网）

图1-13　《骑驴图》明代　张路

（来源：中国文物网）

图1-14　铜仙人骑驴香熏（明）

（来源：中国文物网）

这一时期，对优秀驴、骡的鉴定也积累了一些新的技术经验，如《物理小识》指出："驴以鸣声数多者强，耳似（箭），蹄似钟，尾似刷，一连三滚者有力也。"此外，明代著述如谢肇淛的《五杂俎》以及顾炎武的《日知录》，都曾对驴、骡的历史作了开创性的研讨。《日知录》就曾指出："驴、骡，自秦以上，传记无言驴者，意其虽有，而非人家所常畜也。"还说，"其种大抵出于塞外，自赵武灵王骑射之后，渐资中国之用。"这些观点基本上是正确的。

清代，由于清王朝又一次实行严厉的禁止民间养马政策，致使民间养马业大大衰退。

然而，我国驴、骡业却仍有较大的发展。

据乾隆时期河南《林县志·牧畜记》记载："县属牲畜马骡驴牛皆有，山中不通车辇，致远负重，碾磨耕田，以代人力，重有赖焉。"民国时期江苏《阜宁县新志》载："明清之际，县境畜驴最多，各镇均设驴市。"光绪时期辽宁《盖平县乡土志》说："本境有用之动物以骡马牛驴为最多，马多来自塞外，骡牛驴为本地常产。"《滇海虞衡志》则说："黔无驴而滇（今云南）独多，驮运入市，驴属十之七八，骡马供长远而已。"以上这些记述，充分反映了当时全国各地驴、骡业发展的盛况。

在驴、骡的鉴定技术方面，这时也比以前有很大的提高，如张宗法《三农纪》中所记驴、骡的鉴定法，是这一时期经验总结的代表。该书说："驴……相法；宜面纯，耳劲，目大、鼻空、颈厚、胸宽、肋密、肷狭、足紧、蹄圆、起走轻快，臀满尾垂者可致远。声大而长，连鸣九声者善走。"对于骡，则要求"头须乘而配身，面须善而有肉，目须大而和缓，耳须竖而无黑稍。四肢欲端，四蹄欲圆，崇尾欲重，皮毛欲润，行走欲轻，动止欲稳"。这些鉴定驴骡的技术经验，用今天科学的观点看，亦有不少是有科学道理的，至今仍有一定参考价值。

在驴、骡饲养管理方面，清人包世臣的《齐民四术》中有如下一段精到的叙述："骡、驴大率同马法，骡、驴宜解兜放，夜喂草上料二遍，常以绳约其腰勿令睡。""骡不能生，皆马驴所乘，故有'马骡''驴骡'之别。骡壮者可耕可驮，最得用。驹一岁二月可被鞍，割其蹄钉铁皮，以宽为得。骡长高俱四尺四寸者为上相。凡受胎即停役，一月后胎固，如常役，六月后减役，临产一月前，仍停役，尤宜勤料。"

五、民国以来的驴（骡）业

民国时期，鉴于马匹在军事和农业上仍有很重要的作用，因此仍较重视马政建设。而对于驴、骡则并未采取有利发展措施。如果说，这一时期的驴、骡业有所发展的话，那也是民间由于种种需要而自发畜养的结果。据 1933 年的辽宁《彰武县志》记载："彰邑昔为游牧之荒，富室以马骡耕田，贫民则以驴、牛具之。"民国山东《牟平县志》载："按本县农田所需。以骡驴为多。牛次之。马则罕见"。民国吉林《辉南风土调查录》载："骡、马、驴为农家役畜之用，多者六七头，少亦一二头，设为厩舍，昼夜给谷草、高粱、豆饼、麸子等食料，夏季多于原野牧放之，夜间收入厩内，使用时除其身体之尘埃，刷其皮毛，整其号铁，剪其鬃尾，幼畜生后骡马约经三年行去势法，以冀其生育肥壮"。民国陕西《宜川县志》也说："家畜统计，宜川家畜以牛与驴为主……"《青海志略》载："骡马为出口大宗"。陕西《中部县志》载："家畜饲养及管理……马、驴、骡则皆舍饲，多喂青草，加以麸皮，间用豆类、玉米等"。据 1937 年统计，当时全国 22 个省（未包括东北三省，新疆及西藏等）饲养驴 9 018 000 头，骡 3 624 000 头，是同期马匹数的几倍。后由于受抗日战争及解放战争的影响，驴、骡业的发展不仅停滞并有所倒退。

1949 年以后，由于国家采取了许多有力措施恢复马、驴、骡业的生产，使我国的驴、骡业很快得了恢复和发展。与 1937 年相比，1951 年，马即恢复了 80%，驴 105%，骡 29%。1952 年，国家进一步拟订全国畜牧增产计划。其中指出，在全国范围内，仍以增殖耕畜为主，根据地区条件，在东北以马为主，华北有马的发展马，无马的发展牛、驴，西北尚须发展马、牛。1955年统计，当时全国驴总数达1 200多万头，为历史最高记录；骡亦达200万～300万头。到1957年，驴比1949年增加14.4%，骡比1949年增加14.1%。

第三节 驴的生物学特性、在我国的分布及与生态环境的关系

一、驴的生物学特性

家驴起源于北非，驴与马相比，至今还保留着热带动物、亚热带动物所共有的特征和特性。驴外形比较单薄，头大耳长，无门鬃，颈细，四肢长，皮较松弛，尾毛稀短，尾根无长毛，一般无肷旋，仅前肢有附蝉，蹄狭小而高，尻斜短多呈屋脊尻。驴韧带发达，项力强，声大，音长而有节奏。被毛长短因品种而异，毛长者以小型驴居多。

驴性温顺，胆小而执拗，一般缺乏悍威和自卫能力；工作中行动灵活，善走对侧步，骑乘平稳舒适，农谚有“十驴九走”之说。驴腰短（5个腰椎），腰椎横突短厚、强固利于驮用。驴卧下休息时间比马多。体温37.4℃，正常时比马平均低1℃。当饲料充足，营养丰富时，身体局部如颈脊、前胸、背部、腹部等处，有贮积脂肪的机能。

驴喜生活在干燥温暖的地区，较不耐寒冷，但能耐热、耐饥渴，可数日不食；饮水量小，在冬季耗水率约占体重2.5%，夏季约占体重5%；其抗脱水能力也较强，当脱水达体重20%时，食欲下降，当达体重的25%～30%时，仍无显明不良表现；一次饮水即可补足所失水分。因驴肾排盐能力差，饮水量最高含盐量0.75%～1.0%。与马相比，驴的食量比马少30%～40%；对饲料利用广泛，粗纤维消化利用率比马高30%；耐劳苦，能在干旱炎热的沙漠、荒漠的生态条件下生活和劳役等生理特性。神经类型比较均衡，不易得消化系统疾病。驴惧水，不善涉水，放牧性和群居性不如马。

二、我国驴的分布

中国驴的地理分布可反映在各省市的养驴数上。驴分布的最北部大约在松花江以南，地理界限可达北纬46°50″。如再往北，由于驴畏严寒不适于生存，故数量很少。如黑龙江省黑河地区养驴仅642头（1980年），新疆维吾尔自治区阿勒泰地区有驴1 000多头（2016年）。

驴在南方的分布以长江为界，但长江以南并非无驴，其南部的地理分布界限达北纬33°50″。再往南由于驴不适应潮湿的生活环境和水稻田耕作的缘故，数量就很少。

驴在我国西部一直延伸到青藏高原海拔4 000～4 500m处，如海拔4 000～4 300m的青海省玉树藏族自治州有驴1 100头（1984年），而海拔4 500m以上的青海省果洛藏族自治州则无驴，说明驴不适应海拔很高、空气稀薄、气候严寒的地理环境。

我国西南地区，云南省地处高燥，养驴相对较多34.9万头（2016年），而湿热的四川仅7.7万头；贵州也很湿热，历来少驴，物稀而奇，仅0.1万头，此地驴虽少却有“黔驴技穷”之谚。

三、我国驴的类型、品种与生态环境的关系

驴的体型大小与遗传性、生态条件和人类的选育有密切关系。我国的驴按自然分布及生态条件可概分为三大类，但饲料条件和选育程度也对驴种产生重大影响。

（一）西部及北部牧区小型驴

我国西北、长城以北、东北辽阔的草原上，荒漠和半荒漠草地上，宽广的农区平原上，历史上这些地方大多气候严酷，条件落后，管理粗放，分布有许多小型驴种。它们共同的生态特征为体躯矮小，体高约110cm以下，最低的仅90cm，体重约130～135kg，体质粗糙结实，四肢强健，耐粗饲，耐寒冷，耐风沙，耐饥饿，适应性特别强，适于在荒漠或高寒地区群牧，以及半舍饲半放牧，也可以在农区舍间饲养。

以上地区长期繁衍着我国最古老的干旱沙漠生态类型新疆驴，其中心产地为新疆维吾尔自治区喀什、和田两地区。喀什海拔1 080m，年均温11.7℃，年最低气温－24.4℃年降水量40～61.3mm，无霜期220天，土壤属冲积荒漠土和灰黑土。这类新疆驴长期适应干燥炎热气候，体质干燥结实，短小精悍，头中等大，显粗重，颈细，鬐甲低平，背腰平直，胸不宽，尻短、斜，毛色以灰、黑为主。

西汉时已有大批驴沿着著名的“丝绸之路”进入中原，它们首先来到海拔1 000～1 500m的甘肃省河西走廊。由于这些驴长期生活在干旱少雨、多风沙、寒冷的生态条件下，因而形成了干旱半荒漠生态类的凉州驴。其体格与新疆驴相仿，平均体高102～105cm，骨骼较细，头大，由于寒冷耳廓内外着生许多短毛，尻斜肌肉较厚实，皮厚毛密。毛色以黑灰为多。

西域一带的驴来到了六盘山西侧，长期生活在海拔1 600～2 200m的宁夏回族自治区的西吉县及其附近地区，于是形成了半干旱山地类型的西吉驴。这里属黄土丘陵沟壑地区，年均气温5.4℃，年均降水量434.2mm，无霜期115天。西吉驴头较重而长，颈较短，鬐甲低而宽厚，胸廓宽深，尻较宽长，四肢较短，被毛短而密，毛色有黑、灰、青色。

据考证，宋代的“丝绸之路”不是经河西走廊进入中原，而是经延安地区到达中原的。所以新疆驴到达陕北之后，在毛乌素沙漠特定的生态环境下生活，形成了高寒草原生态型的滚沙驴；到达内蒙古草原之后，迅速遍及全蒙、长城以北，形成了高寒草原生态类型的库伦驴；越过科尔沁草原进入松辽平原、辽东辽西丘陵山地及辽河两岸平原，形成了平原生态类型的东北驴。

（二）中部平原丘陵农区大中型驴

西域的驴进入中原到了黄河中下游，由于这里海拔较低，地势平坦；气候温和，无霜期长；水源丰富，雨量适中；土壤肥沃，土质沙黏适中，构成一个气候、水域、土壤和植被互相协调而生态平衡的生存环境。这里农产丰富，人们多有种植苜蓿喂养牲畜的习惯，经过精心饲养，悉心选育，驴沿着黄河流域分布到今甘肃东部、陕西、山西、河北、河南，一直到山东沿海地区，形成了许多著名的平原生态类型的地方良种。这一类型驴的共同生态特征为体质结实，胸廓宽广，中躯呈圆桶状，尻斜偏短，四肢坚实，关节强大，蹄质坚硬，耕挽能力强。如产于渭河流域关中平原的关中驴，公驴体高133.5cm，母驴体高126.6cm；产于汾河下游晋南盆地的山西晋南驴，公驴体高135.5cm，母驴体高134.5cm；产于鲁北平原和冀

东平原的德州驴，公驴体高 136.4cm，母驴体高 130.1cm；产于桑干河、壶流河两岸的恒山丘陵山地的山西广灵驴，由于物产丰富，豆类、苜蓿种植普遍，得到了良好地饲养和选育，也达到大型驴的要求，公驴体高 133.7cm，母驴体高 125.8cm。

一般在丘陵生态类型和农业欠发达地区，受大型驴、小型驴共同影响，形成了中型驴种。如产于无定河两岸的黄土高原丘陵沟壑区的陕西佳米驴，公驴体高 125.8cm，母驴体高 121.0cm；产于泾河支流环江、马莲河两岸董志源和早胜源的甘肃庆阳驴，公驴体高 127.5cm，母驴体高 122.5cm；产于泌阳河两岸的桐柏丘陵地的河南泌阳驴，公驴体高 119.5cm，母驴体高 119.2cm；产于沙河两岸河南东南平原的河南淮阳驴，公驴体高 123.4cm，母驴体高 123.1cm。

随着历史的变迁，农业生产的发展，现在天山南麓和塔里木盆地南缘也有大型驴集中产地。

（三）西南高原山地小型驴

这一类型的驴是由西北地区驴经甘南、陕南进入西南高原而形成的。西南高原海拔高，多高山峡谷，气候较冷，饲养条件贫瘠，故形成高原山地生态类型的小型驴。产于川西北的四川驴，体高 90cm 多；栖息在海拔 3 500～4 300m 的农区和农牧交错地区日喀则和山南地区的西藏驴，体高 93cm；产于云南省各地的云南驴平均体高也在 93cm 左右。

其共同的生态特征为体质结偏粗糙，体躯矮小，胸部窄，后躯短，尻部斜，骨骼细，四肢坚，蹄质硬，善走崎岖山路。

第四节　国内外驴业简介

据联合国粮农组织（FAO）2014 年统计，世界驴的品种为 194 个，其中 128 个处于濒危状态，约占总体 66%，而我国的 24 个地方驴种，也都属于濒危状态。

世界许多国家都养有驴和骡，据联合国粮农组织（WTO 2016 统计，即 2015 年年底数字），驴的总数约为 4 355 万头，而骡的总数约为 977 万头。98%的驴和骡集中在非洲、亚洲和南美洲，濒临地中海的一些欧洲国家和北美洲也有分布。

其中驴最多的 10 个国家（WTO 2016 统计，即 2015 年年底数字）依次是埃塞俄比亚（8 439 220）、中国（5 421 100）、巴基斯坦（5 082 926）、墨西哥（3 282 345）、尼日尔（1 801 402）、埃及（1 660 304）、伊朗（1 557 713）、阿富汗（1 472 100）、尼日利亚（1 295 593）、布基纳法索（1 182 184）。

而骡最多的 10 个国家（WTO 2016 统计，即 2015 年年底数字）依次是墨西哥（3 286 505）、中国（2 099 500）、巴西（1 236 196）、埃塞俄比亚（409 877）、摩洛哥（385 000）、秘鲁（313 315）、印度（194 889）、阿根廷（186 001）、巴基斯坦（185 709）、伊朗（176 857）。

联合国粮农组织 WTO 2016 统计（2015 年年底数字），我国有驴 542.1 万头、驴种 24 个，占世界驴只总数的 12.45%；骡大约 210.0 万头，占世界骡只总数的 21.5%。驴和骡的数量均为世界第二，驴的分布主要在黄河中下游各省农业区，以甘肃、内蒙古、辽宁、新疆、云南较多，在长江以南（除云南外）、松花江以北较少；骡则以云南、甘肃、内蒙古最多，河北次之（见表1－1）。驴和骡的数量，近些年呈缓慢下降趋势。

表1－1　2016年我国驴骡各省数量分布情况

单位：万头

	～100	～90	～70	～50	～40	～30	～20	～10	～5	～2	～0.1	无
驴	甘	—	蒙	新	冀辽	云	—	晋吉 鲁陕	黑豫 川藏	苏青宁	京津皖鄂 湘桂渝贵	沪闽赣粤 琼浙
骡				云	甘		蒙	冀	晋辽 吉川青	黑桂 贵陕	京苏鲁豫鄂 湘渝藏宁新	津沪浙皖 赣粤琼闽

2018年国家统计局调整了2007—2017年全国畜禽存栏数，驴和骡均有大幅减少，如将2015年、2016年和2017年全国驴存栏数分别调整为342.4万头、259.3万头、267.8万头；骡的存栏数分别调整为104.1万头、84.5万头、81.1万头。

2017年各省（区）驴头数调整为内蒙古75.5万头，辽宁49.9万头，甘肃36.5万头，新疆20.8万头，河北17.3万头，云南12.0万头，山东11.1万头，山西11.0万头，四川9.3万头，西藏6.1万头，宁夏4.2万头，黑龙江3.3万头，陕西2.7万头，河南2.2万头，吉林1.9万头，江苏1.7万头；北京、天津、安徽、湖北、湖南、广西、重庆、贵州、青海不足万头，其他省区则无。即便如此，内蒙古、辽宁当地专家认为当地驴数还应压缩30%。

2017年各省（区）骡的头数调整为云南19.2万头，甘肃15.8万头，四川9.3万头，辽宁6.2万头，河北5.1万头，山西4.1万头，广西3.7万头，西藏1.4万头，黑龙江1.1万头；重庆、江苏、山东、河南、贵州、陕西、宁夏、青海、新疆、吉林、湖南均不足万头，其他省则无。

基于上述调整，可以明显看出，近年驴和骡的数量减少惊人，生产形势十分严峻。同时，我国养驴总数排名也由世界第二位降至第四位，养骡总数排名也由世界第二位降至世界第三位。

我国驴肉产量一直居世界第一（见表1－2）。

表1－2　联合国粮农组织驴肉产量统计

单位：t

国　家	1990年	2000年	2007年	2016年
中国	26 400	161 360	174 400	224 380
尼日尔	3 744	6 400	8 000	12 431
马里	1 728	2 716	4 842	5 059
塞内加尔	1 860	2 394	2 628	5 258
布基纳法索	1 091	1 960	2 593	7 237
毛里塔尼亚	1 166	1 254	1 287	2 292
西班牙	402	400	400	292
合计	36 391	170 724	194 150	256 949

一、国外驴业概况

世界上大约有 4 355 万头驴，大多数国家都能见到家驴的身影，主要集中在发展中国家约 3 800 万头，非洲、亚洲、美洲数量最多，而欧洲较少。但据不完全统计，欧洲 30 多个国家就有驴种 51 个。

总体上说，越发达的地区驴的数量越少，在非洲、中亚和南美洲等欠发达地区，驴仍然作为劳动运输的工具，拉车、耕地、驮水、驮物、驮人等；在欧美等发达国家，驴主要是用来表演和当宠物。

（一）北非

在埃及、埃塞俄比亚、尼日尔和布基纳法索等非洲各国，驴被较早驯化，被利用时间也比较长，至今仍随处可见驴拉车、耕地、驮东西等，人们日常生活中离不开驴。在这些国家驴不可以被宰杀，死后也不能食用（见图 1－15）。

（二）中南美洲

驴是随欧洲殖民者被带到美洲的。在墨西哥、秘鲁、智利、哥伦比亚、玻利维亚等拉美国家，驴除了被用来做交通运输工具和用于各种劳动之外，驴奶也是当地居民日常生活中必不可少的，他们认为驴奶可以辅助治疗感冒、肿瘤、支气管炎和肺炎（见图 1－16）。一些国家每年还会举办骑驴竞赛，如墨西哥，有每年一度的驴世界杯赛。

图 1－15 非洲驴车

图 1－16 喝驴奶（秘鲁）

（三）亚洲

西亚、中亚、南亚一些欠发达地区，驴作为役畜被用于拉车、耕地、驮载等（见图 1－17）。在印度、巴基斯坦、阿富汗，驴的工作依然很辛苦，这里的一些居民和南美地区一样，也有喝驴奶的习惯，同样认为驴奶可以治病。尤其在土耳其、爱琴海地区，驴奶越来越受到人们的青睐，导致当地驴价一路飙升。

图 1－17 土耳其骑驴老人

（来源：中国驴博物馆 李海静提供）

哈萨克斯坦、乌兹别克斯坦等中亚国家的驴劳动虽然辛苦，但这里的人也不吃驴肉，年老的驴就被放到草原上去，自然终老。

巴基斯坦开伯尔—普赫图赫瓦省受尼日利亚、肯尼亚和布基纳法索等非洲国家的影响，也有向中国出口活驴的意向。

（四）欧洲

过去，驴作为交通工具在欧洲被广泛使用。现在，欧洲的驴存栏占世界总量不到2%，还要承担更多的社会功能。在意大利、德国驴除了在一些小镇干些杂活，如运输垃圾、从事环保工作外，主要是被用来供观赏、游乐和作研究用（见图1-18）。驴是意大利娱乐产业的组成部分，这里经常举行赛驴，或作为孩子们的休闲娱乐工具。经过良好驯养的驴，还可以成为家里的宠物，陪伴“空巢老人”快乐度过晚年。意大利一些地区历史上有吃驴肉、喝驴奶的习惯，目前对于驴奶的需求量仍在稳定增长，驴奶已经成为全世界驴产品和驴制品的重要组成部分，吸引了越来越多的从业者，在一定程度上解决了一部分人的就业问题。在欧洲的一些地区，养殖户通过散养等方式，让驴在更好的环境中自主觅食、成长，逐渐提高驴肉的质量。

图1-18　西班牙骑驴远足
（来源：中国驴博物馆　李海静提供）

有专家认为，欧洲驴产业不大，但蓬勃发展，这和这些国家加强知识产权保护、鼓励驴产业研究不无关系。近年来，欧洲在驴产业发展、驴的繁殖、基因学研究、驴奶研究等方面发表了很多学术文章。欧盟对驴的繁育的相关研究给予了大力支持，以往人们认为这种研究是不必要的，但是现在情况已经发生了很大改变。

在英国等国家，驴常被当作宠物进行饲养，英国还设立驴庇护所，大力提倡驴的福利，现在庇护所里已驴满为患。

俄罗斯的驴除参加劳动外，更多的也是被作为宠物进行饲养，有的也经常去参加表演。在乌克兰，还有用驴做演员的剧团。

（五）澳大利亚

1866年，家驴由移民带入澳大利亚，1920年，澳大利亚因驴太多开始将其放逐到野外。目前，仍繁殖量过大，占用草场成为“驴灾”，当地政府还曾进行过扑杀。现有人成立公司，将部分驴圈养，想出口到中国变废为宝。澳大利亚还培育有新品种的宠物驴以管理羊群（见图1-19）。

图 1-19 驴管理羊群

（六）美国

驴在美国地位很高，美国有世界上最高的驴（见图 1-20）。驴在美国更多的是作竞赛和游乐用（见图 1-21）。2017 年 7 月 30 日，美国科罗拉多州费尔普莱在驴的第 69 个年度竞赛日让驴赛跑。选手需要在自家驴的身上绑上 15kg 的沙袋，比赛长度分为 24km 和 48km。另外，美国西部还有驴的系列越野赛，据说是为了纪念美国早期的西部采矿业者而设立的赛事。参赛者需要用一头租来或买来的驴与队友组队，在山路或公路上跑 8～50km（见图 1-20）。比赛的规则十分简单，充满乐观互助精神、动物福利理念和奇思妙想的乐趣。当然，这也需要遵守动物种类鉴别、动物福利、负重限额、骑行限制等一系列强制性规定。

图 1-20 世界最高的驴 178cm（美国）

图 1-21 驴驮竞速赛 美国科罗拉多州

在中东多山和道路崎岖的阿富汗、伊拉克战场，机械化部队在一些地方难以施展，这时候就会用驴来驮载装备和武器。

二、我国驴业现状、存在问题和今后方向

（一）现状

1. 数量上 分析 1949—2015 年这一阶段我国驴存栏量变化，可以看出，驴存栏量与当时国家政治经济形势、土地政策、科技水平密不可分，特别是土地政策。

1949 年后，经过土地改革，土地分给农民，当时的小农经济需要马、驴、骡、牛等大牲畜运输、耕田，所以驴的数量迅速增加，到 1954 年达到 1 270 万头。之后开始实行互助

组、初级社、高级社、人民公社，土地变成集体所有，生产队的大牲畜集中使用、集中饲养，驴的数量也随之减少。到 1962 年国民经济困难时期，我国驴存栏量只剩下 645 万头。

1978 年驴存栏量上升到 748 万头。缓慢发展的农业经济，不适应国家要求，于是农村采用了土地承包责任制，小块土地不利于使用机械，促进了大型牲畜的迅速增加，到 1990 年驴存栏量达到 1 120 万头。此后土地向种粮大户集中，有利于使用机械生产，加上国家政策反哺农业，农村迅速推进机械化、现代化，城镇化发展使农村人口向城市转移，对大型牲畜需求逐年下降，2005 年为 777 万头，2015 年 542 万头。

2. 利用上　历史上驴一直作为我国重要的役畜，被用于驮、挽，在农业现代化进程之中，驴的役用属性正在减弱。驴的数量虽在不断减少，但是驴在“老、少、边、穷”地区，仍然服务于人们的生产和生活。随着人们对驴皮、驴肉、驴奶等驴产品的需求增大，我国的驴业正走上规模化、商品化的养殖道路。

如驴的皮用和肉用在我国人们生活中地位显得格外突出，这在世界各国是无法比拟。阿胶是用驴皮熬制的中药，与人参、鹿茸并称中药滋补“三宝”，受到广大人民群众和海外华侨的欢迎；而历来被誉为与天上“龙肉”比美的驴肉，以丰富的营养和可口的味道一直被人们所推崇，驴肉在各地形成了很多传统食品和风味小吃，深受喜爱，经常供不应求。近些年，我国驴的存栏总量持续下降，阿胶和驴肉价格也在不断攀升，因而每年都会从国外进口活驴和驴皮，仅 2017 年乌鲁木齐海关统计进口活驴就有 1.65 万头（见图 1 - 22）。

图 1 - 22　从尼日利亚空运至香港的驴皮
（来源：中国畜牧业协会驴业分会）

由于东阿阿胶提出了“把毛驴当药材养”的理念，让养驴实现最大经济价值。驴皮价格推动了驴业整体效益，近十多年我国驴产业出现了一些可喜的变化。为了增进驴业产、学、研和相关行政部门合作协调，先后成立了全国驴产业技术创新战略联盟和中国畜牧业协会驴业分会，在这两个组织下成立了专家委员会，延揽国内专家，共同为驴业发展出谋划策。国家畜禽遗传资源委员会对不断萎缩的驴业给予了重视，增设马、驴、驼专业委员会，增加了优良地方驴种保种场数量；东阿阿胶与当地政府合作，在山东聊城、内蒙古东部、辽宁西部等地开展以养驴为突破口，探索“精准扶贫”模式，发展养驴产业；与此同时一些企业家也纷纷投资山西、陕西、甘肃、新疆等地驴业，如蒙驴集团与陕西一些县级政府合作，办驴场，与农民签协议进行“精准扶贫”。这些地方已经有了良好的开端。

为加快驴产业可持续健康发展，在2016全国驴产业技术创新会议上，中国畜牧业协会驴业分会和全国驴产业技术创新战略联盟专家委员会针对驴产业发展现状，研究提出加快推进我国驴产业发展的意见。

目前，国内产、学、研相结合，在驴基因组学、细管冻精、驴的营养需要、驴奶的功效性等方面开展了科学研究，并取得了积极进展。

需要特别指出的是，2017年，在山东东阿国际驴业技术交流会上，世界上16个国家和地区的专家一起研究目前各国驴业发展的状况，共同商讨建立了国际驴产业技术创新战略联盟，设立了国际驴产业技术创新专项基金。这两项重大举措将会对全球驴种遗传资源的保护和利用起到积极的推动作用。《2018年畜牧业工作重点》中提到，要支持畜牧业差异化特色化发展，开展马、驴、兔、蜂、奶山羊等特色产业发展研究。

（二）存在问题

1. 存栏减少和过度利用　这点不仅体现在对驴的过多宰杀以肉用、皮用，还表现在目前一些地区对母驴不科学、不合理地过度挤奶，严重影响幼驹发育。

2. 各驴种保种场萎缩　保种群体规模不足；种驴质量严重下降；整体达不到保种计划要求，有的名存实亡。

3. 专业人才不足　驴业生产缺乏科学论证，缺乏基本知识、基本技能的有力指导。各地在驴场规划、种驴引入、驴群结构、饲养管理、繁殖选育等方面不规范、不合理现象比较普遍。

4. 对产业现代化准备不够　当前驴产业从单一役用向肉、奶、皮多用途转轨，缺乏全面系统规划和不同生产方向配套所需的基本理论、基本技能，也缺乏协调分工研究。

5. 无序引种、杂交严重　致使杂种驴已占全国驴数的一定比例。

（三）我国驴业今后发展的方针和任务

1. 发展的方针　围绕从传统驴业向现代驴业“转轨”，进行驴业结构调整这一核心问题，必须要统一思想，统一认识，切实把握现代驴业的不同方向，加强领导，健全组织，积极展开现代驴业科学理论和应用研究，大力培养技术人才，普及驴业生产所需的基本理论、基本知识和基本技能，认真解决向现代驴业过渡中存在的各种问题。全面贯彻“统筹兼顾，因地制宜，全面规划，分类指导”的驴业发展十六字方针。

（1）统筹兼顾　驴种是不可再生的生物资源。当前重要的是对我国固有驴种向现代驴业转化工作的指导不能放松，要组织专家认真研究，和当地技术人员一起对驴种一一分析，确定这些驴种的转轨方向，进行科学选育和提高。

（2）因地制宜　我国的驴种资源丰富。从东到西，从南到北，在千差万别的生态类型中都有不同驴种与之适应，繁衍生息，不少驴种在当地都有着不可替代性。如我国高海拔地区的藏驴、云贵高原的云南驴，特性独特，来源迥异，都是极为珍贵的驴种资源，不仅可以役用，也是今后作为游乐伴侣用驴的良好育种材料。

（3）全面规划　坚持驴的肉用、皮用、奶用、游乐伴侣用、役用多业并举的方针。各地应顺应驴种方向，根据当地经济水平、生态条件、民族习俗等，全面规划本地驴业的发展方向和比例，各有侧重地发展驴业。

（4）分类指导 分类有两种方法，根据遗传稳定性和选育程度，将现有驴分为大中型优良地方驴种、小型驴种、杂种和新命名驴种三类。还可根据皮、肉、奶专用或兼用不同生产方向分类。要解决好保种提高和转轨利用问题。一是要对优良地方驴种进行研究，拟定出一整套规范的保种模式，供各地参考；二是结合当地的实际，根据现代驴业不同产业特点，在行业专家小组指导下拟定企业标准和不同方向的选育方案，科学地组织饲养和选育，同时要研究解决生产中存在的技术问题，以求不断总结经验，加快我国驴业科学化和现代化步伐。

2. 建立保种场和促进良种保护和驴种质量提高开发是当前我国驴业面临的两项重大任务

（1）建立保种场进行良种的保护 对优良地方驴种的资源管理要建立保种场、规划保种区、分布区，进行分级保种和开发。首先应当根据畜禽遗传资源评价体系的内容，对每一品种进行科学的评价；其次要确定驴种保护的时限、方法和措施，建立有效的监测体制，使驴种的品质不至于退化；最后是合理利用驴种资源，积极开发其遗传潜力，更好地为生产建设服务。

目前，我国驴种资源缺乏科学的管理和可行的保种计划。有的驴种虽有保种场，但保种规模日益缩小，无法实现保种的目的。驴种的选育提高及合理开发，显得非常薄弱，无法进行，一些驴种已处于濒危的边缘。而有的驴种则无保种场，仅靠所谓的群选群育方法进行驴种保护。实践证明，不建立保种场，驴种保护实际是一句空话。

建议不论驴种大小，均应划分保种区，建立保种场，按照保种计划进行保种；保种区外对生产能力差的驴种，可经过论证，试行引入生态类似、生产能力好的驴种进行杂交利用，效果良好再予以推广。

（2）数量的增加和质量的提高 目前，驴的数量急剧下降和对驴的需要日益增长已成为我国驴产业发展的主要矛盾。大力增长驴的养殖数量和扩大驴的规模是刻不容缓的任务。同时，依照规划抓好驴业结构的调整和驴种质量的提高，充实品种内的品系内容，作好驴种的分型选育，使其性能和品质按照现代驴业的标准有一个较大幅度的提高，也是我们必须抓紧的一个长期任务。

（3）提质增效，延伸精细驴业产业链 除合理提高驴产品价格外，重视对由科学选育、精确营养和无公害养殖技术等构成的精细驴业系统产业链的延伸，是驴业提质增效不可忽视的工作。特别是研究和萃取畜体各种产品（肉、奶、血、皮等）对生产和生活特殊有效的成分，直接服务于人们。弄清这些有效成分的分子水平和基因水平机理，并作为提高驴种质量重要辅助选择指标，也是我们孜孜追求的目标之一。在古代畜牧业众多产业链中，唯独驴业产业链的延伸成功地开发出阿胶，给今人树立了榜样，增强了信心。

3. 对现有杂种驴进行不同利用或“提纯复壮”，或加强选育，大部分做商品用驴。

第五节 阿胶药理研究和驴分子遗传标记研究进展

这些年对驴的研究较多，主要集中在驴皮制成的阿胶的药用、驴的奶用、驴的遗传多样性及全基因组等方面，驴的奶用有专门章节，这里仅对后几个问题予以介绍。

一、阿胶的演变和质疑

（一）阿胶的演变

据研究，汉《神农本草经》已有“阿胶”之名，但没有指明是由何种材料制成。三国至南北朝《名医别录》中明确记载“煮牛皮作之”。但魏《齐民要术》指出：“沙牛皮、水牛皮、猪皮为上，驴、马、驼、骡皮为次。”唐《本草拾遗》云：“诸胶俱能疗风……而驴皮胶主风为最。”宋《重修政和经史证类备用本草》言：“造之，阿井水煎乌驴皮如常煎胶法。”至明代，李时珍曰：“大抵古方所用多是牛皮，后世乃贵驴皮。”清代至今各大医学书籍均明确指出：阿胶应以乌驴皮制成，而把牛皮胶当作伪品。现代《中国药典》将驴皮制成的称为阿胶，牛皮制成的称为黄明胶，以示区别，并指出，阿胶原料之所以从牛皮转为驴皮，或为古代牛皮用途广泛，价值较高，以及农业社会禁杀耕牛的传统使然。

（二）对驴皮阿胶质疑认识

有人认为，驴皮主要成分是胶原蛋白，阿胶的熬制工艺，只是一种胶原蛋白部分水解并且进行纯化的过程。不同原料皮所熬制出来的明胶，在化学结构上并没有本质差异。

本书编者认为，这是把复杂生物体功能简单化了的一种认识。一方面我们姑且认为阿胶是胶原蛋白起作用，但是胶原蛋白种属的特异性绝不能忽视。如同是单胃动物的驴奶、马奶抗结核，而复胃动物牛奶、羊奶却易染结核菌，虽然这些奶都是由酪蛋白和白蛋白组成，但因种属不同奶中蛋白质特性也不同；另一方面阿胶药用特性与驴皮有效成分的组合体系有密切关系。在基因组学称之为特种基因组合体系，在蛋白质组学称之为蛋白质组连锁群互作效应。

二、阿胶药用机理的研究

（一）“取象比类”说

该学说认为，阿胶药用理论起源于农耕生活中胶的制作与应用过程，而阿胶应用于人体不过像胶作为传统黏合剂那样，取象比类而已。因为坚固胶着而能坚筋骨、养胎安胎，治疗五劳七伤及摔打导致的脏腑形体松散脆弱、气血崩散等；因其固敛而治疗崩、带、吐、衄、便血及二便滑脱之证；因其涎滑流利，故又用以养窍，通利大小便，下燥胎，使胎滑易产。

后世专用阿胶，尚阿井水煮黑驴皮而贵其补益之功，从养肝气、轻身益气着意于养阴，由止血变为补血，或于胶中加入补益之药，使其可滑可着、可通可敛的作用幽隐不显。从胶到阿胶、从牛皮到黑驴皮的转变，从固敛滑通到补益的偏倚，即是阿胶药用理论的起源与演变。

（二）现代阿胶有效成分和药理研究

针对人们对驴皮阿胶成分的质疑和功效“取象比类”说的科学性，近几十年学者们进行了一系列研究和不断探索。

1. 必需氨基酸和微量元素成分说 必需氨基酸和微量元素成分说认为，阿胶主要为胶原蛋白及其部分水解产物组成，经水解后可得到多种氨基酸，如赖氨酸、精氨酸、组氨酸、胱氨酸、色氨酸、羟脯氨酸、天门冬氨酸等。另含钙、镁、锌、铁等微量元素，硫酸皮肤素，透明质酸等成分。阿胶的作用就是这些成分协同的作用，从蛋白质组学来看，是阿胶的蛋白质组和蛋白质组连锁群的互作和表达；从分子生物学来看，是阿胶蛋白大分子特有氨基酸结构、阿胶微量元素特有构成与其他成分共同协作形成。

2. “聚负离子基”结构说（1999 年）　研究提出，阿胶的临床药效关键在于熬制阿胶的过程中，使疏水性胶原蛋白变成“亲水性胶体”这一结构变化。

阿胶中性氨基酸和酸性氨基酸含量高，具备了“聚负离子基”结构形成的物质基础。阿胶制备过程中疏水性的胶原蛋白在温度、水分、时间的作用下变成“亲水性胶体”，成为独特的“聚负离子基”结构。熬制形成的胶体大部分为蛋白的降解产物及糖胺多糖类物质。这些物质均有“负离子活性”，即有很好的吸水性，有利于溶于水，与金属离子结合。这个特性使其进入人体易于吸收；进入血液可有效调整机体水和电解质的平衡，包括钙代谢平衡，进而补钙和治疗骨质疏松等症；改善微循环；和细胞结合增加细胞的表面张力，进而提高细胞的活力；易于保证具有多种生理活性的糖胺多糖类物质，如硫酸软骨素、硫酸皮肤素体内合成和利用来发挥其作用。研究认为，阿胶药理作用的“聚负离子基”结构学说结合氨基酸和微量元素学说较圆满解释了阿胶的多种功效。

3. 血清白蛋白的存在说（2006 年）　如何看待阿胶的演变和对它的质疑，人们通过“驴真皮中主要蛋白的组成及其相互作用的研究”，揭示了驴真皮中的主要蛋白质有 3 种：驴血清白蛋白、驴胶原蛋白 α_1（Ⅰ）型和驴胶原蛋白 α_2（Ⅰ）型，其中血清白蛋白的含量最高。

原来认为，真皮结构组成中原本没有血清白蛋白，但是依照制备阿胶的方法，在把驴真皮破碎后在 1%SDS（十二烷基硫酸钠）中煮沸制备，则发现相对应的胶原蛋白和血清白蛋白复合的蛋白带。探讨造成这一现象的原因认为，可能是血液在生物体内循环过程中，毛细血管和血清白蛋白结合而导致血清白蛋白滞留在真皮的毛细血管组织中间。以同样方法从干驴皮中提取总蛋白，结果同样发现血清白蛋白的存在，并且其含量和从新鲜驴皮中提取的血清白蛋白的含量几乎相等。试验对比证明，使用 SDS 方法可以把呈结合状态的蛋白质尽可能地提取出来，这一点可以推测血清白蛋白和胶原蛋白可能大量地以结合状态存在于阿胶中。试验推测血清白蛋白和胶原蛋白的结合状态不稳定。

研究揭示，驴皮中除胶原蛋白外尚有血液重要组成部分血清白蛋白的存在，这一现象无疑对探讨阿胶有效成分的作用机理提供了一个新的研究线索。

4. 非天然糖肽说（2017 年）　上海中医药大学在国际上首次揭示，阿胶在加工过程中发生了物质组的质变，质变中出现了一些非天然的糖肽，这些糖肽才是阿胶主要保健物质的基础。

三、驴的遗传多样性研究回顾

检测遗传多样性的方法随着遗传学和分子生物学的发展而不断改进和完善，早期主要集中在形态外貌水平上，而后是细胞水平（染色体水平）、生理生化水平（检测蛋白质和酶多态性）。

(一) 形态学水平的遗传多样性

驴毛色外形是品种鉴别的主要标记特征。不仅与人工选择的作用有关，而且还与其所处的生态环境密切相关（即自然选择）。目前有报道称，影响毛色的基因主要包括 *MC1R*、*ASIP*、*KIT*、*TYRP*、*EDNRB*、*STX17*、*MATP* 和 *PMEL17* 等。而属于驴的形态学遗传标记主要为头形、颈形、尾础和颈础等。有遗传趋势可用做遗传标记的还有运步特征和防护行为。

(二) 细胞学（染色体）水平的遗传多样性

中国驴染色体特征主要指染色体的核型、性染色体多型、核仁组织区（Ag-NORs）、脆性位点，各种带型的多型性，如缺失、重复、异位、倒位等染色体结构和形态的微小差异。研究得知，驴的二倍染色体数均为 2n=62，NF=102。

(三) 生化水平（蛋白质和酶）多态性——作为遗传标记的结构基因

在驴中共检测了 23 个血液蛋白（酶）座位，发现约有 6 个座位存在多型，其中较为常用的多型座位有白蛋白、转铁蛋白、6—磷酸葡萄糖脱氢酶、心肌黄酶和碳酸酐酶Ⅱ等座位。另外，马和驴的杂交种——骡，相关座位多型检测可参照驴的座位。

四、微卫星、线粒体 DNA 及 SNPs 遗传多样性

分子遗传标记是目前最常用的、应用范围最广泛的一类有效标记，它弥补了其他遗传标记数目较少、多型性不丰富等方面的不足。分子遗传标记是根据基因组存在的丰富多型性而发展起来的一类直接反映生物个体在 DNA 水平上差异的遗传标记。目前分子遗传学标记技术有数十种，常用的有限制性片段长度多型性（RFLP）、随机扩增多型性 DNA（RAPD）、扩增片段长度多型性（AFLP）、微卫星 DNA 标记、单核苷酸多态性（SNPs）等分子遗传标记。此外，还有可变数目串联重复（VNTR）、简单重复间序列（ISSR）等分子遗传标记，它们在研究中应用范围和使用频率相对较低。

近些年，针对我国驴的分子遗传标记的研究也越来越多，主要集中在微卫星标记、线粒体 DNA 及单核苷酸多态性（SNPs）上。这些标记主要用来研究驴的遗传多样性、性状关联分析与起源进化。有关驴全基因组学的研究，山东王长发团队已有成果，而驴蛋白质组学的研究目前尚未见报道。

(一) 微卫星标记

分为常染色体微卫星（STR）和 Y 染色体微卫星（Y-STR）标记。

1. 常染色体微卫星（STR）

(1) 李建国等（2004 年）利用 4 个微卫星位点分析了德州驴、庆阳驴、晋南驴和广灵驴品种的多态性，发现这些位点均存在多态。

(2) 谢芳（2004 年）以关中驴、晋南驴、广灵驴、德州驴和华北驴为研究对象，利用 9 个微卫星标记分析了品种内和品种间的遗传多样性，结果发现除一个位点没有扩增产物外，其余 8 个位点均表现多态。

(3) 朱文进等（2006 年）利用 24 个微卫星标记，对我国 8 个地方驴品种的遗传多样性和系统发生关系进行分析，结果表明，我国地方驴品种基因多态性和遗传多样性相对较高，各驴品种的分子系统发生关系与其育成历史和地理分布基本一致。

（4）蒋永青（2007 年）以关中驴、德州驴、佳米驴、西吉驴、滚沙驴、泌阳驴、庆阳驴、太行驴、新疆驴和蒙古驴 10 个家驴品种为研究对象，利用 10 个微卫星标记分析了品种内和品种间的遗传多态性，发现 10 个家驴品种之间的亲缘关系基本与其地理位置相一致。其中，新疆驴、庆阳驴、西吉驴和关中驴这四个品种遗传距离最近，说明它们有很近的亲缘关系。蒙古驴和德州驴聚为一类，说明它们之间的基因交流比较多。

（5）杨虎等（2008 年）用 8 个微卫星标记检测新疆和田驴、喀什驴和吐鲁番驴 3 个地方品种的遗传多样性，发现微卫星标记均呈现多态，聚类发现和田驴先与喀什驴聚为一类，然后与吐鲁番驴聚类，与史料及地理分布一致。

（6）刘艳艳等（2017 年）采用 13 个微卫星位点对三粉驴和乌头驴进行分析，发现 2 个驴品系的遗传杂合度均偏低，遗传变异程度较小，但三粉驴遗传多样性相对较高。

2. Y 染色体微卫星（Y-STRs）

（1）张云生（2009 年）利用 5 个特异性 Y-STRs 对 275 头中国公驴进行了研究，发现其均无多态性，初步表明中国家驴的 Y 染色体遗传多样性极低，可能只有一个父系起源。

（2）韩浩园等（2017 年）利用 14 个马 Y 染色体微卫星标记，对中国 10 个地方驴品种进行检测，发现只有 7 个为驴 Y 染色体特异性标记，其中，EcaYE2、EcaYE3、EcaYNO1 和 EcaYNO2 在中国家驴中表现出较高的遗传多样性。

（二）线粒体 DNA（mtDNA）

主要集中在细胞色素 b（Cyt b）基因和 D-loop 区遗传多样性研究。

1. 细胞色素 b（Cyt b）**基因**　张云生（2009 年）分析了 13 个中国家驴品种的 mtDNA Cyt b 基因 244 条序列，发现有 58 种单倍型，56 个多态位点，其单倍型多样度和核苷酸多样度分别为 0.693～1.000 和 0.004 4～0.007 4，表现出丰富的遗传多样性，分为索马里支系和努比亚支系两个母系起源。

2. D-loop 区遗传多样性

（1）雷初朝（2002 年）等对关中驴、凉州驴、云南驴和新疆驴 4 个地方品种的 mtDNA D-loop 区 399 bp 序列进行分析，发现中国家驴 D-loop 区序列核苷酸突变比较稳定，序列多态性较丰富，且可能存在两个母系起源。

（2）雷初朝等（2004 年）分析了 6 头关中驴线粒体 DNA D-loop 区 399 bp 序列，认为其可能存在两种母系起源。

（3）雷初朝等（2005 年）对中国 5 个家驴品种 26 个个体的 mtDNA D-loop 区 399 bp 序列进行同源序列比对分析，首次从分子水平证实中国家驴可能起源于非洲野驴，而与亚洲野驴无关。

（4）Chen 等（2006 年）研究了云南驴、新疆驴、西藏驴和关中驴 4 个家驴品种共计 146 个个体的 mtDNA D-loop 区序列的多态性，以索马里驴和努比亚驴 mtDNA D-loop 序列为对照，提出中国家驴的非洲起源观点，认为非洲东北部的索马里支系和努比亚支系是其两大母系起源。

（5）Lei 等（2007 年）进一步分析了 12 个中国家驴品种共计 126 个个体的部分 mtDNA D-loop 序列，发现中国家驴起源于非洲的索马里野驴和努比亚野驴。

（6）孙伟丽（2007 年）以关中驴、新疆驴、德州驴和凉州驴 4 个中国家驴品种为材料，分析其 mtDNA D-loop 区 385 bp 序列，发现中国家驴同样分为两大分支，说明中国家驴可能有两个母系起源，同时揭示中国家驴起源于非洲野驴。

（三）单核苷酸多态性（SNPs single nucleotide polymorphism）

包括 Y 染色体特异性 SNPs（Y-SNPs）和常染色体 SNPs。Y-SNPs 主要用来研究家驴的父系起源。

关于驴 Y-SNPs 的研究很少，徐苹等（2013 年）利用 38 对 Y 染色体特异性标记对中国家驴进行 Y-SNPs 分析，均未发现家驴存在 Y-SNP，表明中国家驴 Y 染色体变异有限，遗传多态性极低，可能只有一个父系起源。

五、国外驴毛色遗传研究

（一）Abitbol 等（2014 年）

对法国 7 个驴品种（比利牛斯驴、浆果黑色驴、普瓦图驴、科唐坦驴、普罗旺斯驴、波旁驴和诺曼德驴）的 MC1R 基因进行比较分析，发现相对于其主要毛色——黑色、棕色、灰色而言，红色的诺曼德驴驹出现了一处 c.629T＞C 的错义突变，导致第 210 个氨基酸由甲硫氨酸突变为苏氨酸，进而引起毛色变红；KIT 基因的突变可影响黑色素细胞的增殖、迁移或存活。

（二）Haase 等（2014 年）

通过对白色斑点驴与纯白色驴的比较研究，发现 KIT 基因存在两处突变：其中一处为外显子 4 上存在错义突变 c.662A＞C，导致编码氨基酸由酪氨酸突变为丝氨酸，该突变仅出现在一头刚出生的白色驴驹上；另外一处为剪切体突变 c.1978＋2T＞A，该突变只在白色斑点的驴中出现。

（三）Abitbol 等（2015 年）

对法国 6 个驴品种 127 头驴（黑驴 9 头、三粉驴 118 头）的 ASIP 基因进行多态性分析，发现黑驴的 ASIP 基因存在一处隐性错义突变 c.349T＞C，导致第 117 个氨基酸由半胱氨酸突变为精氨酸，最终导致毛色变黑，且发现黑驴 ASIP 基因的错义突变为隐性遗传，三粉驴 ASIP 基因的野生型为显性遗传，这就可以解释为何乌驴的数量是如此稀少。

（四）Sun 等（2017 年）

对 13 个中国家驴品种 590 个个体进行 ASIP 基因多态性与毛色的关联性研究，验证了 ASIP 基因的隐性错义突变 c.349T＞C 确实能引起三粉驴变为黑驴，表明该标记可以用于三粉驴与黑驴的早期选种。

六、全基因组研究

Huang 等（2015 年）利用全基因组 de nove 测序组装了家驴和野驴的基因组，发现家驴含有 2 187 070 个杂合 SNPs 和 247 822 个杂合 Indels，而野驴则有 3 321 087 个杂合 SNPs 和 213 735 个杂合 Indels。同时还发现驴比马具有更有效的能量代谢和更好的免疫力，对种群数量演化历史进化分析发现马的种群在历史上经历了三次瓶颈期，而驴种群数量一直比较稳定。

近年，山东农业科学院王长发研究团队在驴的全基因组研究方面也取得了可喜的成绩，2018年在Science上发布了驴基因组亚染色体水平组装结果。

随着分子遗传研究的深入，我们相信除了上述一些研究外，其他经济性状，如体格大小、生长快慢、肉质等经济性状遗传基础将会更多地被揭示，将有更多的分子标记会被开发用于驴的分子标记辅助育种。

我们不得不指出，有些遗传多样性实验结果与驴种实际有些偏差，主要是样本错误，误差的产生多是因引种杂交或与外地驴交流，采样时未能区分本地原始驴种、杂交种和外地驴种所造成的。

CHAPTER2 第二章 驴的体质外貌

驴的外貌鉴定是驴业工作者的一项基本功，要想准确地把优秀的驴选择出来，必须掌握形态与机能相统一的理论，并经长期实践锻炼才能具备这一能力。驴在过往的世代长期以役用为主，一般工作能力可以从外貌（从骨骼、肌肉）加以判断。而今多方向利用的驴，它的各项生产能力也都与驴的体质外貌不可分割。进一步说，驴不仅外貌，其年龄、毛色也与其经济价值、健康、结构、利用方向和种用价值息息相关。正确地进行驴的选种和选配，才能使驴种依照自己的利用方向不断地得到提高，使这些良好的性状一代代遗传下去。选择驴时（特别是选种驴时），鉴于利用分子遗传标记辅助选择尚有时日，目前多为观察驴的表型特征，以此作为选择的主要依据，然后再注意其他方面。

我国劳动人民对驴和骡的外形鉴别，有着悠久的历史，积累了丰富的经验。如明·方以智《物理小识》卷十中，对驴的要求“驴以鸣数多者强，耳似翦（剪），踶（蹄）似钟，尾似刷，一连三滚者有力也”。《三农纪》卷十九中相驴法：“宜面纯耳劲，目大鼻空，颈厚胸宽，肋密肷狭，足竖蹄圆，起走轻快，臀满尾垂者可致远；声大而长，连鸣九声者善走。不合其相者，非良物也。”同书的相骡法：“骡性顽劣，取纯良者。头须乘而配身，面须善而有肉，目须大而和缓，耳须竖而无黑梢。四肢欲端，四蹄欲圆，鬃尾欲重，皮毛欲润，行走欲轻，动止欲稳者良。最忌者，面无肉而耳软，目陷闷而偷视。”这里古人不仅强调各部位形态、结构，而且从有机体的统一性，联系到了气质和体质，这是很宝贵的经验和成就。

由于驴、骡与马同属马属动物，原来利用方向都为役用，所以它们体质、外貌的要求有着共性。但是对驴和骡的体质外貌要求研究远不如马，尤其对体质、气质研究较少。

第一节 驴体部位外形要求

自古以来，对驴外形部位的要求是以其工作能力为出发点，即以挽、驮为主，提出对各部位的要求。现在又提出培育皮、肉、乳用型驴，这样对外形部位又有了不同要求。本节所谈的外形要求，仅局限于对健康的驮、挽用的驴各部位的要求，对肉、乳用型驴的外形要求将在后面相关章节予以介绍。

一、外貌鉴定的原则和方法

驴外貌因年龄、性别、外界条件的不同而产生差异，因而当进行驴体各部位鉴定时要考虑到这些因素。此外，驴鉴定时还应参照下列的原则和方法。

（一）目的要明确

对不同用途、类型、品种、性别、年龄的驴，外貌要求也各不相同。如对种驴要着重于种用品质及特性，而产品用驴则着重于产肉、产奶密切相关的一些性状。

（二）注意驴整体结构和类型要求的一致性

不可乳用驴为役用驴的体质外貌，也不可公驴母相等。鉴定前应对该驴有一个整体认识，如果驴各部位比例适宜，结构协调，没有严重失格损征，体型符合类型的要求，长得比较紧凑和匀称，总体上说这头驴就有了一匹好驴的外貌基础。

（三）注意驴的整体性

鉴定驴体各部位时，要把局部和整体、外貌和体质、结构和机能统一起来观察，再注意驴体各部位优、缺点，以及相邻部位是否对此缺点可以补偿，以减轻不良作用，进行恰当评判。对严重失格的驴应当淘汰。

（四）神经类型

这对驴的生产能力有重大影响，对神经质有恶癖的驴要十分注意。

（五）场地和方法

鉴定驴的场地要求平坦、光线充足。鉴定方法，一般以眼观、手摸、尺测来进行。分驻立鉴定和步样检查两个步骤。驻立鉴定时，以距离马体 3～5m，首先就驴的品种、体质、气质和神经类型、体型结构、营养、健康状况、主要失格损征作大体观察；其次具体到细部，按头颈、躯干、四肢的顺序鉴定各部位；再次进行步样检查；最后再回到整体，对整个鉴定进行检查，允许对个别部分加以修改，做出整体的判断。

外貌鉴定只是综合鉴定的一部分，综合鉴定最终来定驴等级。

二、驴的体质和外貌

驴的体质不像马，能够细分为细致型、粗糙型、干燥型、湿润型和结实型，也没有实际上那么多的结合型。如果要套用的话，也只能是接近。如三粉类型的关中驴体质接近干燥结实型，乌头类型德州驴体质相对接近湿润结实型，众多的小型驴体质接近粗糙结实型。

从神经类型上，驴也难像马那样按照气质分为烈悍、上悍、中悍和下悍 4 种。驴性格温驯、执拗，总体的气质接近中悍，长期过劳的驴有的会成为下悍。

对驴的外貌的一般要求为　全身结构要求紧凑匀称，各部位互相结合良好，体躯宽深，体质干燥结实，肌肉、筋腱、关节轮廓明显，骨质致密，皮肤有弹性。行走轻快、确实。公驴鸣声大而长。

三、驴的外貌部位和骨骼基础

鉴定驴时应了解驴的骨骼结构和驴体各部位之间的联系，外貌部位优劣与相关的骨骼基础有关。现仅介绍有关图示（见图 2－1，图 2－2），详细内容见“驴的外貌鉴定”。

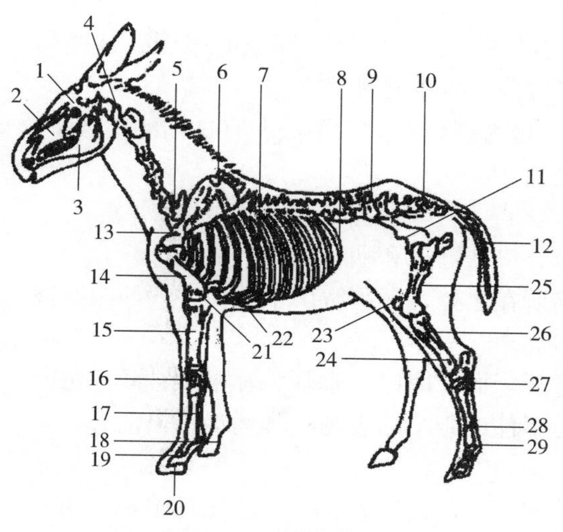

图 2－1　驴体的骨骼

1. 额骨　2. 上颌骨　3. 下颌骨　4. 第一颈椎　5. 第七颈椎　6. 肩胛软骨　7. 第八肋骨　8. 第十八肋骨　9. 最末腰椎　10. 第五荐椎　11. 髋骨　12. 尾椎　13. 肩胛骨　14. 肱骨（臂骨）　15. 桡骨　16. 腕骨　17. 管骨　18. 第一趾骨（系骨）　19. 冠骨　20. 蹄骨　21. 尺骨　22. 胸骨　23. 膝盖骨　24. 胫骨　25. 股骨　26. 腓骨　27. 附骨　28. 蹠骨（跖骨）　29. 籽骨

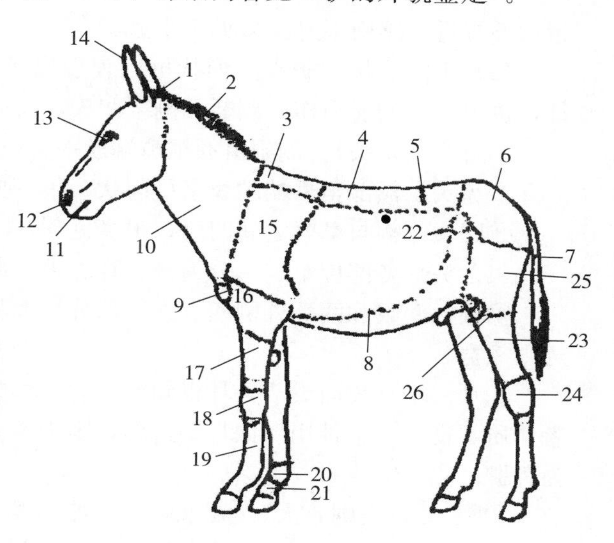

图 2－2　驴体各部位名称

1. 项部　2. 鬣毛　3. 鬐甲　4. 背部　5. 腰部　6. 尻部　7. 尾　8. 腹部　9. 肩端（肩关节）　10. 颈部　11. 口　12. 鼻　13. 眼　14. 耳　15. 肩部　16. 上膊　17. 前膊　18. 前膝（腕）　19. 管部　20. 球节　21. 系部　22. 肷部　23. 胫　24. 飞节　25. 股　26. 后膝

四、驴的外貌鉴定

（一）头颈

总的要求为头形方正、大小适中、干燥。额宽、眼大有神，耳竖立，鼻孔大，口方，齿齐，颚凹宽净。颈长而宽厚，韧带坚实有力，方向适当高举，与头、肩结合良好。

1. 头部　以头骨为骨骼基础。头是驴体重要部位，是五官和大脑中枢神经所在部位，能协调有机体的各个系统。头连同颈是一个杠杆，头作为重点可以随时调整重点和支点的关系，使重心发生变化，并对四肢肌群张力分配发生反射性调节，保持力量的平衡。另外，头的结构与驴的气质也密切相关，直接关系到驴的种用价值。鉴定驴头应注意头的大小、方向、形状，以及与颈的结合，并检查头部各个部位。

（1）头的大小　头代表着全身骨骼的发育，影响着驴的品位、体质和能力。地方驴种轻小的头少见。与马相比一般驴头长而重大，灵活不够。驴头应大小适中，与躯干相称，干燥方正，直头（斜头）为好；要求种驴头稍短，棱角明显，面部清秀，隐约可见血管。

（2）头的方向　依头长轴线与地面水平夹角可分为以下几种。

①斜头。头的方向与地面夹角45°角最为理想；此时和颈呈90°角。具有斜头的驴视轴与颜面成15°～30°的角，不仅便于两眼向前方观察，也便于驴的受衔和控制。斜头适合于各种类型的驴。

②水平头。头的方向与地面夹角小于45°，与颈所成的角大于90°，这种驴视线过高，视远不视近，感衔不好。多见于小型驴。

（3）头的形状　驴头的形状可以表现出驴的品种特征、性情、悍威的强弱、体质特征，也可对驴的能力作一判断。侧望驴头，头形可分为以下几种。

①直头（正头）。侧望由额至鼻端成一直线。这为理想头形，多数驴有这样的头形。

②兔头。额部至鼻端的线呈弓起状，很少见到。

③凹头。额与鼻梁之间凹陷，很少见到。

（4）头部各部位鉴定　分为额、耳、眼、鼻、口、颚凹和咽、项7个部分。

①额。两眼和两耳外侧四点连线部分为大脑所在之处，额须宽广平满。一般两眼距离远则额宽。

②耳。驴耳长而灵活，耳根硬而有力，耳廓薄，血管明露。垂耳、耳根软、耳毛浓密者体质不良，不宜种用。如耳动过频，则为视力不佳或胆小的表现；耳运动不灵活者，常为聋驴。

③眼。“目大则心大”。要求眼大有神。眼球饱满、大而有光者好，驴比马眼相对小一些。不论何种用途的驴，角膜和结膜的色泽都要求正常，表情温和、眼距宽，大小对称。眼盂充实丰满为体壮的驴，凹陷者多为体弱的驴。

④鼻。鼻孔是呼吸的门户，故“鼻欲得广而方”，鼻孔大则肺活量大。无论何种驴，均以鼻梁平直，鼻孔大，鼻孔开张，鼻翼灵活，鼻黏膜粉红色为好。表明呼吸系统发达而健康。如有充血、溃烂、脓性鼻漏、呼吸有恶臭等情况，均为不健康象征。

⑤口。要求齿齐口方。口腔黏膜粉红色，无异臭，牙齿排列整齐，受衔部无异常牙齿，唇应软薄，上、下紧闭，驴口裂比马小些，但能达到受衔部之中央为适宜。受衔部在隅齿和第一臼齿的缺齿部分。如口裂小，衔压迫口角，易引起创痛和负伤；口裂过大时，臼齿将衔咬住，驴难驾驭。公驴口裂比母驴要大，这样公驴鸣声长，采食好。

⑥颚凹和咽。下颌骨与颈交界凹陷外部名称为颚凹（内为咽），俗称“槽口”，为食道，气管入口。大中型驴颚凹宽6～8cm以上为宽，小型驴4～6cm以上为宽。要求颚凹干净，宽广而深，有利于头部的自由活动，否则颚凹狭窄易得喘鸣症。触摸时，颚凹应无淋巴肿胀，硬固者似鼻疽之嫌，疼痛者为腺疫之疑。农民称“槽口要干净”，就是这个道理。

⑦项。以枕骨嵴和第一颈椎为基础。项长宽则耳下宽，头颈结合好，头颈曲挠自由有力；同时多伴有宽颚凹，注意项部不可患项肿，此病很难治愈。

2. 颈部　驴颈与马比发育较差，短而薄，水平颈多，颈肩结合往往不良。驴选择时应选择颈部长、肌肉丰满、头颈高昂（正颈）、颈肩结合良好的个体。

（1）颈　以7块颈椎骨为基础，外部连以肌肉和韧带。颈的上缘叫鬣床，下缘两侧纵沟叫颈沟，颈静脉和深处颈动脉即在此。颈连接头与躯干，能引导前进方向，平衡驴体重心。驴颈的长短、方向、形状、肌肉发育程度、颈上缘项韧带的强弱，以及与头部和胸部结合的状态，都对驴的能力产生影响。

①颈的长短。颈长应与躯干长和体高相适应。一般颈长等于头长，约占体高 40%左右。

②颈的方向。依颈中轴与地平线所成角度，可分为斜颈（正颈）和水平颈。

斜颈，与地面呈 45°角，颈上、下缘肌肉力量相等，并易使肩胛骨和上膊骨提举，头中轴与颈中轴成直角相交，故引缰控制较为适中，驴的视界适宜，能保证自由呼吸。优秀大中型驴多选此颈型。

水平颈，颈中轴与地面夹角小于 45°角。这样它颈上缘张力大，负担重，多伴有低颈础，使颈的摆动不良；重心靠前，前肢负担加重，运步低，步幅小。小型地方驴种多见。

（2）颈础　颈与肩部即体躯部结合的部位叫颈础。颈础上缘在鬐甲的上方稍微低落，两侧以缓曲线和肩部相连，下缘在肩端（肩胛骨和上臂骨所形成关节的外部名称）稍上方为良颈础。颈础分高、中、低三种：

①高颈础。头部高昂，前胸广阔，肩斜长，颈的下缘在肩端以上，距离较远，称之为高颈础。为理想颈础。

②中颈础。颈下缘线与肩端相连处接近肩端时，称为中等颈础。

③低颈础。肩直，颈低平，颈下缘线恰在肩端，或在肩端以下，为低颈础。小型驴最为多见。

（二）躯干

总的要求为前胸宽，胸廓深广。鬐甲宽厚，肩长而斜。背腰宽直，肋骨圆拱，腹部充实。尻部长宽而平，肌肉丰满，不过斜。中躯长是驴躯干部的重要特点。

躯干包括鬐甲、背、腰、胸、腹、尻、股等部分，驴内部器官虽然不能看到，但从外部观察，可以推断其内部发育和健康状况。躯干占驴体大部，它的结构良否，关系到驴的工作能力。躯干分三部分，前躯为从肩端至肩胛后缘切线段，约占体躯 20%～25%；中躯为肩胛后缘至髋结节段，约占体躯 45%～50%；髋结节至臀端段为后躯，约占体躯 30%。

1. 鬐甲部　位于颈后背前的突起处，以 2～12 胸椎棘突以及韧带、背肌和肩胛软骨的一小部分为基础。它是胸廓肌肉杠杆的集中点，也是前肢、头部、颈部强大韧带和肌肉的固着点和支点。它起着杠杆的支点作用，对维持头颈正常姿势、躯干和前肢的运动都有关系，它的优劣与生产性能密切相关。

驴鬐甲上缘前面起点是高起的第 2 胸椎棘突，后面是 10～12 胸椎棘突与背部相交平坦处。驴鬐甲因 3～5 胸椎棘突较短，加之颈肩肌肉和韧带发育不丰满，所以外形不如马明显。在外形鉴定中，应重视驴鬐甲发育情况，要特别重视选择鬐甲发育明显的个体。对种公驴的鬐甲部尤要慎重选择，鬐甲低弱或为不良鬐甲者，应予以淘汰。

2. 背腰部　背部由第 10～12 至 18 胸椎（最后肋骨处）及肋骨上部为基础，外观范围为鬐甲后至腰部前，故背的范围可达胸侧上部。驴背短广、平直，肌肉发达，这样胸椎支持力强，并伴有宽大的胸廓。

腰部以 1～5 个腰椎为基础，外观部位为最后肋骨至髋骨外角之间。腰为前后躯的桥梁，此处无肋骨支持，因而构造应坚固。腰部应和背同宽或更宽，且肌肉发达，腰和背、尻结合要良好，呈一直线，以无界限为佳。无论何种用途的驴都要求腰短、宽、直。

驴背腰窄长是驴的重要特征。这是由于驴的肩胛短立和尻过斜，以及肋平肷拱所致。鉴定时要注意驴的背腰发育，要淘汰那些凹背、软背、长腰的个体。大型驴体长率都接近或稍过 100%。

（1）背的长短　一般要求驴背要短。

①背短。有利于后肢的推进。但是背也不可过短，过短胸廓短，胸腔容积小。

②背长。背稍长，中躯也长，利于母驴繁殖。但背过长，能减弱背的负力，降低后肢的推进作用，反而影响驴的速力，这对乘、驮用驴影响大。背长而肌肉缺乏时易形成凹背。

驴背的长短与体躯和鬐甲的长短有关系。体长者可引起背长，鬐甲长可以使背显得短，故不可孤立地去观察。

（2）背的宽窄　与骨骼和肌肉发育有关。

①宽背。表现为骨骼、肌肉发育良好，胸廓容积大，坚固性好，可以保证驴有较高的工作能力。

②窄而尖的背。肌肉贫乏，胸廓容积小，工作能力也较小。

（3）背的形状　根据背部顶线情况，可将背的形状分为 4 种。

①直背和斜背。背线呈水平或向前稍倾斜的直线，这种背形好，为强背。

②鲤背（凸背）。背线向上弓起，为不良背。这种背形的驴少见。

③凹背。背线向下凹陷，表明肌肉、韧带发育较弱，为不良背形。背力弱而不得速力，任何用途均不适宜。凹背可能与幼年不良培育条件有关。

④瘠背。平肋兼营养不良，背表面呈屋脊样，为失格。

（4）腰的长短　以最后肋骨到腰角（骨骼基础为髋结节）的距离来判定。

①短腰。5～6cm。理想的腰短而广，肌肉发达，负担力强，可以很好地将后躯的动力，传送到前躯。驴适宜短腰。

②长腰。最后肋骨至腰角距离 10cm 以上。腰过长，前后躯易结合不良。倘若肌肉发达，尚可挽用。若腰长，肌肉再不发达，是驴的严重缺点。

③中等长腰。最后肋骨至腰角距离 6～10cm。

（5）腰的形状　一般分以下 3 种。

①良腰。腰、背、尻呈一直线。

②弓腰。（凸腰）亦称高腰，驴少见。腰上线凸向上方，影响后躯的力向前传递，为失格。要注意弓腰是否为腰肌麻痹造成的结果。

③凹腰。亦称低腰。腰椎明显下陷，腰肌很不发达，影响后躯力的传导，亦为失格。

（6）腰的宽度　由腰椎横突大小所决定。

①宽腰。附着肌肉多，和短广的腰相结合是任何用途的驴的理想腰宽。

②窄腰。肌肉不发达，驴多见。和长腰相结合，更为不理想的腰。

3. 尻部　以髋骨、耻骨、坐骨、荐骨及第一至第二尾椎为骨骼基础，即两腰角和两臀端（骨骼基础为坐骨结节）的四点连线的上部强大的肌肉为基础。它和推动驴体前进的后肢以关节相连，其构造好坏影响驴的工作能力。驴骨盆窄小，而荐骨高长，位置靠上，故驴尻尖，斜、窄，加之臀部肌肉发育欠佳，尻部多为尖尻，驴尻较短，仅占体长30%，尻向（腰角至臀端连线与水平线的夹角）一般大于30°为斜尻或垂尻，因此鉴定中对尻部肌肉发育丰满，尻宽大，尻向趋于正尻的都属于美格，这样的驴有力，产肉多，应注意选留。

（1）尻的长度　尻长即腰角至臀端的距离。尻长的驴步幅亦大。驴的尻长多为体高30%，如能不少于体高1/3，则为理想尻长。

（2）尻的宽度　左右两腰角的距离为尻宽。尻宽附着肌肉厚，收缩力强，尻部宽广为驴富有力量的表现，可增加背腰的力量，以尻宽与尻长相等为理想。

（3）尻的方向　可以从侧望和后望两个不同方向鉴定。侧望以腰角至臀端的直线与水平夹角来划分有，正尻和斜尻；后望又将尻形分为圆尻和尖尻。

①正尻。侧望，腰角至臀端的直线与水平夹角为20°～30°。如宽度适当，形状良好，推力强，是各种用途的驴的理想尻形。

②斜尻。侧望，腰角至臀端的直线与水平夹角大于30°。尻斜，股后肌群负担小，持久力强，利于挽力发挥。尻太斜于30°以上者，叫“垂尻”，对任何用途的驴都是缺点。

③圆尻。后望，两腰角突出不明显，尻上线呈半圆形弧线，肌肉发达，形态圆隆。圆尻为驴的理想尻形。

④尖尻。后望，荐骨向上突出明显，两侧肌肉瘦削，呈屋脊状。多伴随短、斜尻。尖尻多为驴的固有缺点。

4. 胸部　即胸廓。上壁是胸椎，侧面是肋骨，下面是胸骨和剑状软骨，后面是横隔膜为基础。胸部为心脏所在部位，其发育程度、容积大小与驴的能力密切相关。

驴的胸廓宜宽深，肋骨拱圆。役用驴要求胸廓深、长，宽度适当；肉用驴要求胸廓深、长，而宽度充分。实际驴的肋骨短细而成平肋，胸浅而窄，故驴的胸廓发育不如马。马的胸宽率为25%～27%，胸深率为50%；而驴胸宽率22%～23%，小型驴胸深率45%，大型驴胸深率40%。各类型驴胸宽率方面则无明显差别。

驴的鉴定要从胸深、胸宽和胸廓长进行评定。

（1）胸宽　由肋骨的弯曲度来决定。肋骨弯曲度大，胸宽亦大。从驴的正前方观察，假如驴的前肢是正肢势时：

①宽胸。驴直立，前望，两前蹄间距离大于一蹄者为宽胸。

②中等胸。驴直立，前望，两前蹄间仅能容纳一蹄。

③窄胸。驴直立，前望，两前蹄间距离小于一蹄者为窄胸。

胸宽是美格，更是肉用驴所追求的。

（2）胸深　由鬐甲顶点到胸骨下缘的深度为胸深。驴胸深率40%～45%。

（3）胸廓长　由肩关节前缘至最后肋骨后缘中部的长度。胸长对任何用途的驴都是必要的。胸长受胸骨长影响最大，次之受胸椎长和肋骨向后弯曲的影响。当肋骨长圆、胸廓长深，则胸腔容量大，表示心、肺发达；当肋短而扁平，胸廓短小，则胸腔容量不大。

带径部　指胸下部及胸廓下方肚带通过的局部部位。

（4）前胸　颈下以胸骨前端，第1～2肋骨和肩端为基础。该部应有适当的高和宽。

依照前胸形状，可分为以下 3 种。

①平胸。亦称良胸。胸前壁与肩端成一平面或略隆起，肌肉发育丰满，为理想胸形。

②凸胸。亦称“鸡胸”。胸骨柄突出于两肩端之间，为不良胸形。如该部位肌肉发育良好，尚可。

③凹胸。胸前壁明显凹陷于两肩端之间的连线。凹胸常伴有窄胸和全身肌肉发育不良。凹胸对任何用途的驴都为重大缺点。

5. 腹部 范围在剑状软骨后方，假肋下后方，肷的下方，股与生殖器的前方。要求前段线应与胸下线成同一水平线，而后逐渐移向后上方，呈缓弧线到达生殖器，腹侧紧凑充实，与假肋无截然分界线者为良腹。驴腹一般充实不下垂，发育良好。此外，不良腹形有如下几种。

(1) 垂腹 腹肌松弛，腹部下垂，脊椎力量弱。一些老龄母驴，多次妊娠可见此腹形，同时往往还伴有凹背现象。

(2) 卷腹 腹部外形卷缩。常因胃肠疾患营养不良所致。驴少见。

(3) 草腹 腹部不仅下垂，而且向左右两侧膨大。驴也少见。因吃容积大、营养低的粗饲料，而易形成这种腹形。这种腹形有时会影响心、肺功能，如改变饲养方式，腹形可得以纠正。

从以上可以看出，腹形与饲养管理、调教锻炼、年龄、疾病等均有着不同程度的关系。

6. 肷部 位于腰两侧，在最后一根肋骨之后和腰角之前，亦称腰窝。它的大小决定于腰的长短，腰短者肷小，腰长者肷大。肷部大小以肷凹容不下一拳为宜。驴虽腰椎长，肷部明显，但是腰椎 5 枚，比马少 1 枚，故腰部强固，宜驮。大型驴特别是种公驴，肷短平，以看不出肷凹为好。

7. 生殖器 种公驴，要特别注意睾丸发育情况，睾丸要大小适当，有弹性，能滑动于阴囊内，无痛感，而且左右对称，大致相等。有单睾、隐睾的公驴不可作种用。公驴阴囊及阴筒皮肤要柔软，有伸缩力。必要时，可引导至母驴前观察性欲如何。

母驴应检查外阴和乳房。未经分娩母驴的阴门应紧闭，但阴门不宜过小；而多次分娩的母驴阴门较弛缓，但不应封闭不严。必要时进行阴道检查观察黏膜和子宫颈口情况。母驴乳房要发育正常，碗状为优，乳头大而均匀，长短适中，触摸乳房无结节，乳静脉应弯曲粗大。

8. 尾 驴有 12～18 个尾椎是尾的基础。尾与躯体附着的部位称为尾础。驴尾础低，如驴尾附着倾向于一侧，这可能是由于两侧尾举肌发育不平衡的结果，降低驴的品位，属于失格之一。驴尾主要用于驱赶蚊蛇蝇的骚扰，保护后躯。提举驴尾时，尾的抵抗力称为尾力，尾力大表明驴体健康、体力强。

(三) 四肢

总的要求为四肢结实，关节干燥，肌腱发达，肢势正确。不要靠膝（X 状）或交突。飞节角度适中，系部长短及斜度合适。

1. 前肢 前肢由肩胛部、上膊部、前膊部、前膝、前管、前球节、前系和前蹄组成（见图 2－3、图 2－4）。其功能主要是支撑大部分驴体，缓解地面反冲力，同时它又是运动的前导部位，故要求前肢骨骼及关节发育良好，干燥结实，肌肉发达，肢势正确。一般驴前肢骨骼发育正常，弯膝、凹膝、内弧、外弧等失格少见。驴蹄质坚实，多为高蹄，裂蹄、广蹄甚少。鉴定时应注意有无骨瘤和屈腱肥厚。

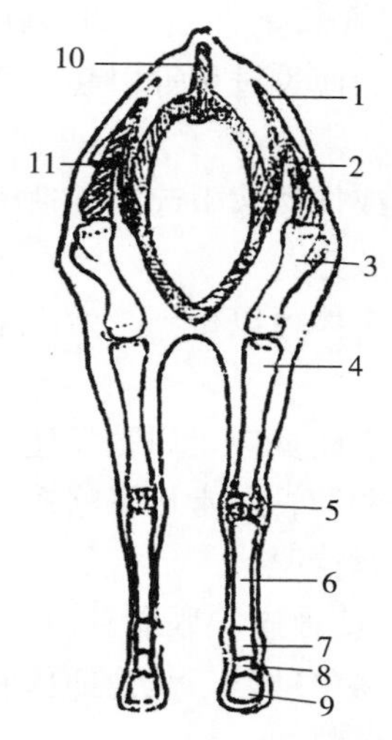

图 2-3 前肢与躯体的联系图

1. 剑状软骨 2. 肩胛骨 3. 上膊骨 4. 前膊骨 5. 前膝 6. 管骨
7. 系骨 8. 冠骨 9. 蹄骨 10. 脊椎棘突 11. 悬挂肌肉

图 2-4 前肢的重力垂线

(1) 肩部 以肩胛骨为基础。肩胛借助于韧带和肌肉，将前肢连接于躯干上。优良的肩胛骨是长、广而斜。鉴定时，应观察其长度、倾斜度和肌肉状况。

驴肩胛骨短而立，肌肉发育浅薄。肩胛倾斜度大，即肩胛与水平线所成的角度大，故多呈立肩，驴肩短则上膊长，前膊短则管长，关节开度小，运步时，步幅小，弹性差。

(2) 上膊 以上膊骨（肱骨）为基础。肩与上膊关系密切，应一并观察。肩长者上膊自然短，肩斜则上膊必接近于水平。肩部与上膊部相交处外部名称即肩端。

(3) 肘 以尺骨为基础。尺骨上端突起为肘突，外部名称为肘端。肘的大小、位置和方向对前肢的工作和姿势都有大的影响。

要求肘长而大，尽可能向后突出，这样附着的肌肉也就强大，利于前肢负重。肘的方向应正直与体轴平行，肘头对胸壁要适当离开。驴因肘向内扭转，贴近胸廓，压迫胸部有碍运动，前肢呈现外向肢势。另因肘头强度离开胸壁，前肢扭向内方，呈现内向肢势。这两种不正肢势马常有，驴可见外向肢势。

(4) 前膊 以挠骨、尺骨为基础。鉴定时要求它长而正，宽广而肌肉发达。驴前膊短则管部相对较长，这样不利于管部的提举，步幅小。希望驴的前膊直，上部粗，下部渐细，肌肉发达，肢势正，有利于支持体重和富有持久力。

(5) 前膝 以腕骨为基础。腕骨排成两列，一方面利于腕关节的开张闭合；另一方面利于分散关节所受体重的压力，增加前肢的弹性，缓和地面对肢体的反冲力，因而它是重要的关节之一。前膝的发育程度可按它与前膊的下端和管的上端关系来判定。

驴前膝的要求，轮廓明显，皮下结缔组织少，干燥，长直、广厚，方向正直。不良膝形有下列几种。

①窄膝。正常膝前望要宽，侧望要厚，后缘副腕骨应突出。如果副腕骨发育不良，则前膝后缘明显凹陷而狭窄。窄膝为严重缺点。

②弯膝。前膝方向应垂直，上与前膊，下与管部呈直线。如前膝向前突出，称为弯膝。这多因培育不良、修装蹄不正确、运动不足、使役过重等引起。弯膝使运步短缩，不稳，易蹉跌和疲劳。

③凹膝。前膝向后方突出。因腱和韧带不良或佝偻病引起，不适于做紧张工作。

此外，前膝不正还会引起内弧、外弧等不正肢势。

驴不良膝形少，但是外弧等不正肢势在一些个体可以见到。生产中也可见前膝关节积液肿胀疾病发生。

（6）管部 以掌骨和屈腱为基础。管部应短直而宽广，屈腱发达且与骨分开，中间呈现浅沟，表示体质干燥、结实，便于支持体重。驴的管通常比马略短。管部上1/3处的管围较细，管围大小表明驴的骨骼、韧带和腱的发育情况。

鉴定时需注意有无骨瘤和屈腱肥厚等损征，管骨瘤除眼看还需手摸，骨瘤越接近屈腱，越危害运动；屈腱肥厚往往由软肿造成，驴易患跛行。无论前望和侧望，管与前膝和前膊部都应形成同一垂线，否则会发生各种不正肢势。

（7）球节 是掌骨的下端和第一指骨的上端以及它们相接触处后面两粒籽骨所构成的关节为基础。蹄骨外两侧有蹄软骨，外边形成帽状蹄匣。球节起着缓冲前肢与地面冲击力的作用。球节应广厚、干燥，方向端正，轮廓清楚。宽而厚的球节，表示骨骼发育好，关节面广，这样可以减少腱的紧张，保证驴的高度工作能力。如因腱受损伤，球节向前方突出，称为突球，支持力弱，为严重损征。

（8）系部 以系骨，即第一趾骨为基础。系的长短、粗细和倾斜角度，对系的坚实性，腱的紧张程度和运步的弹性有很大关系。驴侧望多为侧望趾轴和蹄轴方向一致，系与地面夹角50°～60°的正系；侧望趾轴和蹄轴方向一致，系相对短，系与地面夹角大于60°为立系（见图2－5）。前望系和管在同一垂直线上称之为良系。前望驴的前膊、前膝和前

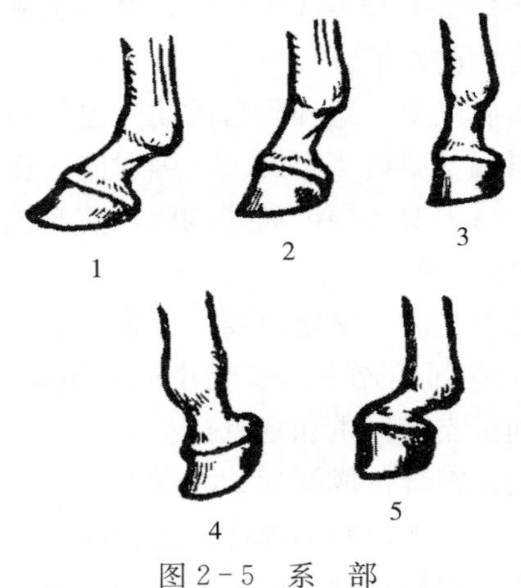

图2－5 系 部

1. 卧系 2. 正系 3. 立系 4. 突球 5. 熊脚

管均被垂线平分，而前系方向向内倾斜称之为内向肢势；前望驴的前膊、前膝和前管均被垂线平分，而前系方向向外倾斜称之为外向肢势。

系部护理不当，易发生趾骨瘤，愈靠近蹄冠，影响愈大，严重时会出现跛行。应十分注意趾骨瘤的遗传倾向。

（9）蹄冠　以冠骨，即第三趾骨上半为基础，位于蹄上缘。蹄冠以皮薄、毛细，无骨瘤，无肿胀为好。该部外表常有交突、追突引起的外伤；内部隐有骨瘤，触摸方可摸出。

（10）前肢肢势　肢势是指驴驻立时的状态。肢势与驴的工作能力有很大关系，正常的肢势可以保证驴正常能力的发挥，因此鉴定驴时，应当检查肢势是否正确（见图2-6）。

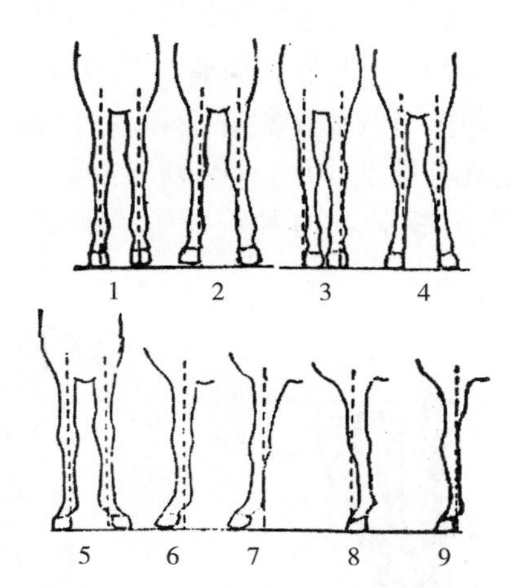

图2-6　前肢正肢势与不正肢势

1. 正常　2. 广踏　3. 狭踏　4. 外弧　5. 外向　6. 正常　7. 前踏　8. 后踏　9. 弯膝

①前望。正常肢势为由肩端中央引垂线，平分前膊、前膝、前管、前球节和前蹄的整个前肢。不正常的肢势有以下几种。

广踏肢势　由肩端中央所引垂线下方斜向外侧，两前肢距离上窄下宽。广踏肢势，支持力差，运步不良。

狭踏肢势　由肩端中央所引垂线的平分线，下部斜向内侧。两前肢距离上宽下窄，易形成外狭蹄，易发生交突。

内弧肢势（O状肢势）　两前膊下部，管的上部向外侧倾斜，两前膝离开较远者，为内弧肢势。

外弧肢势（X状肢势）　前肢在前膝部相互靠近，而下部又左右开张，形成X状肢势。亦有前膊内向，管垂直，而系外向者仍属外弧肢势。

内向肢势　前肢在膝以上呈垂直，管轴捻转，系蹄斜向内侧者，称内向肢势。

外向肢势　前肢在膝以上呈垂直，管轴捻转，系蹄斜向外侧者，称外向肢势。

无论内向和外向都易发生交突，伴有不良步样和蹄变形。肢轴的捻转，有时不是从前膝开始，而是从肘或球节开始，但最终都会形成内向或外向的肢势与蹄形。

驴广踏、内弧、内向肢势少见，狭踏、外弧、外向肢势在前躯发育较差的驴，不少个体都会有轻微发生。

②侧望。正常肢势由肩胛骨上 1/3 的下端引垂线，也即由桡骨外侧韧带结节向下，平分前膊、前膝、前管、前球节，沿蹄踵后缘落于蹄后。不正常肢势如下：

弯膝　侧望时前膝部突出于垂线之外，前膝形成向前弓起状态。

凹膝　侧望时前肢由前膝起连同管部倾向于垂线之后，前蹄或前蹄大部分仍落于垂线之前，形成膝和管向后凹弯的状况（见图 2-7）。

前踏肢势　侧望时与凹膝不同，前肢不弯曲为一直线向前，前蹄落于侧望标准线的前方。

后踏肢势　前肢为一不弯曲的直线，前蹄落后于侧望标准线的后方。

前驱发育不好的驴有后踏肢势，尤其是在小型驴中较为明显。

2. 后肢　由股部、后膝、胫部、飞节、后管、后球节、后系等组成。前肢以韧带、肌肉与躯体相连，而后肢则以髋关节与躯干相连接，故可前后活动（见图 2-8）。前肢对驴躯体起支撑作用，而后肢则具有推动作用。驴后肢各部一般发育较好，鉴定时应着重检查有无常见的飞节损征，如飞节软肿，内肿、外肿。驴的盆腔发育狭窄，特别是耻骨狭窄。

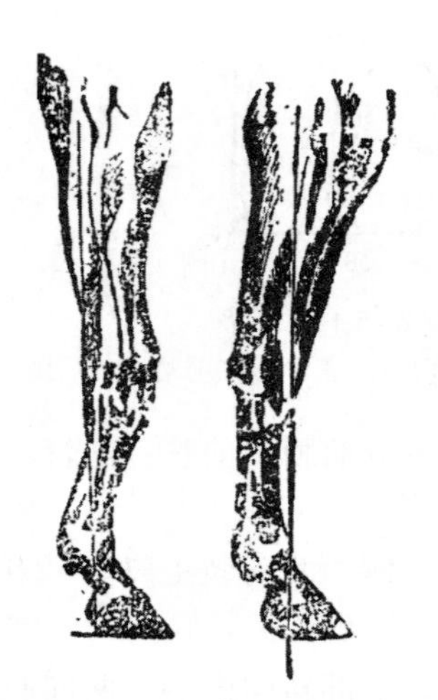

图 2-7　弯膝与凹膝

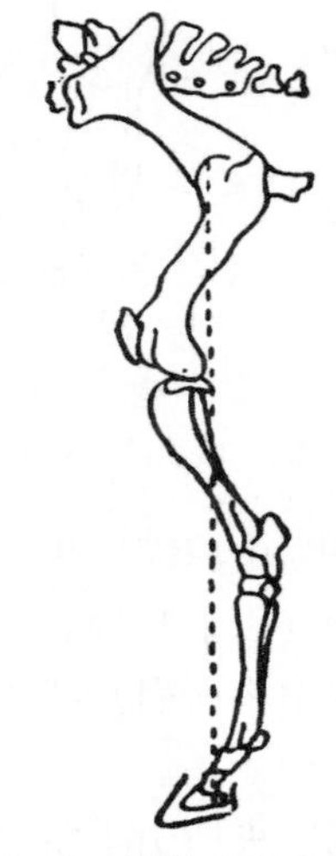

图 2-8　后肢的重力垂线

(1) 股　以股骨为基础。股部是后躯肌肉最多的部分，这些肌肉参加伸屈髋关节和股胫关节，所以它是产生推动力的重要部位。判断股部肌肉量，可由腰角向下作一垂线，线以内无空隙存在，表明股的肌肉发育好。股部不仅要求肌肉发育良好，而且要求下端稍向外，以免股部伸屈碰撞腹壁。驴股部的肌肉比马发育得要差。

(2) 后膝　以股部末端、膝盖骨、胫骨的上端和腓骨头构成关节基础。后膝应当圆而大，正直向前，并向外倾斜，与腰角在一直线上，这表明骨骼、肌肉、韧带发育良好。过度外斜时，运步捻转，会影响推进力；而过向内方时，易于腹壁冲突，有碍运动。

(3) 胫　以胫骨和腓骨为基础。后肢胫部的作用相当于前肢的前膊。应从长、宽、斜度来进行鉴定。

①胫的长短。这关系着步幅的大小。胫越长，附着肌肉亦长，步幅也就越大，有利于速力的发挥。胫长则后管短。

②胫的角度。驴胫短立，肌肉发达。胫过立，有直飞节之弊，推进力薄弱；胫过斜，易疲劳，又有曲飞节缺点。

③胫宽。侧望，胫愈宽，肌肉发育愈好。胫部上端肌肉多，形状粗大，下端肌肉渐少，形成坚固的飞索。飞索应和胫骨分离。飞索两侧外貌称之为飞凹。胫骨斜者，飞凹明显，胫越直，飞凹愈小。

（4）飞节　以跗骨为基础的跗关节，由四列七枚小骨组成。飞节富于弹性，对驴的推进力有重要作用。飞节总的要求为方向要端正，结构轮廓要清楚，皮下结缔组织少，血管显露，飞索、飞凹明显，长、广、厚者为良，干燥、强大无损征，跟骨应充分向后伸出。鉴定时应注意飞节的宽度、厚度、干燥性、角度和飞节的方向。

①宽度厚度。飞节前缘到后缘间的距离叫宽度。飞节外侧至内侧的距离叫厚度。飞节的宽度和厚度表明骨骼的发育和飞节的容积。

②干燥性。有干燥和湿润之分。

干燥飞节　骨骼轮廓明显，皮肤薄而有弹性，可见皮下清晰的韧带、腱和血管，飞索发育良好；飞凹明显，无水肿。

湿润飞节　皮肤粗厚、松弛，皮下结缔组织发达，常见飞凹积液、飞节囊肿或飞节软肿。

③飞节角度。飞节角度决定于管和胫的位置。当胫与地面夹角呈65°时，飞节角度约为155°，这属于良好角度，有利于速力的发挥；如管向前倾斜，飞节角度为125°～140°时，这种飞节称曲飞节，这样的后肢称刀状肢势，这种飞节虽有速力，但持久力差，严重的曲飞节为明显失格，它因肌腱、韧带过度紧张，易疲劳，易患病。

当胫与地面夹角呈70°时，飞节角度约为160°，这种角度适合于慢步，利于挽力的发挥。飞节角度大于160°时，称为直飞节，后肢弹性小，关节和蹄负担大，应为缺点。

④飞节方向。飞节方向与体轴平行，而且后肢两飞节也是平行的。

因飞节发育不良、过度使役等原因，往往会引起跗骨慢性炎症，而使飞节内侧或外侧骨质增生形成骨瘤，称为飞节内肿或飞节外肿，妨碍运动，缺乏弹性或降低使役能力，重者跛行。这类损征有遗传倾向。检查时，可将患肢提起，使其强度屈曲2～3min，然后放下，驱驴前进并转弯时，患肢即呈现明显跛行。有时发生飞节关节囊渗出性炎症，造成飞节软肿，这多为飞节内肿的前驱症状，应及早治疗。

（5）后管　蹠骨和屈腱为基础，下部与系骨结合形成球节。后管的鉴定应按其长度、宽度、厚度、腱的方向和发育进行。一般后管比前管长。鉴定时，同样要注意骨瘤和腱肥厚的影响。

（6）后球　要求同前肢。球节应宽厚、干燥，有坚固的腱和韧带。惟前肢球节的断面呈卵圆形，而后肢球节的断面近圆形。

（7）后系　比前系长。

（8）后肢肢势　要求同前肢肢势。驴的后肢几乎全部伴有不正肢势。

①后望。正常肢势为由臀端（坐骨结节）向下引垂线，将飞节以下左右等分。后肢不正常肢势一般有以下几种（见图2-9）。

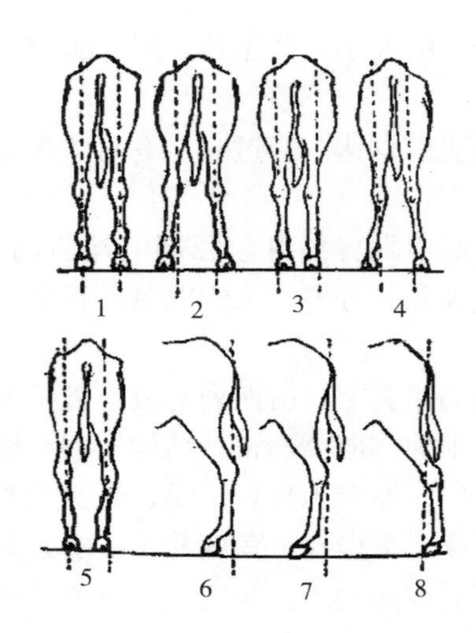

图 2-9 后肢正肢势与不正肢势图

1. 正常 2. 广踏 3. 狭踏 4. 外弧 5. 内弧 6. 正常 7. 刀状 8. 后踏

狭踏肢势 臀端向下引垂线，不能平分后肢，而是经后肢外侧到达地面。这种肢势支持面小，易产生外狭蹄，步样不正，常有交突。

广踏肢势 臀端向下引垂线，不能平分后肢，而是经后肢内侧到达地面。行进时，中心易左右摆，常见有交突和内狭蹄。

内弧（O 状）肢势 两飞节相距远，两后蹄接近。这种肢势影响能力，但不多见。

外弧（X 状）肢势 两飞节靠近，管以下外向呈 X 状。

内向肢势 后肢飞节以上垂直，两后管轴捻转，系蹄斜向内侧者。

外向肢势 后肢飞节以上垂直，两后管轴捻转，系蹄斜向外侧者。亦有刀状肢势和外向肢势同时存在。

②侧望。正常肢势从臀端引垂线，触及飞端，沿后管和球节后缘落于蹄后。系与蹄方向一致。不正常肢势有以下几种。

前踏肢势 后肢的飞端、管部和球节，侧望都不能接触从臀端所引垂线，后肢全部落后在该垂线以前。

后踏肢势 后肢的飞节、管、球节等和由臀端向下所引垂线相交或落后在垂线后方。

刀状肢势 又名曲飞节。即飞端仍可以和由臀端所引垂线相接触，但飞节以下部位，从管部开始斜向前方；有时飞端可以突出于臀端下引垂线之后，但管以下经蹄仍落于垂线之前。

驴后肢不正肢势主要有外向或外弧并伴有前踏、后踏肢势。鉴定中对驴的后肢一般不正肢势，非种用者，不作过分苛求，因为不正肢势的形成，多由于结构所致，一般不是利用和发育不良所引起，而对飞节、肘部有软肿，管骨有骨瘤者，不应选留种用。

种驴应选留后肢结构良好，表现正肢势的优秀个体。

（四）蹄

总的要求为驴蹄质坚实而致密，坚韧耐磨，表面光滑有光泽，无裂缝（见图 2-10，图 2-11，图 2-12）。驴蹄比马小，蹄踵比马高，多为高蹄，裂蹄、广蹄甚少。

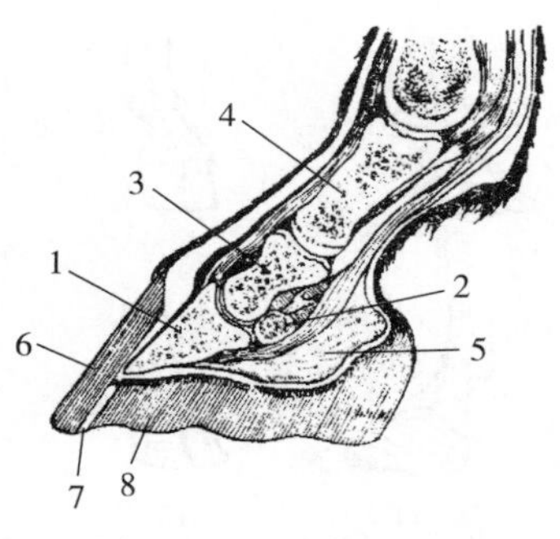

图 2-10 驴蹄纵剖面

1. 蹄骨 2. 舟骨 3. 冠骨 4. 系骨
5. 趾枕 6. 蹄壁 7. 白线 8. 蹄底

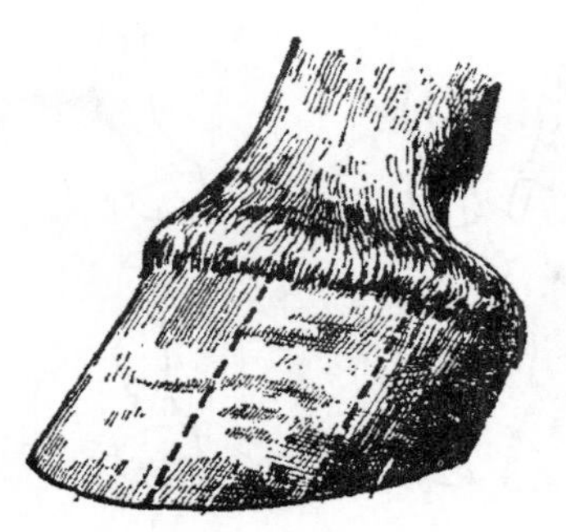

图 2-11 驴的蹄壁

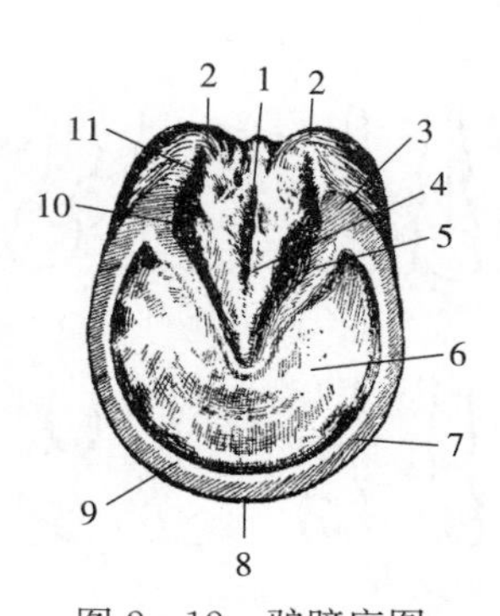

图 2-12 驴蹄底图

1. 蹄叉中沟 2. 蹄球 3. 蹄支角 4. 蹄叉
5. 蹄支 6. 蹄底 7. 蹄负缘 8. 蹄底外缘
9. 白线 10. 蹄叉侧沟 11. 蹄踵

驴驻立时，体重的压力由蹄叉传于蹄角壁，在蹄踵部被分散，起到了弹簧作用。驴的蹄与系部有各种不同的形态（见图 2-13）。运动时，因蹄踵部的交替扩张与收缩，促进了蹄的血液循环。蹄的结构直接影响驴的工作能力。蹄的大小应与体躯相称。生长良好的蹄鉴定时可见，蹄冠缘呈稍隆起的横带状，无任何损征，蹄壁表面光滑无弯曲，内外两侧同高，蹄轮平行而无裂痕，蹄质坚牢而富有弹力；侧望时，蹄尖壁、蹄侧壁和蹄踵壁与系成同一方向；前望时，内外两蹄侧相对于水平呈同一倾斜度。从蹄底可见，蹄叉发达，端正向前，蹄底适度地向里面凹进，白线明确，蹄球呈圆隆状，其大小相同。蹄软骨具有适度弹力，决不可有硬化现象，用手触压时，蹄内无知觉过敏部分。依蹄形可分正蹄和不良蹄形，驴肢势正，蹄形才易正，正蹄要求相对应两个蹄大小、广狭、高低、斜度及两个蹄球的高度和大小大致相等（见图 2-14）。蹄角质每月生长可达 1cm，当运动不足或护蹄不良时往往形成不良蹄形。一般说来不良蹄形有以下几种。

1. 低蹄 蹄踵过低，蹄尖壁斜度缓而长。见于卧系与前踏肢势。

2. 高蹄 蹄踵过高，蹄尖壁斜度急而短。见于起系、熊脚和后踏肢势。

3. 广蹄 蹄壁倾斜度缓，负面大，蹄叉广，蹄底薄而凹度小。

4. 狭蹄 蹄壁倾斜度急，负面小，蹄叉小，蹄底厚而凹度大，与马相比，驴和骡蹄稍小，多狭蹄与高蹄。

5. 内狭蹄 内蹄壁倾斜急而短，外蹄壁倾斜缓而长；蹄底内侧半部狭窄，外侧半部宽广。见于广踏肢势。

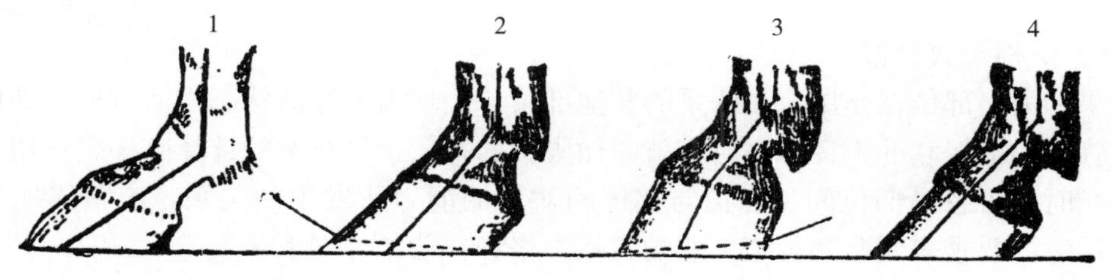

图 2-13 驴系部和蹄部关系的各种形态

1. 低蹄卧系 2. 长蹄折系 3. 高蹄折系（熊脚） 4. 正常系

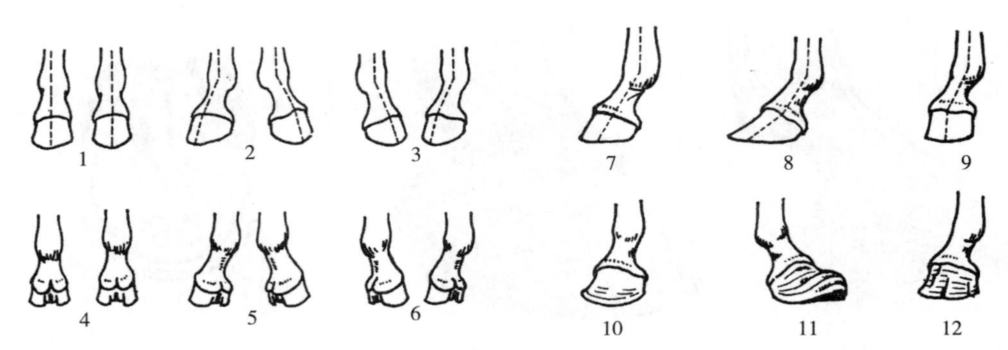

图 2-14 驴的蹄形

1. 前望正蹄形 2. 前望外向蹄 3. 前望内向蹄 4. 后望正蹄形 5. 后望外向蹄
6. 后望内向蹄 7. 正蹄 8. 低蹄 9. 高蹄 10. 广蹄 11. 芜蹄 12. 裂蹄

6. 外狭蹄 内蹄壁倾斜缓而长，外蹄壁倾斜急而短；蹄底外半部狭，内半部宽。见于狭踏肢势。

7. 内向蹄 蹄尖内向。内面蹄尖及外面蹄踵部倾斜急，外面蹄尖部及内面蹄踵部倾斜缓。蹄底因向内偏斜，广狭不均。见于内向肢势。

8. 外向蹄 蹄尖向外。外面蹄尖部及内面蹄踵部倾斜急而短，内面蹄尖部及外面蹄踵部倾斜缓。蹄底因向外偏斜而宽窄不均。见于外向肢势。

上述八种不正蹄形，有些和肢势有关。而当肢势不正时，表现的不是单一的不正蹄形。如肢势为狭踏兼内向时，而蹄形常出现外狭兼内向的蹄形。

9. 平蹄 蹄底广而浅，蹄负缘与蹄底在同一水平上，蹄底突出蹄负缘，蹄底易受伤。

既是平蹄，又是广蹄称之为丰蹄，这种易产生白线裂。

10. 裂蹄 无论蹄壁或蹄底，凡有裂纹发生都叫裂蹄。有自上而下的蹄冠裂，也有自下而上的负面裂，都称为纵裂。如有蹄冠部的横裂，则问题比较严重。

11. 木脚蹄（芜蹄） 蹄尖凹进，蹄轮集于蹄尖，蹄踵部高举，失去驴蹄固有形态，往往伴有突球，俗称“滚蹄”，治疗困难。

12. 举腫蹄 蹄球上举，多因蹄踵狭窄而使前蹄内踵上举。

13. 弯蹄 凡蹄壁一侧凸弯，而相对另一侧凹弯时，则可形成弯蹄。这与不良肢势和不正确削蹄有关。

五、损征和失格

（一）失格及其补偿

如果和失格部位在作用上相联系的其他部位，表现出较好的状态，而对那一部位的缺陷有所弥补，减轻它的不良作用时，就叫做失格的补偿，这对驴的选择有一定作用。同时在鉴定驴时不可忽略部位间、部位与整体间对驴的能力所发生的关系，应整体地考虑问题。按用途的要求来判断其价值。驴的关系失格和补偿条件如下：

1. 头过大 颈较短，肌肉发达，方向正，项韧带提举有力。

2. 颈过细 头比较小，颈础较高，鬐甲比较长，无水平颈。

3. 前驱低 头小，颈适度长而颈础略高，方向立，肩斜，前肢强健。

4. 背过长 腰短宽，背腰肌肉发达。

5. 背低 胸深，背腰宽广，肌肉发达。

6. 腰长 背线直，背广，背腰肌肉发达，腰宽广，腰尻结合好，尻结构好，肌肉丰满。

7. 后驱过低 腰尻发育好，尻、股、胫肌肉发达，后肢强健，飞节正而坚强。

8. 四肢过高 肢势端正，关节、肌腱发育良好，蹄系正常。

9. 胸窄 胸深较显，以深长弥补和提高能力，前肢可略广踏，增加支持面。

10. 胸浅 胸宽广而长。

11. 腹过大 胸廓宽大，背腰短，肷短小。

12. 系过长 蹄踵发育好，腱强大，肢势端正。

13. 系过短 蹄踵部比较低，蹄形正，蹄机良好。

至于完全失格，如鸣喘、鸡跛，则无论如何都不能补偿，只能淘汰。

（二）损征

即驴体某部受到损伤后的征状。多半指驴体局部形状上严重的损伤，或功能上引起的障碍。可能因为使役、调教不当，装蹄不当和其他原因造成损征。损征的防护应从选种和使役上，以及护蹄上注意，调教驴驹时也应注意。应好好护理，保证驴的休息，预防其发生和加剧。

1. 骨瘤 是损征中较严重的一类，影响驴的能力和价值。常因负重过度、剧伸或打扑而伤及骨和骨膜，骨质增生而形成（见图 2－15）。其位置越接近腱部，障碍越大。

（1）趾骨瘤 系下部、冠关节和系骨周围。骨化程度轻时，蹄部运动略欠灵活，如骨质继续增生，将破坏蹄机作用，并且跛行。前蹄外侧常发，越近蹄冠部、越靠前危害越大。驴久立及运步时有内向趋势者易形成。

（2）管骨瘤 常发生于前管内侧后缘上 1/3 处，越近于屈腱危害越大。一岁驹多发，可逐渐吸收消失。

（3）飞节内肿（飞节骨肿） 严重损征之一（见图 2－16）。轻者工作能力降低，越偏前方危害越大。飞节结构不好、用力过度是主要原因。

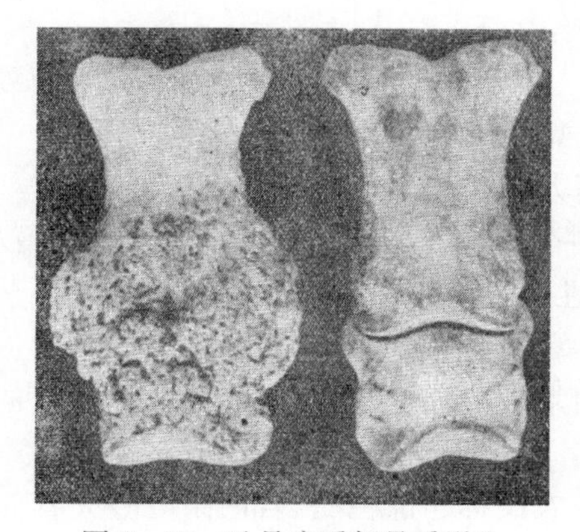

图 2－15 趾骨瘤系部骨质增生

趾骨瘤（左）正常（右）

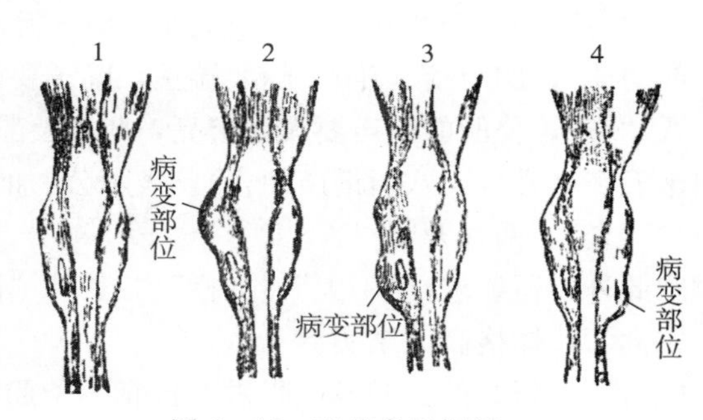

图 2－16 飞节常见损征

1. 正常飞节 2. 内踝肿 3. 飞节内肿 4. 飞节外肿

（4）内髁肿　在胫骨的内髁部，即胫骨下端内侧、飞节内面上端。

（5）飞节外肿　飞节外侧下部的骨瘤。

2. 软肿　过劳引起。因关节或腱鞘的慢性炎症，引起滑液分泌过多，局部隆起呈肿胀状态。日久逐渐变硬。

（1）飞节软肿　于胫骨内结节隆起处的近下方。常为飞节内肿的前奏。

（2）飞节腱鞘软肿　由腱鞘的软肿引起。

（3）飞节后肿　飞节后下方软肿。

（4）前膝软肿　前膝的关节囊或腱鞘的软肿。

（5）球节软肿　多位于球节稍上方的两侧，形圆而隆起。影响球节功能。后肢和系短直的驴易发生。

（6）球腱软肿　多位于球节后上方屈腱两侧。呈椭圆形，日久硬结。

3. 肥厚　可有以下几种。

（1）飞端肿　由于连续碰撞，使该部皮肤增厚，严重者该部较正常者突出，这种损征不影响功能。

（2）肘端肿　与飞端肿性质相似，乃肘端皮肤增厚的结果。

（3）腱肥厚　腱炎，引起腱和周围组织肿胀和增生，遂形成粗大状态。前肢屈腱常发。

4. 外伤痕　由于管理不当或驴的结构不好，常在驴体表面造成外伤，伤愈后留下瘢痕，对外貌有不良影响。常见外伤多在腰角、膝、唇、项疮、眼眶处；鞍、肚带不良也会造成体躯外伤；交突、追突、互相踢咬也会造成系和管部外伤。此外外科手术也是造成外伤的原因之一。

5. 变形蹄　有蹄叉腐烂、蹄底蚁洞、蹄壁裂、芜蹄等。

6. 鸡跛　由于飞节神经机能失常，当驴慢步、快步运动时，迈步不正常，飞节高举。

7. 喘鸣　为喉头某些肌肉麻痹、软骨塌陷或气管黏膜增厚的结果。

8. 角膜翳　角膜上生有一层灰蓝色云翳，严重者永久性盲目，为严重眼病之一。

9. 切齿错开　上、下切齿咬合不齐，“天包地”或“地包天”，都影响正常采食。切齿错开的驴“多为天包地”。

陕西关中地区重视公驴选择，现将有关谚语介绍如下：

①二“石”四“斗”，八“升”二“合”。

二“石”即两个睾丸（蛋）要大小一致，互相靠紧，不下垂。

四“斗”，四个蹄（斗）、腿要端正，蹄子要高大，像个“斗”。

八“升”，公驴的叫声要大而宏亮，叫声要紧一声，慢一声有节奏的，能“紧七慢八”地叫十五声（升），（八指慢声而言）。表示公驴的性欲旺盛。

二“合”，两耳要竖立。

②此外，还要求：“一大”“二栏”“三宽”“四紧”“五整齐”“六光亮”。

“一大”，体格高大结实。

“二栏”，指好的公驴各侧眼盂中各有一条筋，农民称“前栏”。若两条栏竖立者，称双立栏，仅一侧有一条者称单栏。有的驴排粪后直肠黏膜外翻，呈红色多层，称为后栏。凡是有栏的驴性欲好，配种能力强。

"三宽"，额宽，前胸宽，臀宽。

"四紧"，缠腰紧，耳门紧，叫声紧，脚步紧。缠腰紧表示体格紧凑，耳门紧表示耳薄尖而直立。叫声紧表示声音洪亮，连续不断而急促。脚步紧表示性欲大的公驴，拴在桩上，蹄不停地跳动，牵行时不停地蹬踏，步幅虽小而频率快。

"五整齐""砧"齐（上下牙齿咬合整齐），尻齐，蛋齐（睾丸大小一致），四肢齐（两前后肢和蹄端正，姿势正确）。

"六光亮"，两眼光亮有神，两个睾丸光亮（即睾丸皮薄毛细），四蹄光亮（蹄质坚韧），被毛光亮（营养好，毛短细有光泽），口腔光亮（口腔黏膜呈粉红色，没有黑色条纹或斑点），牙齿光亮（牙齿青白坚固）。

对关中驴品种特征要求是粉鼻、亮眼、白肚皮，即被毛黑色或栗色，嘴、眼周围和腹下为白色。

六、步样检查

待驴驻立检定完以后，要牵引直线前进，鉴定人员要从驴的前、侧、后三个方向进行观察，注意其举肢、蹄着地，前后肢的关系，步幅大小，肩的运动，腰的强弱，有无追突、交突、跛行，肢势和蹄形是否正确等。

七、照相

照片最能反映驴当时的整体状况，照片应规格一致，便于相互比较，可以在照片上观察和测量某一部位。因此拍照应当正确反映驴的外貌，要做到这点，除摄影技巧外，还应遵守下列几点：第一，距离驴约 6～7m 远处，相机应对准驴体从头到近侧后蹄的中点（或驴的肩关节到膝关节水平线的中点），并与驴体侧相平行。距驴过近则不能反映驴的整体状况，如相机偏于驴的前方或偏后，则会夸大驴的前驱或后驱。相机偏高时，照片上驴短腿，偏低则驴呈高腿。第二，最好在 5 月和 10 月，无风、晴朗时，早晨拍照。驴被毛光亮又无蚊蝇骚扰。光线从后面与驴体侧面呈 45°角照射，那样可以突现出驴的肌肉和筋腱。又不会刺激驴眼。第三，驴靠近相机一侧的前肢应垂直，后肢应向后伸。而另一侧前后肢应相近，前肢向后，后肢向前站，不被近侧肢挡住。驴头位置自然，不被拉高或下垂。驴头稍有 1/4 转向相机，驴耳朵前竖，好像在注意看什么。颈部应拍照没有鬣毛的一面，以显露驴的颈形。第四，照片应清晰到能看清驴近侧的详情（如血管网、烙印、皮带和笼头等）。驴体上线要清楚。第五，背景应安静而开阔。毛色深的驴，光亮的自然天空作背景最好。浅毛色的驴应选暗色背景，如青驴、灰驴，绿色背景较好（见图 2－17）。

图 2－17 关中驴（公）

（来源：《中国畜禽遗传资源志·马驴驼志》）

第二节　驴的年龄鉴别

驴的年龄与其种用价值，生产能力（役用、肉用、乳用）密切相关，年龄鉴定是一项驴业工作者必需掌握的实用技术。

一、年龄和生产力

驴的自然寿命平均为 25～30 年（自然死亡寿命最高的为美国新墨西哥州，名叫“苏西”的驴死于 2002 年，“享年”54 岁），骡自然寿命平均为 30 年。若以使役为主，则很少有达到平均年龄的。

驴在年满 6 岁时，才发育完成，6 岁前为幼驹和青年驴，7～15 岁是体力最旺盛阶段，可称为壮龄，16 岁以上是老龄。8～13 岁是使役的最好阶段。18 岁以上大多已不堪使役。只有饲养良好种畜还可种用。公驴一般可用到 18 岁，母驴 20 岁。养驴业中判断年龄一是为了供选育时用，二是按年龄分配工作，三是作调教训练和饲养管理的参考和治疗给药区别依据。

判断年龄的方法：一般判断驴的年龄可以靠记录、烙号、观察外表和看驴牙齿等几种方法来确定。简单介绍如下：

（一）记载

如果有正规记录，则“产驹记录”和场里的各种表格中都会有所记载，可查出。

（二）烙号

如果驴场的烙号制度正规，则在驴体上会烙上出生年号，借此可以准确地算出驴的年龄。

（三）看外貌

看外貌可以区分年龄相差较大个体。随着驴年龄的逐渐增长，驴驹渐渐变为青年、壮年、老年，其外表是有变化的。幼龄驴，皮肤紧、薄，有弹性，肌肉丰满，被毛有光泽，体态呈高方型，身短窄，四肢高，胸浅，眼盂饱满，额部丰满而隆突，鬃短直立。驴在 1 岁以内，额部、背部、尻部往往生有长毛，长毛可达 5～8cm；老龄驴皮下脂肪少，皮肤缺乏弹性，唇和眼皮都松弛下垂，眼盂凹陷，额与颜面散生白毛。前后肢膝关节和飞节角度变小，呈弯膝，四肢僵硬不很灵活。阴户松弛微开。背腰不平，下凹或突起。神情呆滞，动作迟缓。

（四）看牙齿

从驴牙齿的各种变化来判断驴的年龄，是各种方法中最精确的，但是需要一定的实践经验。

二、驴齿的名称、数量、排列和构造

（一）名称

驴齿分为切齿、犬齿和臼齿。驴齿露出的部分叫做齿冠，插入齿槽内的部分叫齿根，齿冠与齿根相连处叫齿颈。切齿共 12 枚，上、下颚各 6 枚，公母驴相同。切齿又分为门齿（切齿中央的 2 枚）、中间齿（门齿外边的 2 枚）和隅齿（最外边的 2 枚）（见图 2-19）。判断年龄全看切齿的变化。犬齿，位于切齿和臼齿之间，共 4 枚，上、下颚左、右各 1 枚，公驴和骟驴有，一般母驴没有。臼齿，上、下颚左、右各 6 枚，共 24 枚，又分为前臼齿（前 3 枚）共 12 枚和后臼齿（后 3 枚）共 12 枚。

有资料称，有的公马紧贴前臼齿前，上、下颚左、右各有 1 枚异生狼齿（见图 2-18），大小 0.5～1.5cm，也有臼齿唇面齿间长有小的异生牙称猪齿。公驴有无狼齿、猪齿，应于观察报道。如有狼齿、猪齿，公驴应适时拔除。

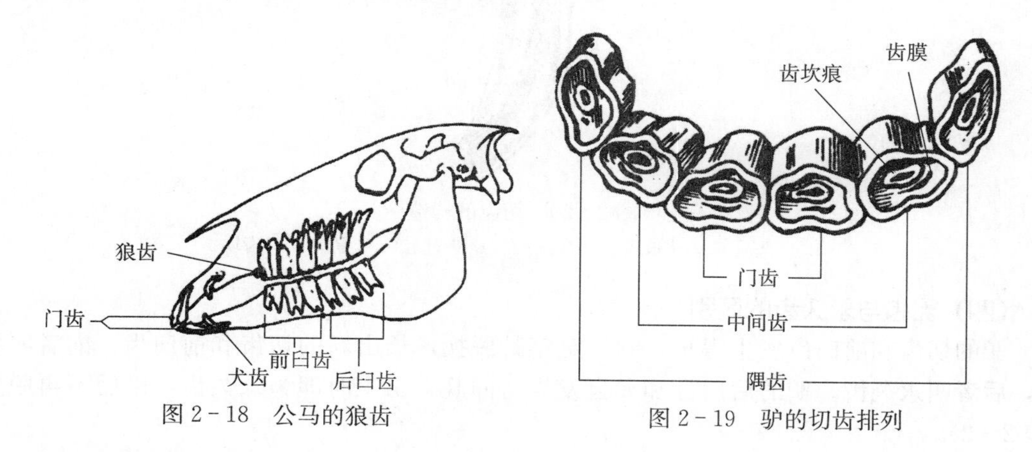

图 2-18 公马的狼齿

图 2-19 驴的切齿排列

（二）数量（齿式）

根据上述，驴齿的排列如表 2-1 所示：

表 2-1 驴的齿式

（右）						（左）	
后臼齿	前臼齿	犬齿	切齿	犬齿	前臼齿	后臼齿	（上）
后臼齿	前臼齿	犬齿	切齿	犬齿	前臼齿	后臼齿	（下）

$$公驴：\frac{3\quad 3\quad 1\quad 6\quad 1\quad 3\quad 3}{3\quad 3\quad 1\quad 6\quad 1\quad 3\quad 3}=40$$

$$母驴：\frac{3\quad 3\quad 6\quad 3\quad 3}{3\quad 3\quad 6\quad 3\quad 3}=36$$

（三）构造

将驴齿做一纵剖面，可见驴齿由 3 部分组成（见图 2-20）：

1. 白垩质 在驴齿最外层和齿坎内面。色泽黄白。在外层起填充、固定作用。齿坎内的白垩质，受食物分解物腐蚀而呈黑色，叫“黑窝”，也称外齿腔。

2. 珐琅质 在白垩层下面，象牙层外边，色泽青白，最为坚硬，起保护作用。在臼齿上形成皱襞，耐磨灭，切齿齿坎的内层也是珐琅质。黑窝消失后，驴齿磨灭面上齿坎露出的珐琅质圈，叫“齿坎痕”，即齿坎是由上面黑窝和下面齿坎痕共同组成。

3. 象牙质 在驴齿的最内面，色泽浅黄，是驴齿的基础部分。内有腔洞，也称内齿腔，腔内有血管和神经及其他软组织叫齿髓。露在磨灭面上，叫“齿星”。与齿坎不同，齿星周围没有珐琅质外圈。

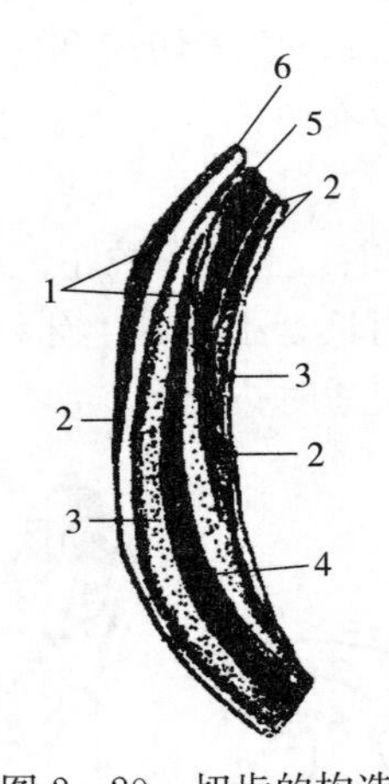

图 2-20 切齿的构造

1. 白垩质 2. 珐琅质 3. 象牙质 4. 齿髓腔 5. 黑窝 6. 齿坎

(四) 乳齿与永久齿的区别

驴的切齿和前臼齿发生得早，到一定年龄脱换，长出新的切齿和前臼齿。前者叫乳齿，后者叫永久齿。驴的后臼齿和犬齿发生时间晚，出生时即为永久齿，以后不再脱换（表 2-2）。

表 2-2 驴切齿的乳齿和永久齿区别

齿别	大小颜色	齿颈	齿冠唇面纵沟	齿间隙	齿面	齿冠
乳齿	小而白	明显	细线数条	大	规整	三角形
永久齿	大而黄	不明显	粗深 1～2 条	小	不规整	呈楔形

三、驴切齿构造和变化特点

驴的牙齿小，恒齿生长较马慢，黑窝深。驴下切齿黑窝深约为 13mm（马约为 6mm），上切齿黑窝深约 22mm（马约为 12mm）；齿坎（黑窝加齿坎痕）深度，下切齿约为 20mm，上切齿 26～30mm。因而驴牙齿发生、脱掉及黑窝磨灭时间与马也不同。

大多数驴的隅齿前缘宽厚，后缘因倾斜过低，咀嚼面呈新月形或贝壳形，致使黑窝缺失或很不完全，多不见黑窝。另外，驴上颌切齿黑窝较深，不易消失，不到 20 岁的驴，上切齿全有黑窝。

公驴四岁半时出现犬齿。

驴切齿的发生、脱换及齿面磨灭的规律性不如马大。切齿黑窝比马约深一倍，每年磨灭 2mm。如此，则下切齿黑窝磨灭平均需要 6.5 年，驴从 2.5～3 岁换牙，3～3.5 岁磨起，故下门齿黑窝消失时约 9～10 岁，下中间齿黑窝消失时 11～12 岁，下门齿齿坎痕消失时 13～14 岁。因大多数驴下隅齿多看不到黑窝，上切齿黑窝较深不易消失，一般在驴的年龄鉴定时，不看它们或仅作参考。

驴下门齿咀嚼面一般在10～11岁前多呈横椭圆形；12～13岁由横椭圆形向三角形变化，13～15岁多呈三角形，15～16岁由三角形向等边三角形或梯形变化，16～17岁咀嚼面多呈梯形并以后由梯形向纵椭圆形逐渐过渡，18岁后呈纵椭圆形。

四、驴切齿变化与年龄变化关系

驴的年龄鉴定，其方法基本和马相同，但个体间差异大。为了便于记忆，现将驴齿综合鉴定标准归纳分述如下。

初生　初生驹无乳齿。乳门齿的发生，在生后1～7天；乳中间齿的发生，在14～43天；乳隅齿的发生，在生后8～11个月。

6月龄　乳中间齿后缘开始磨损。

1岁　乳隅齿前缘开始磨损。

1.5岁　下乳门齿黑窝消失。

2岁　下乳中间齿黑窝消失。

2.5岁　下乳隅齿黑窝消失。

3岁　永久齿下门齿出现。老乡（指农村牲口掮客，在牲畜交易市场帮助买卖驴只的内行农民）称为“3岁一对牙”“一千天扎牙”。

4岁　永久齿中间齿出现。老乡称为“4岁4个牙”。

5岁　永久隅齿出现（但前缘很薄）。老乡称为“5岁扎边牙”。此时公驴开始出现犬齿。

6岁　隅齿上下已长齐。老乡称“6岁齐口”。但隅齿仅呈新月形，下门齿开始出现细丝状齿星（齿髓腔外露）。

7岁　中间齿出现丝状齿星；下门齿黑窝呈扁圆形，棱角明显。老乡称为“七方八圆”，意即黑窝7岁时为方形，8岁时为圆形。

9岁　下门齿黑窝变小如绿豆，齿星呈长矩形，中间齿齿星为马蹄形，隅齿后缘开始形成。

10～11岁　下门齿黑窝更小，门齿齿星变为矩形。

12～13岁　下门齿黑窝深度更浅，只余1mm。老乡有“咬倒中渠十二三岁”的说法。此时上门齿出现一对根花（即齿根外露部分，黄色白垩质增多，称一根黄）。

14～15岁　上门齿、中间齿黑窝消失，隅齿已长圆。老乡称“边牙圆十五年”，颇为准确。

16岁　下门齿咀嚼面与齿星均变为圆形。

17～19岁　咀嚼面向纵椭圆形发展，齿星为正圆形。

20～23岁　齿星位于中央如粟粒状，咀嚼面为纵椭圆形，齿色黄；齿龈苍白。

鉴定驴的年龄还有些辅助方法，如参考齿面形状和上下颌齿弓的咬合角度。驴愈老，咬合角度愈小。同时要注意观察齿面形状会因十驴九个“天包地”、也有少数“地包天”而不规律（见图2-21）。

还应说明，驴齿的生长、脱换和磨灭，虽有一定规律，但也常受品种、生理状态、饲养方式、饲料质地，以及齿质坚硬程度的影响而变化，因而应根据具体原因，酌情增减鉴定所得的年龄。

图 2-21 “天包地”和“地包天”

第三节 驴的毛色与别征

驴体毛可分为三种。被毛，指驴体各处的短毛；保护毛，指鬃毛、鬣毛、尾毛和距毛四大长毛；触毛，驴唇、鼻周围，鼻孔内和眼睑等处长而粗的毛，以及散布被毛中数量少、神经末梢发达、触觉锐敏的毛。驴毛的长毛即保护毛中无鬃毛，鬣毛、尾毛比马稀短，尾根无长毛。

驴的毛色与别征，是识别品种与个体的重要依据，也是驴的个体鉴定重要内容之一。

一、驴的毛色

驴的毛色虽没有马那样复杂，但也是多种多样的，且各地命名不一。现将我国驴的主要毛色区分如下。

（一）黑色

全身被毛和长毛基本为黑色，但依其特点又分为下列几种。

1. 粉黑

亦称三粉色或黑燕皮，陕北称之为“四眉驴”。全身被毛，长毛为黑色，且富有光泽，唯口、眼周围及腹下是粉白色，黑白之间界限分明者称“粉鼻、亮眼、白肚皮”。这种毛色为大、中型驴的主要毛色。粉白色的程度往往是不同的。一般幼龄时，多呈灰白色，到成年时逐渐显黑。有的驴腹下粉白色面积较大，甚至扩延到四肢内侧、胸前、颌凹及耳根处。

2. 乌头黑

全身被毛和长毛均呈黑色，亦富有光泽，但不是“粉鼻、亮眼、白肚皮”。这叫乌头黑，或叫“一锭墨”。山东德州大型驴多此毛色。

3. 皂角黑

此毛色与粉黑基本相同，唯毛尖略带褐色，如同皂角之色，故叫“皂角黑”。

（二）灰色

被毛为鼠灰色，长毛为黑色或接近黑色。眼圈、鼻端、腹下及四肢内侧色泽较淡，多具有“背线”（亦叫骡线）、“鹰膀”（肩部有一黑带）和“虎斑”（前膝和飞节上有斑纹）等特点。一般小型驴多呈此毛色。

（三）青色

全身被毛是黑白毛相混杂，腹下和两肋有时是白色，但界限不明显。往往随着年龄的增长而白毛增多，老龄时几乎全成白毛，叫白青毛。有的白青毛和白毛在被毛上已难于区分，一般黑蹄为白青毛，白蹄则为白毛。

还有的基本毛色为青毛，而毛尖略带红色，叫红青毛。

（四）苍色

被毛及长毛为青灰色，头和四肢颜色浅，但不呈“三粉”分布。

（五）栗色

全身被毛基本为红色，口、眼周围，腹下及四肢内侧色较淡，或近粉白色，或接近白色。原在关中驴和泌阳驴中有此色，现已难觅。

偶尔还有被毛为红色或栗色，但长毛接近黑色或灰黑色者。由于被毛色泽浓淡程度不同，可分别称为红色，铜色或驼色。

除上述主毛色外，还有银河，即全身短毛呈淡黄或淡红色；白毛（白银河），全身被毛为白色，皮肤粉红，终生不变；花毛，在有色毛基础上有大片白斑。但这些毛色在我国驴种中都很少出现。

由于毛色的变化是错综复杂的，并非上述那些毛色那么典型和单一，因而在实践中会见到过渡性的非典型毛色，这时的记录要写明主毛色，以及与主毛色的异同之处。

二、别征

别征有白章和暗章之分。白章指头部和四肢下端的白斑，驴很少见。而暗章，除在灰色小型驴中经常出现的“背线”（骡线）、“鹰膀”（肩部有一条黑带）和“虎斑”（前膝和飞节有横纹）外，还有在中、小型灰驴耳朵周缘常有一黑色耳轮，耳根基部有黑斑分布，称之为“耳斑”，这也属于暗章。

其他别征　指毛色以外的特殊情况，可以作为标记的有以下几种。

烙印　后天驴主人的烙印，人工烙印，也是终生不变。如场号、年号、个体号。

伤痕　驴体局部受伤，伤好后生出别种颜色的毛（一般是白毛），记载成“某处异毛”，都应当作为别征记载下来。

三、驴毛色遗传研究简述

毛色性状是一种可利用的遗传标记，在确定杂交组合、品种纯度和亲缘关系等方面均有一定的用途，同时毛色性状也能产生很高的经济价值，如黑毛的驴可制作上品阿胶等。

（一）毛色主要基因

目前有报道的影响毛色的基因主要包括 *MC1R*、*ASIP*、*KIT*、*TYRP*、*EDNRB*、*STX17*、*MATP* 和 *PMEL17* 等，黑色素皮质激素受体 1 基因（*MC1R*）作为调控毛色的重要基因，已经被广泛研究与报道。哺乳动物 *MC1R* 基因包括 *MC1R-MC5R*，与黑色素合成有关的受体主要是 *MC1R*。*MC1R* 又称促黑素细胞激素受体（MSH-R），为 G 蛋白耦合受体家族，一般由 310 多个氨基酸组成，该基因只有一个外显子。

（二）红色基因

Abitbol 等对法国七个驴品种（比利牛斯驴，浆果黑色驴，普瓦图驴，科唐坦驴，普罗旺斯驴，波旁驴和诺曼底驴）的 *MC1R* 基因进行比较发现，相对于其主要毛色——黑色、棕色、灰色，红色的诺曼底驴幼驹出现了一处 c.629T>C 的错义突变，导致第 210 氨基酸由甲硫氨酸突变为苏氨酸。与人及其他哺乳动物比较，发现该突变（M210）类似于人 *MC3R* 基因的 M247 突变，高度保守且位于第五个跨膜域或第三个胞内环上。在晶体结构中，第三个胞内环形成 α-螺旋结构，能够拉长第 5、第 6 螺旋的长度，导致跨膜域的长度变化，同时控制受体选择不同的 G 蛋白，最终引起毛色变红。

（三）原癌基因 *KIT*

原癌基因 *KIT* 编码表达黑色素细胞前体物的“肥大/干细胞生长因子受体”，属于免疫球蛋白家族。其胞外部分由 5 个免疫球蛋白样结构域组成，胞内部分包含了由 ATP 结合区和磷酸转移酶区组成的具有酪氨酸激酶活性的结构域。*KIT* 的突变可影响黑色素细胞的增殖、迁移或存活，并与原始生殖细胞和造血干细胞的发育和成熟有关。研究证明 *KIT* 是白毛色和花斑性状的一个主要候选基因。*KIT* 序列多态与杂毛色等位基因之间存在显著的连锁不平衡，白毛色的马中，*KIT* 的等位基因数目要多于其他物种的等位基因数目。通过对白色斑点驴与纯白色驴的比较研究，发现在 *KIT* 基因存在两处突变：其中一处为外显子 4 上错义突变 c.662A>C，导致编码氨基酸由酪氨酸突变为丝氨酸，该突变仅在一头刚出生的白色幼驹上被发现；另外一处为剪切体突变 c.1978+2T>A，该突变只在白色斑点的驴中出现。

（四）ASIP

ASIP 是由野灰位点编码的蛋白，在哺乳动物中，野灰位点（Agouti）和毛色扩展位点共同控制真黑素和褐黑素的形成。Agouti 在毛囊黑色素细胞内临时产生，诱发褐黑素的合成，通过竞争性地与 *MC1R* 受体结合，调节褐黑素与真黑素的产生比例，从而实现对毛色的调控。已有研究发现 ASIP 的隐性突变位点与灰色毛的形成、白斑及褐斑的出现有关，并与黑色素瘤的形成有关。在世界范围内，以眼周、鼻端和腹下呈粉白色为特征的三粉驴分布最为广泛。相对于三粉驴，通体黑色的乌驴数量则少得多。

Abitbol 等选择法国登记注册的 6 个品种 127 头驴进行毛色对比试验，127 头驴按照毛色分为黑驴（9 头）和三粉驴（118 头）两组。发现黑驴的 *ASIP* 基因上存在一处隐性错义突变 c.349T>C，导致第 117 位编码的氨基酸由半胱氨酸突变为精氨酸，最终导致毛色变黑，并且在试验驴群体中发现 *ASIP* 基因从三粉到黑色为隐性遗传，这也可以部分解释为何乌驴数量稀少的原因。而在脊椎动物 ASIP 蛋白中此位置的半胱氨酸高度保守，之前的点突变实验也证实此位点为功能位点。通过连锁不平衡分析，该突变与黑色毛皮性状完全连锁。

（五）我国对 *ASIP* 基因的突变研究

我国驴品种资源丰富，各驴种毛色特征鲜明，西北农林科技大学科研团队以国内 11 个驴品种（德州驴、库伦驴、庆阳驴、佳米驴和泌阳驴等共 315 头）为研究对象，采用 PCR 扩增、测序与 PCR-RFLP 的方法，研究 *ASIP* 基因多态性与毛色的关系，以此探讨了中国驴品种毛色形成的内在机制。测序结果表明在我国驴品种中，也存在 *ASIP* 基因的突变，即第三外显子区 349 位 T 碱基突变为 C 碱基，标记为 c. 349T>C。这个结果与法国学者 Abitbol 等的研究结果一致，从而验证了在我国驴品种中，也存在 *ASIP* 基因第三外显子区 c. 349T>C 的突变。对酶切结果进行统计及基因型分析，计算基因型频率和等位基因频率，结果如表2-3。

表 2-3 11 个中国驴品种中纯黑色驴和非纯黑色驴基因型频率和等位基因频率

品种	样本数	基因型频率			等位基因频率	
		黑驴 纯合子 CC	非黑驴 杂合子 TC	非黑驴 纯合子 TT	纯黑色 C	非纯黑色 T
德州驴	90	0.488 9 (44)	0.255 6 (23)	0.255 6 (23)	0.616 7	0.383 3
库伦驴	9	0.000 0 (0)	0.222 2 (2)	0.777 8 (7)	0.111 1	0.888 9
佳米驴	21	0.000 0 (0)	0.047 6 (1)	0.952 4 (20)	0.023 8	0.976 2
泌阳驴	32	0.000 0 (0)	0.000 0 (0)	1.000 0 (32)	0.000 0	1.000 0
庆阳驴	16	0.062 5 (1)	0.062 5 (1)	0.875 0 (14)	0.093 8	0.906 2
青海驴	18	0.000 0 (0)	0.333 3 (6)	0.666 7 (12)	0.166 7	0.833 3
太行驴	33	0.000 0 (0)	0.181 8 (6)	0.818 2 (27)	0.090 9	0.909 1
新疆驴	23	0.000 0 (0)	0.217 4 (5)	0.782 6 (18)	0.108 7	0.891 3
凉州驴	36	0.000 0 (0)	0.194 4 (7)	0.805 6 (29)	0.097 2	0.902 8
淮北驴	6	0.000 0 (0)	0.166 7 (1)	0.833 3 (5)	0.083 3	0.916 7
西吉驴（固原）	31	0.000 0 (0)	0.129 0 (4)	0.871 0 (27)	0.064 5	0.935 5
合计	315	0.142 9 (45)	0.177 8 (56)	0.679 3 (214)	0.231 7	0.768 3

不同毛色驴对应不同的基因型，如表 2-4 所示，纯黑色只有一种 CC 基因型，而其他毛色如三粉、灰、青、白色驴则有 TT 和 TC 2 种基因型。因此，此突变可以将黑色驴和非黑色驴区分开。

表 2-4 不同毛色驴的基因型

不同毛色驴	c. 349 处基因型		
	TT	TC	CC
三粉驴（11 头）	8	3	0
灰驴（1 头）	1	0	0
纯黑色（20 头）	0	0	20
青驴（8 头）	4	4	0
白驴（2 头）	1	1	0

在德州驴中，纯黑色驴占 48.89%，非纯黑色驴占 51.11%，纯黑色驴数量多，所占比例接近一半，这与我国德州驴毛色主要分为粉黑和乌头（全身乌黑）的现象一致。但在库伦驴、佳米驴和泌阳驴这 3 个品种中，未检测到纯黑色驴，非纯黑色驴占 100%，这与佳米驴毛色为粉黑，泌阳驴毛色主要为黑三粉相符。

毛色是驴的主要外貌特征之一。黑乌头驴体型高大、生长快，其驴皮是生产极品阿胶的主要原料。因此，黑乌头驴就成为驴养殖户与养殖公司的首选品种。中国驴品种丰富，地方驴品种众多，但其毛色均以典型的三粉（粉鼻、亮眼、白肚皮，其他地方以黑色为主）和普通的三粉（粉鼻、亮眼、白肚皮，其他地方为灰色、青色）为主要毛色。黑乌头驴只在德州驴品种中存在，其他品种很少有全身纯黑的毛色。因此，从分子水平鉴定黑乌头驴与三粉驴等非黑驴就成为驴品种鉴定及毛色选育的关键技术。该研究的结果从分子水平可以 100％把黑乌头驴与三粉驴区分开来，将为黑乌头驴的早期选种与开发利用提供科学依据。

CHAPTER3 第三章 驴的品种和遗传资源

动物分类一般按门、纲、目、科、属、种来划分。种即物种，物种以下才是品种，驴这一物种下面就是驴的品种。

家畜品种出现时间不像家畜那样久远，驯养以后的家畜，随着人类迁徙和饲养技术的不断改进，分布越来越广，质量也逐渐提高。分布在各地的家畜，由于交通不便形成了地理隔离，迁徙来的小群体在当地自然环境和社会经济差异影响下，经过一定时间人工选择、自然选择和基因漂变三者共同作用，就形成了在体型外貌、生产能力、适应性等方面与外地同种家畜均有差异的群体。人们对不同产地各具特色的家畜群体予以不同名称，以示区别，这就是原始品种的由来。我国大中型地方优良驴品种大都是这样形成的。如对这些原始家畜品种继续定向选择育种，生产性能更为专一，就会形成经济效益更高的培育品种，例如，皮用、肉用、奶用、观赏用等专用或兼用的不同家畜品种。这正是我们现代驴业所追求的目标。

2009 年国家家畜遗传资源委员会对曾经引入大型驴种杂交的吐鲁番驴和西吉驴进行了新驴种认定，由于这两个杂种驴缺乏保种场系统选育和登记，采取的仅是群选群育方式，群体内差异大，而对验收公布体尺，样本量太少，能否真实代表整体存疑，因此我们认为这两个杂种群体是否完全符合品种要求，成为新驴种，仍有待商榷。

第一节 品种概念和分类

我国驴种类别单一，都属于地方驴种，只是大、中型驴由于饲养条件、生态环境较好，群选群育和育种场系统选育相结合，经过长期坚持，最终培育成为优秀的地方良种。相对应小型驴则为一般的地方驴种。目前我国驴种按传统分类有三种类型，体高在 130cm

以上为大型驴，体高多在 115～125cm 的为中型驴，体高 110cm 以下为小型驴。随着社会经济的发展，驴的役用价值逐渐降低，其肉用、皮用、奶用、观赏等经济价值逐渐凸显，如根据驴的经济价值，今后可以将驴向兼用型驴、宠物驴方向选育。

目前，有一些地方畜牧工作者经常随意将杂种称为品种，错误认为杂交是一条捷径，只要把表型类同的聚成一群，即可成为品种，从而忽视了家畜品种所要求的遗传基础和基本条件。这里仅从群体遗传学和遗传资源学的角度，简单介绍一下关于家畜品种的一些要求和相关知识。

一、品种概念

品种，是在家畜种内，具有更接近的亲缘关系，更一致并能稳定遗传的形态、生理特征，因而具有更相似的经济性能，并有一定数量的群体。就群体遗传学而言，家畜品种就是具有特定基因组合体系、若干基因座的基因频率在特定范围内的群体。

二、品种基本性质

①内部的遗传相似性。个体特性、特征品种内变异小于品种间，这些表型与其他品种有别。

②适应相同的生态条件。承受相同的人类选种和自然选择压力。

③适应相同的社会文化需求。

④数量规模足以保证自群繁殖而不导致近交衰退。

三、品种的类别

（一）按地理分布区分

联合国粮农组织（2007 年）把家畜品种分为三类：

1. 地方品种（local breed）　即只分布一个国家的品种。

2. 区域性跨境品种（transnational breed in region）　即分布在 2 个或 2 个以上国家，但是在粮农组织划分的同一区域里的品种（区域分 7 个，非洲、亚洲、欧洲及高加索地区、拉丁美洲及加勒比地区、“中近东”地区、北美及西南太平洋地区）。

3. 国际性跨境品种（international breed）　存在与上述不同区域 2 个或以上国家里的品种。

这一品种划分对应了遗传多样性客观需要，但比较粗糙，尤其是“地方品种”，常因国家大小，自然、经济条件不一，与我们常说的与特定生态条件相依的，承受人工选择压力较小的地域群（native population）俗称“土种”非常不同。

（二）按经济类型分：

1. 专门化品种（specific breed）：**用途专一的品种。**

2. 兼用品种（dual-purpose breed）：**用途多样的品种。**

（三）按选育程度分

即按种群历史上承受人工选择压力水平来分：

1. 原生态品种（primitive-ecologic breed）　人类羁控程度很低，种群基因库基本上保持着长期自然选择、自然进化的结果，个体适应野生时期原有的生态环境。对地域环境高度适应。如林芝藏猪等。

2. 地域品种（native breed） 即我们习惯称的“地方品种”，现称地域品种，与联合国粮农组织（2007年）所称“地方品种”相区别。地域品种是在特定区域的自然生态环境、社会经济文化背景下，经过长时间无计划选择所形成的品种，一般都经历漫长的群众性育种历史。我国多数固有家畜品种都属于这种地域品种，如人工选择介入较多的优秀地方良种关中驴、德州驴等；人工选择虽然漫长但介入相对不足、饲养管理条件也相对较差的新疆驴、云南驴等。

3. 培育品种（improved breed） 即我们习惯称的“过渡品种”，它是在比较周密饲养管理条件控制下，在若干世代的短时期对育种畜禽特定性状进行有目标、有计划的选择，由此繁衍起来的品种。因育种初期群体规模较小，因而大多数个体有较近的亲缘关系，品种内遗传多样性相对贫乏，品种的遗传性相对不够稳定。如关中马等。

4. 高度培育品种（developed breed） 即我们习惯称的“育成品种”，它是在严格控制的饲养管理与长期闭锁繁殖条件下，对少数特定性状进行持续多代高强度的选择所形成的。作为品种特性基因座纯化水平很高，这类品种几乎只能生存在人为控制的特定环境中。如纯血马等。

第二节 我国主要驴种

我国家驴分布在北温带干燥、温暖地域，东起渤海湾、西至塔里木盆地周围，北起辽西、冀北、雁北、河套，南至滇南。我国驴种大致分为大、中、小型三个类型。大型驴品种主要分布在黄河中下游流域气候温和、饲料丰富的农区，天山南麓和塔里木盆地南缘也有集中产地。小型驴遍布分布区内的南北各地，它们生活在气候干燥、植被稀疏的地区。而中型驴则多在大型驴与小型驴分布区之间的一些地区，由于生活环境和血统来源的影响，出现了这些体格中等大小的中型驴。需要指出的是，有的地方虽同一个产区，但各地自然条件和培育程度亦不完全相同，常出现两种或三种驴的类型。

一、大型驴品种及分布

大型驴主要分布在（晋冀鲁豫陕）黄河流域，特别是黄河中、下游农业地区，这些地区农业发达，拥有丰富的农副产品，这里的农民素有种植苜蓿喂畜的习惯。由于农耕和社会发展的需要，经过人们累代选育和精心饲养，原产于这些地区的驴种终于成为体格高大，结构匀称、毛色纯正、摆脱了原始品种某些特征的地方良种，体高130cm以上，少数有达到150cm以上者。此外（新疆）天山南麓和塔里木盆地缘也有分布。原来大型驴主要有关中驴、德州驴、晋南驴、广灵驴，1990年长垣驴通过国家鉴定，2009年新疆驴与关中驴杂交多年的杂种驴吐鲁番驴和原为地域型的和田青驴都被国家遗传资源委员会认定为新驴种。

（一）关中驴

关中驴（Guanzhong donkey）属大型兼用型地方品种（见图3-1，图3-2）。

图 3-1　关中驴（公）
（来源：《中国畜禽遗传资源志·马驴驼志》）

图 3-2　关中驴（母）
（来源：《中国畜禽遗传资源志·马驴驼志》）

1. 中心产区及分布　关中驴原产于关中平原。以乾县、礼泉、武功、蒲城、咸阳、兴平等县市驴的品质最佳。扶风县关中驴场承担着国家保种任务。经 2007 年调查，关中驴受农业机械化的影响，中心产区已移至关中平原西北部山区和渭北旱塬西部边缘的陇县六个乡镇。此外，宝鸡市扶风、凤翔两县，渭南市的合阳县以及咸阳市的旬邑县和彬县也有少量分布，截至 2007 年 4 月底，符合关中驴品种特征的关中驴存栏约 4 400 头，为历史最低，且仍有下降趋势。

2. 品种形成　早在先秦时代，关中地区就有驴，但非常罕见。先秦李斯《谏逐客书》中有“而骏马駃騠不实外厩”，既有駃騠（俗称驴骡）就有驴，然而当时仅用于玩乐。自西汉张骞通西域后，始有大批驴、骡东来，此后陕西农民养驴日益增多，并成为重要役畜。《陕西省志》有北魏“太武帝将北征，发民驴以运粮”的记载；《旧唐书·宪宗纪》道：在长安以东，“牛皆馈军，民户多已驴耕”，这些史料说明陕西关中地区养驴已有2 000多年的历史，并将驴作为重要役畜。

陕西关中是周、秦、汉、唐等 13 个王朝的古都所在，作为全国政治、经济和文化中心长达 1 000 多年，国内外交往和物资运输频繁，农耕发达。当时的交通运输全靠马、骡、驴担负，特别是通往西南和丝绸之路的西北路途山高坡陡、道路艰险，长途运输多依赖体力强大、富有持久力和耐劳苦的大骡；加之关中平原土壤黏性大，耕种费力，亦需要体大力强的役畜，从而促使关中驴的体躯向大型挽用方向发展。

在汉武帝时代，关中即已种植苜蓿。关中驴自幼得到这种优质饲草，促进其正常发育，加上农民对牲畜饲养管理较精细，能做到产前给母驴加料、产后适时补饲富含蛋白质且易消化的优质草料，驴驹生后 1 个月左右，即单独补饲，冬季放于田野，任其活动，使役后终年舍饲。这些条件都有助于本品种的形成。

陕西驴业的发展主要决定于政治经济因素：一是历代封建王朝或禁止民间养马，或对民间马匹强行拦括军用，然而对养驴则不多加限制。二是关中农民有繁殖骡的传统，据顾炎武《日知录》的考证：骡子，“宋已不数见，盖乃不娴驴马相配之法，良骡产少”。到元、清两朝，骡子多于马类。明、清之际出现关中大型驴、陕甘大骡。大骡多出于关中西部，这和清初兴平农学家杨屾提倡养畜有直接关系。据回忆：“民国初元每年春秋，恒见关中大道，有驴骡成群驱赴山西、河南、山东等省。”闻父老云“均购自兴平、礼泉者”。三是关中农耕需要大型驴、骡。该地有种植苜蓿、豌豆饲喂家畜的习惯，饲料丰富，饲喂精细，保证驴驹的良好生长发育。四是产区农民很重视驴的选种选配，对种公驴选择尤为严格，向来重视其外形和毛色，要求体格高大、结构匀称、睾丸对称且发育良好、四肢端正、毛色黑白界限分明、鸣声洪亮、富有悍威。通过举办赛畜会、“亮桩”（种公畜评比会）等促进品种质量不断提高。经过长期的选育，形成了关中驴这一良种。

1935—1936 年，原西北农学院对关中驴的形成、体尺和外形做过第一次调查，提出“关中驴”之名，沿用至今。1956 年西北畜牧兽医研究所和原西北农学院又作了系统调查，初步摸清了品种资源。此后，相继在关中驴产区，确定良种繁殖基地县，1963 年于扶风建立了种驴繁殖场，在咸阳、渭南两地区设立良种辅导站，制定《关中驴企业标准》《关中驴国家标准》和选育方案，并开展群众性选育工作，这对关中驴良种品质的进一步提高，都具有重要作用。

3. 体型外貌特征

（1）外貌特征　关中驴属大型驴，体格高大，结构匀称，体质结实（见图 3-3）。身体略呈长方型。其特点是头中等大，眼大明亮有神，鼻孔大，口方，齿齐两耳竖立，头颈高昂，前胸深广，肋圆而拱张，背腰平直，腹部充实、呈筒状，四肢端正，关节干燥，蹄质坚实，背凹和尻短斜为其特点。

关中驴被毛短细，富有光泽，多为粉黑色，其次为栗色、青色和灰色。以栗色和粉黑色，且黑（栗）白界限分明者为上选。特别是鬃毛及尾毛为淡白色的栗毛公驴更受欢迎，认为由它配种能生出红骡，但 2007 年调查，栗毛驴未曾见到。

（2）体尺和体重　成年关中驴平均体尺体重见表 3-1。

表 3-1　成年关中驴平均体尺体重

时间	地点	性别	样本数/头	体高/cm $\overline{X}\pm s$	体长/cm $\overline{X}\pm s$	胸围/cm $\overline{X}\pm s$	管围/cm $\overline{X}\pm s$	体重/kg
1980	农村	公	130	133.21±6.64	135.40±7.16	145.01±9.00	17.04±1.54	263.63
		母	413	130.04±5.93	130.31±6.45	143.21±8.11	16.51±1.34	247.46
	保种场	公	3	144.16±1.53	146.10±6.32	155.33±4.04	17.50±0.60	
		母	104	137.45±4.84	138.72±5.37	148.34±5.47	16.08±0.85	
2007	农村	公	3	140.50±6.36	137.50±3.53	140.50±0.70	16.00±0.10	
		母	18	127.44±2.45	128.00±4.77	129.94±6.80	15.39±0.98	
	保种场	公	8	138.67±6.64	137.57±5.84	141.00±6.43	17.50±1.38	
		母	32	131.59±4.46	131.30±6.35	140.44±9.40	16.46±1.23	

4. 性能和评价　关中驴宜于挽、驮多种用途。据测定，公驴最大挽力平均为 246.6kg，约占体重 93%；母驴最大挽力平均为 230.9kg，约占体重 87%。驮运能力，驮重 150kg 左右，时速 4.4～4.8km。据西北农业大学对退役关中驴屠宰率测定，为 39.32%～40.38%。

在正常饲养管理条件下，驴驹生长发育较快，1.5 岁时体高即达到成年体高的

93.4%，并性成熟。3岁时各项体尺均达到成年体尺的98%以上，公母驴此时均可配种，公驴4～12岁配种能力最强，母驴3～10岁时繁殖力最高，1头母驴终生平均产驹5～8头。

关中驴适应性好，遗传性强，不仅对晋南驴、庆阳驴有重要影响，而且作为父本改良小型驴和与马杂交繁殖大型骡都有着良好的效果。成年骡体高可达140cm以上。关中驴适宜于干燥、温和的气候，而耐寒性较差，高寒地区引入应注意防寒。关中驴作为种驴曾输出到朝鲜、越南和泰国。目前关中驴役用性能降低，数量急剧减少。今后应加强保种工作，注重肉、乳、皮的选育和开发利用。

图3-3　关中驴群体

（来源：《中国畜禽遗传资源志·马驴驼志》）

（二）德州驴

德州驴（Dezhou donkey）属大型兼用型地方品种（见图3-4，图3-5）。

图3-4　德州驴（公）

（来源：《中国畜禽遗传资源志·马驴驼志》）

图3-5　德州驴（母）

（来源：《中国畜禽遗传资源志·马驴驼志》）

1. 中心产区及分布　德州驴原主产于鲁北、冀东平原沿渤海的各县。以山东的德州、无棣、庆云、占化、阳信和河北的盐山、南皮为中心产区。素以德州为集散地，故有德州驴之称。河北沧州地区盐山、南皮、河间、黄骅、青县、沧县等环渤海各县曾将当地驴类型称为渤海驴。其实，山东、河北这些产驴地区，自然、社会、经济条件大体一致，海拔较低，地势平坦，盛产粮棉等经济作物，也有种植苜蓿养畜的习惯，饲草来源丰富，近海处有大面积天然草场放牧。由于农业和盐业对动力的需求，经过长时间精心选育，在良好的饲养管理条件下，最终形成了这一优良驴种。

目前，德州驴中心产区萎缩，数量急剧下降，质量降低，高等级的种驴不易见到。据不完全统计，符合品种特征要求的驴不足1万头（2009年）。驴肉和“阿胶”的生产收购价格的调整，促进了当地人养驴的积极性。

2. 品种形成 据北魏《齐民要术》关于养驴技术的记述，证明山东省养驴至少有1 500多年历史。宋代时曾向该区大量引入驴。在长期的个体小农经济下，农民经济基础薄弱，养驴使役、繁殖、出售，均甚适宜。早年因农业产量不稳定，在精饲料比较缺乏的情况下，当地农民习惯以苜蓿草喂驴，保证了驴正常发育和繁殖所需的营养物质，且群众长期养驴积累了丰富的选育经验，重视选育和培育驴驹。这些是形成德州驴的重要因素。

1962—1963年先后在无棣和庆云建立种驴场，组建育种群，进行系统选育、提纯复壮，并加强驴驹的培育，建立育种档案，注意选种选配，从而不断提高德州驴的质量。经过产区广大人民群众的选种选配、选优去劣，逐渐形成了具有挽力大、耐粗饲、抗病力强等特点的优良大型挽驮兼用品种。历史上，由于当地群众有用该驴驮盐到德州贩卖的习惯，使德州成了该驴的集散地，故有“德州驴”之称。

3. 体型外貌特征

（1）外貌特征　德州驴体型方正，外形美观，高大结实，结构匀称，头颈躯干结合良好（见图3-6）。公驴前躯宽大，头颈高昂，眼大、嘴齐、耳立，鬐甲偏低，背腰平直，腹部充实，尻稍斜，肋拱圆，四肢坚实，关节明显。德州驴依毛色可分为三粉和乌头两种，各代表不同的体质类型。

图3-6　德州驴群体

（来源：《中国畜禽遗传资源志·马驴驼志》）

三粉驴，即鼻、眼周围和腹下粉白，而全身为纯黑。该类型驴体质干燥结实，体型偏轻，皮薄毛细；四肢较细，肌腱明显；蹄高而小，步样轻快。

乌头驴，全身乌黑，无白章。该类型驴体质偏疏松，体型厚重，体躯较宽，四肢粗壮，关节圆大，干活有力，属驴的重型，公驴和母马交配所产生的马骡高大而有力。

经西北农村科技大学（1996年）生化遗传测定，这两种类型的驴，遗传本质上无显著差异。

（2）体尺和体重　德州驴（1975 年）平均体尺见表 3－2。

表 3－2　成年德州驴的平均体尺体重

性别	样本数/头	体高/cm	体长/cm	胸围/cm	管围/cm	体重/kg
公	123	136.4	136.4	149.2	16.5	266.0
母	677	130.1	130.8	143.4	16.2	245.0

2006 年对公母各 6 头成年德州驴进行了体重和体尺测量，样本太少，缺乏代表性。

4. 性能和评价　德州驴役用性能良好，挽、乘、驮皆宜，持久力好。公驴最大挽力平均 175kg，相当于体重的 81%；母驴最大挽力平均 170kg，相当于体重的 69%。

据测定，在未经肥育条件下，德州驴平均屠宰率为 40%～46%，净肉率 35%～40%，经过肥育后屠宰率可达 50%以上。

德州驴生长发育快，1 岁时体高达成年的 93.2%，12～15 个月表现性成熟，2.5 岁时开始配种。母驴终生可产驹 10 头左右。

德州公驴与蒙古马、哈萨克马等地方品种母马相配，所产骡质量甚佳，体高在 140cm 以上，有的可达 170cm。

德州驴产区居民向来有吃驴肉的习惯，且生产阿胶，德州驴向肉、皮用生产转化很有前途。今后在已建立的保种场和保护区的基础上，进行品种选育，控制特级种驴外流，开展品系繁育，向肉用、驴皮药用及乳用方向发展，并注意保护和发展乌头类型的驴群。

（三）晋南驴

晋南驴（Jinnan donkey）属大型兼用型地方品种（见图 3－7，图 3－8）。

图 3－7　晋南驴（公）

（来源：《中国畜禽遗传资源志・马驴驼志》）

图 3－8　晋南驴（母）

（来源：《中国畜禽遗传资源志・马驴驼志》）

1. 中心产区及分布　晋南驴产于山西运城地区和临汾地区的南部，以夏县、闻喜为中心产区，当地统计约为 1 000 余头（2006 年）。

2. 品种形成　晋南驴产区地处我国古代文化发达的黄河流域，地处黄土高原，有平川、丘陵和山地，农副产品丰富，是我国农业开发较早的地区。夏县当地的文物古迹考证，当地为夏禹王的故乡。由于晋南与陕西关中地区仅一河之隔，故从汉朝向关中一带引入驴时，必将通过黄河扩散到这一地区。由于产区有悠久的农牧业发展史，又有著名的运城盐池和许多大小煤矿，农业耕作、粮棉和煤盐的运输，历来靠驴、骡驮运。这种客观的经济需要，促使农民喜爱养驴，重视选种选配和驴驹培育。历史上形成的在庙会上展示各种驴户所饲养的种驴质量，借以争取选配母驴的群选方式，一直持续到20世纪初期。产区农民有种植苜蓿、豆类、花生的习惯，草料条件优越，有利用鲜苜蓿与麦秸碾青的调制方法，使驴等家畜全年都能得到青饲草。在管理上，做到保持畜圈清洁，每天刷拭驴体，饱不加鞭、饿不急喂、热不急饮、孕不拉磨和三分喂、七分使的经验，促进了驴的正常发育和健康，使其体格、结构得到不断的提高和改善。1949年后，夏县建立种驴场，各县又组建多处改良站，实行人工授精，选用优良种驴进行配种，同时利用集市、庙会展示，评比种驴，扩大优质种驴的利用，这一切使晋南驴的体格和结构得到不断的改善，而成为优良的驴种。

3. 体型外貌特征

（1）外貌特征　晋南驴体格高大，外貌清秀细致，是有别于其他驴种的主要特点。体质结实，结构匀称，体型近似正方形，性情温驯。头清秀、中等大，颈部宽厚高昂，鬐甲稍低，背平直，尻略高而稍斜，四肢端正，关节明显。蹄较小而坚实，“附蝉”呈典型口袋状。尾细而长，尾毛长而垂于飞节以下，毛色以黑色带三白（粉鼻、亮眼、白肚皮）为主毛色，约占90%，少数为灰色、栗色。

（2）体尺和体重　1980年曾进行过调查，2006年又对夏县瑶峰镇、胡张乡、祁家河乡，闻喜县河底乡、礼元乡，平陆县张店驴场的成年晋南驴的体重和体尺进行了测量，结果见表3-3。

表3-3　成年晋南驴平均体尺体重

时间	性别	样本数/头	体高/cm $\overline{X}\pm s$	体长/cm $\overline{X}\pm s$	胸围/cm $\overline{X}\pm s$	管围/cm $\overline{X}\pm s$	体重/kg
1980	公	142	134.3	132.7	142.5	16.2	249.4
	母	1 057	130.7	131.5	143.7	14.9	256.3
2006	公	10	139.02±3.73	130.72±3.65	151.10±3.60	16.35±0.44	276.34
	母	50	133.16±3.50	130.15±3.42	151.49±2.53	16.30±0.31	276.56

4. 性能和评价　据测定8头公驴最大挽力平均为238kg，相当于体重的93.7%，8头母驴最大挽力平均为220kg，相当于体重的88.4%。晋南驴产肉性能良好，1982年经过对不同营养体况老龄驴的屠宰测定，平均宰前活重239kg，平均屠宰率52.7%，净肉率40.4%。

晋南驴幼驹生长发育快，1岁驹体高可达成年驴体高的90%。生后8～12个月性成熟，母驴适宜的初配年龄为2.5～3岁，3～10岁生育力最强。种公驴3岁开始配种，4～8岁为配种最佳年龄。

晋南驴属大型驴，外形较美、结构匀称、细致结实、性情温驯，为我国著名的地方良种之一，多年来向各地输出大量的驴。20世纪80年代以来，由于产区社会经济条件迅速转变，晋南驴数量下降很快，保种场下马，当地优质种驴不易寻到，目前急需加强保种工作，恢复保种场，加强本品质选育工作，进一步提高其肉用、皮用等性能。

（四）广灵驴

广灵驴（Guangling donkey）俗称广灵画眉驴，属大型兼用地方品种（见图3-9，图3-10）。

图3-9 广灵驴（公）
（来源：《中国畜禽遗传资源志·马驴驼志》）

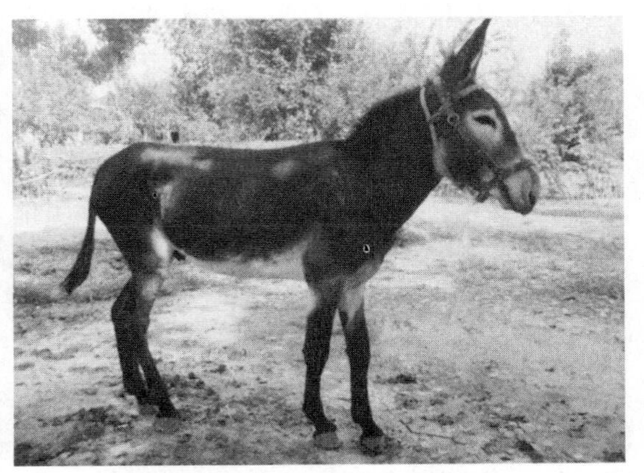

图3-10 广灵驴（母）
（来源：《中国畜禽遗传资源志·马驴驼志》）

1. 中心产区及分布 广灵驴产于山西省东北部的广灵、灵丘两县，分布于周边各县。2006年末广灵驴存栏4 808头。

2. 品种形成 广灵驴的饲养历史悠久，经长期选择培育不断发展，成为优良驴种。据《广灵县志》记载，早在200年以前，驴已列为优良畜种，广为农家饲养，据1965年调查，驴占大牲畜数量的42.6%，不少年份占到50%以上，养驴数多于养牛数。可见广灵驴与当地农业生产和农民生活世代相关。

根据当地社会生产发展历史和所处地理条件分析，广灵所养的驴，最早可能是经汾水、太原而来，长期在雁北的高寒自然环境中逐渐形成抗寒的广灵驴品种。

广灵、灵丘两县境内大多为起伏的山岳，小部分为河谷盆地，海拔为700～2 300m。因地处塞外山区，风大沙多，气候差异大，年均气温6.2～7.9℃。寒冷多变的气候，锻炼和培养了广灵驴适应性能强的特性。产区为塞外的重要杂粮产地，秸秆丰富、豆类充足并有苜蓿栽培。由于生产和生活的需要，当地群众非常重视养驴，长年用谷草、黑豆、豌豆和苜蓿精心喂驴，同时还注意选种选配，且有传统的培育幼驹的习惯，使役结合放牧，这些都是形成体格高大、粗壮结实、肌肉丰满、毛色整齐广灵驴的主要因素。

1963年经原山西农学院朱先煌教授等调查评价为地方良种后，确定以选育大型良种驴为方向，并成立育种组织，在广灵建立种驴场1处、基地队51个，实行场队结合，进行选种选配，建立良种登记。广灵种驴场经不断选育，据1983年测定，30头成年母驴平均体高138cm，比建场时平均提高12.7cm，并育出一头体高160cm的种公驴。

3. 体型外貌特征

（1）外貌特征 广灵驴以体格高大粗壮、体质结实、结构匀称、体躯较短为其特征

(见图 3-11)。这种驴头较大，额宽，鼻梁直、眼大、两耳竖立而灵活，头颈高昂、颈粗壮，头颈、颈肩结合良好，鬐甲宽厚微隆，背部宽广平直，前胸开阔，胸廓宽深，腹部充实，大小适中，背腰宽广、平直、结合良好。尻宽而短，尾粗长，四肢粗壮结实，前肢端正，后肢多成刀状肢势，肌腱明显，关节发育良好，管骨较长，蹄较大而圆，质地较硬，步态稳健。尾粗长，尾毛稀疏。全身被毛短而粗密。

毛色以“黑五白”为主，当地又叫“黑画眉”，即全身被毛呈黑色，唯眼圈、嘴头、肚皮、档口和耳内侧的毛为粉白色。全身被毛黑白混生，并具有五白特征的，称“青画眉”。这两种毛色的驴均属上乘，深受当地群众喜爱。还有灰色、乌头黑。据毛色统计，黑画眉占 59%，青画眉占 15%，灰色占 13%，乌头黑占 4%，其他毛色占 9%。

图 3-11 广灵驴群体
(来源:《中国畜禽遗传资源志·马驴驼志》)

(2) 体尺和体重 1980 年曾对广灵驴进行过调查，2008 年 4 月在广灵县南村镇南土村、作町乡宋窑村、加斗乡西留疃村和新科农牧公司又对成年广灵驴进行了体重和体尺的测量，结果见表 3-4。

表 3-4 成年广灵驴平均体尺体重

时间/年	性别	样本数/头	体高/cm $\overline{X}\pm s$	体长/cm $\overline{X}\pm s$	胸围/cm $\overline{X}\pm s$	管围/cm $\overline{X}\pm s$	体重/kg
1980	公	55	138.4	138.5	147.2	17.8	305.3
	母	118	134.1	131.6	146.9	15.7	234.0
2008	公	10	141.4±2.5	144.1±2.3	158.5±4.5	18.9±0.7	355.20
	母	40	139.3±3.8	144.4±5.1	157.5±5.7	17.7±0.7	331.67

4. 性能和评价 据测定，广灵驴公驴最大挽力平均为 258kg，相当于体重的 84.6%；母驴最大挽力平均为 223kg，相当于体重的 96.2%；骟驴最大挽力为 203kg，相当于体重的 87.5%。平均屠宰率为 45.1%，净肉率为 30.6%。

其繁殖性能与其他品种接近，多在 2～9 月份发情，3～5 月份为发情旺季。一般母驴，终生可产驹 10 头。

广灵驴种用价值良好，以耐寒闻名，对黑龙江省的气候适应良好，曾推广到全国 13 个省和自治区。2006 年前广灵驴，繁育体系散失，数量下降较快，产区有驴 4 800 头左右，约1/3符合品种特征特性要求，当时已按国家要求建保种群，但近年数量正在减少。

今后，对这一耐寒的驴种做好保种工作有着重要意义，进一步提高肉、皮等品质，提高产肉率，提高增重速度，满足市场新的需求。

（五）长垣驴

长垣驴（Changyuan donkey）为大型兼用型地方品种，于1990年5月经原中国马匹育种委员会组织鉴定，正式定名（见图3-12，图3-13）。

图3-12　长垣驴（公）
（来源：《中国畜禽遗传资源志·马驴驼志》）

图3-13　长垣驴（母）
（来源：《中国畜禽遗传资源志·马驴驼志》）

1. 中心产区及分布　长垣驴产于豫北黄河由东西转向南北的大转弯出，中心产区为河北省长垣县，周边的河南封丘县、延津县、原阳县、滑县、林州市、濮阳市和山东省东明县的部分地区有少量分布。2006年存栏量为1 363头。

2. 品种形成　长垣驴饲养历史悠久，形成在宋朝以前，明朝时得到很大发展。宋朝长垣属开封府辖，“清明上河图”中，有以驴驮物者多处，可见当时养驴业很繁荣。据《长垣县志》记载：“富人外出多骑马、驾车；穷人远出多雇驴代步。”由于相对封闭的地理环境，少于外界交流，经历代劳动人民的精心培育，逐渐形成了独具特征的长垣驴地方品种。

1949年以后，当地政府非常重视长垣驴的发展，每年举行一次种驴评比大会。1958年农历二月十九“斗宝大会”上，开展种驴评比活动，当时县领导亲自牵种驴配种，省农牧厅领导专程参加牲畜评比大会。1959年10月，长垣曾选种公驴作为地方良种赴北京参加“建国十周年农业成果展览”，对长垣驴扩大分布范围起了很大作用，很快便输往东北三省、河北、山西、山东和河南北部地区。由于长垣驴种外流严重，为了保持长垣驴的良好性能，1960年县政府在恼里乡沙窝村与武占村之间建立了畜牧场，饲养种驴400多头。1964年又将恼里乡的油坊占村、张占村、部坡村等10个大队，作为长垣驴选育基地。1974年针对外地客户对种驴需求不断增加的实际情况，在县畜牧场组建了种驴分场，集中体高140cm以上的种公驴和133cm以上的母驴，专门培育优质种驴，到1980年，长垣驴存栏量达到1.4万头，品种质量得到显著巩固和提高。1990年原全国马匹育种委员会对长垣驴进行了现场鉴定，命名为“长垣驴”。

3. 体型外貌特征

(1) 外貌特征　长垣驴体质结实干燥，结构紧凑，体型接近正方形。头大小适中，眼大，颌凹宽，口方正，耳大而直立。颈长中等，头颈紧凑。鬐甲低、短，略有隆起。前胸发育良好，胸较宽而深。腹部紧凑，背腰平直，尻宽而稍斜，中躯略短。四肢强健，蹄质坚实。尾根低，尾毛长而浓密。

毛色多为黑色，眼圆、鼻嘴及下腹为粉白色，黑白界限分明，部分皂角黑（毛尖略带褐色，占群体数量的15%左右）。其他毛色极少。当地流传着"大黑驴儿，小黑驴儿，粉鼻子粉眼白肚皮儿"的歌谣。

(2) 体重和体尺　2006年4月新乡市畜牧局、长垣县畜牧局、延津县畜牧局联合对长垣县和延津县的成年长垣驴进行了体重和体尺测量，见表3-5。

表3-5　成年长垣驴平均体尺

性别	样本数/头	体高/cm $\overline{X}\pm s$	体长/cm $\overline{X}\pm s$	胸围/cm $\overline{X}\pm s$	管围/cm $\overline{X}\pm s$	体重/kg
公	15	136.0±3.4	133.0±4.2	143.0±3.7	16.0±1.0	251.8
母	150	129.4±4.7	129.2±5.9	140.2±5.5	15.2±1.0	235.1

4. 性能和评价　1986年许庆良、卢守良测定长垣驴最大挽力，3头公驴最大挽力平均为3 263kg，3头母驴最大挽力平均为218kg。

2006年刘太宇对5头膘情中等长垣驴屠宰测定，屠宰率52.7%，净肉率41.6%。

长垣驴饲养历史悠久，体格较大，体质结实，结构匀称，毛色纯正，行动敏捷，繁殖性能好，耐粗饲，易饲养，役肉兼用。今后应大力加强保种工作，建立品种登记体系，通过本品种选育提高其肉用性能，综合开发药用等其他用途，以适应市场需求，提高经济效益。

(六) 和田青驴

和田青驴（Hetian Gray donkey）原名果洛驴、果拉驴，一直作为优秀地域群而知名。2006年遗传资源普查时，新疆维吾尔自治区重新作为兼用型地方品种上报，2009年国家遗传资源委员会认定为新驴种（见图3-14，图3-15，图3-16）。

图3-14　和田青驴（公）
（来源：《中国畜禽遗传资源志·马驴驼志》）

图3-15　和田青驴（母）
（来源：《中国畜禽遗传资源志·马驴驼志》）

图 3-16 和田青驴群体

（来源：《中国畜禽遗传资源志·马驴驼志》）

1. 中心产区及分布 和田青驴中心产区在新疆维吾尔自治区最南端的和田地区皮山县乔达乡，主要分布于皮山县的木吉、木圭拉、藏桂、皮亚勒曼、桑珠和科克铁热克等六个乡镇，皮山县周边区域也有少量分布。2008 年末产区有和田青驴 3 652 头，近年群体规模变化较小。

2. 品种形成 和田古称于阗，汉代为皮山、于阗、杅弥、渠勒、精绝、戎卢诸国地，西汉以前于阗与中原地区已有往来，汉武帝建元二年（公元前 139），张骞通西域后，这种联系得到加强。汉宣帝神爵二年（公元前 60），在乌垒设置了西域都护府，于阗正式归入西汉版图。1759 年蒙古宗王封地，即征用皮山所产的驴作为运输军事物资的交通工具，可见当地早在 250 年前就已经盛产优良驴种。

和田青驴体格大，适应性强，耐粗饲，抗逆性，遗传性能稳定。据当地反映，青色驴的繁殖性能和产乳性能较好，深得当地维吾尔族百姓的青睐，通过群众长期倾向性选育形成了和田青驴，距今已有 200 多年的历史，一直作为当地农民重要的役用工具。

3. 体型外貌特征

（1）外貌特征 和田青驴体格高大、结构匀称、反应灵敏。头部紧凑，耳大直立。颈较短，颈部肌肉发育良好，颈肩结合良好。鬐甲大小适中。胸宽、深适中，腹部紧凑、微下垂，背腰平直，斜尻。四肢健壮、关节明显，肌腱分明，系长中等，蹄质坚硬。

毛色均为青色，包括铁青、红青、菊花青、白青等。

（2）体重和体尺 2009 年 8～9 月，在乔达乡对成年和田青驴的体重和体尺进行测量，结果见表 3-6。

表 3-6 成年和田青驴平均体尺

性别	样本数/头	体高/cm $\overline{X}\pm s$	体长/cm $\overline{X}\pm s$	胸围/cm $\overline{X}\pm s$	管围/cm $\overline{X}\pm s$	体重/kg
公	50	132.0±1.7	135.4±4.7	142.8±5.1	16.6±0.6	255.65
母	50	130.1±3.3	133.9±4.3	141.0±6.9	16.1±0.6	246.49

4. 性能和评价 和田青驴是我国优良的地方驴种，体格高大，毛色为青色，耐粗饲、耐干旱，具有一定的抗逆性，抗病力强，在较为恶劣的自然生态条件下，仍能保持良好的役用性能，肉用性能也较好。今后应建立保种场，加强本品种选育，保护其遗传资源，并

做好综合开发利用。

（七）吐鲁番驴

吐鲁番驴（Turfan donkey）属大型兼用型驴种（见图3-17，图3-18，图3-19）。

图3-17 吐鲁番驴（公）
（来源：《中国畜禽遗传资源志·马驴驼志》）

图3-18 吐鲁番驴（母）
（来源：《中国畜禽遗传资源志·马驴驼志》）

图3-19 吐鲁番驴群体
（来源：《中国畜禽遗传资源志·马驴驼志》）

1. 中心产区及分布 吐鲁番驴主产于新疆维吾尔自治区吐鲁番地区的吐鲁番市，中心产区在吐鲁番市的艾丁湖恰特卡勒、二堡、三堡等乡镇。吐鲁番市毗邻的托克逊县、鄯善县有少量分布，哈密地区也有零星分布。2008年末存栏8 599头。

2. 品种形成 吐鲁番市养驴历史悠久。据《后汉书·耿恭传》记载："建初元年（76）正月，会柳中击车师，攻交河城，斩首三千八百级，获生口三千余人，驼驴马牛羊三万七千头，北虏惊走，车师复降。"交河城即现在吐鲁番市国家级文物保护单位"交河故城"，由此可见，吐鲁番市养驴的历史至少可以追溯到东汉时期。

吐鲁番市作为丝绸古道重镇，自古农业、商业发达，不仅养驴、用驴，还不断销往内地，阿斯塔那228号墓出土的《唐年某往京兆府过往》就载有"贩马、驴往京兆府"。根据《吐鲁番市志》记载的部分年份牲畜存栏数中，1922年吐鲁番市共存栏驴7 919头，1941年吐鲁番市共存栏驴9 431头，1944年吐鲁番市共存栏驴13 361头，1949年由于战乱吐鲁番市驴的存栏数减少到6 300头。另据史料记载，民国时期"畜力运输是吐鲁番运输的主要方式……吐鲁番的运输大户在民国的最后几年，看透了形势，将运输的大畜基本变卖。故民国37年（1948年），全县只有250峰骆驼在运输，运输的驴近4 000头，而且都在疆内做短途承运土产货物。”由此可见，驴在1949年以前作为吐鲁番市的短途交通运输工具已经具有一定规模。

吐鲁番市原产小型新疆驴，为适应农业役用和商旅驮运需要，1911—1925年，吐鲁番市引进关中驴，以本地新疆驴为母本进行杂交，产生出了一批体型较大的杂种驴，1949年以后进一步扩繁培育，经过十几年自然选择和人工选择，逐步形成这一良种。2009年10月通过国家遗传资源委员会鉴定。

3. 体型外貌特征

（1）外貌特征 吐鲁番驴属大型驴。体格大，体躯发育良好，体质多干燥、结实，性情温驯，有悍威。头大小适中，额宽，眼大明亮，耳较短，鼻孔大。颈长适中，肌肉结实，颈肩结合良好，鬐甲宽厚。胸深且宽，胸廓发达，腹部充实而紧凑，背腰平直，腰稍长，尻宽长中等、稍斜。四肢干燥，关节发育良好，肌腱明显，肢势端正，蹄质坚实，运步轻快。尾毛短稀，末梢部较密而长。

毛色主要以粉黑居多，皂角黑色次之。

（2）体重和体尺 2007年，在吐鲁番市艾丁湖、恰特卡勒、三堡等乡镇对成年吐鲁番驴进行了体重和体尺测量（样本偏少），结果见表3-7。

表3-7 成年吐鲁番驴平均体尺

性别	样本数/头	体高/cm $\overline{X}\pm s$	体长/cm $\overline{X}\pm s$	胸围/cm $\overline{X}\pm s$	管围/cm $\overline{X}\pm s$	体重/kg
公	10	141.2±5.7	144.1±5.4	154.1±2.9	17.8±1.1	316.73
母	52	135.5±4.8	137.9±5.4	153.9±4.5	17.1±0.8	302.46

4. 性能和评价 吐鲁番驴是在吐鲁番市特定的生态环境条件下，经过长期的自然选择和当地农牧民选育形成的大型驴种，具有体格高大、耐干旱和炎热、耐粗放饲养、适应性强、抗病力强、挽驮与肉用性能好等特点。2008年，5头成年吐鲁番驴屠宰测定，屠宰率47.6%～56.1%。因无育种场，缺乏系统选育和有计划横交，基本仍为杂种，作为培育驴种甚为勉强，遗传稳定性受到质疑，个体之间的差异大。近年来由于产区机械化程度提高，吐鲁番驴的役用功能下降，数量减少。今后应结合当地生产生活需要，通过建立种驴场，进行系统选育，进一步提高其品质，向挽乘兼用型和役肉兼用型方向发展。

二、中型驴品种及分布

中型驴种，即体高115～125cm的驴种。在华北平原、河南西南一带以及陕西榆林地区、甘肃陇东等地农业区养的较多，多与大型驴混处。这里过去多为杂粮产区，自然、经济条件较大型驴产区稍差。但人们喂驴精细，重视公驴培育，多购大型驴与当地中、小型母驴配种，经过长期选育，最终形成了体高中等、结构良好、毛色比较单纯（多为黑色）的中型驴。其中以陕西佳米驴、河南泌阳驴和甘肃庆阳驴最为有名。淮阳驴在2011年版《中国畜禽遗传资源志·马驴驼志》中没有被收录。

(一) 佳米驴

佳米驴（Jiami donkey）曾用名绥米驴、葭米驴，属中型兼用型地方品种（见图 3－20，图 3－21，图 3－22）。

图 3－20 佳米驴（公）
（来源：《中国畜禽遗传资源志·马驴驼志》）

图 3－21 佳米驴（母）
（来源：《中国畜禽遗传资源志·马驴驼志》）

图 3－22 佳米驴群体
（来源：《中国畜禽遗传资源志·马驴驼志》）

1. 中心产区及分布 佳米驴产于陕西省佳县、米脂、绥德三县，原以佳县乌镇和米脂桃镇所产驴最佳，附近各县主要分布于佳县、米脂、绥德三县及周边的榆阳、横山、子洲、清涧、吴堡、神木等县区和山西省临县。2007 年调查，佳米驴中心产区移至佳县通镇、店镇，米脂的银洲镇、石沟镇，绥德的马家川、吉镇、崔家湾、满堂川等地。调查符合佳米驴品种特征的驴约有 4 700 头。

2. 品种形成 陕西省历史博物馆展出的陕西东汉画像石拓片中已有驴的图像，证明产区养驴历史悠久。隋唐时期，陕西、甘肃地区就设立了繁殖驴、骡的牧场。据康熙二十年编的《米脂县志》记载："县民耕地多用驴，故民间甚伙，其佳者名黑四眉驴。"以后，该县志又有"驴性最驯易养，农民几无家不畜者，最佳者谓之黑四眉"的记载，确证远在清朝以前，该品种就已形成。1939 年 11 月在陕西、甘肃、宁夏边区农业展览会上，佳米驴作为良种进行展览。

陕北地区历史上长期居住着少数民族，多以游牧为主。公元 413 年，匈奴在今靖边县北兴建立了夏国国都——统万城。其后500多年间，这里成为内蒙古西部，甘肃东部，宁夏、陕西北部一带的政治经济中心。驴也源源不断地由新疆扩散至宁夏、陕北。在当时以牧为主的社会经济条件下，驴不可能有大的变化。东汉至唐，陕北几经农牧交替，特别自唐代“安史之乱”后，农民被繁重的赋税所逼，以垦辟“荒闲坡泽、山原”为生，使陕北一带农耕地迅速扩大，同时原有的生态植被被严重破坏。到宋代时，绥德、米脂、佳县一带已基本过渡到以农耕为主，驴种开始发生变化。

产区位于黄土高原沟壑区，由于产区植被稀疏，水土流失严重，地块零散，道路崎岖狭窄，在这样的自然条件下，驴在人们的生产生活中起着重要的作用。驴在该地区占了大家畜总数的78%。因当地的自然条件和经济条件的不足，限制了驴向大型化选育。群众更喜爱选择体型中等，结构匀称的个体。

产区群众对驴喂养精细，终年舍饲，合理使役，对孕畜和幼畜的管护更为精心。精饲料以黑豆、高粱、玉米及其糠麸为主，拌以铡短的谷草，搭配少量糜草和麦草。苜蓿在这里种植已有千年之久，是驴的主要青饲料。苜蓿、谷草和黑豆是佳米驴形成的重要物质基础。群众对驴有严格的选种选配习惯。要求种公驴体质结实、结构匀称、耳门紧、槽口宽、双梁双背、四肢端正、睾丸发育好、毛色为黑燕皮，并从幼龄期开始培育；对母驴要求腰部及后躯发育良好。驴的繁殖，传统上由对驴的选择、配种富有经验的专业户进行。在这些因素的综合作用下，经过长期培育，逐步选育出体格中等、驮挽兼用、善行山路的佳米驴。

产区一直坚持对佳米驴的本品种选育。20世纪60～70年代，曾全面开展佳米驴的选育，使佳米驴的种质特征和生产性能得到明显的巩固提高。第一，佳米驴选育一直坚持驮挽兼用方向，坚持开展普查鉴定，对达到《佳米驴企业标准》的个体建档立卡登记。据2001年佳县、米脂县两县对1 464头佳米驴的鉴定，特级占14.64%、一级占18.75%、二级占26.9%、三级占20.42%、等外占19.2%。第二，产地积极开展了驴的人工授精，并对优秀种公驴进行饲草料补贴，1989年以后这项工作停止。第三，建立佳米驴良种繁育基地，先后建立了佳县乌镇、佳芦镇、米脂桃镇、印斗乡和沙加店乡佳米驴基地乡镇。第四，导入关中驴血液，提高佳米驴体格。在20世纪70年代末、80年代初曾有计划对产区体格较小的佳米驴用关中驴进行导入，取得较好的效果。

3. 体型外貌特征

（1）外貌特征　佳米驴属中型驴。体格中等，体躯略呈方形，有悍威。头大小适中，额宽，眼大、有神，耳薄、竖立，鼻孔大，口方，齿齐，颌凹宽净。颈长而宽厚，韧带坚实有力，适当高举，颈肩结合良好，公驴颈粗壮。鬐甲宽厚，胸部宽深，背腰宽直，腹部充实，尻部长宽而不过斜；母驴腹部稍大，后躯发育良好。四肢端正，关节强大，肌腱明显，蹄质坚实。被毛短而致密，有光泽。

佳米驴的毛色为黑色，常分为以下两种。一种为黑燕皮驴（占90%以上），这种驴的全身被毛似燕子，鼻、眼、腹下白色的范围不大。体格中等，体型呈方型或略长，体质结实，结构匀称，头略长，耳竖立，颈中等宽厚，躯干粗壮，背腰平直，结合良好，四肢端正，关节强大，肌腱明显，蹄质坚实，体质多为干燥结实型或细致紧凑型。另一种为黑四眉驴，这种驴白腹面积向周边扩延较大，甚至超过前后肢内侧，胸前，颌下和耳根，骨骼粗壮结实，体格略小。体质多偏于粗糙结实型。

（2）体尺和体重　1980 年曾进行过调查，2007 年 3 月又对成年佳米驴进行了体重和体尺测量，结果见表 3－8。

表 3－8　成年佳米驴的平均体尺

时间	性别	样本数/头	体高/cm $\overline{X}\pm s$	体长/cm $\overline{X}\pm s$	胸围/cm $\overline{X}\pm s$	管围/cm $\overline{X}\pm s$	体重/kg
1980	公	31	125.84±4.68	127.23±6.68	136.00±19.72	16.65±0.89	217.89
	母	283	120.95±4.50	122.73±8.16	134.57±10.65	14.84±1.07	205.79
2007	公	27	124.82±3.17	124.98±6.23	141.77±9.38	16.35±0.87	232.59
	母	155	123.93±2.52	125.33±4.36	141.15±5.60	15.81±1.02	231.20

4. 性能和评价　佳米驴是在产区千沟万壑这种特定自然生态条件下形成的一个古老品种，既适应荒漠气候，放牧性强，善走山路，又宜于山区陡坡地与狭窄山路上各种劳作，可耐风沙和严寒，是长城沿线风沙区向黄土高原过渡的一个中间驴种，是我国优良的地方驴种，遗传性能稳定，20 世纪 80 年代至今曾先后引种到山西、内蒙古、宁夏、甘肃、贵州等 20 多个省（自治区），约 5 000 余头，用于改良小型驴和与马杂交繁殖骡。

佳米驴体质结实，结构匀称，适应性强，抗逆性强，抗病力强，耐粗饲，耐严寒，耐干旱高温，耐劳苦，具有较好的役用性能和肉用性能。据对 90 头驴的测定资料显示，最大挽力公驴平均为 213.8kg，母驴平均为 173.8kg。2007 年对 3 头 3～4 岁骟驴进行的屠宰测定，屠宰率平均为 58.99%，净肉率达 50.1%。

佳米驴早熟性好。佳米驴 4 岁达成年体尺，初生公驹体高达成年的 64.1%，1 岁体高达成年的 89.9%，表明 1 岁内的生长发育迅速，3 岁时体高可达成年的 97.7%。

陕西榆林设有佳米驴保种场，但群体规模过小，面对佳米驴数量急剧下降趋势，佳米驴今后应根据社会发展的需要，应加强保种场建设，向综合利用方向选育。

（二）泌阳驴

泌阳驴（Biyang donkey）俗称三白驴，因主产于泌阳县而得名，属役肉兼用型地方品种（见图 3－23，图 3－24）。

图 3－23　泌阳驴（公）
（来源：《中国畜禽遗传资源志·马驴驼志》）

图 3－24　泌阳驴（母）
（来源：《中国畜禽遗传资源志·马驴驼志》）

1. 中心产区及分布　泌阳驴中心产区位于河南省驻马店市的泌阳县，相邻的唐河、社旗、方城、舞阳、遂平、确山、桐柏等县市也有分布。以泌阳、唐河两县为中心产区，2005 年末泌阳驴存栏为 8 958 头。

2. 品种形成　产区历来有养驴的习惯。据成书于康熙三十四年（1695 年）的《泌阳县志·风土类·兽类·驴》记载："长颊广额、长耳、修尾、夜鸣更，性善驮负，有褐黑白斑数色，驴胪也，胪腹前也。马力在搏，驴力在胪也。其肉清香鲜美无异味。"由此可知，当地养驴历史已久。

境内山丘面积近一半，丘陵起伏，河流交错，海拔 81～983m，四季分明，无霜期 212 天。农牧业生产发达，盛产麦类和各种杂粮，当地有种豌豆的习惯。群众常以谷草、豌豆作为喂驴的主要饲料，也利用较多的草山、草坡、河滩实施放牧。当地群众素有养驴的习惯，对驴能进行精心喂养，并重视选种选配。1949 年以前就有许多农户专门饲养种公驴，以配种作为主要经济收入来源。群众对种公驴的选种要求严格，如被毛要求缎子黑、"三白"明显，要个大匀称、头方、颈高昂、耳大小适中、竖立似竹签、嘶鸣洪亮而富悍威等。养种公驴户每逢集市、庙会都会牵驴进行展示，以博得母驴饲养户的挑选进行配种。

20 世纪 50 年代初期，南阳地区畜牧工作站在产区进行了调查，将泌阳县产的驴定名为泌阳驴。1956 年河南省农业厅在泌阳县建立了泌阳驴场，组成了核心群，并划定了泌阳驴选育区。全县各乡镇都有配种站，经常举行泌阳种公驴比赛会。经过系统选育，使驴群质量得到进一步提高，推动了驴种发展。

3. 体型外貌特征

（1）外貌特征　泌阳驴公驴富有悍威，母驴性温驯。体型呈方形或高方形。体质结实，结构紧凑，外形美观。头部干燥、清秀、为直头，额微拱起，眼大，口方。耳长大、直立，耳内多有一簇白毛。颈长适中，头颈、颈肩结合良好，肩较直，肋骨开张良好。背长平直，多呈双脊背，腰短而坚，公驴腹部紧凑充实，母驴腹大而不下垂。尻高宽而略斜。四肢端正，关节干燥，肌腱明显，系短有力。蹄大而圆，蹄质结实。被毛细密，尾毛上紧下松，似吹帚样。毛色为黑色，有"三白"特征，黑白界限明显。

（2）体尺和体重　1980 年曾进行过调查，泌阳县全县统计的四项体尺较小。据泌阳县种驴场对 18 头成年母驴四项体尺的测定，体高 132.7cm，体长 134.5cm，胸围 140cm，管围 16.4cm。

2006 年泌阳县畜牧局与郑州牧业工程高等专科学校对成年泌阳驴的体重和体尺进行了测量，结果见表 3-9。

表 3-9　成年泌阳驴的平均体尺

时间	性别	样本数/头	体高/cm $\bar{X}\pm s$	体长/cm $\bar{X}\pm s$	胸围/cm $\bar{X}\pm s$	管围/cm $\bar{X}\pm s$	体重/kg
1980	公	31	119.48±8.97	117.96±8.77	129.76±9.26	16.0±1.42	189.6
	母	139	119.20±9.20	119.80±9.40	129.60±10.70	14.30±0.93	188.9
2006	公	10	138.7±5.4	140.9±10.5	148.0±6.9	17.12±1.2	285.8
	母	40	131.4±5.2	139.9±7.8	142.5±7.8	16.2±1.2	263.0

注：2006 年所测体尺为泌阳县种驴场种驴，体尺偏高。

4. 性能和评价

至 2005 年产区共向国内外输出泌阳驴种公驴万余头。1950 年输出泌阳驴至越南 4 头，1971 年和 1972 年输出至朝鲜 104 头，并先后输往北京、广东、湖南、湖北、云南、贵州、甘肃、青海、内蒙古、河北、吉林、黑龙江、安徽、山西、辽宁、福建等地及原部队军马场。经对 5～6 岁 2 公 3 母营养中等的泌阳驴屠宰测定，屠宰率平均 48.3%，净肉率平均 34.9%。

泌阳驴以其体格较大、结构紧凑、外貌秀丽、性情活泼、役用性能好、耐粗饲、繁殖性能好、抗病力和适应性强等特点而著称，毛色黑白界限明显，在被引入地区能很好地适应当地环境条件。

泌阳驴和我国其他驴种一致，也面临数量萎缩，质量下降问题，近年泌阳有民间公司，愿承担起泌阳驴选育、肉用开发加工一体化工作，尚处于起步阶段。

（三）庆阳驴

庆阳驴（Qingyang donkey）属中型地方品种（见图 3-25，图 3-26）。

图 3-25 庆阳驴（公）
（来源：《中国畜禽遗传资源志·马驴驼志》）

图 3-26 庆阳驴（母）
（来源：《中国畜禽遗传资源志·马驴驼志》）

1. 中心产区及分布 庆阳驴中心产区原为甘肃省庆阳市的庆阳县（现分为庆城县和西峰区）的前塬，全市各县（区）都有分布。现中心产区为庆阳市镇原县的三岔、方山、马渠、殷家城和庆城县的太白良、冰林岔等乡镇。甘肃省平凉、定西、天水等地也有分布。以庆阳董志塬、早胜塬分布相对集中，质量较好。1981 年调查时数量为 9 648 头，而 2007 年调查符合品种特征为 5 380 头，数量下降严重。

2. 品种形成 甘肃省北部与新疆维吾尔自治区、内蒙古自治区连接的一带，各处都有小型驴。过去，庆阳市由于交通不便，驴是当地主要役畜。

产区位于甘肃省东南部的黄土高原、泾河上游，紧邻陕西省关中平原。这里土地肥沃，气候温和，素有“陇东粮仓”之称。除产小麦、杂粮外，还种植苜蓿等牧草，农副产品丰富，饲料饲草条件良好。由于关中驴的使役性能优于当地的小型驴，因此群众多年来不断引进关中驴和当地的小型驴杂交，这种情况一直持续至今。政府也兴办驴场不断选育，推广优质种驴，经过自群繁育和群众的精心饲养管理，长期进行杂交和自群繁殖，使当地小型驴的外貌逐渐改变，表现出和关中驴相似而又不同的外形。1980 年经甘肃省“庆阳驴品种鉴定协会”鉴定认为庆阳驴是小型驴和大型驴在血缘上相互混合的产物。甘肃省河西走廊各县广泛引入庆阳驴杂交当地凉州驴。

3. 体型外貌特征

（1）外貌特征　庆阳驴属中型驴。体格粗壮结实，体型接近正方形，结构匀称。头中等大小，眼大圆亮，耳不过长，颈肌厚，鬃毛短稀。胸发育良好，肋骨较拱圆，背腰平直，腹部充实，尻稍斜而不尖，肌肉发育良好。四肢姿势端正，骨量中等，关节明显，蹄大小适中，蹄质坚实。群众以“四蹄两行双板颈，罐罐蹄子圆眼睛”来形容其体躯结构和体质特点。

毛色以黑色为主，还有少量青毛和灰毛。黑毛驴的嘴周围、眼圈和腹下、四肢上部内侧，多为灰白色或浅灰色。

（2）体尺和体重　1980 年曾进行过调查，2007 年西北农林科技大学对成年庆阳驴的体重和体尺又进行了调查，结果见表 3－10。

表 3－10　成年庆阳驴平均体尺

时间	性别	样本数/头	体高/cm $\overline{X}\pm s$	体长/cm $\overline{X}\pm s$	胸围/cm $\overline{X}\pm s$	管围/cm $\overline{X}\pm s$	体重/kg
1980	公	154	127.5	129.6	134.1	15.5	214.47
	母	431	122.5	121.0	130.1	14.6	189.34
2007	公	15	130.00±5.88	135.00±5.37	145.00±4.39	17.00±1.00	273.55
	母	30	125.33±4.92	128.47±5.25	140.33±5.47	15.13±1.13	242.65

4. 性能和评价　庆阳驴是在山区沟壑等复杂的自然环境下经长期选育形成的地方品种，体力强大、耐粗饲、耐劳苦、疾病少、好使役，很受欢迎。近年来，随着交通改善和农业机械化的发展，庆阳驴已经失去了原有的役用价值，数量急剧下降。因此主管部门应加大投入力度，加强保种工作，积极开发新的生产方向，向肉用、皮用方向发展。

（四）阳原驴

阳原驴（Yangyuan donkey）又称桑洋驴，属中型兼用地方品种（见图 3－27，图 3－28）。

图 3－27　阳原驴（公）
（来源：《中国畜禽遗传资源志・马驴驼志》）

图 3－28　阳原驴（母）
（来源：《中国畜禽遗传资源志・马驴驼志》）

1. 中心产区及分布 阳原驴主产于河北省西北部的桑干河流域和洋河流域，中心产区为阳原县，分布于阳原、尉县、宣化、涿鹿、怀安等县。

2. 品种形成 阳原驴的确切来源已难查考。据《阳原县志》记载，明初阳原县为游牧民族的牧马地。清时，阳原县东城和揣骨町为两大粮食集散地，南山出现煤窑，粮、煤主要靠驮运，故促进了养驴业的迅速发展。当地有种植苜蓿的悠久历史，并种植谷子、高粱等饲料作物，此外，还种植饲用黑豆做精料，保证了驴的正常生长发育和繁殖驴骡需要的营养物质。

1949 年后，政府采取有效措施，帮助专业配种户更新种公驴，学习和钻研繁殖技术，建立了驴骡繁殖场，不断提高阳原驴和驴骡的品质。20 世纪 60 年代，阳原县被定为军骡繁殖基地，并向华北各地输送驴骡，成为河北省驴、骡繁殖基地。20 世纪 80 年代全面机械化后，繁育工作受到影响。1982 年阳原驴存栏 3.4 万头，2006 年阳原驴存栏 1.5 万头。

3. 体型外貌特征

（1）外貌特征 阳原驴属中型驴。体质结实，全身结构匀称，耐劳苦，富于持久力。头较大，眼大有神，鼻孔圆大，耳长灵活，额广稍突。颈长适中，颈部肌肉发育良好，头颈和颈肩背结合良好。前胸略窄，肋长、开张良好，腹部胀圆，背腰平直，尻部宽而斜。四肢紧凑结实，关节发育良好，肢势正常，系短而微斜，管部短，蹄小结实。被毛粗短、有光泽，鬃毛短而少。

毛色有黑色、青色、灰色、铜色四种，以黑色为主，有“三白”特征。

（2）体尺和体重 1982 年曾对阳原驴进行过调查，2006 年 10 月又在阳原县对成年阳原驴的体重和体尺进行了测量，结果见表 3-11。

表 3-11 成年阳原驴体尺和体重

时间/年	性别	样本数/头	体高/cm $\overline{X}\pm s$	体长/cm $\overline{X}\pm s$	胸围/cm $\overline{X}\pm s$	管围/cm $\overline{X}\pm s$	体重/kg
1980	公	77	135.81	13 653	148.97	17.42	280.54
	母	368	119.62	120.61	136.81	14.74	209.02
2006	公	10	133.60±5.06	137.50±5.82	153.60±6.14	16.40±0.80	300.37
	母	50	125.33±4.92	128.47±5.25	140.33±5.47	15.13±1.13	228.41

4. 性能和评价 阳原驴的适应性较强，具有体质强健、吃苦耐劳、耐粗饲、容易饲养、抗病力强的特性。今后应恢复建立种驴场，加强种驴的选择与培育，进一步提高其品质。根据阳原驴成熟早、耐粗饲，并且有良好的肉用性能的特点以及市场需求，对 1.5～2.5 岁驴肥育，屠宰率 56.05%，净肉率 39.05%，应进一步向肉用方向选育。

（五）临县驴

临县驴（Linxian donkey）属中型兼用地方品种（见图 3-29，图 3-30，图 3-31）。

1. 中心产区及其分布 临县驴主产于山西省临县，中心产区在西部沿黄河一带的从罗峪、刘家会、小甲头、曲峪、克虎、第八堡、开化、兔板、水槽沟、雷家碛、曹峪坪等乡镇。1979 年，临县驴有 4 227 头，而到 2008 年临县驴下降为 1 261 头。

图 3-29　临县驴（公）
（来源：《中国畜禽遗传资源志·马驴驼志》）

图 3-30　临县驴（母）
（来源：《中国畜禽遗传资源志·马驴驼志》）

图 3-31　临县驴群体
（来源：《中国畜禽遗传资源志·马驴驼志》）

2. 品种形成　临县养驴的历史相当悠久，临县驴系由陕北引入，与佳米驴有一定的血缘关系。产区历来有种植苜蓿的习惯。农作物以杂粮为主，谷子、豆类居多。冬春喂谷草、豆料，夏秋时喂青草苜蓿。这种优越的草料条件，是临县驴形成的根本原因。在中心产区小甲头乡有个正觉寺，历来就有“正觉寺前后有三宝，苜蓿、毛驴、大红枣”的说法。

产区土地瘠薄，群众生活贫苦，无力饲养骡马，毛驴温驯易使、用途广泛、便于饲养，因而得到了发展。多数农家喜养母驴，既可用于自耕自种，还能用来骑、驮、运输、拉磨，生产、生活都很方便，母驴每年生头幼驹，出售后的经济收入有助于改善生活。大部分村庄都有饲养种公驴的专业户，每年配种季节赶集串村，专为母驴配种。群众十分重视选种，长期的选择培育促进了本品种的形成。

当地群众对驴的饲养管理十分精细，不仅喂的草料足、质量高，在喂法上也很细致。经过产区群众长期选择培育逐渐形成了适应当地生态条件与社会经济条件的地方品种。

3. 体型外貌特征

（1）外貌特征　临县驴属中型驴。体质强健结实，结构匀称。头中等大小，额眼大有神，两耳直立，嘴短而齐，鼻孔大，头颈粗壮、高昂，鬣毛密。鬐甲较高，肩斜，胸宽，背腰平直，腹部充实。四肢结实，关节发育良好，前肢短直，管围较粗，系长短适中，蹄大而圆，蹄质坚硬。尾根粗壮，尾毛稀疏。

毛色主要为黑色，灰色次之。黑毛中以粉黑毛最多，当地叫"黑雁青"，最受欢迎；也有乌头黑，当地叫"墨绽黑"。

(2) 体尺和体重　1979 年，曾对临县驴进行过调查，2006 年又对成年临县驴进行了体重和体尺测量，结果见表 3-12。

表 3-12　成年临县驴体尺和体重

时间/年	性别	样本数/头	体高/cm $\overline{X}\pm s$	体长/cm $\overline{X}\pm s$	胸围/cm $\overline{X}\pm s$	管围/cm $\overline{X}\pm s$	体重/kg
1979	公	161	117.7.±6.4	119.8±9.8	127.8±8.3	15.1±1.2	181.17
	母	831	117.3±5.0	119.9±6.7	128.0±7.4	14.3±1.1	180.53
2006	公	2	124.0	129.5	148.0	17.5	262.65
	母	12	123.6±3.0	128.0±3.9	146.0±7.1	16.0±0.9	252.63

注：2006 调查，样本太小，难以代表总体。

4. 性能和评价　临县驴是山西省丘陵山区重要役用品种，耐粗饲、适应性强，善于山区作业。一般多在 20°左右坡度耕地、驮运，有些在 30°以上的坡度也能作业，是适合山区的优良品种。今后应加强本品种保护和选育，恢复并办好种驴场，做好选种选配工作，在保持品种原有优良特性的基础上，进一步提高其体尺和性能。同时注意改善草料条件，有计划地发展苜蓿和其他牧草，加强饲养管理，提高饲养水平。

三、小型驴品种及分布

小型驴俗称毛驴，体高 65～110cm，数量多，分布广，散布在西南、西北、华北、中原以及苏皖淮河以北海拔 3 000m 以下的山岳、丘陵、沟壑地区，还分布在（新疆）南疆荒漠以及青藏高原东部边缘的农区、半农半牧区，产区农业水平低，皆属暖温带大陆性气候区。全年干燥少雨，温差大，冬季严寒，夏季干热。产区原来植被稀疏，饲料不足，多采用放牧半放牧生产方式，人工选育差、管理粗放。但因其对寒冷和粗放的管理适应性强，深得群众喜爱。

小型驴一般生长发育缓慢，体格矮小，耐寒抗暑，抗病耐苦，体质紧凑结实，适于乘驮，往往负重超过体重，仍能坚持不倦。以往农村多用以推磨、拉碾，上山驮肥、下山负稼，妇孺短途骑乘。毛色以灰毛、灰褐为主，"三白"特征不明显，多有背线、"鹰膀"，前肢偶有"虎斑"。头的比例相对较大，颈较短，水平颈；背腰短狭，尻短、多为尖尻；四肢膝关节较小，全身绒毛较长。

根据来源和生态环境的不同，小型驴分为 3 个系统，新疆驴系统包括新疆驴、凉州驴、青海毛驴、西吉驴；西南驴系统包括川驴、云南驴、西藏驴；华北驴系统包括太行驴、库伦驴、陕北毛驴、淮北灰驴、苏北毛驴等。

(一) 新疆驴系统

各品种的驴，都在我国西北，这里气候干旱，植被稀疏，土壤贫瘠，风沙多，气温低，温差大，生态条件相似。自古以来，驴就从新疆、沿河西走廊不断输入甘肃、青海、宁夏，在各地形成新疆驴、凉州驴、青海毛驴、西吉驴等不同驴种。

1. 新疆驴 新疆驴（Xingjiang donkey）属于小型兼用地方品种（见图 3-32，图 3-33，图 3-34）。

图 3-32 新疆驴（公）
（来源：《中国畜禽遗传资源志·马驴驼志》）

图 3-33 新疆驴（母）
（来源：《中国畜禽遗传资源志·马驴驼志》）

图 3-34 新疆驴群体
（来源：《中国畜禽遗传资源志·马驴驼志》）

（1）中心产区及分布 新疆驴主产于维吾尔自治区南部塔里木周围绿洲区域的和田、喀什和阿克苏地区及吐鲁番和哈密等地，其中和田地区最多。全疆各地都有分布，北疆较少，主要分布在农区和半农半牧区。1980 年共有新疆驴 108.88 万头，2007 年存栏新疆驴 77.88 万头。

（2）品种形成 根据我国有关历史文献记载，早在 3 500 年前的殷商时代，新疆一带已养驴，用驴，并不断输入内地，是我国驴的主要发源地。新疆养驴历史悠久，当地人常说：“吃肉靠羊，出门靠驴。”汉代时就有养驴记述，《汉书·西域传》记载：

"乌秅国（今塔什库尔干东南一带），出小步马，有驴无牛。"以及丝绸之路的小国"驴畜负粮，须诸国禀食，得以自赡"。公元3—9世纪的拜城克孜尔千佛洞第十三窟东壁壁画中，已画有赶驴驮运的《商旅负贩图》，可见驴很早就在新疆的交通运输中起着重要作用。

新疆属大陆性气候，受高山和沙漠的影响，气候温暖而干旱，风沙多，昼夜温差大，无霜期短，降水量少。境内既有大面积的草原牧区，也有农业发达的绿洲。原先受气候、水源等条件的限制，农业产量一直不高，社会经济滞后，农民全靠养驴农耕、驮运、乘骑，驴和人们的生产生活关系极为密切。自西汉以来，不断有驴自河西走廊输入内地，直接影响到甘肃、青海、宁夏、陕西小型驴种的发展。

为加大新疆驴体格，适应农牧业生产与生活的需要，阿克苏地区库车县曾于1958年和1965年从陕西引进关中驴，对当地驴进行杂交，杂交后代体格增大，但适应性差、饲养条件要求高，因而杂交终止，由农牧民自行进行本品种选育。

（3）体型外貌特征

外貌特征　新疆驴属小型驴。体质干燥结实，结构匀称。头大小适中，额宽，鼻短，耳长且厚、耳壳内生有短毛，眼大明亮，鼻孔微张，口小。颈长中等，肌肉充实，鬣毛短而立，颈薄，颈肩结合良好，鬐甲低平。背腰平直，腰短，前胸不够宽广，胸宽深不足，肋扁平。腹部充实而紧凑，尻较短斜。四肢结实，关节明显，后肢多呈外弧或刀状肢势。系短，蹄圆小、质坚。

毛色以灰毛为主，黑毛、青毛、栗毛次之，其他毛色较少。黑驴的眼圈、鼻端、腹下及四肢内侧为白色或近似白色。

体尺和体重　1981年，曾对新疆驴进行过调查，2006年又在喀什地区测量的新疆驴体尺和体重，结果见表3-13。

表3-13　新疆驴的体尺和体重

时间/年	性别	样本数/头	体高/cm $\overline{X}\pm s$	体长/cm $\overline{X}\pm s$	胸围/cm $\overline{X}\pm s$	管围/cm $\overline{X}\pm s$	体重/kg
1981	公	72	102.2	105.5	109.7	13.3	116.0
	母	317	99.8	102.5	108.3	12.8	111.3
2006	公	34	111.7±6.6	117.1±5.8	121.6±6.4	14.6±1.4	
	母	270	108.8±4.5	115.8±6.4	119.5±9.4	13.6±1.2	

（4）性能和评价　据报道，2007年喀什地区7头成年新疆驴（3头公驴，4头母驴），平均宰前活重公驴为141.00kg，母驴为137.17kg；平均屠宰率公驴为49.54%，母驴为56.38%；平均净肉率公驴为37.01%，母驴为45.53%。母驴肉用性能如此之高，需要验证。

新疆驴具有乘、挽、驮多用特点，个体较小，性情温驯，耐粗饲，适应性强，抗病力好，饲养数量多，分布地域广，是新疆广大农牧区重要的畜力，在农牧民生产和生活中占有一定地位，深受群众欢迎，且具有较好的肉、乳用性能，是我国较为优良的地方驴种之一，对内地养驴业和驴品种的发展曾起到历史性的作用。今后应建立保种场，开展保种工作，加强本品种选育，积极改善饲养和放牧条件，加强选种选配和幼驹培育，进一步提高品种质量。非主产区可引入大中型驴，进行低代杂交利用，提高经济效益。

2. 凉州驴 凉州驴（Liangzhou donkey）因古时盛产于凉州而得名，属小型兼用型地方品种（图 3－35，图 3－36）。

图 3－35 凉州驴（公）
（来源：《中国畜禽遗传资源志・马驴驼志》）

图 3－36 凉州驴（母）
（来源：《中国畜禽遗传资源志・马驴驼志》）

（1）中心产区及分布 凉州驴中心产区位于河西走廊的甘肃省武威市凉州区，分布于酒泉、张掖市。产区内城区周边养殖较少，且外来血统侵入严重，只有偏远乡村凉州驴养殖数量较多，血统较纯正。2007 年和 2009 年两次调查符合品种要求的凉州驴为 2.2 万头。

（2）品种形成 凉州驴是从西域输入驴经不断繁育和风土驯化形成。驴较多地输入甘肃，约始自西汉时期，距今约有 2 000 多年的历史。从西域输入的驴首先养在河西一带，这里气候干旱，自然条件于新疆等地相近，农民生产、生活需要这种适宜于贫瘠地区饲养的驴，对驴的选育起了重要作用。

甘肃河西一带除灌溉农田之外，植被稀疏、饲草缺乏。农民养驴以秸秆为主，少有精料，使役多，饲养粗放。在当地这种特定的自然环境和饲养管理条件下经过长期的自然选择和人工选择，形成了凉州驴地方品种。

近年来产区多引入关中驴、庆阳驴等大型驴种与本地母驴杂交，以提高其产肉、产皮性能，致使凉州驴受外种影响较大。

（3）体型外貌特征

外貌特征 凉州驴属小型驴。头大小适中，眼大有神，鼻孔大，嘴钝而圆，耳略显大、转动灵活，耳壳内外着生短毛。颈薄、中等长，鬣毛少，头颈、颈肩结合良好。鬐甲低而宽、长短适中。母驴胸深，肋张开良好，腹大、略下垂；公驴胸深而窄，腹充实而不下垂。背平直，体躯稍长，背腰结合紧凑。尻稍斜，肌肉厚实。四肢端正有力，骨细，关节明显。蹄小而圆，蹄质坚实。尾础中等，尾短小，尾毛较稀。毛色以灰毛、黑毛为主。多数有背线、鹰膀及虎斑，个别灰驴尻部腰角处有一条黑线，与背线成十字形。

体重和体尺　1981 年曾经对凉州驴做过调查。2007 年甘肃省畜牧技术推广总站和武威市畜牧兽医局、凉州区畜牧中心联合，又在武威市测量了成年凉州驴的体重和体尺，结果见表 3－14。

表 3－14　凉州驴的体尺和体重

时间/年	性别	样本数/头	体高/cm $\overline{X}\pm s$	体长/cm $\overline{X}\pm s$	胸围/cm $\overline{X}\pm s$	管围/cm $\overline{X}\pm s$	体重/kg
1981	公	15	101.83±6.80	109.53±5.59	112.80±8.59	13.96±0.87	—
	母	345	102.24±4.38	107.95±5.93	117.33±5.40	13.36±0.74	—
2007	公	10	108.90±6.39	109.2±8.29	123.70±7.06	14.65±0.91	154.72
	母	50	109.93±8.63	105.53±9.20	120.21±10.5	13.94±1.14	141.2

（4）性能和评价　凉州驴是我国甘肃河西地区的优良地方品种，饲养历史悠久，在中国驴的起源进化国内驴的传播中有重要地位和研究价值。据测定，在以青草为主饲料条件下，成年凉州驴平均屠宰率 48.2%，净肉率 31.25%。

凉州驴耐粗饲、耐劳苦、体小力大、运步灵活、持久力强、用途广，适应当地生态条件，经长期自然与人工选育形成。近年来由于产区机械化进程加快，驴的役用功能被逐渐替代，且大量售往外省区市作肉用及少量役用。当地为提高经济效益多引入大型驴种进行杂交，导致凉州驴存栏量急剧下降，亟待保护。今后应开展本品种保护，加强选育提高工作，尤其注意母驴基础群的建立和优秀种公驴的培育，保证凉州驴遗传资源得以保存，并尽可能提高其品质。

3. 青海毛驴　青海毛驴（Qinghai donkey）俗名尕驴，省内各地的驴有冠以县名的习惯，比如共和驴、湟源驴、贵德驴、化隆驴等，属小型兼用地方品种（见图 3－37，图 3－38）。2008 年调查符合品种要求的青海毛驴为 6.61 万头。

图 3－37　青海毛驴（公）
（来源：《中国畜禽遗传资源志·马驴驼志》）

图 3－38　青海毛驴（母）
（来源：《中国畜禽遗传资源志·马驴驼志》）

（1）中心产区及分布　主要分布在青海省海东地区、海南藏族自治州、海北藏族自治州、黄南藏族自治州以及西宁市的湟中、大通、湟源三县的农区和半农半牧区。中心产区为黄河、湟水流域，包括循化、化隆、共和、贵德、湟源、平安、民和等县。海西蒙古族藏族自治州和玉树藏族自治州通天河两岸也有少量分布。

（2）品种形成 最早生活在青海的古代居民是羌人，他们以游牧为主，活动范围广。在公元前476年前后，羌人逐渐开始了原始的农业生产，居留在湟水流域。从20世纪80年代的调查结果来看，青海省毛驴的主要分布区域是汉族、回族等族人口密集的农区和半农半牧区，以及藏族定居从事农业生产较早的地区。

青海省与甘肃省相邻，古代两省多属统一管辖区，牲畜交易极为平常。青海毛驴的分布和青海省东部农业生产的发展，以及藏族、汉族、回族等民族人民的定居和迁入有着密切关系；青海毛驴由甘肃、中原等地引进的可能性较大，引入时间多在明、清时期，经过产区劳动人民长期选育逐渐形成地方良种。

从1952年起，曾陆续引入关中驴、佳米驴等驴种，与青海湟源地区的毛驴进行杂交，杂种驴体高公驴平均增加13.8cm、母驴平均增加18.7cm，取得了一定的杂交利用效果。但青海毛驴主要仍以自繁自育为主，没有经过系统选育。

在机械化不发达的时期，因驴的食量小、耐粗饲、易饲养、善走山路，用途广，乘、挽、驮皆宜，秉性温驯，老幼妇孺均可使用，深得产区各族群众的喜爱。近年来，驴肉的功能逐步得到开发，群众对驴的重视程度增加。社会经济条件促进了本品种的进一步发展。

（3）体型外貌特征

外貌特征 青海毛驴属小型驴。其外形和体质特点有地区差别，除共和县外，其他地区所产的毛驴体质外形基本一致。体质多为粗糙型，体格较小，体躯方正、较单薄，全身肌肉欠丰满，腱和韧带结实，皮毛粗厚，整体轮廓有弱感，性情温驯，气质迟钝。头稍大、略重，耳长大，耳缘厚，耳内有较多浅色绒毛。额宽，眼中等大小，嘴小，口方。颈薄、稍短，多水平颈，颈础低，头颈、肩颈结合一般、鬐甲低平，短而瘦窄。胸部发育欠佳，宽深不足，肋骨扁平。腹部大小适中。背腰平直而宽厚不足，结合良好。尻宽长，为斜尻，腰尻结合较好。四肢较短，骨细，关节明显，后肢多呈轻微刀状肢势。蹄小质坚。尾础较高，尾毛长达飞节下部，较为稀疏。毛色以灰毛最多，黑毛、栗毛次之，青毛较少。

共和县所产毛驴体质多紧凑、干燥、结实，体格较大，气质较活泼，头大小适中，眼大有神，四肢较长，体躯和骨骼壮实，关节较强大，肌腱明显，皮肤不显厚，被毛细密。

体尺和体重 1981年曾经对青海毛驴做过调查。2006年青海省畜牧总站又测量了成年青海毛驴的体重和体尺，结果见表3-15。

表3-15 青海毛驴的体尺和体重

时间/年	性别	样本数/头	体高/cm $\bar{X}\pm s$	体长/cm $\bar{X}\pm s$	胸围/cm $\bar{X}\pm s$	管围/cm $\bar{X}\pm s$	体重/kg
1981	公	17	104.94±5.67	105.88±6.90	113.71±8.07	13.15±0.99	126.76
	母	225	101.60±4.73	102.55±5.32	112.06±5.29	12.21±0.67	119.24
2006	公	10	101.90±9.43	101.70±8.75	114.30±9.26	13.05±0.93	123.02
	母	74	99.76±7.51	99.72±8.77	109.60±9.89	12.03±1.0	110.91

（4）性能和评价　青海毛驴能适应产区海拔 2 000m 左右的自然生态条件，耐粗饲，对饲养管理条件要求不高，食量小、耐劳苦、抗严寒，适应高原山地气候。据罗增海报道，青海毛驴体格小，体重一般为 135.78～137.50kg。成年驴平均屠宰率为 47.24%，净肉率为 33.98%，但因其个体小，产肉量不大。近年来数量下降严重，今后应加强本品种保护选育，特别要加强对共和县所产毛驴品种资源的重视，可建立保护区与保种场。在保护区外可引入大中型驴种进行肉用方向的杂交利用，以适应新形势下群众生活的需要，提高经济效益。

4. 西吉驴　西吉驴（Xiji donkey）属兼用地方品种（见图 3 - 39，图 3 - 40）。2009 年通过国家畜禽遗传资源委员会鉴定。

图 3 - 39　西吉驴（公）
（来源：《中国畜禽遗传资源志・马驴驼志》）

图 3 - 40　西吉驴（母）
（来源：《中国畜禽遗传资源志・马驴驼志》）

（1）中心产区及分布　西吉驴中心产区位于宁夏回族自治区西吉县西部山区的苏堡、田坪、马建、新营、红耀等乡镇，分布于宁夏回族自治区的西吉县其他乡镇、原州区、海原县、隆德县及与甘肃省静宁、会宁等接壤地区。回族、汉族均有饲养。2006 年末西吉驴存栏 4.4 万头。

（2）品种形成　西吉县于 1942 年正式设县，之前分属海原、固原、隆德、静宁、庄浪等五县边境。根据海原、固原、隆德等县志记载，过去本地是封建诸侯、贵族的牧地，至今新营等地尚有过去的马圈遗迹。大约 200 年前，即清雍正中叶（1727 年）才“听民开荒”，开始种植五谷，随着迁入人口的增长、农田面积的扩大，驴的饲养逐渐增加。20 世纪 20～30 年代，当地的牲畜每年向外出售，其中驴多流向甘肃天水、平凉一带，这时出售大牲畜（驴、牛、骡）已成为农民的主要副业收入。西吉县境内山大沟深、交通不便，农业生产必须使用驴来驮粪、驮粮，农民生活也需要驴作为拉磨、骑乘的动力和工具。经济需要促使农民对驴的饲养十分精心。当地有“一年失了龙（指驴），十年不如人”的说法，足以说明群众对驴的重视，对驴的饲养管理、畜舍建筑、饲喂方法等均较精细。当地草山广阔，有良好的放牧条件，群众素有种植苜蓿、青燕麦、草谷子等人工牧草的习惯。除喂给驴专门种植的燕麦外，还喂以豌豆、麸皮等。当地地多人少，在正常年景下，粮食及饲草料丰富，给驴的生长发育提供了极为有利的条件。

当地人民一直非常重视种公驴的选择。20 世纪 50 年代中期，有专门从事选育饲养种公驴的配种户（当地俗称“放公子户”）。也有些富裕农家选养种公驴，除给自养母驴配种外，也为其他农民饲养的母驴配种收取报酬。为了选优扶壮，种公驴从幼年即开始培育，一般多采用“一岁选、二岁定”的办法，体型较大质优的公驴深受欢迎。如此长期严格选育，促进了本品种的形成。

长期以来西吉驴主要依靠当地群众自选自育，曾于 1960 年在白崖上圈建成种驴场，收购良种驴 40 头；1964 年迁址刘家山头，收购驴 32 头（公驴 2 头，母驴 30 头）；1967 年驴场撤销，115 头驴全部出售给甘肃省镇原县。1964 年曾引进关中驴与西吉本地母驴杂交。

（3）体型外貌特征

外貌特征　西吉驴体型较方正，体质干燥、结实，结构匀称。头稍大、略重、为直头，眼中等大，耳大翼厚，嘴较方。颈部肌肉发育良好，头颈结合良好，鬐甲较短。胸宽深适中，背腰平直，腹部充实。尻略斜。前肢肢势端正，后肢多呈轻微刀状肢势，运步轻快，系为正系。尾础较高，尾毛长而浓密。全身被毛短密。

毛色主要为黑色、灰色、青色，黑色约占 85.83%，灰色 8.34%，青色 5.83%。多有“三白”特征。

体重和体尺　1982 年曾经对西吉驴做过调查。2006 年西吉驴遗传资源调查组，在西吉驴中心产区的 5 个乡镇测量了成年西吉驴的体重和体尺（总体 4.4 万头，样本在 5 个乡镇才测到 11 头公驴 50 头母驴），结果显著高于 1982 年数据，已达到中型驴高度，这可能于引入杂交有关。

表 3-16　西吉驴的体尺和体重

时间/年	性别	样本数/头	体高/cm $\overline{X}\pm s$	体长/cm $\overline{X}\pm s$	胸围/cm $\overline{X}\pm s$	管围/cm $\overline{X}\pm s$	体重/kg
1982	公	17	110.76	109.52	121.35	15.02	149.33
	母	132	109.48	110.00	120.35	14.13	147.52
2006	公	11	124.30±4.60	125.50±8.40	135.00±8.50	15.50±1.10	211.78
	母	50	123.30±6.10	123.20±7.90	137.50±6.40	14.50±1.10	215.67

（4）性能和评价　2006 年对平均年龄 8.4 岁 5 头成年骟驴进行屠宰测定，宰前活重平均为 210.8kg，屠宰率平均为 48.50%，净肉率平均为 37.65%。

西吉驴适应性强，能够适应山大沟深、交通不便、气温较低且自然灾害发生较为频繁等恶劣的自然条件。其食量小，耐粗饲、耐劳役，用途广，骑、耕、挽、驮、磨皆能胜任，役用能力强；行动敏捷，善于攀登山路，体质强健，性情温驯。但西吉驴生长发育较为缓慢，体成熟晚，繁殖率较低，后肢发育较差。今后应有组织地加强本品种选育，向肉用、皮用方向发展，进一步提高其品质。

对西吉驴作为品种人们一直存有质疑，一是缺乏育种场有效系统选育，基本是一个含外血程度不一的杂种群，不具有稳定的遗传性；二是2006年总体4.4万头的西吉驴，体尺样本在5个乡镇才测到11头公驴50头母驴，体尺统计达到中型驴，显然也不具备代表性。

（二）西南驴系统

西南驴来源于西北，根据遗传标记和古代对外经贸往来分析，西南驴也可能受南亚小型驴的影响。西南驴分布在云南、四川两省和西藏自治区，主要在川北、川西的阿坝、甘孜、凉山和滇西，以及西藏的日喀则、山南等地。这些地区多为高原山地和丘陵地区，海拔较高，河流多，气候差别大，干湿季节明显。产区农业发达，主要作物是水稻、麦类、蚕豆、红薯和油菜，作物秸秆和野草是当地养驴的主要饲草。但总的看来，多山的环境、贫瘠的土壤和稀疏的植被，使驴的饲养比较粗放，白天放牧，夜间舍饲补以秸秆，只有妊娠时补饲少量精料，因此形成了矮小的驴种。

目前，西南驴已分解为3个独立驴种，据当地统计，川驴7.35万头（2005年），云南驴23.2万头，西藏驴8.58万头。西南驴是国内最为矮小的驴种，藏民族称之为“狗驴”。头较粗重，额宽且隆，耳大长，鬐甲低，胸窄浅，背腰短直，尻短斜，腹稍大，前肢端正，后肢多外向，蹄小而坚。被毛厚密，毛色以灰色为主，并有“鹰膀、背线、虎斑”三个别征，其他毛色还有红褐色和粉黑色。

西南驴性成熟较早，2～2.5岁即能配种繁殖，一般3年2胎。根据屠宰测定，屠宰率为45%～50%，净肉量每头32kg左右，净肉率为30%～34%。西南驴多用于驮，乘、挽较少。1.5周岁调教使役，成年驴驮重50～70kg，日行25～30km。西南驴体小精悍，除役用、肉用外，也可用于儿童游乐。

1. 川驴 川驴（Sichuan donkey）1978—1983年第一次全国畜禽品种资源调查时命名，根据产地不同有阿坝驴、会理驴等名称，属役肉小型兼用型地方品种（见图3-41，图3-42，图3-43）。

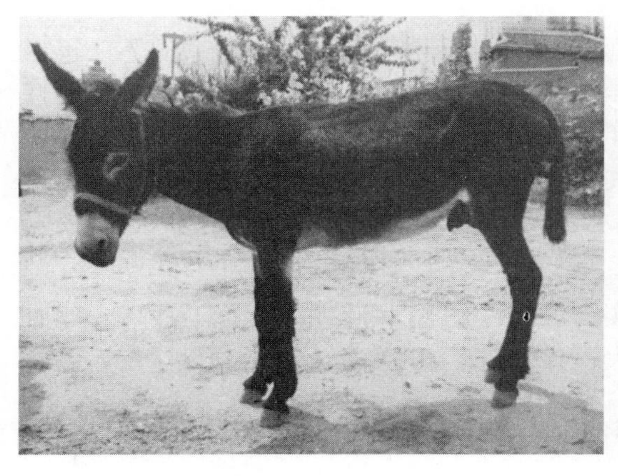

图3-41 川驴（公）
（来源：《中国畜禽遗传资源志·马驴驼志》）

图3-42 川驴（母）
（来源：《中国畜禽遗传资源志·马驴驼志》）

图 3 - 43　川驴群体

（来源：《中国畜禽遗传资源志・马驴驼志》）

（1）中心产区及分布　川驴主产于四川省甘孜藏族自治州的巴塘县、阿坝藏族羌族自治州的阿坝县和凉山彝族自治州的会理县。甘孜藏族自治州的乡城、得荣等县，凉山彝族自治州的会东、盐源等县，广元市的部分县及产区周边县市也有分布。2005 年末川驴共存栏 7.35 万头。

（2）品种形成　产区养驴历史悠久。据《倮情述论》和《西昌县志》记载，南诏时代（距今约 1 000 余年），有"段氏女赶驴驮米送寺斋僧诵经"的记载。《会理州志》记载："驴：别名长耳公，曰汉骊，曰蹇驴，似马而长颊，广额，磔耳，修尾，低小，不甚骏，善驮，有褐、黑、白三色。"《广元县重修县志》也记述有"驴乳之成分与人乳相近，可育婴儿，县产形小不低秦产，可骑乘载物。"这些记载生动而形象地描述了川驴的由来、发展、外貌特点与利用情况。

当地群众十分重视种公驴的选育，常在优秀种公驴的后代中选择初生体重较大、生长发育快、体质健壮、结构匀称、生殖器官发育正常的公驴作为后备种驴，并精心饲养管理。对母驹的选择不太严格，成年后基本留作繁殖。

川驴与产区群众日常生产、生活密切相关，经过长期的选育和饲养，在特定的自然条件下和经济条件下形成。

（3）体型外貌特征

外貌特征　川驴属小型驴。体质粗糙结实。头长、额宽，略显粗重。颈长中等，颈肩结合良好。鬐甲稍低，胸窄、较深，腹部稍大，背腰平直，多斜尻。四肢强健干燥，关节明显。蹄较小，蹄质坚实。被毛厚密。

毛色以灰毛为主，黑毛、栗毛次之，其他毛色较少。一般灰驴均具背线、鹰膀、虎斑，黑驴多有粉鼻、粉眼、白肚皮等特征。

体尺和体重　1980 年曾进行过调查，2006 年又分别测量了巴塘县、会理县、盐源县和阿坝县牧户饲养的成年川驴的体重和体尺，结果见表 3 - 17。

表 3-17 川驴的体尺和体重

时间/年	性别	样本数/头	体高/cm $\overline{X}\pm s$	体长/cm $\overline{X}\pm s$	胸围/cm $\overline{X}\pm s$	管围/cm $\overline{X}\pm s$	体重/kg
1981	公	208	89.50±0.29	92.50±0.34	98.20±0.34	11.80±0.05	82.59
	母	273	94.40±0.36	97.30±0.33	105.00±0.41	12.00±0.06	99.33
2006	公	30	98.73±5.32	103.57±5.62	114.07±6.75	13.33±0.64	124.78
	母	153	95.44±4.28	97.60±5.73	107.59±6.8	12.51±0.8	104.61

（4）性能和评价 川驴体小精悍，体质粗糙结实，结构良好，性情温驯，耐粗饲，易管理，役用性能好，遗传性能稳定，繁殖力、抗病力强，具有良好的适应性和多种用途，是山地重要役畜，群众多喜饲养。今后应加强本品种选育，在注意对优良种公驴选择和培育的基础上，做好繁殖母驴的选育，不断提高本品种质量。在做好品种资源保护的前提下，可在非中心产区适当引入大、中型驴进行杂交，提高川驴的肉用性能，以满足市场需要。

2. 云南驴 云南驴（Yunnan donkey）为云南各地所产的小型驴统称。属于小型役肉兼用型地方品种（见图 3-44，图 3-45，图 3-46）。

图 3-44 云南驴（公）
（来源：《中国畜禽遗传资源志·马驴驼志》）

图 3-45 云南驴（母）
（来源：《中国畜禽遗传资源志·马驴驼志》）

图 3-46 云南驴群体
（来源：《中国畜禽遗传资源志·马驴驼志》）

（1）中心产区及分布 云南驴主产于云南省西部的大理白族自治州的祥云、宾川、弥渡、巍山、鹤庆、洱源，楚雄彝族自治州的牟定、元谋、大姚，丽江市的永胜以及云南省南部的红河哈尼族彝族自治州的石屏、建水等县市。在云南省许多干热地区均有分布。2005 年末云南驴共存栏 23.2 万头。

（2）品种形成　产区养驴历史悠久。驴传入云南的最早年代及路线已难以考证，但据史料记载，楚雄彝族自治州元谋县在 1 700 多年前已“户养驴骡”。红河哈尼族彝族自治州的石屏县关于驴的文字记载也已有 1 250 多年（始于公元 752 年）。据《永胜县志》记载：“元代时内地居民携牛马驴骡竞相入境。”清·康熙《广西府志·弥勒州物产志》也有“兽之属：牛、马、驴、骡、羊……”的记载。就云南驴的体型、外貌和性能进行研究，它与现今新疆的小型驴极为相似，说明云南驴由西北和内地传入有一定的根据。但从遗传标记聚类较远来看，云南驴参与西南丝绸之路运输，和东南亚、南亚驴种有血液上交流，是其重要原因。历史上，驴在红河哈尼族彝族自治州除作为役畜外，也是财富的象征，俗话说“彝族有钱一群驴”，多余的驴作为商品出售以换回必需的生活用品。产区山高坡陡、地势偏僻、交通不便，生产、生活资料等都靠驴进行驮运。

云南驴与产区各族群众生产、生活息息相关，是重要的农业生产和交通运输工具，是在当地自然环境和社会经济条件下，经过劳动人民长期选育形成的一个地方小型驴种。产区部分县市曾于 20 世纪 50～60 年代引进佳米驴、关中驴等良种公驴进行杂交，但多利用其经济杂交优势，并无系统性的选育。

（3）体型外貌特征

外貌特征　云南驴属小型驴。体质干燥结实，结构紧凑。头较粗重，额宽且隆，眼大，耳长且大。颈较短而粗，头颈结合良好。鬐甲低而短，附着肌肉欠丰满。胸部较窄，背腰短直、结合良好，腹部充实而紧凑，尻短斜、肌肉欠丰满。四肢细长，前肢端正，后肢多外向，关节发育良好，蹄小、质坚。尾毛较稀，尾础较高。被毛厚密。

毛色以灰色为主，黑色次之。多数驴均具有背线、鹰膀、虎斑及粉鼻、亮眼、白肚等特征。

体尺和体重　1980 年曾进行过调查。2006 年云南省大理白族自治州家畜繁育指导站、祥云县家畜改良站、楚雄彝族自治州畜牧兽医局、牟定县畜牧兽医局和红河哈尼族彝族自治州畜牧兽医站和石屏县畜牧局在祥云县、牟定县和石屏县又测量了成年云南驴的体重和体尺，结果见表 3-18。

表 3-18　云南驴的体尺和体重

时间/年	性别	样本数/头	体高/cm $\bar{X}\pm s$	体长/cm $\bar{X}\pm s$	胸围/cm $\bar{X}\pm s$	管围/cm $\bar{X}\pm s$	体重/kg
1980	公	36	93.61±4.18	92.19±4.48	104.31±4.86	12.22±0.68	92.88
	母	76	92.41±4.02	93.68±3.79	107.79±6.14	11.98±0.78	100.78
2006	公	34	102.30±5.72	104.86±4.96	114.49±5.62	13.61±0.75	127.3±18.4
	母	221	98.89±4.42	102.68±3.95	112.06±4.30	12.84±0.50	119.4±15.5

（4）性能和评价　云南驴体小精悍，体质粗糙结实，具有适应性强、不择食、耐粗饲、持久力好、吃苦耐劳、性情温驯、易于调教管理、善走山路、繁殖性能好、遗传性能

稳定等特点，在山区炎热干燥、贫瘠的环境中有特殊的役用价值。随着产区农业和交通运输业的不断发展，人民生活水平的逐步提高，云南驴的肉用性能得以开发。云南驴饲料报酬率高，肉质鲜美、细嫩，驴皮还可制阿胶。但其前胸较窄，需要通过选育逐步克服。云南驴是我国特有的山地小型驴种，也是我国体格最小的驴种之一，有体高仅 65cm 的个体。

今后应加强本品种的保护和选育工作，特别要注意公驴的选择和培育，防止无序交配和近亲交配，不断提高质量。有计划地对该遗传资源进行利用，一方面选择少量体格最小的公、母驴，建立矮驴繁育品系，以逐步形成世界上体格最小、结构良好的矮驴品种，以开拓供观赏和儿童骑乘的新利用途径；另一方面，在有条件的地区可引入大中型公驴进行经济杂交，从而提高其产肉性能，满足市场的需求。

3. 西藏驴 西藏驴（Tibetan donkey）亦称藏驴、白朗驴，1998 年西南部分省、自治区畜禽遗传资源补充调查时命名，属小型兼用型地方品种（见图 3－47，图 3－48，图 3－49）。

图 3－47 西藏驴（公）
（来源：《中国畜禽遗传资源志・马驴驼志》）

图 3－48 西藏驴（母）
（来源：《中国畜禽遗传资源志・马驴驼志》）

图 3－49 西藏驴群体
（来源：《中国畜禽遗传资源志・马驴驼志》）

（1）中心产区及分布 西藏驴主产于西藏自治区的粮食主产区，如日喀则地区的白朗、定日等县，山南地区的贡嘎、乃东、桑日等县，昌都地区怒江、金沙江流域的八宿、芒康等县，周边地区亦有散在分布。中心产区为白朗、贡嘎、乃东三县。2006 年末西藏驴存栏 8.58 万头。

（2）品种形成　家驴由野驴驯化而来。现有野驴有亚洲野驴和非洲野驴。亚洲野驴还有几个地方类型，西藏野驴又称康驴，是这几种地方类型之一，目前在西藏驴产区仍有大量群体。有人认为，西藏驴的起源，一是由非洲野驴的亚种驯化家养，经中亚、黄河流域逐渐迁至西藏广大地区，二是由亚洲野驴亚种之一骞驴直接驯化而来。目前捕获的西藏野驴与西藏驴有较相似的外形特征，藏民仍有捕幼小野驴驯化家养的习惯。因此，西藏驴仍可能是以上两种来源的混合类型，经过长期的自然选择和人工选育形成的地方品种。但是这一认识目前尚未见到遗传学研究的支持。

当地群众认为，西藏驴和农业生产关系非常密切，其驯化与青稞的起源处于一个时期，至少已有 4 000 年历史。据考证，畜牧业起源于农业之前，西藏驴的历史比青稞种植起源早若干世纪。

根据《敦煌古藏文》记载：公元 6 世纪初，在日喀则的东部，山南地区琼结县一带，当地群众利用马和驴、牦牛和黄牛杂交，繁殖骡和犏牛，夏秋季节储备牲畜的冬春饲草。由此可见，1 400 多年前，西藏驴主产区已具备一定的舍饲条件和繁殖、饲养、利用驴的技术水平。

（3）体型外貌特征

外貌特征　西藏驴体格小而精悍，体质结实干燥，结构紧凑，性情温驯。头大小适中，耳长中等。头颈结合良好，鬐甲平而厚实。肋骨拱圆，背腰平直，腹较圆，尻短、稍斜。四肢端正，部分后肢呈刀状姿势，关节明显，蹄质坚实。

毛色主要为灰毛、黑毛，另有少量栗毛。黑毛中粉黑毛较多。灰毛驴多具有背线、鹰膀、虎斑等特点，是西藏驴的正色，被当地群众誉为“一等”。

“江嘎”和“加乌”是藏语对西藏驴中特别优秀者的称呼。这部分驴体格高大、体质结实、役力强。“江嘎”藏语有野驴之意，毛色为黄褐色，有背线和鹰膀。“加乌”基础毛色是黑色或灰黑色，有粉鼻、粉眼、白肚皮等特征。20 世纪 80 年代中期存栏较多，并大量出口印度和尼泊尔，20 世纪 90 年代中期后存栏数很少。

体尺和体重　1998 年曾进行过调查。2008 年 7 月西藏自治区畜牧总站对日喀则地区白朗县的成年西藏驴进行了体重体尺测量，结果见表 3-19。

表 3-19　成年西藏驴体尺和体重

时间/年	性别	样本数/头	体高/cm $\overline{X}\pm s$	体长/cm $\overline{X}\pm s$	胸围/cm $\overline{X}\pm s$	管围/cm $\overline{X}\pm s$	体重/kg
1998	公	21	106.13±8.57	103.43±8.06	115.82±7.80	13.86±1.05	128.47
	母	102	102.86±4.51	103.37±6.33	115.86±6.97	13.46±1.58	128.48
2008	公	10	102.86±4.50	103.30±6.30	115.86±6.90	13.46±1.50	128.39
	母	50	106.13±8.50	103.43±8.00	115.82.±7.7	13.86±1.00	128.47

（4）性能和评价　西藏驴与产区自然及农牧业生态环境高度协调，对高海拔、低氧、

干燥、贫瘠的环境适应良好，耐粗饲、性情温驯、易管理、役力强，作为西藏农区与半农半牧区特定地理条件下短途运输工具，有较好的利用价值。今后应加强本品种选育，选择质量较高的公驴留作种用，防止近亲交配。改变重公驹轻母驹的饲养繁殖方式，提高基础母驴的品质。在本品种选育中，注意保护并发展"江嘎"和"加乌"类型，可建立保种场。同时应拓宽品种利用途径，开发驴皮药用或生物激素生产功能。

（三）华北驴系统

华北驴系是指产于黄土高原以东、长城内外至黄淮平原的小型驴，并分布到东北三省。境内有高原、平原、山区、丘陵，产区为我国北方农业区。驴仅次于牛，为第二多的大家畜。除黄河中下游的富庶农业区多产大、中型驴外，大部分的山区、高原、农区、半农半牧区和条件较差的农区，因原作物单产低，饲养条件差，而多养小型驴。近几十年，为了适应生产的需要，一些农业条件较差而畜牧条件较好的地区，如沂蒙山区、太行、燕山山区、陕北榆林地区、张家口地区、哲里木盟库伦旗和淮北等地，发挥地方优势，大批繁殖商品驴，公司、基地众多，除留少部分自用外，通过广告或每年经由大同、张家口、沧县、济南、潍坊、界首、周口等著名牲畜交易市场，向全国各地出售。这些驴总称为华北驴，但都有它的地方名称，如陕北滚沙驴、内蒙古库伦驴、河北太行驴、淮北灰驴等。目前，华北驴已分解为6个独立驴种，据当地统计，河北太行驴为3.4万头（2006年），库伦驴为18 236头（2005年），淮北灰驴为2 363头（2006年），苏北灰驴为23 487头（2005年），符合陕北毛驴品种特征为8 000头（2007年）。

华北驴的产区自然、社会条件各不相同，因而各地驴的外貌也各有其特点，但总的可以描述为，体型比新疆驴、西南驴都大，呈高方形。体质干燥结实，结构良好，体粗短小。头大而长，胸稍窄，背腰平，腹稍大。四肢粗壮有力，蹄小而圆。毛色以青、灰、黑色居多。

华北驴体高在110cm以下，平原略大，山区较小。华北驴在山区、丘陵地区多用于驮运，平原多用于挽车。皖北实测成年驴最大挽力，公驴为133kg，母驴为123kg，相当于体重77%～89%。山区驮运75kg，日行35～45km。平均体重115.6kg，六成膘的小驴，屠宰率平均为41.7%，净肉率平均为33.3%。

华北驴繁殖性能与大、中型驴相近，生长发育比新疆驴快，华北驴与大、中型驴杂交普遍，与大型驴杂交，1周岁体高可达110cm，所产驴骡成年体高能达135cm，华北驴能适应黑龙江的严寒和江南旱作地区的酷热。

1. 太行驴 太行驴（Taihang donkey）属小型兼用型地方品种（见图3-50，图3-51）。

（1）中心产区及分布 主产于河北省太行山山区、燕山山区及毗邻地区。以华北平原西部的易县、阜平、井陉、临城、邢台、武安、涉县等县分布最为集中。围场、隆化、赤城、沽源等县和山西省的五台、盂县、平定、黎城等县也是重要分布区。河南省境内亦有少量分布。2006年末河北省存栏3.4万头。

（2）品种形成 据记载，我国养驴最早的是西北边疆的少数民族，到西汉时首先传到甘肃、宁夏一带，而后经过内蒙古、山西迁至河北。由于驴的食量小、耐粗饲、易管理、易驾驭，适于多种用途，对于小农经济和山区条件具有较大优势，一经传入便获得了迅速地发展。根据《汉书·地理志》的记载，并州之地包括滹沱河、涞水和易水流域在内，

“畜易五扰，谷易五种”。五扰指马、牛、羊、犬、豕，不包括驴。上述地区恰好是太行山区，当时还没有养驴，该地区养驴最早在西汉之后。

图 3－50　太行驴（公）
（来源：《中国畜禽遗传资源志·马驴驼志》）

图 3－51　太行驴（母）
（来源：《中国畜禽遗传资源志·马驴驼志》）

关于太行驴的起源尚无确切资料。据《井陉县志》记载：由于井陉地瘠民贫，养马者甚少，有少量饲养，也多贩自外地。当地养驴和骡则很多，骡多系马骡，非本地产，主要贩自山西等地；养驴多用于拉磨驮负，当地虽有繁殖，但为数不多，主要贩自外地。因此，可以认为河北省太行山区的驴来源于山西。

当地饲料资源缺乏、且饲草品质差。另外，崎岖的山路和驮运的要求以小型驴为好，促使选育向小型驴方向发展，逐渐形成现在的地方品种。

（3）体型外貌特征

外貌特征　太行驴属小型驴。体型小，多成高方形，体质结实。头大、大多为直头，耳长，额宽而突，眼大。多为直颈，肌肉发育，头颈结合和颈肩结合良好。鬐甲低、厚、窄。胸深而窄，前躯发育良好，腹部大小适中，背腰平直。大多斜尻。四肢粗壮，关节结实，蹄小而圆，质地结实。尾毛长。

毛色以灰色居多，粉黑色和乌头黑色次之，其他毛色较少。

体尺和体重　1982 年曾进行过调查。2006 年 10 月又在易县对成年太行驴进行了体重和体尺测量，结果见表 3－20。

表 3－20　成年太行驴体尺和体重

时间/年	性别	样本数/头	体高/cm $\overline{X}\pm s$	体长/cm $\overline{X}\pm s$	胸围/cm $\overline{X}\pm s$	管围/cm $\overline{X}\pm s$	体重/kg
1982	公	40	102.36±5.21	101.66±6.55	115.882±4.92	13.86±1.00	126.40
	母	103	102.47±5.12	101.06±7.02	113.73±7.84	13.70±0.81	121.03
2006	公	10	114.70±8.64	106.20±8.80	124.60±5.24	17.40±1.85	152.66
	母	50	104.22±7.26	106.10±9.59	119.16±7.92	14.82±1.60	139.49

（4）性能和评价　太行驴具有体型小、体质结实、肢体矫健、食量少、耐粗饲、抗病力强、温驯等特点，易管理，适于驮挽，非常适应山区的地理环境、贫瘠的饲料条

件以及粗放的管理方式。近年来受社会发展、生态变化的影响，品种数量急剧下降。今后应以本品种选育为主，在此基础上向早熟和适当增大体尺的方向选育，往肉用、药用方向发展。

2. 库伦驴 库伦驴（Kulun donkey）属小型兼用型地方品种（见图 3－52，图 3－53）。

图 3－52 库伦驴（公）
（来源：《中国畜禽遗传资源志·马驴驼志》）

图 3－53 库伦驴（母）
（来源：《中国畜禽遗传资源志·马驴驼志》）

（1）中心产区及分布 库伦驴产于内蒙古自治区通辽市库伦旗和奈曼旗的沟谷地区，其中库伦旗西北部的六家子旗、哈日稿苏木、三道洼乡是库伦驴的中心产区。2005 年末库伦驴存栏 18 236 头。

（2）品种形成 有关库伦驴形成的历史资料很少。早在 300 多年以前，库伦旗境内地势平缓、人烟稀少、鸟兽遍野，被划为猎场和牧场，并引进一些驴种，供骑乘及观赏。随着农牧业生产的发展，为适应当地的小农经济和山区特点，农牧民通过碾拽、拉磨、骑乘、驮运货物、拉车、耕地等使役，选留具有一定体型、抗病力强、耐粗饲、役用性能好的留作种用，在本品种内进行不断选育提高，逐渐形成了适应山地自然条件和粗放饲养管理的地方良种。1949 年后库伦驴曾多次出口到日本和朝鲜，供旅游骑乘用。

库伦驴是在原有地方良种的基础上，以纯繁为主，通过提纯复壮，进行长期选育提高形成的兼用型地方品种。

（3）体型外貌特征

外貌特征 库伦驴属小型驴，结构匀称，体躯近似正方形，体质紧凑结实，性情温驯，易于调教。头略大，眼大有神，耳长、宽厚。腹大而充实，公驴前躯发达，母驴后躯及乳房发育良好。四肢干燥、强壮有力，蹄质结实。全身被毛短，尾毛稀少。

毛色有黑色、灰色。黑色驴毛梢多有红褐色；大多数灰驴有一条较细的背线，以及鹰膀和虎斑。基本都有“三白”特征。

体尺和体重 1985 年曾进行过调查。2006 年 8 月，内蒙古自治区家畜改良工作站、通辽市家畜繁育指导站、库伦旗家畜改良工作站又在库伦旗六家子镇测量了成年库伦驴的体重和体尺，结果见表 3－21。

表 3-21　成年库伦驴体尺和体重

时间/年	性别	样本数/头	体高/cm $\overline{X}\pm s$	体长/cm $\overline{X}\pm s$	胸围/cm $\overline{X}\pm s$	管围/cm $\overline{X}\pm s$	体重/kg
1985	公		120.00	118.60	130.55	16.75	187.16
	母		110.42	111.16	125.07	14.89	161.00
2006	公	10	121.20±1.93	117.44±1.76	130.29±2.33	16.33±0.55	152.66
	母	50	110.12±2.36	109.11±2.29	122.07±2.95	14.92±0.31	139.49

（4）性能和评价　库伦驴具有善走山路、食量小、耐粗饲、乘挽驮兼用的特点，是适合丘陵山区多种需要的一个地方品种。但近年来由于缺乏系统的管理和选育，优良种公驴外流，公、母驴比例失调，繁殖率下降，使库伦驴原有的品种优良特性退化，体质逐年下降。为保持和提高库伦驴的优良特性，一要进行本品种的选育提高工作；二要改进饲养管理方法，提高库伦驴的质量、数量。

3. 陕北毛驴　陕北毛驴（Shanbei donkey）是分布在延安、榆林两市小型驴的总称，属小型兼用型地方品种（见图 3-54，图 3-55，图 3-56）。在风沙区人们以其善走沙路而称作"滚沙驴"，为沙地型；在丘陵沟壑区多叫小毛驴，为山地型。

图 3-54　陕北毛驴（公）
（来源：《中国畜禽遗传资源志·马驴驼志》）

图 3-55　陕北毛驴（母）
（来源：《中国畜禽遗传资源志·马驴驼志》）

图 3-56　陕北毛驴群体
（来源：《中国畜禽遗传资源志·马驴驼志》）

（1）中心产区及分布　陕北毛驴主要分布在陕西省榆林市北部长城沿线风沙区和延安市北部丘陵沟壑区。1981年中心产区在榆林市的榆林（现为榆阳区）、神木、定边、府谷、横山、靖边6个县，和延安市的吴旗、志丹、安塞、子长、延长、延安（现为宝塔区）、延川七个县。2006年榆林市中心产区减少为定边、靖边、横山、子洲4个县，延安市中心产区减少为吴起（原吴旗）、志丹、甘泉3个县，中心产区由13个县减少为7个县。榆阳、横山、神木、府谷、子长、宜川、安塞、延川等县区亦有少量分布。据2007年统计，延安和榆林两市符合品种特征的陕北毛驴仅有8 000头左右。

（2）品种形成　陕北毛驴是陕北地区的古老品种，据史书记载，大约从西汉张骞出使西域之后，大批驴、骡便由西域而来。如《盐铁论》记载"骡、驴、骆驼，衔尾如塞"，由此，新疆的小型驴源源不断地扩散到甘肃、宁夏、陕北一带。隋唐时期，陕北还设有专门繁殖驴骡的牧场。据此推断，陕北毛驴的远祖可能是新疆小型驴。

陕北在秦汉以前曾是深林密布、水草丰美的地方。由于西汉推行"募民徙塞下"的移民戍边政策，唐朝后期也有鼓励农民垦辟荒地的做法，使耕地迅速扩展，人口激增，陕北由游牧逐步转向农耕，林草被毁，土地沙化，水土流失日益严重，致使牧草生长不良，农作物产量低而不稳。据《府谷县志》记载，乾隆四十八年，此驴种已采用半放牧，半舍饲的方式饲养。受自然条件和草料条件的影响，以及长期混群放牧配种，未进行过有计划的系统选育，最终逐步形成体格小，耐艰苦的小型驴种。

近年实行禁牧舍饲以后，大多数农户牵母驴去养种公驴户配种，也有少数农户有意识地选用佳米驴进行杂交以增大其体尺。

（3）体型外貌特征

外貌特征　陕北毛驴属小型驴。体格小，沙地型体格结实、偏粗糙，山地型体质结实、较紧凑。结构匀称，体型呈方形。头稍大，眼较小，耳长中等，颈低平。前胸窄，背腰平直或稍凹，尻短斜，腹大小适中，但母驴和老龄驴多为草腹。四肢干燥结实，关节明显，蹄质坚硬。被毛长而密、缺乏光泽，皮厚骨粗。尾毛浓密，尾础低，尾长不过飞节。

毛色以黑色为主，其次为灰毛，另有部分其他毛色。眼圈、嘴头、腹下多为白色，部分仅眼圈、嘴头为白色，也有少量四肢内测为白色。浅色者均有黑色背线和鹰膀。黑色毛色者冬春体侧被毛为红褐色、无光泽，夏秋托换后恢复为黑色、有光泽。

体尺和体重　1981年曾进行过调查。2007年4月，延安市畜牧技术推广站又在吴起县、志丹县对成年陕北毛驴的体重和体尺进行了测量，结果见表3-22。

表3-22　成年陕北毛驴体尺和体重

时间/年	性别	样本数/头	体高/cm $\bar{X}\pm s$	体长/cm $\bar{X}\pm s$	胸围/cm $\bar{X}\pm s$	管围/cm $\bar{X}\pm s$	体重/kg
1981	公	89	106.56±8.1	107.53±9.3	116.66±8.5	13.48±1.2	135.57
	母	905	106.72±6.5	109.07±7.2	117.96±8.5	13.34±0.5	140.48
2007	公	15	107.59±0.6	110.43±1.4	119.39±5.5	13.81±0.5	145.75
	母	88	106.92±1.2	108.96±2.5	117.82±3.6	13.54±0.4	140.05

(4) 性能和评价 陕北毛驴是产区特定生态条件下形成的一个古老品种，既适应荒漠气候，放牧性强，善走沙路，又宜于山区陡坡地与狭窄山路上各种劳作。该品种食量小，耐粗饲，上膘快，保膘好，易管理。可耐风沙和严寒，抗病力强，－30℃仍能正常活动，是一种适应性很强的小型家驴品种，很有保种价值。

陕北毛驴由于未进行人为选育，存在野交乱配和饲养管理粗放的现象，因而质量参差不齐。近年来，由于山地大量退耕、经济发展、生产力提高、生产活动减少、缺乏有效保护措施，且因自身体格较小、生长较慢、劳役力相对较差，导致数量迅速减少。有些地区引入佳米驴等大中型驴种与陕北毛驴杂交，影响较大。多种因素致使陕北毛驴的中心产区日益缩小。

今后应建立保种场和保种扩繁区，增加后备种驴数量，改善饲养管理条件，有计划地开展本品种选育，提高肉用性能，使其向肉役兼用方向发展，以适应市场需要。在非保种区，可引进相近生态环境的佳米驴进行杂交利用，增大体型，提高品质。

4. 苏北毛驴 苏北毛驴（Subei donkey）属小型兼用型地方品种，1974 年全国畜禽品种资源调查时命名（见图 3－57，图 3－58）。

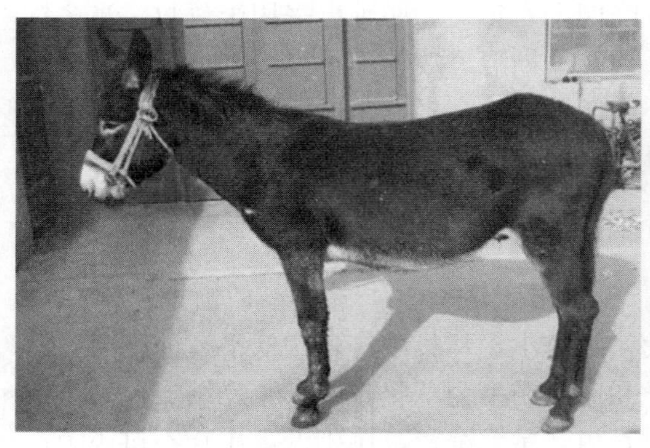

图 3－57 苏北毛驴（公）
（来源：《中国畜禽遗传资源志・马驴驼志》）

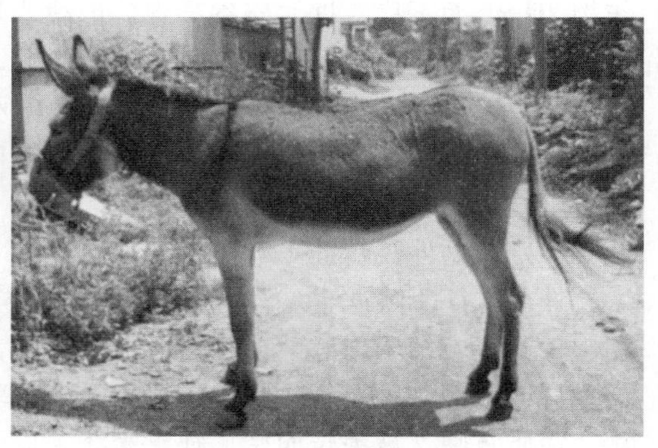

图 3－58 苏北毛驴（母）
（来源：《中国畜禽遗传资源志・马驴驼志》）

(1) 中心产区及分布 中心产区在江苏省连云港市、徐州市、宿迁市，主要分布于淮北平原，即苏北灌溉总渠以北的地区。2005 年末存栏苏北毛驴 23 487 头。

(2) 品种形成 苏北毛驴在产区养殖历史悠久，江苏地区的驴主要由西北一带扩散而来，最早进入历史已难以查考，最迟应在宋代。另据明代《隆庆海州志》记载，苏北地区的东海县等地当时已养驴、用驴。在苏北一些地形起伏的丘陵地区，交通相对不便，农耕、运输、拉磨、骑乘，小型驴更为适用。群众对种公驴要求比较严格，所留公驴质量较好，基本用于配种，其余公驴大多在性成熟之前就被淘汰作为肉用。这些是产区小型驴得以长期繁育的主要原因。通过产区群众长期的繁育、选择，形成了本品种。

近年来，受市场需求影响，东海县等地引进关中驴等大中型驴种与苏北毛驴杂交，对苏北毛驴品种纯正性产生一定影响。

(3) 体型外貌特征

外貌特征 苏北毛驴属小型驴。体质较结实，结构匀称、紧凑，性情温驯。头较清秀，面部平直，额宽、稍突，眼中等大，耳大、宽厚。颈部发育较差，薄而多呈水平，头颈、颈肩结合一般。鬐甲较高，胸多宽深不足，腹部紧凑、充实，背腰多平直、较窄。尻高、短而斜。肩短而立，四肢端正、细致干燥，关节明显，后肢股部肌肉欠发达，多呈外弧肢势，系短而立。蹄质坚实。尾础较高，尾毛长度中等。

毛色主要为灰色、黑色，约占 85.5%，其他还有青色、白色、栗色等。灰毛大多有背线和鹰膀，兼有粉鼻、亮眼、白肚等特征。另据新沂市 58 头驴调查，黑色占 47.5%，青色、灰色占 32.1%，栗色占 20.3%。

体重和体尺　1980 年曾做过调查，2005 年又对产区成年苏北驴进行了体重和体尺测量，结果见表 3-23。

表 3-23　成年苏北毛驴体尺和体重

时间/年	性别	样本数/头	体高/cm $\overline{X}\pm s$	体长/cm $\overline{X}\pm s$	胸围/cm $\overline{X}\pm s$	管围/cm $\overline{X}\pm s$	体重/kg
1980	公	60	106.45±9.3	109.00±10.3	116.66±8.5	13.63±1.1	153.79
	母	51	105.80±8.2	109.07±7.2	108.01±8.7	12.36±1.4	196.98
2005	公	51	122.6±7.1	115.7±8.4	135.6±9.1	15.8±1.7	196.98
	母	164	118.4±6.0	109.5±10.1	134.8±8.2	14.8±1.4	184.23

（4）性能和评价　据丰县畜牧水产局调查，苏北毛驴宰前活重平均为 173kg，屠宰率均为 43%，净肉率为 34%。

图 3-59　苏北驴群体

（来源：《中国畜禽遗传资源志・马驴驼志》）

苏北毛驴体格较小、性情温驯、易管理、耐粗饲、抗病力强、适应性广、运步灵活，具有一定的役用能力，是经长期自然选择与人工选择形成的适于江苏省北部地区环境条件的地方良种。近年来，苏北毛驴的使役功能已逐渐被农机和其他机械所替代，但在地形复杂、道路较为崎岖的丘陵地区仍发挥一定的短途运输作用，尤其是中老年群众认为使用毛驴要比使用农机更安全、方便、简单。随着其向肉用方向开发，苏北毛驴受外来大中型驴种杂交的影响很大，种驴缺乏，品种数量严重下降。今后应加强品种保护，可在中心产区建立保种场，进行本品种选育，尤其应重视种公驴的选择，同时改进繁殖技术，扩大优秀种驴的利用范围。在非中心产区可引入大型良种公驴进行经济杂交，建立肉用型与皮用型新品系，满足周边市场需求。

5. 淮北灰驴　淮北灰驴（Huaibei Gray donkey）属小型兼用型地方品种（见图3-60，图3-61，图3-62）。

图3-60　淮北灰驴（公）
（来源：《中国畜禽遗传资源志·马驴驼志》）

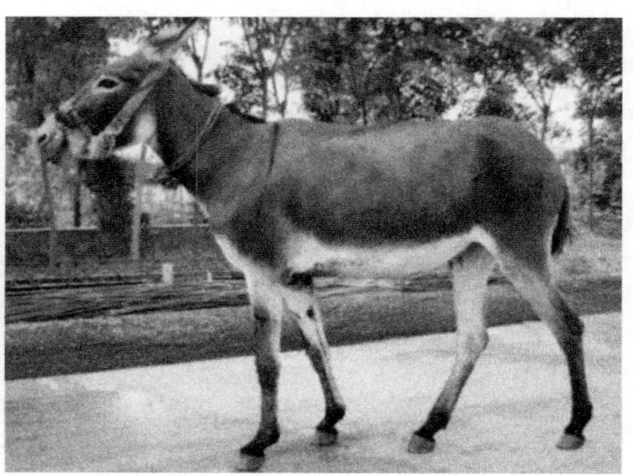

图3-61　淮北灰驴（母）
（来源：《中国畜禽遗传资源志·马驴驼志》）

图3-62　淮北灰驴群体
（来源：《中国畜禽遗传资源志·马驴驼志》）

（1）中心产区及分布　淮北灰驴中心产区在安徽省淮北市，主要分布于安徽省淮北以北，包括宿州市、亳州市和阜阳市等地区。2006年存栏2 363头。

（2）品种形成　淮北灰驴的形成已有1000多年的历史。在此漫长的历史时期中，淮北灰驴的发展和品种形成与产区的自然条件和社会政治经济因素密切相关。产区气候温暖、干燥，农业发达，农副产品比较丰富，环境条件很适宜淮北灰驴的生存发展。

（3）体型外貌特征

外貌特征　淮北灰驴属小型驴。体质紧凑，皮薄毛细，轮廓明显，体长略大于体高，尻高略高于体高。头较清秀，面部平直，额宽稍突。颈薄、呈水平状，鬐甲窄、低，胸宽深不足，肋拱圆。背腰结合良好、平直。尻高、短而斜，肌肉欠丰满。四肢细而干燥，关节坚实、明显，肩短而立，前膊直立、较长，后肢多呈刀状肢势，系短立，蹄小圆、质坚。尾毛稀疏而短。

毛色以灰色为主，具有背线和鹰膀。

体尺和体重　2007 年 4 月安徽省淮北市畜牧兽医水产局、亳州市畜牧局在安徽省淮北市五沟镇、四铺乡、南坪镇和亳州市魏岗镇对 6 匹成年公驴和 23 匹成年母驴的体重和体尺进行了测量，结果见表 3－24。

表 3－24　成年淮北灰驴体尺和体重

性别	样本数/头	体高/cm	体长/cm	胸围/cm	管围/cm	体重/kg
公	6	116.12±3.45	120.17±5.60	124.67±5.32	13.05±0.48	172.94
母	23	109.30±4.89	115.39±2.98	118.04±3.15	12.73±0.41	148.87

（4）性能和评价　2009 年亳州市对 5 公 5 母 2 岁淮北灰驴进行屠宰试验，宰前重公驴平均为 162.5kg，母驴平均为 143.3kg；屠宰率公驴平均为 48.6%，母驴平均为 39.6%；净肉率公驴平均为 40.1%，母驴平均为 32.1%。

淮北灰驴是安徽省一个历史悠久、分布较广的优良小型驴种，具有耐粗饲、适应性好、抗病力强和易管理等特点。该品种放牧和舍饲均可，适合农区饲养。但随着农业机械化程度的提高，饲养量大幅下降，已处于濒危状态，亟待加以保护。今后应开展品种保护与登记管理工作，建立保种场，增加群体规模，加强本品种选育，积极引导农户改变选育方向，使之由役用逐步向肉役兼用或肉用方向转变，进一步提高品质。

第三节　国外驴种

据国际家畜遗传多样性信息系统（DAD－IS）统计，世界现有驴的遗传资源共 194 个，主要分布在欧洲、亚洲、非洲和美洲。至今，我国尚未从国外成规模引入驴种开展纯种繁育。

一、国外重要驴种

从国际驴种发展情况来看，经过多年专门人工培育的品种不多，现仅对知名度较高或在其他品种培育中起过重要作用的品种，分述如下。

（一）普瓦图驴（Poitou Donkey）

普瓦图驴主产于法国夏朗德省的普瓦图地区，以具有独特的长而浓密的被毛而知名。普瓦图驴是大型驴，曾经主要用于产骡（见图 3－63）。

图 3-63　普瓦图驴

1. 品种形成　普瓦图驴是一个古老的品种，约起源于10世纪的法国普瓦图地区，该地区属于富饶的农业区。普瓦图驴可能最早是由罗马人引入。在中世纪，拥有一头普瓦图驴一度成为当地法国贵族地位的象征。普瓦图驴形成过程中受到西班牙萨莫拉诺-里昂驴（Zamorano-Leonés）的影响最大。在18世纪上半叶的西班牙国王菲利普5世时期，萨莫拉诺—里昂驴就出口到法国参与普瓦图驴的培育。此外西班牙加泰罗尼亚驴等品种也对普瓦图驴育成有影响。普瓦图驴的现代类型约形成于1717年，法国国王路易斯15世的一位顾问曾经记载："在普瓦图北部，有一些驴能够达到大型骡的体高。这种驴几乎浑身覆盖半英尺长的毛，四肢和关节与挽车马一样粗壮。"为了繁育大型骡，早期育种者选择体格大的驴进行杂交，如以头、耳和四肢关节更大为主要选育目标。

在19世纪和20世纪早期，普瓦图驴主要用于与体格大的挽马品种普瓦图马（Mulassière horse）配种生产优秀的役骡，骡的生产和出口曾经一度非常有名。在欧洲两百多年间一直都认为普瓦图骡品质最为出色，经常出口至欧洲多个国家，并价格不菲，普瓦图地区最多可年产骡30 000头。19世纪中期，普瓦图驴每年销售15 000～18 000头。1867年，在Deux Sevres部门就有94个育种场，饲养465头公驴、294头母驴和5万匹普瓦图母马。自1884年开始建立普瓦图驴登记册。同时，普瓦图驴也用于培育其他驴种，包括美国大型驴。

然而，二战前后，役骡迅速被机械替代，普瓦图驴的需求也大量减少。到1950年时，普瓦图地区仅剩50家普瓦图驴的繁育场，饲养300头普瓦图公驴和6 000匹母马。1972年时该品种几乎灭绝。1977年的品种普查显示，全世界仅剩44头纯种普瓦图驴（20公24母）。

针对普瓦图驴数量锐减的形势，一些公共和私人组织开始关注保护工作。1979年，法国国家种马场和育种者、玛莱-普瓦图地区国家公园共同鼓励保护并积极繁育普瓦图驴，研发新的繁殖技术、收集关于本品种的历史知识与文化，并制定了相关保护方案。1981年，从葡萄牙引进了18头普瓦图驴用于法国本土普瓦图驴的扩群。1988年，成立了普瓦图驴协会（SABAUD），为品种发展谋取市场并筹集保护资金。至2001年，普瓦图驴登记册中登记了71头公驴和152头母驴。2004年统计，共有驴425头，其中公驴81头，母驴 344 头。2011 年总数又降至 400 头以下。普瓦图驴现分布于欧洲 8 个国家，但种群数量仍然很少。尽管处于濒危状态，但该品种数量已经在法国和英国、澳大利亚、北美等地有了少量的增长。

2. 体型外貌 体格较大，体质结实。头大而长，耳长且宽，颈部强壮。直肩，胸骨突出，肋骨拱圆，背部长且平直，尻短。四肢有力、关节明显，蹄宽大。性情温驯，亲和性强。

毛色为黑色，有时在口鼻和眼睛周围呈淡黄色、银灰色并带有淡红色晕圈，腹部及大腿内侧颜色也较浅。全身被覆长毛，是本品种最突出的特点，源自曾经流行于普瓦图育骡者中的一种时尚：从公驴出生时开始，被毛完全保留，公驴不劳作，终生都像囚犯似的饲养，可避免被毛褪换，结果造成被毛积累全部缠结成团，直到几乎垂至地面。如今，许多养普瓦图驴的人士也剪毛以保持驴体的清洁卫生。

公驴体高 135～156cm，体重 350～420kg。体格高大，在欧洲仅有安达卢西亚驴可以达到相似体高。

3. 品种性能 普瓦图驴具有被毛长的典型特征。2014 年，Romain Legrand 等对 35 头成年普瓦图驴的长被毛性状进行了研究，结果发现长被毛性状的原因可能主要是 FGF5（成纤维细胞生长因子 5）基因上有 2 处隐性突变。

4. 利用情况 历史上，普瓦图驴被大量用于产骡，并被出口到多个国家。近年来，又开始从事农作、运输和骑乘。

（二）大黑莓驴（The Grand Noir Du Berry Donkey，Berry Black Donkey）

大黑莓驴主产于法国中部，中心产区原为贝里（Berry）省，后分为谢尔和安德尔省。在法国中北部地区也有分布，是优秀的挽用品种（见图 3-64）。

图 3-64 大黑莓驴

1. 品种形成 大黑莓驴的起源难以查证。主产区曾为农业区，农业和葡萄园工作促进了体大力强的挽用驴选育。19 世纪中期，产区从事农业的驴开始替代人力，用于挽拉贝里运河以及布里亚尔（Briare）运河及其支流上的船只。有文献记载，在 1850 年前后，当地从阿尔及利亚引入的驴种影响了大黑莓驴的形成，也有可能受到迁徙至当地的罗马尼亚人带来的西班牙加泰罗尼亚驴的影响，但缺乏官方记录证明。从 20 世纪早期开始，大量照片记录了大黑莓驴用于农业、挽车和挽曳驳船。

随着机械化的普及，大黑莓驴数量迅速减少。1986 年，保护贝里传统协会首次在年度博览会上展示了新组建的大黑莓驴种群，引起了社会关注。此后，每年在利涅尔（Lignieres）均会举办 Whit Monday 驴骡展览会，会上参加展示的大黑莓驴数量逐年增加，1990 年有 100 头，1993 年有 220 头。1993 年由饲养者和爱好者共同发起成立了法国大黑莓驴品种协会，以促进大黑莓驴的育种和利用。协会制定了品种标准，标准是根据参加展览会的驴、当地老者的回忆和旧资料如老明信片上的图像来制定。协会还建立了品种登记册，1993 年确认了公母共 80 头驴符合品种标准，并予以登记。1994 年 6 头公驴进行了种用登记，授权配种。1994 年，法国农业部和国家种畜场官方认可大黑莓驴为独立品种。2004 年统计，大黑莓驴共有 155 头，其中公驴 25 头，母驴 130 头。大黑莓驴处于濒危状态。

2. 体型外貌　体型匀称、结实，体格高大。眼大有神，耳长而宽。颈部强壮，宽胸，背腰平直，尻圆而斜。四肢端正，关节强大，蹄质坚实，能走崎岖山地。

毛色为黑色。无背线、鹰膀和斑马纹。腹下包括乳房两侧、鼠蹊部和大腿内侧呈浅灰色或白色。口、眼眶周围也呈浅灰色或白色，有时边缘有红色晕圈。

成年公驴体高 135～145cm，成年母驴体高最低 130cm。

3. 品种性能与利用情况　大黑莓驴原用于农场的小型劳作，特别是葡萄园内的运输；19 世纪中期以后，主要用于挽拉运河上的驳船；如今，大黑莓驴用于远途旅行或休闲挽驾，公驴用来产骡。

（三）阿米阿塔驴（Amiata Donkey）

阿米阿塔驴主产于意大利中部的托斯卡纳区（Tuscany），以格罗塞托省（Grosseto）的阿米阿塔山区为中心产区。雷焦・艾米利亚省（Reggio Emilia）、利古里亚区（Liguria）和坎帕尼亚区（Campania）也有分布。阿米阿塔驴是意大利进行驴奶生产的重要品种（见图 3－65）。

图 3－65　阿米阿塔驴

1. 品种形成　阿米阿塔驴在 20 世纪初期群体规模大，在第二次世界大战前，格罗塞托省和佩鲁贾市共存栏阿米阿塔驴超过 8 000头，主要用于在农田和矿山的驮用运输。二战后，数量急剧减少，濒临灭绝。从 1956 年开始，格罗塞托省比萨市（Pisa）的马属动物增殖研究所开展阿米阿塔驴的保种和选育工作。1993 年成立育种者协会，开展品种登记。1995 年登记头数达 89 头，被意大利农林部认可为独立品种。1997 年登记会开始对公驴采用封闭式登记，仅对母驴放开登记。2006 年，登记总数达 1 082 头，其中约 60%在托斯卡纳区，形成了多个品系。2007 年国际粮农组织（FAO）认定阿米阿塔驴处于濒危状态。

2. 体型外貌　阿米阿塔驴体格较大，体质结实、健壮。

毛色均为灰色，有背线、鹰膀，大部分有斑马纹，耳内有深色斑。腹下、口和眼眶四周呈浅色。

成年公驴（30 个月）体高 130～140cm，体重 200 kg；成年母驴（30 个月）体高 125～135cm，体重 150kg。

2009 年，Clara Sargentini 等在托斯卡纳区对 8 头成年公驴和 48 头成年母驴的体尺进行了测定，见表 3－25。

表 3-25 成年阿米阿塔驴体尺

性别	头数	体高/cm	体长/cm	胸围/cm	管围/cm
公	8	129.8±4.7	138.3±13.1	145.6±7.8	18.3±0.8
母	48	125.8±5.6	136.5±8.2	145.0±7.8	16.9±1.5

3. 品种性能 阿米阿塔驴适应性好，耐粗饲，能在艰苦条件下生存，持久力和抗病力强，灵活轻快，适于山区作业。

2014 年，M Martini 等对 31 头成年经产母驴（9±2 岁）进行的 300 天泌乳期产乳性能测定结果见表 3-26。

表 3-26 不同泌乳期阿米阿塔驴泌乳量和乳成分含量

类 别	泌乳期									
	30 天	60 天	90 天	120 天	150 天	180 天	210 天	240 天	270 天	300 天
早晨泌乳量/mL	306.75	379.08	375.36	319.52	349.75	285.63	259.78	256.54	278.55	261.92
干物质/%	9.76	9.25	9.36	9.45	9.41	9.64	9.67	9.51	10.06	10.01
脂肪/%	0.42	0.35	0.34	0.42	0.43	0.41	0.44	0.46	0.44	0.35
蛋白质/%	1.77	1.61	1.57	1.58	1.56	1.53	1.53	1.54	1.50	1.51
酪蛋白/%	0.56	0.65	0.75	0.79	0.78	0.82	0.75	0.77	0.73	0.78
乳糖，/%	6.85	7.09	7.25	7.20	7.20	7.29	7.18	7.22	7.20	7.21
灰分/%	0.48	0.40	0.35	0.36	0.35	0.34	0.33	0.37	0.35	0.36
钙/%	0.13	0.13	0.15	0.10	0.11	0.091	0.12	0.09	0.11	0.10
磷/%	0.10	0.06	0.08	0.07	0.07	0.06	0.07	0.07	0.06	0.07

注：早晨泌乳量的母子隔离时间不清。

4. 利用情况 多用于驮运，也用于挽曳、乳用和休闲骑乘以及患者骑乘康复治疗。

（四）马丁纳·弗兰卡驴（Martina Franca）

马丁纳·弗兰卡驴主产于意大利东南部的普利亚区（Puglia），是意大利体格最大的驴种（见图 3-66）。因中心产区位于马丁纳·弗兰卡市镇而得名，此外产地还包括巴里（Bari）、布林迪西（Brindisi）和塔兰托（Taranto）等省，在阿布鲁佐区（Abruzzo）、拉齐奥区（Lazio）、伦巴第区（Lombardy）和翁布里亚区（Umbria）也有分布。本品种以耐劳和强壮而闻名，是繁育产骡的重要父本。

图 3-66 马丁纳·弗兰卡驴

1. 品种形成 马丁纳·弗兰卡驴的起源并不完全清楚，可能在西班牙人统治普利亚区期间，受到引入的西班牙加泰罗尼亚驴的影响。1943 年，建立品种登记册。1948年成立品种协会。二战后，由于对军骡的需求量大减，马丁纳·弗兰卡驴的需求量随之减少，种群品质下降，规模逐年萎缩。20世纪90年代，随着社会对驴肉和驴奶的需求开始增加，马丁纳·弗兰卡驴的规模减少趋势得以遏制。1990年，为了更有效地保护和发展本品种，新成立了位于卢梭里的马丁纳·弗兰卡驴保护协会。当年，马丁纳·弗兰卡驴登记册被官方认可，现已被意大利农林部认定为一个独立品种。据2005年统计，本品种共计327头，其中成年公驴24头，成年母驴206头。2007年，国际粮农组织（FAO）将马丁纳·弗兰卡驴认定为处于濒危状态。

2. 体型外貌　体格高大，粗壮结实，结构匀称。头大，但不过重，下颌发育良好，耳长而直。颈部粗壮、肌肉丰满，颈肩结合良好，尻部大而长、肌肉丰满，四肢结实，关节强壮而干燥，蹄质坚实。

毛色为黑色，口、腹下和后肢内侧呈灰色或灰白色，眼的周围和口局部有红斑。品种登记早期，体表有三处烙号，分别在面颊、颈部和股部。

成年公驴平均体高135cm，成年母驴平均体高127cm。高者可达145～150cm。

3. 品种性能　普利亚山区冬天寒冷、积雪，夏季炎热，使得马丁纳·弗兰卡驴能够忍受极端气温，且能产下结实健壮的后代。

产区有食用驴肉的传统。2008年，P. Polidori等对15头15月龄的马丁纳·弗兰卡驴公驴进行产肉性能测定，屠宰后1h测定屠宰率为54.5%，屠宰后24h测定屠宰率为53.3%。背最长肌的营养成分测定结果见表3-27。

表3-27　马丁纳·弗兰卡驴每100g驴背最长肌的营养成分（n=15）

营养成分	平均值	标准差	最小值	最大值
水分/%	73.7	3.26	70.1	77.8
脂肪/%	2.02	0.61	1.18	2.81
蛋白质/%	22.8	2.63	20.3	23.7
灰分/%	1.01	0.22	0.89	1.23
糖原/%	0.46	0.08	0.66	0.38
能量值/kcal	116	10.2	96.5	125.3
胆固醇/mg	68.7	3.44	64.2	72.8

注：因该表为新旧资料对比，为避免单位换算造成误差，这里单位仍用“cal”，1cal=4.186 8J。

2009年，P. Polidori等对12头14月龄的马丁纳·弗兰卡驴公驴进行肉品质测定，多不饱和脂肪酸含量在背最长肌和股二头肌中分别为每100g含25.16g和每100g含24.97g。油酸和棕榈酸是驴肉中含量最丰富的脂肪酸，在背最长肌和股二头肌中的比例分别为52.88%和52.16%。

4. 利用情况　马丁纳·弗兰卡驴传统上用于挽拉和驮运，但主要用于产骡，特别是与穆尔杰斯马（Murgese）交配生产著名的马丁纳·弗兰卡骡。这种骡性能优越，在意大利深受欢迎，并被出口至法国、德国、南斯拉夫和北美等多个国家与地区，尤其在一战期间得到广泛使用。1925年，意大利的骡中有70%产于普利亚区。从1926年起，政府采取措施逐步限制马丁纳·弗兰卡驴出口。驴肉是当地的传统食品，可以用来制作香肠和发酵肉制品。近年来，加大了对马丁纳·弗兰卡驴的乳用开发力度，多在母驴泌乳期挤奶6～8个月。

（五）加泰罗尼亚驴（Catalan Donkey，Catalonian Donkey）

加泰罗尼亚驴主产于西班牙东北部的加泰罗尼亚自治区以及邻近的法国西南部（见图3-67）。产区范围从北部的比利牛斯山脉延伸至地中海，并至塞格雷（Segre）、泰尔（Ter）和卡多纳（Cardoner）河流域。加泰罗尼亚驴是大型驴。

图3-67 加泰罗尼亚驴

1. 品种形成 加泰罗尼亚驴是一个较为古老的品种，来源已难以考证，起源于塞格雷（Segre）、泰尔（Ter）和卡多纳（Cardoner）河流域。有说法认为，加泰罗尼亚驴的形成与马略卡驴（Mallorca）和萨莫拉诺—里昂驴（Zamorano-Leonés）有关。公元9世纪的文献中就报道了加泰罗尼亚驴具有高大的体格和优越的性能，该品种公驴因其优秀的产骡价值已闻名几个世纪。当四轮马车在17世纪的西班牙开始应用时，该国并未试图去培育马车马，而是用加泰罗尼亚公驴和安达卢西亚母马杂交繁育骡子用以挽车。在加泰罗尼亚，高峰时期有约5万头加泰罗尼亚驴存栏。

1880年建立加泰罗尼亚驴的登记册。20世纪30年代后期的西班牙内战导致加泰罗尼亚驴种群规模下降，随后10年又逐步恢复。但是随着20世纪50年代农业机械化发展，至20世纪70年代时加泰罗尼亚驴的数量一直在逐年减少，1976年仅存栏3 702头。1978年，在巴诺拉斯（Banolas）举办了一场马驴展览会，鼓励育种者带着加泰罗尼亚驴参展。同年，对加泰罗尼亚驴开始实施保护，成立了加泰罗尼亚驴保护协会（AFRAC），出台了保护方案，重新开放了品种登记册，并鼓励育种者保护并改良该品种。每年11月的第3个周日都会在巴诺拉斯举办一届马驴展览会。加泰罗尼亚驴的保护主要得益于贝尔格达（Berguedà）的琼·加索·萨尔万斯（Joan Gassó i Salvans）的努力。1990年统计存栏量降至415头。1994年加泰罗尼亚自治区政府农牧渔业部与加泰罗尼亚驴保护协会、巴塞罗那兽医学院合作，启动加泰罗尼亚驴遗传资源保护项目。1996年统计共存栏100多头。西班牙粮农渔业部将加泰罗尼亚驴定为处于濒危状态。2003年统计，共存栏206头，其中公驴49头，母驴118头。其中约有近一半生活在琼·加索·萨尔万斯家族在奥尔万（Olvan）的牧场。至2013年末，在西班牙的登记种群数量已达851头。

2. 体型外貌 加泰罗尼亚驴体格高大，体型高长，骨量充分，外貌优雅，性情温驯。

头重，额宽，眼大而宽。耳长而直立，转动灵活。颈长，胸宽而深。背部相对长，腰部结实。有时有凹背。

毛色多呈黑色，鬃毛短而泛红。口、眼眶周围、下腹以及四肢内侧多呈银白色。

公驴体高 145～160cm，母驴体高 135～148cm。体重 350～450kg。

3. 品种性能 加泰罗尼亚驴生长发育快，寿命长，繁殖性能好。

1997 年，Pilar Folch 等对健康的 45 头 3～17 岁母驴、26 头 3～13 岁公驴和 27 头 3 岁以下幼驹的血液生化指标进行了测定，结果见表 3-28。

表 3-28 加泰罗尼亚驴血液生化指标

项目	类型	平均值	范围
红细胞/$10^{12}L^{-1}$	成年驴	6.77±1.17	4.07—10.16
RBC	幼驹	7.14±1.34	4.46—10.44
血红蛋白/（g・L^{-1}）	成年驴	124.5±25.1	13.6—169
Hgb	幼驹	118.4±14.1	93.0—149
红细胞压积/1 L^{-1}	成年驴	0.36±0.05	0.13—0.48
PCV	幼驹	0.34±0.03	0.26—0.41
红细胞的平均体积/F L	成年驴	54.1±7.6	20.4—68.8
MCV	幼驹	48.6±5.7	36.4—62.8
平均红细胞血红蛋白量/pg	成年驴	19.1±2.1	12.3—23.6
MCH	幼驹	16.9±1.9	12.5—21.5
平均红细胞血红蛋白浓度/（g・L^{-1}）	成年驴	346.9±13.4	282—384
MCHC	幼驹	347.1±11.2	321—366
白血球/10^9L^{-1}	成年驴	9.6±1.8	6.4—15.4
Leukocytes	幼驹	13.9±3.0	7.5—21.0
淋巴细胞/10^9L^{-1}	成年驴	4.2±1.2	1.8—7.8
Lymphocytes	幼驹	8.0±2.7	3.2—13.6
单核细胞/10^9L^{-1}	成年驴	0.21±0.16	0.00—0.77
Monocytes	幼驹	0.27±0.26	0.00—1.05
杆状嗜中性粒细胞/10^9L^{-1}	成年驴	0.08±0.10	0.00—0.56
Band neutrophils	幼驹	0.09±0.14	0.00—0.60
分叶核嗜中性粒细胞/10^9L^{-1}	成年驴	4.3±1.2	2.2—9.4
Segmented	幼驹	5.0±1.3	2.3—7.6
嗜酸性粒细胞/10^9L^{-1}	成年驴	0.63±0.46	0.00—1.98
Eosinophils	幼驹	0.81±0.71	0.00—3.15
嗜碱性粒细胞/10^9L^{-1}	成年驴	0.02±0.06	0.00—0.26
Basophils	幼驹	0.02±0.05	0.00—0.20
血小板/10^9L^{-1}	成年驴	236.1±82.1	77.0—510.0
Platelet	幼驹	228.9±86.5	94.0—431.0

加泰罗尼亚驴作为美国大型驴形成的重要奠基品种之一，以持久力强而著称，研究显示，加泰罗尼亚驴能够行进 3 天不用饮水，足够强壮者很容易驮 100kg 重的物品远途行进。

4. 利用情况 加泰罗尼亚驴曾经被输出到许多国家以培育更大的驴种，对欧洲和北美多个驴种的形成和改良作了重要贡献。

18—19 世纪，加泰罗尼亚驴就已出口到法国、英格兰、印度、澳大利亚、意大利、非洲、巴尔干地区和美洲，用于改良当地驴种和杂交产骡。加泰罗尼亚驴用于法国普瓦图驴增大体尺和改进繁殖能力；对意大利的潘特拉里亚驴（Pantellaria）、马丁纳·弗兰卡驴、西西里驴（Siciliana）、拉古萨拉驴（Ragusana）的形成起重要作用；对地中海地区的马耳他驴（Maltese）和塞浦路斯驴（Cypriot）形成也有影响。

在北美，加泰罗尼亚驴对美国大型驴品种的形成起了重要和决定性的作用。1785 年，西班牙国王查尔斯四世赠予美国乔治华盛顿将军 1 头公驴和 2 头母驴。在 19 世纪末期，加泰罗尼亚驴有超过 400 头公驴和 200 头母驴被出口到北美。20 世纪 50 年代，北美军队选择 300 头加泰罗尼亚驴，用船运到美国，其后代被称为肯塔基加泰罗尼亚驴或大型驴。加泰罗尼亚驴在美国的肯塔基、田纳西、密苏里、堪萨斯和东部地区深受产骡者的欢迎。

（六）安达卢西亚驴（Andalusian Donkey）

安达卢西亚驴也被称为科尔多瓦驴（Cordobés），是西班牙南部安达卢西亚自治区科尔多瓦省的一个地方驴种，因据称起源于科尔多瓦省的卢塞纳（Lucena）镇，又称为卢塞纳驴（见图 3-68）。主产于西班牙瓜达基维尔（Guadalquivir）的肥沃河谷，用于农业生产和产骡。广泛分布于从科尔多瓦省到伊比利亚半岛的南部和中部地区。安达卢西亚驴是大型驴。

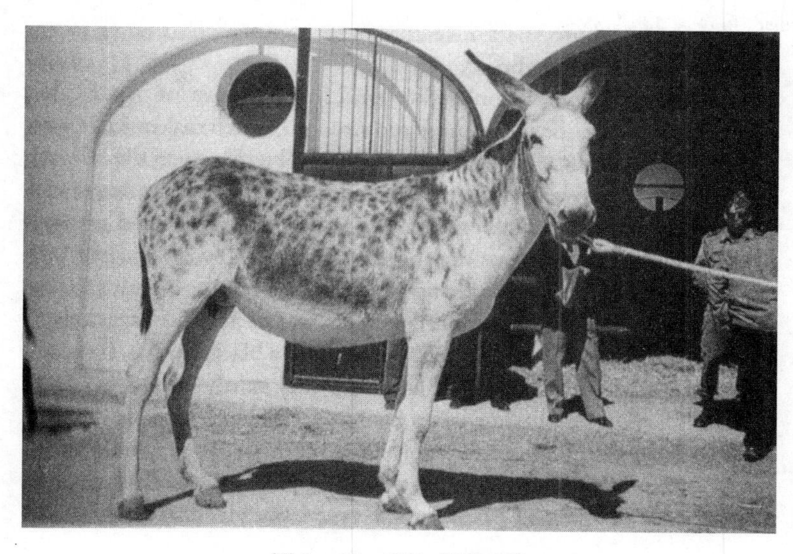

图 3-68 安达卢西亚驴

1. 品种形成 安达卢西亚驴被认为是欧洲驴种中最古老的一个品种，可能起源于一种如今已经灭绝的埃及大型驴种法老驴（Pharaoh donkey），约 3 000 年前引入西班牙。

1930—1960 年的一项农业统计显示，安达卢西亚驴存栏量达 90 万～120 万头。但随着机械化发展，种群数量迅速下降，在 1980 年底几乎灭绝。

位于科尔多瓦省的安达卢西亚协会（Asociacion para la Defensa del Borrico Andaluz, ADEBO）和位于卢塞纳的霍斯特曼基金会（Horstmann Stiftung）推动地方政府采取措施保护已面临灭绝危险的安达卢西亚驴，建立登记制度。2001年成立了品种保护组织西班牙安达卢西亚驴育种协会（ANCRAA, theAsociacion Nacional de Criadores de la Raza Asnal Andaluza），以进一步保护该濒危品种。2006年统计，纯种数量为120头左右，一部分由私人饲养，一部分由品种协会保护。2013年，据称纯种数量已上升至749头，绝大部分养在安达卢西亚自治区。保护计划包括在农田和森林中使役，以及用于偏远旅游活动。

2. 体型外貌 体格高大，体质结实。头中等大，略呈兔头，颈部肌肉发达。鬐甲棘突高肌肉附着不足，腰长。

毛色为青色，自2001年起西班牙粮农渔业部认定安达卢西亚驴的标准毛色为斑点青和白青色。

公驴体高145～158cm，母驴135～150cm。体重320～460kg。

3. 品种性能 安达卢西亚驴抗病力强、耐热、耐粗饲。繁殖力强，精力充沛，性格安静平和，性情温驯，运步优雅顺畅。

4. 利用情况 安达卢西亚驴以挽拉能力强而知名，适于产骡。早在19世纪就出口到北美，第一头出口至美国的安达卢西亚驴名为“华盛顿的皇家礼物”，是育成美国大型驴的重要品种。安达卢西亚驴对巴西驴（Brazilian Donkey）的形成起了关键基础作用。

（七）美国大型驴（American Mammoth Donkey）

美国大型驴，由多个国家引入的驴种在美国杂交育成，以肯塔基州为中心产区。在加拿大和澳大利亚也有分布（见图3-69）。

图3-69 美国大型驴

1. 品种形成 美国大型驴主要由引入的欧洲大型驴种（西班牙驴种为主）和美国当地驴种以及墨西哥驴种通过复杂杂交育成。美国大型驴的形成与使用大型种公驴繁育大型骡以满足农业和交通运输业的需要密切相关。

驴引入到美国可追溯到殖民时期。在革命战争刚结束后，1785年西班牙国王赠送给乔治·华盛顿将军一份礼物，西班牙安达卢西亚驴种公驴1头和母驴2头，形成了美国大型驴的初期培育基础。华盛顿将军用公驴提供种用服务，以生产强壮的役骡，这项工作一直持续到1788年，使得当时美国在产骡事业上掀起一股热潮。

亨利·克莱（Henry Clay）曾于1800年前后引进过一些非常优秀的大型西班牙公驴到肯塔基州。1819年，1头体高超过160cm、骨量充实的名为“进口大型驴（Imported Mammoth）”的加泰罗尼亚驴种公驴到达南加利福尼亚州的查尔斯顿（Charleston），随后在肯塔基州、田纳西州和密苏里州等地广泛使用9年，这是美国大型驴培育时期最优秀的奠基公驴。1830—1890年，美国骡繁育者从西班牙、法国、巴利阿里群岛和马耳他群岛等地进口了几千头大型驴种，主要有安达卢西亚驴、马耳他驴、加泰罗尼亚驴、马略卡驴和普瓦图驴，这些大型驴种对美国大型驴的形成均有影响。

肯塔基州在产骡方面负有盛名，也是美国大型驴培育的核心地区。在美国机械化普及之前，农场的工作主要靠牛、马和骡来完成，骡是当时美国社会一种重要的挽用动物。在战争年代，军队也需要重型骡挽拉重型火炮，使用高大而骨量充实的公驴繁育体大强壮的骡，是美国大型驴形成的重要社会条件。

美国大型驴登记会可追溯至1888年的美国育驴者协会（American Breeders Association of Jacks and Jennets）。之后，第二家登记会，美国标准公母驴登记会（Standard Jack and Jennet Registry of America，SJJR）也成立。1923年，两家登记会宣布合并为美国标准公母驴登记会（SJJR）。1988年，该组织又更名为美国大型驴登记会（The American Mammoth Jackstock Registry，AMJR），持续至今。

美国大型驴可以通过两种方式在美国大型驴登记会进行登记：系谱和体尺测量。系谱登记时需要双亲均在登记会已注册登记；体尺测量法登记要求：公驴体高不得低于147.2cm，胸围至少154.94cm，管围至少20.32cm；母驴和骟驴体高不得低于142.24cm，胸围至少154.94cm，管围至少19.05cm；申请登记时，提交3张照片，清晰展示驴的整体，包括前、后和侧面。登记时需要进行DNA鉴定以证明亲子关系。有背线和鹰膀的驴不能在美国大型驴登记会（AMJR）登记。

美国驴和骡协会（American Donkey and Mule Society，ADMS）也接受美国大型驴在该协会登记。该协会的体高限制与美国大型驴登记会（AMJR）的稍有差异，反映了以前由美国标准驴登记会批准的稍低的体高限制，并且有背线和鹰膀的驴可以在美国驴和骡协会登记。

美国大型驴有不同类型，主要源自其不同的血统来源，有马略卡驴类型、安达卢西亚驴类型以及其它几个类型。

美国大型驴主要分布在美国，少量在加拿大和澳大利亚。根据美国家畜品种保护组织（ALBC）统计，现有3 000～4 000头，然而仅有百余头原始类型的黑色大型驴，使得对这类原始类型的保护成为ALBC首要考虑的问题。

2. 体型外貌 体格高大，体型匀称，体质结实。头大小中等，眼大有神，两耳直立，颈部长短适中，背腰平直、强壮，四肢干燥、有力。

毛色比较复杂，有传统的黑色，如今栗毛也逐渐开始流行。腹下包括乳房两侧、鼠蹊部和大腿内侧呈浅灰色或白色。口、眼周围也呈浅灰色或白色。

成年大型驴体高在不同的登记会中存在不同的标准，AMJR：母驴 142.24cm 及以上；公驴和骟驴 147.32cm 及以上；ADMS：母驴 137.414cm 及以上；公驴和骟驴 142.494cm 及以上。

3. 品种性能和利用情况　美国大型驴公驴多用于繁殖产骡，体格大，役力强，至今仍在美国育骡业中广泛使用。

(八) 微型地中海驴 (Miniature Mediterranean Donkey)

微型地中海驴主产于意大利东南和东部沿岸地中海上的西西里岛和撒丁岛。在北美有规模种群，也称为微型驴 (Miniature Donkey) (见图 3-70)。在英国、澳大利亚和欧洲部分地区也有分布。

图 3-70　微型地中海驴

1. 品种形成　微型地中海驴起源于意大利东南和东部沿岸地中海上西西里岛和撒丁岛上的工作驴。如今该品种在原产地意大利已濒危，但在美国深受欢迎，种群规模逐步扩大。

1929 年，纽约证券商罗伯特·格林在欧洲旅行途中购买了微型地中海驴的 6 头母驴和 1 头公驴，这是微型地中海驴首次引入美国大陆。一年后，因受到狗群袭击，其中 3 头母驴丧生，剩下的 3 头母驴和 1 头公驴组成了美国微型驴的首个育种群。随后，格林又从地中海地区进口了更多的微型驴 (liliputian)，至 1935 年群体规模达到 52 头。亨利·T·摩尔根和奥古斯特·布什·Jr 等人也在格林之后从地中海引进了微型地中海驴更多的血系。

20 世纪 50 年代初期，美国内布拉斯加州丹比 (Danby) 牧场的丹尼尔和比·朗菲尔德 (世界级设特兰矮马的育种者) 为他们患有脑中风的女儿购买了一头微型地中海驴。随后他们成了拥有 225 头微型地中海驴的主要育种者。朗菲尔德用杂志广告等方式大力推广微型驴。1958 年，比·朗菲尔德建立了美国微型驴登记会 (The Miniature Donkey Registry，MDR)，开展正式品种登记，1987 年并入位于德克萨斯州丹顿市的美国驴和骡协会 (American Donkey and Mule Society，ADMS)。2014 年，在美国微型驴登记册上登记数已超过 6.55 万头，其中一部分可追溯至 500 头有记录的祖先并能追溯至引入美国的首批种驴，还有为数不少未参加登记。1992 年，另成立了国际微型驴登记会 (International Miniature Donkey Registry，IMDR)。登记的驴分为 2 类，A 类是体高不超过 91.44cm，B 类是体高为 91.69cm 至 96.52cm，并且该登记会根据每头驴的体型结构评定为 2 星、3

星和 4 星共 3 个等级。

2. 体型外貌 体格矮小，体型匀称，体质结实紧凑，四肢强健。

毛色多样，以灰毛为多，斑毛、白毛、栗毛、黑毛较少，但更加珍贵。绝大多数都有背线、鹰膀，部分有斑马纹。耳朵、尾尖和蹄部色深。育种时倾向于选择鼻端、腹下和四肢内侧浅色的个体，若鼻端或者腹下色深，会在登记时专门注明。

本品种的认定由体高决定。国际微型驴登记会（International Miniature Donkey Registry，IMDR）要求的登记标准为体高不超过 96.52cm。美国微型驴登记会（The Miniature Donkey Registry，MDR）要求体高不超过 91.44cm，才能被美国驴和骡协会（ADMS）登记成为微型驴。

一般成年微型驴的体高为 66.04～91.44cm，平均体高约为 83.82～86.36cm。体高越低，市场价格越高。体型美观是微型驴另一重要的价值要求。平均体重为 113.40～204.12kg。

育种方向更倾向于成年体高为 81.28～86.36cm，推荐成年最低体高为 76.2cm。体高过低的微型驴有时会携带侏儒基因且造成产驹困难，因此育种时注意避免大头短颈，体躯沉重且四肢过短的驴。

3. 品种性能 微型驴寿命可达 30～35 岁，饲养成本低，聪颖、性情温驯、与人亲近，运步灵活，易于训练，能够供儿童骑乘，可挽载乘坐一名成人或两名儿童的马车，也是良好的伴侣动物。

4. 利用情况 本品种引入至美国形成广受欢迎的微型驴（Miniature Donkey）。在美国，经过登记的优质微型驴市场良好，其中三粉驴更为突出。比如，2007 年北美微型驴销售会，68 头驴平均每头售价超过 1 600 美元，1 头公驴售价 8 000 美元，14 头母驴平均售价 3 000 多美元。但未经登记的骟驴和公驴价格仅为每头 100～200 美元。

二、国外其他驴种简介

仅对欧洲环地中海国家经过国家或国际组织认可和要求保护驴种作一简要介绍。

(一) 比利牛斯驴（Pyrenean donkey）

产于法国西南部，毛色有纯黑、近黑和栗色，内有加斯科型 Gascon（矮壮型）和加泰罗尼亚型 Catalan（高瘦型）两型（见图 3－71）。加斯科型体高公驴 125～135cm，母驴 120～130cm。1997 年，比利牛斯驴才被法国农业部正式认可。

图 3－71 比利牛斯驴

（二）普罗旺斯驴（Provence Donkey）

产于法国东南部普罗旺斯，毛色为浅灰、灰色或深灰色，略带桃色斑点，鼻口和眼周为白色，额前和耳朵通常带有黄褐色，且有深色背线、鹰膀和腿部斑马纹（见图 3-72）。普罗旺斯驴耳朵背部和胸部毛发柔软。公驴体高为 120～135cm，母驴体高 117～130cm。2002 年 12 月，普罗旺斯驴得到法国农业部的正式承认。目前该种群的数目增长到 1 500 头。

图 3-72　普罗旺斯驴

（三）波旁驴（Bourbonnais Donkey）

产于法国波旁省。毛色为巧克力棕色、栗色或深栗色，有深色的背线和鹰膀，腿部有斑马纹（见图 3-73）。鼻口和肚子为灰白色。公驴体高 120～135cm，母驴体高 118～128cm。2002 年，波旁驴被法国农业部承认，种群登记簿由育种者协会保存且登记有 200 头波旁驴。

图 3-73　波旁驴

（四）科廷丁驴（Cotentin Donkey）

产于法国西北部科唐坦半岛。毛色为灰色，有黑色背线和鹰膀，腿部有斑马纹（见图 3-74）。口唇下部为灰白色，腹部也是灰白色。公驴体高为 120～135cm，母驴为 115～130cm。1997 年，法国农业部承认科廷丁驴。用于农业工作，在奶牛挤奶时运送牛奶。如今它可以用作徒步旅行或轻驾、残疾人治疗及伴侣动物或宠物等。驴奶也可制作冷加工皂。1997 年，法国农业部承认科廷丁驴。

图 3-74 科廷丁驴

（五）诺曼驴（Norman donkey）

诺曼驴起源于法国下诺曼底，处于卡尔瓦多斯省。毛色为黑色，具有较深的背线和鹰膀，腿部有斑马纹。眼睛的周围和口唇的下部是灰白色的，腹部也为灰白色。诺曼公驴体高 110～125cm（见图 3-75）。1997 年 8 月 20 日被法国农业部认可，现在总数为 1 450 头。

图 3-75 诺曼驴

（六）科西嘉驴（Corsican donkey）

科西嘉驴是法国本地驴种，毛色通常为灰色，分布于地中海科西嘉岛。近代，西班牙的加泰罗尼亚驴等，与法国大陆的驴进行杂交，产生了一种体型较大的黑驴，体高约120～130cm（见图 3-76）。其保护状况在 2008 年被 SAVE 基金会列为“极危”。被 A Runcata 和 Isul'ane 两个协会，列为“保护”。目前科西嘉驴数量约为 1 000 头。

图 3-76 科西嘉驴

（七）巴利阿里驴（Balearic donkey）

西班牙本地驴种，分布于西班牙地中海东海岸的巴利阿里群岛（见图 3－77）。原用于生产骡子。毛色为黑色或近乎黑色，腹部、唇口和眼睛周围毛色较浅。公驴体高 145cm 左右，体重约 360kg，母驴体高约 135cm，重约 330kg。1997 年起，巴利阿里驴被西班牙农业部列为“受特殊保护，有灭绝危险”驴种，2007 年被粮农组织列为“极危”驴种。2013 年年底，登记在册巴利阿里驴为 464 头。

图 3－77 巴利阿里驴

（八）萨莫拉诺-利昂驴（Zamorano-Leonés）

西班牙西北部萨莫拉和莱昂省的驴品种（见图 3－78）。毛长而粗，为黑色，肚皮、唇口和眼睛周围都是浅色的。驴平均体高 145cm，重 370kg。过去主要用于农业工作和生产大型骡子。1980 年起，该品种被西班牙农业部长列为“特别保护”。1997 年，它被列为“有灭绝的危险”驴种。2007 年，被粮农组织列为“濒危”。2013 年年底，登记种群数目为 1 292，其中约 90％在卡斯蒂利亚莱昂。

图 3－78 萨莫拉诺-利昂驴

（九）阿西纳拉驴（Asinara donkey）

意大利本地驴品种（见图 3－79）。分布于意大利中部，特别是锡耶纳和塞托省，在托斯卡纳、利古里亚和坎帕尼亚也有分布，是意大利农林部认可的八个本地驴品种之一。

毛色为鼠灰色，具备“背线、鹰膀、虎斑”，三别征。体高不超过 140cm。2006 年，登记的总数为 1 082，其中约 60%在托斯卡纳。在 2007 年被国际粮农组织列为“濒危品种”。

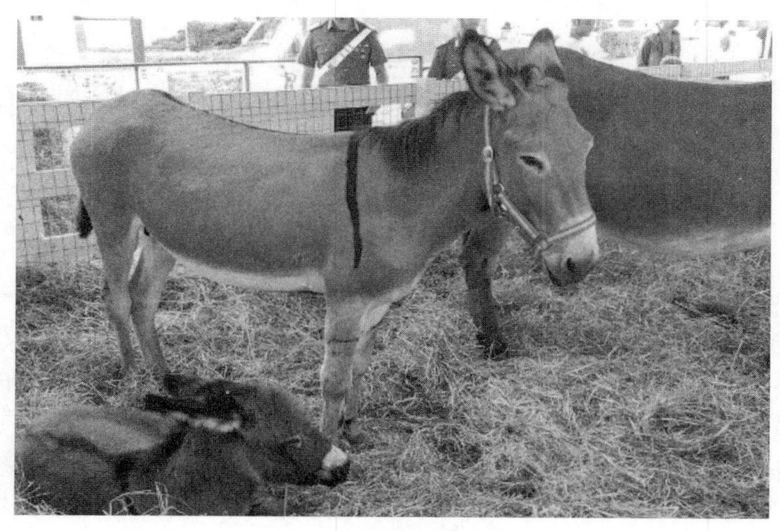

图 3-79 阿西纳拉驴

此外，意大利拉古萨驴 Ragusano donkey、罗马涅洛驴 Romagnolo donkey、撒丁驴 Sardinian donkey、维特贝塞驴 Viterbese donkey 都是被意大利农林部认可为本地驴品种。

（十）米兰达驴（Miranda donkey）

葡萄牙米兰达的本地驴品种（见图 3-80）。米兰达驴出生时为黑色毛，后来变成棕色。耳朵多毛，蹄大，眼周和唇口毛色浅淡，前额宽阔，腿大而坚固，脖子粗重，背部和胸部肌肉强大，性情温顺，体高在 120～135cm。2001 年，米兰达驴成为被葡萄牙农业部唯一正式认可的驴品种，是葡萄牙第一个加入欧盟保护的驴品种。现在驴用作徒步旅行工具，也可以协助理疗师治疗残疾儿童，此外驴奶最接近人乳、不耐受牛奶的儿童可食用。

图 3-80 米兰达驴

此外，还有塞浦路斯驴 Cyprus donkey（2002 年有 2 200～2 700 头）；塞尔维亚的用来制作世界上最昂贵的奶酪的巴尔干驴 Balkan donkey；和仅剩 50 头的马耳他驴 Maltese donkey 等。

驴在亚洲、美洲、大洋洲、非洲各国都有分布，亚洲有阿富汗驴、吉尔吉斯斯坦驴；美洲有美国标准驴、斑点驴；大洋洲有新西兰波努伊驴、澳大利亚驴；非洲有埃及驴、埃塞俄比亚驴、阿尔及利亚驴、摩洛哥驴等，此处不作一一介绍。

第四节　中国驴种遗传资源

联合国粮农组织非常重视动物遗传资源多样性的保护，多次开会研究。2009 年年底来自全球 90 多个国家的 150 多名代表在罗马聚会，并于 12 月在总部罗马又一次发表公报，呼吁国际社会重视对现有动物遗传资源多样性的保护、利用和可持续发展。

公报指出，目前全球约有 20%的动物品种正面临绝迹危险，平均每个月有一个动物品种消失。公报说，在全球农业动物遗传资源数据库里记载的 7 600 多个品种中，有 190 个品种在过去 15 年里从地球上消失。为此，公报强调家畜对发展农业的重要性，并希望共同为保护动物遗传资源多样性而采取的具体行动。

2016 年 1 月 26 日联合国粮农组织发布第二份《世界粮食与农业动物遗传资源状况》报告，目前全球 1458 个家畜品种正面临灭绝威胁。2000 至 2014 年全球有 100 个家畜品种灭绝。

多年来，我国驴的数量急剧下降，不少保种场已经消失或达不到保种规模，驴的品种正在萎缩甚至消亡。目前虽然有些好转，但是驴的保种从理论到技术，远远跟不上需要，形势依然严峻。

一、我国固有驴种分类

我国驴的产区主要在中温带和南温带的西北、华北和西南以及东北的部分地区，尤以黄河中、下游分布最多。由于各地的自然条件、经济条件和社会条件各异，在长期的自然选择和人工选择作用下，形成了若干体尺外貌和生产性能各不相同的驴种。驴种原未曾分类，后根据自然条件、饲养条件、培育程度和体格大小将我国驴种分为大、中、小型驴。一般将陕西、山西、河南、山东平原粮棉产区，体高大于 130cm 以上的驴称之为大型驴，他们都具有地方良种特征，如关中驴、泌阳驴、德州驴、晋南驴和广灵驴等。小型驴体高在 110cm 以下，产于新疆、甘肃、青海、宁夏、内蒙古、陕北、华北、江淮地区，云南、四川及东北三省也有分布，产区原来农业生产水平低，驴的人工选育差，外形结构和毛色复杂，当地皆有地方命名，根据形成历史，体尺外貌特点把产区小型驴划分为新疆驴、华北驴和西南驴三个系统。而把体高介于大型驴和小型驴之间的驴称之为中型驴，这里原来多为杂粮区，经济条件比大型驴产区稍差，但人们重视选育、饲养和公驴培育。主要分布在渭北高原、陕北南部、陇东、晋中、河北坝上和豫中平原，著名的有佳米驴、庆阳驴等。

二、我国驴种的系统地位

从绪论第五节可知，近十几年我国畜牧工作者在驴分子遗传标记研究方面比较活跃。除了通过对我国固有驴种 mtDNA 的 D-loop 区的序列分析，并与欧洲家驴、亚洲野驴的序列比较，从 DNA 水平上证实中国家驴可能起源于非洲野驴，而与亚洲野驴无关而外，对驴种的系统地位研究者也较多，并取得了较为满意的结果。以下面两个研究为例。

（一）国内 8 个驴种血液蛋白多型聚类分析

高雪、侯文通（2001 年）率先采用遗传标记全面研究国内驴种系统地位。先后检测了关中驴、晋南驴、佳米驴、庆阳驴、德州驴、新疆驴、凉州驴、云南驴群体的血液蛋白多型，并进行聚类分析（表 3－29，图 3－81）。

表 3－29 我国 8 个驴种 2 种血液蛋白座位基因频率

品　种	Alb		Tf					
	C	D	A	B	C	D	H	R
关中驴（n=36）	0.961 0	0.039 0	0.539 0	0.263 0	0.198 0	0.000 0	0.000 0	0.000 0
晋南驴（n=36）	0.980 0	0.020 0	0.571 0	0.214 0	0.215 0	0.000 0	0.000 0	0.000 0
佳米驴（n=41）	0.946 0	0.054 0	0.359 0	0.337 0	0.304 0	0.000 0	0.000 0	0.000 0
庆阳驴（n=29）	0.933 0	0.067 0	0.462 0	0.279 0	0.259 0	0.000 0	0.000 0	0.000 0
德州驴（n=73）	0.924 6	0.075 4	0.438 0	0.356 0	0.206 0	0.000 0	0.000 0	0.000 0
新疆驴（n=36）	0.625 0	0.375 0	0.250 0	0.278 0	0.139 0	0.291 0	0.042 0	0.000 0
凉州驴（n=23）	0.630 0	0.370 0	0.174 0	0.304 0	0.218 0	0.304 0	0.000 0	0.000 0
云南驴（n=30）	0.671 0	0.329 0	0.383 0	0.183 0	0.000 0	0.400 0	0.034 0	0.000 0

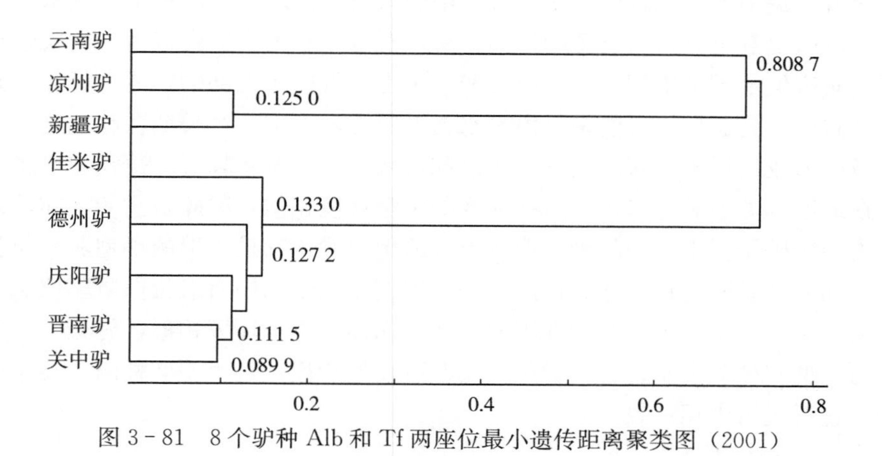

图 3－81 8 个驴种 Alb 和 Tf 两座位最小遗传距离聚类图（2001）

8 个驴品种明显分类为两类：新疆驴、云南驴、凉州驴聚为一类，关中驴、晋南驴、庆阳驴、德州驴及佳米驴聚为一类。在第一类中，新疆驴和凉州驴最先聚在一起，且距离较短，说明二者亲缘关系近。尽管云南驴与新疆驴、凉州驴聚在一起，但它们之间的最小遗传距离则较大，说明云南驴与新疆驴、凉州驴的亲缘关系较远，这可能与云南驴受东南亚、南亚地区驴种影响有关；在第二类中，关中驴与晋南驴最先聚类，其次与庆阳驴、德州驴聚类，最后与佳米驴聚到一起。关中驴、晋南驴、庆阳驴、德州驴所在地区毗邻相连，生态环境相似，因此，它们之间的亲缘关系较近。图 3-82 佳米驴处于大型驴与小型驴之间，小型驴向大型驴过渡的中间品种。这也与佳米驴品种的形成历史是相一致的。

在此基础上，研究者利用 24 对微卫星标记检测我国 8 个大中型驴种，获得与前者类似的结果，基本说明我国驴种系统发生关系与其育成史和地理分布基本一致。

(二) 中国 8 个地方驴种遗传多样性和系统发生关系的微卫星分析

朱文进等（2006 年）选用来自马基因组的 24 对微卫星，对中国 8 个地方驴种的基因组进行扩增，均扩出了清晰的条带，且具有丰富的多态性，可用于驴的遗传多样性分析（见图 3-82）。

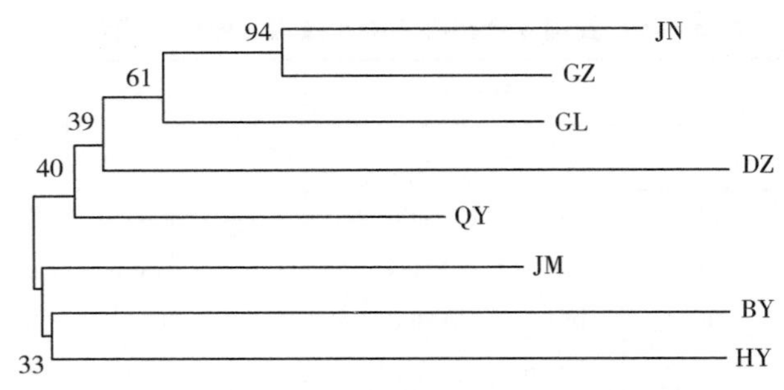

图 3-82　根据遗传距离构建的 8 个驴品种的系统发生树

（JN-晋南驴 GZ-关中驴 GL-广灵驴 DZ-德州驴 QY-庆阳驴 JM-佳米驴 BY-泌阳驴 HY-淮阳驴）

从聚类结果可以看出，与这几个品种的地理分布和它们育成史基本一致，从驴品种形成的历史看，关中驴产于陕西的关中平原，晋南驴产于山西省南部的运城、临汾两地区，从地理位置看，关中地区和晋南相距很近，中间只有黄河之隔，两地交往频繁，另从晋南驴的品种形成历史看也有这一迹象的描述，所以晋南驴和关中驴先聚为一类较合理，这和用血液蛋白质座位聚类结果相一致。广灵驴产于山西省的东北部的广灵、灵邱两县。从其形成历史来看，广灵驴最早可能是经由汾水、太原方面而来，经长期在雁北这样一个高寒的自然环境中形成的适于抗寒的品种，所以和晋南驴亲缘关系较近。德州驴也属于大型品种，其所在地区和关中驴、晋南驴所在地区的生态环境相似，因此，它们之间的亲缘关系较近；甘肃的庆阳驴属于中型品种，但从形成的历史看，它是本地的小型驴种与关中驴的杂交产物，和大型驴种聚在一起。这两种驴的聚类结果也和用血液蛋白质座位聚类结果相一致。在第二类中，由于泌阳驴和淮阳驴所在地相连，生态环境相似，先聚为一类，佳米驴所在地与大型驴种关中驴、晋南驴和广灵驴所在地相连，是小型驴种向大型驴种过渡的中型品种与它形成历史相一致。

三、我国驴种遗传资源的保护和利用

家畜遗传资源是指在家畜中存在的，一切具有现实或潜在利用价值的遗传性变异，其本质是基因资源。驴种是整个家畜遗传资源的重要组成部分，它的遗传资源相当丰富。目前已经发展成为各式各样明显的种类、类型和用途。

20世纪以来，全球遗传资源危机日益加剧，不仅一些野生动物已灭绝或处于濒危的境地，而且一些家养动物或因商品化的需要，大量推广为数不多但经济价值高的良种，使固有品种被排挤取代，或因盲目引种杂交，使地方品种质量严重退化，数量急剧减少。人类面临动物遗传资源枯竭的危险。

（一）驴种资源保护的目的

驴种遗传资源的保护，就是要保护它的遗传多样性，保持它的品种特征，以作为保持人类社会可持续发展所拥有的可遗传变异材料贮备。根据家畜遗传资源学的要求，当代保护遗传多样性的关键，是保持驴种起源系统、地域来源、生态类型、经济用途和文化特征的多样性，因此需要强调的是，在保持那些育成品种和培育品种的同时，保护那些有特点、有潜在利用价值，但是现在看来经济效益较低的驴种，则是重中之重。

这是因为，第一，国外高度培育的驴种缺乏对新的社会需求或生态环境适宜的遗传潜力，对特定的环境要求严格。如对我国青藏高原高海拔地区高度适应的只是藏驴，云贵高原的是云南驴。第二，有些基因资源的价值不可预见，驴的利用方式是随社会经济发展不同时期对驴的用途不同要求而变化的。这可由驴原为役用，现为皮、肉、役、奶多用途得到很好的说明。第三，保存对疫病的非特异性免疫性基因资源。驴种起源系统的单一化，将导致许多抗性基因的消失。第四，无变异即无选择，为了克服将来可能出现的选择极限，必须要保存丰富的驴种遗传资源。这同时也可为教学、科研提供材料。第五，一些特殊驴种尚有一定文化价值。如对云南驴和藏驴的研究，即涉及民族学、历史学的内容，也涉及与周边国家文化的交往等。

（二）中国驴种资源的特点和现状

动物遗传资源有着共同的特性：第一，以富有活力的生命有机体方式存在；第二，依附于复杂多样的生态地理环境，并对环境变化作出响应；第三，世代延续性，在足够大的群体载体中，在不遭受灭绝性的自然危害和人为性的强制干涉下，能逐代延续下去；第四，动态可变性，从已有资料可知，动物遗传资源的内容是在不断变化的；第五，不可逆性。一个物种或品种，一旦灭绝，就目前而言，绝无可能再恢复。

我国驴品种遗传资源，除具有动物遗传资源共有特点外，它还具有以下特点。

1. 驴种资源丰富

①多元的起源系统。大型驴、中型驴、小型驴起源不尽相同，而且还包含着众多的各有特点的不同类型、种系和地域群，它们与欧美驴种关系疏远，携带着多种多样的非特异性免疫基因，对一些传染病易感性较西欧品种低。

②广阔的地域来源。我国从西到东，从南到北，相对温暖干燥地区，古今都有驴种的分布，只是近些年驴种多数处于濒危状态。

③丰富多彩的生态类型。如荒漠型的新疆驴、山地型的云南驴、高原型的藏驴、沙地型的陕北毛驴等。

④类型多样的生产力。地方驴种乘、挽、驮、皮、奶、肉皆宜，多种用途。

⑤多元的文化特征。很多民族和驴密不可分，生产、生活都离不开驴，印记着民族文化的烙印。

2. 本国固有驴种有其独特的能力和特性 经过长期的本品种选育，关中驴、德州驴等已成为世界知名的体大力强的地方良种。体型矮小的云南驴在世界矮驴基因库中，代表东方矮驴独领风骚。秦晋高原沟壑区的小型驴，成本低、适应性好，相对驮载能力强，在当地生产生活中一直发挥着重要作用。

与马、牛、猪、鸡不同，我国驴品种都是本国选育出来的，没有与国外品种进行杂交，因此具有明显的地方特色，开发利用前景广阔，具有明显的资源优势。同时，随着生活水平的提高，人们对驴肉、驴奶、阿胶等驴产品的需求量逐渐增高，这也使近些年驴的养殖有所升温。

3. 我国驴种的结构正在转化 正由传统单一役用向全方位多分支综合利用方向转化，同时驴种也孕育着新的分化。

我国驴种资源目前尚有一定的优势，因而应当进行合理、有效的保护和利用。即使是在皮、奶、肉的发展上，也不要依赖引进，要同时重视本国驴种资源有效的管理和科学的开发。

应当看到，现今我国驴种资源管理的现状是不能令人满意的。近 30 年，驴的品种资源表面上因“调查”，一些原有类群和杂种群被定名为品种，加之品种萎缩分散地域化命名而呈现品种增加，但实际我国驴种质量大不如前。驴种品种特征保留总体尚可，但 4 个大型驴种数量骤减处于濒危，优秀种驴流失，分布区萎缩，关中驴稀有珍爱的铜色、驼色已于 20 世纪 90 年代绝迹。由于有效群体规模过小或无专门的保种场，驴种资源保护多是难以为继。

（三）驴种资源的管理

由于国际社会逐步认识到家畜遗传资源的危险性，20 世纪 50 年代至今，联合国粮农组织已就家畜遗传资源的保护与管理召开了十余次咨询会议，各大洲相继建立了 10 多个区域性的合作和协调机构，1983 年联合国粮农组织环境开发署还专门设立了“家畜遗传资源保存与管理顾问委员会”，1985 年常洪教授在我国首倡对家畜遗传资源进行研究，人们开始以更长远的眼光重新审视百余年来家畜“良种化”进程的历史成就和隐患，发展中国家的人们也越来越意识到本国地方品种的资源价值。

1992 年 6 月联合国环境与发展大会，由包括中国在内的 167 个国家共同签署了《生物多样性公约》，1994 年我国正式颁布了《种畜禽管理条例》和《种畜禽管理条例实施细则》，1996 年成立了国家畜禽品种遗传资源委员会，推动了我国畜禽品种遗传资源保护工作。

我们认识到从保存地球生物多样性的角度，也应当把尽可能多的驴种基因留传给后代，尽管有些基因资源的价值是当今不可预见的，但是这些基因对今后的可持续发展则可能起着重大作用。

对驴种遗传资源的管理，一般应从资源的评价、保存和利用三个方面进行，即以评价为基础，以保存为手段，以利用为目的，最经济和最大限度地满足人们的物质、文化需要。

1. 品种资源的评价

①品种的鉴定、登记。

②品种产地的生态条件、形成历史、分布、现有数量、饲养方式，对其他生态条件和

饲养方式的适应性。

③生产性能及特点。

④品种特征。外貌、体尺和体重测量记录，常规生理生化指标，特定条件下所具有的抗病性和抗逆性，以多层次的遗传标记为基础的遗传学特征，系统分类地位。

⑤品种的遗传评定。

总之，对驴种资源的评价应是多方面的，多层次的。由于评价体系所含内容和数据较为庞杂，应对它们注意取舍，归类，以建立品种遗传资源数据库。

2. 驴种遗传资源的保护 家畜遗传资源保护，主要在于保持群体的遗传多样性，即各位点的基因种类，保持群体多样化的基因组合体系，以及保持品种的特性。其理论和方法，在群体遗传学和家畜遗传资源学中有专门介绍，现只对驴种遗传资源保护的思路简述如下。

①首先应根据地方驴种的实际，确定当前应保存的驴种。关键是要建立单独封闭的保种群体，即驴的保种场。现在部、省一级保种重点只是保少量地方良种（驴），由于保种费用不足，致使有效群体规模不够，近交增量过快，达不到预期的保种时限。而绝大多数地方驴种未能列入保种计划，而这些确是驴种遗传资源保护最为重要的。

②对保种的驴种要制定长远的目标和战略规划。注意处理好保种与选育的关系、短期利益与长期利益的矛盾、保种方式可互为补充、保种资金要多渠道筹措等问题。

③确定保种方法。保种分为活体保种和生物技术保种。活体保种可分为原产地保种和异地保种，生物技术保种又分为细胞保存（冷冻胚胎、冷冻精液、体细胞冷冻克隆）、基因保存（DNA）。我们认为活体保种与生物技术保种是一个有机整体，采取活体保种与细胞保种、基因保种相结合的方式，使动态保种和静态保种既相互独立又相互补充，不同畜种可以采取不同的保种手段。在生物技术保种驴尚不成熟的情况下，活体保种的原产地保种仍是最为有效形式。

④制定保种方案。包括保种群的规模、公母驴的比例、交配体制、留种方式、保种时限、近交总量的控制、保种效果的检测及保种方案的调整等。划定原种保种区，建立保种场，配置一定技术力量、相关设施、配套经费，科学有效地运行。

3. 驴种资源的利用 这也是驴种资源管理的关键。对品种内优秀个体应当组群进行纯种繁育，提纯复壮，并定向转化。对保种的驴种可成立保种场或划定保种区，按照保种方案运作。继代需要以外的所繁殖驴驹不属于保种群，可作役畜，或肉、奶用。对保种群以外的地方驴种可继续选育或杂交利用，也可作为培育新驴种的育种材料。

作为养驴大国，我国驴种遗传资源管理存在着自己的优势和问题，在遗传资源管理重视程度上还不如其他家畜，困难更多。无论从生物多样性和我国农业可持续发展的角度，加强我国驴种遗传资源管理都是很有必要的，但限于篇幅就不再赘述了。

四、驴的遗传多样性研究

近 20 年，随着分子遗传学的发展，人们开始从 DNA 水平和 Y—染色体水平研究分子遗传多样性。

特别是近十多年，分子遗传学和分子生物技术有突飞猛进的发展，主要表现在大量

DNA 水平上的分子遗传标记及其检测技术、DNA 序列测定技术、转基因技术、体细胞克隆技术等方面。这种发展正在或将会对家畜育种产生巨大影响，尤其是大量的分子标记研究为我们研究动物的基因组提供了丰富的信息。

五、展望

驴种资源管理总体来说是一项十分复杂的系统工程，它本身所涉及的理论和方法仍在不断地完善和发展，人们也在不停地研究和探索。我们欣喜地看到，20 世纪后期至今，飞速发展的生物工程学给生物科学各分枝带来了深刻影响和新的思路，如繁殖新技术不断涌现、胚胎生物工程已展示了它的实用可能性等。基因工程技术的完善，特定基因的定位、筛选、克隆与种内转基因操作，也将会为地方驴种各种独特的有利基因开发构筑远大的前程。人们对驴种遗传资源的利用，将从驴种个体转为特定基因。展望未来，随着生物工程学的不断进展，必将会使驴种遗传资源管理和研究发生根本性的变化。但是，在生物工程技术全面进入生产领域以前的较长时间内，运用现代遗传育种知识对驴种遗传资源进行管理，仍是我们面临的十分重大的任务。

CHAPTER4 第四章 驴的饲养和营养

现代动物营养学成熟于20世纪中叶，动物养殖进入了以科学技术为指南的有目的的高效生产时代。驴业养殖由于机械化的兴起，役用动物饲养逐步被忽视，因而相关研究较少，至今都没有系统的营养需要量研究。与马相比，因驴的采食量小而对粗饲料消化率相对较高，国内多以马的营养需要量的70%进行驴的日粮配合。现在NRC也推荐驴维持的营养需要为矮马维持营养需要量的75%。目前，国外对驴的营养需要研究已有初步成果。国内也因养驴业综合利用兴起，养驴产业有了一定发展，一些高校和企业已联合着手驴的营养需要研究和饲养标准制定。

第一节 驴的消化生理

在野外或放牧条件下，驴会花费整个白天及部分晚上时间（14～16h）来寻找食物和进食。驴选择食物的要求很高，在自然环境中放牧时，它们往往花费大量的时间来搜寻首选食物，之后才会去吃不太可口的饲料。当驴处于圈养环境时，特别是在良好的饲养条件下有充足且高品质的饲料时，驴的采食量大增。舍饲养驴既要注意提供充足的食物促进其采食，又要避免因肥胖而引起的代谢疾病，例如高脂血症和蹄叶炎。

一、驴与其他草食动物消化代谢特点的不同

（一）单位体重粗饲料采食量比马低

驴和马都是非反刍草食动物，只能在消化道末端消化食物中的粗纤维。而反刍动物（牛和水牛）则在消化道的前端（瘤胃）消化粗纤维。这意味着非反刍动物对粗纤维消化产物的吸收机会比反刍动物少。

在有充足时间采食前提下，同样粗饲料，牛每天可以摄食相当于自身体重2%的干物质，但是，驴每天要摄入相当于自身体重2%～2.5%的干物质，大型马要摄入相当于自身体重2.5%～3%的干物质，驴的食量比马少25%～30%。

(二) 对低质粗饲料的消化利用率比马更高

驴在饲喂如紫花苜蓿一类易消化的“高品质”饲料时，不易观察出与马的消化利用区别，而当饲喂“低品质”粗饲料如玉米秸秆和大麦秆，则可以观察到驴对粗纤维消化利用率比马高出30%。

原因尚未全部清楚，但是有两点已被研究肯定，一是消化道末端微生物含量有别；二是单位体积中驴的消化道所占比例较大，对粗饲料消化能力较强。

以前认为，驴比马“容易饲养”是因为驴对食物摄入的要求低。其实驴和马在能量和蛋白质需求量并没有数量上的差别。

二、驴的消化生理

驴的消化系统包括口腔、食道、胃、肠道。饲料由口腔摄入，依次通过食管进入到胃部（占全部消化道容量的约9%）、小肠（占全部容量的约30%）、盲肠（占全部容量的约16%）、结肠（占全部容量的约38%）和直肠（占全部容量的7%），经24～35h后到达肛门，以粪便的形式排出体外（见图4-1）。消化道各段在驴的消化代谢过程中发挥不同的作用。

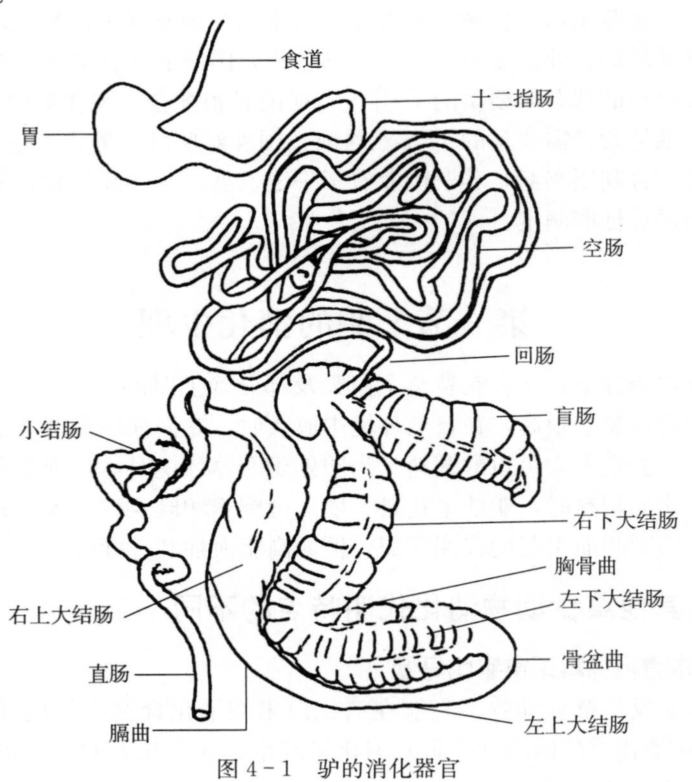

图4-1 驴的消化器官

（一）口腔

驴的嘴唇有很高的敏感性和移动性。它能利用嘴唇将草料堆放在便于咬食的位置上并且可以分辨选择入口的饲料。

进食中驴用牙齿将草料咬碎，通过多次咀嚼来降解食物，同时分泌唾液来湿润并初消化食物。如果饲料富含纤维，唾液腺就会大量分泌唾液。

在消化开始前，驴必须先通过咀嚼进行物理分解食物。驴每消耗 1kg 的干草需要咀嚼超过 2 000 次（有的多达 6 000～8 500 次的咀嚼），以确保把饲料降解成约 1.6mm 长的片段碎片。这些小碎片比大的颗粒更容易被消化，能够让驴更有效地利用饲料。集中进食的饲喂方式会降低咀嚼次数（1 000～1 500 次/kg），秸秆这种质量较差的食物则需要更多的咀嚼次数（2 500 次/kg 以上）。

（二）食道

驴将食物从口腔经过食道运送到胃。食道肌肉只能单向往下蠕动，加上贲门括约肌瓣膜紧缩，所以食物和水一经入胃，就很难返回口腔，这正是驴不能呕吐的原因。胃中食物过多，会造成胃破裂。

（三）胃

饲料在咀嚼、吞咽后进入胃进行消化。胃壁肌肉收缩进一步磨碎降解食物，并将食物和胃液充分混合。这些胃液富含盐酸，用来协助初始消化的蛋白质。胃食道端中的唾液可以缓冲胃酸，少量的微生物发酵在此处进行。驴胃的容量相对较小，约相当于牛的胃容积的 1/5，成年驴胃容积大约为 8～9L。驴一次采食量不应超过胃容积的 2/3，胃中食物占胃容积的一半时胃工作状态最佳。食物在驴胃内会停留 3h，通常不超过 4h，在饲喂后1～2 h，食糜可以通过胃，但是胃很少情况会完全空虚。如果采食间隔超过 4h，就意味着驴的胃处于非工作状态。较短的胃中逗留时间决定了驴的饲喂应坚持“少食多次”的原则，即使使役也应每天饲喂 3～4 次。

（四）肠道

驴的肠道和功能与马的非常相似，没有明显的物理特征来说明其优越的效率。驴的肠道大约 24m 长，最大容量达 160L。可是，肠内容物的总体积很少超过最大容量的 1/3。

驴有两种不同的消化食物的方式，它们被称作“消化”和“发酵”（也被称作“降解”）。消化是动物组织产生的酶分解食物的过程。发酵是由细菌、原生动物和真菌产生的酶分解饲料的过程，然后这些产物被动物当作营养来源。动物体给微生物提供了一个它们喜欢的环境和大量的食物。微生物为动物提供能量丰富的纤维降解最终产物，这就是宿主和微生物的共生关系。

1. 小肠 小肠有十二指肠、空肠、回肠三部分。被部分消化的食糜经由胃进入小肠，这是饲料消化的主要场所，50%～70%的营养素在这里吸收，由胰液分泌的酶、肠液分泌的酶消化饲料。驴与马一样都无胆囊，胆汁均匀地由肝脏分泌至小肠，促进脂肪的乳化和脂类的消化。脂肪酸、单糖、氨基酸、维生素矿物质都在小肠吸收。在向大肠移动过程中，食糜残渣水分不多。

2. 大肠 大肠包括盲肠、结肠（大结肠、小结肠）和直肠。盲肠和结肠是消化的最终场所。盲肠是袋状的肠管，与结肠相连，结肠连接小肠和直肠，结肠的容量是盲肠的

2 倍。结肠和盲肠是微生物生长繁殖的适宜场所，当未消化的饲料和未经吸收的营养物质进入大肠时，这些微生物开始对进入其中的食糜进行发酵。驴肠道中的大部分微生物与反刍动物（牛和水牛）存在差异。驴消化道中没有消化饲料中的纤维成分的酶，但是大肠中的微生物可分泌酶并对饲料降解。纤维物质经大肠微生物发酵的最终产物与反刍动物瘤胃相似，为挥发性脂肪酸、丙酸盐、丁酸盐等。此外，微生物还可利用大肠中的氨基酸生长繁殖，同时合成驴所需要的维生素 B 族和维生素 K。

随着食糜在结肠中运行，消化和吸收也在继续。大量的水分和电解质被吸收。经由大肠的食物残渣形成粪便进入直肠，通过肛门排泄到体外，微生物发酵副产品甲烷气体和若干微生物也一并排出。

驴能够适应纤维含量高的饲料（例如秸秆），主要是利用大肠（盲肠和结肠）的全部容量，这样饲料就可以在体内滞留的时间更长、消化得更彻底。增加大肠的这种容量会让饲喂秸秆的驴产生“草腹”。

肠道微生物区系与所喂饲料种类相匹配，更换饲料微生物需要两周来适应。突然变更饲料，会导致驴发生疝气、腹泻或者蹄叶炎。

第二节　驴对营养物质的需要

驴对营养物质的需要主要包括能量、蛋白质、脂肪、矿物质、维生素、水等。现将国外研究资料介绍如下。

一、能量

机体所需要能量主要来源于碳水化合物和脂肪。生物机体在生存、生长、工作、泌乳和繁殖中都需要能量。驴主要从碳水化合物中获得能量，包括淀粉和纤维的一种主要组分结构性碳水化合物。从谷物（玉米、大麦和小麦）中获得的食物富含淀粉，它们会水解成葡萄糖。纤维性的食物富含结构性的碳水化合物纤维素，其消化水解后得到挥发性脂肪酸。葡萄糖和挥发性脂肪酸都可以为驴提供能量。除了碳水化合物，驴还可以把膳食脂肪和蛋白质作为一种能量来源。

如果能量的获取超过机体本身需求，那么多余的部分就会转化为脂肪。为了防止能量不足或过剩，了解驴的能量需求就显得非常重要。通常在热带地区国家的驴会喂食不足，身体状况评分小于 3；而在温带地区的驴通常会被饲喂过量（状况评分 3～4）。急性和慢性过量的饲喂都会产生严重的后果甚至死亡。对于超重的驴来说减肥尤其困难，所以提前预防比治疗更重要。

此外，应该随时供应质量好的秸秆，矿物质舔砖和少量的青饲料（0.25kg）或者少量的维生素。驴的体重和环境状况应每月定期检查。

成年驴保持在维持水平（既不增重也不减重）每千克活重每天需要消化能（DE）80～95KJ（如表 4-1，图 4-2、图 4-3 中的实例）。在温带气候条件下，十二月到第二年二月是冬季，这时驴的能量需要量会有轻微的上升趋势，因此日粮应使用最高用量。最低用量是在夏季高温时使用的。

表 4-1 不同体重驴日粮中消化能需要量、干物质摄入量和必须能量密度

驴体重/kg	日常所需的消化能/（MJ/天）	每天干物质的摄入量/（kg/天）*	需要的能量浓度/（MJ・kg^{-1}DM of food）
150	12～14	2.3	5.5～6.5
175	14～17	2.6	5.5～6.5
200	16～19	3	5.5～6.5
225	18～22	3.4	5.5～6.5
250	20～24	3.8	5.5～6.5

*假设日粮干物质摄入量为活重的 1.5%。

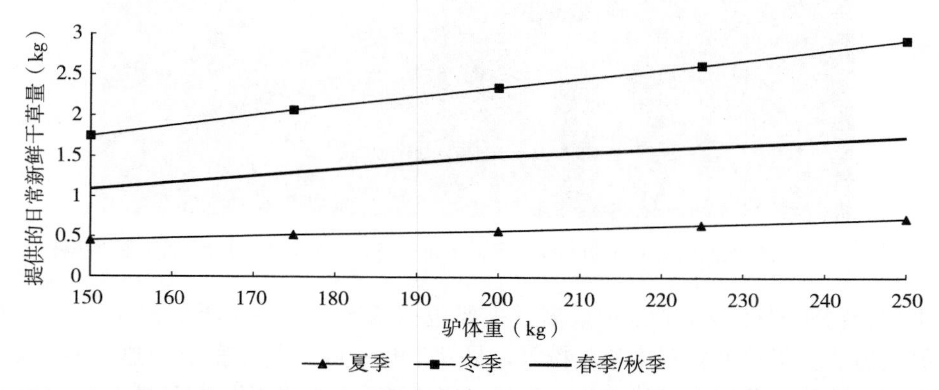

图 4-2 在春季、夏季、秋季和冬季期间，驴的日常新鲜干草〔中等品质，每千克干物质含 7MJ（DE）消化能，85%干物质（DM）维持需求量（基础饲喂量）〕

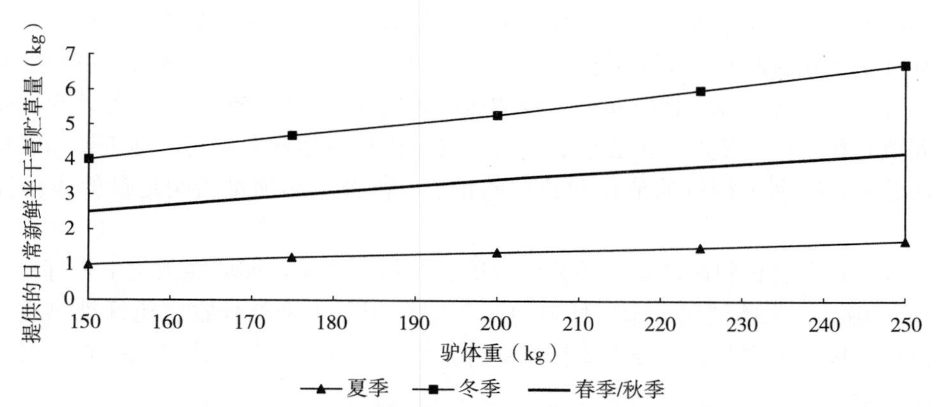

图 4-3 在冬季、春季、夏季和秋季（按照基础日粮标准），维持驴日常需求的新鲜半干青贮料量〔中等质量，6.5MJ 消化能（DE）/每千克干物质（DM），50%干物质（DM）〕

为了能清楚地表示驴的日粮用量，评估一头驴每天的干物质需要量便必不可少。驴保护区（The Donkey Sanctuary）近年来的研究表示，测定饲喂秸秆和干草的驴（秸秆是可以自由采食的）显示干物质摄入量占活体重量的 1.3%～1.7%（见图 4-4）。其他已经发表的研究报道称，在给予不同种类饲料的情况下，驴的干物质摄入量在 0.9%～2.5%；当给驴饲喂切碎的苜蓿时可获得干物质摄入量的较高值。因此，一头驴一天的干物质采食量合理的假设应是活重的 1.5%。(即一头 100kg 的驴每天可以消耗 1.5kg 的干物质饲料)。

图 4－4　驴在驴保护区（The Donkey Sanctuary）以干草为食，并可自由采食秸秆

碳水化合物在饲料养分中含量最多，主要包括两部分：一是无氮浸出物，二是粗纤维。无氮浸出物是指单糖、双糖和淀粉等，易被消化吸收，是家畜所需热能的主要来源。在口腔唾液中的酶能分解少量的淀粉，再经过肠中淀粉酶的作用，将淀粉分解成单糖而被吸收，一部分直接氧化产生热能，供给维持体温和肌肉工作之用，一部分合成为糖元贮存在肝脏内，还有一部分贮存于肌肉中，剩余的则转化成脂肪，贮存于体内。粗纤维含有纤维素、半纤维素、木质素等物质，不易被消化，但对食草家畜来说是不可缺少的。对驴来说，粗纤维主要在盲肠和结肠里受到各种微生物的作用，经过发酵分解后，有一部分转化成醋酸、戊糖、乳酸等挥发性脂肪酸，被驴体吸收后作为能量来利用。此外，它在驴的消化道中起填充作用，可使驴有饱腹感、耐饥，又可以机械地刺激胃肠，促进胃肠蠕动，增加消化液分泌，有利于饲料的消化和粪便的排泄。因此，必须供给驴足量的含粗纤维的饲草。

驴对碳水化合物饲料的消化率的高低取决于饲料的性质，如驴能消化玉米籽粒所含能量的 85%，但是，只能消化玉米秸秆中的 35%。原因是玉米秸秆富含粗纤维物质，极少能量可以被利用，大多数以粪便形式排出体外。所以马和驴能量需求量通常被定义为可消化能的需求量。

一头 150kg 体重的驴对可消化能的需求量为每天 20MJ。这个数值应与实际饲料需要量联系起来。

劳役能量大部分耗费在行走中，在不平坦地面负重 150kg 的驴，行走 10km，需要多消耗 60%的能量；行走 20km，需要多消耗 100%的能量；行走 30km，需要多消耗 140%的能量。

如用劳作时间计算，包括短暂休息，每天劳作4h，比闲置驴多消耗50%能量；每天劳作6h，需要2倍能量；劳作8h，能量需求量增加到2.5倍。

在妊娠9个月的时候易消化的能量供应应在维持水平上增加11%，妊娠倒数第二个月的时候增加13%，在最后一个月增加20%。

哺乳期的头3个月母驴比其他驴多消耗120%的能量，哺乳后期泌乳量减少能量消耗率降低到每天比闲置驴多出50%。

二、蛋白质

蛋白质是养分中最重要的一种，饲料中常用粗蛋白质（CP，Crude protein）表示，粗蛋白质的测定是根据凯氏法，测定出饲料中总氮，用总氮值再乘以6.25所得的积，便可计算出粗蛋白的含量。蛋白质是家畜生命和生产所必需的营养物质。家畜的肌肉、内脏、血液、奶汁、蹄、毛等，主要是由蛋白质构成的，其重要性可想而知。

蛋白质在胃中受到胃蛋白酶的作用，在肠中又受到胰蛋白酶和肠蛋白酶的作用，逐渐分解成氨基酸而被吸收、利用。多余的蛋白质可转化为脂肪贮存在体内。必要时蛋白质也可以作为热能的来源。

生物生长和机体组织修复均需要蛋白质，蛋白质是由单个氨基酸互相连接所组成的多肽链，蛋白质特性是由组成多肽链的氨基酸种类和氨基酸数目决定的。常见的氨基酸有20种，其中有些是驴体内可以合成的，不必从饲料中供给，这种氨基酸叫非必需氨基酸；有些是不能合成的，或合成的数量不能满足机体正常生长或生产的需要，必须从饲料中获得，叫做必需氨基酸（如蛋氨酸、赖氨酸等）。日粮中如缺乏必需氨基酸（如赖氨酸），将使幼驹生长发育受阻，皮燥毛焦，食欲减退，体质虚弱，等等。所以在配合日粮时，必须考虑驴体所必需的氨基酸，只有这样才能提高蛋白质的利用率。

各种饲料都含有一定量的蛋白质。一般豆科植物含量高于禾本科。同一株植物，枝叶中含蛋白质较多，茎秆中则较少；幼嫩期含量较高，开花时迅速下降；结实后籽实中最多，茎秆中最少。动物性饲料中，蛋白质含量丰富，质量也好。

青年驴因生长速度快，需要补充蛋白质。其他驴因机体无法贮存摄入的多余氨基酸，所以每天蛋白质的需要量均来自饲料，但给驴饲喂过多蛋白质也是一种浪费。

反刍家畜可以用尿素补充氮的不足，但驴喂尿素会被胃壁和小肠黏膜直接吸收入血而无法接触大肠微生物，驴会因为尿素中毒而死亡，因此驴禁喂尿素。

在反刍动物中，另外一种获取必需氨基酸（EAA）的途径是吸收在消化纤维素时产生的副产品——微生物蛋白质。驴也有类似的消化过程，虽然这些微生物产生的EAA在排泄前不能被消化吸收，但是在许多热带国家的驴中发现，在低蛋白饲料喂养的条件下，驴也可以正常生长，表明驴对于蛋白质的消化和代谢过程更为复杂。

作为日常所需成分，一旦日粮能满足动物的能量需求，则蛋白需求也随之被满足，这被The Donkey Sanctuary所证实。他们测量了成年驴对可消化粗蛋白（digestible crude protein，DCP）的需求为每100kg体重每天26±1.3g DCP。在实践中，这些DCP可以由日粮中的干草或秸秆提供。

各类驴的蛋白质需要详见第五节。

三、脂肪

脂肪是动物体的组成部分，又是畜体内所需热能的来源之一。每克脂肪可产生39.5KJ的热能。脂肪是驴体贮存能量最主要的一种物质。碳水化合物和蛋白质在驴体内有余量时，就转变成脂肪贮存在体内。当饲料中碳水化合物不足时，体内脂肪分解，代替碳水化合物的作用。畜体中的胆固醇是构成维生素D和内分泌以及很多激素的原料，此外，如脂溶性维生素A、维生素D、维生素E、维生素K等都要靠脂肪溶解而后才能被消化、吸收和利用。驴体虽能利用蛋白质和碳水化合物合成脂肪，但有几种特殊的不饱和脂肪酸（亚油酸、亚麻酸、花生四烯酸等）却必须由饲料供给，驴对必需脂肪酸的需求量目前尚不明确，但饲料中必须有0.5%以上的亚油酸。在实际饲养中，只要日粮搭配合理，一般不会缺乏脂肪。

脂肪主要在小肠里消化。脂肪受胰液和肠液中的脂肪酶以及胆汁的作用，分解成甘油和脂肪酸，被驴体吸收与利用。

饲料中含有适量的脂肪，能提高饲粮能量浓度，改善饲粮适口性，但饲喂过多脂肪会影响消化功能。驴饲粮中不宜使用过多脂肪，饲料中脂肪含量一般不超过2%～5%。

四、矿物质

矿物质对幼驹的生长发育和成年驴的健康和繁殖，都是十分重要的。它不但是驴体组织的重要物质，而且是调节体液的酸碱度和维持渗透压所不可缺少的。驴需要的矿物质有常量元素和微量元素两类，常量元素包括钙、钾、氯、钠、磷、镁、硫等，微量元素包括铁、铜、锰、锌、碘、钴、硒、钼、氟、铬等（表4-2）。

表4-2 驴日粮中矿物质需要量

矿物元素	维持	妊娠母驴	哺乳期母驴	育成驴	育成驴
常量元素/（$g \cdot kg^{-1}$）					
钙	3.0	4.7	7.4	3.8	4.0
磷	2.1	3.6	4.8	2.8	2.1
镁	1.1	1.1	1.4	1.5	0.5
钾	3.3	3.8	6.1	1.6	4.9
钠	1.0	1.0	1.0	1.0	3.0
微量元素/（$mg \cdot kg^{-1}$）					
铁	40	50	50	40	
锰	40	40	40	40	
铜	10	10	10	10	
锌	40	40	40	40	
硒	0.1	0.1	0.1	0.1	
碘	0.3	0.3	0.3	0.3	
钴	0.1	0.1	0.1	0.1	

注：改编自McDonald，Edwards，Greenhalgh和Morgan，2002。

钙和磷是矿物质中最重要的元素，占机体矿物质总量的70%。99%的钙和80%以上的磷存在于驴的骨骼和牙齿。钙对骨骼生长、调节体液平衡和血液的凝固都有重要作用。

驴从饲料中摄取钙和磷，只有在钙、磷比例适当（1.5 ∶ 1或2 ∶ 1）、维生素D供应充足的条件下，才能被消化、吸收和利用。长期喂食缺乏钙、磷或钙、磷比例不当的日粮，驴会出现钙、磷缺乏症，引起代谢障碍，发生骨软症，出现营养性骨纤维增生，主要症状为跛行，负重时四肢有疼感，颜面骨隆起，下颚骨增厚，蛋白质代谢受扰而消瘦等。

豆科的青草、干草和蒿秆的含钙量较多，禾本科的青草、干草和秸秆中含钙、磷量均比豆科低。各种籽实及其加工副产品，一般都是磷多钙少。

驴的日粮基本是以青粗饲料为主，含有一定量的精料，所以一般不多出现钙、磷缺乏症。但在生长期的幼驹、妊娠和泌乳期的母驴和配种期的公驴，都需要较多量的钙和磷。含精料较多的日粮，往往出现磷多钙少现象，因此，配种公驴、妊娠母驴和幼驹，都需补充钙质饲料。

钠、氯和钾在生理上有重要作用。如维持畜体的酸碱平衡、保持细胞与血液间正常的渗透压、使体组织保持一定量的水分、调节心肌活动等。

氯和钠大部分在血液和淋巴液中。氯是制造胃内盐酸的原料，乳中也含有较多。

氯和钠缺乏时，驴往往随缺水引起消化不好，食欲减退，被毛粗乱，毛尖发干，营养不良，生产力降低。因此，对驴必须经常供给充足的食盐（氯化钠）以满足氯和钠的需要，这一点很重要。驴在夏季或在劳役较重时，汗中排出大量的氯和钠，须较多喂给食盐。盐在饲料中，能增加口味，使驴饮水量增加，消化良好。提供盐舔砖比从食物中添加盐效果更好，因为食物中盐的含量过高会抑制动物食欲从而减少营养的总摄入量。

钾分布在体组织细胞中，在肌肉、血球、肝脏、脑和乳中含量较多。

在饲养实践中，也应了解日粮的酸碱性。所谓酸碱性饲料，是指饲料中含有的当量酸性元素（硫、磷、氯）和碱性元素（钠、钾、钙、镁）之间克当量的比值。一般说来，粗料、多汁料、青饲料等都属于生理碱性饲料，各种精料，如高粱、玉米、大豆、豆饼、麦类、麸皮等，属于生理酸性饲料；但谷子等属于偏碱性饲料。按照家畜正常生理需要，要求日粮酸碱度以中性或偏碱性为宜。

植物体内的镁存在于茎叶的叶绿体中，另外谷物果实中以植酸钙镁螯合物的形式存在。饲料中的硫主要存在于含硫氨基酸中，而含硫氨基酸在油粕类、鱼粉、豆科类植物中比较丰富。一般豆科牧草比禾本科牧草含铁量高。植物体中的铁在绿叶和种子的外皮中最丰富。锌在麦麸、酵母、谷物果实种子的胚和骨粉中含量最丰富。因禾本科植物含锌相对较低，故在禾本科牧草放牧为主的牧场放牧时不额外补给锌可能导致锌缺乏。一般在植物的叶和茎中铜含量最丰富，而谷类果实中铜含量较少。油粕、糖蜜和酵母中铜含量较丰富。在碘缺乏和硒缺乏的地区，需要补充碘和硒。其他一些微量元素可以通过对饲料配方的计算，按添加剂的形式补充。

五、维生素

维生素是有机营养的一种，维持动物的健康需要小剂量的维生素。维生素在机体中作用广泛。

维生素对驴来说是非常重要的。缺乏和不足，都会使驴不能正常生活、生长、繁殖和生产，严重时可引起死亡。

维生素分为脂溶性维生素和水溶性维生素。

（一）脂溶性维生素

包括维生素A、维生素D、维生素E、维生素K。

富含维生素A的食物有两类：一是维生素A原，即各种胡萝卜素，存在于植物性食物中，如苜蓿、胡萝卜等；另一类是来自于动物性食物的维生素A。

维生素A是胡萝卜素在小肠壁和肝脏内转化而成，贮存于肝中。幼驹由母乳中得到维生素A，断奶后必须由饲料中供给，维生素A不足时会引起生长发育受阻。成年驴缺乏维生素A时，繁殖机能降低，各脏器表皮组织角质化，生产力下降等。

一般青绿饲料、青贮料和胡萝卜中含有丰富的胡萝卜素。因此，夏季放牧或喂给青割饲料，冬季喂给青贮料和胡萝卜，即可满足驴对胡萝卜素的需要。

维生素D又叫抗佝偻病维生素，有维生素D_2和维生素D_3两种。规定0.025ug维生素D_3为1个国际单位（I U）。维生素D在体内能促进钙、磷的吸收和骨骼的生长。钙、磷在小肠中吸收代谢，缺乏时会使钙、磷的吸收及代谢失常，使幼驹患佝偻病，成年驴发生骨软症。

维生素D在小肠中随脂肪一同被吸收。如缺乏胆汁，脂肪过多或过少，都不利于维生素D的吸收。维生素D进入血液中，运到各组织内，多余的贮存在肝内。驴常接触太阳光或放牧，就不致缺乏维生素D。因驴体皮肤内的胆固醇，经阳光照射后，可转化为维生素D。一般干草、玉米秸青贮料中含有维生素D。

维生素E又叫生育酚，是α-生育酚以及其变异体β-生育酚、γ-生育酚和α-生育三烯酸等的总称。缺乏时可引起生殖器官形态和机能的变化而不育。青绿饲料、青干草和种子胚里含有丰富的维生素E，一般日粮中不缺乏。只在种公驴配种期，日粮中应考虑加入短大麦芽或其他青饲料，以补充维生素E。

驴对维生素K的需求量尚未明确，一般新鲜牧草和优质干草中维生素K_1含量以及在消化道内微生物产生的维生素K_2能够满足其需求量。

（二）水溶性维生素

水溶性的包括维生素B族、维生素C、对氨基苯酸（PABA，p-Aminobenzoic acid）和肌醇（Myo-inositol），维生素是畜体代谢过程中必需的物质。维生素B族包括硫胺素（B_1，Thiamin）、核黄素（B_2，Riboflavin）、吡哆醇（B_6，Pyridoxine）、钴胺素（B_{12}，Cobalamine）、烟酸（尼克酸、维生素pp、Niacin）、泛酸（Pantothenic acid）、生物素（Biotin）、叶酸（Folacin）和胆碱（Choline）。对于驴来说，多数的B族维生素在消化道内，特别是在大肠内由微生物的作用而合成。驴驹有食粪的习性，可以借此摄取在母驴大肠内被合成的B族维生素，因此驴驹缺乏B族维生素的情况较少。研究证明，生物素（Biotin）的补给能有效地改善蹄质。驴在体内能合成大量维生素C，一般饲养管理的情况下，胆碱和肌醇也不会缺乏。

储存的饲料和浓缩谷物中的维生素含量很低，储存时间越长，维生素流失越多，饲喂存储饲料的动物患维生素缺乏症的几率大大提高。在绿色饲料有限时，年龄较小或较大的驴更易患病。在冬季，时常放牧对驴的维生素摄取很重要。饲喂牧草或新鲜饲料的驴不太可能出现维生素缺乏症，给驴提供充足维生素最好的办法是给他们新鲜的绿色饲料，即使少量也能帮助弥补不足（表 4－3）。

表 4－3 驴维生素饲养标准（每千克饲料消化能所需的维生素水平）

	维持	妊娠期和哺乳期的母驴	育成驴	役用驴
维生素 A/（$IU \cdot kg^{-1}$）	2 000	3 000	2 000	2 000
维生素 D/（$IU \cdot kg^{-1}$）	300	600	800	300
维生素 E/（$IU \cdot kg^{-1}$）	50	80	80	80
硫胺/（$mg \cdot kg^{-1}$）	3	3	3	5
核黄素/（$mg \cdot kg^{-1}$）	2	2	2	2

注：改编自 McDonald，Edwards，Greenhalgh 和 Morgan，2002。

六、水

水是驴体的主要组成部分，对维持驴的正常生活起着极重要的作用。

驴体内水分含量占 60%，血液的水分含量占 82%，甚至骨头里都含有 25%的水。驴体中的每个生物反应都需要水作为溶剂。水能溶解饲料中的养分，把营养物质运送到生物体需要的部位，并将其代谢废物运送到肺和肾中。脱水会抑制食欲，并且会减少其他必要营养物质的吸收。根据缺乏症状的发展速度，水可能是最重要的营养物质之一。然而，这也是经常被忽视的一点，饲养者经常低估了驴的每天需水量。驴能够适应半干旱的环境并能很好地处理口渴和快速补液。它们可以忍受失水高达自身重的 30%，然后通过 2～5min 内饮用 24～30L 的水快速地吸收并恢复。驴比矮马更耐饥渴，并且可以长时间坚持食用缺水食物。可是，这种短期的忍受饥渴不能和对水的长期需求相互混淆。

驴在气候凉爽、不使役情况下，每摄入 1kg 干物质需要 1.1kg 水。劳役因耗费大量体液，比非劳役饮水量要增加 5～6 倍。哺乳的驴需要大量的水来提供乳汁分泌，大概需水量是一般驴的 2 倍。高于 30℃驴的饮水量也会提高至平时的 3～4 倍。总的来说，驴对水需求大致与马相同。一般的原则是每天给驴提供自由饮用的洁净水。当驴在工作时，需要经常给它们提供水，夜间也应准备充足的水。

驴每天必须合理供水，每天至少 4 次。应利用所有的机会供水，尤其是使役中的驴。

第三节 驴常用的饲料及其调制

饲料是驴维持生命、生长发育、繁殖后代和负担劳役等的物质基础。要进行科学养驴，必须了解饲料中的各种营养成分，以及它们对驴的生命与生产活动的作用。在实际饲养中，应适当调制，根据饲料的营养成分合理搭配，以提高饲料的利用率。

植物细胞构成了驴所吃饲料的主要部分，其包含两个主要部分，即细胞内含物和细胞壁材料（纤维）。植物的细胞内含物易消化且营养丰富，但随着植物成熟数量迅速减少。

纤维部分含有3种主要的碳水化合物，即半纤维素、纤维素和木质素。当植株幼小时，它的细胞壁的主要组分为半纤维素，但是随着植株成熟，纤维素和木质素越来越多。因此，随着植物生长，纤维成分变的越来越难以消化。

纤维素被大肠中的微生物发酵消化。没有这些微生物，驴就无法消化富含纤维的饲料，例如秸秆和干草。木质素是一种木本物质，它甚至几乎不能被肠道微生物降解。

春季的牧场富含植物细胞内含物且纤维含量少，此时植物的营养非常丰富。但是随着夏季的到来，尤其是植物开花时，植物纤维越来越多而内含物则会相应减少。饲喂给驴的基本饲料（干草、青贮和秸秆）收割时已经接近成熟，细胞内含物相对于纤维含量已经非常少了。

一、粗饲料

饲喂驴的粗饲料种类很广，与马相比，驴对饲草品质的要求相对较低，大多数农作物秸秆都可以饲喂驴。

（一）秸秆类

秸秆类含粗纤维多，质地粗硬，消化率低，含粗蛋白质和维生素很少，营养价值不完全。常用的有谷草、玉米秸、稗草、糜草、大麦秸、燕麦秸、稻草、各种豆荚皮和豆秸等。

谷草：是我国北方喂驴的传统饲草。以叶子多，空心者为好。1kg谷草中约有16g可消化蛋白质和15～20mg胡萝卜素，其营养约等于2kg小麦秸，或1.5kg稻草，或1kg花生秧。因其质地较硬，喂前将它压扁，压软，铡成2cm左右为好。

玉米秸：在霜前割下捆成小捆码堆荫干，经一月左右拉回垛起盖好封顶，保持青干。喂时铡成2cm左右长，单喂或掺入谷草中喂都可以。

用玉米秸喂驴时，要去掉粗硬的根部约15cm。如加工成粉丝状拌料喂驴，利用效率较好。有些地方用玉米秸喂驴尚不普遍，如采用玉米秸喂驴，建议与谷草搭配利用。

稗草、糜草和麦秸：一般不如谷草，最好掺入谷草中喂。稗草质地较谷草柔软，糜草驴爱吃，最好早春喂用，天热则味变苦，驴不爱吃。更要注意糜草中有糜毛，吃进后对胃肠有刺激，切忌单喂多给。麦秸类粗硬，适口性差，最好能用苜蓿草、糠麸等拌和喂用。

产稻区多用稻草喂驴，但稻草营养不如谷草，适口性差，含钙少。要尽量选用叶较多、黄绿色、质地柔软的稻草做饲草，稻草要经加工调制。驴爱吃铡短的稻草，以铡成1.5～2.5cm长为宜（即农民所谓“寸草铡三刀”的长度）。喂前最好进行碱化处理，即将稻草放在缸里或水泥池里，分层装填，每层约30cm，踩实后，倒入1%～3%的石灰水，将草浸透，再装第二层草，踩实，加石灰水，接着装第三层、第四层……全缸或全池装满后压实。经过一昼夜，稻草泡软变黄，略带香味，即可喂驴。最好当天喂完，放置过久，易腐败变质。稻草经碱化处理后，破坏原粗纤维的组织结构，同时溶解稻草中难消化部分，增强适口性，提高消化率。

近些年，又出现了秸秆饲料的微生物处理技术。这一技术要求将秸秆粉碎，细度在0.7～1.5cm，原料可为豆科牧草、禾本科秸秆、棉秆，在窖中每40cm厚秸秆粉喷配好的菌液（按说明书配制和使用），层层压实，盖塑料薄膜后，再压土20～30cm，一般发酵

30天，即可开封饲喂。据报道，这种处理方法，可使秸秆降低木质素含量，提高消化率。用这种饲料喂驴尚未见报道。

豆荚皮和豆秸：含蛋白质和钙量较多，可以喂驴。豆荚皮必须保存好，不使受潮，喂时要筛净去梗。喂豆荚皮的驴易渴，应充分饮水并经常给盐。豆秸粗硬，适口性差，必须压碎，切成2cm左右喂用。用盐水焖或粉碎成丝后掺入谷草中喂最好。

上述秸秆类都不太容易消化，最好加以调制后再喂。

（二）青干草

青干草是将结籽以前的青绿饲料割下晒干制成的，有野生青干草和栽种青干草两类。它们都是喂驴的主要粗饲料，比秸秆类营养价值高。

野干草：草原上的牧草，以禾本科草为主，混有少量豆科和菊科牧草。禾本科草以猫尾草最好，而在东北以羊草（碱草）的青干草质量较好。在抽穗开花期收割晒制的草，呈黄绿色，质地柔软，含有丰富的蛋白质、矿物质和维生素、气味芳香、适口性强。役驴在冬季补喂，不给精料，即可照常担负轻劳役；繁殖母驴不负担劳役，常年放牧，冬季供给充足的青干草，也可保证正常的繁殖。

收割过晚或晒草时遇雨的干草，呈暗绿色，茎秆粗硬，质量下降。

栽种青干草：分豆科青干草和禾本科青干草两种。豆科干草中有紫花苜蓿、草木樨和箭筈豌豆等。其中以紫花苜蓿的质量最好，适口性强。豆科青干草含蛋白质约为12%～15%，品质优良，含有多量的钙和维生素。

禾本科青干草，主要有青燕麦草、青稗草和苏丹草以及多年生的老芒麦、鸡脚草和无芒雀麦等。在抽穗期收割的为好，所含蛋白质、矿物质和维生素，都低于豆科干草。

苜蓿：紫花苜蓿为豆科苜蓿属，多年生豆科植物，被称“牧草之王”。英语亦写作“lucerne”，因此港台地区又叫它“吕宋草”。它具有较高的蛋白质、维生素、矿物质以及微量元素，是一种高能量的牧草。1kg优质紫花苜蓿草粉相当于0.5kg精饲料的营养价值。氨基酸含量非常高，氨基酸含量是玉米的5.7倍，被广泛用于养殖业。苜蓿是养驴业不可多得的好饲料。据史料记载，苜蓿是在汉代由“西域”随大宛马一起传入中原地区的。

羊草：又名“碱草”。羊草叶量多、营养丰富、适口性好，各类家畜一年四季均喜食，有“牲口的细粮”之美称。牧民形容说：“羊草有油性，用羊草喂牲口，就是不喂料也上膘。”花期前粗蛋白质含量一般占干物质的11%以上，分蘖期高达18.53%，且矿物质、胡萝卜素含量丰富。羊草调制成干草后，粗蛋白质含量仍能保持在10%左右，且气味芳香、适口性好、耐贮藏。

猫尾草：长期以来，人们都喜欢用猫尾草喂驴。同许多其他干草相比，猫尾草含有的蛋白质较低，需要更多的蛋白质补充料。然而，一般猫尾草都和三叶草混合生长。三叶草中含有较高的蛋白质，并能增加猫尾草—三叶草混合草的蛋白质含量。这种草最好在开花前收割，可增加蛋白质的含量，减少粗纤维的含量，也增加适口性和可消化性。太成熟的或晚收割的猫尾草是一种低质量的干草。猫尾草通常是不发霉的。

青干草的调制。调制青干草一般分为两个阶段。

第一阶段，为使植物细胞尽快死亡，停止呼吸代谢，减少营养物质的损失，须采取短期暴晒，迅速降低植物体的水分（由原来的80%，降到40%左右）。

第二阶段，要减少阳光等对营养物质的分解破坏，加速使水分降低到15%以下。

调制青干草（主要指草原牧草）的具体做法如下。

一般先将青绿饲料在抽穗期收割，原地平铺暴晒，待草表面干燥枯萎时搂成条堆继续风干，以后连晒一两天，再堆成小堆（或小垄），过一两天晒成半干时，即可堆成大堆继续风干，以后到充分干燥后，堆垛贮藏。

调制苜蓿干草时，一般在苜蓿孕蕾、开花初期，选择好天气收割，割后随即搂集成小条堆，当天晚上堆成小堆（约1m高）过夜，第二天待露水干后，摊成30cm左右厚的圆铺，晒2～3h翻一翻，傍晚将几个小堆合并为一大堆，第三天继续翻晒，这样翻晒几天即可制成。晒制好的苜蓿干草，保持绿色，不掉叶，有清香味。

伏天或多雨季节调制干草，容易遭雨，干草的颜色会变成褐色乃至黑色，干草中的胡萝卜素由于雨淋，会引起分解，营养物质会损失很多。

在不良天气晒制干草时，须尽可能使收割的青干草与地面隔离，有一定的空隙，便于空气流通，免遭雨水浸湿。在多雨地区，可利用棚架、三脚架、横木等晒制青干草。

青干草的保存。青干草最好用草库或草棚保存，避免日晒、雨淋。堆垛保存的青干草，含水量不应超过16%，水分过高易发霉。堆垛只有在良好的天气下进行，不要在雨、露天堆垛。为了减少豆科干草叶子脱落，可在早晚堆垛。草垛顶部应有倾斜度，上面用草帘封顶，以防雨水渗入，再用草绳捆上树枝或吊上石头压住，防止大风揭开。草垛底用石头、黏土或干树枝垫底，便于通风干燥。

二、青绿饲料

青绿饲料含有较多的天然蛋白质、维生素和矿物质，营养丰富，容易消化，有调节胃肠蠕动的作用，是养驴不可缺少的饲料。

青绿饲料有天然青草和栽种的青饲料两种。天然草地的青草和杂草多数是禾本科青草，栽种的青饲料有禾本科和豆科两种。

禾本科草有青饲玉米、青燕麦、草谷子和青稗草等；豆科有紫花苜蓿、箭筈豌豆和秣食豆等。青割的牧草堆积时间长了，容易发霉变质，保存时要注意翻动通风，并应防止日晒和雨淋。每次青割量，以一昼夜吃净为度。

喂驴的多汁饲料，主要有胡萝卜和饲用甜菜，这种饲料是种驴、幼驴和妊娠后期母驴的优质饲料，喂时要洗净，切成小块生喂，防止食道梗塞。

三、青贮饲料与半干青贮饲料

（一）青贮饲料

青贮饲料，老百姓也叫它“草罐头”。青贮，可以把大量营养物质保存下来，特别是蛋白质和胡萝卜素基本不受损失。良好的青贮料，多汁、气味芳香、适口性强。青贮料含有大量有机酸（主要是乳酸），适量喂驴，可促进消化。冬季和春季少量的喂用青贮料，可使瘦弱驴复壮。驴的生理适宜中性或偏碱性饲料，而青贮是酸性饲料，对种公、母驴不可多喂，可摊开散气，也可用碱水中和。

喂驴的青贮原料，最好是青玉米秸。禾本科、豆科混播的牧草等也可作青贮原料。青贮料在喂前要做品质检查，必须是颜色淡绿或黄绿、气味酸香、质地良好者。

青贮料具有特殊酸味，初喂时驴往往不愿意吃，应撒上一层精料引喂。青贮料含有大量有机酸，具有轻泻性，开始喂时稍有轻度腹泻现象。

（二）半干青贮

半干青贮又叫低水分青贮，在国外应用的比较普遍。它是将青贮原料收割后进行晾晒，迅速使豆科原料水分降至50%、禾本科降至45%时贮制。其他贮制程序和要求与一般青贮基本相同，只是其发酵过程较一般青贮缓慢些。

半干青贮具有水分量低、占窖面积小及营养损失小等特点。尤其对青贮原料中的糖及蛋白质含量没有限制，故非常适合于含糖量低、不易贮藏的豆科草（如苜蓿、沙打旺等）的贮制，而且效果非常好。可以说，半干青贮是贮藏豆科牧草的绝妙方法。

晾晒时注意：一是要选择阳光充足之日进行，以便迅速风干；二是掌握好晾晒时间及水分，水分高的可晾晒6～7h，水分低的可晾晒2～3h。待水分达到所要求的程度，便可收起贮制。

四、能量饲料

高粱：含淀粉多，并含丹宁酸（即鞣酸），可防止发霉，同时也降低了蛋白质的消化率和适口性，给人一种涩味的口感，有止泻作用。单纯用高粱拌草喂驴，容易发生便秘，故必须搭配含有轻泻性的饲料喂驴。同时，高粱的适口性不好，因此经常与玉米、燕麦混喂。用高粱喂驴时，先去杂，用水淘净，破碎后喂，比喂整粒消化好。黑壳高粱含鞣酸多，涩味很大，用温水浸泡后，可减少涩味。但发热、霉烂的高粱，不能喂驴。

谷子、稗子：含蛋白质和胡萝卜素较多，是生理碱性饲料，好消化，驴爱吃，磨碎喂好。制成小米和稗米，浸泡后喂给种公驴、幼驹和妊娠母驴，是非常好的精料。

玉米：驴的饲料最佳的是燕麦，仅次于燕麦的就是玉米。玉米原是北美生长的主要谷物，具有生热的功能。由于玉米的价格较低，当驴的数量较多时，用玉米饲喂是非常经济的。玉米可以整粒喂、粗面喂或压扁喂，但是饲喂牙齿不好的驴和小驹不要喂给整粒玉米，多数驴主喜欢将玉米磨成粗面或压成片。玉米含有的能量高、纤维少，许多驴主在天冷的时候多喂玉米，在天气热的时候不喂玉米或减少玉米的喂量。玉米的蛋白质品质较差（如缺乏赖氨酸），喂玉米时，最好和含有蛋白质、维生素和钙量较多的饲料混喂。

大麦：大麦是人类培育的第一种作物。大麦的驯化大约在公元前9 000年—公元前7 000年是在西南亚，由于大麦比较硬，所以应将大麦压碎，最好压扁。一般大麦壳贴在核上很紧，因此将大麦加工一下会增加其消化率。大麦难消化，整吃整拉，亦即“吃大麦、拉大麦”。一些驴主认为单独喂大麦会引起驴的急腹痛，那么可以将大麦和体积较蓬松的饲料混喂，如加15%以上的麦麸，或加25%以上的燕麦可以减少急腹痛的发生。尽管大麦含有的粗纤维要比玉米和高粱高，但多数驴主仍喜欢将大麦同燕麦、啤酒糟、甜菜渣等蓬松饲料一起喂。大麦的适口性比玉米差，比燕麦更差。产于我国的青稞是无壳大麦，是大麦的一个变种，其营养成分与大麦相似，但因易发酵，吃了肚胀，多不用它喂驴。

燕麦：燕麦的驯化晚于大麦和小麦。燕麦非常好吃可口，具有较高的粗纤维含量，也是非常安全的饲料，含有较高的蛋白质。燕麦被认为是评价其他谷物的标准，因此是被广泛利用的饲料，最好质量的燕麦只含有25%的壳。燕麦是填充饲料，可防止家畜因吃得过饱而得病。脱壳的燕麦对小幼驹特别有价值。燕麦可以整喂，也可以压碎喂，将燕麦压碎可以改善其消化性能的5%。许多人喜欢压碎的燕麦，压碎的燕麦对牙齿不好的驴或年轻的幼驹是最好的。燕麦微粒化比压碎的燕麦可提高对淀粉的消化。

莜麦是无壳燕麦，由于无壳而缺乏纤维素，因此用莜麦喂驴应添加一些富含纤维素的饲料。莜麦在我国山西、内蒙古等地生产较多，多数为人食用。不好的莜麦中常有沙子和土，因此喂驴前需要过筛和清洗。

大麦和燕麦都可用作发芽饲料，作为冬春补充维生素的饲料。其做法是：将麦粒用水洗净，加温水浸泡12h后，撒放在发芽木盘（底部钻些小空）内约3～4cm厚，盖上麻袋片，放在暖室，每天用喷壶喷洒温水数次，保持湿润，3～4天就开始生根发芽。之后可用凉水洒，白天放到阳光下照晒，5～6天麦芽即可长出。为了提高公驴精液品质和母驴催情、妊驴保胎，可喂短芽。短芽呈黄白色，含维生素E多。为了增加维生素A，可喂长芽。长芽呈碧绿色，含胡萝卜素多。燕麦芽和玉米芽不如大麦芽好。配种公驴每天可喂大麦芽（干重）250～500g，母驴每天喂250g即可。

小麦：小麦不是喂驴的主要饲料。小麦含有谷胶，是一种黏性物质。当小麦磨碎时，受湿以后像黏团似的易成球状并产生适口性差等问题。如果选择小麦作为驴的饲料，最好将其蒸压，其用量要少，最好与其他蓬松饲料（如燕麦、啤酒糟、甜菜渣等）混合。小麦的用量要少，占精料日粮的10%～20%。用小麦喂驴费用较高，小麦一般主要给人食用。

小麦麸：亦即麸皮。小麦麸适口性好、具有蓬松的特性和适度的轻泻作用。一般在日粮中小麦麸的用量占5%～20%。小麦麸是由硬的小麦皮制成的，许多驴主喂小麦麸的目的是防止驴便秘和维持正常的通便。人用温水将小麦麸制成糊来喂病驴、通便不好的驴和产驹的母驴，有利于恢复体力。小麦麸中含不易吸收的植酸磷比较高，含钙量低。农民的经验是小麦麸可以防结症，小麦麸喂驴是一个极好的饲料，即含有一定量的粗纤维，又有轻泻的作用。

米糠：加工程度不一样，营养价值有所不同。米糠一般含脂肪多，但易发酵酸败而结成块，不易保存。米糠中磷多钙少，每千克应加入石粉50g喂用。米糠有润肠作用，适于喂给役驴、幼驹和瘦弱驴。

甘蔗糖蜜：甘蔗糖蜜对驴来说是一个非常好的饲料。它可以增加日粮的适口性和减少日粮中的粉尘。它也可以增加日粮的湿度，对饲料颗粒的形成很有利。糖蜜中含有4.3%蛋白质，但驴如何消化利用这些蛋白质没有资料报道。其中可能以非蛋白质的形式存在，因此驴对它的利用受到限制。一般精料中糖蜜的量占5%～15%。因此，它在总日粮中所贡献的蛋白质的量是很少的。在热而潮湿的地区，糖蜜在日粮中限制在5%～10%。糖蜜的量加得过多可能引起饲料过湿并导致霉菌生长。

甜菜糖蜜：甜菜有利于产奶。用甜菜糖蜜喂驴与用甘蔗糖蜜喂驴相同。许多人更偏爱用甘蔗糖蜜喂驴。由于甜菜糖蜜和甘蔗糖蜜在干物质的含量上变化很大，因此在购买糖蜜时应当注意。

五、蛋白质补充料

牛奶和鸡蛋：在配种期主要用作提高种公驴精液品质的补品。

脱脂奶粉：脱脂奶粉适口性非常好且易于消化。其中含有的乳糖是幼驹最好的糖类来源。脱脂奶粉是高质量的蛋白质来源，也是非常好的维生素和矿物质来源。因此，脱脂奶粉对于驴来说是一个非常好的饲料。脱脂奶粉作为蛋白质补料大量喂驴是非常贵的，一般主要用于幼驹的日粮，也可作为驴奶的补充料或者是代乳料的一部分以加强断奶后幼驹的饲养，给幼驹一个良好的开始。

鱼粉：是一种高蛋白质饲料，又含有丰富的矿物质和维生素。常用来做配种期种公驴和正在发育中的良种幼驹的营养补品，加工适当的鱼粉是最好的蛋白质补料。鱼粉中含有非常高的赖氨酸和蛋氨酸。鱼粉中若含有大量的鱼骨和鱼头，其营养价值也就随之降低了，因为骨头和鱼肉来比，其营养价值非常低。鱼粉非常贵，因此一般用量有限。通常在日粮中，鱼粉用得很少，多数情况下是用来提供蛋白质、供应赖氨酸和蛋氨酸以保持日粮中氨基酸的平衡。

肉粉和肉骨粉：两者均少量用于驴精料日粮中的蛋白质补料。它们是赖氨酸的很好来源，比植物性蛋白质补料中的赖氨酸要高。它们也含有很高的钙和磷，同时也是维生素和矿物质的良好提供者。肉粉和肉骨粉的营养价值随着肉和内脏器官的多少而有相当大的变化。因此，在评定产品质量时需要仔细检查。

大豆：富含粗蛋白质和粗脂肪，是营养丰富的饲料。其味香，蛋白质的品质好，喂时磨成豆瓣，加点盐，煮八分熟喂驴。春天把大豆磨成豆汁，喂营养不良和过劳的驴很有效。冬季用大豆煮盐豆喂驴，能壮力抗寒。黑豆炒后粉碎拌草喂，能增加适口性。

豌豆和蚕豆：豌豆和蚕豆的蛋白质含量比大豆少，但淀粉含量比大豆高，而脂肪、钙、磷的含量基本与禾本科籽实相似。喂时磨碎，易消化，驴爱吃。一些豆类（赤豆、绿豆、腰豆、菜豆等）喂前要煮熟，除去毒素。不过这些豆类不常作为饲料。

豆饼：含有丰富的优质蛋白质和较多的淀粉以及少量的脂肪，喂驴很好。喂前切碎，用温水（夏天用凉水）闷 2～3h，闷完再用凉水解开，以免有豆腥味。闷时要少用水（500g 豆饼加 750g 水），现闷现喂。喂量不要过多，一般是精料总量的 1/4。喂得过多，会出现消化不良。

大豆粕：大豆粕是一个非常好的蛋白质饲料，特别对正在生长期的幼驹。在喂驴的植物性蛋白质饲料中，大豆粕含有较高的赖氨酸，它比脱脂奶粉高。大豆粕含有 44% 或 48% 的蛋白质，48% 的蛋白质为去掉大豆皮制成的。大豆粕是喂驴最广泛应用的蛋白质饲料。实际中，大豆粕和其他蛋白质饲料混喂。适当地加工大豆粕（如压榨机浸出、溶剂浸提等）对其饲料价值不会改变。过热加工大豆粕会破坏赖氨酸，温度达不到又不利于蛋氨酸的利用。因此，大豆粕要适当加热处理和加工才能发挥最大的营养价值。没有适当加热处理和加工的大豆粕不能喂驴，因为其中含有胰蛋白酶抑制剂，将抑制胰蛋白酶的消化作用。没有加工的整粒大豆中也可能含有其他因子，要求在喂驴之前一定要加热处理。

亚麻籽粕：亚麻籽粕是一个非常普遍的驴蛋白质补料。许多驴主认为亚麻籽中含有一种物质（大概是黏蛋白或脂肪），其能够使驴的毛皮发亮而有光泽。用溶剂抽提的亚麻籽粕相当细且有粉尘。因此，多以颗粒料的形式来喂，有些人认为，用溶剂抽提的亚麻籽粕含油低，不能对驴毛的光泽产生有效的影响。他们更喜欢过去的加工方式，以便使其含有更多的油和更加具有适口性，并对毛皮有较好的作用。亚麻籽含有较低的赖氨酸，对幼驹或生长较快的幼驹不能作为唯一的蛋白质补料，因为它会引起赖氨酸的缺乏。亚麻籽粕还有轻泻的作用，因此在日粮中用量不宜过多。最好将其与其他赖氨酸含量较高的蛋白质饲料混用。

向日葵籽粕：向日葵籽粕是用向日葵籽制成的。它的赖氨酸含量较少，仅为豆粕的一半。如果把大量的外壳脱掉，这种粉会含有很高的蛋白质。溶剂抽提物中含有45.2%蛋白质，11.7%粗纤维。根据猪的试验推算，在日粮中用向日葵代替豆粕不能超过20%，并且只能喂那些较老的家畜。如果不加赖氨酸补剂或1/4～1/3的豆粕，向日葵籽粕不能喂幼驹。

花生：易霉变，不宜久存。花生产区常用花生饼喂驴，喂量不应超过精料总量的20%。

棉籽饼：含棉酚毒素，应去毒，喂量每头驴不超过1.0kg。

油饼类精料：都缺乏维生素和钙质，须配合其他饲料予以补充。

六、矿物质饲料

常用的矿物质饲料有鱼粉、骨粉、贝壳粉、石灰石粉和食盐等。

骨粉：是用畜禽的骨经高压蒸或煮，除去有机物（脱胶、脱脂）后经压榨、粉碎制成，其主要成分是磷酸钙。优质蒸制骨粉，一般含钙量为30%～36%，含磷为11%～16%。

贝壳粉、石灰石粉：主要成分为碳酸钙，用以补充畜体所需的钙质。

食盐：是补充体内钠和氯的，应每天喂给。缺碘地区，可加入碘化钾制成碘食盐喂用。

七、特殊饲料

小麻籽（线麻籽）：含有丰富的蛋白质和脂肪。将小麻籽炒到黄熟，压碎后喂给无奶或少奶的母驴可以催奶，是催奶的良好饲料。

西红柿：含有大量维生素。喂给患过消化系统病和热性病而在恢复期的驴很有效果。

八、能量饲料的加工贮存

能量饲料的营养价值较高，但禾谷类子实有种皮、颖壳等不便采食，另外还可能含有某些抗营养因子。因此，饲喂前需加工调制，以提高消化率，充分发挥其营养价值。

饲料在贮存过程中，一些营养成分也会逐渐流失。而驴场又必须短期或长期地贮存饲料。除了粗饲料加工和贮藏外，能量饲料加工和贮藏有以下方法。

（一）能量饲料加工

主有分2种：一是物理加工，磨碎、压扁、焙炒、浸泡；二是发芽与糖化。

（二）能量饲料贮藏

饲料贮存方式和贮存人类食物方式相同，要将种皮保存在恒温低温、通风良好、湿度较低的环境下，不可以直接日晒或者接触潮湿的空气，同时要注意防雨、防水、防啃食、防虫及鸟类啄食。主要有谷物饲料的贮藏和块根块茎类饲料的贮藏。

具体的能量饲料加工和贮藏方法，限于篇幅，在此就不展开说明了。

第四节　驴的饲养管理一般技术

不同年龄、不同性别、不同生理状态、不同生产方式驴的饲养管理都有区别，这里主要介绍一些通用的技术。

一、饲养技术

饲养既是科学，又是艺术要配合日粮和饲养方法，要适应驴的消化生理及其对各种营养物质需要的特点。容积较大且含粗纤维不高的青绿多汁饲料、优质干草和各种谷物粒实及其加工副产品是喂驴的基本饲料。要尽可能做到多种多样，保证各种营养物质都不缺少，才能把驴养好。把驴养得过肥，会使其丧失其繁殖力，这是由于片面的、生理上营养价值不完全的饲养而引起的。又如长期用缺乏全价营养的单一饲料喂驴，便会使驴食欲不振，甚至导致驴患上某种营养物质缺乏症。

（一）饲喂

一般驴每日进食的饲料量为其体重的2%～2.5%，测量体重最好的方法是用地磅，如果没有地磅，则可通过测量体尺估测体重。

除必须让驴有足够的采食和咀嚼时间、严格遵守“定时定量、少给勤添”和“先粗后精”等原则外，还要保证草、料纯净，质地疏松，容易消化。混有杂质、毒草和发霉的草料不能喂驴，否则，便会造成胃肠机能衰退，甚而引起炎症，造成食滞性胃扩张和肠道的结症。所以，将秸秆切短、水湿拌料喂驴效果较好。

只有正确地选择和利用饲料，合理地配合日粮，精心饲养，细致管理及合理使役等各方面紧密配合，才能把驴养好，并发挥其高度的生产性能。

饲喂的原则如下：

1. 分槽定位　应以驴的用途、性别、老幼、个性、采食快慢分槽定位，以免争食。哺乳母驴槽位要适当宽些，以便于驴驹吃奶和休息。

2. 要依不同季节确定不同饲喂次数，做到定时定量，先粗后精　冬季寒冷夜长，早、中、晚、夜喂4次，春、夏可增加到5次，秋季天气凉爽可减少到喂3次，每次饲喂时间和数量都要固定，使驴建立条件反射。驴每日饲喂总时间不少于9～10h。加强夜饲，前半夜以草为主，后半夜加喂精料。

3. 饲喂要少喂勤添　因为驴的口裂小，相对于身体而言胃容积不大。

4. 变更饲料切忌突然　至少要有一周的过渡期。如果想改变，每天改变不超过1/4。

5. 饮水要充足　保证驴一直有新鲜而清洁的水可以饮用。

6. 用清洁的水定时冲洗食槽，食槽里不要留下剩余的食物　如果食槽里剩下食物，可能是因为喂得过量，或是驴有问题，或是食物有问题，需要查明原因。

7. 不要让驴刚吃完就使役，要留 2h 的消化时间　使役后，也不要立刻喂驴，要留出 1h 的时间让驴休息和恢复体力。

8. 在夜晚吃完饲料后给驴放点饲草　驴嘴里不要长时间（时间限度是 8h）没有可以咀嚼的东西，否则容易让驴得上啃木癖。

9. 要定期检查驴的牙齿　发现牙齿中出现尖锐的地方，需要用牙锉磨平，一来可以防止驴咬伤自己，二来可以有效地咀嚼食物。

10. 给驴增加喂给多汁饲料　如喂苹果和胡萝卜，最好要切成片状，防止驴被噎住。这种多汁的饲料，对那些不爱吃食的驴可以起到增加食欲的作用。

11. 保存饲料于清洁干燥且防止啮齿动物啃咬的地方　干草要放置在上面有篷子防雨防晒且下面防潮的地方。

12. 确保驴有盐吃　用盐砖或在饲料中添加盐的方法均可。

13. 制定年度驱虫计划　为防止寄生虫产生抗药性，采取轮换使用驱虫药的方法。

14. 每天检查驴的三项健康指标（体温、脉搏和呼吸），**尤其是种驴**　观察驴粪的形状、数量、粪球的润滑程度以及尿的次数和颜色等。定期检查驴的体况。

15. 让驴有规律的运动　或骑乘，或自由运动，或用遛驴机遛驴。

（二）饮水

水占成年驴体重的 60%以上，所占百分比决定于驴的年龄和状态。驴有水没有食物可以生存几周。驴一天分泌消化液，再加呼吸和出汗损失大量水分，因此饮水对驴十分重要。驴所饮用的水要干净，水温 8～12℃为好，宜饮流水、井水。饮驴可以用水桶，也可以用自动饮水器。

必须保证驴能及时饮到足够的水。但在运动或役用后驴体发热出汗时，不可即饮，俗称“热饮易炸肺”。应使其充分休息，等汗干，呼吸平稳时方可饮水。饮时要使慢饮喝足，防止暴饮。否则，喝得太急太快，对心脏机能有不良的影响，并破坏消化能力，甚至引起腹痛。

饮水要定时，严格遵守饲养管理日程和制度。对于已经建立并为驴已经习惯了的饲养管理程序，不要轻易改变。如果必须改变，也应逐渐过渡，不可骤然改变。不注意这一点，轻则降低饲养管理的效果，重则引起疾病。

饮水原则如下：①舍饲驴要总能饮到清洁的水，并保持饮水槽（或桶）卫生。②可在饲喂前给驴饮水。③在驴饮大量的水后，不要让驴做剧烈的运动。④繁重的使役后，不要立即饮驴，要休息一定时间后，再给驴少量的饮水，大约是每一刻钟 2.5L，最后直到饮足为止。⑤若使用自动饮水器，每天都要检查自动饮水器是否正常工作。

二、放牧和运动

（一）放牧

放牧是适合驴的生物学特性的一种重要措施，符合自然规律。驴在放牧场自由采食营养多、易消化的青饲料，享受充足的阳光、大气和适当的运动，可以增进食欲，加强新陈代谢，增强体质。所以，有放牧条件的农牧场，应当有计划地结合舍饲进行放牧饲养。对于使役的驴，白天如无时间放牧，也可以组织夜牧。

放牧的方法和制度、牧草成分及其营养价值与放牧技术，对养好驴有很大的关系。无计划和不熟练的放牧，会使优良牧草遭受破坏；正确的放牧，不仅能改善草的质量，还可以提高牧草的利用率和产草量。最好是采用划区轮牧的方法，即每区经采食后，过三四周的时间再放牧，这样对驴群营养和牧草再生都有利。

（二）运动

运动能促进血液循环、消化及呼吸机能，增强驴的体质，提高生产能力。繁殖的驴和育成驹，每天应在逍遥运动场上自由运动，还应有一定时间的正规运动。种公驴和后备种公驴按品种类型进行骑乘或挽曳运动；育成驹和繁殖母驴可进行驱赶运动。运动的强度，要因品种、年龄和个体有所不同，基本上应与饲养水平相平衡，达到略微出汗为度。在丰富饲养条件下，驴的运动时间和强度需相应地增加，对贫乏饲养或营养不良的驴，应降低运动的强度，增加自由运动的时间。

三、日常管理

（一）厩舍卫生管理

应保持厩舍内干燥，适宜的湿度为50%～70%。厩内过于潮湿，利于细菌繁殖，驴易染疾病和蹄病。如遇湿热、散热受阻，代谢降低，食欲废退，持续时间长会得热射病；若为潮湿寒冷，消耗体热过多，易患感冒等。厩舍内最适宜的温度为20℃，因此要注意冬季防寒，夏季防暑的问题，即使在冬季厩内最低温度也应在3～6℃，但以8～10℃以上为好。

厩舍内通风换气要良好，尤其在夏季驴的粪尿、褥草腐败分解会产生氨和硫化氢，舍内积蓄多了会中毒；再则换气不好，厩内氧容量减少，二氧化碳增多，会影响驴的健康。

此外，厩舍内还应有良好的采光性，有利于厩舍的干燥，以及驴的钙代谢和神经活动。厩舍经常打扫、更换褥草、保持清洁也是日常不可忽视的工作。

（二）刷拭

刷拭很重要，俗语云“三刷两扫，等于一饱”。刷拭可以清洁驴的皮毛，清除皮垢，促进血液循环，有利于散热、排汗，并有增进皮肤呼吸代谢的作用，还可以及时发现外伤，及时治疗。使役驴使役前后应刷拭，种公驴每天要刷拭1～2次。刷拭应按从前到后，由上而下，先左后右的顺序进行。

（三）护蹄

蹄是驴负重和运动的重要器官。蹄的好坏密切关系到驴役用能力的发挥，必须经常注意和加强蹄的护理工作，以维持蹄的正常机能，预防蹄变形和蹄病。

1. 平时护理 首先要有比较合理的厩床。厩床过于潮湿，易使蹄质松软变形，多变成广蹄；地面过于干燥，易发生裂蹄。若驴蹄经常踏着粪尿，易使蹄叉腐烂。因此，厩床地面以三合土或自然土地为宜，并应整平夯实，能使蹄角质吸收一定的水分，保持应有的弹性。

2. 削蹄 驴蹄在与地面接触磨损的同时，又不断地生长，其生长的速度一般比磨损快些，大约每月增长5～9mm。如长期不削，由于生长得太长，不仅会使运动不便，而且降低役用能力，还会使蹄变形。一般每经4～6周应当削蹄一次。

3. 装蹄铁　装蹄铁是在正确削蹄的基础上进行的。应选择大小适当的蹄铁，修正合适，使蹄铁钉孔的位置和负缘一致，令其位于白线的外方，然后进行钉驴掌钉（装钉）。蹄钉向外穿出蹄壁，约在负缘上外方2～3cm处排成一列，每侧一般装3～4个蹄钉。露出的钉端须加弯曲紧贴蹄壁，最后锉平负缘即可。使役的驴应当注意装蹄铁。

（四）剪毛

剪毛是将驴体的长毛部分剪短，剪毛可使驴美观整洁，易于刷拭，并可减少或及时发现伤病。

第五节　各类驴的饲养管理

不同工作用途的驴，其饲养管理的方式不同。为做好各类驴的饲养管理工作，进一步了解种公驴、繁殖母驴、幼驹的饲养管理要点，具有重要意义。

一、种公驴的饲养管理

保持种公驴体质健壮、性欲旺盛、精液品质优良，对提高母驴受胎率，并获得优良品质的幼驹是有重要意义的。因此，种公驴必须经常保持种用体况，达到中等以上的膘度，体质坚实。过肥或过瘦，都将使公驴的性欲衰退，精液品质变坏。

关于种公驴的营养需要研究较少。但是热能对促进公驴性器官发育、早熟有很大关系。热能不足，会导致未成年公驴睾丸、附性腺发育异常，因而推迟性成熟。热能不足，也会降低成年公驴的性欲和精液品质。但是，热能也不可过高，过高也会降低公驴性欲，神经迟钝，肥胖臃肿，不利于配种。

一般认为公驴所需能量比维持需要高20%。蛋白质的质量和水平，以及矿物质（尤以钙、磷重要）、维生素（特别是维生素A、维生素D、维生素K）也要能够满足需要，这将会直接影响精液的品质。

（一）非配种期种公驴的饲养

精料应占总营养的40%～50%，蛋白质保持在10%。此期可适当减少豆科饲料的给量，增加易消化的碳水化合物丰富的饲料，注意矿物质、维生素的补充。如能在牧地放牧，对种公驴的恢复和增健将有着重要意义。

公驴在非配种期，高质量的牧草应该占其日粮的最主要部分。如果日粮中的矿物质不足，也应该让公驴能够自由采食矿物质。公驴应该饮充足清洁而新鲜的水。如果牧草不足，还要提供高质量的多叶的干草。精料应该是少量的，是用来补充饲草的，目的是使公驴结实健壮。妊娠母驴的精料可以用于非繁殖公驴的精料日粮参考。

种公驴在配种结束后，需要有一定的恢复与调整体力时期。恢复期可以大量减料，约比配种期减少1/3～1/2，增加青饲和放牧，相应地减轻运动的强度和时间，增加逍遥运动。对个别瘦弱公驴要专人精心喂养，一般1～2个月即可完全恢复体力。

种驴体力恢复后，即为增进种驴健康与锻炼体质时期。这个时期，主要是通过作业，锻炼种驴体质，要逐渐增加精饲料量，逐步增加作业量，达到中等劳役，经常检查种驴健康情况，防止伤害和过劳。挽曳和骑乘可以达到锻炼体质的目的。

配种准备期，为了正确地判定种公驴的配种能力，根据历年公驴的配种成绩、膘情以及精液品质等，在配种前一个月要对每头种公驴进行精液品质检查。每回应连续检查 3 次（隔 24h 一次），如发现精液品质不合格，要找出原因，在积极改善饲养管理的基础上，经 10～15 天后再进行检查，直到合乎标准为止。

配种前，对所有的种公驴（特别是第一次参加配种的青年公驴），必须做好配种和采精训练工作，以免到配种时发生拒配或交配不射精等现象。

对有恶癖和性情暴烈的公驴，应细心调教，使它习惯于交配采精。

对特别优秀的老龄公驴，为了延长其配种利用年限，充分发挥其配种能力，对驴应多加保护，精心管理，经常检查牙齿，适当调制精料，增加青绿多汁饲料，以调整胃肠，增强消化力。还应适当减少运动时间和运动强度，并考虑减少配种次数。

（二）配种期种公驴的饲养

以精料为主，应占总营养的 50%～70%，蛋白质保持在 13%～14%，纤维素在 25% 以下。由于驴的精液形成需大量蛋白质，因此配种任务大的公驴应饲喂动物性蛋白质饲料（牛奶、鸡蛋）和补充矿物质、维生素。为了提高精液品质，应给种公驴饲喂品质良好的禾本科或豆科干草；有条件地方可喂青刈饲草（如苜蓿）以代替部分干草。

在配种季节开始的前 2～3 周，喂给公驴的精料就应增加，这样可能导致公驴的体重略有增加。精料比例主要受下列因素影响：不同公驴个体差别、青干草的质量和精料中含能量多少的差异。多数的精料都是用来满足驴能量上的需要，能量低的精料喂量就大，反之能量高的饲料需要的喂量就少，但应始终记住驴每日进食的总量是有限的。如果饲喂的精料和青干草的比例相等，即各占 50%，根据国外经验，精料一般按每 100kg 体重 1kg 精料的比例来饲喂的，余下的喂青干草或放牧。

精料喂量的多少也是变化的，主要取决于以下因素：青干草的质量、公驴的体况、每周配种的次数等。如青干草的质量很好，叶子较多，豆科和禾本科各占一半，蛋白质含量大于 10%，就可以少喂一些精料；如公驴有一些发胖，体重增加，就应减少精料的喂量，反之公驴变瘦，就应增加精料的喂量；同样每周配种次数较少，精料的量也就相应减少。每当喂驴以后要观察驴是否都将料吃完了，如果未吃完，要查明原因。吃剩的饲料要按时清除，以防发霉变质。在观察驴吃料的同时，也要勤于测量公驴体重的增减。

配种期管理：

第一，据种公驴的运动锻炼与其精液品质也有密切关系。各地经验证明，充足而有规律的运动，可增强精子活力，延长精子存活时间，又能提高精子的抗力。在较好营养条件下，如果不给以充足的运动，就容易引起公驴过肥，食欲不振，体质虚弱，甚至患阳痿病。

种公驴的运动量是否合适，主要应从以下情况判定。是否经常保持中上等膘，肌肉坚实，运步是否平稳。驴是否只轻微出汗而不流大汗。体温、脉搏、呼吸数经 20min 是否可恢复正常。如果是，即为运动量适合。

对易兴奋的公驴要减轻运动量，运动完毕放入围墙高的逍遥运动场内，减少外界的干扰，令其自由安静地休息。

对贪食、过肥的公驴，要适当地减少饲料量，控制干草量，逐渐增加运动量，使其下降到中等膘度。不减料，又不运动，则容易患胃肠病。天热时，要抓早晚两头运动。老龄种驴，要减轻运动，最好进行放牧运动或逍遥运动以保持一定的膘度。早春时必须加强运动。生产实践证明，日粮、运动和采精三者密切配合，对有效利用公驴有良好作用。

种公驴应养在宽敞，阳光充足，通风良好的厩舍任其活动和休息，绝不可拴在厩内，也不可长时间拴在桩上。

第二，合理配种。配种期前 1 个月为公驴配种准备期，要增加营养，检验精液品质，积极改进，直到合格为止。青年公驴此时也应做好配种和采精的训练，配种结束后公驴进入恢复期，应增加青饲料和放牧，然后进入增健期，逐步增加精料和运动量。

壮龄公驴配种期每天可配种 1 次，1 周允许有 2 天，1 天采 2 次，时间间隔 8h，年轻公驴每天不超过 1 次。每天均应按严格的工作程序进行，不宜轻易变动作息时间。配种过度会造成阳痿，精液品质下降，受胎率降低，公驴使用年限缩短。

第三，配种时保持安静避免对神经不良刺激，否则公驴性反射衰弱，交配时不勃起或不射精。平时管理公驴要耐心，不可粗暴，以免性抑制或养成恶癖。

第四，在饲喂种公驴时，遵循下列注意事项将是有益的：

①公驴的饲养必须是单独针对个体进行的。这一点在舍饲的情况下容易做到，而在放牧的情况下较困难。即按照体重、体况等决定喂饲的多少。“日粮占驴体重的百分比”中的“日粮”一般指干物质重量（DM），如果是风干物质（Air Dry Matter）再除以含干物质的百分比。

②对种公驴的评定应该是经常的、定期的。如每个月都要称量体重，如果没有地秤，可以用体尺（胸围）来估测。定期进行公驴体况的评分，一般以 6～7 分为好。

③要仔细观察公驴的采食情况，并做好记录，发现问题，及时处理。

④如果每日精料的喂量超过公驴体重 0.5%，就应分 2 次或 2 次以上饲喂，在实际上一般喂 3 次或 4 次。在 24h 内，饲喂的时间间隔平分妥善，饲喂时间固定，可以减少由于饲养上引起的疾病和啃槽恶癖发生。

⑤变更公驴的饲料应该是逐渐过渡的。

⑥在非配种季节，许多非使役的公驴仅吃高质量的干草或自由放牧就能保持很好的体况，典型的禾本科干草每日采食量占体重的 1.75%～2.0%（或者自由采食）。如果饲喂高质量的苜蓿，采食量相对降低，一般每天占驴的体重的 1.5%～1.75%。

⑦在配种季节公驴需要精料和饲草混合饲喂，每天饲喂量占体重的 1.5%～2.5%。选择精料时要注意既能保持公驴体重稳定又能保证公驴的繁殖活动，能够满足蛋白质、矿物质和维生素的需要。

⑧提供自由采食的矿物质和足够量的新鲜饮水，青干草和饲料的质量一定要好。没有发霉、变质的现象，这一点对饲养各类驴都是非常重要的。

⑨注意营养、配种和运动三者的辨证关系。配种增加，营养需要增加；配种减少，营养减少。营养增加，配种不增，运动量就要适当增加。

⑩为了防止公驴腹部过大，对青、粗饲料应限量喂给。

⑪用热水浸泡的黄米和黄小米等精料喂驴。对增强公驴性欲和提高精液品质都有良好作用，牛奶、鸡蛋等动物性饲料也可提高精液品质。

⑫牙齿的状况对驴咀嚼的效率有很大的影响：有大凸起的臼齿和尖钩牙的驴将会花费大量时间咀嚼饲料，并且其咀嚼效率比那些具有平臼齿的驴更低。饲养者应该密切关注驴的牙齿，尤其是那些超过 5 岁、具有恒齿的驴；部分咀嚼的饲料从嘴里喷出（吐哺）和粪便中含有长纤维或精饲料都是出现口腔问题的征兆。

驴的牙齿应该由专业的马属动物资格医生进行每年至少一次的打磨，并且随着驴年龄的增长增加其牙齿的打磨频率。把工作驴带到流动诊所来检查口腔，应是常规兽医检查中必不可少的部分。花几分钟的时间给驴打磨牙齿，可以给驴的生活质量带来不可估量的长期改善。在购买或者收养驴时应对驴的牙齿状况进行检查并记录，可为以后检查提供基本的对照。

（三）种公驴日粮

一般大型公驴在非配种期，日喂谷草或优质干草 5～6kg，精料 1.5～2.0kg；中型公驴日喂干草 3～4kg，精料 1.0～1.5kg。进入配种期前 1 个月，开始减草加料，达到配种期的日粮标准：大型驴谷草 3.5～4.0kg，精料 2.3～3.5kg，其中豆饼或豆类不少于 25%～30%。早春缺乏优质青干草时，每天应补充胡萝卜 1kg 或大麦芽 0.5kg。350kg 体重种公驴日粮配合见表 4-4。

表 4-4　350kg 公驴日粮配合（干草除外）

时期	配方	大麦/kg	麸皮/kg	豆饼/kg	玉米/kg	高粱/kg	谷子/kg	精料/kg 小计	青草/kg	胡萝卜/kg	食盐/g	骨粉/g	石粉/g
配种期	1	1	0.75	1	—	—	1	3.75	—	2	50	75	50
	2	—	1	1	—	1	—	3	—	2	50	75	50
	3	—	1	1	1	—	—	3	10	—	50	75	50
非配种期	1	1.5	0.6	0.5	—	—	—	2.5	—	2	30	60	40
	2	—	1	1	—	1	—	2.5	—	2.0	30	60	40
	3	—	1	1	1	—	—	2.5	—	2.0	30	60	40

注：①配种旺期可加鱼粉 50～80g，或鸡蛋 3～5 个。
②小于 350kg 体重的种公驴应减少草料喂量。

二、繁殖母驴的饲养管理

（一）空怀母驴的饲养管理

各种不良的生活条件，都能影响母驴的繁殖力，其中尤以营养不足和使役过重所造成的瘦弱，影响最大。

春季母驴一般膘度较差，只有加强营养，减轻使役强度，使母驴保持有中等膘度，才有利于发情、配种和受胎。有的母驴长期饲养在阴暗潮湿的厩舍里，运动不足，缺乏阳光，加上喂给劣质干草，缺乏多汁饲料，形成矿物质和维生素不足，往往会引起生殖机能紊乱，出现发情不正常现象。为使母驴正常发情，应改进母驴的饲养管理，合理配合日粮，做到饲料多样化，特别应喂给足量的蛋白质、维生素和矿物质饲料。

从冬季开始就应喂好母驴，饮水要充足，按要求喂盐，可加喂青贮饲料少许，并要暖圈过冬，使母驴保持中上等膘，以利春季发情。

有的母驴不参加使役，运动不足，而又喂给大量精料，造成母驴过肥，也会长期不发情。舍饲的种用母驴，不使役，不运动，营养过剩，脂肪沉积在卵巢外，不利于繁殖，应加强运动和限食，使其恢复繁殖能力。配种前1个月，对空怀母驴应进行普查，发现有生殖疾患者要及时治疗。

（二）妊娠母驴的饲养管理

防止流产，保证胎儿的正常发育和产后泌乳，是这一生理阶段的重要任务。除疾病可引起流产，驴的流产容易发生在妊娠后1个月，这一时期胚胎游离于子宫，对孕驴要停止使役，给予全价的营养；而妊娠后期的流产，多因天气变化、吃霜草、吃霉变饲料，或因使役不当造成，所以应加强饲养管理。

1. 妊娠早期　日粮蛋白质水平要求为11%左右，在妊娠的早期可以给高质量的干草或牧草，同时给少量的精料。如果精料所含的蛋白质为16%，饲草所含的蛋白质为10%以上。精料占日粮的比例为20%，饲草占日粮的80%。那么，整个日粮所含的蛋白质水平应为：

20%精料×16%蛋白质+80%饲草×10%蛋白质=11.2%蛋白质。

妊娠前6个月，胎儿增重慢，营养要重视质量，数量上增加不大，可增加蛋白质饲料，选喂优质饲草，尽量放牧饲养，既加强了运动，又摄取了各种必需的营养。

2. 妊娠后期（尤其妊娠最后的90天）　妊娠期最重要的时期就是妊娠最后的90天，这是胚胎增长速度最快的时期。胎儿体重60%～65%是在最后90天形成的。

从7个月后，胎儿增重很快，营养要质量和数量并重，都要加强。妊娠后半期，日粮种类要多样化，要满足胎儿对大量的蛋白质、矿物质和维生素的需要，要补充青绿多汁饲料，减少玉米能量饲料，使日粮饲料质地松软，轻泻易消化。种驴场的母驴，妊娠后期缺少优质饲草和青绿饲料，精料单纯，加上不使役、不运动，易患产前不吃症，其实质是因肝脏机能失调，形成高血脂、脂肪肝，有毒的代谢产物排泄不出去，往往会造成死亡。

产前15天，母驴应停止使役，移入产房，专人守候，单独喂养，饲料总量应减少1/3，每天喂4～5次，母驴每天仍要适当运动，以促进其消化。母驴分娩后，多不舔新生幼驹身上的黏液，接产人员应首先掐断脐带，用碘酊消毒，然后擦干驴驹身上的黏液，待驴驹站起，马上辅助它吃上初乳。产后母驴胎衣1小时即可完全排出，要及时消毒外阴，此时驴体弱口渴，可先欲饮水或小米粥，外加0.5%～1%的食盐。产后1～2周内，要控制母驴的草料喂量，做到逐渐增加，10天后恢复正常。母驴产后1个月内要停止使役，其产房要有良好的条件，要求要保暖、防寒、褥草要厚，要干净，做到及时更换。

妊娠母驴对外界条件比较敏感，往往由于不合理的饲养管理，造成其流产或胎儿发育受阻。因此，正确管理妊驴，使饲养、繁殖、使役三者密切配合好，是非常必要的。

一般建议，在妊娠期整个日粮蛋白质的水平应该为12%。妊娠驴精料提供的蛋白质为16%，那么干草或牧草在妊娠期应提供至少10%（最好11%～12%）的蛋白质。妊娠最后90天的蛋白质要求：

30%精料×16%蛋白质+70%饲草×10%蛋白质=11.8%的蛋白质。

妊娠母驴和哺乳母驴要求高质量的蛋白质目的是为了胎儿发育和生产奶。在妊娠期的最后90天，妊娠母驴应该与空怀母驴等分开饲养。如果所有的妊娠母驴都喂给同一种精料，应制订计划让所有的驴都能公平地吃到饲料，同样，对哺乳母驴也是如此。

（三）哺乳母驴的饲养

对哺乳母驴，既要满足其泌乳，又要保证其及时发情、排卵、受胎所必备的体况，合适的营养对哺乳母驴来说是非常关键的。如果母驴吃的饲料在能量、蛋白质、维生素、矿物质等营养元素不足，奶的生产将下降，配种受胎能力也降低，这样可能当年配不上。

根据母驴泌乳所需，产后头3个月的精料和蛋白质占总日粮的比例，要比产后4～6个月要高，哺乳母驴饮水要充足。哺乳母驴宜使轻役，跑短途，途中多休息，以便让驴驹吃好奶。繁殖上要抓住第一个发情期的配种工作，否则受哺乳影响，发情不好，母驴不易配上。

1. 哺乳期头3个月 与妊娠后90天相比，哺乳头3个月的采食量增加、可消化能需要也增加。

在哺乳期的头3个月，母驴精料进食应占每日总进食量的45%～55%。精料的进食量是变化的，主要决定于干草或牧草的质量，母驴的产奶量、母驴的体况或其他因素。在哺乳期的头3个月，母驴的总日粮应该含有至少12.5%的蛋白质。许多人喜欢用14%的蛋白质。高的蛋白质水平对于高产奶量的母驴比较保险。配方中精料的蛋白质含量在16%以上，如果精料占总日粮的一半，那么干草或牧草必须含有10%以上的蛋白质，才能保证总日粮中含有13%的蛋白质水平。由于干草或牧草在蛋白质水平和消化率上的变化相当大，所以一定要强调日粮中干草质量的重要性。如果想要比日粮中的矿物质还要多的话，可以采用自由采食矿物质的方式。此时的蛋白质要求：

50%精料×16%蛋白质+50%饲草×10%蛋白质=13%蛋白质。

2. 哺乳期的后3个月 哺乳期的第3个月到断奶期母驴的饲养。在这个时期，产奶量减少到产后头3个月产奶量的2/3。因此，母驴的采食量也有一定的降低。在这一时期，幼驹开始吃较多的幼驹补料和干草或牧草。因此，幼驹对母乳的依赖性降低。母驴所吃的精料量也降低到总进食日粮的30%～40%。这个水平的精料进食只作为一个指导，其可能有变动，主要取决于驴的体况、饲草的质量和产奶的水平等。

虽然其他的饲料或日粮可以用，但是一般哺乳母驴的精料配方也可以作为哺乳期的后3个月时用。在这一时期，母驴的总日粮中蛋白质的进食应不低于11%，然而更多的人喜欢12.0%～12.5%蛋白质的水平。这对于一个产奶量高的母驴来说比较安全。它可以补偿由于饲草质量较低所带来的蛋白质水平的降低。此时的蛋白质要求：

35%精料×16%蛋白质+65%饲草×10%蛋白质=12.1%蛋白质。

如果按哺乳母驴日粮配方，精料占日采食量的1/3（如35%），那么干草或牧草所含的蛋白质至少应在10%以上，只有这样才能提供总日粮中12%的蛋白质。干草或牧草在蛋白质和消化率上变化很大，因此确定干草或牧草含有足够量的高质量蛋白质是非常重要的。如果想需要比精料中的矿物质还要多的话，矿物质应自由采食。

三、幼驹的饲养

良好的饲养管理是幼驹培育的基础和前提。根据幼驹生长发育规律，提供科学合理的饲养管理方式，促使幼驹得到良好的发育是幼驹饲养管理的主要任务。

（一）哺乳驴驹的饲养

新生幼驹对外界环境适应能力差，需要给予良好的饲养和精心的照料。

研究表明，营养缺乏时，特别是在出生1个月之后，驴奶消化能往往是不足的。可消化蛋白在整个哺乳期也可能是不足的，在哺乳后期尤其突出。奶中钙和磷的缺乏，主要是磷缺的较多。驴奶中也会缺铁和铜，如果只靠母乳，幼驹可能会患贫血。这样的驴奶中的其他营养成分，如脂肪、钠、钾在哺乳期也会随泌乳期一直下降，因此需要给幼驹一个良好的补饲计划（表4-5）。

幼驹生后10～15天即能随母驴吃一些饲料，在前期（1～3月龄），幼驹消化机能弱，适应性差，应以母乳为主，补饲为辅。到后期（3～6月龄），母驴泌乳量降低，要对幼驹加强补饲。

表4-5　哺乳幼驹的完全补料

饲　料	完全补料含量/%
燕麦（压扁）	15
燕麦片（去壳的）	20
玉米、大麦、高粱或混合物（压扁）	35.4
大豆粕	15
脱脂奶粉	5
糖蜜	5
磷酸氢钙	2
石灰石粉	0.8
盐、微量矿物质A	1.0
维生素添加剂A	0.8
应调至蛋白质为	18
钙为	0.9
磷为	0.8

幼驹补饲以单槽为好，不让母驴与其争食，应多给品质好、易消化的饲料。前期，可以将燕麦、麸皮、小米等调成糊状任其舔食；后期，可以相应增加玉米、高粱、豆饼等的给量。有条件放牧的，可以随母驴在草地放牧。

（二）断乳幼驹的饲养

适时断奶，全价营养是培育断奶驴驹的重要技术，驴驹一般在6～7月龄时断奶。断奶是驴驹从哺乳过渡到独立生活，加之断乳不久又到严寒季节，故必须保证断乳幼驹的饲养和护理工作（表 4-6）。

表 4-6 断乳幼驹精料配方

饲　料	精料配方/%
燕麦（压扁）	25.0
玉米，大麦，或其混合物（压扁）	30.85
高粱（或玉米，大麦）（压扁）	7.0
大豆粕	23.2
苜蓿草粉（20%蛋白质）	5.0
糖蜜	5.0
维生素添加剂	0.7
磷酸氢钙	2.0
石灰石粉	0.25
盐、矿物质添加剂	1.0

注：如果饲料的营养价值有变动，请调至蛋白质为 18%、钙 0.85%、磷 0.75%。

断奶后第一年驴驹正处于迅速生长阶段，燕麦对于年幼的、生长期的幼驹是一种非常好的饲料。玉米、高粱和大麦主要用于满足能量上的需要。大豆粕是用于年幼、生长驴日粮的最好的蛋白质补料，其赖氨酸含量很高，因此对断乳幼驹是非常重要的。这种必需赖氨酸在其他的蛋白质补料（如亚麻籽粕、花生粉、向日葵籽粕）中非常低。断乳幼驹可以利用 5%的脱水苜蓿草粉，其中含有很多的营养成分。糖蜜用于提高适口性和降低粉尘。如果断乳幼驹需要更多的矿物质，可以采用自由采食的办法。

驴驹的饮水要干净，充足，有条件的可在牧地放牧或在田间放留茬地，幼驹的运动有利于增进其健康。

（三）周岁驹的饲养

1 岁以内是驴驹生后生长最快时期，必须给予全价营养，来满足驴驹正常的生长发育（表 4-7）。

表 4-7 周岁驹精料配方

饲　料	精料配方/%
燕麦（压扁）	15.0
玉米，大麦，或其混合物（压扁）	38.1
高粱（或玉米，大麦）（压扁）	14.0
大豆粕	13.0
亚麻籽粕	6.0
苜蓿草粉（20%蛋白质）	5.0

（续）

饲　料	精料配方/%
糖蜜	5.0
维生素添加剂	0.7
磷酸氢钙	2.2
盐、矿物质添加剂	1.0

注：如果饲料的营养物质有变动，请调至蛋白质为16%、钙0.8%、磷0.65%。

喂给周岁驹的日粮中一半为精料，一半为饲草。由于精料中含蛋白质的量为16%，所以饲草中必需提供至少10%的蛋白质，这样才能使整个日粮中的蛋白质达到13%～14%。周岁幼驹的精料配方中，蛋白质、钙和磷都比断乳幼驹需要的量要低，含有的燕麦和大豆粕的数量相对较少。此时的蛋白质要求：

50%精料×16%蛋白质+50%饲草×10%蛋白质=13.0%蛋白质。

（四）1～2岁幼驹的饲养

与周岁驹相比，1～2岁幼驹所要求的蛋白质、钙和磷比周岁要少。吃更多的饲草，饲草占整个日粮的60%，精料占40%。其配方可使用周岁龄幼驹的精料配方。唯一不同的是精料量变少。此时的蛋白质要求：

40%精料×16%蛋白质+60%饲草×10%蛋白质=12.4%蛋白质。

无论对断乳驹、周岁龄幼驹、1～2岁幼驹在精料中都可以加5%～10%的脂肪。玉米可以代替5%～10%的燕麦。但是，过量喂给谷物不好，可能引起消化道紊乱。

要注意，随着年龄的增长，要相应增加精料，尤其1.5～2岁性成熟时，喂给的精料量不应低于成年驴，同时对于公驹还要额外增加15%～20%的精料，精料中要含30%左右的蛋白质；管理上要重视幼驹饮水，多运动，多晒太阳，冬季要防寒保暖。在缺硒地区，应给幼驹补硒（如注射亚硒酸钠）

1.5岁的公母驹要分开，防止偷配，不作种用的公驹要及时去势，开春和晚秋各进行1次防疫、检疫和驱虫工作。

四、役驴的饲养管理

在我国农村仍然会饲养一定数量的役驴，因此正确地组织役驴饲养管理、实行科学养驴，对保证役驴健壮、提高作业效率、延长使役年限、预防驴瘦弱多病具有现实的意义。

群众养役驴的经验主要是采用按驴分槽位、定时定量、食不过饱，软草碎料、少给勤添，喂完实行净槽，勤饮、少饮、喝足、不暴饮等一整套的喂驴方法。在使役方面，采用按驴定活、合理配套，饲养、作业和休息三者密切配合的方法。这套方法既符合驴消化代谢的特点，又有利于驴的安全生产。

（一）饲喂方法

分槽定位喂养，照顾个别的驴。在农忙季节，将驴分成强驴槽、弱驴槽、妊驴（哺乳驴）槽和老驴槽，固定槽位，根据使役轻重，营养需要与吃草快慢进行分槽喂养，使驴吃得匀、吃得好，有利于保胎和便于幼驹吃奶。

（二）役驴四季饲养管理要点

1. 春季饲养管理 春季管理的重要任务之一，就是让役驴保持良好的膘情，使瘦驴、弱驴增膘复壮，迎接繁忙的春耕生产。还要为母驴做好产驹和配种的准备。一般瘦弱驴皮紧毛干没精神，粪便干硬不光滑。对这种驴应组织饲养员、兽医、保管员等共同检查评膘。将瘦弱驴集中，设立复壮槽，拨出精料，配备专人，放入暖圈，饮温水，喂暖料，加喂黑豆、豆饼、麦麸等软料。有些养驴单位给瘦弱驴还加喂豆汁、小米粥，麦麸粥等。每天要勤刷勤晒太阳，进行牵遛运动。

对瘦弱驴要进行健康检查。首先检查口腔、牙口不好的驴。对吃草吐团、吃吃停停、吃得慢、吃草不正常的驴，应仔细检查是否有斜牙、不正常的牙或塞有草根。如有，要用牙锉修正斜牙，有草根要拔除。还要检查瘦弱驴有无内外寄生虫。

安排春季防疫消毒工作。一般用热碱水洗刷饲槽和用具，在圈内垫草木灰等。春季气候干燥，缺盐缺水、料多草少的驴易患消化不良或胃肠炎症，主要表现为食欲不振，喝水少，有舌苔、口臭、粪便干硬，毛发干。这种驴可以多喂盐，勤饮水，投给健胃剂。有些口腔溃烂的驴要用白矾水洗。春季由于缺钙或钙磷代谢不平衡，也是季节病常发时期。

用稻草喂驴的地区，对妊娠母驴应尽量加喂青干草，减少稻草数量，并要加喂麸皮和石灰石粉，以补足钙和磷。

春耕使役的驴，应提前及时加料，增强其体力，注意不能暴饮冷水。使役的妊娠母驴要注意保胎。对发情的母驴应及时检查配种。

2. 夏季饲养管理 夏季，驴在烈日暴晒下干重活、急走，或者在闷热天拉重载，体热一时散发不出来，又得不到及时休息和饮水，就容易中暑（热射病）。患驴表现大汗或少汗，体热发喘，眼球发红。重病驴运步蹒跚、昏迷、闭目、站不稳或突然昏倒抽搐以至死亡，发现中暑应立即拴在阴凉处，往头部、背部浇凉水，或凉水灌肠，静脉放血，即可抢救过来。这种病来得快，只要治疗及时，好得也快。如发现晚又不及时治疗，死得也快。过肥的驴，容易中暑。因此闷热天不能长时间干重活，每隔 2h 就要休息并饮水。夏季天长，最好是早出晚归，午间多休息。

夏季气温高，潮湿多雨，各种细菌容易繁殖，故陈草陈料也容易发霉变质。变质的霉料，特别是霉玉米，驴吃了容易中毒，绝不能喂。豆饼喂前，要将发绿部分刷洗干净，必要时蒸熟再喂。鲜高粱嫩叶、生大麻籽、喷洒农药的禾谷青草、锈病麦子及有蚜虫的禾苗都是有毒的。驴中毒的症状是吐沫、流口水，有时表现腹痛，重者昏迷，甚至死亡。麦秆、麦衣纤维粗硬，不易消化，维生素和矿物质都少，很容易引起结症，使早期孕驴流产，最好不喂或少喂。夏季最好能组织放牧或割青草喂驴，吃青草可使役驴复壮，也有利于母驴繁殖和幼驹生长发育。

夏季厩舍要勤起勤垫。如发现驴有了烂蹄，蹄底溃烂出黄水或化脓，应清洗患处，削去腐烂部分。用烧开的苏子油倒在患处，烫数次即好。夏季厩内蚊虻太多，影响驴休息和采食，最好在厩前挂上诱蚊灯灭蚊，可使驴安静休息保膘，也可预防蚊虻传播疫病。立夏后，将厩舍后窗打开，便于通风、干燥、防暑。

夏季，干活的驴出汗多，排出大量的盐分和水，要注意多补盐，勤饮水。

3. 秋季饲养管理　秋季气候凉爽，野草已结籽，驴的食欲旺盛，使役不重，正是恢复体力、抓秋膘的好季节。秋收以前，应尽量放青和割青喂驴，让驴贮积大量脂肪、维生素，以利换毛、长绒毛越冬。要及时进行幼驹断乳，便于母驴抓膘复壮。

三秋大忙季节，要注意防止秋收时驴偷吃粮食，引起胃扩张，导致胃破裂死亡。秋收时活重，如饮水不足，饿时急喂，贪食过量，还容易得便秘。特别是喂给半湿不干的白薯藤、花生秧等粗硬饲料，在肠道中缠连结块，更容易发生便秘。拉运田间收获物和脱谷时最好带上嘴笼。秋收期，起早贪黑干活，要注意驴的休息。某些地方"歇人不歇驴"的说法是不对的，其结果使驴的膘情下降，长不好绒毛，冬季不抗冻，会逐渐瘦弱下去，妊娠母驴更容易流产。

驴淋秋雨或过河着凉，要先用草擦干身上的雨水，然后赶着走或拉遛到出微汗程度，以免感冒加重或风湿。

秋季要做好越冬的准备，修好厩舍。寒冷地区要堵好后窗，做好防寒草帘、风障，对没换好绒毛或瘦弱的驴要安排到暖圈，单槽饲养。

4. 冬季饲养管理　冬季夜长昼短，要加强夜饲，多添夜草，注意夜饮。对老驴和妊娠母驴最好饮温水，吃暖料，切忌饮冷水和冰碴水。白天要卷起防寒草帘，晒厩床，以免厩内过潮，同时要防止贼风。

干燥的厩床可以只垫不起，予以平整。冬季使役要挂掌，勤换钉，以防路滑闪伤。冷天拌料要少加水或加温水。冰冻的饲料不能喂驴，否则容易引起痉挛和肠炎，特别是老驴、妊驴和幼驹更要注意。

（三）建立健全规章制度

应建立和健全驴的饲养管理的规章制度，坚持岗位责任制。对饲养员、使役人员应加强教育。管理役畜，要求做到：

四定：即定人饲养、定时喂饮、定草料、定槽位。

五净：即草净、料净、水净、盐净、工具净。

四查：即查驴、查车、查套、查病。

五固定：即固定驭手、固定役驴、固定车辆、固定载重量、固定使役天数。

五、肉用驴的饲养

参看第七章　驴的肉用。

六、奶用驴的饲养

参看第八章　驴的奶用。

第六节　驴的营养建议和日粮

驴的营养物质需要应当和饲料所含营养物质相对应。除水外，主要包括蛋白质、能量（碳水化合物、脂肪）、矿物质、维生素等。驴的营养需求普遍低于相同体型的小型马，这是由于驴有比较强大的消化能力。目前，对驴的营养需要研究虽然有了一些资料，如对200kg

驴的营养需要建议，但离全面、系统地要求还有一定差距，人们在生产中仍然多是根据马的营养需要标准的70%～75%来要求进行驴的日粮配比，在生产中进行调整和实际应用的。可喜的是近十多年国外对驴的营养需要研究比较活跃，有些资料可在日粮配合时作为参考。

一、200kg 驴的营养需要建议

驴的营养需要与其他畜禽一样，分为维持需要和生产需要。维持需要，是在休闲中仅维持正常的生命活动，不进行生产、体重不增不减所需的热能。生产需要，是随生长、繁殖、泌乳、妊娠不同生理状况，营养也随之变化。目前报道的仅有成年体重 200kg 驴的营养需要，见表 4-8。

表 4-8　成年体重 200kg 驴的营养需要

	体重/kg	日增重/kg	日采食干物质量/kg	消化能/MJ	可消化蛋白质/g	钙/g	磷/g	胡萝卜素/mg
成年驴维持营养	200	—	3	27.63	112	7.2	4.8	10
妊娠末 90 天	—	0.27	3	30.89	160	11.2	7.2	20
泌乳前 3 个月母驴	—	—	4.2	41.81	432	19.2	12.8	26
泌乳后 3 个月母驴	—	—	4	43.49	272	16	10.4	22
哺乳驴 3 月龄	60	0.7	1.8	24.61	304	14.4	8.8	4.8
除母乳外需要	—	—	1	12.52	160	8	5.6	7.6
断奶驴（6 个月）	—	0.5	2.4	29.47	248	15.2	11.2	11
1 岁	140	0.2	2.4	27.29	160	9.6	7.2	12.4
1.5 岁	170	0.1	2.5	27.13	136	8.8	5.6	11
2 岁	185	0.05	2.6	27.13	120	8.9	5.6	12.4
成年驴轻役	200	—	3.4	34.95	112	7.2	4.8	10
成年驴中役	200	—	3.4	44.08	112	7.2	4.8	10
成年驴重役	200	—	3.4	53.16	112	7.2	4.8	10

注：种公驴配种期可参考哺乳前 3 个月母驴的营养需要；非配种期可参考妊娠末 90 天母驴的营养需要。

现在提出的这一营养需要，仅是保持驴体健康和生产的基本需要量，使用时还应考虑驴个体间差异、养分间关系、驴的营养状况、疾病和环境条件等酌情变化。

二、驴的日粮

（一）国内现况

根据不同体重、年龄、育肥程度和不同生理阶段（如妊娠、泌乳）驴的营养需要，将不同种类和数量的饲料，依所含营养成分加以合理搭配，配成一昼夜所需的各种精粗饲料的日粮。只有配出合理的日粮，才能做到科学饲养，提高经济效益。

配合驴的日粮时，要注意三点：一是要因地制宜，充分利用本地饲料资源，降低成本；二是饲料应多样化，尽量充分利用粗饲料和青饲料，精料也要尽量搭配，做到营养成分相互补充，以提高利用率；三是要注意饲料加工调制，增强适口性，提高食欲。

200kg 体重的驴的日粮配合，先根据表 4-8 确定草料喂量，再根据表 4-9 的建议，控制粗饲料的比例。要使驴日粮既能满足驴的营养要求，又能让驴吃饱。

表 4-9　驴以 90%干物质为基础的日粮养分组成

	粗料占日粮/%	每 kg 日粮含消化能/MJ	可消化粗蛋白质/%	钙/%	磷/%	胡萝卜素/mg
成年驴维持日粮	90～100	8.37	7.7	0.27	0.18	3.7
妊娠末 90 天母驴日粮	65～75	11.51	10	0.45	0.3	7.5
泌乳前 3 个月母驴日粮	45～55	10.88	12.5	0.45	0.3	6.3
泌乳后 3 个月母驴日粮	60～70	9.63	11	0.4	0.25	5.5
幼驹补料	—	13.19	16	0.8	0.55	—
幼驹补料（3 月龄）	20～25	12.14	16	0.8	0.55	4.5
断奶驹日粮（6 月龄）	30～35	11.72	14.5	0.6	0.45	4.5
1 岁驹日粮	45～55	10.88	12	0.5	0.35	4.5
1.5 岁驹日粮	60～70	9.63	10	0.4	0.3	3.7
轻役成年驴日粮	65～75	9.42	7.7	0.27	0.18	3.7
中役成年驴日粮	40～50	10.88	7.7	0.27	0.18	3.7
重役成年驴日粮	30～35	11.72	7.7	0.27	0.18	3.7

注：每头驴每天给食盐 15～30g。

由于驴的活重不一，200kg 体重局限性很大，我们以往采取我国养驴工作者的共识，按照不同体重马的 NRC 营养需要的 70%给驴配合日粮，试喂后根据需要进行调整，也取得了比较好的效果。

（二）国外驴的饲喂量

饲喂量要考虑粗饲料的品质和驴本身的体况，差异化供给。根据英国爱丁堡大学 R. A. Pearson 撰写的《驴的营养与饲喂》（2005 年）一文，差异化饲喂驴。

1. 粗饲料的品质评定　根据粗饲料利用价值采用记分评估的方法。

（1）外观：饲料是否无沙土、尘埃、垃圾，是否味道香甜。

（2）茎叶比率：是有很多富含纤维素的植物茎秆，还是较嫩和多叶的植物。

（3）颜色：嫩绿且新鲜收割，还是枯黄、长期存放的植物。

给以上三个特征从 1～5 分打分，然后分数相加。分数低于 6 分的饲料所含营养价值很低，分数高于 12 分的则富含可消化能并且非常适合使役期、怀孕期、哺乳期和生长期的驴。新鲜收割嫩绿禾本科草，分数在 12～13 分，而有少量叶子的大麦秸秆分数低于 6 分，干的植物茎分数只有 3 分（表 4-10）。

表 4-10　按粗饲料可消化能含量对饲料质量的评分系统

	1 分	2 分	3 分	4 分	5 分
外观	很差	差	中等	好	很好
茎叶比（植物嫩度）	大多为茎秆	茎多于叶	茎叶相等	叶多于茎	多叶
颜色	黄	黄多于绿	绿多于黄	绿	翠绿

2. 驴的体况评估

体况评分可以用来调整驴的日粮。判断驴是否获得了充足的食物，最简单的方法就是观察驴的体况。然后依照胖瘦状态打分。在观察驴自然行走、后退时注意观察以下几点：

①消瘦（1～3 分），肋骨明显可见。

②适中（4～6 分），骨肉比例平衡，肋骨隐约可见。

③略胖（7～9 分），多肉，肋骨不易看见。

确定了驴的大概体况后，近距离仔细观察并且触摸驴体，进一步划分驴的体况（表 4－11）。

表 4－11 使役驴体况评估分数

分数	体况	体 征
1	L^-	消瘦明显。骨骼结构清晰可见，肉少，虚弱，嗜睡
2	L	消瘦，棘突突出，肋骨、髋结节、坐骨结节和肩胛骨明显可见，部分肌肉发达，颈细，鬐甲、肩部棱角明显
3	L^+	脊柱明显，易触及几乎无脂肪，但棘突肌肉明显可见。肋骨、髋结节、坐骨结节突出；腰和臀部凹陷。鬐甲和肩部肉量极少
4	M^-	脊柱可见，坐骨结节触及但不可见，髋结节呈圆形；臀部平坦，肋骨易触及但不明显；鬐甲和肩部有少量肌肉和脂肪。肩胛不突出
5	M	棘突肌肉发达；脊柱可触及；髋结节、臀部呈圆形凸起；髋结节、坐骨结节不可见；胸部、颈嵴部脂肪可触及，肋骨可触及但不可见
6	M^+	棘突不可触及；背部平坦。臀部凸出肌肉发达；颈部、颈嵴部和胸部肌肉触及；颈粗同肩；坐骨结节不可见，皮毛光亮
7	F^-	皮毛光亮；背部平坦棘突不易触及；坐骨结节不可见；颈部和胸部脂肪延伸至肋骨；腰部充盈、颈粗
8	F	体态圆润，脂肪和肌肉不易辨别；腰部宽阔；背部宽阔平坦
9	F^+	脂肪充足，骨骼不可见；背部宽阔平坦，有时会出现背部塌陷；颈部有大量脂肪沉积，遍布胸部和肋骨；腰部脂肪充盈

3. 驴的饲喂量

（1）饲喂中等质量粗饲料时，驴对干物质日摄食量是其体重的 2%，但是驴对干物质实际摄入量受很多因素影响。如饲料种类（饲料状态、饲料质量）、管理（允许进食时间、饲喂量、供水、健康状态、体内寄生虫状态、牙齿状态，是否妊娠）、环境（周围环境温度和湿度）等。

（2）不同用途不同生理状态驴的饲喂。①用于维持需要。中等质量干草或牧草，不限进食，对驴一天 60%时间用来采食，干物质日摄食量每 100kg 体重 2.5kg。②使役驴。采食时间减少，驴对干物质日摄食量每 100kg 体重只有 2.0kg，使役 4h 的驴，在饲喂中等质量粗饲料同时，要加喂相当于粗饲料 50%的浓缩料（粗饲料质量低下加喂 60%）。劳役时间长比例增大，见表 4－8。③生长期驴。驴从断奶到 1 岁，喂浓缩料和粗饲料比例为

2∶1的混合料，体重小于100kg的驴干物质摄入量每100kg体重1.5kg；大于100kg体重的驴，每100kg体重2.0kg。④怀孕期和哺乳期。对怀孕期的驴，应该饲喂给蛋白质浓缩料和中等质量粗饲料的比例为1∶1的混合料。怀孕后期的驴蛋白质需求量增加，日干物质摄入量可达每100kg体重2kg。虽然驴的乳蛋白含量比牛奶低，但是驴对蛋白质需求量会在哺乳初期显著增加。对产后母驴饲喂应注意适当增加易消化能量和蛋白质量，40%中等质量粗饲料和60%高能量高蛋白浓缩饲料饲喂，可以满足哺乳初期3个月内的营养需求，同时也保证了新生幼驹的母乳供应。3个月之后母驴对能量和蛋白质需求量逐渐减低，中等质量粗饲料和浓缩料1∶1的混合料即可满足要求（见表4-12，表4-13）。但是值得注意的是，当粗饲料质量较低时（如只有谷类作物秸秆），则需要增加适当增加浓缩料的比例。断奶后的母驴如果不用来使役，则可停止浓缩饲料的饲喂。

表4-12　质量低下粗饲料成年驴日饲喂量

状　态	体重/kg	干物质摄入量/kg	粗饲料量/kg	浓缩料量/kg	备　注
成年非使役驴	100	2.5	2.25	0.25	需要同时喂浓缩料
	200	5	4.5	0.5	
每天使役4h	100	2	0.8	1.2	需饲喂高能浓缩料。日工作8h比工作4h和不工作的驴进食时间较少
	200	4	1.6	2.4	
每天使役8h	100	2	0.6	1.4	
	200	4	1.2	2.8	
怀孕末期3个月	100	1.5	0.5	1	需蛋白质浓缩料，腹内容纳食物空间减少
	200	3	1	2	
哺乳初期3个月	100	2	0.6	1.4	需要蛋白质和能量浓缩料混合饲喂，同时加强供水
	200	4	1.2	2.8	
哺乳期后3个月	100	2	0.8	1.2	
	200	4	1.6	2.4	

表4-13　质量中等粗饲料成年驴日饲喂量

状　态	体重/kg	干物质摄入量/kg	粗饲料量/kg	浓缩料量/kg	备　注
成年非使役驴	100	2.5	2.25	0.25	不需要补充其他饲料
	200	5	5	0.5	
每天使役4h	100	2	1	1	不需饲喂能量浓缩料。日工作8h比工作4h和不工作的驴进食时间较少
	200	4	2	2	
每天使役8h	100	2	8	1.2	
	200	4	1.6	2.4	
怀孕末期3个月	100	1.5	0.75	0.75	不需蛋白质浓缩料，腹内容纳食物空间减少
	200	3	1.5	1.5	

（续）

状　态	体重/kg	干物质摄入量/kg	粗饲料量/kg	浓缩料量/kg	备　注
哺乳初期3个月	100	2	0.8	1.2	需要蛋白质和能量浓缩料混合饲喂，同时加强供水
	200	4	1.6	2.4	
哺乳期后3个月	100	2	1	1	
	200	4	2	2	

检查饲料使用量是否充足，需要根据驴的体况检测来判断。如使役中体重下降，应提高能量饲喂量，减少劳役；如孕期、哺乳期体重降低，应减少饲喂总量，增加能量和蛋白质的提供。降低粗饲料比例，增加浓缩料比例。同样都要注意保证充足地供水。

（三）驴的日粮建议

综合以上研究认为：第一，不同性别、不同年龄、不同生理状态和工作状态的驴的日粮有别；不同体况、不同质地饲料驴的精粗饲料喂量也不同。第二，虽然驴和马在能量和蛋白质需求量上并没有数量上的差别，但是由于驴采食量小而粗饲料消化率比马相对较高，在驴的营养需要全面发布前，原来依照NRC马的营养需要的70%～75%作为驴的营养需要参考，仍可在实践中继续探讨。第三，尽管驴的全面、系统营养需要研究还未完成，但是在驴的能量需要、蛋白质需要、矿物质需要、维生素需要等方面的研究也已有了报道，提出了基本的要求，尤其是200kg体重驴的营养需要可作为参考，拟定粗线条日粮，依个体不同再作调整。

除了不同体况、不同质地饲料驴的精粗饲料喂量不同外，有关驴的日粮配合营养需要建议的研究汇总如下：

1. 能量需要　见本章表4-1、表4-8、表4-9及相关内容。

2. 蛋白质需要　由于驴和马的蛋白质需要大体一致，因此，除参考表4-8、表4-9及相关内容外，从第五节各类驴饲养管理中摘录主要内容如下（详细参看相关内容）：

（1）非配种期种公驴的饲养精料应占总营养的40%～50%，蛋白质保持在10%。

（2）配种期种公驴的饲养以精料为主，应占总营养的50%～70%，蛋白质保持在13%～14%，纤维素在25%以下。

（3）妊娠早期母驴20%精料×16%蛋白质+80%饲草×10%蛋白质=11.2%蛋白质。

（4）妊娠后期母驴（尤其妊娠最后的90天）30%精料×16%蛋白质+70%饲草×10%蛋白质=11.8%的蛋白质。

（5）哺乳期头3个月母驴　50%精料×16%蛋白质+50%饲草×10%蛋白质=13%蛋白质。

（6）哺乳期的后3个月母驴　35%精料×16%蛋白质+65%饲草×10%蛋白质=12.1%蛋白质。

（7）哺乳驴驹需要补饲蛋白质　见本章表4-5。

（8）断乳幼驹需要补饲蛋白质　见本章表4-6。

（9）周岁驹　50%精料×16%蛋白质+50%饲草×10%蛋白质=13.0%蛋白质；见本

章表 4－7。

（10）1～2 岁幼驹 40％精料×16％蛋白质＋60％饲草×10％蛋白质＝12.4％蛋白质。

3. 矿物质需要 见本章表 4－2、表 4－8、表 4－9 及相关内容。

4. 维生素需要 见本章表 4－3、表 4－8、表 4－9 及相关内容。

从以上看来，国外对驴的营养需要研究，已有初步成果，可在试用中进一步完善。

（四）配合饲料

1. 设计配方原则 概括来说，饲料配方设计必须遵循营养性、生理性、安全性和经济性四大原则。

（1）营养性

①设计饲料配方的营养水平，必须以饲养标准为基础。饲养标准是在一系列科学试验和广泛的生产经验的基础上产生的。它根据动物营养学的基本内容，列出了正常条件下的营养需要量，因而具有一定的科学性和代表性。在设计配方时应依照饲养标准，首先满足驴对能量的需要及饲料中能量与蛋白质的比例；然后在考虑蛋白质、矿物质、氨基酸和维生素等养分的需要。因为，能量饲料在配方中占的比例最大，首先满足了能量，其他占比例较小的矿物质、氨基酸和维生素等可用各类添加物予以满足。这样饲料之间的配伍关系就容易调整得当。饲养标准不是教条，应根据个体、环境、生产性能、饲养技术等的不同对饲养标准一般可作 10％左右的调整。

②根据驴的消化生理特点，确定饲料配方中粗纤维含量。因消化器官结构不同，消化粗纤维能力驴与反刍家畜也不同；老龄、幼龄、生长、泌乳、怀孕、高产等生理阶段的驴，应当提高饲粮的能量，可以降低饲粮中的粗纤维含量（见表 4－14）。

表 4－14 驴饲料营养成分表（部分）

饲料名称	干物质/％	消化能/(Mcal·kg^{-1})	粗蛋白/％	赖氨酸/％	粗脂肪/％	粗纤维/％	Ca/％	P/％	维生素 A/(IU·kg^{-1})	维生素 A/(IU·kg^{-1})
苜蓿干草（早花期）	90.5	2.25	18.0	0.81	2.6	20.8	1.28	0.19	50 608	23.5
苜蓿草粉（17％蛋白）	91.8	2.16	17.4	0.85	2.8	24.0	1.38	0.23	29 787	81.9
大麦籽实	88.6	3.28	11.7	0.40	1.8	4.9	0.05	0.34	817	23.2
大麦干草（风干）	88.4	1.78	7.8	—	1.9	23.6	0.21	0.25	18 571	—
甜菜（果肉）	91.0	2.33	8.9	0.54	0.5	18.2	0.62	0.09	88	—
胡萝卜	11.5	0.44	1.2	—	0.2	1.1	0.05	0.04	31 160	6.9
玉米	88.0	3.39	9.1	0.25	3.6	2.2	0.05	0.27	2 162	20.90
鱼粉（鳗鱼）	92.0	2.75	65.5	5.03	4.2	1.0	3.74	2.47	—	5.0
动物脂肪	99.2	7.94	—	—	98.4	—	—	—	—	—
植物油	99.8	8.98	—	—	99.7	—	—	—	—	—
亚麻籽粕（溶剂浸提）	90.2	2.75	34.6	1.16	1.4	9.1	0.39	0.80	—	—
脱脂奶粉	94.1	3.81	33.4	2.54	1.0	0.2	1.28	1.02	—	9.1
谷草	87.4	1.34	7.3	—	1.8	32.2	—	—	—	—
甜菜糖浆	77.9	2.64	6.6	—	0.2	—	0.12	0.02	—	4.0

（续）

饲料名称	干物质/%	消化能/(Mcal·kg⁻¹)	粗蛋白/%	赖氨酸/%	粗脂肪/%	粗纤维/%	Ca/%	P/%	维生素 A/(IU·kg⁻¹)	维生素 A/(IU·kg⁻¹)
甘蔗糖浆（脱水）	99.4	3.21	9.0	—	0.8	7.1	1.03	0.14	—	5.2
燕麦（有壳）	89.2	2.86	11.8	0.39	4.6	10.7	0.08	0.34	44	15.0
燕麦干草	90.7	1.74	8.6	—	2.2	29.1	0.29	0.23	10 792	—
高粱	90.1	3.21	11.5	0.26	2.7	2.6	0.04	0.32	468	10.0
大豆粕（44%蛋白）	89.1	3.15	44.5	2.87	1.4	6.2	0.35	0.63	—	3.0
葵花粕（浸提）	92.5	2.57	45.2	1.68	2.7	11.7	0.42	0.94	—	11.1
小麦麸	89.0	2.93	15.4	0.56	3.8	10.0	0.13	1.13	1 048	14.3
小麦桔	88.7	1.67	7.7	—	2.0	25.7	0.13	0.18	—	—
羊草干草（抽穗期）	90.1	—	14.8	—	2.9	39.5	0.25	0.18	—	—
羊草干草（结实期）	91.7	—	7.4	—	7.4	41.3	0.37	0.18	—	—
早熟禾干草	92.1	1.58	8.2	—	3.0	29.9	0.24	0.25	—	—
豌豆粕	89.1	3.08	23.4	1.65	0.9	5.6	0.12	0.41	285	3.0
猫尾草干草（早花期）	89.1	1.83	9.6	—	2.5	30.0	0.45	0.25	18 719	11.6

注：因该表为新旧资料对比，为避免单位换算造成误差，这里单位仍用“cal”，1cal=4.186 8J。

③设计饲料配方时，必须正确评估和决定饲料原料的营养成分含量及营养价值，要注意原料成分并非恒定，因收获年份、季节、成熟期、加工方法、产地、品种等不同而异，要注意鉴别原料的规格、等级和品质特性。

④要处理好饲料配方设计值与配合饲料保证值的关系。配方设计时，如原料测试与统计资料充分，则可利用统计学原理来对产品成分保证值的概率进行预测。偏差系数变异系数及相对应的必要的保证概率，也可通过计算求得。

（2）生理性

①设计饲料配方时，必须考虑驴的采食量与饲料体积的关系，从而确定各种饲料在日粮中所占比例。每 100kg 体重每日供给驴的干物质的量大致是 2～2.5kg。

②设计饲料配方时，必须注意饲料的适口性。

（3）安全性　选择饲料必须符合饲料的安全法规和饲料原料标准，必须选用新鲜、无毒、无害、无污染饲料。凡具有“三致”（致畸、致癌、致突）可能性的饲料，不能使用。只有在符合安全性的前提下，营养性才能体现。

（4）经济性　因地制宜，充分利用当地饲料资源，注意原料合理搭配，营养互补降低饲料成本，提高饲料利用效率，不能单纯追求饲料效能。

2. 评价饲料原料经济价值的方法　不能用简单的饲料原料重量单价衡量，要用饲料营养素单价来衡量，选用真正经济合算的饲料原料用于配合饲料生产。目前，评价方法有 4 种：用营养素单价评价、用皮特逊（Petersen）法评价、用蒲莱斯顿（Preston）法评价、用线性规划法评价。

3. 饲粮配合方法　饲粮配合主要是规划计算各种饲料原料的用量比例。设计配方时采用的计算方法分手工计算和计算机规划两大类：①手工计算法有交叉法、方程组法、试差法，可以借助计算器计算；②计算机规划法，主要是根据有关数学模型，编制专门程序软件进行饲料配方的优化设计，涉及的数学模型主要包括线性规划、多目标规划、模糊规划、概率模型、灵敏度分析、多配方技术等。

前面这些方法都各有优点和缺点，相比而言，多目标规划法在配方设计上有较大灵活性。后来提出的模糊规划、概率模型、灵敏度分析、多配方技术等，有效地提高饲料配方设计方法准确性和精确性。

由于方法众多，在此对各种方法就不一一举例。国外研究数据可在实践中参考应用。

CHAPTER5 第五章 驴的繁殖

第一节 驴生殖器官构造和生理功能

一、公驴生殖器官及机能

公驴生殖器官包括睾丸（testis）、附睾（epididymis）、输精管（deferent duct）、尿生殖道（genitourinary tract）、精囊腺（seminal vesicle）、前列腺（prostate gland）、尿道球腺（bulbourethral gland）、阴茎（penis）和阴囊（scrotum）等。其中，睾丸是公驴性腺；附睾、输精管和尿生殖道是输精管道；精囊腺、前列腺和尿道球腺是副性腺（见图5-1）。

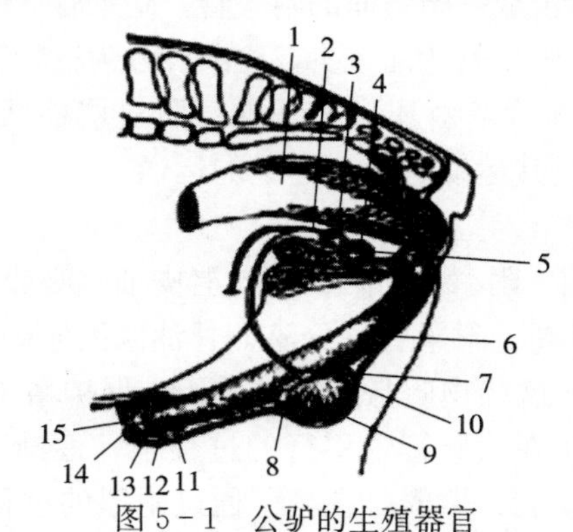

图5-1 公驴的生殖器官

（来源：《动物繁殖学》，王元兴、朗介金，1997）

1. 直肠 2. 输精管壶腹 3. 精囊腺 4. 前列腺 5. 尿道球腺 6. 阴茎 7. 输精管 8. 附睾头 9. 睾丸 10. 附睾尾 11. 阴茎游离端 12. 内包皮鞘 13. 外包皮鞘 14. 龟头 15. 尿道突起

（一）睾丸

1. 形态与结构

（1）形态和位置　睾丸为公驴的生殖腺，重量与直径和高度相关。正常公驴睾丸成对的位于腹壁外阴囊的两个腔内，为长卵圆形，两个睾丸重为 240～300g。睾丸长轴与地面平行，附睾附着于睾丸的背外缘，两个睾丸分居于阴囊的两个腔内。一般在胎儿时期，受睾丸引带和性激素的影响，睾丸经过腹腔迁移至内侧腹股沟管，再通过腹股沟管降至阴囊内，此过程称为睾丸下降。公驴一般在出生后 10～15 天内完成睾丸下降这一过程。有些公驴成年后睾丸仍然位于腹腔，未降入阴囊，称为隐睾，一侧睾丸在腹腔中的单隐睾公驴产生精子的能力显著降低，双侧隐睾的公驴则不能正常产生精子。

（2）组织构造　睾丸外被浆膜，其下为致密结缔组织构成的白膜。白膜的结缔组织伸入睾丸实质，构成睾丸纵隔，纵隔结缔组织的放射状分支伸向白膜，称为中隔。中隔将睾丸实质分成许多锥体状的小叶。每个小叶内有一条或数条盘绕曲折的曲精细管。曲精细管在各小叶的尖端先各自汇合成直精细管，进入纵隔结缔组织内，最后形成睾丸输出管，汇入附睾头的附睾管。

2. 睾丸的功能

（1）生成精子　曲精细管管壁的部分精原细胞经有丝分裂、减数分裂和变形后最终形成精子，并贮存于附睾中。

（2）分泌激素　曲精细管之间的间质细胞能分泌雄激素，雄激素可刺激附睾、阴茎及副性腺的发育，对维持精子发生和附睾中精子存活有重要作用；同时激发公驴的性欲及性行为，刺激第二性征。此外，曲精细管管壁的支持细胞还分泌抑制素、激活素等蛋白质类激素。

（3）产生睾丸液　曲精细管、直精细管、睾丸网等睾丸管道系统的管壁细胞，能产生大量的睾丸液，有助于维持精子的生存和推送精子向附睾头部移动。

（二）附睾

1. 附睾的形态　附睾附着于睾丸的附着缘。附睾分为头、体、尾三个部分。其中头、尾两端粗大，体部较细。附睾头主要由睾丸网发出的睾丸输出小管汇合而成，贴附于睾丸的前端或上缘。各附睾小叶小管汇成一条弯曲的附睾管，附睾管盘曲形成附睾体。在睾丸的远端，附睾体变为附睾尾，其中附睾管弯曲减少，逐渐过渡为输精管，经腹股沟管进入腹腔。

2. 附睾的组织构造　附睾管壁由环形肌纤维、假复层柱状纤毛上皮构成，附睾管壁纤毛的构造与精子尾部相似，其运动有助于精子的运送。

3. 附睾的功能

（1）具有吸收和分泌作用　附睾头和附睾体的上皮细胞吸收来自睾丸的水分和电解质，使附睾尾中的精子浓度大大升高。附睾管可分泌如甘油磷酰胆碱、三甲基羟基丁酰甜菜碱、精子表面的附着蛋白等物质。这些物质与维持渗透压、保护精子及促进精子成熟相关。

（2）促进精子成熟　精子在附睾管中移行的过程中，逐渐获得运动能力和受精能力。睾丸曲精细管生成的精子运动能力微弱，在精子通过附睾的过程中，原生质小滴向尾部移行并最终脱落，精子逐渐成熟，并获得向前直线运动的能力、受精能力。

附睾管分泌的磷脂质和蛋白质包被在精子表面，形成脂蛋白膜。该膜能保护精子，防止精子膨胀，抵抗外界环境的不良影响。精子通过附睾管时可获得负电荷，防止精子凝集。

(3) 贮存作用 精子主要贮存在附睾尾部。精子能在附睾内贮存较长时间，原因主要有：附睾管上皮的分泌作用能供给精子发育所需要的养分；附睾内 pH 为弱酸性，可抑制精子的活动；附睾管内的渗透压高，使精子发生脱水现象，导致精子缺乏活动所需要的最低限度的水分，故不能运动；附睾的温度较低，精子在其中处于休眠状态。

(4) 运输作用 附睾主要通过管壁平滑肌的收缩，以及柱状上皮细胞管腔面上纤毛的摆动，将精子悬浮液从附睾头运送至附睾尾。

(三) 输精管

1. 输精管的形态结构 输精管是附睾管的延续，开口于尿生殖道黏膜生成的精阜上。其管壁由外向内依次为浆膜层、肌层和黏膜层。输精管的起始端与血管、淋巴管、神经、提睾内肌等包于睾丸系膜内组成精索，输精管与精囊腺腺管共同开口于精阜后端的射精孔。输精管壶腹富含分支管状腺体，具有副性腺性质，其分泌物也是精液的组成成分。

2. 输精管的功能 输精管在射精、分泌、吸收和分解老化精子方面发挥重要作用。射精时，在催产素和神经系统的支配下输精管肌肉层发生规律性收缩，使管内和附睾尾部贮存的精子快速排入尿生殖道（见图 5-2）。

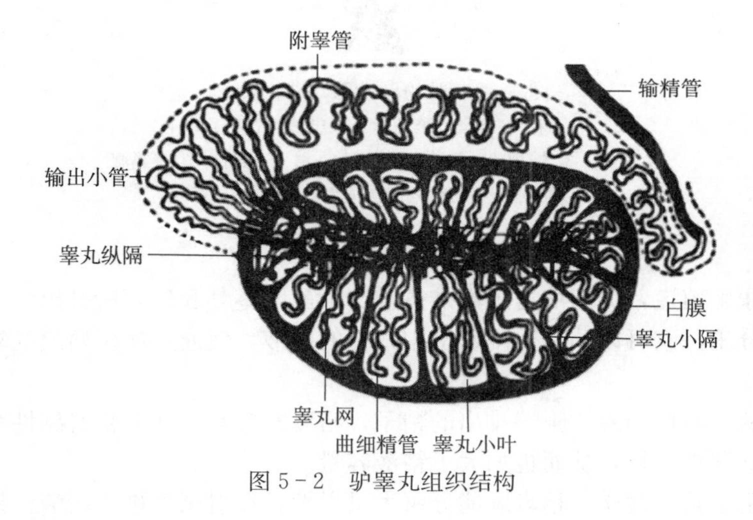

图 5-2 驴睾丸组织结构

(四) 副性腺

公驴副性腺比较发达，包括精囊腺、前列腺及尿道球腺。射精时其与输精管壶腹部的分泌物混合在一起组成精清，与精子一同形成精液。副性腺的发育和功能维持依赖于性腺，当公驴达到性成熟时，其形态和机能得到迅速发育；相反，去势和衰老的公驴副性腺萎缩、机能丧失。

1. 形态与结构

(1) 精囊腺 精囊腺成对位于输精管壶部的两侧，为对梨形盲囊，其黏膜层含分支的管状腺。分泌物可形成黏稠的块状。精囊腺分泌液呈白色或黄色的黏稠液体，偏酸性。其成分特点是果糖和柠檬酸含量高，果糖是精子的主要能量物质，柠檬酸和无机物共同维持精液渗透压。

（2）前列腺　公驴的前列腺位于精囊腺的后方，尿生殖道骨盆部背面，略呈三角形，有两个侧叶由峡部相连。由体部和扩散部组成，扩散部在尿道海绵体和尿道肌之间，它的腺管成行开口于尿生殖道内。

公驴的前列腺分泌液呈乳白色稍浑浊，偏碱性，能提供给精液磷酸酯酶、柠檬酸、亚精胺等物质，并具有增强精子活率和清洗尿道的作用。

（3）尿道球腺　尿道球腺位于骨盆部尿道后端的一对圆形腺体，两侧各有多个排出管。其分泌物是一种透明的黏液，在射精前排出，呈碱性，也具有清洗尿道的作用（见图5-3）。

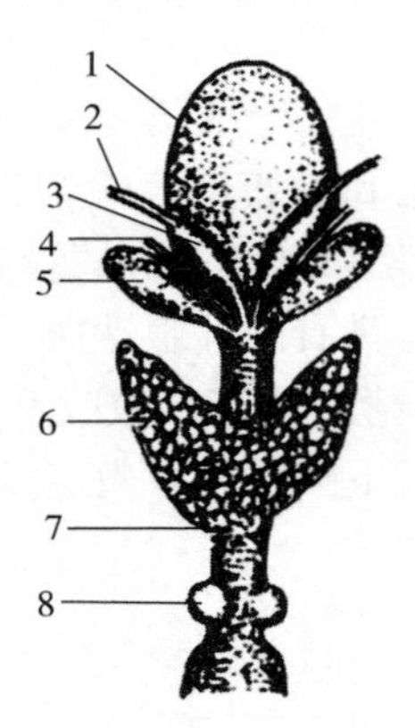

图5-3　驴的副性腺（背面图）

（来源：《家畜繁殖学》张忠诚，2001）

1. 膀胱　2. 输精管　3. 输精管壶腹　4. 输尿管　5. 精囊腺
6. 前列腺　7. 前列腺扩散部　8. 尿道球腺

2. 功能

（1）冲洗尿生殖道，为精液通过做准备　交配前阴茎勃起时，所排出的少量液体主要由尿道球腺所分泌，它可以冲洗尿生殖道中残留的尿液，使通过尿生殖道的精子不致受到尿液的危害。

（2）精子的天然稀释液　附睾排出的精子，密度非常高，在射精时副性腺分泌液与其混合后，精子立即被稀释，从而也加大了精液容量。

（3）供给精子营养物质　精囊腺能分泌大量果糖，在射精时进入精液，果糖是精子的主要能量物质。

（4）活化精子　精子在附睾中贮存时环境为弱酸性，精子的运动能力较弱。副性腺分泌液的pH一般为弱碱性，碱性环境能刺激精子的运动。

（5）运送精液到体外　精液中的液体成分主要来自副性腺，射精时，附睾管、副性腺壁平滑肌及尿生殖道肌肉的收缩，推送液体向外流动。因此，副性腺液体的流动对精子有推送作用。

（6）有助于缓冲不良环境对精子的危害　精清中含有柠檬酸盐及磷酸盐，这些物质具有缓冲作用，维持精子生存环境的pH稳定，从而延长精子的存活时间，维持精子的受精能力。

（五）尿生殖道

尿生殖道是尿液和精液共同的排出通道，起源于膀胱，终于龟头，可分为骨盆部和阴茎部两部分。

骨盆部由膀胱颈直达坐骨弓，位于骨盆底壁，为短而粗的圆柱形，表面覆有尿道肌，前上壁有由海绵体组织构成的隆起，即精阜。精阜主要由海绵组织构成，在射精时可关闭膀胱颈，阻止精液流入膀胱。输精管、精囊腺、前列腺开口于精阜，其后上方有尿道球腺开口。

阴茎部起于坐骨弓，止于龟头，位于阴茎海绵体腹面的尿道沟内，为细而长的管状，表面覆有尿道海绵体和球海绵体肌。管腔平时皱缩，射精和排尿时扩张。在坐骨弓处，尿道阴茎部在左右阴茎脚之间稍膨大形成尿道球。

（六）阴囊

阴囊是包被睾丸、附睾及部分输精管的袋状皮肤组织。阴囊壁皮层较薄、被毛稀少，内层为具有弹性的平滑肌纤维组织构成的肌肉膜。中隔将阴囊分为 2 个腔，2 个睾丸分别位于其中。阴囊具有调节睾丸温度的作用，正常情况下，阴囊能维持睾丸保持低于正常体温的温度，这对于维持睾丸的生精机能至关重要。阴囊皮肤有丰富的汗腺，肌肉膜能调整阴囊壁的厚薄及其表面面积，并能改变睾丸和腹壁之间的距离。气温高时，肌肉膜松弛，睾丸位置降低，阴囊壁变薄，散热表面积增加。气温低时，阴囊肉膜皱缩以及提睾肌收缩，使睾丸靠近腹壁并使阴囊壁变厚，散热面积减小。所有进出睾丸的血管呈蔓状卷曲，且动静脉血管并行。离开睾丸的静脉血温度较低，从而通过逆流传热预冷进入睾丸的动脉血。阴囊内温度低于公驴正常体温，通常为 34～36℃，因此能保持睾丸温度低于体温，这对于维持睾丸正常的生精机能至关重要（见图 5 - 4）。

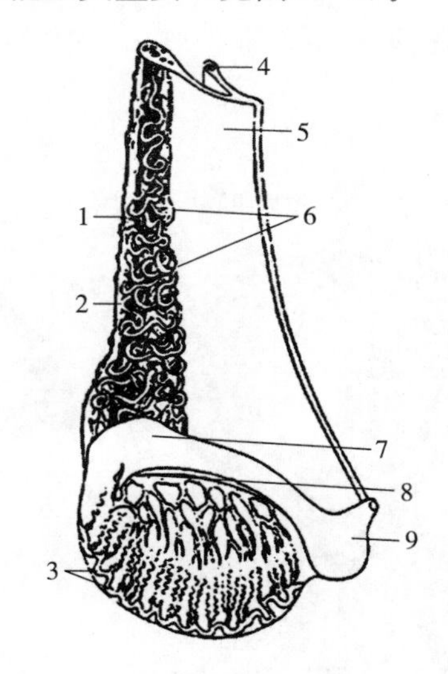

图 5 - 4　睾丸侧面动、静脉排列

（来源：*Reproduction in Farm Animals*，E. S. E Hafez，1987）

1. 睾丸静脉　2. 睾丸动脉　3. 睾丸动脉　4. 输精管　5. 睾丸系膜
6. 静脉蔓卷丛　7. 附睾头　8. 睾丸缘静脉　9. 附睾尾

（七）阴茎和包皮

1. 阴茎　阴茎是公驴的交配器官，由龟头和阴茎海绵体组成，驴的阴茎向前延伸，开口位于腹下的包皮。阴茎前端是龟头，驴的龟头钝而圆，外周形成龟头冠，阴茎主要由勃起组织——海绵体组成。部分纤维组织形成许多小梁，将海绵体分隔成许多间隙，间隙内是毛细血管膨大而成的静脉窦，静脉窦充血、海绵体膨胀使阴茎勃起。

2. 包皮　包皮是腹壁皮肤形成的双层囊鞘，分为内包皮和外包皮。阴茎在包皮内，勃起时内外包皮伸展被覆于阴茎表面。包皮的黏膜形成许多褶，并有许多弯曲的管状腺，分泌油脂性分泌物，这种分泌物与脱落的上皮细胞及细菌混合，形成带有异味的包皮垢。

二、母驴生殖器官及机能

母驴生殖器官包括卵巢（ovary）、输卵管（oviduct）、子宫（uterus）、阴道（vagina）、尿生殖前庭（urogenital vestibule）、阴唇（labium vulva）、阴蒂（clitoris）。其中卵巢是母驴性腺；输卵管、子宫、阴道是母驴的生殖道；尿生殖前庭、阴唇、阴蒂是母驴的外生殖器（见图 5－5）。

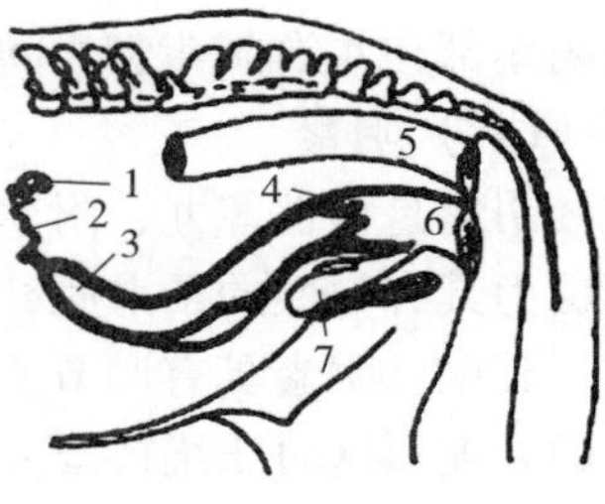

图 5－5　母驴的生殖器官

1. 卵巢　2. 输卵管　3. 子宫角　4. 子宫颈　5. 直肠　6. 阴道　7. 膀胱

（一）卵巢

1. 形态结构　母驴的卵巢成对存在，呈肾形或蚕豆形，游离缘上有排卵窝，卵泡在排卵窝处排卵，卵巢由卵巢系膜吊在腰区后部下面的两旁，靠近腹腔顶，位置比较高且偏前（见图 5－6）。卵巢由皮质部和髓质部组成，驴的生殖上皮及其下面的皮质部都狭缩于排卵窝区，而髓质好像盖在皮质上面。皮质由不同发育阶段的卵泡、红体、白体和黄体构成。髓质部主要由疏松结缔组织和平滑肌组成，富含细小血管、神经，由卵巢门出入，所以卵巢门上没有皮质。

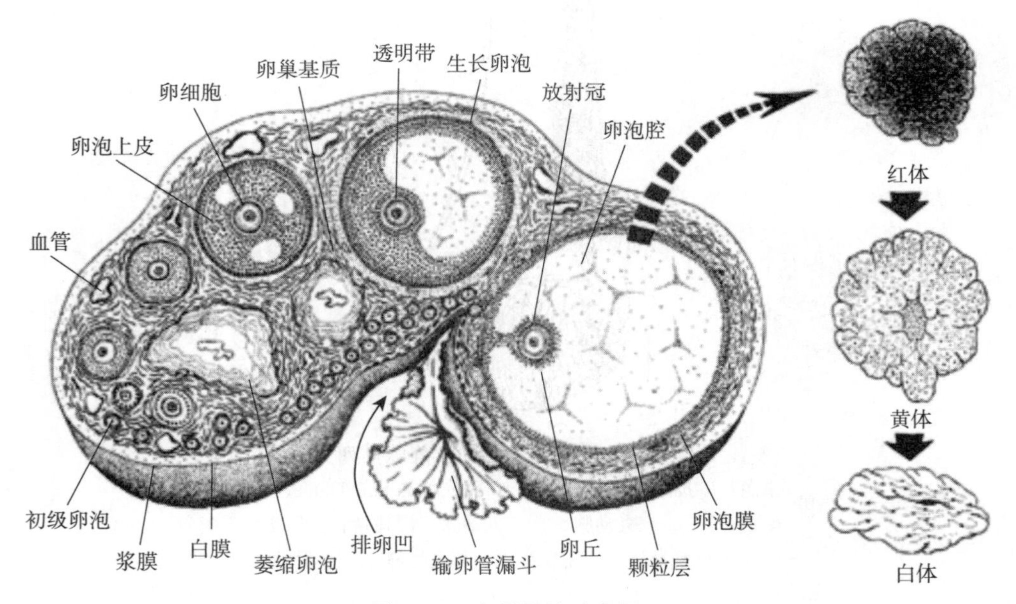

图 5－6　卵巢结构示意图

（来源：山东畜牧兽医职业学院）

2. 卵巢的功能

(1) 卵泡发育与排卵　卵巢皮质部分布着许多原始卵泡。卵泡发育从原始卵泡开始，经过初级卵泡、次级卵泡、三级卵泡，形成成熟卵泡。成熟卵泡排卵后的卵泡腔皱缩，腔内形成凝血块，称为红体，以后随着脂色素的增加，逐渐变成黄体。妊娠黄体退化后形成白体。

(2) 激素分泌　在卵泡发育过程中，包围在卵泡细胞外的两层卵巢皮质基质细胞形成卵泡膜。卵泡膜可分为纤维性的外膜和血管性的内膜。内膜和外膜细胞可合成雄激素，雄激素由卵泡细胞或颗粒细胞转化为雌激素。排卵后形成的黄体由颗粒黄体细胞和内膜黄体细胞组成，两种黄体细胞都能分泌孕激素。除了分泌类固醇性激素外，不同发育阶段的卵泡还可以分泌抑制素、活化素、卵泡抑素和其他多种肽类激素或因子，这些因子通过内分泌、旁分泌和自分泌的方式调节卵泡的发育。

(二) 输卵管

1. 输卵管的形态位置　输卵管是卵子进入子宫的通道，输卵管的腹腔口紧靠卵巢，扩大呈漏斗状，称为漏斗部。输卵管由明显的三部分组成：输卵管伞是一个较大的漏斗状结构，漏斗的边缘不整齐，形似花边，伞的一处附着于卵巢的上端；壶腹部，是输卵管伞后部的延伸，是精子和卵子受精的部位；峡部，是与子宫相连的狭窄的管道。壶腹与峡部的连接处称壶峡连接部，输卵管与子宫连接处称为宫管连接部。

2. 输卵管的组织构造　输卵管的管壁从外向内依次为浆膜、肌层和黏膜。浆膜起润滑作用。肌层使整个管壁能协调地收缩。黏膜形成若干初级纵襞，特别是在壶腹内分出许多次级纵襞。黏膜上皮属单柱状或假复层柱状上皮，由柱状纤毛细胞和无纤毛的楔形细胞构成。无纤毛的楔形细胞具有分泌功能，其分泌物为卵子提供营养（见图 5－7）。

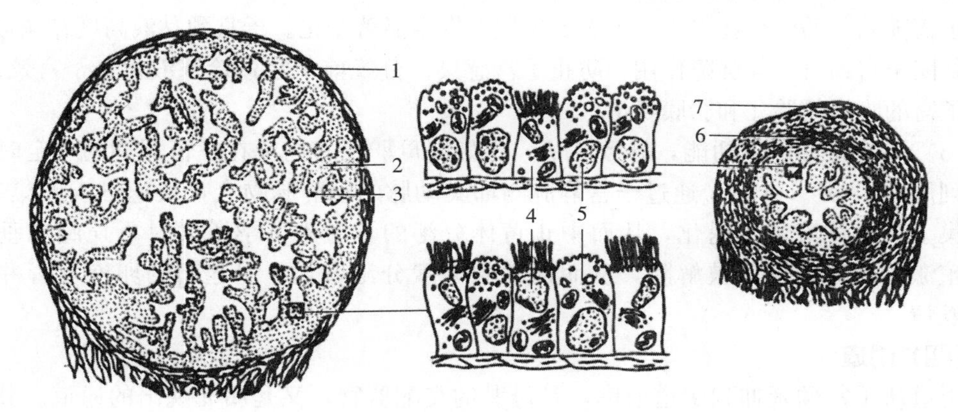

图 5－7　输卵管的横断面

1. 浆膜　2. 初级纵褶　3. 次级纵褶　4. 纤毛细胞　5. 分泌细胞　6. 纵行肌层　7. 环行肌层

3. 输卵管的功能

(1) 接纳卵子，并运送卵子和精子　排卵时，输卵管伞部完成卵子的接纳，然后借助输卵管管壁纤毛的摆动、管壁的分节蠕动和逆蠕动以及由此引起的液体流动，将卵子向壶腹部运送；将精子反向由峡部向壶腹部运送。受精后，将受精卵经壶峡结合部、峡部、宫管结合部运送到子宫角。

（2）精子的获能、卵子受精、受精卵卵裂　精子在受精前在输卵管获得受精能力；输卵管壶腹为精卵结合的受精的部位；受精卵边卵裂边向峡部和子宫角运行，宫管连接部对精子有筛选作用，并控制精子和受精卵的运行。

（3）分泌功能　输卵管上皮的分泌细胞在卵巢激素的影响下，可分泌各种氨基酸、葡萄糖、乳酸、黏蛋白及黏多糖，发情时，分泌量增多，pH 为 7～8，是维持精子、卵子受精能力以及早期胚胎发育的重要物质基础。

（三）子宫

1. 位置、形态与构造　驴的子宫属于双角子宫，由子宫角、子宫体和子宫颈三部分组成。是胚胎着床和发育的地方，背侧为直肠，腹侧为膀胱，前接输卵管，后连阴道，借助于子宫阔韧带悬于腰下腹腔。子宫从外向内依次为浆膜、肌层和黏膜。肌肉层的外层为纵行肌，内层为环状肌。子宫颈肌是子宫肌的附着点，其内层有致密的胶原纤维和弹性纤维，是子宫颈皱襞的主要构成部分。子宫腺以子宫角最发达，子宫体较少，子宫颈则在皱襞之间的深处有腺状结构，其余部分为柱状细胞，能分泌黏液。

2. 子宫的功能

（1）贮存、筛选和运送精液，有助于精子获能　母驴发情配种后，开张的子宫颈口有利于精子进入，并具有阻止死精子和畸形精子进入子宫的能力。进入子宫的精子在子宫内膜分泌物的作用下，完成精子获能过程，具备了受精能力，并借助子宫肌的收缩作用将其运送到输卵管受精部位。

（2）胚胎的早期发育、附植、妊娠和分娩　子宫内膜的分泌物和渗出物，可为胚胎提供营养。胚泡附植时子宫内膜形成母体胎盘与胎儿胎盘结合，为胎儿的生长发育创造良好的环境。妊娠时，通过胎盘实现胎儿母体间营养、排泄物的交换。驴的胎盘属于弥散型胎盘。子宫随胎儿的生长在大小、形态及位置上发生显著变化。子宫颈黏液高度黏稠形成栓塞，封闭子宫颈口，起屏障作用，防止子宫感染。分娩前子宫颈栓塞液化，子宫颈扩张，随着子宫的收缩使胎儿和胎膜娩出。

（3）调节卵巢黄体功能，导致发情　未妊娠母驴子宫内膜在发情周期的一定时期分泌前列腺素 $PGF_{2\alpha}$，$PGF_{2\alpha}$通过子宫静脉与卵巢动脉的动静脉吻合，快速进入卵巢动脉，使卵巢上的黄体溶解、退化，从而中止黄体分泌的孕激素。孕激素对下丘脑和垂体分泌生殖激素的抑制作用被解除，从而促性腺激素分泌增加，引起新的卵泡发育并导致母驴发情。

（四）阴道

阴道从子宫颈延伸到阴道前庭，是母驴的交配器官，又是胎儿娩出的通道。其背侧为直肠，腹侧为膀胱和尿道。阴道腔是一扁平的缝隙，前端有子宫颈阴道部突入其中。子宫颈阴道部周围的阴道腔称为阴道穹隆。后端和尿生殖前庭之间以尿道外口及阴瓣为界。

阴道壁由外向内依次为浆膜、肌膜和上皮黏膜。浆膜层为疏松结缔组织，含大量血管、神经和神经节，外部纵行肌可看作是浆膜的一部分。肌膜不如子宫外部发达，由厚的内环层和薄的外纵层构成，后者延续到子宫内。

阴道除具有交配功能外，也是交配后的精子储存库，精子在此处集聚和保存，并不断向子宫供应。阴道的生化和微生物环境能保护生殖道不遭受微生物入侵。阴道通过收缩、扩张、复原、分泌和吸收等功能，排出子宫内膜及输卵管的分泌物，同时阴道也是分娩时的产道。

（五）外生殖器

外生殖器官包括尿生殖前庭、阴唇和阴蒂。

1. 尿生殖前庭 尿生殖前庭为从阴瓣到阴门裂的部分，前高后低，稍微倾斜。在前庭两侧壁的黏膜下层有前庭大腺，为分支管状腺，发情时分泌增多。前庭小腺不发达，开口于腹侧正中沟中。尿生殖前庭为产道、排尿、交配的器官。

2. 阴唇 阴唇分左右两片，构成阴门，其上下端联合形成阴门的上下角。驴阴门上角较尖，下角浑圆。二阴唇间的开口为阴门裂。阴唇外被皮肤，内为黏膜，二者之间有阴门括约肌和大量结缔组织。

3. 阴蒂 阴蒂位于阴门裂下角的凹陷内，由海绵体构成，覆以复层扁平上皮，具有丰富的感觉神经末梢，为阴茎的同源器官。

第二节 公驴和母驴重要的生殖激素

一、下丘脑激素

对生殖机能具有重要作用的神经激素为5种下丘脑释放或抑制激素因子（即促性腺激素释放激素、促性腺激素抑制激素、促甲状腺素释放激素、催乳素释放因子、催乳素抑制因子）和催产素以及松果体分泌的褪黑激素。

（一）下丘脑激素的种类

下丘脑具有神经调节和内分泌调节的双重功能，由下丘脑神经细胞合成并分泌的激素有10种，分为释放激素（或因子）和抑制激素（或因子）。下丘脑生殖激素主要有促性腺激素释放激素、促性腺激素抑制激素、催乳素释放因子、催乳素抑制因子等。

（二）促性腺激素释放激素

促性腺激素释放激素（gonadotrophin releasing hormone，GnRH），主要由下丘脑内侧视前核、下丘脑前区、弓状核、视交叉上核的神经核团分泌。此外，松果体和胎盘也能合成GnRH。在其他脑区和脑外组织，如胰腺、肠、颈神经和视网膜等处及肿瘤组织也发现有类似于GnRH的物质存在。

1. 化学特性 GnRH具有相同的分子结构，是由9种氨基酸组成的直链式十肽化合物，分子量为1 181，天然的GnRH在体内极易失活，半衰期约为2～4min。肽链中第5、第6位和第6、第7位以及第9、第10位氨基酸间的肽键极易水解。

2. 生理作用 GnRH的生理作用无种间特异性，表现为促进LH（促黄体素）和FSH（卵泡刺激素）的合成与释放，从而影响性腺激素的产生。

（1）对垂体的作用 下丘脑分泌的GnRH，经垂体门脉系统作用于腺垂体（见图5-8）。GnRH与垂体前叶细胞膜受体结合，通过激活腺苷酸环化酶/cAMP/蛋白激酶体系，促进垂体LH和FSH的合成和释放。

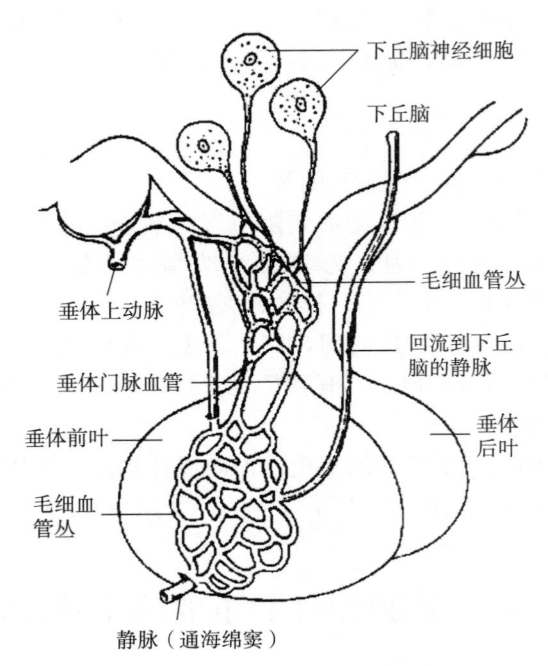

图 5－8　下丘脑与垂体关系示意图

（来源：Reproduction in Farm Animals，Hafez E S E，2000）

来自垂体上动脉的长门脉和来自垂体下动脉的短门脉系统，在丘脑下部神经细胞和垂体前叶的激素分泌细胞之间，提供了生理联系。丘脑下部外的神经细胞，可通过刺激丘脑下部的神经细胞分泌释放激素（GnRH）；位于丘脑下部外的神经细胞也可能分泌释放激素，神经细胞所分泌的释放激素均被微血管丛所吸收而经过长门脉系统进入垂体前叶；神经细胞所分泌的释放激素通过门脉系统而进入垂体前叶。神经细胞在神经分泌过程中所合成的催产素和血管加压素被直接送至垂体后叶，并于该处释放而进入体液或血液循环。

①长反馈　性腺激素通过体液途径作用于下丘脑，引起 GnRH 分泌减少或增加。

②短反馈　垂体激素作用于下丘脑，影响 GnRH 的分泌。

③超短反馈　血液中 GnRH 作用于下丘脑，调节自身 GnRH 的分泌。

（2）对性腺的作用　GnRH 不仅通过影响垂体 LH 和 FSH 的分泌调节性腺功能，而且直接作用于性腺，但对性腺的作用是抑制性的。

3. 分泌调节　GnRH 分泌一方面受中枢神经系统的控制，体内环境因子刺激脑细胞分泌神经递质或神经肽影响下丘脑神经细胞的分泌机能；另一方面受内分泌的调节，包括松果体激素的调节和靶腺激素的反馈调节。

（1）中枢神经系统的调控　来自体内的各种刺激可以通过高级神经中枢产生神经递质和神经多肽影响 GnRH 的分泌活动。由于神经系统的调节是反射性的，刺激各种感觉器官（视觉、嗅觉、触觉、听觉）产生的信号，传入中枢神经系统，可反射性调节 GnRH 的分泌。促肾上腺皮质激素释放激素可通过增强阿片肽的活性而抑制 GnRH 的释放。

（2）松果体激素的调控　松果体借助褪黑激素的分泌将外界环境变化传入机体，刺激机体调整生殖活动规律，使下丘脑、垂体所控制的激素分泌呈昼夜节律性。褪黑激素对下丘脑—垂体—卵巢轴的作用是抑制性的，幼年时能防止过早性成熟，成年后可使下丘脑对雌激素的正反馈不发生反应，从而不能引起 GnRH 的释放，抑制排卵。

（3）靶腺激素的反馈调节　GnRH 的靶腺是垂体和性腺。目前公认的有长反馈、短反馈和超短反馈三种反馈机制维持 GnRH 分泌的相对恒定。

（4）下丘脑调节 GnRH 分泌的两个中枢　雌雄两性 GnRH 分泌的调节大致相同，只是母驴的分泌呈周期性，而公驴无周期性。出现这种差异的原因是下丘脑存在 GnRH 分泌持续中枢和周期中枢。雌激素对持续中枢有负反馈调节作用，对周期中枢有正反馈调节作用，因此在排卵前出现雌激素分泌高峰。孕酮对周期中枢有抑制作用，因此孕酮的大量分泌（如黄体期和妊娠期）对 GnRH 的分泌有抑制作用，并阻遏雌激素对垂体分泌的刺激作用。雄性动物的周期中枢因雄激素的抑制而无明显活动，因此周期性不明显。

4. 应用　在生理剂量范围内，GnRH 可促进垂体 LH 和 FSH 的合成和释放，诱导母驴发情、排卵，促进公驴精子发生，提高配种受胎率。但长期大剂量使用，则会抑制排卵，影响胚胎附植和妊娠等生理活动。

（1）诱导母驴产后发情　母驴产后因受季节、营养、泌乳、疾病等因素的影响，卵巢活动受到抑制，表现为较长时间不发情。肌肉注射促排 3 号 50～100μg，可诱导产后乏情的母驴发情。

（2）提高情期受胎率　母驴配种时，应用 GnRH 可促进卵泡进一步成熟，加速排卵，提高发情期受胎率。

（3）提高超数排卵的效果。

（4）治疗卵泡囊肿和排卵异常　应用 LH。驴一次肌注 200～400IU，一般在注射后 4～6 天囊肿即形成黄体，15～30 天左右恢复正常发情周期。

（5）治疗公驴不育　由于 GnRH 能刺激公驴垂体分泌间质细胞刺激素，促进睾丸发育、雄激素分泌和精子成熟，因此可用于治疗公驴性欲减弱、精液品质下降等。

（6）公驴去势　GnRH 与适当的大分子载体偶联后对驴进行免疫，可诱导驴产生特异性抗体，中和内源 GnRH，导致垂体接受 GnRH 的刺激减弱，从而使性腺发生退行性变化，达到去势目的。

（三）催产素

催产素（oxytocin，OXT）又名缩宫素，名称源于希腊文 oxus，指分娩时的急剧收缩现象。在 1906 年，Dale 首次发现垂体抽提物具有促进子宫收缩的作用。在 1909 年，Blair Bell 首次用抽提物治疗因宫缩无力引起的产后出血症。20 世纪 40 年代开始，该激素在医学临床广泛用于催产和治疗产后出血症。

1. 生理作用

（1）刺激子宫肌收缩　在卵泡成熟期，交配或输精刺激引起 OXT 释放，促使输卵管和子宫的平滑肌收缩，有助于精子和卵子在母畜生殖道内的运行；妊娠后期，母驴分娩时，OXT 水平升高，使子宫阵缩增强，促使胎儿和胎衣排出。产后驴驹吮乳可加强子宫收缩，有利于胎衣排出和子宫复原。

（2）刺激排乳　乳汁分泌是多种激素共同作用的结果，且泌乳必须有 OXT 的参与。

OXT 能刺激母驴乳腺导管肌上皮细胞收缩，使乳汁从腺泡排出导致排乳。OXT 对乳腺的另一作用是使大的导管、乳池外周的平滑肌松弛。

（3）对黄体的作用　OXT 通过刺激子宫分泌 $PGF_{2\alpha}$，引起黄体溶解进而诱导发情。卵巢黄体产生的 OXT 最主要的生理功能是刺激子宫肌收缩和乳腺肌上皮细胞的收缩，维持子宫正常机能 OXT 通过自分泌和旁分泌作用，调节黄体的功能，促进黄体溶解。

（4）具有加压素的作用　由于催产素与加压素化学结构类似，因此两者的生理作用也有类似之处，但活性存在差别。OXT 抗利尿和升高血压的作用仅有加压素的 0.5%～1%。同样，加压素也具有微弱的 OXT 的作用。

2. 分泌调控　垂体后叶 OXT 的释放主要受神经调节，外周组织（如睾丸、黄体、肾上腺、胸腺和胎盘等）的 OXT 释放主要受旁分泌和自分泌调节。

神经中枢接受来自体内外的刺激，如阴道、乳腺或性刺激等，通过神经传导途径引起 OXT 的分泌和释放。交配时阴茎刺激阴道，引起 OXT 释放增多，使子宫活动增强，有助于精子运行。分娩时胎儿对产道的刺激经脊髓传入大脑，引起下丘脑室旁核合成大量 OXT，经垂体后叶释放 OXT。

体液因素如生殖激素也可直接或间接的影响 OXT 的合成和释放。如雌激素能增加外周血神经垂体蛋白（OXT 运载蛋白）的水平，并对 OXT 受体的合成具有促进作用，因此对 OXT 的生物学作用具有协同作用。

卵巢中 OXT 的释放可能与黄体及子宫机能有关。肌肉注射 $PGF_{2\alpha}$或其类似物可迅速促使卵巢 OXT 释放。

3. 应用

（1）诱发同期分娩。

（2）提高受胎率。

（3）终止妊娠　母驴发生不当配种后 1 周内，每日注射 OXT 100～200IU，能抑制黄体的发育而使妊娠终止，一般于处理后 8～10 天返情。

（4）治疗繁殖疾病　治疗持久黄体、黄体囊肿、胎衣不下、子宫脱出、子宫出血、促进子宫内容物（如恶露、子宫积脓或木乃伊）的排出和产后子宫恢复、治疗泌乳不良等。预先用雌激素处理，可增强子宫对 OXT 的敏感性。OXT 在驴的用量为 30～50IU。

二、垂体促性腺激素

垂体（hypophysis）是重要的神经内分泌器官，可分泌多种蛋白质激素调节马属动物的生长、发育、代谢及生殖等活动。

垂体中分泌激素的细胞主要位于腺垂体，这些细胞至少分泌 7 种激素，其中 LH 和 FSH 主要以性腺为靶器官，PRL 因与黄体分泌孕酮有关，所以这三种激素又称为促性腺激素（gonadotropic hormone，GTH）。

（一）促卵泡素

1. 化学特性　促卵泡素（follitropin），又称卵泡刺激素（follicle stimulating hormone，FSH），是垂体嗜碱性细胞分泌的由 α 和 β 亚基组成的糖蛋白激素，垂体中的含量较少且提取和纯化较难，稳定性差，半衰期约为5h。驴FSH相对分子质量约为32 600。驴FSH的PI等电点为4.1。FSH分子结构具有不均一性。

α亚基和β亚基都是由蛋白质部分和糖基部分组成，两部分以共价键结合。糖基部分对激素在靶细胞上表现活性不重要，但可减缓激素分子在体内被蛋白水解酶的降解。

各种糖蛋白质激素α亚基糖基侧链的数目和位置相同，即都有两个糖基侧链位于第49和75位氨基酸残基。相反，β亚基糖基侧链的数目和位置不同。

2. 生理作用

（1）FSH对母驴的作用 ①刺激卵泡生长和发育。卵泡生长至出现卵泡腔时，FSH能够刺激其继续发育至接近成熟。卵泡液形成，卵泡腔扩大，从而使卵泡发育。②刺激卵巢生长。FSH还可刺激卵巢生长、增加卵巢重量。③与LH配合产生雌激素。卵泡膜细胞含有专一的LH受体和并不专一的FSH受体，能单独合成雌激素，卵泡只有在FSH和LH的共同作用下，由膜细胞和颗粒细胞协同作用，才能产生大量的雌激素，以适应卵泡成熟和排卵的需要。④与LH协同作用诱发排卵。排卵的发生要求FSH和LH达到一定浓度且比例适宜。

（2）FSH对公驴的作用 ①刺激曲精细管上皮和次级精母细胞的发育。FSH刺激性成熟公驴的曲精细管上皮和次级精母细胞的发育，FSH刺激精细管上皮的分裂活动，精子细胞增多，睾丸增大。②协同刺激精子发育成熟。FSH刺激支持细胞分泌雄激素结合蛋白，后者与睾酮结合，可维持曲精细管内睾酮的高水平。另外，FSH对包裹在支持细胞中的精子释放也具有一定作用。

（二）促黄体素

1. 化学特性 促黄体素（luteinizing hormone，LH），又称促间质细胞素（interstitial cell stimulating hormone，ICSH），是垂体嗜碱性细胞分泌的由α和β两个亚基组成的糖蛋白质激素。化学稳定性较好，在提取和纯化过程较LH稳定。驴LH分子量为32 500。PI为4.5～7.3。

2. 生理作用

（1）LH对母驴的作用 ①刺激卵泡发育成熟和诱发排卵。发情周期中LH协同FSH刺激卵泡的生长发育、优势卵泡的选择和卵泡的最后成熟。当卵泡发育接近成熟时，LH快速达到峰值，触发排卵。②促进黄体形成。成熟卵泡中的颗粒细胞会自发黄体化，未成熟颗粒细胞只有加入FSH和LH才能促进黄体化。

（2）LH对公驴的作用 ①刺激睾丸间质细胞发育和睾酮分泌。给驴注射LH可使间质细胞恢复正常，连续给予LH，则引起间质细胞明显增生。与此同时，精囊腺和前列腺也增生。因此雄性LH又被称为促间质细胞素。②刺激精子成熟。LH刺激睾丸间质细胞分泌睾酮，在FSH协同作用下，促进精子充分成熟。

3. 分泌调节 FSH和LH的分泌调节包括神经调节、靶腺激素的反馈调节以及垂体自分泌和旁分泌的调节。由于FSH和LH的分泌调节作用类似，因此在此一并介绍。

（1）神经调节 GnRH对FSH和LH的调节特性有所不同，主要表现在垂体和外周血液中FSH水平都比LH低，FSH对GnRH的刺激反应不如LH快速而明显。下丘脑神经细胞以低频率、少量释放GnRH，有利于垂体分泌FSH，而高频率、大量释放则主要引起 LH 分泌。在迄今研究过的动物中，垂体 LH 量比 FSH 量高出 5～10 倍。

（2）靶腺激素的反馈调节　靶腺激素反馈调节是指性腺激素通过长反馈机制作用于垂体，使促性腺激素的分泌维持在特定水平。性腺分泌的类固醇激素通过下丘脑和垂体反馈调节促性腺激素的分泌。

（3）垂体的自分泌和旁分泌调节　垂体内还存在自分泌和旁分泌系统，垂体内存在最重要的生长因子是活化素、抑制素和卵泡抑素。虽然这两种激素主要由颗粒细胞分泌，经血液循环输送到垂体而发挥调节作用，但也存在于垂体促性腺激素细胞内，提示活化素和抑制素在垂体的旁分泌和自分泌调节作用。抑制素选择性地抑制垂体 FSH 分泌，阻断垂体对 GnRH 的应答反应，但对 GnRH 诱导的 LH 分泌无抑制作用或抑制作用很小。活化素与抑制素的作用正好相反，能通过促进促性腺激素受体的形成而增强垂体对 GnRH 的反应性，促进 FSH 分泌。

4. 应用　由于在生理条件下 FSH 与 LH 有协同作用，正常驴体内含有 FSH，且 FSH 制剂中往往含有大量 LH，以致在使用 FSH 制剂的同时如果再加 LH 反而会影响 LH 的作用效果。另外，LH 来源有限、价格较高，所以在临床上常用 GnRH 类似物替代。

（1）提早驴的性成熟　驴的繁殖有季节性。如果出生较晚，性成熟时可能错过第一个繁殖季节。

（2）诱导泌乳乏情期的母驴发情　产后泌乳期母驴，子宫复旧已完成。此时用促性腺激素处理，可诱导其发情、配种，以缩短产驴驹间隔，提高母驴的繁殖效率。

（3）诱导排卵和超数排卵　处理排卵延迟、不排卵的驴，可在发情或人工输精时静脉注射 LH，24h 内处理即可排卵。胚胎移植时应用 FSH 对供体母驴进行处理，促使其卵泡更多的发育，并在供体配种的同时静脉注射 LH，以促进排卵。

（4）治疗不育　FSH 对母驴的卵巢机能不全、卵泡发育停滞或交替发育和多卵泡发育，对公驴性欲减退、精子密度不足等繁殖障碍均有较好疗效。

三、胎盘促性腺激素

胎盘具有多种内分泌功能，不仅能够分泌孕激素、雌激素、胎盘催乳素，而且还可产生不同的促性腺激素，如 dCG（驴）。

（一）孕马血清促性腺激素

孕马血清促性腺激素（pregnant mare's gonadotrophin，PMSG）主要由马、驴胎盘的尿膜绒毛膜子宫内膜杯（endometrial cups）细胞产生，是胚胎的代谢产物，所以又称马绒毛膜促性腺激素（equine chorionic gonadotrophin，eCG）。

1. 化学特性　PMSG 是由 α 和 β 亚基组成的糖蛋白激素，分子量为 53 000，PI 为 1.8～2.4，水溶液中酸性。PMSG 分子不稳定，高温、酸、碱以及蛋白分解酶均可使其丧失生物学活性，冷冻干燥和反复冻融也会降低其生物学活性。PMSG 的分离提纯较其他糖蛋白激素困难。

2. 生理作用　PMSG 同时具有 FSH 和 LH 活性，但主要是类 FSH 作用。

（1）对母驴的作用　PMSG 具有促进卵泡发育、排卵和黄体形成的功能，同时作妊娠激素，在母驴体内于妊娠第40～60天时PMSG能够作用于卵巢，使卵泡发育，并诱发排卵，从而维持正常妊娠（见图5-9）。

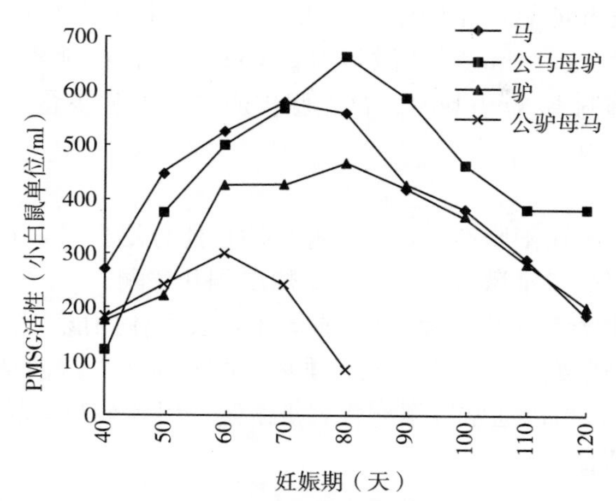

图5-9 马和驴及其杂种在不同妊娠期的血中PMSG含量

（2）对公驴的作用 PMSG具有促进精细管发育和性细胞分化的作用。对摘除脑垂体的公驴，能够刺激其精子形成，同时也能刺激副性腺的发育。

3. 应用

（1）催情 主要是利用FSH的作用，对驴有催情效果，不论卵巢上有无卵泡，均可发生作用。

（2）同期发情 在母驴进行发情处理时，配合使用PMSG可提高母驴的发情率和受胎率。

（3）超数排卵 由于PMSG来源较广，成本较低，兼具FSH和LH作用，且半衰期较垂体FSH和LH长，临床应用简便。但因为PMSG半衰期较长，残留的PMSG可能妨碍母驴卵巢的正常发育，影响早期胚胎在母驴生殖道中的发育；加之个体反应的差异较大，超排效果不稳定。

（4）治疗卵巢疾病 驴患卵泡囊肿时，如不表现发情，注射PMSG 1 000～1 500IU，可见效。

（二）胎盘催乳素

胎盘催乳素是一种由胎盘滋养层组织和蜕膜细胞分泌的激素和细胞因子类物质。

1. 化学特性 hPL（胎盘催乳素）分子是由191个氨基酸组成的单链多肽激素，分子量为22 300，链内有两个二硫键，分子结构与GH和PRL的相似。hPL与hGH的同源性达85%，二硫键在分子中的位置也相同。母驴血液和胎盘组织中的hPL约有3%以双分子形式存在，通过二硫键将两个hPL链连在一起。在碱性条件下，高浓度hPL也易形成二聚体。

2. 生理作用 PL可表现出双重生物学活性。妊娠时与胎盘雌激素、孕激素及PRL协同作用促进母驴乳汁生成。PL的促生长活性只相当于hGH的1%，但由于其分泌量大，因此对母驴会产生相当强的生理效应。

四、性腺激素

性腺激素是指睾丸和卵巢产生的激素。睾丸产生的主要有雄激素（androgen），卵巢产生的主要有雌激素（estrogen）、孕激素（progestin）和松弛素（relaxin）等。此外，睾丸和卵巢均能产生抑制素（inhibin）。肾上腺皮质也可产生少量雌激素和雄激素，有些性腺激素还可能来自胎盘。

（一）雄激素

雄激素主要由睾丸间质细胞产生，肾上腺皮质也能分泌少量，其主要形式为睾酮。卵泡内膜细胞也可以分泌少量雄激素，主要是雄烯二酮和睾酮。

1. 化学特性　雄激素分子中含有19个碳原子，公畜体内能产生十多种具有生物活性的雄激素，其中主要是睾酮、脱氢表雄酮、雄烯二酮和雄酮，这四种雄激素的相对活性之比为100∶16∶12∶10。所以通常以睾酮代表雄激素，但睾酮只有转化为二氢睾酮后才能与靶细胞核上的受体结合。

2. 生理作用

（1）对公驴的作用　①维持第二性征。②刺激并维持公驴生殖系统的发育，调节公驴外阴部、尿液、体表及其他组织中外激素的产生。③刺激并维持公驴的性欲及性行为。④刺激精子发生，促进精子成熟，延长附睾中精子寿命。

（2）对母驴的作用

①拮抗作用。雄激素可抑制雌激素引起的阴道上皮角质化。对于驴驹，雄激素可引起母驴雄性化，可使雌性胚胎失去生殖能力。②雄激素对维持母驴的性欲和第二性征的发育具有重要作用。③雄激素还通过为雌激素生物合成提供原料，提高雌激素的生物活性。三合激素（由孕酮25mg、丙酸睾丸素12.5mg和苯甲酸雌二醇1.5μg组成）就是配合应用雄激素诱导母驴发情排卵的典型实例。

（二）雌激素

雌激素主要产生于卵泡内膜细胞、颗粒细胞和胎盘，卵巢间质细胞和肾上腺皮质也能少量产生。

1. 化学特性　雌激素分子含有18个碳原子，主要有17β-雌二醇（17β-E_2）、雌酮（E_1）和雌三醇（E_3），其中以雌二醇的生物学活性最强，雌三醇最弱。

2. 生理作用

（1）对母驴的作用　①胚胎期。促进胚胎、子宫和阴道的充分发育。②初情期前。抑制下丘脑GnRH的分泌，促进第二性征的形成，使骨骺软骨较早骨化而使骨骼较小、骨盆相对宽大，皮下脂肪易沉积、皮肤软薄，乳房发育等。③初情期。促进下丘脑和垂体的生殖内分泌活动。④发情周期。调节下丘脑-垂体-性腺轴的生理机能。作用于中枢神经系统，诱导发情行为。刺激卵泡发育。刺激子宫和阴道腺上皮增生、角质化，并分泌稀薄黏液，为交配活动作准备。刺激子宫和阴道平滑肌收缩，促进精子运行，有利于精卵结合，完成受精。⑤妊娠期。刺激乳腺腺泡和导管系统发育，并对分娩启动具有一定作用。⑥分娩期。与OXT协同刺激子宫平滑肌收缩，促进分娩。⑦泌乳期。与催乳素协同促进乳腺发育和乳汁分泌。

(2) 对公驴的作用 雌激素对公驴的生殖活动主要表现为抑制效应。大剂量雌激素可引起雄性胚胎雌性化，并抑制雄性第二性征的形成和性行为的发育，使成年公驴精液品质下降，乳腺发育并出现雌性行为特征。

(三) 孕激素

初情期前的母驴，孕激素主要由卵泡内膜细胞和颗粒细胞分泌，第一次发情并形成黄体后，孕激素主要由卵巢上的黄体分泌。母驴妊娠以后，黄体持续产生孕酮维持妊娠。驴妊娠后期胎盘成为孕酮的主要来源。公驴中的睾丸间质细胞及肾上腺皮质细胞也可分泌孕激素。

1. 化学特性 孕激素分子中含 21 个碳原子，体内以孕酮（又称黄体酮，progesterone，P_4）的生物活性最高，故通常以孕酮代表孕激素。孕激素既是合成雄激素和雌激素的前体，又是具有独立生理功能的性腺类固醇激素。

2. 生理作用

(1) 促进生殖道充分发育 生殖道受到雌激素的刺激开始发育，但只有经孕酮作用后，才能充分发育。子宫黏膜经雌激素作用后，由孕酮维持黏膜上皮的增生并刺激和维持子宫腺的增长及分泌活动。

(2) 协同雌激素促进母驴表现性欲和性兴奋 在少量孕酮协同下，中枢神经接受雌激素的刺激，母驴才能表现性欲和性兴奋。否则，卵巢中虽有卵泡发育排卵，但母驴没有外部发情表现，出现安静发情（又称隐性发情或暗发情）。

(3) 抑制发情和排卵 孕酮对下丘脑的周期中枢有很强的负反馈作用，抑制 GnRH 分泌，从而抑制 LH 峰的形成。因此在黄体溶解之前，卵巢上虽有卵泡生长，但母驴不表现发情，卵泡也不能排卵。

(4) 维持妊娠 在孕酮的作用下，子宫颈收缩，子宫颈及阴道上皮分泌黏稠黏液，形成子宫颈黏液栓，防止外物侵入子宫，有利于保胎。孕酮还抑制母体对胎儿抗原的免疫反应，使胎儿得以在子宫中存留。

(5) 促进乳腺发育 雌激素与孕酮协同作用促进乳腺发育。在雌激素刺激乳腺腺管发育的基础上，孕酮刺激乳腺腺泡系统的发育。

3. 应用 孕激素主要用于治疗因黄体机能失调引起的习惯性流产、诱导发情和同期发情等。

(1) 同期发情 连续给予孕酮能够抑制垂体促性腺激素的释放，抑制发情。一旦停止给予孕酮，即能反馈性地引起促性腺激素的释放，使驴在短期内出现发情。

(2) 判断繁殖状态 黄体形成、维持和消失具有规律性，相应地形成了规律的孕酮分泌范型。通过测定血浆、乳汁、尿液、唾液或被毛中孕酮的水平，结合母驴卵巢的直肠检查，就可判断母驴的繁殖状态。

(3) 妊娠诊断 母驴黄体在发情周期一定阶段内发生溶解，孕酮水平随之下降，但配种后怀孕者孕酮水平将维持不降，可据此进行妊娠诊断。

(4) 预防习惯性流产 通过肌注孕酮，使母驴度过习惯性流产的危险期。

(四) 松弛素

松弛素（relaxin，RLX）是主要由黄体的颗粒黄体细胞分泌的肽类激素，子宫内膜、胎盘也可分泌少量松弛素。血液松弛素水平一般是随着妊娠期的延长而逐渐升高，分娩前达到高峰，分娩后即消失。

1. 化学特性　松弛素是由 α 和 β 亚基组成的多肽类激素，分子量约为 6 000，其 β 亚基与受体结合。松弛素不是单纯一种物质，而是一类多肽物质。

2. 生理作用　正常情况下，松弛素单独对生殖道和有关组织的作用很小，只有经过雌激素和孕激素的预先作用，松弛素才能发挥出较强的作用。松弛素的主要生理作用是使生殖道做好与妊娠、分娩有关的准备；促进子宫和子宫颈生长，抑制子宫收缩，以利于维持妊娠；诱导胶原组织重建，软化产道，以利于分娩；促进乳腺发育和分化；松弛子宫、乳腺、肺和心脏的血管。

3. 应用　目前国外已有三种松弛素商品制剂，即 Releasin（由松弛素组成）、Cervilaxin（由宫颈松弛因子组成）和 Lutrexin（由黄体协同因子组成）。临床上可用于母驴子宫镇痛、预防流产和早产以及诱导分娩等。

五、前列腺素

前列腺素广泛存在于机体的各种组织中，以旁分泌和自分泌方式发挥局部生物学作用。但有些前列腺素如血管内皮合成的前列环素（prostacyclin，PGI_2），可进入血液循环，以典型的内分泌方式发挥作用。

1. 化学特性　前列腺素是一类共同骨架为含有 20 个碳原子的长链不饱和羟基脂肪酸，故称为前列烷酸（prostanoic acid），其具有一个环戊烷环和两个侧链，分子量为 300～400。天然 PGs 极不稳定，静脉注射极易被分解（约 95%在 1min 内被代谢）。此外，天然 PGs 的生物活性范围广，使用时易产生副作用。人工合成的 PG 类似物具有比天然激素作用时间长、生物活性高、副作用小等优点。$PGF_{2\alpha}$类似物前列氟酚（fluprostenol，ICI－81008）和前列氯酚（cloprostenol，ICI－80996）的活性分别相当于天然 $PGF_{2\alpha}$的 100 倍和 200 倍。

2. 生理作用　前列腺素作为局部激素，以自分泌和旁分泌的方式调节消化、呼吸、循环、神经、泌尿和生殖等各个系统。

（1）对母驴的作用　①对卵巢的作用。PGs 对卵巢的作用主要是影响排卵和溶解黄体。

第一，对排卵前卵泡的作用。PGF 直接作用于卵泡促进其排卵，$PGF_{2\alpha}$和 $PGF_{3\alpha}$促进排卵，$PGF_{2\alpha}$通过刺激卵泡壁平滑肌的收缩，促使卵泡破裂。第二，对黄体溶解的影响。PGE_2 调节早期黄体的发育，PGF 溶解黄体。$PGF_{2\alpha}$通过受体介导诱导黄体功能退化，可在几分钟内耗尽黄体内的腺苷酸环化酶（AC），使 LH 受体与 AC 解离，减少促性腺激素从毛细血管向黄体细胞的转运。

②对输卵管的作用。PGs 影响输卵管的收缩。PGE_1 和 PGE_2 能使输卵管前 3/4 段松弛，后 1/4 段收缩，这些作用影响配子或受精卵的运行，从而影响受精和着床。相反，$PGF_{2\alpha}$可以加速卵子由输卵管向子宫运行，使其没有机会受精。

③对子宫的作用。子宫内膜既是 PGs 的合成部位，同时又是其作用部位，PGE 和 PGF 对子宫平滑肌都有强烈的刺激作用。小剂量 PGE 能促进子宫对其他刺激的敏感性，

较大剂量 PGE 则对子宫有直接刺激作用。

（2）对公驴的作用　①刺激睾丸被膜、输精管及精囊腺收缩。②影响雄性生殖力。

3. 应用

（1）在母驴中的应用　①调节发情周期。$PGF_{2\alpha}$及其类似物能显著缩短黄体的存在时间，因而能够控制母驴的发情和排卵，用于调节驴的发情周期，如诱导发情、同期发情，以便于集中进行人工授精或胚胎移植。

②分娩控制。前列腺素可使母驴提前分娩，达到同期分娩。

③治疗繁殖疾病。利用 $PGF_{2\alpha}$及其类似物的溶黄体作用及其与其他激素之间的相互关系，可治疗持久黄体、黄体囊肿、卵泡囊肿、子宫复旧不全、慢性子宫内膜炎、子宫积脓和干尸化胎儿等疾病。

（2）在公驴中的应用　基于 PGs 对公驴的生理作用，可利用它增加射精量和提高人工授精效果。

第三节　母驴性活动规律及发情鉴定

一、性活动规律

（一）发情

发情是母驴最基本的性活动表现形式，受遗传、环境及饲养管理等因素的影响。母驴发情时的外部变化尤为明显，如吧嗒嘴、流唾液、抿耳弯腰、闪阴排尿、阴门肿胀等。驴是季节性多次发情动物。黄河中下游地区驴发情在春、秋季最为明显，3 月、4 月、5 月是发情旺季；6 月、7 月天气炎热，发情及受胎率下降；9 月天气变凉，发情又增多。西部高寒地区母驴发情以 5 月、6 月、7 月较多。母驴发情较集中的季节称为发情季节，发情季节与气候变化和营养状况有很大的关系，在气候适宜和良好的饲养管理条件下，母驴也可常年发情。

（二）发情周期

母驴到了初情期后，在生理或非妊娠条件下，生殖器官乃至整个机体发生一系列周期性的变化（非发情季节除外），一直到性机能停止活动的年龄为止。这种周期性的性活动，称之为发情周期。发情周期的计算是从一次发情开始到下一次发情开始的间隔时间，或从一次发情周期的排卵期到下一次发情周期的排卵期。一般分为四个时期：发情前期、发情期、发情后期和间情期。由于发情周期是一个渐次变化的复杂生理过程，因此这 4 个时期前后之间并不能截然分开。驴的发情周期平均为 21 天，其变化范围为 18～30 天。品种、气候及饲养管理条件可影响发情周期的长短。

（三）发情持续期

从发情开始到发情结束这段时间称为发情持续期。驴的发情持续期为 3～14 天，平均为 5～8 天。这些时期上的差异，与母驴所处的自然环境、营养状况及年龄有关。一般在良好的生活条件下，卵泡的生长较快，发情持续期偏短；反之生活环境差、自然环境变化剧烈，年龄小、使役较重的母驴，其发情持续期较长。

(四) 产后发情

母驴在产后短期内出现的首次发情，称为产后发情。一般发情表现不明显甚至无发情表现，但经过直肠检查，则有卵泡发育而且可以排卵。母驴产后 8～15 天左右即可发情配种，而且容易受胎，俗称“配血驹”或“配热驹”。

二、发情鉴定

发情鉴定（detection of estrus）是母驴繁殖工作的重要环节。通过发情鉴定，可以判断母驴的发情阶段，预测排卵时间，以确定适宜配种期，及时进行配种或人工授精，从而达到提高受胎率的目的；还可以发现母驴发情是否正常，以便发现问题，及时解决。

母驴发情时，有外部表现，也有内部特征。外部表现是可以直接观察到的现象，而内部特征是指生殖器官的变化，其中卵泡的发育才是本质。因此，在进行发情鉴定时，不仅要观察母驴的外部表现，更重要的是要掌握卵泡发育状况，同时还应考虑影响发情的各种因素。只有进行综合的科学分析，才能做出准确的判断。

发情鉴定的方法有多种，以直肠检查为主，结合试情法、外部观察法和阴道检查确定适宜的配种时间。

(一) 直肠检查

将发情母驴牵到四柱栏内进行保定。检查人员剪短并磨光指甲，带上一次性长臂手套，手套上涂润滑液，五指并拢成锥形，轻轻插入直肠内，手指扩张，以便空气进入直肠，引起直肠努责，将粪排出或直接用手将粪球掏出。掏粪时注意不要让粪球中食物残渣划破肠道。检查人员手指继续伸入，当发现母驴努责时，应暂缓，直至狭窄部，以四指进入狭窄部，拇指在外，此时可采用两种检查方法：①下滑法。手进入狭窄部，四指向上翻，在第 3、第 4 腰椎处摸到卵巢韧带，随韧带向下捋，就可摸到卵巢。由卵巢向下就可摸到子宫角、子宫体。②托底法。右手进入直肠狭窄部，四指向前下摸，就可以摸到子宫底部，顺子宫底向左上方移动，便可摸到左侧子宫角，到子宫角上部，轻轻向后拉就可摸到左侧卵巢，右侧亦然。通过直肠和骨盆腔摸子宫和卵巢的手势见图 5-10。

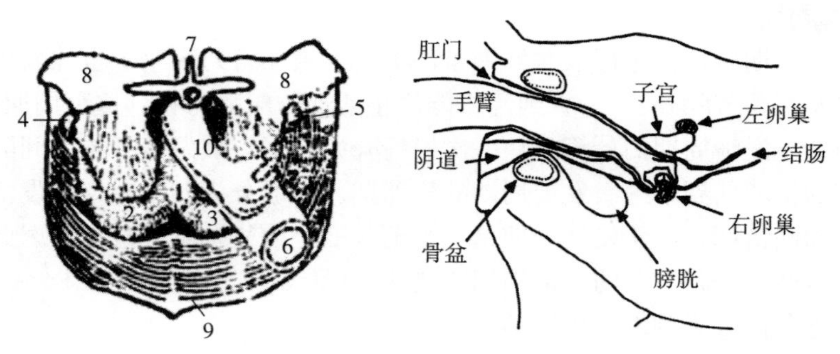

图 5-10　通过直肠和骨盆腔摸子宫和卵巢的手势

1. 子宫体　2. 右子宫角　3. 左子宫角　4. 子宫韧带　5. 卵巢　6. 直肠　7. 腰椎　8. 坐骨　9. 下腹壁　10. 术者右手

触摸时，应用手指腹触摸，严禁用手指抠揪，以防止抠破直肠壁，引起大量出血或感染而造成死亡。触摸卵巢时，应注意卵巢的形状、质地，卵泡大小、弹力、波动和位置。

触摸卵泡发育情况时，切勿用力压挤，以免挤破卵泡。

根据直肠检查触摸卵巢，可判断卵泡的发育情况。一般卵泡的发育可分为 7 个时期（见图 5－11）：

1. 卵泡发育初期 两侧卵巢中开始有一侧卵巢出现卵泡，初期体积小，触之形如硬球，突出于卵巢表面，弹性强，无波动，排卵窝深。此期一般持续时间为 1～3 天，不配种。

2. 卵泡发育期 卵泡发育增大，呈球形，卵泡液继续增多。卵泡柔软而有弹性，以手指触摸有微小的波动感。排卵窝由深变浅。此期持续 1～3 天，一般不配种。

3. 卵泡生长期 卵泡继续增大，触摸柔软，弹性增强，波动明显，卵泡壁较前期变薄，排卵窝较平。此期一般持续 1～2 天，可酌情配种（卵泡发育快的驴配种，反之则不配）。

4. 卵泡成熟期 此时卵泡体积发育到最大程度。卵泡壁甚薄而紧张，有明显的波动感，弹性减弱，排卵窝浅。此期可持续 1～1.5 天。应在这一期卵泡开始失去弹性时进行交配或输精。

卵巢变化的阶段	卵巢的略图	
	外观	剖面
静止期的卵巢 如豆形，结实且有弹性的硬度，无卵泡		
卵泡成熟开始 在卵巢某一部分，开始卵泡的成熟，触之不大柔软		
成熟中的卵泡 卵巢大小增加，呈不正豆形，由于卵泡增大，触摸卵泡微有波动		
成熟中的卵泡 卵巢更大，呈显著的梨子形，卵泡似球形，波动显著		
卵泡已成熟 卵泡呈球形，波动紧张，卵泡壁甚薄		
排卵 卵泡壁紧张性减弱，卵泡自动陷凹		
排卵完毕 卵巢容积甚为缩小，没有波动，曾破裂的地方有柔软松弛的皱缩		
黄体形成 在破裂过卵泡的地方形成柔软有弹性的黄体		

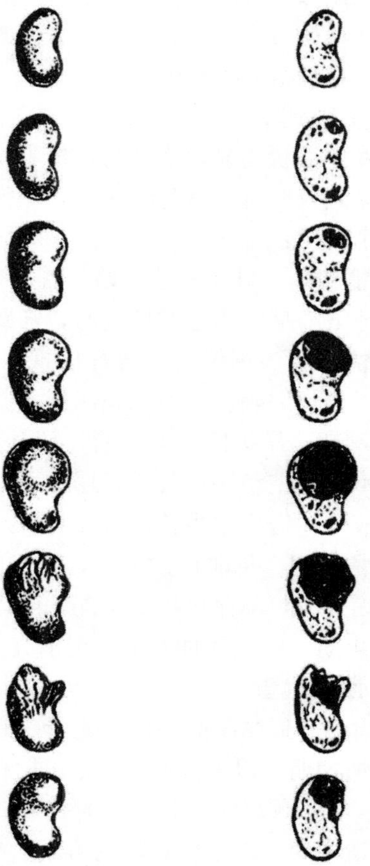

图 5－11 母驴卵巢的周期性变化图解

5. 排卵期　卵泡壁紧张，弹性消失，卵泡壁非常薄，有一触即破的感觉。触摸时，部分母驴有不安和回头看腹的表现。此期一般持续 2～8h。有时在触摸的瞬间卵泡破裂，卵子排出。直检时则可明显摸到排卵凹及卵泡膜。此期宜立即配种或输精。

6. 黄体形成期　排卵后，卵巢体积显著缩小，在卵泡破裂的地方形成黄体。黄体初期扁平，呈球形，稍硬。因其周围有渗出血液的凝块，故触摸有肉样实体感觉。此时不应配种。

7. 休情期　卵巢上无卵泡发育，卵巢表面光滑，排卵窝深而明显。

以上各期的划分是人为规定的，实际上卵泡各期的变化是紧密相连的，无严格的顺序界限，只有熟练掌握才能做出准确判断。

生产实践的经验是“三期酌配，四期必配，五期补配（刚排卵的母驴配种）”，这对提高驴的受胎率效果良好。

（二）试情

此法根据母驴在性欲及性行为上对公驴的反应，判断其发情和发情程度。母驴在发情时，通常表现为喜接近公驴，接受交配等；而不发情或发情结束后则表现为远离公驴，当强行牵引接近时，往往会出现躲避，甚至踢、咬等抗拒公驴行为。

一般选用体质健壮、性欲旺盛、无恶癖的非种用公驴作为专用试情公驴，采用结扎输精管、阴茎移位或试情布兜腹下等方法避免发生交配，定期对母驴进行试情，以便及时掌握发情状况和性欲表现程度。

（三）外部观察

母驴发情征状明显，表现为神情不安，食欲减少，阴唇肿胀，皱纹消失，阴唇下沉略微张开。见到公驴时，抿耳吧嗒嘴，塌腰叉腿，闪阴排尿。根据发情进程和表现程度，分为以下 5 个时期：

1. 发情初期　母驴发情开始，就表现吧嗒嘴，每天 2～3 次。当见到公驴时，抬头竖耳，轻微地吧嗒嘴，当公驴接近时，却踢蹶不愿意接受爬跨。此时阴门肿胀不明显。

2. 发情中期　头低垂，两耳后抿，连续地吧嗒嘴，见公驴不愿离去，两后腿叉开，阴门肿胀，频频闪阴。阴道黏膜潮红，并有光泽。

3. 高潮期　昂头掀动上嘴唇，两耳后抿，贴在颈上沿，吧嗒嘴，同时头颈前伸，流涎，张嘴不合。主动接近公驴，塌腰叉腿。阴门红肿，阴核闪动，频频排尿，从阴门不断流出黏稠液体，俗称“吊长线”，愿接受交配。此时宜配种或输精。

4. 发情后期　母驴性欲减弱，很少吧嗒嘴，只有当公驴爬跨时，才表现不连续吧嗒嘴；有时踢公驴，不愿再接受交配。阴门消肿、收缩、出现皱褶，下联合处有茶色干痂。

5. 静止期　上述各种发情表现消失。

（四）阴道检查

通过观察阴道黏膜的颜色、光泽、黏液及子宫颈开张程度来判断配种适期。

1. 发情初期　以开膣器插入或进行阴道检查时，有黏稠黏液。阴道黏膜呈粉红色，稍有光泽。子宫颈口略开张，有时仍弯曲。

2. 发情中期　阴道检查较为容易，黏液变稀。阴道黏膜充血，有光泽。子宫颈变松软，子宫口开张，可容一指。

3. 高潮期　阴检极易，黏液稀润光滑。阴道黏膜潮红充血，有光泽，子宫颈开张，可容 2～3 指。此期为配种或输精适期。

4. 发情后期 阴道黏液量减少，黏膜呈浅红色，光泽较差。子宫颈开始收缩变硬，子宫颈口可容一指。

5. 静止期 阴道被黏稠浆状分泌物粘贴，阴检困难。阴道黏膜灰白色，无光泽。子宫颈细硬呈弯钩状。子宫颈口紧闭。

（五）B超检查

B 超现在在驴繁殖应用比较普遍，方便、直观、便于学习，在提高母驴繁殖力技术环节上很重要。利用直肠把握法，检查母驴不同时期的子宫、卵巢变化情况，从而判断母驴发情的程度（图 5-12）。

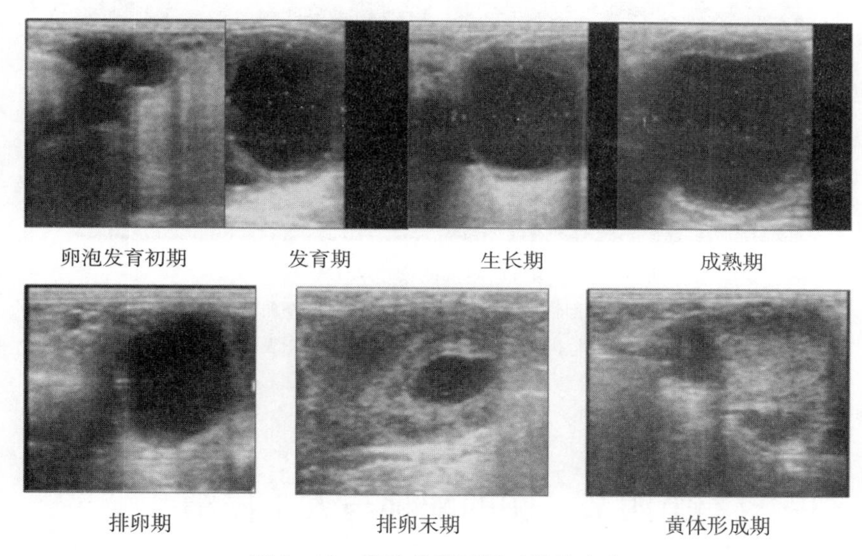

图 5-12 卵泡发育不同时期的变化
（来源：赵珊珊 提供）

B 超检查法实际上就是通过直肠的超声波检查，操作与直肠检查类似，区别在于直肠检查是用手触摸和感觉，凭借个人的经验，经验越丰富，判断越准确，也有主观臆断产生的错误，而 B 超检查是在直肠检查的经验和基础上，借助仪器来检查，更客观。

操作员手握着探头伸入直肠，探头与可视的屏幕相连接。任何影像都可以在屏幕上固定下来，对于感兴趣器官的区域，可以测量其大小，并且可以变成照片作为永久的记录（图 5-13）。

经过培训的操作员可以看出各种物质的特征。在超声波检查时，操作员应该寻找生殖道各个部分存在的问题，包括可能的囊肿、悬着生殖器官的韧带血肿、子宫内壁的变化、卵巢的肿瘤或伤疤等。

用超声波检查母驴的生殖道，检查项目包括：母驴是否开始正常的发情周期；估测某个发情周期的具体时期；当两个卵泡在卵巢中十分靠近，用直肠触摸的方法无法判定时；由于黄体的缺失，导致乏情期的存在；持久黄体的存在；某种感染或疾病所影响到的繁殖；充血的卵泡。

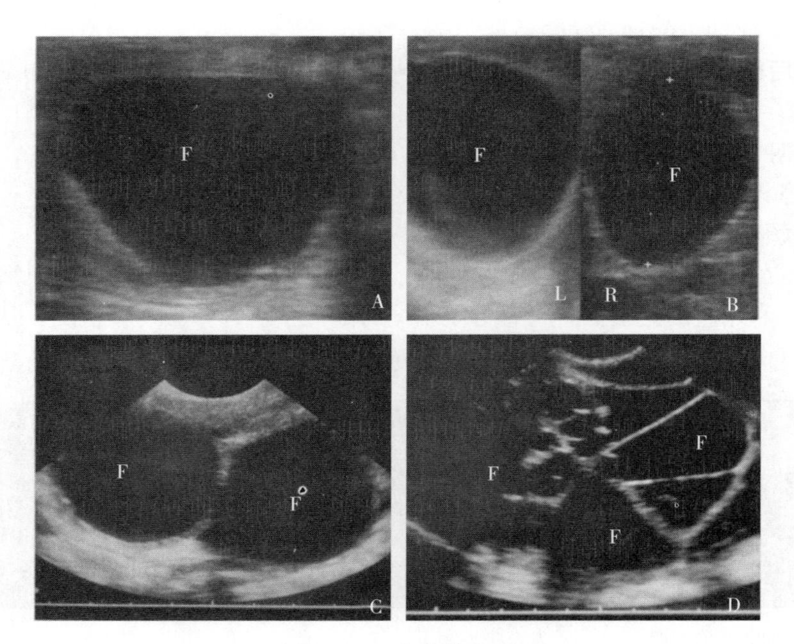

图 5－13　卵泡的发育

A. 图表示只有 1 个即将排卵的卵泡　B. 图表示两个卵泡的位置在异侧

C. 图表示两个即将排卵的卵泡在同侧卵巢　D. 图表示有 3 个卵泡

（来源：赵珊珊　提供）

第四节　驴的配种与人工授精

一、驴的初配年龄

（一）性成熟

公驴在 1～1.5 岁时，其生殖器官已基本发育完全，公驴有性欲表现，能够产生正常精子，具有繁殖能力，但繁殖力较低，这就是公驴的初情期（Puberty）；当在 1.5～2.5 岁时，生殖器官进一步发育成熟，生殖机能达到完善，具备正常繁殖能力，此时已达到性成熟（Sexual maturity）阶段。母驴在 8～12 月龄开始初情期阶段，1.5～2.5 岁时达到性成熟，开始正常发情与排卵，并具有正常的繁殖能力，性成熟的时间与品种、气候、饲养管理等多方面因素有关。

（二）初配年龄

驴的初次配种的年龄（适配年龄）应在性成熟之后。性成熟时，驴的身体继续发育，待达到成年驴的形态和结构时，即接近体成熟时方能参加配种。过早配种会影响驴体的发育，母驴体成熟 3～4 岁，故初配年龄一般在 2.5～3 岁、达成年体重 70%时最为适宜。而公驴体成熟在 3.5～4 岁，一般种用的公驴到 4 岁才能正式配种使用，一般商品用的 3 岁左右。

二、驴的配种前准备

（一）配种计划

为了提高配种的效率，减少母驴空怀，配种工作必须加强管理。在每年的配种季节开始前，应做好准备工作，制订出有效可行合理的配种计划，确定好配种时间、参加配种种驴的品种及数量、配种人员安排及工作量等，使得整个配种期能够完成预定的计划。

（二）人员准备

熟练的采精员、实验室精液处理人员、配种技术人员以及辅助工作人员。

（三）物品准备

包括常用药品（生殖激素类和常用抗生素等）、器械（采精筒、输精管、输精无胶塞注射器、显微镜、水浴锅）、采精台（畜），还应准备人用及兽用突发外伤所用的药品及物品。

（四）种驴的选择

1. 公驴 健康、无繁殖障碍疾病、体成熟、体型外观符合种公驴的选择标准。

2. 母驴 健康、达到体成熟、无繁殖疾病、体型外观符合种母驴选择标准。

3. 膘情适中 过肥过瘦都不适合做繁殖用。

（五）配种场地

1. 采精室的准备 宽阔、安静、地面防滑、排水方便，最好选择在室内，避免外界环境影响采精。

2. 输精场地的选择 可以选择驴舍内，但要做好防污染工作。驴舍内漂浮灰尘大，输精过程中容易污染，造成子宫炎。最好选择在离圈舍较近的地方建立专门的输精室，输精室具有输精栏保定架，符合输精环境要求。

（六）种公驴的检查

种公驴的状况对配种计划的实施非常重要，必须在配种前1个月安排好系统的兽医检查工作，下面几项不可疏忽。

1. 繁殖力的检查 有些公驴虽然在配种季节有配种能力，但存在不育或受精力低的现象，即使母驴的状态很好，仍然不能完成任务，甚至空怀率很高。精液的质量不好、性欲低弱及先天性不育症等是不育或受精力低的原因，因而要在配种季节开始之前进行繁殖力的检查。

2. 前一年交配的母驴数 母驴的受胎数及其后裔的多少，是该公驴受精能力的标志。但受胎率的降低可能是临时性的，仅靠计算公驴以往育种活动的记录是不够的，因此对公驴生殖器、配种能力及精液的检查具有重要意义。

3. 疾病检查 临时性的繁殖降低多半是由于生殖系统的疾病及其后遗症所致，这必须在临床上进行详细的诊断，应通过视诊及触诊检查阴囊、睾丸、阴茎及精索各部是否正常，在必要时和母驴接近，观察其性反射的表现程度。性反射能力迟缓或缺乏时，可视为阳痿。阳痿的原因很复杂，和它的健康状态、饲养管理及利用有密切关系。

4. 精液品质检查　详细检查精液的各项品质。在配种开始前1个月内应进行第一次精液检查，至少要检查3次，隔日行之，而以第三次检查所得到的结果为准。如果在第三次检查时发现精液活力和生存力不足，须经2～3天后再检查。倘若精液质量不见改善，应改善其饲养管理，经10～15天后重新进行检查。

上述精液检查是属于预备检查。此外，在自然环境下，应每月至少定期检查一次，而在人工授精时更应该每次进行检查。

（七）种母驴的检查

主要是借助B超设备，检查母驴生殖周期是否正常、是否能够正常排卵及每次排卵的数量，子宫是否有积液、炎症或者异物，阴道是否有炎症或者伤痕等。

三、配种方法

（一）自然交配

公母驴配种比例，一般一个繁殖季公母比例为1∶50比较合适。交配方式一般有自由交配、小群交配、围栏交配和辅助交配等方式。因为公母驴全年混合养殖，种群内的年龄不等，缺乏配种计划性，不利于育种工作，同时由于自由交配不受约束，种群内的疾病容易通过交配扩散，因此自由交配的方式目前已经不提倡或被淘汰。在此主要介绍小群交配、围栏交配和辅助交配3种方式。

1. 小群交配　即到繁殖季节，将母驴分为15～20头的小群，并在每一小群内放入指定的一头公驴进行放牧。可以根据公驴的年龄及生殖状况，改变母驴群体的数量。小群交配的缺点是：由于公驴和母驴自由度比较高，公驴会凭借自己的喜好愿意和某些母驴进行多次交配，而对个别母驴不予理睬。因此，可将多次被交配的母驴进行隔离，把被疏忽的母驴和公驴单独放在一起进行养殖，促使其达到交配的目的。

2. 围栏交配　在交配时把一固定母驴群赶到设有圈栏的运动场，然后放入计划中的某一头公驴，如果群内有发情的母驴即与之交配。交配之后，即将公驴牵回厩内，以待下次交配，而将母驴群放回原处。此法是一种向辅助交配法过渡的形式，和小群交配一样，同样适用于群牧条件下的配种工作。

3. 辅助交配　公驴和母驴进行分开养殖，在繁殖季节进行发情鉴定，一旦有发情的情况发生，就单独将两头驴牵至一起进行交配，在交配时可给予必要的辅助。一般要求地点固定、地面平坦等，一面有门出入，其中设置交配架，其前方设置一幼驹架，以防止母驴因见不到幼驹而产生不安定等。交配前把母驴根部用绷带缠扎拴在一侧，并给母驴装上交配保定带或后蹄穿上配种鞋以防其踢公驴。

（二）人工授精

人工授精已经广泛应用于畜牧业生产中，人工授精技术的推广不仅能够解决驴繁殖上的问题，同时对优良种驴利用率的提高等也能起到重要的作用。

四、驴的人工授精

驴的人工授精，是利用器械采集公驴的精液，在体外对精液进行处理或保存，再用器械将精液输入发情母驴生殖道内使其受孕的一种配种方式。该方式可以充分发挥优良公驴的作用，提高配种受胎率，是提高驴群质量的有效手段，同时可以减少种群之间疾病的传播。人工授精的基本技术环节包括精液的采集、品质检查、稀释、保存和输精等。

（一）精液的采集

精液的采集即采精，就是利用器械采取种公驴的精液。采精是人工授精过程的第一个环节。采精工作质量的高低直接影响人工授精的效果。所以要想取得满意的采精效果，关键是种公驴的选择、调教和技术人员正确的采精技术。目前主要采用假阴道法采精。

1. 采精前的准备工作

①采精场地。采精室应该采用平坦、避风、安静、宽敞的地方作为采精场地，地面要防滑。

②假阴道的准备。假阴道为圆筒状，主要由外壳、内胎、集精杯（瓶、管）及附件构成。外壳由硬橡胶或轻质铁皮制成，上有一个小孔，可由此注入温水和吹入空气。内胎为柔软而富有弹性的橡胶制成，装在外壳内，构成假阴道内壁。集精杯由棕色玻璃或橡胶制成，装在假阴道的一端。此外还有固定集精杯用的外套、固定内胎用的胶圈、连接集精杯用的橡胶漏斗等。

假阴道、集精杯等采精器具及所有与采精有关的用品，都应提前消毒。假阴道等经常清洗以保持洁净，洗后在阴凉处晾干。安装假阴道时，应该将内胎两头翻转套在外壳的两端，并用橡胶圈加以固定。装好假阴道后，先用75%酒精消毒内胎及集精杯，待酒精挥发后，再用稀释液冲洗。也可用一次性无菌集精袋，比集精杯更轻便简捷。

假阴道应先调温、调压。先灌入1 500～2 000ml的45℃温水，用温度计测假阴道内壁温度，要求保持在38～40℃。吹气加压，使采精筒大口内胎缩至三角形为宜。压力过大，阴茎不易插入；压力过小，不能给予公驴阴茎充分的压力和温度刺激，易导致不射精。要在假阴道的口处涂抹无菌凝胶润滑剂，或者精液稀释液。

③台驴。台驴应选择健康无病、性情温顺、处于发情旺季的经产母驴。为了安全，台驴应保定在采精栏上，用绷带包扎尾根部并将其固定（见图5-14）。

图5-14 驴的采精架（假台驴）

假台驴　假台驴可以购买，也可以自己制作，大小根据种公驴的高矮进行调节，达到适宜爬跨为宜。采精前，接取发情母驴的尿液撒到假台驴的一端，刺激种公驴的性欲。一般的种公驴都能够接受假台驴，假台驴作为种公驴的性目标，只需要做一段时间的训练即可。有一些公驴需要借助看到正在发情的母驴，才肯爬跨假台驴，有一些则不需要。假台驴可以避免公驴受伤，同时可以避免有咬癖的公驴咬伤母驴。

2. 采精　采精员站到台畜右侧，右手握采精筒，待种公驴阴茎勃起，爬跨上台驴后，顺势轻托公驴阴茎，导入假阴道。切忌用手使劲握、拉阴茎。持假阴道的角度应根据阴茎勃起后角度的情况来灵活掌握。

（二）精液品质的检查

精液品质检查的主要目的在于鉴定其品质的优劣，同时也为精液稀释、分装保存和运输提供基础数据。另外，也可通过精液品质检查，来了解种公驴的饲养水平、生理机能状态、采精人员技术水平等。精液品质检查在采精后应迅速进行，使其能够反映精液最初的品质状况。一般要求在采精后迅速置于37℃下检查，防止温度骤降对精子品质造成影响，评定结果要准确，取样要均匀。精液的品质必须多次进行，综合评定。精液品质的常规指标如下：

①射精量。不同品种、不同个体，同一个体也因年龄、性准备情况、采精方法、技术水平、采精频率和营养状况等射精量而有所变化。驴的射精量一般为60～100ml。测定时必须过滤去除胶状物。

②色泽。驴正常精液呈淡白色或淡灰白色，无味。精子密度越高色泽越深，反之则越淡。凡有其他杂色和气味的都属不正常，不能用于输精。

③精子活率。精子活率受温度的影响很大，温度过高，精子活动会异常剧烈，很快死去；温度过低，精子活动缓慢，活率表现不充分，评定结果不准确。因此，显微镜应安装恒温加热台，检查时温度以35～38℃为宜。吸取待检精液于载玻片上，在200～400倍显微镜下观察。目前市场上有相关仪器可对精子活率及畸形率等进行实时检测，但大多数情况下采用有经验的技术员人工目测。评分标准有多种，可根据实际情况自定，但精子活率在40%以下的精液不建议使用。如视野中100%精子都作直线前进运动则评为1.0分，90%作直线前进运动评为0.9分，其余依此类推，驴精子活率低于0.4分者，不能使用。

④密度。密度检查是评定精液品质的重要指标之一。通常在显微镜下与活力检测同时进行。目前市场上有精子密度仪，操作方便。没有仪器时，测量驴精子密度一般采用估测法，根据精子稠密程度不同，将其粗略分为“密”“中”“稀”二级。该法虽欠精确，但简单易行，生产中多采用并以此确定稀释倍数。驴精液密度一般为每毫升1.5亿～3亿个。

⑤畸形精子。驴的正常精子类似蝌蚪形，但有些精子头、尾等部形态异常的，就是畸形精子，畸形精子无受孕能力。精液中出现大量畸形精子的原因，可能是精子生成过程受阻，可能是副性腺及尿生殖道分泌物发生病理变化，也可能是在精液处理过程中操作不当，精液受到外界不良因素的影响等原因所致。

精子畸形率的测定可以用相关仪器设备进行检测计算，或者通过将精子固定在载玻片上人工检测计算。人工检测方法是将精液置于载玻片，盖玻片覆盖后自然干燥，然后用95%的酒精固定3min，后置入美蓝（或用伊红、龙胆紫等）溶液中染色5min，再用蒸馏水清洗干净，自然风干后在400～600显微镜下检查200～500精子，计算出其中畸形精子的百分率，即畸形精子百分率（畸形精子数/计数精子数）×100%。驴精子的畸形率超过12%时，不能用于输精（见图5-15，图5-16）。

以生物学试验的方式确定公驴精液输精的适宜时间。生物学试验实质上就是测定精子正在母驴输卵管内的有效受精时间。由于精子在体外保存受到多种因素的影响，所以不能完全表现出真实的品质。为了掌握驴精子真实的有效受精时间，进行生物学试验是必要的。试验的方法就是在排卵前间隔不同的时间进行输精。例如，在排卵前 24 天、36 天、48 天、72 天、96 天等不同时间内分别给母驴输精，即可测知该公驴的精液在母驴体内有效受精时间，根据试验结果确定用该公驴精液输精的适宜时间。

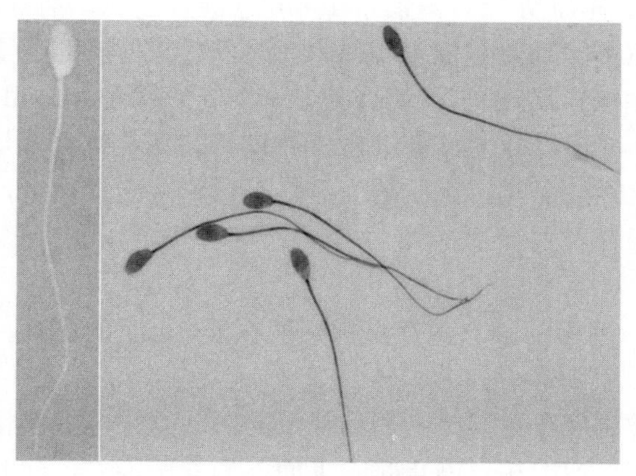

图 5－15　驴正常精子形态图

（来源：陆汉希　提供）

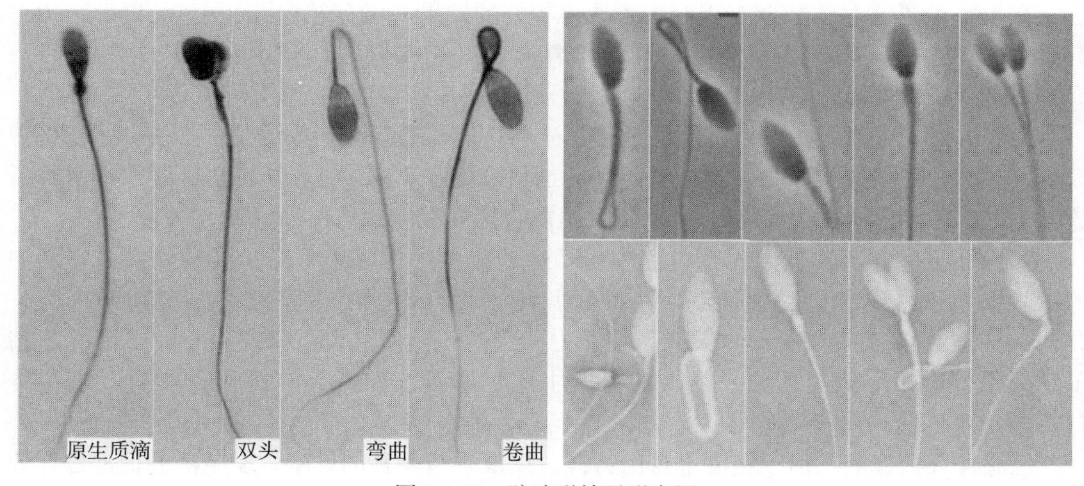

图 5－16　驴畸形精子形态图

（来源：陆汉希　提供）

（三）精液的稀释

精液稀释是在精液里加入适宜精子存活并保持受精能力的溶液。其目的在于扩大精液量，增加输精头数；通过降低精液能量消耗，补充适量营养和保护物质，抑制精液中有害微生物活动，以延长精子的寿命；有利于精子保存和运输。精液稀释应在取出后尽快进行。新鲜精液不经稀释不利于精子存活。稀释前，将稀释液放入水浴锅中（一般将稀释液与精液置于同一温度（即 36℃左右）中，稀释时应将稀释液杯口紧贴量精杯口，沿杯口缓慢倒入。稀释的倍数，应根据受胎母驴数、原射精量、精子密度、活力和计划保存时间来决定所用稀释液的种类和稀释倍数（一般为2～3倍）。当需要稀释倍数较大时，应当逐倍进行稀释，不可一次性稀释数倍。对稀释后的精液要进行第二次显微镜检测，以验证稀释效果。如出现异常情况，要对稀释液进行检查。

稀释液配方如下：

葡萄糖稀释液 无水葡萄糖7g，蒸馏水100ml（混合过滤，消毒后使用）。

蔗糖稀释液 精制蔗糖11g，蒸馏水100ml（混合过滤，消毒后使用）。

乳类稀释液 新鲜牛奶、马奶、驴奶或奶粉（10g奶粉加100ml蒸馏水）均可。先用纱布过滤，煮沸后2～4min，再过滤冷却至30℃即可。所有稀释液均应现用现配。

目前精子稀释液已经商品化，优质的商品精子稀释液质量稳定，配方优势明显，使用比较方便，但要注意保存方式。

（四）精液的保存

1. 精液液态保存　精液的液态保存是指精液在0℃以上的保存，可分为常温保存和低温保存两种形式。

（1）常温保存　常温保存主要是利用稀释液的弱酸性环境抑制精子的活动，以减少能量消耗，使精子保持在可逆的相对静止状态下而不失受精能力。同时，补充能量物质以延长精子存活时间，并加入抗菌物质以抑制微生物对精子的有害影响。

常温保存稀释液　常温保存比低温保存或冷冻保存的效果好。采用含有明胶的稀释液，在10～14℃下呈凝固状态保存，可取得较好的效果，保存驴精液达120h以上，活力为原来的70%。采用葡萄糖-甘油-卵黄稀释液和马奶稀释液，分别在12～17℃、15～20℃下保存驴精液可达2天以上。

操作方法　通常采用隔水降温法处理：先将精液与稀释液在等温条件下按一定比例混合后，分装在贮藏瓶中，分装时根据使用的剂量（精子数/份）来分装到容器中，密封后放入15～25℃保温水瓶内保存。也可将贮精瓶直接放在能保持恒温的地方保存。

（2）低温保存　在低温保存过程中精子运动减少，代谢率下降。同时，混入精液中的微生物繁殖与危害也受到抑制，进而延长精子保存时间。输精时，温度回升至35～38℃又能逐渐恢复正常代谢并保持受精能力。为防止温度急剧下降至0～10℃情况下精子发生不可逆的冷休克现象，须在稀释液中添加卵黄、奶类等抗冷休克物质，避免冷打击。

低温保存稀释液　由于精液本身的特性，以及季节配种的影响，驴精液的低温保存效果不如其他家畜，在生产中的应用也不普遍。

操作方法　采用低温保存精液时，必须严格遵守逐步降温的操作原则。降温的速度，从30℃到5℃或0℃时，以每分钟降0.2℃左右为宜，约在1～2h内完成降温全过程。若在稀释液中加入卵黄，卵黄浓度一般在5%左右，最多不超过20%。分装温度要求同常温保存，保存期间温度应维持恒定。

2. 精液冷冻保存　精液冷冻保存解决了精液长期保存的问题，使其不受时间、地域和种畜生命的限制，极大地提高了种公驴的利用率，加速了品种的育成和改良。同时，对保留和恢复某一品种或个体优良遗传特性，以及进行血统更新、引种、降低生产成本等都有重要意义。精液冷冻（semen freezing）保存，冷源通常是液氮或干冰。

①精液冷冻的原理。精子在冷冻状态下，代谢几乎停止，生命以相对静止状态保持下来，一旦升温解冻又能复苏而不失去受精能力。复苏的关键在于在冷冻过程中，精子在冷冻保护剂的作用下，防止了细胞内水的冰晶化所造成的破坏作用。精液冷冻过程中冰结晶是造成精子死亡的主要原因，因此，精液冷冻过程中无论是升温还是降温都必须快速越过冰晶区（即0～60℃），使冰晶来不及形成而直接进入玻璃化状态或液态，这就是目前大多学者认同的玻璃态学说。精子在玻璃化冻结状态下，不会出现原生质脱水，保护了细胞结构，使冷冻后精子可恢复活力。

在稀释液中添加甘油或二甲基亚砜等，可降低冰点、增强精子抗冻能力，这对防止大冰晶的产生具有重要作用。

②冷冻保存精液的方法。

稀释液成分　冷冻保存稀释液的成分应具有抗冷休克剂（卵黄、奶类）、防冻保护剂（甘油）、维持渗透压物质（糖类、柠檬酸钠等）、抗生素及其他添加剂。通常，冷冻保存稀释液是在低温保存稀释液基础上，添加一定的防冻物质。

驴精液冷冻稀释液，一般以糖类、乳类、卵黄、甘油为主要成分。

精液稀释倍数确定　精液冷冻后，有半数以上精子因遭受冰结晶而死亡。冷冻后精子活力一般在0.3～0.5。因此，稀释倍数应该按照解冻后，每份精液中呈直线前进运动的精子数计算。按照原精液总精子数和冷冻精液解冻后，预测活力决定精液稀释倍数。

冷冻精液的分装和剂型　冷冻保存的精液，通常按头份进行分装，由于驴的精液经冷冻再解冻后精子活率较差，在生产上为了达到受胎的最低精子量，通常每头驴需要多份冷冻精液。目前，广泛应用的剂型为细管型，在冷冻精液早期也曾使用过安瓿型和颗粒型。

细管型　由聚氯乙烯复合塑料制成。管长125～133mm，含0.18ml和0.4ml两种剂型。将平衡后的精液通过吸引装置分装，再用聚乙烯醇粉、钢珠或超声波静电压封口，置液氮蒸汽上冷却，然后浸入液氮中保存。细管型冷冻精液管径小精液受温均匀，适于快速冷冻，冷冻效果好；同时精液不再接触空气，即可直接输入母畜子宫内，因而不易污染；剂量标准化，易于标记，品种与个体精液不易混淆；容积小，便于大量保存；精液消耗少，输精母畜受胎率高；适于机械化生产。

稀释方法　一般采用二次稀释法，首先将采出的精液在等温条件下，用不含甘油的Ⅰ液作第一次稀释。稀释后的精液，经40～60min缓慢降温至4～5℃，再加入等温含甘油的Ⅱ液。加入量通常为第一次稀释后的精液量。Ⅱ液的加入可以是一次性加入，也可以分3～4次缓慢滴入。这样在2～5℃下经第二次稀释的精液中，含有的甘油量可保持为Ⅱ液的一半，不会因为稀释比例变化而使精液中最终含甘油浓度发生改变。

稀释精液的平衡　精液用含有甘油的稀释液稀释后，需在4～5℃下静置一段时间，使甘油充分渗透进精子内，以达到抗冻保护作用，称为平衡。平衡时间通常以2～4h为宜。精子经低温平衡后可增强其耐冻能力，减轻在冷冻过程中冰晶化对精子的损害。

冻结方法　以液氮为冷源，通过调节距液氮面的距离和时间掌握降温速度。制备颗粒型精液时，在装有液氮的广口瓶或铝制饭盒上，置一铜纱网（或铝饭盒盖），距液氮面1～3cm 预冷数分钟，使其温度维持在－100～－80℃。也可用聚四氟乙烯板代替铜纱网，先将它在液氮中浸泡数分钟后，悬于液氮面上，然后将经平衡的精液定量均匀而整齐地滴于其上，停留 2～4min。当精液颜色变白时，将颗粒精液收集于贮精瓶内，移入液氮贮存。滴冻时动作要迅速，尽可能防止精液温度回升。

制备细管冷冻精液时，将细管放在距离液氮面一定距离的铜纱网上，停留 5min 左右，等精液冻结后，移入液氮中贮存。细管冷冻的自动化操作，是使用控制液氮喷量的自动记温速冻器调节。在 5～－60℃，每分钟下降 4℃；从－60℃起快速降温到－196℃。

③冷冻精液的解冻。解冻温度和方法以及解冻液的成分都会直接影响解冻后的精子活力。解冻过程应和冷冻过程一样，必须迅速通过精子的冰晶化温度区，才不会损害精子。

细管型冷冻精液可直接将其投入到 35～40℃的温水中，待融化一半时，立即取出备用。驴冷冻精液的解冻液配方以奶粉、蔗糖、蒸馏水配制而成。

（五）输精

1. 保定清洗外阴　将受配母驴保定在保定栏内，外阴部消毒后，再用温水冲洗，并用消毒纱布擦干。

2. 输精方法　输精时，输精员站在母驴后方偏左侧，右手握住输精管，五指形成锥型，缓缓插入母驴阴道内，握住子宫颈，将输精管插入子宫颈后，徐徐送入。左手握住注射器并抬高，缓慢推入精液。

3. 注意问题　输精时应该注意输精部位应以在子宫体或子宫角基部为宜，不宜过深，一般将输精管插入子宫颈口 8～12cm 为好（见图 5－17）。输精量为 15～20ml，但要保证输入有效精子数为 5 亿～7 亿个。输精速度要慢，以防精液倒流。注射器内不要混入空气，以防感染。发现精液倒流时，可用手捏住子宫颈，轻轻按摩，促使子宫收缩，或轻压背腰部，使其伸展，并牵行运动。此外，在人工授精的整个操作环节中，应注意凡是与精液接触的一切用具均要经过彻底清洗、消毒和干燥，输精器械为避免交叉感染，可选用一次性输精器械。输精后 18 天左右，进行首次妊娠检查，可防止隐形发情的空怀和假发情、胚胎早期死亡等情况。

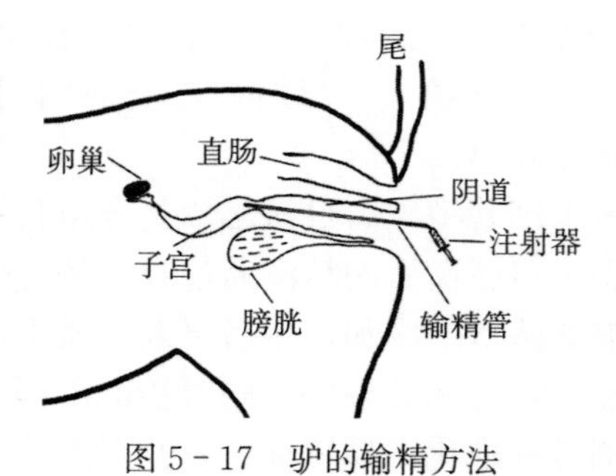

图 5－17　驴的输精方法

五、驴的繁殖力

（一）繁殖力的概念

繁殖力（fertility）是指动物维持正常繁殖机能、生育后代的能力。种畜的繁殖力就是生产力。对于公驴而言，繁殖力决定于其性欲、与母驴的交配能力，其所产精液的数量、质量（活力、活率、密度、畸形率）等；对于母驴而言，繁殖力决定于性成熟时间、发情表现的强弱、排卵是否正常、发情次数、卵子的受精能力、妊娠时间、胚胎发育质量、母性能力等。随着科学技术的发展，外部管理因素如良好的饲养管理、准确的发情鉴定、标准的精液质量控制、适时输精、早期妊娠诊断等，已经成为保证和提高驴繁殖力的有力措施。

由于繁殖力最终必须通过母驴产驹才得以体现，因此，常用的繁殖力指标主要是针对母驴制定的，但决不能忽视精液品质等来自公驴方面的影响。繁殖力对品种之间、品种内各畜群之间、品种内各个体之间作比较意义较大。

（二）驴的繁殖力的指标及计算方法

1. 情期受胎率 指在一个发情期，受胎母驴头数占配种母驴头数的百分比。

情期受胎率（%）=一个情期母驴受胎头数÷参与配种母驴数×100%

2. 第一情期受胎率（first-cycle conception rate，FCR） 表示第1次配种就受胎的母驴数占第一情期配种母驴总数的百分率。包括青年母驴第 1 次配种或经产母驴产后第 1 次配种后的受胎率。

FCR（%）=第一情期受胎母驴数÷第一情期配种母驴总数×100%

第一情期受胎率可以反映出公驴精液的受精能力及母驴群的繁殖管理水平。公驴精液质量好、产后母驴子宫恢复好。产后生殖道健康的，FCR 就高；一般情况下，FCR 要比情期受胎率高。

3. 总受胎率 年内妊娠母驴头数占配种母驴头数的百分率，反映了驴群的受胎情况，可以衡量年度内配种计划的完成情况。

总受胎率（%）=年受胎母驴数÷年配种母驴数×100%

4. 分娩率 指分娩母驴数占妊娠母驴数的百分比，这一指标反映了母驴维持妊娠的质量。

分娩率（%）=分娩母驴头数÷妊娠母驴数×100%

5. 繁殖成活率 指本年度新断奶成活的驴驹数占本年度适繁母驴的百分率。它是母驴受配率、受胎率、分娩率和幼驹成活率的综合反映。

繁殖成活率（%）=断奶成活驴驹数÷适繁母驴数×100%

（三）驴的正常繁殖力指标

在正常的饲养管理、自然环境和繁殖机能条件下表现出的繁殖力称为正常繁殖力。它反映在受胎率、繁殖成活率等方面。

驴的繁殖力因遗传、环境、使役不同而差异很大。一般情期受胎率为 40%～50%，全年受胎率 80%左右，产驹率 50%左右。但繁殖管理好的驴场，受胎率可达 90%，产驹率达 80%～85%。受胎率还取决于授精时间和次数。在发情季节，一个发情期授精 1 次，受胎率为 50%；若授精 2 次或 2 次以上，则可提高到 70%。

（四）影响繁殖力的因素

驴的繁殖力受遗传、环境、营养和管理等因素的影响，做好种驴的选育、创造良好的饲养管理条件，是保证正常繁殖力的重要前提。

1. 遗传因素 公驴的精液质量和受精能力与其遗传性有密切关系。精液品质和受精能力是影响受精卵数目和质量的决定因素。一头精液品质差、受精能力低的公驴，即使与繁殖性能正常的母驴配种，也可能发生不受胎的现象，降低母驴繁殖力，所生后代繁殖力也低。另外，驴的近亲繁殖也会明显引起繁殖性能的下降。

2. 环境因素

(1) 日照长度　日照长度的周期性变化被认为是影响动物繁殖生理活动最重要因素之一。白昼光照时间延长的刺激而出现发情，在乏情季节，通过增加光照可以引起母驴发情。

据调查在山东地区驴可以全年配种，但是最好的繁殖季节还是在 3 月下旬至 6 月上旬。冬天母驴也发情，也可以参配，但总的受孕率不理想，发情时间和排卵时间会比繁殖季节延迟 2～5 天。

(2) 环境温度　环境温度对公母驴有明显的影响，通常高温比低温对繁殖的危害更大。公驴的睾丸有一定调节温度的能力，以维持正常产生精子的机能，在高温高湿的环境下，公驴的精液品质会急剧下降。环境温度的改变对母驴繁殖也有一定的影响，在寒冷或酷暑的季节里，母驴的发情表现会较微弱或呈安静发情（也叫隐性发情）。

母驴配种最好避开每年的炎热季节，外界气温达到 30～40℃的时候，对受孕率影响非常大。炎热季节配种情期受孕率在 20%～35%。

3. 营养因素　营养是动物繁殖机能发挥作用的重要物质基础。如果机体营养缺乏，可以影响动物垂体和性腺的机能。日粮中如缺乏一些必需的矿物质元素，如磷、锌、硒、碘等，以及维生素 A、维生素 E 等，均可影响激素分泌和卵巢的机能，从而影响到母驴的发情。

对于公驴来讲，体况过胖会影响其性欲和交配能力，而母驴过胖或过瘦也会影响其繁殖。

4. 配种时间　驴的发情期较长，如果做不到适时配种，则不能正常受胎。过晚配种，卵子不能及时与精子相遇则无法完成受精，随着时间的延长，卵子发生老化，失去受精能力；过早配种时精子到达受精部位时间过长，也会失去受精能力，即使受精了，胚胎质量也有所下降。鲜精输精时间可以间隔 24h，冻精间隔 8h。

在实际生产中，也有排卵后追配的，也会怀孕。如果估算输精距排卵 4h 内可以追配，时间超过 4h，受孕很难。

5. 管理因素　驴的繁殖主要受人类活动的控制，良好的管理工作应建立在对整个驴群或个体驴繁殖能力全面了解的基础上，合理的放牧、饲养、运动或调教、使役、休息，良好的厩舍卫生设施和合理的繁育制度等管理措施，均能提高驴繁殖力。管理不善，不但会使一些驴的繁殖力降低，也可能造成不育。

（五）提高繁殖力的措施

提高繁殖力，首先应保证驴的正常繁殖力，进而研究和采用更先进的繁殖技术，进一步发挥其繁殖力。

1. 加强选种选育　由于遗传因素的影响很大，因而选择繁殖力高的种公驴、种母驴是提高驴繁殖率的前提。在种公驴的选择过程中，尤其要注重对其繁殖性能和繁殖性状的选择，如性欲能力、生殖器官结构形态、精液品质、以往的繁殖成绩和繁殖历史等，是选择留种要特别注意的指标项目。对于种母驴的选择，应注意其性成熟的早晚，发情排卵情况、受胎能力及母性能力等。

2. 做好发情鉴定和适时配种 准确的发情鉴定是适时配种的前提和提高繁殖能力的重要环节。在生产实践中，通过外部观察结合直肠检查，根据卵泡的有无、大小、质地等变化，掌握卵泡发育程度和排卵时间，以决定最适输精时间。有三个关键点，一是看外观表现，黏液的透明度、黏性；二是触摸卵巢上卵泡发育的大小，卵泡壁的厚薄、紧张度、光滑性、水泡感等；三是综合判断排卵时间，然后决定配种时间。

正常情况下，刚刚排出到达受精部位的卵子生活力较强，受精能力也最高。一般说来，输精或自然交配距排卵的时间越近受胎率就越高，这就要求做到驴发情鉴定尽可能准确。

在人工授精时要严格遵守操作规程规范，严格注意操作者和所用器材的消毒，以减少感染生殖疾病的几率。

3. 减少胚胎死亡和流产 驴的平均流产率在 10%左右，前 3 个月早期流产 10%～15%，第二个流产阶段是怀孕 7～12 个月左右。在这个时期，应避免突然改变饲养管理条件，合理使役和运动。流产中有一部分为隐性流产，胚胎消失或流出不易被发现，因此要适时进行母驴妊娠检查。

4. 科学的饲养管理 加强饲养管理，是保证驴正常繁殖能力的基础。母驴的发情和排卵是通过内分泌途径由生殖激素调控的，而这些激素都与蛋白质和类固醇有关。当母驴营养不良时，下丘脑和垂体的分泌活动就会受到影响，性腺机能减退。研究证明，限制能量摄入直接影响 LH 释放，并间接作用于卵巢类固醇激素的生产，影响母驴的正常发情和排卵。

保证营养的适量和均衡全面，在配种季节，使公母驴保持膘情适度。

5. 做好繁殖组织和管理工作 提高驴的繁殖力的问题，不单纯是技术问题，必须有严密的组织措施相配合才能实现。

（1）建立一支有事业心的队伍 从事繁殖工作的人员既要有技术，又要有责任心，认真钻研业务，才能搞好工作。

（2）定期培训 要组织有计划的业务培训，不断提高理论水平，以指导生产实践。还应组织交流经验，相互学习，推广先进技术，不断提高技术水平。

（3）做好各种繁殖记录 对公驴的采精时间，精液质量，母驴的发情、排卵、配种、分娩、流产等情况进行记录，及时分析、整理有关资料，以便发现问题，及时解决。为了保证驴的正常繁殖力，进一步提高优良种驴的利用率，需指定生产标准规范并严格遵守，为科学管理提供保障。

第五节 妊娠、妊娠诊断及接产技术

一、妊娠

妊娠是哺乳动物所特有的一种生理现象，是自卵子受精开始一直到胎儿发育成熟后与其附属物共同排出母体前，母体所发生的复杂生理过程，主要包括妊娠的识别与建立、妊娠的维持等阶段。

（一）妊娠的识别与建立

在妊娠早期，胚胎产生某种化学因子或激素作为妊娠信号（pregnancy signal）传递给母体，母体遂做出相应的生理反应，以识别和确认胚胎的存在，由此，母体和孕体之间建立起密切的联系，这一过程称妊娠识别（maternal pregnancy recognition）。

妊娠识别的实质是胚胎产生某种抗溶黄体物质，作用于母体的子宫或（和）黄体，阻止或抵消 $PGF_{2\alpha}$ 的溶黄体作用，使黄体变为妊娠黄体，维持雌性动物妊娠。

母体妊娠识别后，即进入妊娠的生理状态。

（二）妊娠的维持

妊娠的维持（pregnancy maintenance）是母驴和胎盘所产生相关激素间的协调和平衡过程，其中孕激素是维持妊娠的重要激素。在排卵前后，雌激素和孕酮含量的变化，是子宫内膜增生、胚胎附植的主要动因。而在整个妊娠期，孕酮对妊娠的维持体现了多方面的作用：抑制雌激素和催产素对子宫肌的收缩作用，使胎儿发育处于平静而稳定的环境；促进子宫颈栓的形成，防止妊娠期间异物和病原微生物侵入子宫、危及胎儿；抑制垂体FSH分泌和释放，抑制卵巢上卵泡发育和雌性动物发情；妊娠后期孕酮水平下降有利于分娩的启动。

雌激素和孕激素的协同作用可改变子宫基质，增强子宫弹性，促进子宫肌纤维和胶原纤维增长，以满足胎儿、胎膜和胎水增长对空间扩张的需求；另外，还可刺激和维持子宫内膜血管的发育，为子宫和胎儿发育提供营养来源。

（三）妊娠期及其影响因素

1. 妊娠期　是从受精开始（一般是由最后一次配种日期开始计算）到分娩的一段时间，是新生命在母体内生活的时期。驴的妊娠期平均为360天，妊娠期的范围通常在350～370天。

2. 妊娠期间的内分泌变化　母驴在妊娠期间，内分泌系统将发生相应变化。妊娠期垂体促甲状腺素和促肾上腺皮质激素分泌增多。由于孕激素通过对下丘脑的负反馈作用而被抑制，故妊娠期间卵巢无成熟卵泡产生，也不排卵。妊娠后垂体催乳素分泌增加，促进乳腺发育，在分娩后促使乳腺分泌乳汁。妊娠期间母体内雌激素的变化因畜种不同而存在差异。

（四）妊娠母驴的变化

1. 妊娠母驴的全身变化　妊娠后，随着胎儿生长，母体新陈代谢加强，食欲增加，消化能力提高，营养状况改善，体重增加，被毛光润。妊娠后期，胎儿生长发育迅速，需要从母驴获取大量营养，因此往往需消耗前期储存的营养，以供应胎儿。如果饲养水平不高，妊娠中、后期体重减轻明显，甚至造成胎儿死亡。胎儿生长发育到最快的阶段，也是钙、磷等矿物质需要量最多的阶段，若不能从饲料中得到及时补充，易造成母驴缺钙，出现后肢跛行、牙齿磨损快、产后瘫痪等症状。

由于子宫体积增大，孕畜腹主动脉和腹腔、盆腔中静脉因受子宫压迫，血液循环不畅，使躯干后部和后肢出现淤血，并且呼吸运动浅而快，肺活量变小。此外，还出现血凝固能力增强、红细胞沉降速度加快等现象。

2. 妊娠母畜生殖器官的变化

（1）卵巢变化　母驴配种后，如果没有妊娠，卵巢上的黄体退化，如果妊娠则黄体会继续存在，进而发育成妊娠黄体，从而中断发情周期。在整个妊娠期，孕酮对于维持妊娠和胚胎发育至关重要。

驴在妊娠后的卵巢变化非常特殊，在妊娠第40天至妊娠5个月内，由于PMSG的作用，仍有卵泡继续发育，并形成许多大小不等的黄体，而且这些黄体化的卵泡，也有排卵后才形成的，成为副黄体。

此外，母驴妊娠后，卵巢的位置随胎儿体积和子宫重量的增大而向腹腔前下方沉移，两侧卵巢都逐渐向正中矢状面靠拢。子宫阔韧带由于负重而紧张拉长。

（2）内生殖道变化　母驴妊娠后，子宫发生增生、生长、扩展。附植前，在孕酮作用下，子宫内膜增生，血管增加，子宫腺增长、卷曲，白细胞浸润；附植后，子宫肌层肥大，结缔组织基质广泛增生，纤维和胶原含量增加。子宫扩展期间自身生长减慢，胎儿迅速生长，子宫肌层变薄，纤维拉长。由于孕激素的作用，子宫活动被抑制，对外界刺激的反应性降低，对OXT、雌激素的敏感性降低，在这一阶段处于生理安静状态。

①体积与位置。在妊娠后子宫的发育不仅表现在黏膜增生，子宫肌肉组织也在生长，特别是孕侧子宫角和子宫体的体积增大。因为胚泡为圆形，而且多位于一侧子宫角和子宫体交界处，所以扩大首先并且主要发生在交界处。在整个妊娠期，孕角的增长比空角大很多，二者从妊娠初期开始出现不对称。母驴孕角的增大主要是大弯向前扩张，小弯则伸张不大。母驴的子宫体也扩大（胎儿主要在子宫体内）。妊娠末期，母驴的子宫位于腹腔中部，但有时也偏向左侧或右侧。妊娠后期，子宫肌纤维逐渐肥大增生，结缔组织基质亦增加。基质的变化对妊娠子宫相应变化的进展和产后子宫的复原奠定了基础，由于胎儿生长及胎水增多使子宫发生扩张，子宫壁随着妊娠逐渐变薄，尤以妊娠后期最为显著。

②黏膜。受精后，子宫黏膜在雌激素和孕酮的先后作用下，血液供应增多，上皮增生，黏膜增厚，并形成大量皱襞，使面积增大。子宫腺扩张、伸长，细胞中的糖原增多，且分泌量增多，有利于囊胚的附植，并供给胚胎发育所需要的营养物质。以后，黏膜形成母体胎盘。驴在妊娠的前5个月内，子宫黏膜上形成子宫内膜杯，能够产生PMSG，对维持妊娠可能起平衡作用。

③子宫颈。妊娠后子宫颈收缩很紧而且变粗，子宫颈的黏膜层增厚。同时，由于宫颈内膜腺管的增加，黏膜上皮的单细胞腺分泌一种黏稠的黏液，填充于子宫颈内，称为子宫颈栓。与此同时，子宫颈括约肌的收缩使子宫颈管处于完全封闭状态，这样可以防止外物进入子宫内，起到保护胎儿的作用。子宫颈栓在妊娠初期透明、淡白，妊娠中后期变淡黄色，更黏稠，且分泌量逐渐增多，并流入阴道内，使阴道黏膜变得黏涩。子宫颈分泌物较多，新分泌的黏液代替旧黏液，子宫颈栓常常更新，驴的子宫颈栓较少，子宫颈封闭较松，手指可以伸入。驴的子宫颈栓受到破坏后，可在3天左右发生流产。此外，妊娠后子宫颈的位置也往往稍偏向一侧，质地较硬，驴的子宫颈细圆而硬。

在妊娠的中后期，子宫由于重量增大而下沉至腹腔，子宫颈因受子宫牵连由骨盆腔移至耻骨前缘的前下方，直到妊娠后期。在临产前数周，由于子宫扩张和胎位上移才又回到骨盆腔内。

④血液供应。妊娠子宫的血液供应量随胎儿发育所需要的营养增多而逐渐增加。驴妊娠末期的子宫中动脉可变到如食指或拇指粗细。在动脉变粗的同时由于黏膜层增生、加

厚，动脉内膜的皱襞亦变厚且和肌层联系变疏松，因此在血液流过时有清楚有力的脉搏，继而变为间隔不明显的流水样颤动，称之为妊娠脉搏。孕角一侧出现妊娠脉搏要比空角早，因而在生产实践中，通过直肠检查母驴的妊娠脉搏可作为妊娠诊断的重要依据。

⑤子宫阔韧带。妊娠后，子宫阔韧带中的平滑肌纤维及结缔组织增生，子宫阔韧带变厚。此外，由于子宫重量的逐渐增加，子宫下沉，因而使子宫阔韧带伸长并且绷得很紧。

3. 外生殖道变化　妊娠初期，阴唇收缩，阴门裂紧闭。随妊娠期的进展，阴唇的水肿程度增加，妊娠后阴道黏膜的颜色变苍白，黏膜上覆盖有从子宫颈分泌出来的浓稠黏液，因该黏膜并不滑润，插入和拔出开张器时感到滞涩。在妊娠末期，阴唇、阴道发生水肿而变柔软。

二、妊娠诊断

（一）妊娠诊断的意义

妊娠诊断的目的是确定母畜是否已经妊娠，以便按妊娠母畜的饲养管理特点，维持母畜健康，保证胎儿正常发育，防止胚胎的早期死亡或流产。如果确定没有妊娠，则应密切注意其下次发情，做好再次配种工作，并及时找出未孕原因，例如交配时间和配种方法是否合适、公畜精液品质是否合格、公母畜生殖器官是否患病等，以便在下次配种时做出必要的改进或及时治疗。另外，驴是单胎动物，双胎极易发生流产，这也是驴早期妊娠诊断的另一必要原因，若有发生怀双胎现象，应及时进行处理仅留一胎，以保证母驴与驴驹的安全。

妊娠诊断不但要求准确，而且要能尽早确诊，这对于生产实践中提高繁殖效率具有重要意义。若不能早期做出妊娠诊断，有的母畜虽未妊娠，但又不返情，经过较长时间后才发现未孕，延长了空怀的时间，因此有效的妊娠诊断方法，尤其是早期妊娠诊断历来为畜牧工作者所重视。

理想的妊娠诊断方法，应该具备下列条件：适用于早期妊娠诊断；准确率高；对母体及胎儿无影响；方法简便、容易掌握、费用低廉。例如B超的妊娠诊断。

（二）妊娠诊断的依据

通过对配后母驴进行内部检查、外部检查和实验室诊断等，按照以下依据判断是否妊娠：

①直接或间接检查胎儿、胎膜和胎水的存在。

②检查或观察与怀孕有关的母体变化，如腹部轮廓变化，通过直肠触摸子宫动脉变化等。

③检查与妊娠有关的激素变化，如尿液雌激素检查、血中孕酮测定以及母驴血液eCG测定等。

④检查由生殖激素分泌变化引起的相应母体变化，如发情表现、阴道变化、宫颈黏液性状和外源激素诱导的生理反应等。

⑤检查由于胚胎出现和发育产生的特异物质，如早孕因子的免疫诊断。

⑥检查由于妊娠，母体阴道上皮的细胞学变化。

（三）妊娠诊断的方法

妊娠诊断的方法有很多种，主要包括外部检查法、直肠检查法、阴道检查法、免疫学诊断法、超声波诊断法等，各有其优缺点，生产中应根据实际情况灵活选用。

1. 外部检查法 主要根据母驴妊娠后的行为变化和外部表现来判断是否妊娠的方法。例如，周期发情停止，食欲增进，膘情改善，毛色光泽，性情温顺，行动谨慎安稳；妊娠中期或后期，腹围增大，偏向一侧突出，乳房胀大，母驴怀孕后期有腹下水肿现象，在6个月可见胎动；妊娠后期，腹壁可触摸到胎儿，当胎儿胸部紧贴母体腹壁处时，可听到胎心音。母驴妊娠的外部表现在妊娠的中、后期才比较明显，难于做出早期是否妊娠的判断。

母驴的发情周期一般在18～25天。在最后一次配种后19天，可以用公驴试情，一般要连续4～6天。缺点：规模化养殖母驴有20%左右的隐性发情，即使未孕，也不会有明显的发情症状，导致漏配。连续观察1～2个情期，准确率80%以上。

2. 直肠检查法 母驴早期妊娠诊断准确有效的方法之一。由于它是通过直肠壁直接触摸卵巢、子宫、胚胎形态、大小和变化，及时了解妊娠进程，判断妊娠的大体月份，无需复杂的设备，又可判断孕驴的假发情、假怀孕、生殖器官疾病和胎儿的死活（见图5-18）。

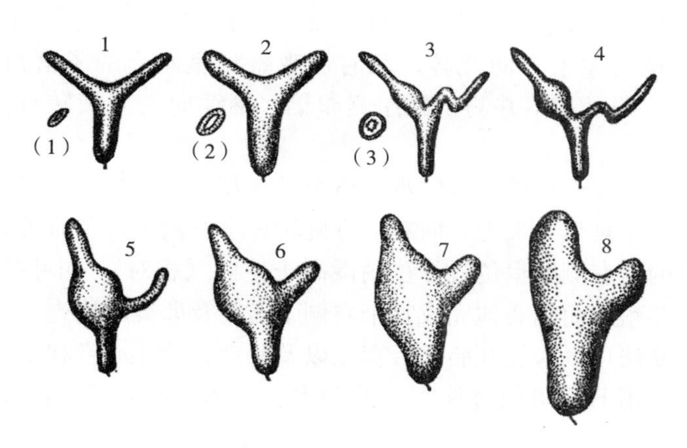

图5-18 驴怀孕子宫的变化（由上面看）

1. 未孕正常子宫 2. 未孕炎症子宫 3. 怀孕20天前后 4. 怀孕40天前后
5. 怀孕60天前后 6. 怀孕70天前后 7. 怀孕80天前后 8. 怀孕150天前后
（1）未孕正常子宫断面 （2）未孕炎症子宫断面（3）早期怀孕子宫断面

直肠检查妊娠鉴定的主要依据是妊娠后生殖器官所发生的相应变化。在直肠检查中，根据妊娠的不同阶段检查的侧重点有所不同：在妊娠初期，主要以卵巢上黄体的状态，子宫角形状，对称性和质地变化为主；胚胎形成后，要以胚胎的存在和大小为主；胎儿下沉入腹时，则以卵巢位置、子宫颈紧张度和子宫动脉妊娠脉搏为主。

3. B超诊断法

（1）B超检查的效果 超声断层扫描（ultrasonography）简称B超（brightness made ultrasound），是将超声回声信号以光点明暗显示出来，回声的强弱与光点的亮度一致。这样由点到线到面构成一幅被扫描部位组织或脏器的二维断层图像，称为声像图。超声波在母驴体内传播时，由于脏器或组织的声阻抗不同，界面形态不同，以及脏器间密度较低的间隙，造成各脏器不同的反射规律，形成各脏器各具特点的声像图。点图像包括灰色阴影，色度范围从黑色（电波或无回声）到白色（高回声）。液体（尿液、尿囊液和羊膜液）是电波在阴极射线管上出现黑色。发育的骨骼是高回声，故出现白色。母驴在配种后 25～30 天可达到较为理想的诊断效果。B 超诊断有时间早、速度快、准确率高等优点。用 B 超可通过探查胎水、胎体或胎心搏动以及胎盘来判断妊娠阶段、胎儿性别及胎儿的状态等。

（2）B 超检查的使用方法

①将超声波 B 超仪探头顺手指方向握于掌心，食指、中指、无名指位于探头上方，类似于手握鼠标。

②进入肠管后轻轻压住探头使之贴近肠壁。拇指及小指分别紧捏探头两个侧面，以固定和控制探头方向。确保探头下方即超声波发生方向紧贴肠管，不得被手指及粪便阻挡。

③五指握紧探头以圆锥形旋转通过肛门进入直肠。进入直肠后，缓慢而轻柔地前后左右移动探头。如果有粪，请先将粪掏干净。努责时缓退，不前进，以免损伤直肠。

④找到子宫壁后，一边缓慢地顺子宫壁方向左右查看，一边轻微地左右移动探头，以便观察整个子宫壁的状况。当深入至直肠狭窄部肠管处（即子宫角分叉处）时，将探头贴紧肠管缓慢地向左上方向旋转，此时可观察到呈圆形的子宫角横切面，顺子宫角方向继续向左上，即可观察并测量到左侧卵巢，继续向上方旋转直至卵巢消失不见，然后原路返回。

⑤观察时动作要缓慢而轻柔，以便观察整个子宫及卵巢的状况。完成左侧检查后顺左侧子宫角方向返回至子宫角分叉处，向右上方旋转观察右侧子宫及卵巢的情况。操作方法同左侧，值得注意的是右侧卵巢位置往往稍微高于左侧（相对），且手臂向右上旋转时难度较大，此时一定要耐心而细心地完成整个右侧子宫角及卵巢的检查。

通过超声波诊断法可以探知胚胎是否存在以及胎动、胎儿心音和胎儿脉搏等，进而进行妊娠诊断的方法。用 B 超可通过探查驴的胎水、胎体或胎心搏动以及胎盘来判断妊娠阶段及胎儿的状态等（图 5－19）。

（3）胎儿发育不同阶段的影像特点　妊娠诊断基于最初图像：液体、胎盘和胎儿结构。胚泡液体是妊娠后最早可识别的指示，妊娠 30 天可用扇扫探头扫到，45 天液泡声像明显，胎儿可被识别；在 35 天时仔细观察，可显示胎儿心跳。妊娠约 22 天，子叶开始发育，到 40 天沿液泡边缘出现小的灰色“C”或“O”形结构；第 45 天，骨架结构可完全鉴定，呈现非常明亮的图像。随着胎儿继续的发育，其特征性结构更易鉴定。需要注意：在连续性测定某种结构时，由于二维图像如同图片急速切入，所以，同一结构的不同结果与声波穿透该结构的角度有关，如旋转探头 90°将改变胎儿纵向图像为横向。

预测胎龄可通过测径器作图分析顶臀长或颅顶骨宽，妊娠 50 天胎儿大小变化趋于相对恒定，妊娠天数的估测较准确（误差±2 天），但耗时。一种更快估测妊娠天数的方法是对胎儿躯干扇扫大小和以特定妊娠天数为基准的一系列拉伸或裁切的图像大小进行比对。

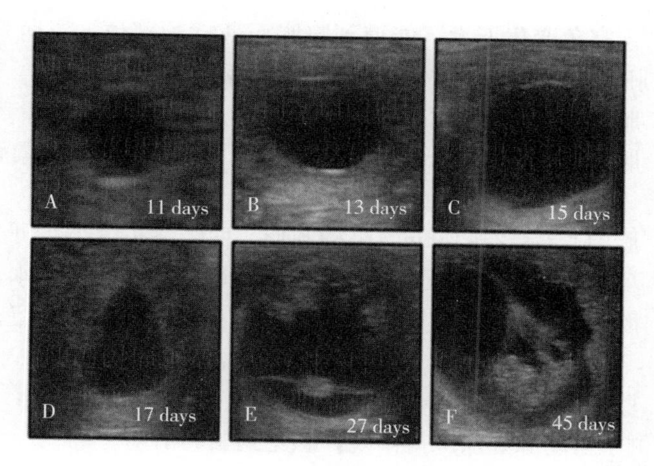

图 5-19 驴的胚胎发育

（来源：赵珊珊 提供）

A. 胚胎 11 天，此时胚胎为非常规则的圆 B. 胚胎 13 天，仍然是一个规则的圆形 C. 胚胎 15 天，胚胎开始变形 D. 胚胎 17 天，胚胎呈现三角形 E. 胚胎 27 天，开始出现心跳 F. 胚胎 45 天，胎儿基本成型

（4）应用 B 超检查注意的事项 应用超声波进行妊娠诊断，一般对于操作者不仅要掌握妊娠状态图像，而且还要熟悉那些未妊娠状态图像，以便于做出准确判断。

检查时间：最早 9 天就可以。一般 B 超在 12 天能扫描到，胚泡直径 8～10mm。受精卵从输卵管到子宫的时间一般是 6.5 天。其中 6.5～16 天胚泡在子宫内是游离性的，不固定位置。16～18 天会附植在子宫基部，也有的会在子宫体或者子宫角附植，这两个位置容易流产。

双胎的处理：驴有怀双胎的，用 B 超检查时，首先要扫描卵巢有几个黄体，如果发现两个黄体，易怀双胎，一定要仔细检查，如果怀双胎，后期易发生流产。要在早期未附植前 12～15 天的时候捏死其中一个胚泡。也有后期处理的（18～30 天），成功率比较低。

必须要检查的三点：子宫颈状态、子宫和黄体。

怀孕时，子宫颈关闭，子宫水肿无或者轻微，卵巢上有黄体形成。

在扫描子宫和子宫体的时候，根据个人习惯，可以从左侧到右侧，或者从右侧到左侧，最后扫描子宫体退出。技术不熟练的情况下可以在 16～21 天用 B 超检查。

整个检查过程要动作轻柔，不可粗暴。

（四）驴直肠检查妊娠的要点

1. 16～18 天 子宫角收缩呈圆柱状，壁肥厚变硬，中间有弹性，子宫角基部摸到大如鸽蛋的胎泡；空角弯曲、较长，孕角平直或弯曲，两子宫角交界处出现凹沟，胚泡15～23mm。患有子宫炎和新生产的母驴第一个情期时手感也会有这种感觉，注意区分。

2. 20～25 天 子宫角进一步收缩硬化，触摸时有香肠般感觉，空角弯曲增大，孕角弯曲由胎泡上方开始。子宫底凹沟明显，胎泡大如乒乓球，波动明显，胚泡25～34mm。

3. 25～30 天　子宫角变化不大，能摸到膨胀而薄软的部位，空角弯曲增大，胎泡增大如鸡蛋或鸭蛋，胚泡 34～50mm，孕角缩短下沉，卵巢下降。

4. 30～40 天　胎泡迅速增大，体积如拳，胚泡直径 5～8cm，卵巢黄体明显。

5. 40～50 天　胎泡直径 10～12cm，孕角进一步下沉，卵巢韧带紧张。胎泡部位的子宫壁变薄。

6. 60～70 天　胎泡直径 12～16cm，呈椭圆形，两个拳头大小，可触及孕角尖端和空角全部。两侧卵巢因下沉而靠近，胚泡处子宫壁薄而软，内有大量胎水。

7. 80～90 天　胎泡直径 25cm 左右，两侧子宫角被胎泡充满，胎泡下沉并向下突出，很难摸到子宫全部，卵巢系膜拉紧，卵巢向腹腔靠近。

8. 90 天以后　胎泡渐沉入腹腔，触到部分胎泡，卵巢进一步靠近，一手触到两卵巢。

9. 150 天　孕侧子宫动脉妊娠脉搏出现，感觉到胎驹活动。

寻找子宫动脉方法：手伸入直肠，掌心向上，手指紧贴骨盆顶部荐骨，从后向前摸到腹主动脉两条分支髂内动脉，即可找到由此分支走向子宫阔韧带的子宫动脉。

三、接产技术

在自然状态下，母驴往往自己寻找安静的地方，将胎儿产出，并让其吮吸乳汁。因此，原则上对正常分娩的母驴无需接产。助产人员的主要职责是监视母驴的分娩情况，发现问题及时给母驴必要的辅助，并对驴驹及时护理，确保母子平安。但遇到难产，必须进行接产处理。

（一）做好助产准备

产房准备：产房要向阳、宽敞、明亮，房内干燥，既要通风，又能保温和防贼风。产前应进行消毒，备好新鲜垫草。

必要的药品和产科器械：肥皂（难产润滑）、毛巾、刷子、消毒药（新洁尔灭、来苏尔、酒精、碘酊）、产科包（助产、难产接产）、剪刀、脸盆、破伤风抗毒素、缩宫素、氯前列烯醇等。

准备常用的医疗器械和手术助产器械。

助产人员：产房内应有固定的助产人员。他们应受过助产专门训练，熟悉母驴分娩的生理规律，能遵守助产的操作规程。助产用器械及手臂应进行消毒。

（二）观察孕驴分娩前的表现

畜主应熟悉母驴临产表现，注意观察，能大致判定分娩时间。做到接产有人，预防可能发生的事故。母驴临产前 1 个月时乳房增大，从乳头中流出黄色透明乳汁时，预示着接近临产期。分娩前十几天，乳房、乳头增大，分泌乳汁明显；外阴部潮红，尾根两侧肌肉塌陷。临产前几个小时，母驴有举尾的行为，如果发现举尾，一般临产在 5h 内，孕驴表现不安，不愿采食，出现疝痛症状，喘粗气，回头看腹，时卧时起，用前蹄刨地。此时应专人守候，随时做好接产准备。

在母畜卧地开始努责、尿膜绒毛膜破裂排出尿水后，立即将手臂及母畜外阴部消毒后伸入产道，检查胎儿的方向、位置和姿势是否正常（见图 5 - 20）。这在防止某些难产的发生上，是一个非常重要的工作。检查可隔着羊膜进行，避免羊水过早流失。如果进入骨盆腔的胎儿姿势正常，可等待胎儿自然产出。否则应及早矫正，较易成功。

（三）正常分娩的助产

当孕驴出现分娩表现时，助产人员应消毒手臂做好接产准备。铺平垫草，使孕驴侧卧，将棉垫垫在驴的头部，防止擦伤头部和刺伤眼睛。正常分娩时，胎膜破裂，胎水流出，如羊膜未破，应立即撕破羊膜。正生时，幼驹的两前肢伸出阴门之外，且蹄底向下；倒生时，两后肢蹄底则向上。产道检查时可摸到幼驹的臀部。助产时可随母驴的努责用手向外牵拉胎儿，助产者要特别注意对初产驴及老龄驴的助产。进行助产时一定要检查胎儿的方向、位置和姿势是否正常。如果进入骨盆腔的胎儿姿势正常，可等待胎儿自然产出。否则应及早矫正，较易成功。

（四）难产的助产方法

头前位先出是正生，尾前位先出是倒生，只要是头部或臀部伴随着前肢或后肢同时伸出，均属顺产。但倒生时助产者应随母驴的努责尽快将胎儿拉出，以防胎儿窒息死亡。凡胎儿的头部、腿部或臀部发生变化，不能顺利产出者均属难产。临床上正确处理难产，对保护胎儿健康和提高繁殖成活率，均有重要的意义。常见的难产和相应的助产方法有以下几种（见图 5 - 21 至图 5 - 27）。

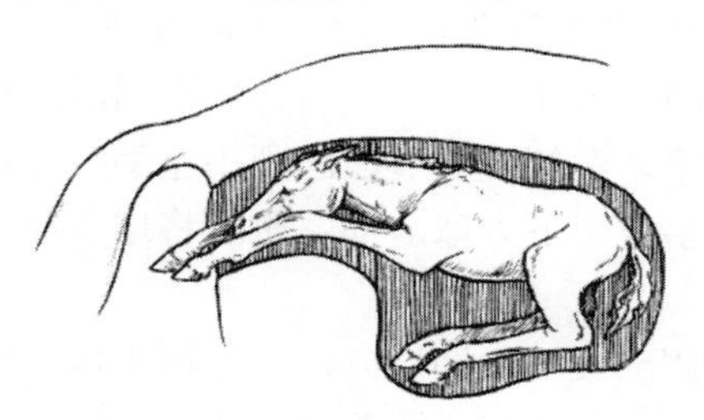

图 5 - 20 正常胎位

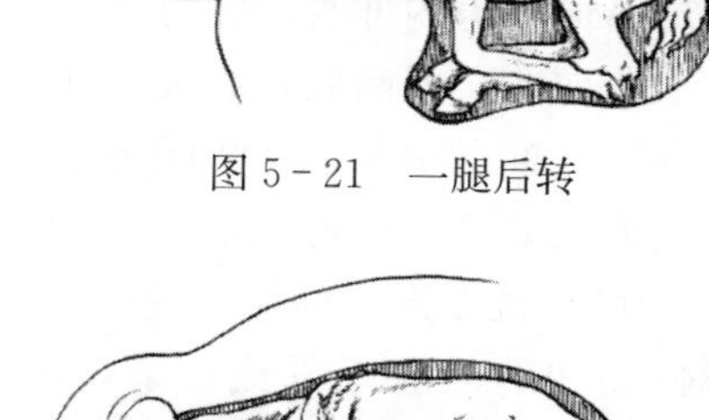

图 5 - 21 一腿后转

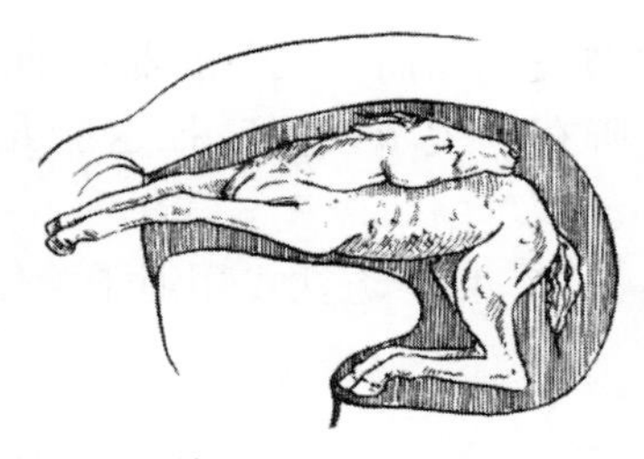

图 5 - 22 腿伸出，但头向后并在身体之上

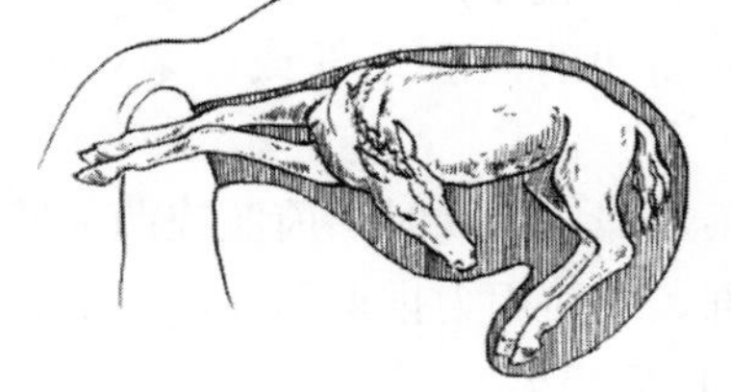

图 5 - 23 腿向前伸出，头向下方一侧

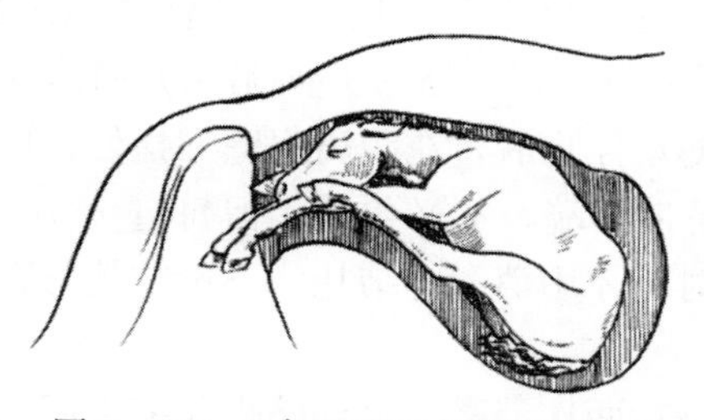

图 5 - 24 三条腿或四条腿同时伸出

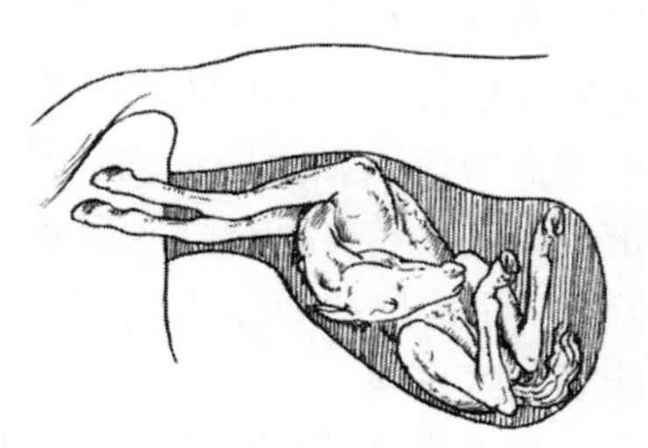

图 5 - 25 胎儿身体扭转

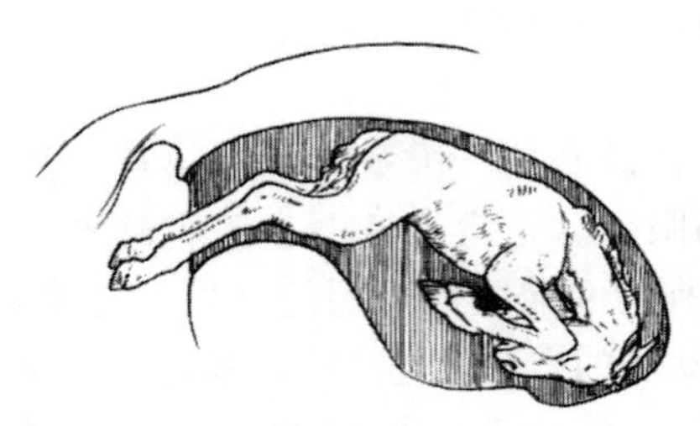

图 5 - 26 后位（亦即尾位）

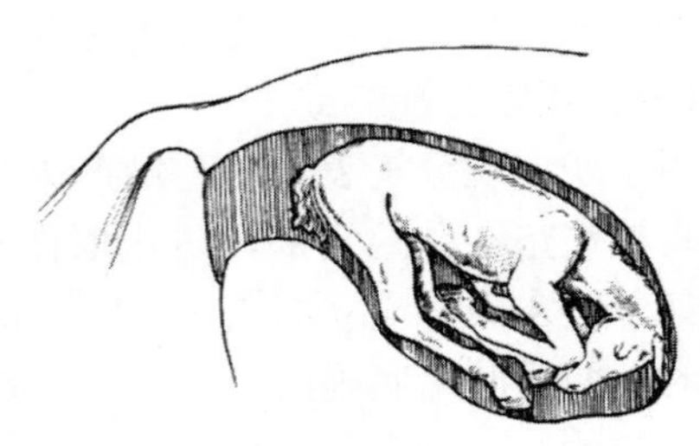

图 5 - 27 臀 位

1. 胎位不正的助产 头颈侧弯：即胎儿两前肢已伸入产道，而头弯向身体一侧所造成的难产。助产方法：用消毒好的助产绳将胎儿两肢系好，将胎儿送回子宫。助产者将手臂伸入子宫，抓住胎儿眼眶处，将胎头整复，然后拉出。

胎头下垂：即胎儿头伏在两肢下方，弯到胸部。助产方法：如系轻度变位，助产者可将手伸入阴道，抓住胎儿下颌，然后将胎儿头部上举，拉出产道，即可顺产而出。

胎头过大：由于胎儿头部过大，难以娩出，造成难产。助产方法：用手抓住胎儿两前肢，手伸入阴道，抓住胎儿下颌，将胎儿头扭转方向，试行拖出。

2. 前肢异位助产 前肢异位是胎儿一前肢或两前肢姿势不正而发生的难产。

腕关节（前膝）后曲，头前位分娩时，前肢腕关节屈曲，增大胎儿肩胛围的体积，难以产出。助产方法：如系左侧腕关节屈曲则用右手，右侧腕关节屈曲则用左手。先将胎儿送回子宫，用手握住管部，向上方高举，然后将手放于下方球节部，暂时将球节屈曲，再用力将球节向产道内伸直，即可整复。

肩关节屈曲，即前肢在肩关节处屈向胎儿体侧或腹下。助产方法：先用手握住屈曲的上膊或前膝，推退胎儿，并将腕关节导入骨盆入口，使之变成腕关节屈曲，再按整复腕关节屈曲的方法处理，即可整复。

3. 后肢异位助产 前位分娩时，一肢或两肢飞节发生屈曲。飞节屈曲的助产方法是：以手握住屈曲的后肢系部或球节，尽力屈曲后肢所有的关节，同时推退胎儿，一般可整复。

抱头难产：分娩时一前肢或两前肢在胎儿头部上方。助产方法：用绳子拴住胎儿先位肢的系部，一面用力推退胎儿肩关节，即可复位。

（五）接产

驴驹产出后，应立即擦掉其嘴唇和鼻孔上的黏液和污物，接着进行断脐。

（1）断脐 徒手断脐：现多采用徒手断脐，这样脐带干涸快，不易感染。其方法是，在靠近胎儿腹部 5～8cm 处，用手握住脐带，另一只手捏住脐带并向胎儿方向捋几下，使脐带里的血液流入新生驹体内，待驴驹脐静脉搏动停止后，在距离腹壁三指处，用手指掐断脐带，再用 5%碘酒充分消毒残留于腹壁的脐带余端，不必包扎，但每过 7～8h，需用 5%的碘酒消毒 1～2 次。只有当脐带流血不止时，才用消毒绳结扎。不论结扎与否，都必须用碘酒彻底消毒。

在夏季或者连阴雨的天气时，脐带要每天进行两次消毒，直到脐带收缩干涸为止。

（2）驴驹的护理 母驴产后多不像牛、马那样舐驹体上的黏液。助产者可用软布或毛巾擦干驴驹体上的黏液，以防止驹儿受凉。尽早让驴驹儿吃上初乳，以增强抗病能力，有助于排出胎粪，防止便秘。一般产后驴驹自行站立后可辅助吃初乳，如果出生后 30min 尚不能站立，需要人工挤奶进行补喂初乳。

产后要及时给母驴和驴驹注射破伤风疫苗。

第六节 母驴的流产、预防和产后护理

一、母驴的流产

（一）定义

流产（abortion）是指由于胎儿或母体异常而导致妊娠的生理过程发生扰乱或它们之间的正常关系受到破坏而导致的妊娠中断。流产可发生于妊娠的各个阶段，但以妊娠早期较为多见。在各种动物中以马属动物多见。流产不仅使胎儿夭折或发育受到影响，而且还危害母驴的健康，甚至引起生殖器官疾病而致不育。如果母体在怀孕期满前排出成活的未成熟胎儿称为早产；如果在分娩时排出死亡的胎儿，则称死产。

（二）病因及分类

1. 普通流产

（1）自发性流产

①胎膜及胎盘异常胎膜异常往往导致胚胎死亡。

②胚胎过多。因子宫容积所限，胚胎之间相互排挤，生命力弱的胚胎被抑制发育或两者均停止发育。由于驴怀双驹时在胚胎发育后期生长空间不足、营养不够维持两驹生长，因此常常在妊娠后期发生流产，因此驴应当避免怀双胎。

③胚胎停止发育。母驴妊娠早期的胚胎发育停滞是胚胎死亡的一个重要因素。

（2）症状性流产

①生殖器官疾病。母驴生殖器官疾病所造成的症状性流产较多。如患阴道脱出及阴道炎时，炎症可以破坏子宫颈黏液塞，细菌侵入子宫，引起胎膜炎。

②激素失调。孕激素失调往往引起流产。母驴在妊娠早期产生的孕激素，是胚胎存活不可缺少的。生殖激素分泌紊乱，子宫环境不能满足胚胎发育的需要，胚胎早期死亡。

③非传染性全身性疾病。例如疝痛，起卧打滚，可因疼痛反射性地引起子宫收缩、流产；引起体温升高、呼吸困难、高度贫血的疾病，均可引起母驴流产。

④营养失衡。例如妊娠毒血症、饲喂及饮食不当等。例如，饲料搭配严重不当和矿物质含量不足，饲料品质不良及饲喂方法不当，饲喂发霉变质的饲料、有毒的植物或被有毒的农药污染的饲料等。

⑤管理及使用不当。例如热应激、腹壁的抵伤和踢伤、跌倒、使役过久过重、由舍饲突然转为放牧、惊吓、清晨空腹大量饮水、饥饿后饲以大量的可口饲料等，都可能引起流产。

⑥治疗及检查失误。全身麻醉，大量采血，服用过量泻剂、驱虫剂，注射可以引起子

宫收缩的药物，误给大量激素等可导致流产。

2. 传染性与寄生虫性流产 很多微生物与寄生虫都能引起母驴的流产。它们既可以侵害胎盘及胎儿引起自发性流产，又可以流产作为一种症状，发生症状性流产。如钩端螺旋体、布氏杆菌、副伤寒、疱疹病毒等疾病造成的流产。

（三）症状

根据症状流产基本可以归纳为 4 种。

1. 隐性流产 母驴不表现明显的临床症状。常见于胚胎早期死亡，表现为屡配不孕或返情推迟，妊娠率降低。

2. 排出不足月的活胎儿 母驴的临床表现与正常分娩时相似，但不像正常分娩那样明显，往往仅在排出胎儿前 2～3 天乳腺突然膨大，阴唇稍微肿胀，阴门内有清亮黏液流出，乳头内可挤出清凉液体。有的孕驴出现腹痛、起卧不安、呼吸脉搏加快等。

3. 排出死亡而未经变化的胎儿 这是流产中最常见的一种。胎儿死后，它对母驴来说是一种异物，可引起子宫收缩反应，于数天内将死胎及胎衣排出。妊娠初期的流产，事前常无征兆，因为胎儿及胎膜很小，排出时不容易发现，有时可能认为是隐性流产。

4. 稽留性流产 又称死胎停滞、延期流产，又分为胎儿浸溶、胎儿腐败、胎儿干尸化或木乃伊化。这种流产在母驴怀孕期间会伴随食欲下降和不食的症状，通常 2～3 天，在驴群中不容易被发现。

二、母驴流产的预防

主要从三个方面来做好预防措施。

饲养：保持营养均衡全面，禁止饲喂发霉变质的饲料，不喝冰冷水。

管理：怀孕后期母驴舍饲时应设单槽，避免拥挤导致流产；驴舍要保持安静的环境，饲养人员进入驴舍动作要轻；妊娠期减少使役，妊娠后期以自由活动为主，停止使役。

在雨季、寒冷季节交替时要及时清除圈舍的积水，防止贼风，做好御寒措施，特别是在北方。

疾病预防：在妊娠前对流产疾病进行免疫和净化；保持圈舍清洁、干燥、干净，定期消毒；禁用对孕驴有产生流产副作用的药物。对有流产症状的孕驴，及时保胎。若孕驴有过流产的病史，为防止再次发生流产，可根据上次流产的孕期超前 15～30 天肌注适量黄体酮，可稳定子宫防止流产；对于有流产史的母驴再次受孕的，可以挑选出单圈饲养。

三、产后护理

（一）母驴的产后护理

母驴产后身体虚弱，还需哺乳驴驹，供给母驴营养丰富、易消化的饲料非常重要，加强饲养管理，以使其身体尽快恢复，以满足母体和驴驹生长发育需要。

根据驴品种的不同，一般在 1～2 周即可转为常规饲料；由于恶露排出，母驴的外阴部和臀部要经常清洗和消毒，勤换洁净的垫草；对役用母驴在产后 15～20 天内停止使役；注意观察产后母驴的行为和状态，若有胎衣不下、阴道或子宫脱出、产后瘫痪和乳房炎等疾病发生，应立即采取措施。

生产之后接产员应该为母驴准备 5L 左右温水，并添加麸皮、葡萄糖和盐（或者口服补液盐，氯化钠 3.5g、碳酸氢钠 2.5g、氯化钾 1.5g、枸橼酸钠 2.9g、无水葡萄糖 20g，加水至 1 000ml）进行喂饮，但要给予适量，防止暴饮。

母驴产后，腹腔的胃肠道从妊娠时被挤压的状态猛然恢复到平时的状态，此时若大量饲喂草料容易引起胃肠道疾病，因此在母驴产后饲喂量应为平时饲喂量的 2/3，少喂多添，在 1 周内慢慢恢复到妊娠时的饲喂量。

（二）新生驴驹的护理

新生驴驹是指断脐到脐带干缩脱落这个阶段的幼驹。由于驴驹出生后，由原来的母体环境进入外界环境，生活条件和生活方式发生了巨大变化，驴驹的各个器官开始独立活动，但是，其生理机能还不够完善，抗病力和适应能力都很差。因此，这一阶段的主要任务是促使驴驹尽快适应新环境，减少新生驴驹的病患和死亡。

1. 防止窒息 驴驹出生后应立即清除其口腔和鼻腔的黏液以防窒息。一旦出现窒息，应立即查找原因并进行人工呼吸。

2. 注意保温 由于新生驴驹的体温调节中枢尚未发育完全，皮肤调节体温的能力也比较差，在外界环境温度较低，特别是冬、春季节要注意驴驹的防寒保温，新生驴驹不仅对低温很敏感，对高温也敏感。

3. 帮助哺乳 母驴产后，最初几天分泌的乳汁为初乳，一般产后 4～7 天即变为常乳。初乳的营养丰富，蛋白质、矿物质和维生素等含量较高，特别是初乳内还含有大量的免疫抗体，这对新生驴驹获得免疫抗体、提高抗病能力是十分必要的。因此，必须使新生驴驹尽早吃到初乳。

接产员应在产后观察驴驹情况，驴驹应在产后 2h 内吃上初乳。观察胎粪是否排出。若驴驹没有及时排出胎粪，兽医应及时处理，可以直肠灌注肥皂水（或者直肠末端打入一支开塞露），协助其排出胎粪。

4. 防止脐带炎 一般新生幼驹断脐后经 2～6 天，脐带即可干缩脱落。但若在断脐后消毒不当，脐带受到感染或被尿液浸润，或幼驹相互吮吸脐带均易引起感染，容易发生脐血管及其周围组织的炎症，可在脐孔周围皮下分点注射青霉素普鲁卡因溶液，并局部涂以松榴油与 5%碘酊等量合剂。若发生脓肿则应切开脓肿部，进行消毒抗炎处理，并用绷带保护。对脐带坏疽性脐炎，兽医应及时切除坏死组织，做好进一步治疗。

5. 注射破伤风疫苗和检查胎衣 产后母驴和驴驹应在 12h 内注射破伤风抗毒素。胎衣一般产后 30～60min 内自动脱落，如果超过 5h 胎衣未脱落，或者脱落不完整，要及时通知兽医进行处理。

第七节 驴的繁殖新技术

驴除了人工授精以外的繁殖新技术，还有胚胎移植技术、体外受精技术、克隆技术和性控技术等。驴的胚胎移植是将早期胚胎从供体母驴子宫取出，移植到相同生理状态的受体母驴子宫内，使其发育，获得新生后代的技术。体外受精技术是指将精子和卵子在体外人工控制的环境中完成受精过程的技术，是体外生产胚胎的有效途径。克隆技术即细胞核移植技术，将供体细胞核移入去核的卵母细胞内，被激活、分裂和发育，产生与供体细胞遗传成分一样的个体，使卵母细胞不经精子进入，通过无性生殖的方式繁育后代。性控就是人为控制性别，使其产出人们所期望的性别后代的技术。本节重点介绍驴的胚胎移植技术。

一、驴的胚胎移植

（一）胚胎移植史

胚胎移植被认为是继家畜人工授精技术之后家畜繁殖领域的第二次革命。人工授精技术极大地提高了优秀种公畜的利用率，胚胎移植技术则极大地增加了优秀母畜的后代数，挖掘了母畜的遗传和繁殖潜力。

首次胚胎移植起于1890年，在兔子上成功进行，但直到1977年，发达国家才开始商业化应用。首次马胚胎移植的报道源自1972年，比首例牛胚胎移植晚21年。近年全世界每年有25 000匹马采用胚胎移植繁育，美国、法国、比利时等发达国家已经具备了商业化应用的广阔市场。

根据IETS（国际胚胎移植协会）的统计，2000年全世界移植胚胎总数为5 398枚，到2010年全世界移植牛胚胎总数达24 540枚。2000—2010年，国际胚胎移植总数增长354%。而且IETS的统计数据还不能包括世界上所有的地区，特别是亚洲地区，因此这些数据比实际要低一些，但这些数据已充分说明胚胎移植已成为全球畜牧业中最具前景和最活跃的领域之一。

驴和马同为马属动物，在繁殖上有很多值得借鉴的经验，因为驴的经济价值等原因，在驴的胚胎移植方面的研究并不多，在意大利有关于驴胚胎移植的研究。近年来，山东省天龙驴产业研究院的专家开展了驴的胚胎移植试验，但未商业化运作。

我国首例胚胎移植成功于1973年，是在羊上取得的，而经认证的马的胚胎移植则源于2011年。2007年，新疆畜牧科学院陈静波研究员进行了驴胚胎移植研究，产生了第一头胚胎移植的驴。2016年，东阿阿胶公司技术人员完成了两例驴的胚胎移植，并成功产下了健康的驹子。

（二）胚胎移植的意义

1. 迅速扩群　利用胚胎移植，可以将遗传特性优良的母驴进行快速繁殖，较快地扩大良种畜群。母驴在自然繁殖条件下，通常一年产1胎，一生生产优良后代不超过20头。利用胚胎移植技术和超排技术相结合，可以在一个繁殖季节内获得6～10枚胚胎，从而能在一定时间内产生较多的后代。随着当前国内人们保健意识的增强，对阿胶、驴肉的需求日益增加，驴养殖呈现良好发展趋势，对优秀驴个体的需求明显增加。

2. 保存品种资源　以冷冻胚胎形式保存，目前国内东阿阿胶公司已有驴的冷冻胚胎。

3. 代孕　有繁殖疾病的母驴的代孕。

4. 运输方便　把胚胎冷冻后进行运输。

5. 用于新的技术研究　性控、体外授精、胚胎分割等研究。

（三）驴胚胎移植

1. 供体母驴的选择

①供体驴品种优良，生产性能好。

②遗传性稳定、谱系清楚、没有流产史。

③体质健壮、繁殖机能正常、无遗传和传染性疾病、年龄在 3 岁～10 岁为宜。

④生殖器官正常，无阴道炎、子宫内膜炎、卵巢囊肿等疾病。

2. 种公驴的选择

①繁殖力高，精液质量好。

②后代生产性能高。

③品质优秀，遗传稳定，没有遗传疾病。

3. 受体母驴选择

①健康，无疾病、无流产史。母性好。

②年龄 2.5～8 岁最合适。

③经产母驴选用要在产后 60 天以后。

4. 同期发情处理和人工授精

（1）同期发情　利用外源性激素使供体和受体处在同一发情周期内。具体方法：氯前列醇钠注射液（$PGF_{2\alpha}$），发情间期母驴肌肉注射，药物使用方法请参照说明书使用，3～6 天后观察发情情况，发情后利用 GnRH 控制排卵的时间。

孕激素法的方式，口服和放置阴道栓都可以。一般持续 13～14 天，最后一天注射 $PGF_{2\alpha}$，3～4 天后发情。

（2）人工授精　人工授精参照第一节。

5. 非手术法冲胚和捡胚

（1）物品准备　冲胚管、三通管、50mL 注射器、集胚皿、无菌润滑剂、麻醉药、抗生素、冲胚液（可买成品专用冲胚液，也可以选用乳酸钠林格液）

（2）非手术冲胚步骤　冲胚时间：供体驴排卵后 7～8 天，最好选择排卵后 7.5 天的驴。

供体四柱栏保定，掏出直肠内粪便。肌肉注射静松灵，每 100kg 体重使用 1ml。如果镇静效果不理想可以追加，每次不超过 1ml。

清洗外阴，并用碘伏水消毒。

通过阴道把冲胚管插入子宫内，把冲胚管气囊充气后卡在子宫颈前端，固定冲胚管。

每次注入冲胚液根据子宫大小冲入 500～800ml，并按摩双侧子宫角，注意动作要轻柔，收集冲胚液。

一般冲洗子宫 3～4 次，冲胚完成后，将气囊放气，缓慢抽出冲胚管，并把管内剩余的液体收集。

检胚：将含有胚胎的胚胎混合液经过胚胎集胚皿过滤，在无菌操作台内的体视恒温显微镜下按照从左到右、从上到下的“Z”路线逐格进行检查，直至找到适合移植的胚胎。在寻找胚胎过程中灯光和光线要稍暗，温度在 25～30℃。

供体肌注前列腺素。

（3）胚胎的质量鉴定　胚胎的发育期鉴定 根据胚胎发育大小分为桑椹胚（M）、致密桑椹胚（CM）、早期囊胚（EB）、囊胚（B）、扩张囊胚（EXB）。

用形态学方法进行胚胎质量整定，将胚胎依次分为Ⅰ、Ⅱ、Ⅲ、Ⅳ四级。

Ⅰ级：发育正常，胚龄与发育期吻合，卵裂球轮廓清楚，透明度适中，细胞密度大，卵裂球均匀。

Ⅱ级：发育阶段基本符合预定胚龄，轮廓清楚，明暗度适中或稍暗或稍浅，细胞密度较小或小型卵裂球过多，有小部分突出的细胞和水泡样的细胞，细胞变性率为10%～20%。

Ⅲ级：轮廓不清楚，色泽过暗或过淡，细胞密度小，突出细胞占一多半，细胞变性率为30%～40%。

Ⅳ级：变性胚、退化胚。

6. 移植　前期准备工作同供体，保定清洗外阴后待移植。

（1）装胚　在无菌操作台内的体视显微镜下，采用胚胎装管器，将胚胎吸入细管中，按照胚胎营养液—气体—胚胎营养液（含胚胎）—气体—胚胎营养液的顺序装入胚胎细管内备用（图5-28）。

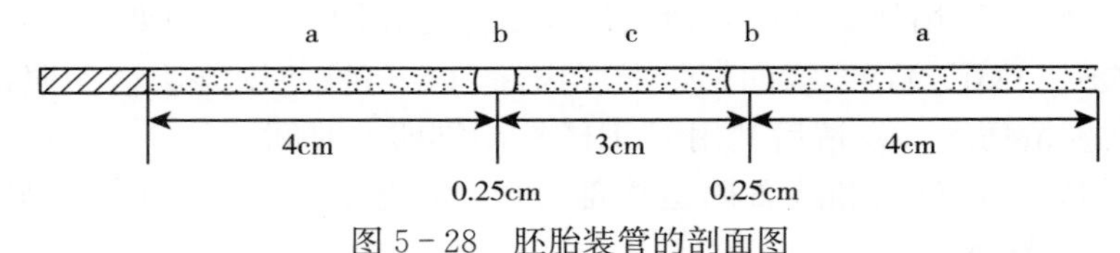

图5-28　胚胎装管的剖面图

a表示保存液，b表示气泡，c表示含胚胎的保存液

（2）细管装入移植枪　注意移植枪的前端保持无菌。

（3）把胚胎移植到有黄体的一侧子宫角　在移植过程中要保持受体安静，可在移植结束后注射一针黄体酮。

7. 孕检　妊娠检查请查看第五节。

二、克隆技术

（一）克隆过程与方法

我们说的克隆技术是指动物个体水平下的克隆（克隆分为个体水平、细胞水平和分子水平）。克隆的原理是相对简单的，把一个供体细胞中的细胞核移植到一个去核的卵母细胞的细胞质中，然后使这个重组的卵细胞发育成胚胎，再移植到子宫中发育成个体。

主要的方法是，用消毒外科手术的方法切开一小块皮肤，从大小只有 $5mm^3$ 的皮下结缔组织获得供体细胞。将组织置于细胞培养介质中，冷藏并将其运输到实验室中。在实验室里，将组织进行培养。在培养皿中，纤维原细胞获得成长，并开始细胞分裂生殖，一直到覆盖在培养皿底部（即形成单层细胞）。获得足够量的细胞后，再冷冻保存使用。也可以取用其他组织的体细胞培养以获得供体细胞。

从母体排卵前最主要的卵泡中获得用于克隆的受体卵母细胞，或者通过在体外培养的正在成熟过程中的未成熟的卵母细胞。当卵母细胞成熟时（排出第一极体），通过显微操作去除极体及卵母细胞核，即获得去核的卵母细胞。通过电融合和或者直接注射细胞核至卵母细胞的细胞质中，将供体细胞的核和卵母细胞的质融合为新的重组卵细胞。结合的卵母细胞被激活向胚胎方向发育，将被激活的卵母细胞通过外科手术的方法移植到受体的输卵管中，或者在体外培养卵母细胞到囊胚期后，再移植到受体的子宫里，直至发育成熟形成新的与核供体遗传物质一样的个体。

（二）马属动物克隆简史

世界上马属动物的第一个克隆产物是一头骡子，2003 年 5 月 4 日诞生，名字叫"爱达荷宝石"（Idaho Gem），这是由美国爱达荷大学与犹他州立大学联合研究的成果，由戈登·伍兹教授负责的。这头骡子看起来很普通的，但是它头上却戴有 3 个"世界第一"的桂冠：第一个克隆的骡子、第一个克隆的马属动物和第一个克隆的杂种动物。之后，又有两头克隆骡诞生，"犹他先锋"（Utah Pioneer）诞生于 2003 年 6 月 9 日，"爱达荷明星"（Idaho Star）诞生于 2003 年 7 月 27 日。3 头克隆骡驹均来自于同一个细胞系，卵母细胞是从体内的成熟卵泡中获得的，去核以后与供体的核结合，用外科手术的方法将其移植到母马的输卵管，用了 300 个卵母细胞才培养出 3 头骡驹。

世界上第一例克隆马于 2003 年 5 月 28 日诞生在意大利，是世界上首例哺乳动物生下它自己的克隆体。承担此项研究的是意大利北部克雷莫纳市繁殖技术与家畜饲养实验克隆马研究小组，负责人是切萨雷加力教授。母马名字叫"考米特斯坦"（Cometstar），是哈弗林格尔马，克隆的小马驹取名为"普罗梅泰亚"（Prometea），为自然分娩，出生时体重 36kg，属正常范围。第一个克隆马的试验推翻了母马生殖系统排斥任何"同自己基因完全相同的胎儿"的传统说法。

2005 年，加力博士的实验室将 100 多个胚胎移植到受体母马，最终有两匹克隆马诞生，一匹因败血症在出生后 48h 死亡，一匹发育正常。它于 2005 年 2 月 25 日在意大利诞生，是一匹公驹，是世界上第二匹克隆马，也是一匹阿拉伯骟马的克隆。

2003 年，当"普罗美泰亚"作为世界上首匹克隆母马亮相时，它被载入了历史。2007 年，"普罗美泰亚"用本品种公马的精液进行人工授精，于 2008 年 2 月 17 日生下儿子"毕加索"（Pegaso），成为世界上第一匹克隆马与正常马人工授精后所产生的后代。这一事实，最终证明了克隆马也能生产后代。

克隆驴的成功诞生则未见报道。

（三）克隆的意义与前景

克隆技术对于保护濒危灭绝的野生马属动物具有重要意义。

克隆可以让一些不能繁育的优秀种驴生产更多的后代。当优秀种驴无法生育后代时，我们可以通过克隆获得优秀驴的复制品，最终通过这些克隆动物获得更加优秀的后代，这在以前是无法实现的。

克隆技术已展示出广阔的应用前景，概括起来大致有以下四个方面：一是培育优良畜种和生产实验动物；二是生产转基因动物；三是生产胚胎干细胞用于细胞和组织替代疗法；四是复制濒危的动物物种，保存和传播动物物种资源。

目前，克隆技术还处于研究阶段，并且费用昂贵。同时，一些专家还警告说克隆尚不能有可靠的保证：一是金钱的花费不能完全保证克隆的成功；二是即使克隆成功，克隆产物也可能发生骨骼等方面的疾病，同时受环境因素的影响较大，从出生一直到成熟的每个环节都有可能发生问题。并且其他克隆动物还出现了好多问题，如成活率低、早衰、胚胎着床十分脆弱、易引起流产等。

但是我们相信，随着生物技术研究的深入和不断完善，这必将给驴产业中的繁殖、育种等带来深刻影响和新的思路，从而促使驴产业带来全新的变化。

三、性别控制技术

动物的性别控制是指通过对精子或胚胎的性别鉴定以达到调控子代性别的目的，人为调控动物的性别是人类长期以来的愿望，随着胚胎冷冻、胚胎切割、体细胞克隆技术的日渐成熟，动物的性别控制显得更为重要。性别控制技术是继人工授精、胚胎移植技术之后的一次重大技术革命。

（一）发展概况

自从 Sinclair 在 1990 年发现在哺乳动物 Y 染色体存在性别决定区（Sex determining region of Y，即 SRY）基因后，人们深入地研究了 SRY 基因的结构和功能。它位于 Y 染色体短臂，从着丝粒到端粒与假常染色体区相邻的 35kb 的范围内。SRY 基因编码氨基酸的保守区 HMG 盒在哺乳动物间具有高度的同源性，如牛 SRY 基因的 HMG 盒和人类的同源性达 84%，马属动物之间也具有很高的同源性。但是，目前还没有关于我国地方品种驴性别决定区的同源性研究报道。在马和非洲野驴等哺乳动物的研究中发现，如果 Y 染色体存在，SRY 基因将自动转录。SRY 基因仅仅是涉及性别决定过程的基因之一，近年来又发现和克隆了许多可能参与性腺分化和发育的基因，如 Y 染色体上锌指结构基因（ZFY），在 X 染色体上存在其同源序列 ZFX。另外，还有 MIS（副中肾抑制基因）、DSS（逆性别剂量敏感基因）以及与 SRY 相关的 SOX 基因家族等。通过检测胚胎中这些基因的有无，可以鉴定驴早期胚胎的性别。

目前为止，性别控制技术在奶牛业中已被广泛使用，但是该技术在驴物种上却没有被推广，快速扩大驴的养殖规模亟待解决的关键技术问题是提高驴繁育率，让驴多产母驹。因此利用现代生物技术控制驴后代的性别，快速扩大可配母驴的数量，能够为现阶段驴的养殖业创造出较好的经济效益。因此，驴的性别控制至关重要。

（二）性别控制技术

目前家畜性别控制技术主要有三条实现途径：一是胚胎性别的鉴定＋胚胎移植；二是 X 与 Y 精子分离＋人工授精，其中，以 X/Y 精子分离＋人工授精的性别控制技术先后在多种动物或家畜中取得了成功，具有广阔的产业化发展的前景；三是通过控制受精前母体子宫内的环境，抑制携带 Y 染色体的精子与卵子的结合，达到控制性别的目的。

1. 胚胎的性别控制　通过胚胎的性别鉴定，从而控制后代的性别，获得所需的性别个体。胚胎性别鉴定的方法有核型分析法、X-相关酶法、免疫学方法、DNA 探针法、荧光原位杂交法、PCR 扩增法和 LAMP 法等，其中 PCR 扩增法和 LAMP 法具有灵敏、快捷、简便、实用的特点，在生产中广泛使用。鉴定胚胎性别后再通过胚胎移植技术进行移植获得后代。

2. X、Y 精子的分离　由于 X 精子与 Y 精子在物理特性（重量、大小、形态、活力、电荷）和化学特性（DNA 含量、表面抗原）上存在差别，因此，可以根据 X、Y 精子的物理和化学特性对精子进行分离，从而达到控制性别的目的。精子分离的方法有流式细胞光度法、免疫法、长臂 Y 染色体标记分离法、沉降法、密度梯度离心法、凝胶过滤法和电泳法等，其中流式细胞光度法、免疫法较为科学和有效。

流式细胞光度法根据 X 精子 DNA 含量高于 Y 精子 3%～4.5%的原理，运用流式细胞仪，依据精子荧光的强度（DNA 含量越高，吸收染料越多，荧光越强）对精子进行分离；目前此方法已成功地分离了牛、羊、猪等家畜的 X、Y 精子，并且分离效果达70%～90%，采用流式细胞光度法分离的精子准确率超高 95%，并且分离得到的精子不影响胚胎的发育，该方法已成功在奶牛的性别控制中广泛使用。

免疫法利用抗原抗体结合的原理，通过 H－Y 抗体检测 Y 精子质膜上的 H－Y 抗原，从而达到分离 X、Y 精子的目的。Bryant（1980 年）首次成功分离了人和小鼠的 H－Y 阳性和阴性精子，并且罗承浩等（2004 年）运用此方法分离奶牛的精子，发现产母犊率比未分离的理论值高 10.7%。因此，通过免疫法分离 X、Y 精子可以达到性别控制的目的。

3. 授精环境的控制 研究表明 Y 精子因头小、圆、体积小而运动比 X 精子快，且不耐酸和疲劳，通过改变授精环境的 pH 可达到性别控制的目的。在兔和牛物种上均发现，运用精氨酸改善输精前的生殖道环境 pH 后，后代的雌性比例均显著升高。

（三）应用前景

目前，驴产业快速发展，全国市场出现驴驹供不应求的现象，加快繁殖母驴及母驴驹出生数量，是解决产业问题的关键。我国养驴业正经历由传统的役用向现代的药、肉、奶、美容和休闲娱乐等综合应用的转变，最大问题是缺乏专门化品种以及优秀种驴存栏量的逐年下降，无法满足市场需求。例如，制备阿胶用的驴皮年供给量不足市场需求的 1/3；母驴产奶量低和肉驴生长速度慢也限制了相关产业的发展。由于驴性成熟晚、单胎且繁殖周期很长，优秀种群的扩繁速度和专门化品种的培育进度明显慢于其他家畜。通过控制后代性别比例，增加优秀种群的母驴数量。利用性控技术可在相同的产驹周期内，最大限度地增加出生母驴驹的比例，最短时间内实现母驴存栏数量的倍增。

四、体外受精

用特殊处理的精子在体外使卵母细胞受精的技术，称为体外受精（in vitro fertilization，IVF）。从狭义上讲，IVF 是指将动物受精过程中的精卵结合在体外环境下完成的一种现象，通常所指的 IVF，属于繁殖技术，包含卵母细胞的体外成熟（IVM）和受精卵的体外培养两项密切相关的技术。与 AI（人工授精）相比，IVF 所需精子数减少，精液利用率提高。IVF 的完成需要成熟的精子与卵子，并需要利于精子和卵子存活与代谢的培养条件。

IVF 技术在 20 世纪 80 年代初研究成功，在近 10 年逐步完善，对于解决 ET（胚胎移植）所需胚胎的生产成本和来源匮乏等关键问题具有非常重要的意义，并能为动物克隆和转基因等其他胚胎生物技术提供丰富的实验材料和必要的研究手段，故是近 15 年来的研究热点。

IVF 技术研究历史已有 120 多年。早在 1878 年，德国科学家 Schenk 就开始进行哺乳动物 IVF 的尝试，他将体内成熟的家兔和豚鼠卵子与附睾精子放入子宫液中培养，观察到第二极体排出和卵裂现象。1951 年，张明觉和澳大利亚的 Austin 几乎同时发现精子的获能现象，IVF 研究才出现了转机。自 1959 年张明觉获得世界首批 IVF 兔后，哺乳动物 IVF 技术才真正得到承认和接受。此后，IVF 技术的研究进展很快，先后对 20 余种动物进行了研究，有 10 余种动物获得了 IVF 动物。特别是牛的 IVF 技术，自 1982 年美国学者 Brackett 等获得世界首例体内成熟的卵母细胞经 IVF 后的试管牛后，IVM 卵母细胞和完全体外化的试管牛也分别于 1986 年和 1988 年报道成功。目前，一套高效的牛胚胎体外生产程序已经建立起来，并逐步进入到生产推广的产业化阶段。

我国 IVF 技术的研究起步于 20 世纪 80 年代后期，但进展很快，已先后在人和牛等 8 种动物上取得成功，驴的体外受精将对大规模体外生产良种驴的胚胎提供有力的技术支撑。

CHAPTER6 第六章 驴的选育

中国驴种是大家畜中少有的未被外种入侵的畜种，始终保持着它固有的遗传稳定性、生态适应性、基因多样性和品质纯正性。但是为了能够更好地满足人们对驴产品不断增长的多样需求，必须对驴进行不同方向的系统选育工作，使驴的利用性能能够实现由单一役用向多方向利用的转变。

驴在我国有着久远的历史，漫长的自然选择、人工选择形成了一批遗传性状稳定的优秀的大中型地方良种、小型驴种和目前一些小型驴种与当地引入的我国优秀驴种杂交形成的杂交种三类群体。如何合理地利用它们向现代驴业转变，面对这一现实问题，我们不仅缺乏深入的科学研究，目前生产上也没有一个具体可行的方案。尤其是对小型驴的利用，今后应当本品种选育还是杂交利用，还是兼而有之，认识不够一致，多数驴种本品种选育至今没有按照要求进行，而盲目引入大型驴杂交则较为普遍。这一现象实质是把“杂交利用”依然错认为“杂交就是改良”，因此对这一误区有必要从遗传学的角度作出理论上的澄清。

第一节　杂交不等于“改良”，横交也难于“固定”

我国马学科技工作者，一直肩负着马、驴两个学科工作，为了避免重蹈我国马业覆辙，将“杂交利用”错认为“杂交改良”而形成难以扭转的历史性错误，本节以马为例，分析杂交的遗传学背景，以及在“杂交就是改良”的错误理论指导下我国马业遭受的沉重灾难。

所幸的是，当时驴的重视程度不如马，苏联也没有很优秀的驴种，而我国优秀的地方驴种远远不止一个，从而逃过驴被外种大规模杂交这一劫。但是当今盲目杂交的错误理论依然影响着我国驴业发展，因此有必要从理论到实践弄清这一问题。

一、孟德尔学派和“米丘林学派”对我国学术界的影响

20世纪50年代，我国在学术界、文艺界提出了“百花齐放”“百家争鸣”的“双百方针”。当时我国遗传学界乃至生物学界对孟德尔学派和“米丘林学派”理论展开了大讨论。虽然最终在“双百方针”影响下，孟德尔学派在我国得以续存，但还是在某种程度上压制了孟德尔学派在我国的发展，孟德尔遗传学理论得不到很好地学习和应用。一些马学工作者也自觉不自觉地加入了“米丘林学派”的实践中去，掀起了对本地马种杂交的热潮，能注意对本地马种组群选育的地方则少之又少。

二、李森科关于“杂交”的概念和影响

“米丘林学派”盛行的当时，学派“领袖”、学阀、苏联伪科学家李森科，就杂交发表过一句著名论断：“杂交是改变动物后代遗传性的一种根本性的方法。”其实，杂交不一定有优势，有时候会产生劣势，而劣势会导致品种质量恶化。因此，不可将杂交简单称之为改良。但在20世纪五六十年代我国马业处于大发展时期，不少人盲从李森科“理论”，不将杂交看成为繁育的一种手段，而认为杂交就是改良。不愿在充分调查研究基础上对符合条件的固有马种，进行本品种分型选育，而是大力引入外种马，对本地马种进行全面杂交，甚至开展人工授精推而广之。最终，有的经过杂种间横交，自群繁育后定名为培育马种（即原来称谓的过渡品种，整齐度不够一致，遗传性不够稳定，却有人单单陶醉于“新品种”三个字）；有的仍是杂种，却错误地冠名为“改良马”。特别是这些被“杂交改良”的马种遗传资源却被泯灭于一次性地“利用”之中，哈萨克马即是一例。

其实，这一“学派”的错误理论，不仅表现出对本国家畜文化遗产和固有品种的蔑视，也缺乏对杂交遗传效应的科学分析。截至目前，这种“理论”在我国影响依然深远，很多人对此没有很好认识，也不愿静下心来好好学习这些遗传基础知识，仍然坚持错误的实践，在未经科学测定和缜密规划情况下，不间断地无序引入各种外种马进行盲目“杂交育种”，结果产生大量“四不像”杂种。

如对某些优秀培育马种，不去拟定计划，纯种选育，却连年引入不同外种马杂交，产生了含不同程度外血的各类杂种马，所制定的多个新品种育种计划，验收时间早已过去，未见一个马种育成，多年来却乱起马名，赋予了这样那样现代流行马种名称。其实这些不伦不类的杂种马，按马种成立五大要素衡量，特别是遗传稳定性、群体数量等，根本不符合成立新品种要求。因而说杂交即是改良，这一错误理论至今还严重地影响着我国马业健康发展。

三、杂交的遗传效应

大体可以归纳为以下四个方面：一是提高各位点的平均杂合子频率，增加群体的杂合性；二是掩盖隐性基因的作用，提高群体的显性效应值；三是增加互作内容，破坏群体固有的基因组合和遗传共适应体系；四是使不同的亚群趋同，减少孟德尔群体内体现于亚群的固定的变异类型种类。

因而，虽然我们把杂交后产生良好表型效应的现象称之为杂种优势，即在一定世代提高一部分性状的表型水平，但问题是这种提高不能稳定遗传。分子遗传学也发现基因间作用相当复杂，显性、超显性、上位效应，各种效应也难以区分。而上述第一、第三和第四方面，对于在长期选择中逐渐形成，决定品种优良特性的纯合态、遗传共适应体系以至品种与类型，同样有破坏作用。

这就是**"杂交不等于改良"**的遗传学基础。

四、所谓"横交固定"

因其实质是表型选择加选同交配，所以**横交也难于"固定"**。

目前，数量性状的常规育种，一般采用家系间和家系内选择相结合的方法进行，提高不快，分子育种尚有时日。期望随着遗传标记研究进展，基因图谱逐步完善，基因定位深入开展，根据分子数量遗传学原理，采用DNA遗传标记辅助选择（MAS）策略，选择与位点紧密连锁的DNA标记，将会加快分子育种的进程，提高分子育种效率。

质量性状组合，常洪改进了杨纪柯公式，进行遗传学测算表型选择多个性状，如要使4重显性纯合子恢复到90%，需要时间为76.42代。就是说要几十个世代，才能达到所谓基本"固定"，效率太低；而针对固定孟德尔性状的多元测交选择多重显性纯合子公畜进行固定性状，需要世代虽减少，但由于种种原因，至今没人应用。这就是我们杂交育种几十年家畜遗传仍不稳定，依然只能算是培育品种而达不到育成品种的根本原因。

五、品种内选择

家畜的繁育方法有两种，一种叫杂交繁育，虽然隐性基因固定不困难，但鉴于优良性状组合中，包括多个显性性状固定，是历史性育种学难题，因此目前我们不提倡随意采用，但可利用杂种优势进行商品生产。另一种叫纯种繁育（本品种选育是意义宽泛的纯种繁育），即品种内选择。从遗传效应看，后一种选育不仅有利于家畜遗传资源保护，重要的是能够使家畜保持很好地遗传稳定性（包括作为家畜各位点基因种类；多样化基因组合体系；特定位点的基因纯合态和基因组合体系），保持体现于品种或生态遗传共适应体系，以及良好抗性基因。因而，我们倡导品种内选择。

例如，有采用纯种繁育育成的阿拉伯马，以其良好品质和稳定的遗传性著称于世；也有从哈萨克马中经过本品种选育而育成优秀的肉乳兼用的扎贝型和木廓达雅尔马，稳定的遗传性和高产的肉乳能力，给本品种选育发展现代马业树立了信心和榜样。

从上述分析可以看出，繁育方法不同遗传效应也不同，杂交不等于改良，杂交只是一种繁育手段，杂交育种常出现遗传难于稳定的问题，一时还难以解决。在家畜繁育实践中，繁育方法运用时，我们首先应当倡导品种内选择，然后才考虑其他繁育方法。

六、杂交和生物多样性

我国驴种众多，遗传资源丰富，与欧美驴种关系疏远，在东亚独领风骚。现今我国驴业从低谷再起，乱引种、乱杂交的想法和做法又在各地有所"抬头"，甚至有人还想引入外种杂交。其实，对任一驴种不谈保种，一味地只要"杂交改良"，其后果会使人类社会在数千年养畜历史中一点一滴积累起来的丰富多彩的变异迅速消失，当代特定遗传资源储备日益枯竭。盲目杂交往往得到的不过是相对而言微不足道的局部的眼前利益，而失去的是人类区域性甚至全球性长远利益。盲目杂交甚至并不一定能够满足市场的一时需求，然而却挥霍了未来育种所依赖的大量遗传资源。

需要明确的是，过度利用对驴种遗传资源多样性固然有害，但是驴种遗传资源破坏的根本原因还是忽视保护，这一点必须要有清醒认识。我们提倡，任何驴种不论大型、小型都应拟定保种计划，建立保种场，组织育种群，按人们的需要多型选育，有序保种。也就是说，我国驴种不论体型大小，都应建立“宝塔型”的三级繁育体系。第一级为保种选育场，通过本品种选育提高驴种质量和品质；第二级为繁育场，接受保种选育场的种驴进行扩繁；第三级为生产驴场，接受繁育场的种驴，根据需要生产肉、奶、皮，一些中、小体型驴的驴场，可与适应性强、专用性好、方向一致的种驴低代杂交利用。生产驴场应在保种区外。

不提倡无序级进杂交。现存杂种群体，受外血冲击严重的驴种，对仍保留本品种特征特性的低代杂种，可经回交、提纯复壮，纳入本品种选育；对适应性强、品质优秀、同一类型较多的杂种和近些年验收的新驴种，因它们选育程度低，遗传性不稳定，可拟选育方案，加以选种；大部分性能一般或条件要求苛刻的杂种驴，一律充作商品用驴。

第二节 驴的综合评定和选种选配

种驴生产是整个驴业生产的命脉和抓手，结合保种搞好各个品种种驴生产是当务之急。20 世纪 50～70 年代不少驴种都设有种驴场，且经营良好，80 年代以后逐渐衰落，有的消亡，有的作为保种场得以延续，但是群体规模小、个体质量差，多数达不到保种要求。

种驴生产一般来说有两个层面，即个体和群体。就驴的个体而言，提高其品质，驴的综合评定和选种选配是一个基础知识，也是一项基本技能。

一、驴的综合评定

就是按照综合评定的原则，对合乎种驴要求的个体，按血统来源、体质外貌、体尺类型、生产性能和后裔品质 5 项指标来进行评定。目的在于对驴的个体进行全面的评价，进而期望通过育种工作，迅速提高驴群或品种的质量。我国几个主要驴种都拟定了自己的鉴定标准，全面的综合选种，限于条件和技术，目前只在种驴场和良种基地可以进行。

（一）驴的血统来源和品种特征评定

对被评定的每一头驴，首先要看它是否具有本品种的特征，然后再看其血统来源。如关中驴要求体格高大，头颈高扬；体质结实干燥，结构匀称；体形略呈长方形；全身被毛短而细致，有光泽，以黑色为主兼有栗色；口、眼圈、腹下应为白色。不符合品种特征者，不予鉴定。

众所周知，驴的亲代品质可以影响到后代，在亲代中尤其以父母的品质影响最大。按血统来源选种时，要根据记录选留本身为纯种，其祖先中优秀个体较多，对亲代特点和品种类型表现较明显的个体。在查明其父母等级的情况下，按表 6－1 评定血统等级。

表 6－1 驴的血统定级表

母代	父代			
	特	一	二	三
特	特	一	一	二
一	特	一	二	二
二	一	一	二	三
三	二	二	二	三
等外	三	三	等外	等外

（二）驴的外貌评定

即根据驴的体质外貌和结构，来进行本身种用、役用、肉用或奶用价值评定。

外貌评定是指通过肉眼观察驴的外形结构好坏及是否符合本品种特征的方法，同时辅助用手触摸驴体进行初步的品质和性能高低的判断。在对驴进行肉眼观察时，应让驴自然地站在地势平坦开阔的场地上，同时评定者应先站在距离驴 3～5m 的位置进行观察。由于驴生性胆小，在整个评定过程中，应让驴尽量处于一个安静放松状态，以提高观察结果的准确性。

对驴的外貌，应先整体、后部分、再细微地观察。首先，围绕驴环视一周，对驴整体有大致地了解，观察其各部位发育、膘度和适应性等，将不符合品种特征的及明显失格的个体淘汰。其次，对驴体进行前、侧、后三个不同方位的鉴定。从前面主要评定驴头各个部位、胸部宽深发育、肋骨开张度、前肢肢势等；从侧面主要评定驴的胸部深度、腹部充实度、背腰尻结构、乳房的发育、各部位比例、四肢肢势等；从后面主要评定驴的尻部发育情况、后肢肢势、乳房附着状态等。驻立鉴定结束后，应让驴进行自由行走，观察行进间的驴姿势、步态等。最后，用手摸，检查驴体，进一步了解皮肤、肌肉、筋腱、关节、乳房等部位的发育，确定观察怀疑的损征是否真实等。在鉴定与触摸的同时，判断驴的体质类型。

外貌评定除对整体结构、体质和品种特征进行评定外，还要对头颈、躯干和四肢等三大部分的每个部位进行评定。各部位的一般要求前已表述。在实际工作中，对每一种驴种都制定了评分标准。役用时的关中驴体质外貌评分见表 6－2。

表 6－2 关中驴的体质外貌评分表

项目	满分标准	公	母
		满分评分	满分评分
头和颈	头大小适中，形好。公驴有雄性，母驴清秀。眼大、明亮，鼻孔大，口方，齿齐，耳竖立，颌凹宽，颈较长而宽厚，颈肌、韧带发达。头颈高扬，颈肩结合良好。	1.8	1.8
前躯	肩较长斜、肌肉良好。鬐甲宽厚，长度适中。胸宽而深。	1.7	1.5
中躯	背腰长短适中，宽而平直。肌肉强大，结合良好。肷小，肋开张而圆。腹部：公驴充实而呈筒状，母驴大而不下垂。	1.5	1.5

（续）

项目	满分标准	公	母
		满分评分	满分评分
后躯	尻宽长，不过斜，肌肉发达。股臀丰满充实。公驴睾丸发育良好、对称，附睾明显，阴囊皮薄毛细有弹性。母驴乳房发育良好，乳头正常均匀。	1.5	1.7
四肢及步样	四肢端正，肢势正确，肌腱明显，关节强大。系长短、角度适中。蹄圆大，形正，质坚实。运步轻快，稳健有力。	2.0	2.0
体质及整体结构	体质结实干燥，姿势优美，结构匀称、紧凑。肌肉发育良好，肌腱、韧带强实。公驴有悍威，鸣声洪亮而长。母驴性温顺，母性好。	1.5	1.5

关中驴为青毛、灰毛和乌头黑者不能作种用。如全身被毛粉黑，但颌凹处有白色毛显露，腹部白毛外展，四肢上部外侧显白毛者，公驴不能评为特级，即8分或8分以上。

外貌上凡具有严重狭胸、靠膝（X状）、交突、跛行、凹背、凹腰、凸背、凸腰、卧系及切齿咬合不齐等缺点者，公驴只能评7分以下（不含7分）。关中驴的体质外貌定级见表6-3。

表6-3 关中驴的体质外貌定级表

等级	公驴	母驴	等级	公驴	母驴
特级	8.0	7.0	二级	6.0	5.0
一级	7.0	6.0	三级	5.0	4.0

现今驴的利用除役用外，肉用驴要具备肉用家畜的体形外貌，选择体质结实、适应性强、体格重大的驴。外貌具体要求参看“驴的肉用”一章。

奶用驴要具备鲜明的消化类型体格、体质结实、结构良好、体躯舒展、尻部宽长、腹部容量很大、繁殖性能好、泌乳力高的母驴。外貌具体要求参看“驴的奶用”一章。

根据肉用、奶用驴体质外貌要求，各有侧重地做专门的体质外貌评分表和定级表。

（三）驴的体尺评定

主要是根据体高、体长、胸围、管围4项体尺数，对照各驴种体尺评分标准，按最低一项评定等级（仅管围一项与标准相差0.5 cm以下者，可不予降级）。但是当仅一项体尺评分结果未达到标准，但非常接近某等级标准时，可按此标准评分，但原始体尺不改。

体尺评定是用测量工具对驴体体尺进行相应测量，并将测得的数据查表给出相应评分的评定方法。

1. 体尺测量 可以将外貌量化，不仅能避免观察鉴定所产生的误差，也是对驴的生长发育及杂交利用效果的客观反映。体尺测量常用的测量工具有测杖、圆形测定器、卷尺等。在测仗、卷尺、圆形测定器等仪器上都刻有相应的刻度，在使用前应校正。测量时，驴应姿势端正的站在平坦的地面上。驴的测量部位一般为体高、体长、胸围、管围等四项指标，由于要强调后驱发育，因而对尻长和尻宽也进行测量。

（1）体高　也称鬐甲高，是自鬐甲最高点到地面的垂直高度。用测杖测量。

（2）体长　由肩端到臀端的直线距离。用测杖测量。

（3）胸围　在肩胛骨后缘处作一垂线，用卷尺围绕一周测得，其松紧度以能插入食指并可上下自由滑动为宜。

（4）管围　左前肢管部上 1/3 最细处的水平周长。用卷尺测量。

（5）尻长　腰角至臀端距离。用卷尺测量。

（6）尻宽　左右两腰角之间距离。

（7）体重　可直接称重。也可估算，英国公式为：体重（kg）＝胸围（cm）×2.56÷2188。

2. 体尺指数　为了进一步了解驴体各部位的发育程度是否匀称、不同部位间的比例是否符合品种要求、判断属于何种经济类型等，在体尺测量后，常计算体尺指数。体尺指数是用驴的某一部位体尺对另外一部分体尺的百分比，如在生产中常用的表明驴生产类型及生长发育程度的体长指数；代表驴体宽度的胸围指数；判断驴骨骼生长发育和体质类型情况的管围指数；促进后驱发育的尻长指数；表明驴体发育情况的体躯指数等。

（1）体长指数　体斜长与鬐甲高度之比，再乘以 100。

（2）胸围指数　胸围与鬐甲高之比，再乘以 100。

（3）管围指数　前管围与鬐甲高，再乘以 100。

（4）尻长指数　坐骨端至腰角距离与体斜长之比，再乘以 100。

（5）体躯指数　胸围与体斜长之比，再乘以 100。

驴的利用，无论是役用还是肉用，根据驴种内个体间所存在的差异，在驴的评定中，应把后躯部位也作为选择的重点，以前曾在关中驴标准上建议用尻指数（尻宽比尻长的百分率），由于这一指标缺乏与整个机体的联系，现更正提出尻长指数即坐骨端至腰角距离与体斜长之比。对驴尻长和尻宽也提出要求，理想的尻长为体高的 1/3，尻宽和尻长相等。

目前关中驴的这些指标是根据大数据统计出来的，平均数为一级，加上一个标准差为特级，反之减少一个，两个标准差则为二级和三级。

关中驴的体尺，5 岁以上的按表 6－4 所列标准评分；未满 5 周岁的，在实测体尺数上加表 6－5 所列数字后，再按表 6－4 进行体尺评分。尻长和尻宽因无数据，暂不在 5 岁以内予以加分，参与评定。

表 6－4　成年关中驴体尺评分表

评分	公驴						评分	母驴					
	体高/cm	体长/cm	胸围/cm	管围/cm	尻长/cm	尻宽/cm		体高/cm	体长/cm	胸围/cm	管围/cm	尻长/cm	尻宽/cm
8	140	142	155	17.2	45	42	7	134	136	149	16.5	42	40
7	135	137	150	16.6	41	37	6	129	131	143	15.5	39	36
6	130	132	144	16.0	37	32	5	124	126	138	14.9	36	32
5	125	127	139	15.4	33	27	4	119	120	132	14.3	33	28

表 6-5 未满 5 周岁关中驴应增加体尺数

年龄/周岁	体高/cm	体长/cm	胸围/cm	管围/cm
4	—	—	2.0	—
3	1.0	1.0	8.0	0.2
2.5	3.5	5.0	12.0	0.3
2	5.0	9.0	18.0	0.4
1.5	9.0	18.0	22.0	1.0

（四）驴的性能评定

驴的性能一般是指生产性能和繁殖性能。役用驴可根据使役人员在使役中的反映给7～8分（优），6～7分（良）和5～6分（及格）。如有条件，经调教可测定驴的综合能力。

繁殖性能。母驴的繁殖性能，主要是根据其产驹数、幼驹初生重评定；种公驴的繁殖性能根据精液品质来评定。

驴的肉用性能，主要是根据与屠宰率密切相关的膘度来评定。膘度根据各部位肌肉发育程度和骨骼显露情况，而分为上、中、下、瘦四等，公驴分别给予8、6、5、3的分数，而母驴则分别给予7、5、3、2的分数。

驴的奶用根据母驴泌乳力评定等级。具体要求参看“驴的奶用”一章。

（五）驴的后裔和同胞评定

按照后裔品质进行选种，这是每一个种驴场育种工作的一个重要部分，没有这一项，难以完成全部育种工作。按照种公驴和母驴的后裔性能进行选种比任何其他育种工作的影响都大。尤其是按照种公驴的后裔进行选种更具有意义，和母驴比较，公驴对后代的影响将高出若干倍。

后裔品质不仅可以作为选种的依据，而且也是检查选配是否正确的有效方法。驴的后裔测验，须在7～8岁才能得出结果，这时正处于壮龄时期，对于后裔品质好的公驴，应进一步扩大使用。后裔品质受选配和培育条件影响很大，选配不当或培育条件不正常，即使遗传性较好的种驴，也不易得到品质良好的后代。因此，对后裔品质不良的种驴，应进行具体分析，查明其原因，再决定继续使用或淘汰。对种公驴进一步扩大使用和淘汰，都应当以后裔测验结果为依据。生产上常因公驴的个别缺点而被过早淘汰，当后裔测验结果出来却发现其遗传品质很好，再想利用已不可能，有的甚至失掉了一个血统。广泛地应用后裔品质鉴定确定的优秀种公驴，比一般按表型选种改善育种性状更能得到保证。育种要长期的选种，如能按照基因型选种那将比按照表型选种更为有效。

同胞测验虽然准确性不高，但能比后裔测验缩短世代间隔，有利于早期选种，加快育种进程。

后裔的测定主要是为了评定父本的遗传力，是根据后代品质、特征来鉴定种公驴的种用价值，也就是鉴定种公驴的遗传性好坏，这是选择优良种公驴的主要手段。种公驴的后裔鉴定应尽早进行，在其2～3岁时选配同品种一级以上的母驴10～12头，在饲养管理相同情况下，根据驴驹断奶所评定的等级作为依据进行评定。对于母驴的后裔品质评定，可依2～3头断奶驴驹的等级进行评定，青年母驴本身未发育完全，可鉴定第二、三胎的后代。种公驴后裔评定等级标准见表6-6。

表6-6 种公驴后裔评定等级标准

等级	评级标准
特级	后代中75%在二级以上（含二级），不出现等外者
一级	后代中50%在二级以上（含二级），不出现等外者
二级	后代全部在三级以上（含三级）者
三级	后代大部分在三级以上（含三级），个别为等外者

后裔鉴定对评价和比较种公驴的种用能力，提高驴群质量有明显作用，故应认真抓好这项工作。

（六）驴的综合鉴定的实施

驴的综合鉴定是在以上各单项鉴定的基础上，进行全面评定。可分为特$^{+}$、特、特$^{-}$、一$^{+}$、一、一$^{-}$、二$^{+}$、二、二$^{-}$、三级九等。凡各项评定中有等级“上靠”者（如体尺），可级别评定后降一等。

1. 驴综合鉴定进行的时间和项目

1.5岁：鉴定血统和品种特征，体质外貌和体尺类型。

3岁：鉴定血统和品种特征，体质外貌，体尺类型和生产性能。

5岁以上：除上述四项外，加后裔测定，共五项。

2. 驴个体综合鉴定的评定标准

驴在1.5岁时的初评，要以血统和品种特征、体质外貌和体尺类型三项为主，以单项鉴定的等级参照表6-7标准进行评定。3岁后的评定，当其他两项即生产性能和后裔测定均低于初评时的一个等级时，维持初评的等级不变；若有一项（或两项）低于初评时的两个等级时，则应将初评降一级。驴的血统、外貌和体尺综合等级评定标准见表6-7。

表6-7 驴的血统、外貌、体尺综合等级评定标准

单项等级			总评等级	单项等级			总评等级
特	特	特	特	一	一	一	一
特	特	一	特	一	一	二	一
特	特	二	一	一	一	三	二
特	特	三	二	一	二	二	二
特	一	一	一	一	二	三	二
特	一	二	一	一	三	三	三
特	一	三	二	二	二	二	二
特	二	二	二	二	二	三	二
特	二	三	二	二	三	三	三
特	三	三	三	三	三	三	三

表 6-8　肉、奶用驴综合评价表

指标	等级					
	特级		一级		二级	
	公	母	公	母	公	母
血统和类型	9	8	7	6	5	4
体尺和体重	9	8	7	6	5	4
外貌	9	8	7	6	5	4
泌乳能力	—	8	—	6	—	4
适应性	8	8	6	6	4	4
后裔品质	8	8	6	6	4	4

驴的综合鉴定，应由品种鉴定组实施。该组由对品种有较深入研究的技术人员组成，其负责人要有一定鉴定资历和权威，可参照已制定品种标准和种驴卡片，由他对鉴定结果签字负责，存档备查。

二、驴的选种

（一）选种的意义和原理

1. 选种的意义　选种可以使驴群中品质较差的个体被淘汰，选出优异个体作种用，使其优异性状遗传给后代，以达到提高生产能力目的。选种的结果使群体的遗传结构发生了定向变化，有利基因纯合个体的比例逐代增加。选种同时具有很大的创造性作用，可在原有群体的基础上创造出新的类型。

2. 选种原理　驴的选择，其关键在于选。选，从理论意义来说就是选择；从实践意义来说就是选种。选择是物种进化和品种发展的动力，主要包括自然选择和人工选择两类。自然选择是通过气候和地理环境起主要作用对驴群进行选择，对原始的品种影响较大，也形成了适应不同地区自然环境的地方品种；而人工选择也称选种，是按照人为制定的标准或者各种需要，对驴群个体进行择优去劣，使驴的生产性能及品种品质向人们所期望的方向发展。

（二）驴的选种方式

质量性状选择主要以表型分类，也可以采用生化遗传和分子遗传技术检测质量性状基因。

数量性状选择方法很多，都是尽可能充分利用现有的和有亲属关系的生产性能记录或信息，力争最准确选择种畜。出生前选择只能利用祖先和亲属资料；出生后自己有了记录，则以个体为主，结合亲属资料进行选种；当个体有了后代，后代记录应作为重要信息来源，必要时可参考个体和亲属资料。畜禽选种的理论和方法都在不断进步，现仅将一些方法作扼要介绍。性状选择分为单一性状选择和多性状的选择。

1. 单一性状选择　有 4 种方式。

（1）个体选择　准确性取决于遗传力大小。

（2）家系选择　根据家系均值大小决定个体去留。

(3) 家系内选择　只根据个体表型值与家系均值偏差来选择。

(4) 合并选择　根据性状遗传力和家系内表型相关，分别给予2种信息以不同加权，合并为一个指数。

2. 多性状的选择　方法分为3种。

(1) 顺序选择法（单一性状选择法）　指把各类相关性状排出先后顺序，选择所要改良的性状，即当第一个目标性状达到标准后，再选择第二个目标性状，依顺序递进选择。而这个方法的成效取决于所选性状间的遗传力相关性，如果所选性状间有较高的正相关，在改良一个性状的同时，另一被选择相关性状也得到改进；反之，相关性状得不到较好的改良。所以这个方法只有在所选性状间存在相关性的情况下采用此法。

(2) 独立淘汰法　当同时选择2个或2个以上性状，分别规定出各性状所应达到的最低标准，全部达到标准者被选留，只要有一个性状未达到标准就应给予淘汰，即使其他方面很突出。此法简单易行，但往往可能会淘汰由于个别性状未达到标准的优秀个体。此法的缺点是所选的个体总的表现可能很平常，导致后代的遗传改进效果不明显。

(3) 综合选择指数法　当同时选择几个不相关性状时，对其中每个性状都按其遗传力和经济重要性分别给予不同的加权系数，组成一个便于个体间相互比较的综合选择指数，然后根据相关指数大小进行选种。

驴的育种工作进展迟缓，上述方法多未采用，目前驴的个体选种以个体综合鉴定方法为主。

三、驴的选配

（一）选配的意义

选配是在选种的基础上进行的，根据育种目标，有目的、有计划地组织种公驴、母驴进行交配，使其产生优良后代。通过选配可以使亲本的优良性状、生产性能等优异条件结合并遗传给后代。选配是选种的继续，目的是为了巩固和发展选种的效果，加强和创造人们所希望的性状，消除或减弱其弱点，所产生优良后代为下阶段选种提供丰富的素材。

（二）选配的要求

选配是根据驴的等级、血统来源、体质外貌和后裔品质等情况，并注意选配公驴、母驴的年龄来进行。在不同育种阶段，选配必须与选种要侧重解决的性状相结合。

1. 等级选配　应注意公驴、母驴等级，公驴要高于母驴，高等级的公驴可以与高等级的母驴交配，但是不能用低等级的公驴与高等级的母驴交配。

2. 品质选配　具有相同缺陷性状或者同一性状的相反缺陷的公驴、母驴不能进行交配。

3. 血统来源选配　需了解不同血缘来源驴的特点和它们的亲和力，在一般情况下，不使用近交，当为了稳定遗传性、品系（族）的繁育初期时可采取亲缘选配。

4. 后裔品质选配　是最常用及最可靠的方法，对已取得优良后代的亲本组合，要加以重视及利用，发挥其最好的遗传性能。在这个过程中也要注意选配公驴、母驴的年龄，尽量使用壮年驴参加选配，同时避免使用青年、老年龄的驴，以保证驴的遗传性能够较好的遗传给后代。

（三）选配的方式

在驴的个体选配中，选配可以分为品质选配和亲缘选配两大类。

1. 驴的品质选配 品质选配即是根据公母驴本身的性状和品质进行选配。品质可以指一般品质，如体质、体型、生物学特性、生产性能、产品质量等；也可以指遗传品质，如估计育种值的高低等。按交配双方品质可分为同质选配和异质选配。

（1）同质选配 就是选择优点相同、性能表现一致或育种值相似的公驴、母驴交配，目的在于巩固和发展双亲的优良品质。如体质结实的公驴、母驴交配；体重都大的公驴、母驴进行交配。

（2）异质选配 则有两种情况：一是选择具有不同优良性状的公驴、母驴相配，以获得兼有双亲不同优点的后代，如选择体重大与产奶量高的公驴、母驴进行交配，以获得肉乳兼用的后裔；二是选同一性状优劣程度不同的公驴、母驴交配，以期改进不良性状，如选择尻部长宽平直的公驴与尻部短斜的母驴进行交配，以期获得性状得到改良的母驴后代。

2. 驴的亲缘选配 亲缘选配是指根据交配双方亲缘关系的远近而进行选配。因此亲缘选配按交配双方亲缘的远近，可分为近亲选配和非近亲选配（远交）。

（1）近亲选配 交配双方到共同祖先的代数之和在6代以内的交配，称之为近交。近交往往在固定优良性状、揭露有害基因、保持优良血统和提高全群同质性方面起着很大作用。但为了防止繁殖性能、生理机能以及适应性等有关性状近交衰退现象的出现，需要有明确的近交目的、计划，实行严格的淘汰制度，同时控制好近交的速度和时间，加强饲养管理和血液更新。一旦由于近交而发生了问题，则需要很长时间才能得到纠正，因此对驴实行近交要慎之又慎。

（2）非近亲选配（远交） 相应的交配双方到共同祖先代数之和大于14，则称之为远交。远交包括系间、品种间、种间、属间的交配。

第三节 本品种选育

种驴生产就个体而言要掌握个体鉴定和选种选配，而就群体来说恰当的繁育方法则是其关键。由于多数驴种长期缺乏系统选育，而乱引种杂交现象又较为普遍，这都给种驴生产带来不少困难。

为了提高驴种整体质量，任何一个驴种都需要对其进行深入细致的调查，摸清现状。要求调查人员必须切实掌握本品种特征特性，严格区分纯种和杂种，然后对纯种驴一一进行外貌评定和体尺测量。

在取得大量数据情况下，各驴种要拟定出切实可行的选育方案，划分等级，进行整群。将等级高的组成育种群，进行本品种选育，等级低的可为一般繁殖群。

一、驴种资源调查

目前，各地驴种多数资源不清，特别是驴种交叉分布地区和引入驴种杂交地区，纯种、杂种不易区分，因此需要进行驴种资源调查。调查者先要进行培训，掌握本驴种的特征特性、体尺类型，认真学习以往的调查报告、资料、照片，了解有无引入驴种历史和杂交范围、过去种驴人工授精站点分布，以及查看畜牧机构统计报表。同时要走访当地老畜牧工作者和以往参加过驴种调查的人员等，当调查者能够准确区分纯种、杂种时，才可进行调查。调查前准备好表格和校正好体尺测量工具。

二、资料分析和选育计划拟定

驴种资源调查时，要有育种家的敏锐眼光，善于发现尽管总体平平，但在肉用、奶用、皮用某一方面、某一性状优秀的个体，做好登记，给以后不同生产方向组群选育带来方便。

通过调查，顺应自然生态、体尺外貌倾向和社会需求，确定驴种选育方向。在体尺等级划分上，最初的选育计划要求不可过高。根据调查的大数统计，将平均数列为一级，在平均数基础上加一个标准差为特级，在平均数基础上减一个标准差为二级，减两个标准差为三级。随着选育的进程，选育计划指标可以适当提高，循序渐进逐渐达到选育目标。

驴种无论肉用、奶用或皮用，选育目标拟定的要合理，不是无休止地“高、大、上”，而是要以最小饲料报酬换取最多的产品为其外貌和体量目标。

三、整顿组群和提纯复壮

（一）整顿组群建立育种场

我国具有悠久的养驴历史，在长期的选育下形成了五大优良品种。为了防止品种的退化、提高驴群质量、便于饲养管理等，应对驴进行相应地整顿和组群。实践证明，驴种选育和提高，单靠群选群育方法行不通，必须根据选育计划要求建立育种群和育种场。在调查掌握驴种基本情况后，对符合驴种特征特性的驴进行整顿和组群，整群是为了使驴群结构合理，性别、年龄等搭配适当，有助于进行生产和择优淘劣，提高驴群的质量；有助于不同的等级、不同的品系（族）组群，为选种选配和品系（族）繁育创造条件。

驴群进行整群时，根据育种计划的指标要求，一般组成繁殖群和育种群，当驴群达到相应规模，并且育种工作达到一定水平时，还可以组成育种核心群。整群也可以使这些育种群及育种核心群按照计划进行适当地更替，保证种群的优异品质性能。如果在品种内要求对不同类型、品系（族）分群时，整群的实施就会对分型选配或品系（族）繁育十分有利。按年龄分群难度较大，一般多为青、壮、老龄驴混编，但驴群中壮年驴越多，越有利于选育工作的开展。驴群中的公、母驴应有一定的比例，以保证良种驴的合理利用。

（二）提纯复壮

当某驴种退化严重或受杂交冲击时，可以采取提纯复壮的措施来恢复原有特征特性。提纯复壮就是指根据本品种特征特性要求，采用一定的选种选配方法，选择保留符合驴本品种特征特性的个体，进行自群繁育，经过若干世代，使退化的驴品种恢复其原来的生产能力和优良品质。提纯主要运用纯种繁育的方法，保持驴的有利基因纯合比例逐代增加，提高品种纯度。复壮主要是在提纯的基础上进行科学的选种、选配，自群繁育，依照选育计划，扩大高等级纯种驴的种群数量和质量，提高群体生产能力。提纯和复壮是相互依存和促进的。期望随着遗传标记辅助选择技术的成熟，驴种的提纯复壮工作变得更加可靠。

四、本品种选育方法

（一）本品种选育的意义

驴的品种较多，都属于地方品种，役用、肉用、奶用均可，为生产能力低下的兼用。专门化品种是指以某种生产性能为主要生产用途的品种，它是经过人类的长期选育，使品种的某些特性显著发展或某些组织器官产生了突出变化与某种生产性能相适应，这正是我们所追求的目标。目前我国没有专门化驴种，正在规划将传统意义兼用驴向专门化肉、奶、皮用驴转化。

本品种选育也称为广义上纯种繁育，是在本品种内通过选种选配、品系繁育、改善培育条件等措施，保持和发展本品种的优良特性，增加优良个体的比例，提高驴品种生产性能的一种方法。它可以在需要的情况下进行导入杂交，以拓宽血统、转轨方向、纠正某些不易克服的缺点。实行本品种选育，必须根据计划进行有目的地育种工作，基本措施在于正确地选种选配和加强幼驹的培育。主要任务是提高体尺和性能，改进体质外貌。对于引入品种，在选育中要使其进一步适应当地自然环境条件，提高其生活力及品质。

本品种选育，实际是宽泛的纯种繁育，是种驴业常用的选育方法，适用于所有地方驴种。

（二）本品种选育的方法

随着人们生活水平的提高，人们更加重视由传统的役用驴向专门化肉驴、奶驴转变。在有计划、有目的地选育过程中，随着时间的推移，选育方法不当，选育效果就会逐渐下降。为了防止驴种的退化及扩大选育效果，让驴品种的专门化品质得以保持和发展，可采用不同的选育方法。

1. 亲缘繁育　亲缘繁育是指把具有不同程度血缘关系的公驴、母驴进行交配。此法可以使驴的专门化本品种的优良性状得以巩固，一些控制优良性状的纯合基因型比例逐渐增加，同时使本品种驴的专门化更加突出，如我国关中驴、德州驴等优良地方驴种，将来为了肉用建立育种核心群，巩固其优良性状，即可在选育的某一阶段采用亲缘繁育。但此法不能长期使用，否则会减弱驴群的生活力和性能。

2. 血液更新　血液更新的目的在于提高驴的生活力，改进驴群品质和防止亲缘交配所发生的危害。在一些育种场中，由于选配不合理没有正确使用种驴、长时间选留本场或本群公驴作种用，使驴群个体间的遗传差异逐渐缩小，生活力容易减弱，可能出现一些近交衰退现象，这些育种场就应考虑采用此种方法定期更新血液。即引用在另外一种条件下培育的、与本地母驴无亲缘关系、同品种优秀公驴作种驴，使本场驴生活力得到提高。这是改进驴群质量防止亲缘交配产生的近交衰退所必须的。血液更新的同时，引入公驴要加强饲养管理和合理锻炼运动，才能使血液更新获得良好的效果。

3. 冲血　冲血就是引入杂交或称导入杂交。这种杂交从形式上看是杂交，就其实质来说，应看作是本品种选育中的一项措施。本品种选育的驴，一般都具有较稳定的遗传性，不容易获得明显的变异，这是本品种选育的主要特点。有时，某一品种总地来说是令人满意的，但在个别性状上还存在缺点。为了迅速纠正其缺点和增加新的遗传基因，而不改变本品种的原有特点，可以采取冲血的办法。另外，在品种内驴数量少、本品种选育无法摆脱亲缘交配时，也可以采取冲血的办法。

冲血只是为了改进个别缺点或摆脱亲缘交配，而不改变原品种的类型和特征，不破坏原品种的遗传结构。因此，当选择冲血用的公驴时，它的类型和特性应与被冲血的品种相似，而且要具备能改进被冲血品种某一缺点的特点。用这样的公驴来和被冲血品种的优秀母驴交配，然后从一代或二代杂种中选出符合要求的公驴，与被冲血品种母驴回交；一代或二代杂种母驴也可以和被冲血品种的优秀公驴回交。回交后外血含量在1/8～1/4，杂种可自群繁育。

在进行导入杂交时应注意：(1) 慎重选择引入品种。不能盲目进行引种，要按一定改良要求进行，引入品种的生产方向应与原有品种基本相同，但又具有针对原品种缺点的显著优点，以纠正其缺点。(2) 引入公驴必须经过严格选择，最好经过后裔测验。(3) 在引种前应进行小规模的杂交试验，以确保引入品种对原有品种的改良作用。(4) 加强对原有品种、杂种的选择和培育，在导入杂交时原有品种的优良母畜的选育和杂交一代的选育是十分关键的，要加强两者的选育工作及饲养管理。

4. 品系（族）繁育 驴的品系是指来源同一祖先、性状表现大致相同的群体。品系繁育是本品种选育更完善、更高级的选育方法。由于品种内个体性状多且差别各异，性状提升的空间也较大。育种中应该有意识地在品种内保持一定的异质性而建立相应的品系，把有益性状巩固和发展起来，这样有利于品种的不断提升，保持品种的充沛生活力。品系繁育是选择遗传稳定、优点突出的公驴作系祖，选择具备品系特点的母驴，采用品质选配的方法进行繁育，使优秀个体变为群体，促进品种的新陈代谢。品系繁育必须有明确的目的，能构成品系的独特品质；同时要进行有目的的选配，创造适宜的培育条件，促进获得专门化的驴群。

品系繁育，在品种内可以建立若干个品系，每个品系除了需要具有本品种的特征特性外，不同系祖的种公驴要具有不同优异性状，通过品系间的杂交能使本品种得到多方面的提高。同时也可以加强品种内专门化品系的选育，如专门化肉用驴、专门化奶用驴品种，这样可使有益性状得到巩固和发展，驴种质量得到不断改进，免受近交危害。品系繁育是保持下一代较强生活力的一种重要方法。

在进行品系选育时应注意以下几点：首先，建系初期要闭锁繁育，亲缘选配以中亲为好，要严格淘汰不符合品系特点的驴，经2～4代即可建立品系。其次，建系时要注意多选留一些不同来源的公驴，以免后代被迫近交。最后，品系建立后，长期同质繁育，会使驴的适应性、生活力减弱，这点可通过品系间杂配得以改善。

品族是指来源于同一优秀母驴的后代形成的畜群，它们具有与同族祖先相类似的特征和特性，遗传性稳定。在品种的形成和改良中，不仅取决于优秀的种公驴，同时也决定于优异的种母驴，虽然公驴对品种后代的影响比母驴大，但是母驴对后代特征、特性的影响比公驴大，如母驴能够直接影响胎儿及幼期驴驹的生长发育性能。品族繁育的原则和方法，与品系繁育基本一致，但一般在进行品系繁育时，不进行品族繁育。品族繁育是在进行专门化驴群培育中有优秀母驴而缺少优秀公驴，或公驴少、血统窄，不宜建立品系时才采用。

五、生物技术在驴育种中的应用

目前，现代生物技术和手段正将应用于驴的育种工作，主要有分子遗传标记及连锁图谱、数量性状基因座检测（QTL 检测）、遗传标记辅助选择（MAS）等技术，以及 Y-染色体和 mt-DNA 多型检测、基因组学和蛋白质组学等在家畜育种中应用。这些方法有的已经在驴的育种科研中开始研究探讨。

第四节　驴的杂交利用

一、杂交

我国各地驴的杂交多为导入杂交和经济杂交，没有进行过有计划地育成杂交和轮回杂交。导入杂交已经作为一种手段纳入本品种选育范畴，而经济杂交也基本是二元杂交。杂种除了直接被利用外，也有的不断级进，成为级进杂交而失败，也有的杂种间进行无序交配，形成了一个杂种群体。

（一）杂交的意义

杂交是指不同品种或不同种间之间的公驴、母驴进行交配。不同品种之间的杂交称为品种间杂交；不同种间的杂交称为种间杂交或远缘杂交。对于驴的种间杂交常见的是驴和马的杂交，杂交所产生的后代称为杂种。

杂交的效应是以其内部的遗传物质基因型为基础，通过杂交使驴群体基因重新组合，综合驴的亲本性状，产生杂种优势，提高生产力。表示杂交程度的方法有两种：一种是以杂交代数来表示，如关中驴与喀什岳普湖县本地驴杂交所产生的后代，一代杂种驴为杂一代（F_1），关中驴与 F_1 杂交所产生的后代叫杂二代（F_2）；一种是以后代含血液的比例来表示，如杂一代含关中驴的血液为 50%，杂二代含关中驴的血液为 75%，杂三代含关中驴的血液为 87.5%，依此类推。

在引种杂交时，要谨慎，要考虑杂交后代对当地环境的适应性等问题。据记载，新疆阿克苏地区库车县曾于 1958 年和 1965 年引进关中驴，对当地驴进行级进杂交，其杂交后代体格增大，但适应性差，饲养条件也要求较高，因而停止了杂交。

（二）杂交的方式

按照杂交的目的，原本把杂交分为育种性杂交和经济性杂交两类。育种性杂交包括级进杂交和育成杂交两种；经济性杂交包括简单经济杂交、三元杂交、轮回杂交等。

把级进杂交和育成杂交，都归为育种性杂交，其实质仍是忽视其杂交遗传效应的表现，还是建立在“杂交就是改良”错误的理论之上。杂交实际对任何引进驴种都仅是一个利用问题，更不要说有的是一些没有系统选育的无序杂种，一些专家却鉴定通过其作为“新驴种”。即使经过横交、自繁扩群（这两点目前都没有），那也将是一个长期的“过渡品种”和仍需不断继续选育的“培育品种”罢了。

大中型地方良种和我国的小型驴种都没有开展有目的的杂交育种，引入大型驴在小型驴产区杂交也缺乏具体的规划。如何利用这些杂交种也是实践上需要解决的问题。

1. 级进杂交 级进杂交原称改良杂交、改造杂交或吸收杂交，认为它是当原有品种的生产性能低劣不能满足需要或者生产类型需要根本改变时，所采用的一种方法。此法是用生产性能高的引入品种的公驴和生产性能低的原有品种的母驴进行杂交，所产生后代的杂种母驴连续几代与引入品种的公驴交配，直到杂种基本接近引入品种的水平为止，期望将理想型的杂种驴进行自群繁育，固定优良性状。

级进杂交应注意的问题是：(1) 明确改良方向，正确选择引入品种。拟订具体引种方案，有计划、有目的的开展杂交工作，引入品种要求生产性能高、适应性能强、遗传性稳定等优异性能。(2) 正确掌握级进代数。对杂交代数要进行综合分析，既要看到杂交效果，也要考虑到当地的自然与经济条件，级进代数不宜过高，过高易导致杂种驴的生活力、适应性等能力的下降，一般杂交代数为 3～4 代为宜。(3) 加强选育与培育。通过级进杂交获得的杂种或横交种，应对其加强培育工作，并进行科学的饲养管理，以防止杂交衰退现象的出现。

级进杂交如果无休止地级进，则成为名副其实的吸收杂交，后代性能和适应性都更加接近于外来驴种。如果杂交代数为 3～4 代横交，依然存在遗传学研究已经证明了的当今育种技术“横交难于‘固定’”的问题，性状纯化极其困难，只有寄希望于今后的分子育种技术。因此现在我们杂交的着眼点还是利用其性能。

2. 育成杂交 所谓的育成杂交，是用 2 个或 2 个以上的品种进行杂交，使后代同时结合几个品种的优良性状，在几代后将理想型后代进行横交固定、自群繁育，进而育成新品种的方法。

育成杂交，技术要求高，育种周期长，要有切实的需要、强大的技术力量和财政支持才可进行此项工作。要拟定科学的育种目标和可行的育种方案，按照不同育种阶段提出不同的育种要求和指标，定期（5 年）写出育种总结，检查育种进度，提出补救措施。整个育种过程要在育种专家组指导下进行，要有完备的育种档案和原始记录。

个别省区盲目引种，无序杂交，缺乏必要的育种方案和应有畜牧档案，将表型较好的高代杂种聚拢称新驴种鉴定，将表型较差的低代杂种称为地方驴种，没有艰苦细致的技术工作，急功近利，是当今需要注意的一种倾向。

我国优良地方驴种众多，但育成杂交在驴种选育工作中从来没有在实践上得到应用，我们对这一种杂交方式也不再进行遗传学分析。

3. 经济杂交 经济杂交是将杂种一代直接利用于生产或生活中的一种杂交。这种杂种一代一般具有较好的生产性能等杂种优势。经济杂交主要分为二元杂交和三元杂交。二元杂交是指两个品种之间的杂交，又称简单经济杂交，所产杂种一代，不论公、母驴均不留种用，全部作商品用。三元杂交是两个种群的杂种一代和第三个种群相杂交，利用含有三种血统的多方面的杂种优势。通过这些经济杂交期望这些后代驴在奶、肉生产性能上得到有效提升并获得良好的经济效益。

4. 轮回杂交 轮回杂交是用两个以上品种进行轮回交替的杂交方式，如：当有 A、B、C 三个品种时，A 与 B 两品种进行杂交所产杂种一代母驴，用杂种一代母驴与 C 进行杂交，再用其杂种一代与 A 进行杂交，依此轮流杂交。其目的在于能够使每代杂种后代都可保持一定的杂种优势。

二、杂交优势利用

通过杂交提高了群体显性效应值，产生的后代在生活力、生长速度、繁殖特性、产品性能、体质的结实程度等方面都超过双亲，这就是杂交优势。当杂交品种之间的血统来源、工作性能、体质外貌等差异越大，则产生的杂种优势越明显。

过去，驴在杂交利用上，利用最多的是与马杂交产生骡。骡具有体质结实、生命力强、富有持久力、对不同气候区域或是高海拔地区都有很强的适应能力。与马相比，骡的饲料报酬高，食量比马少20%～25%；骡神经类型比较均衡，对饲料和管理条件要求不高，耐粗饲，消化能力比马高15%～20%，且不易得消化道疾病。骡挽力、耐热性、耐劳苦和抗病力均强于马，在耐力、寿命、利用年限和抗病力等性能上也强于驴，这就是开展杂交所产生的种间杂种优势。

1949年后我国由于母马缺乏，国家曾一度号召生产驴骡，即用公马配母驴生产的后代，就驴骡的品质及特性而言，并不逊于骡。其体尺的大小关键决定于母驴的大小，即母驴的体尺较大，有良好的公马交配，也可获得比一般骡子体尺较大的驴骡。

现在随着人们消费水平的提高对产品质量的要求越来越高，甚至希望肉类、奶类的品质具有功能性。研究表明，驴奶和驴肉营养价值都高于市场上其他奶类、肉类食品，是人们比较好的选择对象。我国虽然驴种资源丰富，但是过度利用使驴的养殖数量大幅下降。近些年，我国开始重视驴业的发展，驴的利用也朝专业化方向转化，因此应认真研究驴的杂交优势利用和科学运用选种、选配、杂交等技术手段，努力提高驴的生产能力。

驴的杂交实践可知，杂交的后代，初生重大、生长发育快、生产性能有很大提高。为了减少怀有杂交后代的孕驴发生难产现象，应以大型公驴杂交中型母驴、中型公驴杂交小型母驴较好。

同时为了保证驴种间杂交优势正常发挥，要注意引入驴种对当地生态条件的适应性。如新疆岳普湖县当地驴与关中驴杂交选育形成的优良杂交类群，该杂交种适应性较好，个体较大，生产性能良好，成年母驴体高、体长、胸围、管围各项指标均高于本地新疆成年母驴，杂交优势明显，深受当地牧民喜爱。而关中驴引入东北，杂种后代的适应性远不如从雁北引入的广灵驴的杂种后代。

目前德州驴引入内蒙古西部、辽宁东部杂交利用，杂种后代耐严寒和适应性效果有待观察。

我们认为各地驴杂交以一、二代为宜，不仅利用了杂交优势，也保持了对当地生态条件的适应性。对生产性能高、适应性好的杂种后代，经过选择可与当地驴种回交，进行自群繁育。其他的驴直接肉用、奶用或皮用。

第五节　驴驹培育和调教

驴驹根据年龄段可以划分为幼驹和1～2岁驹两个阶段。而驴驹又可分为哺乳期和断奶期两个时期。驴驹的培育是驴业生产、选育和育种的重要环节，也是选种、选配工作的继续。选种、选配的期望寄托在幼驹的生长发育中。因此要重视满足驴驹的各种培育条件，按照正确的育种方向和指标，使驴驹能够充分地生长发育。

一、驴驹的生长发育规律

驴驹从初生到成年，年龄越小，生长发育越快。不同的年龄阶段，各部位的生长发育强度也不一样。如果幼驹早期营养缺乏，则因发育受阻，会成为长肢、短躯、窄胸的幼稚型。以后是无法补救的。农谚说得好“一岁不成驴，到老是个驴驹子”就是这个意思。驴驹生长发育规律大体相同。现以关中驴不同时期生长发育占成年体尺的比例来说明这一问题。

（一）胎儿期的驴驹生长发育

驴驹初生时，体高和管围已分别为成年时的62.93%和60.33%，而体长和胸围则分别为成年的45.28%和45.69%，体重为成年的10.34%。由此说明驴驹胎儿期生长发育非常迅速。

（二）哺乳期的驴驹生长发育

从出生到断奶（6月龄）是幼驹生后生长发育最快的阶段，各项体尺为出生后生长的一半左右。关中驴此时体高为成年的81.89%，体长为成年的72.71%，胸围为成年的68.84%，管围为成年的81.24%。这一阶段生长发育的好坏，对将来种用、役用、肉用、奶用的价值关系很大。

（三）断奶后的驴驹生长发育

幼驹从断奶到1岁，体高和管围相对生长发育最快，1岁时为成年的86.60%和83.81%，而此时体长和胸围也分别为成年的79.33%和75.68%。

断奶后第一年，即6月龄至1.5岁，为驴驹生长发育的又一高峰。1.5岁时体高、体长、胸围、管围分别占成年的93.35%、89.89%、86.13%和93.45%，只是体重偏小，不宜肉用。

两岁前后，体长相对生长发育速度加快。两岁时，体长可占成年的93.71%，此时体高和管围分别占成年的96.29%和97.26%，只有胸围占成年的89.31%。

3岁时，驴的胸围生长发育速度增快，胸围为成年的94.79,%，而这时的体高、体长和胸围也分别占成年的99.32%、99.32%和98.56%。3岁时，驴的体尺接近成年体尺，体格基本定型，虽然胸围和体重还有小幅增长，但此时驴的性机能已完全成熟，可以投入繁殖配种。

我们把断奶后的驴驹相对生长发育强度的顺序，概括简记为：1岁长高，2岁长长，3岁长粗。同源关中母驴的生长发育情况见表6-9。

表6-9 同源10头关中母驴不同年龄体尺表

年龄	体高		体长		胸围		管围	
	平均数/cm	占成年/%	平均数/cm	占成年/%	平均数/cm	占成年/%	平均数/cm	占成年/%
3天	89.18	62.93	63.81	45.28	71.25	45.69	10.10	60.33
1月龄	94.00	66.33	74.75	53.05	79.75	51.15	10.83	64.69
6月龄	116.05	81.89	102.45	72.71	107.33	68.84	13.60	81.24

（续）

年龄	体高		体长		胸围		管围	
	平均数/cm	占成年/%	平均数/cm	占成年/%	平均数/cm	占成年/%	平均数/cm	占成年/%
1岁	122.72	86.60	111.79	79.33	118.00	75.68	14.03	83.81
1.5岁	132.29	93.35	126.66	89.89	134.29	86.13	15.66	93.54
2岁	136.45	96.29	132.05	93.71	139.25	89.31	16.28	97.26
2.5岁	138.23	97.55	136.10	96.59	142.04	91.10	16.43	98.14
3岁	140.75	99.32	139.95	99.32	147.79	94.79	16.50	98.56
4岁	141.62	99.94	140.9	100	153.91	98.71	16.73	99.94
5岁	141.70	100	140.9	100	155.91	100	16.74	100

（四）两岁以内关中驴公驴、母驴的生长强度对比

另从资料得知，1～6月龄以内，公驴、母驴的生长强度，体高、体长、胸围的增长值都超过20cm，管围均在2～3cm，为生后生长强度最快时期，且公驴、母驴差别不大。断奶后，生长强度公驴在6～12月龄时最大，体高、体长、胸围、管围相对生长率分别为7.79%、14.22%、11.17%、8.24%；母驴在12～18月龄时最大，体高、体长、胸围、管围相对生长率分别为8.64%、13.30%、13.80%和11.60%。

二、驴驹培育要点

（一）胎儿期生长发育

在正常饲养情况下，驴驹初生体高已达成年驴62%以上，体重达成年驴的10%～12%。骡驹体高也可达成年的62%，体重达成年的10%。要养好母驴，保证胎儿的充分发育。先天发育良好，才能为出生后发育奠定基础。胎儿营养由母体获得，因此必须加强对妊娠母驴的饲养，特别是妊娠最后2～3个月。同时，由于母驴产后泌乳能力的高低，与妊娠母驴是否能积累一定数量的营养物质有直接关系，所以养好妊娠母驴对胎儿及生后的良好发育都有着双重意义。

（二）哺乳期驴驹的培育

驴驹哺乳期约6个月，是它出生后生长发育最快的阶段，其间完成体格生长的一半。这时的新生幼驹对外界环境适应能力差，消化器官尚未健全，消化能力差，体温调节机能尚未健全，缺乏先天性免疫力。因此此时期驴驹易受外界侵扰，死亡率高，这时需要给予驴驹良好的饲养和精心的照顾。

1. 首先要让驴驹尽早吃好初乳　产后3天以内的初乳营养丰富，含有较多的干物质、维生素、溶菌酶、抗体和无机盐，可抑制有害菌繁殖，增强后天免疫力；初乳酸度高，能刺激消化液的分泌，抑制有害菌的繁殖；较多的镁盐、轻泻可促使幼驹排出胎粪。

幼驹出生后半小时就能站立起来找奶吃，接产人员应尽早引导弱驹吃上初乳。如产后2h幼驹还不能站立，就应挤出初乳进行喂养，两小时1次。

2. 注意观察驴驹　驴驹刚出生，行动不很灵活，容易发生意外，要细心照料。出生当天，应注意胎粪是否排出。胎粪不下时，可用温水或生理盐水1 000ml，加甘油10～

20ml 或软肥皂进行灌肠；或请兽医治疗。如果腹泻（排灰白色或绿色粪便），应暂停哺乳，予以治疗。同时检查母驴乳房和驴驹饲料是否卫生，褥草是否干燥、温暖。

在缺硒地区，常发生幼驹白肌病或坏死性肝退化症，造成死亡，要为孕驴供给豆科青草或注射亚硒酸钠，每次 20～25mg，预防此病有很好效果。

3. 缺乳或无乳驴驹的饲养 无乳驴驹多为产后母驴死亡造成，最好找产期相近、泌乳多的母驴代劳。若保姆母驴拒哺，可在母驴和幼驹身上洒相同气味的水剂，或者在幼驹身上涂抹些保姆驴的尿液或粪便，和她自己的幼驹混到一起进行哺乳或由人工帮助诱导幼驹吮乳。没有保姆母驴也可用代乳品进行饲喂。代乳品通常用牛奶、羊奶，而牛奶、羊奶作为代乳品与驴奶的营养成分不同，乳蛋白和乳脂高，而乳糖低，如给驴驹喂饮不经调制（稀释加糖）的牛奶、羊奶，往往会引起消化不良，发生肠炎，严重时导致下痢，有的甚至脱水死亡。所以在饲喂代乳品牛、羊奶时要加水稀释（1：1），并加食糖和石灰水少许（半升牛、羊奶加 3～5 汤勺），温度保持在 35～37℃，每 1.5～2h 喂 1 次，以后驴驹大了，间隔时间也可以稍长些。

4. 尽早补饲 随着幼驹的快速生长发育，对营养物质的需求不断增加，母驴在产后泌乳能力逐月下降，单纯依靠母乳不能满足需要，因此为满足驴驹的营养需要，驴驹在出生 10～15 天便可随母驴吃草料。应尽早补饲并开始训练其采食植物性饲料，喂以适口性好易消化的优质饲料，如胡萝卜、青苜蓿、禾本科青草、燕麦、麸皮等，促进幼驹消化腺活动和消化器官发育，提高幼驹对饲料的消化、利用能力。

生后 1～2 月龄时应开始喂精料，最初用炒豆或煮成八成熟的小米或大麦麸皮粥，每天 150～200g，单独补饲。到 2 月龄时，饲料逐渐增加到 0.5kg，断奶时达到 0.75～1kg。另外每天还要补充食盐、骨粉 10～15g，饲草任意采食，或随母驴放牧。

同时，在饲喂时应给驴驹提供清洁饮水，重视环境卫生，经常消毒，加强幼驹护理，保持驴舍内干燥、通风，注意驴舍采光和温度，冬季防寒和夏季防暑，加强幼驹刷拭和护蹄工作，以保持正常的蹄形和肢势，注意运动，增强驴驹体质。

（三）断奶后驴驹的培育

适时断奶、全价营养是培育断奶驹的重要技术。驴驹一般 6～7 个月龄时断奶。断奶是驴驹从哺乳过渡到独立生活的阶段。断奶的方法有两种，一是规模化养殖的母驴，可另找圈舍，把幼驹留在厩内，根据幼驹体格、性格、性别等分群，与母驴分开后，不要使幼驹再看到母驴，经两天一夜后即安静；二是对于条件有限的地方，不易使幼驹与母驴分开饲养，而采用断续断乳的方式，仅在母驴工作时将幼驹留在厩内，工作后的母驴与幼驹又同处于一个圈舍，这样对驴驹和母驴都有影响。因此我们提倡应尽量一次断乳。

由于第一年幼驹生长迅速，体高达成年 90%以上，体重也达成年驴的 60%左右，日增重达 0.35kg，应给断奶驴驹提供全面营养，每日 4 次给予优质草料配合的日粮，其中精料应占 1/3，每日不少于 1.5kg。随着年龄的增长要相应增加精料，1.5～2 岁性成熟时，喂给精料不应低于成年驴，同时对于公驹还要额外增加 15%～20%的精料，精料中要含有 30%左右的蛋白质。驴驹的饮水要干净、充足，有条件的可以放牧，或在田间茬地进行运动，幼驹的运动有利于增进健康。1.5 岁时，公驹、母驹要分开，防止偷配，不作种用的公驹要及时去势，开春和晚秋各进行 1 次防疫、检疫和驱虫工作。

驴驹断奶后到 3 岁时是体长、胸围和体重相对增长的重要阶段，特别是 2 岁或 2.5 岁时表现最明显。要创造良好的饲养和锻炼条件，促进这些部位的生长，提高其生产性能。

公驹比母驹容易受到营养不良的影响，特别是 1.5～2 岁性成熟后，影响更为显著，因此饲养上应格外照顾，日粮中精料应多 15%～20%（见表 6-10）。

表 6-10　关中驴驹不同年龄日料给量表

性别	6～12 个月		1～2.5 岁		2.5～3 岁	
	精料/kg	干草/kg	精料/kg	干草/kg	精料/kg	干草/kg
公	1	2	2	4.5	3	6
母	0.75	2	1.5	4	2	5

驴到 3 岁以后，在调教、运动锻炼或使役上要加强。群众说“四高六粗”，就是说驴 4 岁体高长足，6 岁完成体躯深广度的增长。骡驹的生长发育比驴驹快半年到一年，培育工作要相应提早。

三、幼驹的调教

调教是促进幼驹生长发育、锻炼和加强体质、提高其生产性能的主要措施。调教是一个复杂的教导过程，驴的性能强弱与其遗传有关，但也与后天的调教密不可分，调教得当有利于性能的增强。

驴驹应从哺乳期开始进行相应的调教，这时调教称之为驯致。正确的驯致是非常重要的，通过不断接触幼驴进而影响幼驴性情，建立人驴亲和。驯致是调教工作的基础。幼驹出生后饲养员要帮助幼驹吃上初乳，要经常接触幼驹，轻轻抚摸，用刷子刷拭，以食物为诱惑，促使幼驹逐渐能够练习举肢、扣蹄、戴笼头、拴系和牵行等。不当调教可能导致驴驹对人产生抵抗的防御反射等恶癖，应尽量创造有益条件反射。

1 岁以后我们对幼驴可以进行初步调教，如使役，应熟悉各种套具、挽具或驮具，以及常用口令（见图 6-1）。1.5 岁以后可以进行个别调教，主要是役用能力调教，先让其

图 6-1　耕作能力调教

（来源：《现代马学》）

开始时和成年驴一起拉边套，学习拉车拉犁。调教的进度务求由浅而深，由简而繁，循序渐进，不可急于求成。开始时前面要人带领，配合驭手，作进、退、转弯等训练。调教员必须态度严肃，口令准确，赏罚分明。

对驴驹进行相应调教时，应遵循以下原则：

①在调教过程中，应用抚摸、刷拭和给予喜食饲料等诱惑其培养对人的感情，消除惧怕心理。不准鞭打驴驹，对其错误可以呵斥，并给予安慰。

②戴龙头、套具、挽具或驮具时，先以温和声音给予预示，并固定其程序。

③按动作的难易程度及强度，规定驴驹的训练科目及进程。

④切不可使一头已经疲惫不堪的驴驹继续工作，以防顽固性恶癖的发生。

⑤正确运用奖惩手段，可以加快调教进程，巩固调教成果。奖惩要及时，在驴驹完成规定动作时，应立即用温和的声音呼唤、轻拍驴颈或喂食喜食草料；对屡教不肯就范的驴驹，要用严厉的声音呵斥加以督促。

⑥调教员必须具有极大的耐心，脾性温和，举止稳重，不轻易对驴驹发怒或鞭打。

⑦调教时要遵守运动规则，过饥过饱或喂食 1h 后，不得进行调教，调教中规定一定的调教时间和休息时间，调教前后不应进行过激的运动等。

⑧在调教一个新动作前，应复习前一科目动作，以免混淆驴驹的记忆，影响调教的效果。

由于驴和马是同属动物，在很多性能、生活习惯上都具有较大的相似性。因此，在调教方法上，可以在结合驴的特性的情况下，借鉴马的较成熟的调教方法——系马法、牵马前进法、举肢法等，使驴能够得到正确的调教方式，避免恶癖现象的发生。

随着现代驴业的综合利用，奶用驴的专用设备也将研发，对于有条件使用挤奶器械的养驴场，在分娩前应进行适当的挤奶调教，如乳房按摩，这样母驴不仅能够很快适应机器挤奶，而且乳房按摩也可以提高母驴的泌乳量。

随着人工授精技术普及，更好地利用优良种公驴扩繁，对于种用后备青年公驴应进行相应地采精调教。其主要方法是利用假台畜采精，所以应对后备青年公驴进行假台畜爬跨等调教，进而形成条件反射。在调教采精时应注意人畜的清洁卫生，在调教过程中一定要耐心诱导，反复训练。

第七章 CHAPTER7 驴的肉用

人类利用动物组织尤其是肌肉组织充饥应早于动物的驯化。家养动物的兴起和发展，提供了大批优质的畜禽动物蛋白质，从而保证了人们健康和富有活力生命的维持和延续。

随着人们生活水平的提高，老百姓对肉品质量的要求也越来越高，这就需要进一步扩大肉品供应来源，于是，利用现代科学方法研究开发驴肉也开始提到议事日程。我们在了解驴肉营养价值个性特点之前，首先了解畜禽肉品一些共性的基础知识这是非常必要和有益的。

第一节　有关畜禽肉品的基础知识

畜禽的肉都含有蛋白质、脂肪、维生素、矿物质、水分等成分。肉品中这些成分因动物种类、性别、饲料营养、健康状态、体躯部位等不同而有所差别。此外，在宰前、宰后以及贮运加工直至食用等过程中，肉品还要发生一系列复杂的生物化学变化，从而影响其化学组成与特性发生一定的变化。

一、肌肉的化学成分和性质

（一）水分

肌肉中水分含量最多，约占70%，水分虽不算是肉品营养物质，但其含量及其持水性能直接关系到肉及肉制品的组织状态、品质和风味。

（二）蛋白质与氨基酸

畜禽肌肉蛋白质的含量约占20%，一般根据蛋白质构成的位置和在盐溶液中的溶解程度，分为三种功能单位不同的蛋白质：肌原纤维蛋白（收缩蛋白），占蛋白质的

40%～60%；肌浆蛋白（肌原纤维间溶解在肌浆中的蛋白质，为糖原酵解酶类和色素蛋白），占蛋白质的20%～30%；基质蛋白（结缔组织），约占10%以上。这些蛋白质在肉品中的含量因动物种类、解剖部位等不同差异很大。

氨基酸是蛋白质的基本结构单位。现代营养学认为，蛋白质营养实质上是氨基酸营养，肉品蛋白质的营养取决于组成其氨基酸的种类、含量与比例以及消化利用特性等几个方面。

畜禽肉品中的某些氨基酸（如谷氨酸和天门冬氨酸）与肉的鲜味也有直接关系；同时，肉中氨基酸在室温下还很容易和还原糖类发生美拉德（Maillard）反应，使肉品产生很好的风味。

（三）脂类

脂类主要包括中性脂肪酸、磷脂、胆固醇和脂溶性物质，其中，中性脂肪是脂类的主要成分，它们不溶于水而溶于乙醚等有机溶剂。畜禽肉品的脂肪主要由丙三醇（甘油）与棕榈酸（十六碳酸）、硬脂酸（十八碳酸）、油酸等组成，此外，还有亚油酸、挥发酸、不皂化物和微量的脂溶性维生素等。脂肪的性质主要受各种脂肪酸含量的影响。

脂肪酸可分两类，即饱和脂肪酸和不饱和脂肪酸。饱和脂肪酸分子链中不含有双键，不饱和脂肪酸含有一个以上的双键。饲料成分对脂肪组织的质量有重大影响。

磷脂是磷酸、含氮的甘油和脂肪酸所构成的脂类。主要有卵磷脂、脑磷脂、磷脂酰丝氨酸、磷酸肌醇脂，此外，还有缩醛磷脂、神经鞘脂类、糖脂类、神经节苷脂、胆固醇、脂蛋白。其中胆固醇的生理功能，越发引起人们重视。

（四）非蛋白质含氮化合物

肌肉中非蛋白质含氮化合物多为游离态，与肌肉代谢有直接关系，是肉的浸出物质和呈现有味物质的主要成分，约占含氮量的11%。主要成分有核苷酸、胍化物、肽类及其他。

（五）不含氮有机物

主要是糖类和有机酸。

（六）矿物质与微量元素

主要有钾、钠、钙、镁、硫、磷、氯、铁，也含有微量的锌、铜、锰等。

（七）维生素

不同肉品或脏器中含量差异较大。肉品中脂溶性维生素含量很少，水溶性维生素（除维生素C外）含量比较丰富。肉品加工和贮藏会造成维生素的损失，损失的多寡取决于各种维生素对所受作用的易感性。

二、影响畜禽肌肉化学成分的因素

（一）不同畜禽种类的影响

不同畜种和同一畜种不同品种的肌肉化学成分都有明显不同。畜种间差异和畜种内品种间差异均大，这可以从大量的分析报道中，得出这一结论。

（二）不同性别的影响

不同性别不仅影响肉的化学成分，也影响肉的组织状态。不去势的公畜肉比较坚硬而且组织粗糙，肌肉间没有脂肪。有的公畜肉煮制时有特殊异味。去势的公畜肉虽然肌纤维较粗糙，但较不去势的公畜肉柔软，肌肉间富有脂肪。母畜肉肌纤维较细，脂肪层主要在皮下。

（三）不同部位影响

屠体部位不同，肌肉化学成分不同，营养价值不同。这也是肉品分级的依据。一般臀部肉相对水分少，粗脂肪含量高，肉品等级高。

（四）不同年龄影响

成年家畜肉质最佳，越是老龄肉质越粗糙。这是因为家畜肌肉纤维数量出生后并不增加，只是随年龄的增加而肌纤维变粗，所以肌肉中结缔组织的数量相对随年龄的增长而减少。但在结缔组织中弹性蛋白的数量随年龄的增长而增加，肉变的坚韧。

幼畜肉与成年肉不同，它没有强烈的香气和滋味，这一点和肉中所含不同浸出物有关。幼畜脂肪主要积聚于肌肉间，而皮下和腹腔较少。随着年龄的增长脂肪在增加，肉色渐变暗。

三、屠宰前后肌肉的变化

动物屠宰后，肌肉发生一系列生物化学、组织学和微生物学变化，对食肉品质有着重要的影响。刚屠宰后动物的肉是柔软的，并具有很高的系水力，经过一段时间的放置，肉质变的粗硬，系水力降低，继续延长放置时间，则粗硬的肌肉变柔软，系水力有所恢复，而且风味也有极大改善。这一系列变化是从活的动物体肌肉变成被人食用肉的过程，对肉及其加工产品质量有一定的影响。

（一）肌肉代谢与收缩

动物死后肌肉代谢不能立即停止，仍继续进行，表现为肌肉收缩，而这种收缩与动物活的时候收缩有所不同，它是一种不可逆收缩，肌肉的伸展性消失，表现为硬化现象。

（二）死后僵直与解僵

屠宰后动物肌肉变化并没有停止，仍发生一系列复杂物理化学和生物化学变化。刚屠宰的动物肌肉柔软多汁，进而随着糖原酵解的进行，pH 降低，肌肉失去弹性和伸展性，变得僵硬，这种状态叫死后僵直。当肌肉僵直达到顶点，并持续一段时间，肌肉又逐渐变软，处于解僵状态，这时，肌肉系水力提高，风味有所改善。

（三）肉的成熟

将解僵终了的肉在低温下保存使其风味增加的过程称为成熟，在成熟过程中所发生的各种变化，实际上在解僵期已经发生了，因此解僵与成熟过程没有严格的界限。

四、肉品营养价值的评定

肉品营养价值不仅与它的化学成分相联系，而且与蛋白质是否全价，脂肪的组成，维生素和常量、微量元素含量，以及颜色香味有关。

（一）综合指数法

根据实践经验确定参数，并赋予一定权重。其参数由总营养成分，全价和非全价蛋白质之比，脂肪的储积、分布和成分，常量和微量元素成分，维生素的含量，感官指标色、香、味等构成。

对肉的质量，即细嫩性和多汁性评定，是根据结缔组织分布和特性、肌纤维的直径、脂肪的含量和系水力程度来进行。这也与膘度、年龄、性别、饲养和利用方式有关。成年驴肉颜色比牛肉深，是因为它含有较高的肌红蛋白，但驴驹肉颜色比犊牛肉淡。

（二）氨基酸平衡公式

专门用来评定肉的营养价值，以氨基酸与苏氨酸的对比来表示。苏氨酸对促进生长，改善肉质，提高免疫力等，有极为重要的作用，是氨基酸平衡的必需氨基酸。

（三）蛋白质质量指标

用以说明蛋白质的全价性。以色氨酸与羟脯氨酸的比例来表示，并作为营养价值评定的主要质量指标之一。这是因为，结缔组织中羟脯氨酸含量高，缺乏全价蛋白质，色氨酸含量高的驴肉，全价蛋白质高。驴肉色氨酸含量为 0.662，羟脯氨酸含量为 0.107，色氨酸与羟脯氨酸的比例为 6.19：1，食用价值高。此外，驴肉蛋白质的食用价值，还取决于驴的品种和年龄，肉中结缔组织愈多，它的食用价值越低。

我们通常把肉的营养区分为生物学价值和食品价值两部分。高质量青年牛肉、马肉平均资料见表 7-1，供参考。

表 7-1　高质量青年牛肉、马肉的主要指标

质量指标	牛　肉	马　肉
蛋白质数量/%	—	20～24
眼肌蛋白质质量指标/色氨酸：羟脯氨酸	5.0～7.0	4.5～7.7
在 1g 蛋白氮里色氨酸的含量/mg	89.5～98.0	98.4～129.0
在 1g 蛋白氮里羟脯氨酸含量/mg	14.8～16.5	13.4～22.1
蛋白质结缔组织含量占总氮/%	1.7～3.0	1.6～2.0
亚油酸、亚麻酸，花生四烯酸等必需脂肪酸含量/%	—	11～21
100g 肉中维生素 A 的含量/IU	—	10～20
每 100g 肉胆固醇含量/mg	75	10.4—31.9
标准《大理石纹》/肌肉内脂肪：蛋白氮×10	4.6～6.0	6.0～9.5
系水力/在 1g 蛋白质里结合水的克数	2.5～2.6	2.2～2.4
色泽强度/光密度	1.2～1.4	1.1～1.2

第二节　驴的肉用基础

驴有着良好的肉用基础。它早熟性好，3 岁时体高、体长、胸围均达到成年期的 99%，胸围和体重也达到成年的 95%。驴产肉能力的最重要指标是屠宰率，而它又主要与不同的育肥方法有关，骨肉比和肉质也随着年龄和肥育方法有所变化。驴的胴体优质肉比例高，具有良好的肉用形态。

一、驴的生长发育强度

目前对不同品种驴的生长发育规律研究还不够。现有资料表明，驴出生后 1～1.5 岁有着很高的生长能力，这一可贵的特性与马驹和犊牛很相似，以关中驴初生至成年体重为例（表 7-2），从它的绝对增重和相对增重，可以看出驴的生长发育强度的一般规律。

表 7-2　十头关中驴不同年龄的体重增长表

年龄	体重/kg	相邻年龄段增重/kg	相邻年龄段日增重/kg	与初生相比日增重/kg	体重占成年百分比/%
3 日龄	30.70	—	—	—	10.34
1 月龄	47.86	17.16	0.572	0.572	16.90
6 月龄	111.17	63.31	0.419	0.447	39.25
1 岁	156.80	45.63	0.254	0.347	55.37
1.5 岁	193.40	36.16	0.221	0.364	68.16
2 岁	219.90	26.86	0.147	0.259	77.65
2.5 岁	243.46	23.65	0.129	0.234	85.97
3 岁	269.84	26.38	0.072	0.218	95.28
4 岁	279.98	10.14	0.028	0.171	98.86
5 岁	283.20	3.22	0.009	0.139	100.00

从上表可以看出，关中驴初生时体重已达成年体重的 10.34%，这比秦川牛初生重占成年体重的 5.5%～6.2% 要高。而关中驴到 6 月龄断奶时，体重可占成年体重的 39.25%，阶段日增重高达 0.419kg（1～6 月龄）。1 岁关中驴的体重占成年体重的 55.37%，阶段日增重可达 0.254kg（0.5～1 岁）。1.5 岁关中驴的体重占成年体重的 68.16%，阶段日增重可达 0.221kg（1～1.5 岁）。2 岁关中驴的体重占成年体重的 77.65%，而阶段日增重降为 0.147kg（1.5～2 岁）。到 3 岁时关中驴的体重占成年体重的 95.28%，而阶段日增重则仅为 0.072kg（2～2.5 岁）。

驴的生长发育规律告诉了我们，驴在 6 月龄以内，相对生长发育的速度最快；而 6 月龄至 1.5 岁是驴生长发育的又一高峰；3 岁以后驴的生长发育速度减缓。因此，1.5 岁前驴因绝对体重小，虽然相对增重快，也不应肉用。1.5～2.5 岁青年架子驴可肥育肉用，还可生产高、中档驴肉。如若将 3～4 岁的驴再作为架子驴，其效益就会相对降低，甚为可惜。而在生产实践中，多将老、残、退役驴作为育肥屠宰的对象，但其育肥的效果和驴肉肉品质量都不能称为高、中档驴肉。

必须指出，以放牧为主的驴，它的生长发育强度，与上述规律有所不同。幼驹的生长发育强度在不利季节急剧降低，尤其是在第一个越冬期，生长发育往往受阻。只有当幼驹长大，才会渐渐对外界恶劣环境有了适应能力。成年驴过冬前，在夏、秋季节就会在皮下脂肪层，特别在颈脊、腹壁和内部器官储积较多脂肪，以备冬、春消耗。如果在冬、春季节适当补饲，可使放牧驴获得良好的生长发育和满意的经济效果。

二、驴的屠宰率和净肉率

（一）屠宰率

屠宰率是衡量驴产肉量最主要的指标（见图7-1）。屠宰率越高，驴肉品质也越好。此外，为了评定产肉率，胴体骨骼、肌肉、脂肪之间的比例也很重要，一定量的脂肪不仅能保证肉有很好的风味，而且也可以防止贮存、运输、烹饪加工时其过于干燥。评定肉品时，胴体截面的对比也有一定意义（见图7-2）。

不同体躯部位的相对发育有着重要意义。肉质最好，肌肉最厚的是体躯后1/3，驴的后驱发育虽不好，但经肥育的晋南驴，还可占到净肉的43%。如若今后对驴的后躯形态进行系统选育，相信该部位的净肉比例还会提高。

屠宰率也是评定驴肉质量最方便的指标。测定驴的屠宰率时，宰前应使其空腹24h（饮水照常），驴的屠宰率为不计内脏脂肪重量的新鲜胴体重与宰前活重的百分比。胴体重，即屠宰的驴去头、四肢（从前肢膝关节和后肢飞节截去）、皮、尾、血和全部内脏，而保留肾及其周围脂肪的重量。

$$驴的屠宰率（\%）=\frac{新鲜胴体重}{宰前活重}\times 100$$

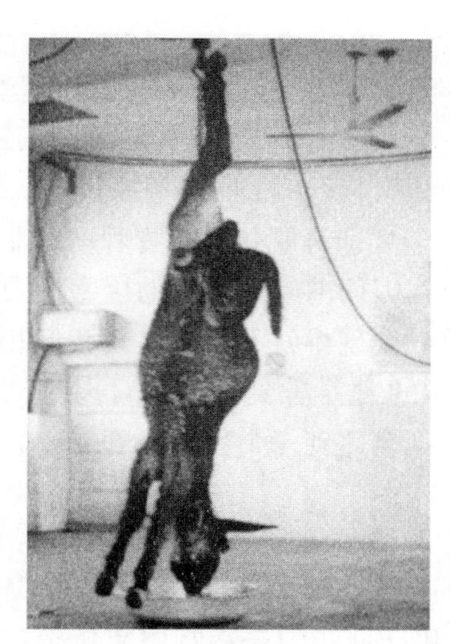

图7-1 驴的屠宰（放血 剥皮）
（来源：李海静 提供）

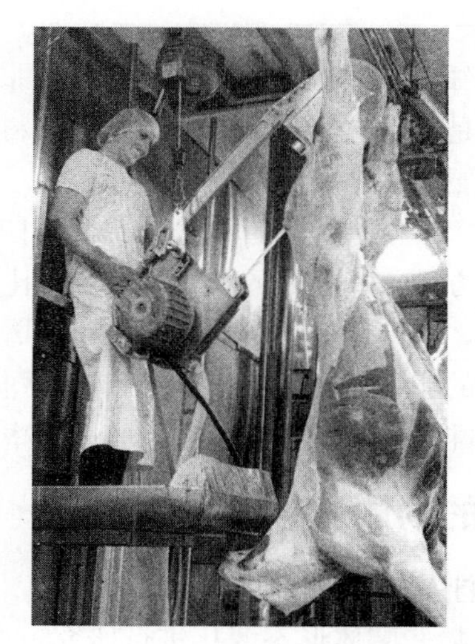

图7-2 驴胴体切半（澳大利亚）
（来源：中国畜牧业协会驴会分会）

（二）净肉率

为除去骨和结缔组织的胴体重与宰前活重的百分比。驴的屠宰率和净肉率的计算公式如下：

$$驴的净肉率（\%）=\frac{净肉重}{宰前活重}\times 100$$

不同品种驴的屠宰率见表7-3。

表 7-3　不同品种驴的屠宰率

驴　种	年龄/岁	数量/头	屠宰率/%	净肉率/%	宰前净重/kg	备　注
山西长治驴	断奶肥育	3	44.83～45.44	32.01～33.31	102.50～114.75	冬季肥育 63～83 天
	1.5 岁肥育	9	47.37～50.94	34.85～38.32	154.00～164.50	
	退役肥育	3	46.64～50.63	36.03～36.14	196.00～204.00	
关中驴	16 岁以上	16	39.32～40.38	—	—	西北农林科技大学，冬季补料 20～25 天
凉州驴	16 岁以上	16	36.38～37.59	—	—	同上
凉州驴	1.5～20 岁	12	48.20	31.23	127.21	甘肃农业大学，秋季优质牧草肥育 60 天
晋南驴	15～18 岁	5	51.50	40.25	249.15	秋季优质草料育肥 70 天（预饲 10 天）
广灵驴	—	6	45.10	30.60	211.50	中等膘度
泌阳驴	5～6 岁	5	48.29	34.91	118.80	中等膘度
佳米炉	14 岁	8	49.18	35.05	—	未肥育，中等膘度
华北驴（江苏铜山）	—	8	41.70	35.30	115.60	六成膘度
西南驴（四川）	—	15	45.17	30.00	91.13	
云南驴	—	—	45～50	30～34	—	
青海驴	—	—	47.24	33.98	135.78～137.70	

从上表可知，驴屠宰率的高低，品种并非是决定因素。关键在于：一是膘度，膘度好的屠宰率高。二是肥育方法，晋南驴以优质草料肥育 70 天，屠宰率高达 51.5 %。三是季节，晋南驴秋季育肥比关中驴冬季育肥效果要好。同是凉州驴，秋季育肥屠宰率达 48.2%，而冬季育肥，屠宰率仅为 36.38%～37.59%。四是年龄，老残驴育肥效果比青壮驴育肥效果要差。五是生产方式，放牧驴的消化器官重量比舍饲驴重，因而前者比后者的屠宰率要低。但是在幼驹阶段，因消化器官还未完全发育，屠宰率的差异表现得就不够明显。我们相信，只要重视对肉用的驴系统选育，按照产业化要求，根据驴的营养需要和人们对肉品的不同要求，形成完整配套的科学育肥模式，驴屠宰率和肉质，都会达到一个新的高度。

三、驴的胴体形态和品质

（一）驴胴体形态

对不同年龄驴胴体形态变化进行研究，可以评定和计划驴的最适宜屠宰年龄，不同产品的加工，以及改进选种方法和培育技术。

一般说来，从驴驹到成年驴，随着年龄增大，骨量相对值减少，后躯优质肉的比例也减少。胴体的膘度不同，脂肪含量也有差异。

高等级的驴胴体，在屠宰车间轨道吊起时，整个体躯显得丰满，两后腿间呈“U”字形。胴体发育良好，肌肉纤维间的脂肪沉积较多，呈大理石状。取得良好饲料报酬的驴胴体，无论是驴驹、青年驴、还是成年驴，肌肉发育都要良好。成年驴在颈脊、尻部和腹部都有脂肪沉积，青年驴仅在腹部有沉积（见图 7-3，图 7-4）。

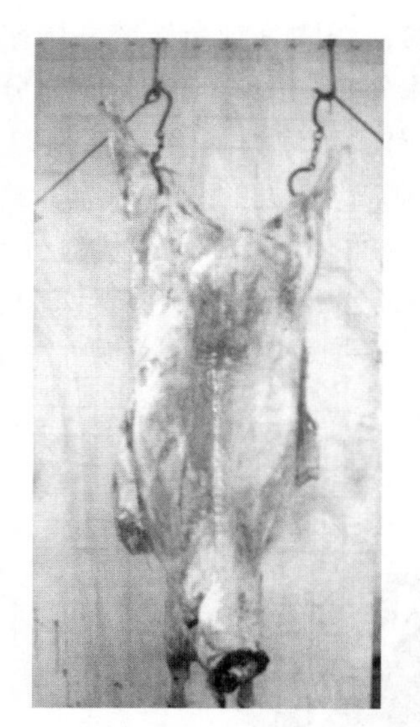
图 7-3 肥育良好的驴胴体（背面）
（来源：侯文通 提供）

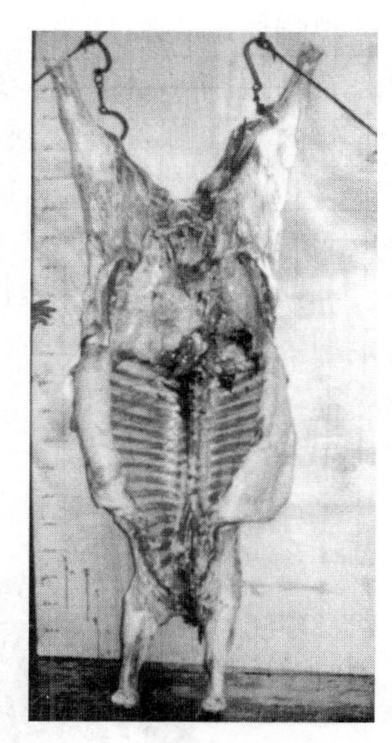
图 7-4 肥育良好的驴胴体（里面）
（来源：侯文通 提供）

从肥育后的晋南驴胴体净肉不同切块的比例来看，一级优质肉占净肉的63%，二级良好肉又占33%，而较差的三级肉仅占3%左右。这说明了驴的胴体形态，具有非常良好的食用价值。不同年龄肥育驴净肉不同切块的比例和等级，见表7-7。

（二）胴体分割和等级

1. 驴肉的膘度 驴肉按年龄分为驴驹肉和成年驴肉，而成年驴肉中的青年驴肉细嫩鲜美，脂肪少，成年驴中的壮龄和老龄驴肉，肌纤维相对粗些，肥育后脂肪沉积多。成年驴肉按膘度可分为一、二、三等膘和瘦驴肉。

一等膘，胴体肌肉发育良好，除鬐甲外骨骼不突出，脂肪在肌肉组织间隙，并均匀遍布皮下，主要存脂部位（鬣床、尻股部、腹壁内侧）肥厚。也称上等膘。

二等膘，胴体肌肉发育一般，骨骼突出不明显，主要存脂部位不太肥厚。也称中等膘。

三等膘，胴体肌肉发育不太理想，第一至第十二对肋和脊椎棘突外露明显，皮下脂和内脂均呈不连接小块。也称下等膘。

肌肉发育不佳，骨骼突出尖锐，没有存脂的瘦驴肉，最不适宜加工。

2. 驴胴体分割 胴体上不同部位，肉的品质不同，表现在形态上化学成分上都有差别，因而其加工制品的质量也不同。如烤肉、热肠、香肠、灌肠、熏肉、罐头等都是由不同部位的肉制成的。

驴胴体的分割，应按形态结构和食品要求进行等级分割，以期获得相同质量的不同部位的驴肉，使得工业加工和商品出售能够合理地利用胴体。

一般说来，驴的肋腹肉和鬣床肉脂肪丰富。后躯肉相反，肌肉丰富，脂肪含量中等，结缔组织不很多。后躯肉中还包括了以腰部为主的一些细嫩肉。肩部、上膊部、颈部的肌肉中，贯穿了许多结缔组织而缺乏脂肪。前膊、上膊部和颈部中的营养物质相对较差些。

迄今为止，对驴胴体形态和品质研究得还不够，胴体分割尚无统一国家标准。我们根据驴不同部位的肉质测定和驴屠宰试验通行的胴体分割标准，暂定驴胴体分割为三级。一级肉为肋腹肉、背部肉和后腿肉；二级肉为鬐床肉、颈肩臂肉和颈部肉；三级肉为肘子肉、半胫肉、半臂肉。山西长治 70 头驴的试验，肥育 63 天的驴，一级、二级、三级肉比例（%），断奶幼驹分别为 57.06%、37.78%、4.88%；1.5～2 岁驹分别为 57.58%、38.19%、4.36%；退役驴分别为 61.91%、34.58%、3.51%。5 头晋南驴肥育后，一级、二级、三级肉的比例（%）分别为 63%、33%、3%。这些数据说明了驴高等级肉比例大，具有非常好的食用价值（见图 7－5，图 7－6）。

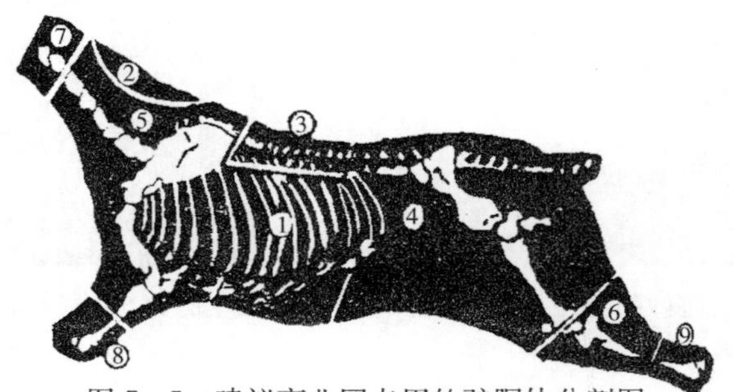

图 7－5　建议商业网点用的驴胴体分割图

（来源：《现代马学》）

1. 肋腹肉　2. 鬐床肉　3. 背部肉　4. 后（躯）腿肉　5. 颈肩臂肉　6. 肘子肉

7. 脖子（颈）肉　8. 半臂肉　9. 半胫肉

（三）驴胴体的骨肉比

胴体的肉质，主要由它的骨、脂肪和肌肉组织的比例来决定，也与肉中肌腱与胴体重的百分比有关。

成年驴的胴体，肌肉和脂肪的相对比例比驴驹要高，而骨骼比例数量相对要低。育肥良好的驴，肉中肌腱含量占胴体重的百分比要低；反之，育肥不足的驴，肉中肌腱含量占胴体重的百分比要高。因此，育肥良好的驴其肉质要好。

此外，胴体的肉质也可以通过胴体横断面的对比得知。肉质良好的胴体从中间剖开后，可见其肌肉发育良好，在颈脊、尻部和腹部有脂肪沉积。肥育程度稍差的，只有脂肪沉积在腹腔的表面，可见光泽，其肉质相对也差。

图 7－6　驴胴体分割肉

（来源：中国畜牧业协会驴业分会）

据晋南驴屠宰测定，15 头肥育后中等膘度，年龄在 15～18 岁的老龄驴，平均的胴体重中，肌肉和脂肪约占 78.79%，这比膘度良好的成年牛肌肉和脂肪占胴体重的 76.8%还要高。试验中，1 头膘度上等，已经 18 岁的晋南驴，肌肉和脂肪的重量占胴体重的百分比高达 80.46%，若计算其骨肉比，肥育后中等膘度的晋南驴为 1∶3.6。其中 1 头上等膘度的可达 1∶4.12。

上述一系列数据，充分说明了驴有着良好的肉质和可供继续提高的余地。

第三节 肥育性能和屠宰测定

众所周知，家畜的生长发育是在固有的遗传特性和外界生活条件共同作用下进行的，它具有一定的阶段性和不平衡性。应多层次多角度地研究家畜的生长发育规律，这不仅可以完善这一家畜育种和畜牧业生产的重要理论，也是为了高效取得优质肉品，掌握其产肉性能所必需。只有通过畜种选育和生产条件改善，按照不同家畜不同年龄生长发育强度对营养和饲料要求，进行适时育肥，才能生产出不同需求的肉品。现阶段，养驴业在这一领域研究尚感不足。

目前，驴作为传统役畜转向肉用，如何利用其生长发育规律，如何利用驴在马属动物中食量小，饲料转化率高的种属特性，进行驴肉生产，这些问题，迫切需要解决。通过对断奶、1.5 岁左右、成年退役几个年龄段的驴，进行不同营养水平饲喂研究，了解其产肉性能，确定最佳肥育年龄、时间和方式，为不同品质驴肉生产，提供了依据。

一、不同年龄不同营养水平驴肥育性能

通过冬季对佳米驴的断奶驴、1.5 岁驴及长治当地成年退役驴 70 头，用传统饲料或全价料加不同粗料肥育，分 7 个小群，饲喂 63 天或 113 天肥育试验，我们得出以下结论。

（一）断奶驴绝对日增重低，总重小

断奶驴绝对日增重仅为 185.17～292.00g，断奶驴驹虽每千克增重成本较低，但总体胴体获肉少，不经济，加之驴繁育率不高，因此断奶驴不宜肉用。

断奶驴采用非全价或全价饲养 63 天日增重差异极显著（$P<0.01$），因而对幼驹应全价饲养，以满足它的生长发育需要。

（二）退役成年驴以 63 天强度肥育为好

成年退役驴组，经 1～63 天强度饲喂，日增重 611.00～670.00g，而过后增重则不明显，63～83 天日增重仅 143.75～266.60g，这时不仅天气已冷，更重要的是驴已沉积较多体脂，因而退役成年驴以肥育 63 天为宜。比较全价料和传统料日增重，经检验，差异不显著（$P>0.05$），这可能与成年驴对饲料转化率较好的因素有关。

（三）1.5 岁左右驴因处于生理强度生长期，经过预饲期，以 63～83 天强度短期肥育效果好

1.5 岁左右驴原来是下等膘，最初 1 个月预饲期为恢复性增重，正饲期 1～33 天日增重达 573.20～646.98g，1.5 岁左右驴组在 63～83 天，不同营养水平日增重为 385.71～405.36g，而 83～103 天增重仅为 160.71～314.58g，说明此时 1.5 岁左右驴增重降低主要在于抵御外寒。

如在良好季节只要营养充分，1.5 岁左右幼驹生长发育有优势，仍可促使青年驴能有较大日增重，可以进行 4～5 个月肥育生产高中档驴肉。

1.5 岁左右驴日增重的大小呈现全价料加苜蓿＞全价料加青贮＞非全价传统料的趋势。经差异显著性测定，肥育期间日增重全价营养组与非全价营养组差异显著到极显著（$P<0.05$ 到 $P<0.01$）。

表 7-4 1.5 岁左右和成年退役驴不同营养水平的增重表

试验组别	n	初重/kg	33 天重/kg	相邻日增重/g	63 天重/kg	相邻日增重/g	1～63 天日增重/g	83 天重/kg	相邻日增重/g	1～83 天日增重/g	103 天重/kg	相邻日增重/g	1～103 天日增重/g	113 天重/kg	相邻日增重/g	1～113 天日增重/g
A_1	7	107.71±10.58	126.79±10.42	573.20±88.70	135.71±10.20	297.56±92.86	444.44±67.88	143.43±10.98	385.71±59.54	423.42±40.27	146.64±11.94	160.71±92.44	378.00±48.68	150.71±12.14	407.14±197.2	380.90±47.98
A_2	12	109.23±10.18	130.71±13.13	646.98±122.5	145.79±12.91	502.78±140.2	560.16±125.2	153.67±13.26	393.75±78.48	566.08±119.2	160.00±13.78	314.58±74.62	493.58±73.80	162.96±13.63	300.00±155.5	472.89±71.63
A_3	14	108.76±11.01	127.64±10.73	590.45±93.86	139.86±10.74	340.49±52.60	492.01±68.90	147.96±10.54	405.36±98.28	470.78±64.88	152.07±11.03	205.36±84.61	410.48±56.07	154.82±11.01	275.00±157.8	406.76±48.80
C_1	3	155.00±23.79	180.00±24.12	762.62±35.71	193.50±26.90	444.45±77.38	611.11±51.84	198.83±25.86	266.67±11.79	562.00±34.41	205.33±27.16	325.00±73.60	468.38±13.07	208.33±27.16	316.67±23.57	473.12±41.24
C_2	4	148.50±15.17	171.00±14.22	681.82±177.7	186.75±11.45	525.00±112.1	670.15±95.65	189.63±11.35	143.75±144.0	493.75±83.97	195.38±10.73	287.50±134.0	455.40±52.55	195.75±10.91	37.50±21.65	418.14±46.25

注：A 组为 1.5 岁组日喂精料 2kg，粗料 4～4.5kg。A_1 群日粮为传统精料和粗料，A_2 群日粮精料为高蛋白全价料粗料加苜蓿，A_3 群日粮精料为高蛋白全价料粗料加青贮；C 组为成年退役组日喂精料 2.5kg，粗料 8～10kg，C_1 群为传统精料，C_2 群日粮精料为高蛋白全价料粗料加苜蓿。

表 7-5 断奶驴驹不同营养水平增重表

试验组别	n	初重/kg	33 天重/kg	相邻日增重/g	63 天重/kg	相邻日增重/g	1~63 天日增重/g
B_1	9	95.89±8.46	103.00±9.22	222.24±31.06	107.56±10.48	146.95±85.16	185.17±49.49
B_2	10	96.20±8.03	105.85±8.15	303.12±30.62	114.65±8.05	283.87±59.57	292.85±36.62

注：B 组为断奶幼驹组日喂精料 1kg，粗料 3~3.5kg，B_1 群为传统精料和粗料，B_2 群日粮精料为高蛋白全价料和粗料加苜蓿。

驴的肥育方式很多，其营养水平有先低后高型，先中后高型和先后都高型。研究认为非成年驴以全价饲料肥育为好，成年驴可不用高蛋白全价饲料，而用高能量传统料，但也以敞开强度肥育为好。肥育结束，一看增重下降，二看食量减少，仅为平常 1/3，或采食量（以干物质计）为活重 1.5%以下。如以外貌来看，主要看脂肪应该沉积部位，是否得到沉积，脂肪沉积的是否坚实和均衡等。

二、不同年龄不同营养水平驴的屠宰测定

（一）屠宰率、净肉率、胴体骨肉比和脂肉比，基本表现出断奶驴<1.5 岁驴<成年退役驴的趋势

不同年龄驴冬季不同营养水平强度肥育后屠宰的屠宰率、净肉率、胴体骨肉比和脂肉比，基本表现出断奶驴<1.5 岁驴<成年退役驴的趋势，经差异显著性测定，差异达显著水平（P<0.05）或极显著水平（P<0.01）。断奶驴数值依次分别为 44.83%~45.44%，32.21%~33.31%，2.68~2.84，105.84~107.23；1.5 岁佳米驴依次分别为 43.37%~50.94%，34.85%~38.32%，3.19~4.02，20.70~22.65；成年当地退役驴数值依次分别为 46.64%~50.63%，36.03%~36.14%，4.00~5.45，4.09~8.01。

表 7-6 不同年龄不同营养水平驴的屠宰测定

试验组别	n（母）	年龄	宰前活重/kg	胴体重/kg	净肉重/kg	胴体脂肪重/kg	胴体骨重/kg	屠宰率/%	净肉率/%	胴体净肉率/%	胴体骨肉比/%	胴体脂肉比/%
A_1	3（2）	1.5 岁	154.00±1.47	78.47±3.45	59.03±3.15	2.87±0.27	14.85±1.34	50.94±1.68	38.32±1.74	75.23±2.78	4.02±0.57	20.70±1.35
A_2	3（1）	1.5 岁	164.50±4.71	80.19±2.04	58.66±0.57	2.80±0.50	18.53±0.70	48.76±0.75	35.67±0.58	73.17±1.02	3.19±0.09	21.69±4.15
A_3	3（2）	1.5 岁	156.71±0.24	73.98±0.43	54.43±1.07	2.43±0.29	16.50±0.79	47.37±0.23	34.85±0.73	73.57±1.67	3.31±0.02	22.65±2.37
C_1	1（1）	成年退役	196.00	101.83	70.83	17.30	13.00	46.64	36.14	69.56	5.45	4.09
C_2	2（2）	成年退役	204.00±6.00	103.30±3.73	73.55±3.68	10.20±3.00	18.63±2.58	50.63±0.34	36.03±0.74	71.17±0.10	4.00±0.36	8.01±2.72
B_1	3（0）	断奶	102.50±2.04	44.56±0.67	34.12±1.23	0.23±0.06	12.10±0.76	45.44±0.90	33.31±1.51	73.28±1.91	2.84±0.26	107.23±26.08

（续）

试验组别	n（母）	年龄	宰前活重/kg	胴体重/kg	净肉/kg重	胴体脂/kg肪重	胴体骨重/kg	屠宰率/%	净肉率/%	胴体净肉率/%	胴体骨肉比/%	胴体脂肉比/%
B_2	3（1）	断奶	114.75±0.25	51.46±1.49	36.96±0.49	0.70±0.50	13.80±0.05	44.83±1.19	32.21±0.75	71.83±0.25	2.68±0.06	105.84±74.26

注：A组为1.5岁组日喂精料2kg，粗料4～4.5kg。A_1群日粮为传统精料和粗料，A_2群日粮精料为高蛋白全价料粗料加苜蓿，A_3群日粮精料为高蛋白全价料粗料加青贮；C组为成年退役组日喂精料2.5kg，粗料8～10kg，C_1群为传统精料，C_2群日粮精料为高蛋白全价料粗料加苜蓿。B组为断奶幼驹组日喂精料1kg，粗料3～3.5kg，B_1群为传统精料和粗料，B_2群日粮精料为高蛋白全价料和粗料加苜蓿。

（二）不同年龄不同营养水平驴胴体优质肉切块比例，随年龄增加而增加

1.5岁左右和成年退役驴肥育113天，断奶驴肥育63天，屠宰后按建议的胴体商业分割法分割，不同年龄肥育驴优质肉比例，为57.03%～61.92%。

表7-7中，B组断奶驴胴体平均一级肉占57.06%，二级肉占37.78%，三级肉占4.88%；A组1.5岁左右驴胴体平均一级肉占57.51%，二级肉占38.19%，三级肉占4.36%；C组成年退役驴胴体平均一级肉占61.95%，二级肉占34.58%，三级肉占3.51%. 上述数字表明，肥育后驴随年龄增长，胴体优质肉比例在增加。

表7-7　不同年龄不同营养水平驴胴体切块比例表

试验组别	胴体重/kg	净肉重/kg	肋腹肉/g	肋腹肉占驴胴体重的百分比/%	鬣床肉/kg	鬣床肉占驴胴体重的百分比/%	背部肉/kg	背部肉占驴胴体重的百分比/%	后腿肉/kg	后腿肉占驴胴体重的百分比/%	颈肩臂肉/kg	颈肩臂肉占驴胴体重的百分比/%
A_1（n=3）	78.47±3.25	59.03±3.15	5.43±0.80	9.20	0.82±0.04	1.39	4.82±0.29	8.17	23.97±1.41	40.61	20.53±1.27	34.78
A_2（n=3）	80.19±2.04	58.66±0.57	4.25±0.61	7.25	0.86±0.02	1.47	4.58±0.65	7.81	22.72±0.93	38.73	21.49±0.60	36.63
A_3（n=3）	73.98±0.43	54.43±1.07	4.85±0.35	8.91	0.77±0.01	1.41	4.65±0.52	8.54	21.63±0.90	39.74	18.54±0.09	34.06
A组均值（n=9）	77.55±3.44	57.38±2.86	4.73±0.67	8.24	0.82±0.05	1.43	4.68±0.52	8.16	22.77±1.46	39.68	20.19±1.47	35.19
C_1（n=1）	96.54	70.69	8.30	11.74	1.20	1.70	5.54	7.84	28.25	39.97	23.34	33.02
C_2（n=2）	103.30±3.73	73.55±3.68	7.55±1.15	10.27	0.83±0.13	1.13	7.49±1.63	10.18	29.91±0.03	40.67	23.77±0.65	32.32
C组均值 n=3	101.05±4.41	72.59±3.09	7.80±1.23	10.75	0.95±0.20	1.31	6.84±1.62	9.42	29.36±0.78	40.48	23.63±0.57	32.55
B_1（n=3）	46.56±0.67	34.12±1.23	2.78±0.30	8.15	0.65±0.11	1.91	2.75±0.12	8.06	13.27±0.68	38.89	11.72±0.28	34.35
B_2（n=2）	51.46±1.49	36.96±0.94	3.13±0.08	8.47	0.53±0.08	1.43	2.84±0.03	7.68	14.59±0.22	39.48	12.63±0.46	34.17
B组均值（n=5）	49.12±2.27	35.26±1.19	2.92±0.29	8.28	0.60±0.11	1.70	2.80±0.12	7.94	13.80±0.84	39.14	12.08±0.57	34.26

试验组别	肘子肉/kg	肘子肉占驴胴体重的百分比/%	脖子肉/kg	脖子肉占驴胴体重的百分比/%	半臂肉/kg	半臂肉占驴胴体重的百分比/%	半胫肉/kg	半胫肉占驴胴体重的百分比%	切块优质肉/kg	切块优质肉占驴胴体重的百分比/%
A_1（n=3）	1.37±0.28	2.32	1.57±0.14	2.66	0.39±0.05	0.66	0.47±0.05	0.80	34.71±2.33	58.73

（续）

试验组别	肘子肉/kg	肘子肉占驴胴体重的百分比/%	脖子肉/kg	脖子肉占驴胴体重的百分比/%	半臂肉/kg	半臂肉占驴胴体重的百分比/%	半胫肉/kg	半胫肉占驴胴体重的百分比%	切块优质肉/kg	切块优质肉占驴胴体重的百分比/%
A_2（n=3）	2.02±0.56	3.44	1.87±0.17	3.19	0.45±0.15	0.77	0.42±0.08	0.72	32.41±0.81	55.27
A_3（n=3）	1.63±0.33	2.99	1.50±0.08	2.76	0.43±0.09	0.79	0.43±0.06	0.79	31.89±1.49	58.56
A组均值（n=9）	1.70±0.47	3.00	1.64±0.21	2.86	0.42±0.11	0.73	0.44±0.07	0.77	33.01±2.07	57.51
C_1（n=1）	1.05	1.49	1.60	2.26	0.80	1.13	0.06	0.85	43.30	61.25
C_2（n=2）	1.58±0.43	2.15	1.48±0.13	2.01	0.50±0.10	0.68	0.35±0.15	0.48	45.78±2.88	62.20
C组均值（n=3）	1.47±0.52	2.03	1.52±0.12	2.09	0.60±0.16	0.83	0.43±0.17	0.59	44.95±2.63	61.96
B_1（n=3）	1.22±0.06	3.58	0.70±0.21	2.05	0.37±0.02	1.08	0.50±0.08	1.47	19.45±1.04	56.97
B_2（n=2）	1.28±0.08	3.46	1.05±0.00	2.84	0.43±0.08	1.16	0.48±0.03	1.30	21.11±0.31	57.12
B组均值（n=5）	1.24±0.07	3.52	0.84±0.24	2.38	0.39±0.06	1.11	0.49±0.07	1.39	20.11±1.16	57.06

注：A组为1.5岁组日喂精料2kg，粗料4～4.5kg。A_1群日粮为传统精料和粗料，A_2群日粮精料为高蛋白全价料粗料加苜蓿，A_3群日粮精料为高蛋白全价料粗料加青贮；C组为成年退役组日喂精料2.5kg，粗料8～10kg，C_1群为传统精料，C_2群日粮精料为高蛋白全价料粗料加苜蓿。B组为断奶幼驹组日喂精料1kg，粗料3～3.5kg，B_1群为传统精料和粗料，B_2群日粮精料为高蛋白全价料和粗料加苜蓿。

（三）不同年龄和不同营养驴皮不同部位厚度，随年龄增长在增长。而皮重在同一年龄组，营养高的驴皮重较重

肥育63天断奶驴皮厚0.60～0.75cm，皮重8.27～9.20kg；肥育113天，1.5岁佳米驴皮厚0.79～0.99cm，皮重9.50～10.33kg；成年退役驴皮厚0.85～1.04cm，皮重10.00～11.60kg，呈现出皮厚随年龄增厚，皮重随营养增重的趋势。所测数据可以看出两个趋势，一是随年龄增长皮厚也在增长，二是在同一年龄组，营养高的群皮重较重。

表7-8　不同年龄和营养驴皮不同部位厚度和重量对比表

试验组别	前躯（鬐甲处）皮厚/cm	中躯（背腰结合处）皮厚/cm	后躯（荐部）皮厚/cm	平均厚/cm	皮重/kg
A_1（n=3）	1.06±0.21	0.89±0.21	1.02±0.12	$0.99±0.20_{(n=9)}$	$9.50±1.08_{(n=3)}$
A_2（n=3）	1.03±0.44	0.95±0.09	1.00±0.28	$0.99±0.31_{(n=9)}$	$10.33±0.47_{(n=3)}$
A_3（n=3）	0.62±0.14	0.97±0.21	0.78±0.34	$0.79±0.28_{(n=9)}$	$10.20±0.59_{(n=3)}$
C_1（n=1）	1.08	0.97	0.51	$0.85±0.25_{(n=3)}$	$10.00_{(n=1)}$
C_2（n=2）	0.99±0.26	1.14±0.09	1.01±0.18	$1.04±0.20_{(n=6)}$	$11.60±0.40_{(n=2)}$
B_1（n=3）	0.69±0.20	0.79±0.06	0.77±0.07	$0.75±0.14_{(n=9)}$	$8.27±0.19_{(n=3)}$
B_2（n=2）	0.65±0.08	0.82±0.10	0.73±0.11	$0.60±0.23_{(n=6)}$	$9.00±0.60_{(n=2)}$

注：A组为1.5岁组日喂精料2kg，粗料4～4.5kg。A_1群日粮为传统精料和粗料，A_2群日粮精料为高蛋白全价料粗料加苜蓿，A_3群日粮精料为高蛋白全价料粗料加青贮；C组为成年退役组日喂精料2.5kg，粗料8～10kg，C_1群为传统精料，C_2群日粮精料为高蛋白全价料粗料加苜蓿。B组为断奶幼驹组日喂精料1kg，粗料3～3.5kg，B_1群为传统精料和粗料，B_2群日粮精料为高蛋白全价料和粗料加苜蓿。

表 7-9 不同年龄不同营养水平驴屠后内脏重量表

单位：kg

试验组别	宰前活重	血重	头重	气管重	皮重	两前蹄重	两后蹄重	心重	肝重	肺重	膈重	左肾重	右肾重	胰重	膀胱重
A_1 (n=3)	154.00±1.47	6.47±0.90	9.27±0.26	0.20±0.00	9.50±1.08	2.35±0.15	2.88±0.10	0.90±0.08	1.87±0.12	1.43±0.08	0.80±0.08	0.25±0.00	0.25±0.00	0.15±0.04	0.08±0.02
A_2 (n=3)	164.50±4.71	7.02±0.33	9.53±0.45	0.28±0.08	10.33±0.47	2.78±0.15	3.52±0.12	0.90±0.12	2.55±0.22	1.68±0.19	0.78±0.06	0.32±0.02	0.30±0.04	0.15±0.04	0.10±0.00
A_3 (n=3)	156.17±0.24	6.08±0.62	9.00±0.75	0.22±0.02	10.20±0.59	2.55±0.25	3.28±0.23	0.93±0.05	2.22±0.21	1.63±0.17	0.80±0.13	0.32±0.02	0.30±0.04	0.21±0.03	0.13±0.02
C_1 (n=1)	196.00	8.90	9.00	0.20	10.00	2.10	2.60	1.00	2.90	1.60	1.15	0.30	0.30	0.15	0.15
C_2 (n=2)	204.00±6.00	9.58±1.58	10.50±0.50	0.23±0.03	11.60±0.40	2.48±0.03	2.95±0.05	1.18±0.08	2.73±0.03	1.48±0.03	0.90±0.10	0.30±0.05	0.30±0.05	0.20±0.00	0.12±0.04
B_1 (n=3)	102.50±2.04	4.57±0.16	6.37±0.58	0.17±0.02	8.27±0.19	1.83±0.21	2.30±0.29	0.57±0.06	1.45±0.05	1.22±0.34	0.55±0.07	0.17±0.02	0.18±0.03	0.08±0.02	0.07±0.02
B_2 (n=2)	114.75±0.25	5.25±0.20	6.50±0.30	0.17±0.02	9.00±0.60	2.00±1.85	2.55±0.35	0.68±0.03	1.65±0.00	1.30±0.15	0.58±0.03	0.28±0.03	0.08±0.03	0.14±0.07	0.07±0.02

试验组别	脾重	食道重	胃重	十二指肠重	空肠重	回肠重	大结肠重	盲肠重	小结肠重	直肠重	阴茎重	睾丸重	两卵巢重	子宫重	阴道重	尾重
A_1 (n=3)	0.38±0.02	0.15±0.00	0.72±0.13	0.23±0.02	2.05±0.07	0.13±0.05	2.80±0.14	0.97±0.05	1.03±0.12	0.33±0.05	0.45	0.40	0.06±0.00	0.21±0.05	0.15±0.05	0.35±0.04
A_2 (n=3)	0.50±0.07	0.20±0.00	0.83±0.10	0.27±0.02	2.20±0.00	0，23±0.02	2.85±0.18	1.32±0.14	1.12±0.10	0.45±0.04	0.55±0.05	0.10±0.00	0.03	0.20	0.15	0.38±0.02
A_3 (n=3)	0.50±0.00	0.15±0.00	0.63±0.05	0.32±0.02	2.37±0.17	0.20±0.04	2.90±0.14	1.35±0.25	1.10±0.00	0.30±0.04	0.45	0.15	0.04±0.00	0.25±0.00	0.13±0.03	0.38±0.02
C_1 (n=1)	0.40	0.26	0.85	0.25	3.10	0.15	3.80	1.25	1.50	0.60	—	—	0.07	0.15	0.20	0.30

（续）

试验组别	脾重	食道重	胃重	十二指肠重	空肠重	回肠重	大结肠重	盲肠重	小结肠重	直肠重	阴茎重	睾丸重	两卵巢重	子宫重	阴道重	尾重
C_2 (n=2)	0.58±0.03	0.18±0.03	1.00±0.15	0.25±0.05	2.10±0.30	0.14±0.04	3.73±0.33	1.40±0.10	1.65±0.45	0.40±0.05	—	—	0.09±0.02	0.25±0.10	0.13±0.03	0.40±0.05
B_1 (n=3)	0.32±0.09	0.12±0.02	0.56±0.07	0.18±0.03	2.03±0.31	0.12±0.02	1.95±0.11	0.78±0.08	0.72±0.06	0.28±0.02	0.23±0.02	0.04±0.05	—	—	—	0.30±0.08
B_2 (n=2)	0.33±0.03	0.15±0.00	0.85±0.25	0.21±0.01	1.55±0.05	0.18±0.03	2.28±0.03	0.75±0.05	0.88±0.08	0.28±0.03	0.20	0.034	—	0.10	0.06	0.30±0.00

注：A组为1.5岁组日喂精料2kg，粗料4～4.5kg。A_1群日粮为传统精料和粗料，A_2群日粮精料为高蛋白全价料粗料加苜蓿，A_3群日粮精料为高蛋白全价料粗料加青贮；C组为成年退役组日喂精料2.5kg，粗料8～10kg，C_1群为传统精料，C_2群日粮精料为高蛋白全价料粗料加苜蓿。B组为断奶幼驹组日喂精料1kg，粗料3～3.5kg，B_1群为传统精料和粗料，B_2群日粮精料为高蛋白全价料和粗料加苜蓿。

(四) 驴的内脏重量随年龄增大而增加

同一年龄不同营养驴群内脏重量也互有高低。表 7-9 数据表明，不同年龄驴的血重、头重、皮重，心肝、膈、胃、盲肠、大结肠、小结肠重量的绝对值，均随年龄增长而增重明显。不同营养同一年龄驴群内脏重互有高低。

第四节　驴肉的营养特点

研究不同年龄驴肥育后的营养成分，与不同家畜肉进行对比，可以找出驴肉营养特点；通过对不同年龄间驴肉营养成分对比分析，也为不同档次驴肉生产提供依据和理论支持。

一、驴肉是高蛋白、低脂肪、低热量的优质肉品

肉类营养主要是蛋白质和脂肪的营养，尤其是蛋白质对生物体有着极其重要功能，它不仅是构成体组织细胞基本原料，还是体组织修补、更新的必须物质。蛋白质还可以代替碳水化合物和脂肪具有产热作用。此外，机体进行的大多数代谢过程中还需要不同形式的蛋白质。

肉类脂肪的价值不像蛋白质，人体对其没有一定量的需要。研究表明，过量膳食能量和脂肪摄入使得一些代谢病发生率异常地提高。流行病学研究还表明，脂肪消费量多于肥胖发生率之间呈正相关。所以理想的膳食结构要求是高蛋白、低脂肪、低能量水平。通过研究认为，驴肉与其它肉类相比具有高蛋白、低脂肪、低能量特点，符合理想膳食要求，是一种优质肉品。

表 7-10　不同畜肉营养成分表

		干物质/%	粗蛋白/(kcal·g⁻¹)	粗脂肪/(kcal·g⁻¹)	粗灰分/(kcal·g⁻¹)	能量/(kcal·g¹)
肥育驴肉	1.5 (n=3)	24.13±0.91	20.97±1.11	1.63±0.12	1.104±0.00	1.338±0.07
	断奶 (n=3)	23.73±0.77	21.53±0.94	0.93±0.05	1.13±0.05	1.303±0.05
	退役 (n=3)	27.97±3.02	21.07±3.23	4.57±2.60	1.07±0.21	1.681±0.21
	平均 (n=9)	25.28±2.67	21.19±2.06	2.38±2.18	1.10±0.12	1.441±0.21
食品成分表	牛肉	27.09	20.07	6.48	0.92	1.48
	羊肉	24.83	16.35	7.98	1.19	1.41
	肥猪肉	52.6	14.54	37.34	0.72	3.285
	瘦猪肉	27.45	20.08	6.63	1.1	1.165
	马肉	24.1	20.1	2.2	0.95	1.03

注：因该表为新旧资料对比，为避免单位换算造成误差，这里单位仍用"cal"，1cal=4.186 8J。

从表 7-10 可知，同其他家畜肉相比，肥育驴肉中蛋白质含量高（21.19±2.06%）脂肪含量低（2.38±2.18%）、能量含量低（1.441±0.21 kcal/g）。1.5 岁左右肥育驴肉脂肪含量（1.63±2.18%）与牛肉、羊肉、猪肉相比，差异达显著水平（$p<0.05$），干物质、粗蛋白、粗灰分与肥猪肉相比，差异也达显著水平（$p<0.05$）。此外，表 7-10 还

显示，肥育驴随年龄增长，肉中干物质、粗蛋白、能量含量均呈增长趋势。其中，肥育1.5岁左右驴与断奶驴肉中粗脂肪含量差异达极显著水平（$p<0.01$）；肥育成年退役驴与肥育断奶驴驴肉中能量含量差异也达显著水平（$p<0.05$）。

二、驴肉氨基酸含量丰富，鲜味氨基酸高，蛋白质质量高

蛋白质营养价值高低取决于所含氨基酸种类、含量和比例，以及消化利用特性等方面。蛋白质质量指标是近若干年才被认识的重要评定指标，色氨酸含量高表示肉的蛋白质营养价值高，适口性好。相反，羟脯氨酸含量高则反映肉中胶原蛋白含量高，适口性差。色氨酸与羟脯氨酸比值高，说明色氨酸相对较高，肉的品质好，反之肉的品质差。研究表明，驴肉中各种氨基酸平均值（除胱氨酸）都较为丰富。肥育后的驴不同年龄、不同部位肉中氨基酸总量都高于未经肥育的驴。对评定肉质好坏起重要作用的几种氨基酸在肥育驴肉中的含量与其他畜肉相比也都较高。不同年龄（断奶驴、1.5岁左右驴、成年退役驴），不同部位（臂三头肌、眼肌、股二头肌）肉中氨基酸含量相近，没有规律性变化趋势。

表7-11 不同年龄不同部位每100g肥育驴肉氨基酸含量表

单位：g

	不同年龄			不同部位			备注
	1.5岁驴肉 (n=3)	断奶驴肉 (n=3)	退役驴肉 (n=3)	臂三头肌 (n=3)	眼肌 (n=3)	股二头肌 (n=3)	《食品成分表》参考值
天氡氨酸	1.917±0.03	1.806±0.07	1.872±0.10	1.868±0.12	1.880±0.04	1.847±0.09	1.562～1.703
组氨酸	0.867±0.06	0.852±0.10	0.880±0.06	0.971±0.03	0.966±0.02	0.842±0.01	0.762～0.787
丝氨酸	0.861±0.08	0.810±0.04	0.827±0.04	0.830±0.05	0.846±0.03	0.822±0.02	0.570～0.673
谷氨酸	3.050±0.08	3.038±0.25	3.352±0.18	3.367±0.21	3.534±0.13	3.310±0.13	2.242～2.749
脯氨酸	0.901±0.03	0.776±0.05	0.804±0.10	0.860±0.10	0.772±0.08	0.849±0.03	0.633～1.123
甘氨酸	0.994±0.04	0.908±0.05	0.923±0.02	0.927±0.06	0.959±0.07	0.939±0.03	0.842～1.353
丙氨酸	1.251±0.07	1.241±0.19	1.163±0.04	1.160±0.08	1.333±0.14	1.161±0.03	1.054～1.159
胱氨酸	0.092±0.01	0.098±0.02	0.097±0.03	0.096±0.02	0.112±0.02	0.079±0.01	0.367
精氨酸	1.383±0.04	1.326±0.10	1.323±0.06	1.324±0.03	1.429±0.04	1.279±0.06	1.316～1.484
酪氨酸	0.865±0.04	0.851±0.06	0.876±0.06	0.840±0.02	0.939±0.02	0.813±0.03	0.390～0.598
异亮氨酸	0.864±0.04	0.863±0.05	0.892±0.08	0.840±0.03	0.942±0.04	0.836±0.03	0.787～0.948
亮氨酸	1.701±0.06	1.637±0.11	1.687±0.11	1.646±0.07	1.788±0.04	1.590±0.05	1.493～1.686
苯丙氨酸	0.953±0.01	0.913±0.06	0.964±0.06	0.940±0.04	0.994±0.02	0.896±0.04	0.610～0.744
赖氨酸	1.914±0.06	1.921±0.14	1.929±0.05	1.907±0.05	2，020±0.06	1.836±0.06	1.572～1.993
缬氨酸	1.004±0.03	1.400±0.40	0.985±0.06	1.118±0.20	1.328±0.40	0.944±0.05	0.920～1.142
蛋氨酸	0.587±0.0 1	0.677±0.16	0.519±0.04	0.571±0.01	0.652±0.18	0.561±0.02	—
苏氨酸	0.995±0.03	0.919±0.06	0.943±0.05	0.962±0.08	0.960±0.04	0.935±0.02	0.720～1.063
氨基酸总和（除色氨酸）	20.083±0.47	20.111±1.27	20.036±0.82	19.777±0.73	20.914±0.70	19.539±0.63	15.988～19.572

注：①单位为每100g鲜肉样所含氨基酸的g数。

②前10个氨基酸为非必需氨基酸；后7个氨基酸为必需氨基酸；色氨酸也为必需氨基酸。

由表7-11可见，不同年龄肥育驴肉每100g氨基酸总量均值为（20.036±0.82 g～20.111±1.27 g），肥育驴的不同部位，每100g氨基酸总量均值为（19.539±0.63g～20.914±0.70 g），均高于《食品成分表》所列一般驴肉的每100g氨基酸总量（15.988 g）。其中天门冬氨酸、丝氨酸、谷氨酸、丙氨酸、酪氨酸、苯丙氨酸、赖氨酸、组氨酸含量均高于《食品成分表》所列一般驴肉的值。除胱氨酸外，其他氨基酸也都在《食品成分表》所列值区间。

表7-12表明，肥育驴肉几种重要氨基酸含量高于猪肉、牛肉、羊肉、马肉。肥育驴肉中鲜味氨基酸天门冬氨酸与谷氨酸含量总和（每100g肉含5.432±0.15 g）与猪肉、羊肉、马肉中含量相比差异达极显著水平（p<0.01）；据测定，不同部位的鲜味氨基酸含量也有重大差异，其顺序半膜肌>臂二头肌>腰大肌>背最长肌，这可作为驴肉分割参考。

第一限制性赖氨酸，驴肉中赖氨酸含量（每100g肉含2.023±0.06 g）与猪肉、牛肉、羊肉中含量相比差异达极显著水平（p<0.01）。

有助于生长发育和色素沉着有关组氨酸、酪氨酸含量（每100g肉含0.966±0.02 g、每100g肉含0.939±0.02 g）与猪肉、马肉中含量相比差异达极显著水平（p<0.01）。

表7-12　不同家畜每100g肉中几种重要氨基酸含量表

单位：g

	肥育驴眼肌（n=3）	食品成分表				
		牛肉	羊肉	猪肉	马肉	驴肉
天氡氨酸+谷氨酸	5.432±0.15	5.326±0.89 (n=4)	1.175±0.22** (n=4)	3.463**	3.633**	4.128±0.18 (n=2)
赖氨酸	2.023±0.06	1.582±0.29** (n=7)	1.520±0.29** (n=3)	1.512±0.02** (n=2)	1.916	1.782±0.21 (n=2)
精氨酸	1.429±0.04	1.264±0.14 (n=6)	1.272±0.23 (n=4)	0.886**	1.203**	1.400±0.84 (n=2)
组氨酸	0.966±0.02	0.671±0.57 (n=6)	0.557±0.60 (n=4)	0.722**	0.687**	0.713±0.79 (n=4)
酪氨酸	0.939±0.02	0.661±0.76 (n=7)	0.614±0.21 (n=3)	0.542**	0.704**	0.629±0.31 (n=2)
蛋氨酸	0.652±0.18	0.461±0.92 (n=5)	0.439±0.72 (n=4)	0.424	0.447	0.307±0.01 (n=2)
色氨酸	0.662	0.218±0.01* (n=2)	0.171	—	0.232	0.314±003 (n=2)
羟脯氨酸	0.107	—	—	—	—	—
色氨酸/羟脯氨酸	6.19∶1	5∶0.1～7∶0.1①	—	—	4.5∶1～7.7∶1①	—

注：①马肉、牛肉色氨酸与羟脯氨酸之比引自 侯文通《产品养马学》。

②*差异显著（p<0.05）**差异极显著（p<0.01）。

另从绝对值看，驴肉中作为蛋白质质量指标的色氨酸含量也远高于其他畜肉中含量、且和牛肉相比差异达显著水平（p<0.05）。

三、驴肉不饱和脂肪酸和必需脂肪酸含量高，胆固醇远低于猪肉、羊肉、牛肉

人体对脂肪酸没有特别需要，主要是对脂肪中几种必需脂肪酸需要，以满足体内供能，输送脂溶性维生素和必需氨基酸的作用。因而脂肪的营养价值取决于其中不饱和脂肪酸尤其是必需脂肪酸的含量。脂肪酸中包括饱和脂肪酸和不饱和脂肪酸。脂肪中不饱和脂肪酸越多越利于人体消化吸收，必需脂肪酸对人体有着极其重要的营养价值和生物学价值。

其中，亚油酸（C18：2）、亚麻酸（C18：3）、花生四烯酸（C20：4）等不饱和脂肪酸是人体细胞壁、线粒体和其他部位的组成成分，这些必须脂肪酸人体不能合成，必须从食物中摄取。所以，它们在脂肪酸中所占比例越高，脂肪营养价值就越好。研究发现，驴肉在饱和脂肪酸和亚油酸、亚麻酸、花生四烯酸三种必需脂肪酸含量总量上都高于其他家畜肉，而且差异还达到了不同程度的显著水平。

对比不同部位驴肉中不饱和脂肪酸及三种必需脂肪酸含量总量发现，股二头肌含量高于眼肌和臂三头肌中含量。这一趋势符合家畜肉后躯肉优于前躯肉的肉品分级制度。对于年龄是否对脂肪酸含量有影响，尚待探讨。

表 7-13 不同畜肉中不饱和脂肪酸和必需脂肪酸占高级脂肪酸百分比表

单位：%

		不饱和脂肪酸	三种必需脂肪酸总量
肥育 1.5 岁驴	臂三头肌	60.98	23.185
	眼肌	60.29	16.035
	股二头肌	62.01	24.513
	平均（n=3）	61.09±0.71	21.25±3.73
食品成分表	驴肉（n=2）	59.83±1.35	27.30（关中驴肉）
	牛肉（n=5）	44.08±6.50**	7.02±1.88
	羊肉（n=6）	57.90±6.35	12.75±5.49
	猪肉（n=5）	48.64±0.83**	11.06±1.06
	马肉	61.54	—

注：*差异显著（p<0.05） **差异极显著（p<0.01）；三种必需脂肪酸为亚油酸、亚麻酸、花生四烯酸。

由表 7-13 可以看出，肥育驴肉中不饱和脂肪酸和必需脂肪酸占高级脂肪酸百分比（%）（61.09±0.71）高于猪肉、牛肉、羊肉，与牛肉、猪肉相比差异达极显著水平（p<0.01）。另从绝对值看，不同肌肉中不饱和脂肪酸所占比例也不同，股二头肌中含量明显高于臂三头肌和眼肌。

肥育驴肉中三种脂肪酸，即亚油酸、亚麻酸、花生四烯酸总量占高级脂肪酸百分比（%）（21.25±3.73）也高于猪肉、牛肉、羊肉，且差异达极显著水平（p<0.01）；不同

部位相比，三种必需脂肪酸总量所占比例与不饱和脂肪酸趋势一致，也是股二头肌中含量高于臂三头肌和眼肌。

现在，又将不饱和脂肪酸分为单不饱和脂肪酸和多不饱和脂肪酸。多不饱和脂肪酸又分为ω-3和ω-6。ω-3如同维生素，是人体必需品。其中二十碳五烯酸（EPA），具有清理血管胆固醇和甘油三酯的功能，二十二碳六烯酸（DHA）具有软化血管、健脑益智、改善视力的功效。研究发现，驴肉的多不饱和脂肪酸显著高于其他家畜肉，驴肉的多不饱和脂肪酸是羊肉的1.3倍，是猪肉的3.1倍，是牛肉的3.0倍。

表7-14　每100g不同家畜肉中胆固醇含量比较表

单位：mg

	1.5岁肥育驴			食品成分表（瘦～肥）			
	眼肌	腹下脂肪	臀部脂肪	驴肉	猪肉	羊肉	牛肉
胆固醇	79.20	93.67	172.60	67～74	61～170	65～173	63～164

从表7-14所列食品成分表可以看出，驴肉胆固醇远低于猪肉、羊肉、牛肉。左侧1.5岁肥育驴胆固醇测值与食品成分表所列驴肉值接近。

四、维生素和微量元素驴肉和其他畜肉含量相近

维生素是维持动物健康和促进生长所不可缺少有机物，动物对它们需要量很少，通常以毫克计，种类达30多种，每种维生素都有其特殊作用，它们既不是动物体的能源物质，也不是结构物质，但却是肌体物质代谢过程中必须参与者，属于活化物，它们之间相互协调促进而又不可替代。一般脂溶性维生素在肉中含量甚微，但它却是人类所需维生素的重要来源。

微量元素是肌肉中所含有的多种无机物质，是生物体内多种酶类的活性物质，机体代谢和机体生理活动所必需元素，参与代谢调节，相互间互相促进和协调，同样具有不可缺少和不可取代作用。经研究，驴肉中维生素含量与其他畜肉相近，只是脂溶性维生素含量相对较低。驴肉中各种微量元素含量高于其他畜肉，但其他也都在安全范围内，所以从一定角度来说驴肉可为使用者提供较多的微量元素（表7-15）。由于家畜肉中微量元素含量除与畜种有关外，还与饲养环境、饲料和水中微量元素含量有直接关系，所以这一般不作为肉品品质评定的主要指标。

表7-15　不同家畜肉中微量元素含量表

	钠/%	钾/%	钙/%	磷/%	镁/($\mu g \cdot g^{-1}$)	铁/($\mu g \cdot g^{-1}$)	铜/($\mu g \cdot g^{-1}$)	锌/($\mu g \cdot g^{-1}$)	猛/($\mu g \cdot g^{-1}$)
1.5岁肥育驴									
眼肌	0.21	1.05	0.024	0.172	575	104.06	12.75	88.25	1.81
食品成分表									
驴肉	0.469	0.325	0.002	0.178	70	43	2.3	42.6	—

（续）

	钠/%	钾/%	钙/%	磷/%	镁/ ($\mu g \cdot g^{-1}$)	铁/ ($\mu g \cdot g^{-1}$)	铜/ ($\mu g \cdot g^{-1}$)	锌/ ($\mu g \cdot g^{-1}$)	猛/ ($\mu g \cdot g^{-1}$)
牛肉	0.055	0.258	0.006	0.185	266	29.67	1.99	32.97	0.28
羊肉	0.09	0.276	0.01	0.172	207.5	19	1.18	30.3	0.25
猪肉	0.042	0.147	0.006	0.129	120	14	0.55	17.63	0.4

表 7-16 不同家畜每 100g 肉中维生素含量表

	维生素 A/ μg	维生素 B_1/ mg	维生素 B_2/ mg	维生素 D/ mg	维生素/E mg	维生素 C/ mg
1.5 岁肥育驴						
眼肌	52.59	0.024	0.195	0.968	0.878	—
食品成分表						
驴肉	72	0.051	0.133	—	1.26	—
牛肉	7	0.062	0.167	—	0.35	—
羊肉	22	0.225	0.15	—	0.31	—
猪肉（肥瘦）	18	0.03	0.16	—	0.35	—

由表 7-16 可见，驴肉的维生素 A 和维生素 E 显著高于猪、牛、羊肉。维生素 A、维生素 E 都属于脂溶性维生素，维生素 A 具有维持视觉、促进生长发育、维持上皮结构的完整与健全、加强免疫能力、清除自由基的作用。维生素 E 具有延缓细胞因氧化而老化、供给体内氧气、防止血液凝固、减轻疲劳的作用。高水平的维生素 E 不但具有高的营养和保健价值，同时也防止驴肉中多不饱和脂肪酸的过度氧化而导致的肉质受损问题。

五、驴肉的肌间脂肪构成

高低档驴肉品质的区别重要特征之一是肌间有无脂肪的沉积、脂肪沉积的状态和脂肪中高级不饱和脂肪酸的含量等。

经测定，肥育的驴肉肌间脂肪占净肉的 8.91%，从而增加了驴肉的适口性和多汁性，使其具有特殊的风味，在驴肉的肌间脂肪中，由于高级脂肪酸占了肌间脂肪含量的 62.29%，无疑也提高了驴肉的食用价值。

第五节 驴的肉质

畜禽肉类品质研究仅有几十年的历史，但发展极其迅速，由于不断引入新的技术手段和方法，使其研究深度不断加深，领域也在不断扩大，已涉及从肉畜畜牧场生产开始到最终成为食品为止的各个环节，其核心是对肌肉和其他动物可食用组织的特性进行基础研究，从而通过技术措施使其利用性能得以改善，为人们提供大量优质肉品。

肉质研究是一项复杂的系统工程，内容十分丰富，但其常规研究的主要性状为 pH、肉色、嫩度、系水力、多汁性、必需氨基酸、脂肪组织、风味物质、肌纤维类型等。在我国对猪、禽、牛的肉质评定已有了初步的标准（见图 7－7，图 7－8）。

驴的肉用虽历史悠久，但作为一个产业进行开发的讨论也是近些年才开始的事情。我国是养驴大国，也是产驴肉的大国，人们有食用驴肉的传统和习惯。驴肉鲜美可口，肉嫩多汁，具有食疗和保健作用，但对它的科学分析，仍缺乏全面系统报道。

图 7－7 驴肉现场肉质分析（1）
（来源：侯文通 提供）

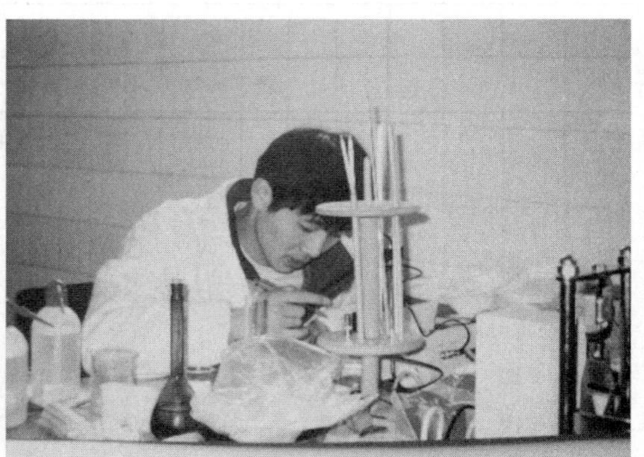

图 7－8 驴肉现场肉质分析（2）
（来源：侯文通 提供）

一、驴肉的感官指标和品味试验优于其他家畜肉

与猪、牛肉相比，由于肌红蛋白含量多，驴肉具有良好的深红色；pH 在宰后 45min 内在正常范围（6.5～7.0）下降缓慢，能够保证加工出较好的驴肉；驴肉脂肪少、层薄，肌肉中沉积脂肪比较理想，属明显的大理石花纹；驴肉失水率低，系水力强，贮存损失较低，煮后水分损失少，熟肉率较高；嫩度测值与猪肉、牛肉相近，但肌纤维直径驴肉＜牛肉＜猪肉，而且肌纤维根数远多于猪肉和牛肉，差异达极显著水平（$p<0.01$），因此驴肉口感好，宜于咀嚼。品味试验驴肉得分均高于牛肉、羊肉。

另由表 7－17 可知，肥育驴，肉色随年龄增长有逐渐加深趋势（3.50～4.33）；而品味得分随年龄增长有逐渐降低趋势（8.65～5.61）。因样本少，肉色及品味得分差异均未到显著水平。

表 7－17 不同年龄组肉质感官和品味指标分析比较

组别	n	A_1	A_2	A_3	B_1	B_2	C_1	C_2
肉色评分	3	4.00±0.41	3.67±0.24	4.00±0.41	3.50±0.41	3.67±0.24	4.17±0.24	4.33±0.24
品味评分	30	7.14±1.15	6.39±0.25	6.63±0.37	6.75±1.25	8.15±0.17	5.61±0.49	6.43±0.26

注：A 组为 1.5 岁组。A_1 群日粮为传统精料，A_2 群日粮精料为高蛋白全价料加苜蓿，A_3 群日粮精料为高蛋白全价料加青贮；C 组为成年退役组，C_1 群为传统精料，C_2 群日粮精料为高蛋白全价料加苜蓿；B 组为断奶幼驹组，B_1 群为传统精料，B_2 群日粮精料为高蛋白全价料加苜蓿。

二、驴肉熟肉率高，失水率低，嫩度好

1.5 岁左右驴熟肉率较高，失水率、嫩度剪切值、pH 都有随年龄增长上升趋势，同一年龄不同肌肉间嫩度差异显著。

随年龄增加，肥育驴熟肉率有增加趋势（56.80%～60.29%），同一年龄不同营养水平的驴肉失水率，经检验差异达显著（$p<0.05$）或极显著（$p<0.01$）水平。

从表 7－18 看出，1.5 岁左右驴熟肉率较高，平均 59.63%，因样本小，与其他两组差异不显著。不同年龄驴肉熟肉率整体范围为 56.78%～60.26%。

不同年龄驴肉失水率范围为 3.61%～4.90%；嫩度剪切值，股二头肌 3.525～4.637，臂三头肌 3.923～5.510，背最长肌 2.739～3.821；pH 为 6.59～6.82。失水率、嫩度剪切值、pH 都有随年龄增长上升趋势（见图 7－9，图 7－10）。

表 7－18　不同年龄组肉质理化指标分析比较

组别		A_1（n=3）	A_2（n=3）	A_3（n=3）	B_1（n=3）	B_2（n=3）	C_1（n=3）	C_2（n=3）
熟肉率%		59.72±2.52	58.90±1.13	60.29±1.44	56.80±1.99	58.55±1.58	57.69±0.69	56.78±0.77
失水率%		4.52±0.69	4.24±0.83	4.71±0.95	3.61±0.58	4.84±0.26	4.90±0.54	4.71±0.74
嫩度 kg·f	股二头肌	3.695±0.553	3.525±0.196	3.533±0.799	4.637±0.618	3.955±0.887	3.617±0.316	4.030±0.506
	臂三头肌	4.088±0.453	3.923±0.753	4.145±0.269	5.510±0.778	4.866±1.068	4.113±0.523	5.372±0.501
	背最长肌	3.504±0.333	3.085±0.453	3.331±0.311	3.821±0.550	2.739±0.534	3.395±0.438	3.727±0.098
pH	股二头肌	6.67±0.10	6.63±0.15	6.80±0.04	6.59±0.12	6.70±0.09	6.74±0.05	6.75±0.06
	臂三头肌	6.66±0.04	6.71±0.13	6.75±0.06	6.63±0.17	6.820±0.03	6.66±0.08	6.75±0.06
	背最长肌	6.64±0.04	6.60±0.09	6.65±0.08	6.62±0.21	6.77±0.08	6.60±0.09	6.68±0.06

注：A 组为 1.5 岁组。A_1 群日粮为传统精料，A_2 群日粮精料为高蛋白全价料加苜蓿，A_3 群日粮精料为高蛋白全价料加青贮；C 组为成年退役组，C_1 群为传统精料，C_2 群日粮精料为高蛋白全价料加苜蓿；B 组为断奶幼驹组，B_1 群为传统精料，B_2 群日粮精料为高蛋白全价料加苜蓿。

经检验，同一年龄不同肌肉（股二头肌、眼肌、臂三头肌）间嫩度差异达显著（$p<0.05$）或极显著（$p<0.01$）水平；pH 呈弱酸性近似中性较理想，且三组无较大差异。

图 7－9　成年肥育驴股二头肌（大理石花纹）
（来源：侯文通　提供）

图 7－10　成年肥育驴背最长肌（大理石花纹）
（来源：侯文通　提供）

三、驴肉眼肌面积较大，肌纤维直径细

驴肉眼肌面积随年龄增长而增大，成年驴达 93.66±9.19 cm^2。驴肉眼肌肌纤维直径为 33.34±8.35μm，细于猪、牛眼肌肌纤维直径。驴肉每平方毫米肌纤维根数平均为600.23±101.34。

由表 7-19 可见，随年龄增长，眼肌面积显著增大（54.46～93.66cm^2），经检验各组间差异均显著（$p<0.05$）。

表 7-19　不同年龄组肉质眼肌面积分析比较　　单位：cm^2

组别	A_1（n=3）	A_1（n=3）	A_3（n=3）	B_1（n=3）	B_2（n=3）	C_1（n=3）	C_2（n=3）
眼肌面积	62.55±12.16	64.82±8.44	60.18±12.72	67.41±15.10	54.46±5.64	71.38±1.40	93.66±9.19

注：A 组为 1.5 岁组。A_1 群日粮为传统精料，A_2 群日粮精料为高蛋白全价料加苜蓿，A_3 群日粮精料为高蛋白全价料加青贮；C 组为成年退役组，C_1 群为传统精料，C_2 群日粮精料为高蛋白全价料加苜蓿；B 组为断奶幼驹组，B_1 群为传统精料，B_2 群日粮精料为高蛋白全价料加苜蓿。

表 7-20 可了解到，驴肉每平方毫米肌纤维根数较多，平均为 600.23 根；肌束内肌纤维根数也较多，平均为 150.63 根：而肌纤维直径较细，平均为 33.34 μm。

表 7-20　驴肉组织学分析

肌纤维根数（n=50）/（根・mm⁻2）	肌束内肌纤维根数（n=8）/根	肌纤维直径（n=200）/μm
600.23±101.34	150.63±14.38	33.34±8.35

同样凉州驴肥育试验也发现，驴肉肌纤维直径较小，肌纤维密度大，肌间结缔组织少，脂肪在肌纤维束间分布均匀。镜检可见脂肪球直接分布在小肌束的周围。这些因素使驴肉肉质柔嫩多汁、细腻、味美。

四、经过肥育的驴肉，肉质明显优于猪肉、牛肉

表 7-21 中 15 月龄佳米驴和 18 月龄秦川牛种属间肉质比较，除嫩度外，其余各项指标差异均达到极显著水平（$p<0.01$），佳米驴肉质明显优于秦川牛。

表 7-21　肥育佳米驴与肥育秦川牛肉质指标差异比较

	肌纤维根数/根・mm^{-2}	肌束内肌纤维根数/根	肌纤维直径/μm	失水率/%	嫩度/（kg・f）	pH
肥育 15 月龄佳米驴	600.23±101.34（n=50）	150.63±14.58（n=8）	33.34±8.35（n=200）	5.16±1.15（n=27）	3.306±0.417（n=27）	6.63±0.08（n=27）
18 月龄秦川牛	528.67±16.10（n=100）	106.96±15.87（n=100）	35.24±2.01（n=500）	14.15±1.38（n=12）	3.27±0.41（n=12）	5.65±0.06（n=12）
T 值	6.911*	7.528*	4.75*	20.43*	0.25	36.51*

注：① * 差异显著（$p<0.05$）** 差异极显著（$p<0.01$）。

②秦川牛资料引自胡宝利《不同年龄秦川牛胴体性状与肉质性状研究》。

表7-22中将佳米驴和杜洛克×八眉猪杂交猪种属间进行肉质比较，肌纤维直径和pH的差异均达到极显著水平（$p<0.01$）。佳米驴肉质明显优于杂交猪（见图7-11，图7-12）。

7-22 肥育1.5岁佳米驴与杜洛克×八眉猪杂交猪肉质指标比较

	肌纤维根数/（根·mm^{-2}）	肌束内肌纤维根数/根	肌纤维直径/μm	失水率/%	嫩度/（kg·f）	pH
15月龄佳米驴	600.23±101.34（n=50）	150.63±14.58（n=8）	33.34±8.35（n=200）	5.16±1.15（n=27）	3.306±0.417（n=27）	6.63±0.08（n=27）
杜洛克×八眉猪	—	—	54.45±0.58（n=90）	—	—	6.01±0.49（n=6）
T值			28.34*			3.03*

注：① * 差异显著（$p<0.05$） ** 差异极显著（$p<0.01$）。

②杂交猪资料引自杨公社《八眉猪产肉性能和肉脂品质研究》。

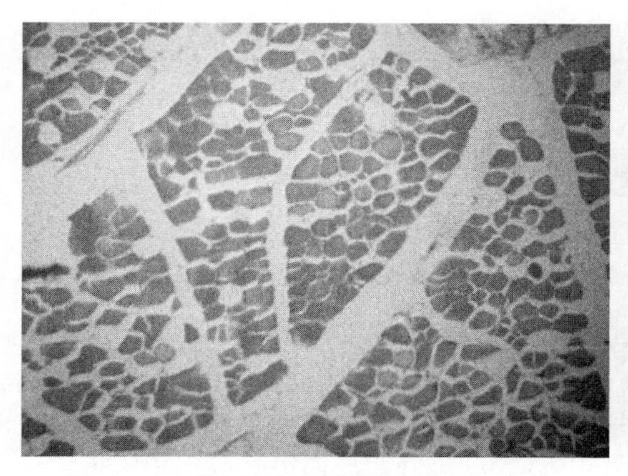

图7-11 驴肉肌束和肌纤维断面图（低倍）
（来源：侯文通 提供）

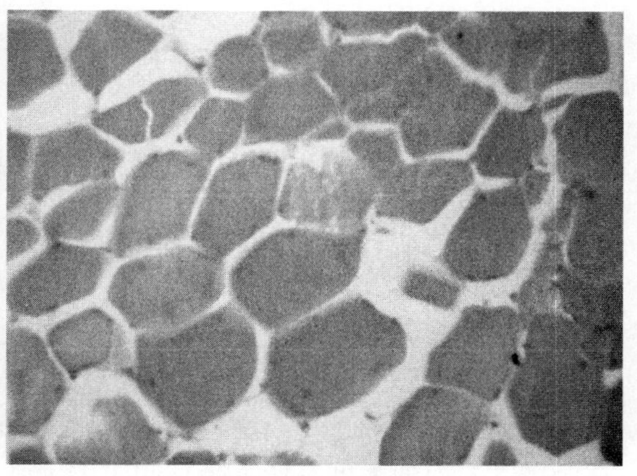

图7-12 驴肉肌束和肌纤维断面图（高倍）
（来源：侯文通 提供）

根据驴肉的营养成分和肉质分析，可以看出驴肉不仅是高蛋白、低脂肪、低胆固醇的保健食品，而且因肌束纤细、肌间脂肪含量较多，使其肉质细嫩可口。另外，驴肉色氨酸含量多，蛋白质质量高；高级脂肪酸中必需的不饱和脂肪酸比重大，因而具有很高的生物学价值。驴肉中的鲜味氨基酸含量也高于猪肉、牛肉和马肉，因而驴肉更加鲜美，人们往往将它与“天上龙肉”并列。

五、无公害食品——驴肉

采用中华人民共和国农业部行业标准，NY5271—2004《无公害食品—驴肉》（中华人民共和国农业部发布2004）。通过对肥育的断奶、1.5岁和成年驴各一头的眼肌肉的重金属和微生物等主要理化指标进行测定，结果表明，其中挥发性盐基氮、汞、铅、砷、铬、镉未检出；菌落总数、大肠杆菌、沙门氏菌未检出不合格，结果完全符合国家《无公害食品—驴肉》标准的规定。

由表 7-23 可知，肥育驴肉所有理化指标测值均低于国家标准。

表 7-23　无公害驴肉理化指标

项目	测值	指标
每 100g 含挥发性盐基氮（mg）	13.16±1.65（n=3）	≤15
汞（mg/kg）	0.002	≤0.05
铅（mg/kg）	0.083	≤0.40
砷（mg/kg）	0.17	≤0.50
铬（mg/kg）	0.916	≤1.00
镉（mg/kg）	未检出	≤0.10

由表 7-24 也可看出，肥育驴肉在微生物检测方面，完全符合国家标准。

表 7-24　无公害驴肉微生物指标

项目	测值	指标
菌落总数（cfu/g）	<300（n=3）	≤5×10^6
每 100g 含大肠菌群（MPN）	<10（n=3）	≤1×10^5
沙门氏细菌	未检出	不应检出

六、影响驴肉肉质主要问题

影响驴肉肉质因素很多，其中有三个为主要影响因素。

（一）年龄对驴肉肉质影响较大

任何年龄驴经过短期肥育，肉质均会得到很大改善。但随年龄增长，肌纤维直径也会逐渐增大，而使嫩度有所下降；同时由于乳酸积累，pH 下降，进而影响口感和风味。断奶幼驹，虽相对生长值较高，生长势较强，但绝对生长值太低，且没有脂肪沉积，屠宰效果不好，肉品口感和风味也不理想，因此不适合高中档驴肉生产。成年退役驴经过短期强化肥育可促进脂肪积累，肌间脂肪沉积明显，而且能促进乳酸外排，显著改善其肉质。1.5 岁驴的种用价值已显现，幼驴生长发育仍然较快，经短期肥育即可获得良好增重和优良肉质，但要生产高中档驴肉，使其脂肪在肌肉间有着良好分布，仍需延长肥育时间。

（二）营养全价水平对驴肉肉质改善有一定影响

在敞开饲喂情况下，营养全价水平对驴的影响有如下趋势。断奶幼驹>1.5 岁幼驴>成年退役驴。成年驴消化机能已完善，营养转化率高，粗饲料消化利用率比马高 30%，因而影响较小；而幼驹器官发育不完善，生长需要全价营养，否则增重和肉质会受较大影响。

（三）肥育环境（尤其是季节和厩舍条件）对肉质也有影响

除非环境特别恶劣，驴全年都可肥育。如有条件放牧，秋季牧草结籽，营养丰富，气温适宜，宜于上膘；春季由冬季转暖，是驴的生长恢复期，也易于上膘，因此春、秋两季适宜驴的肥育，如能放牧加舍饲，效果则更好。冬、夏两季如进行舍饲肥育，需要注意冬季保温，夏季防暑，控制舍内温度和湿度，注意通风、换气，防止有害气体浓度过大，不然不仅影响健康，同时不利的环境对肉质也会产生影响。

第六节　驴肉生产

自古以来，我国人民对驴肉的食用就情有独钟，赞之“天上的龙肉，地上的驴肉”。驴肉除用于药膳外，还在各地形成了众多的传统食品和风味小吃。随着人们生活水平的提高，人们对食品构成和营养是质量的要求越来越高，在了解驴的肉用性能和肉的营养以后，如何进行肉驴的生产，是产业开发的前提。

肉用驴一般的饲养管理原则、繁育技术、选择方法与役用驴的要求是一致的，现仅就肉用驴生产技术一些特殊问题予以说明。

一、肉用驴的体型外貌

不同的生产方向，要求不同的体型外貌与之适应，从而产生最大的经济效益，因而要求肉用驴也要具备肉用家畜的体型外貌。

肉用驴要选择体质结实，适应性强，体格重大的驴。外貌要求头大小适中，颌凹宽，牙齿咀嚼有力，颈中等长富有肌肉，体躯长（体长指数大于100%），呈桶形，肋骨开张好，胸部宽深且肌肉丰满突出。鬐甲低，背宽，腰直。尻长富有肌肉，骨量适度，肌肉轮廓明显。与马相比，驴的后躯优质肉部位发育不足，尻短斜。因此，在拟定选择指数时，除了从血统来源、体质外貌、泌乳能力、后裔品质、体尺体重诸方面提出要求外，应特别提出尻长、尻宽体尺或指数的要求，加强这一方面的选择。

二、肉用驴繁育方法

根据不同情况，可利用本品种选育或经济杂交的方法繁育。

（一）本品种选育

这是对大、中型地方良种驴的主要选育方法，也是对饲养条件一时难以改进的小型驴重要的选育方法之一。本品种选育要根据选育目标，针对品种的缺点和肉用要求，拟定相应适宜的分阶段选育计划，使驴种的品质逐步得到提高。

（二）经济杂交

中、小型驴产区，在保证本品种核心选育群正常选育前提下，在改善驴的饲养管理工作的同时，可选用与本地生态条件较为一致的地方良种驴，对一般繁殖群的母驴进行经济杂交。据测定，一代杂种驴较本地驴可提高活重10%以上，而且依然继承了母驴对当地条件的适应性。

经济杂交的代数，应根据当地气候条件和饲养管理条件而定。气候寒冷，饲料条件不甚丰富的地区，代数不宜太高，1～2代即可。

三、肉用驴管理方式

肉用驴管理方式多样，但多不是单一采用，而是有所交叉。

（一）舍饲肥育

实践证明，对成年驴采用不同类型的饲料配合，因其消化利用率高，营养转化率高，肥育的效果虽都较为接近，但比较而言“精料—干草型”的日粮更为优越。如对老龄的凉州驴用单一的豆科干草肥育 60 天，平均日增重 247g。对老龄关中驴、凉州驴采用“麦草—精料型”的日粮肥育 25 天，平均日增重 435g，肥育 35 天，平均日增重 299g。而对老龄驴占 60%的晋南驴进行 70 天优质“豆科、禾本科干草—精料型”的日粮肥育，头 30 天平均日增重为 700g，31～50 天的平均日增重为 630g，而 51～70 天的平均日增重为 327g，全程 70 天平均日增重为 574g。

为了使料重比经济合理，舍饲肥育的驴不宜积累过多的脂肪，达到一级膘度就应停止肥育。优质干草—精料型的日粮以肥育 50～80 天为好。高中档驴肉肥育的时间要长，肉的售价也高。驴在进入正式肥育期之前，都要达到一定的基础膘度。

（二）半放牧—半舍饲肥育

驴的放牧能力虽然不如马，但我们还是提倡有放牧条件的地区进行放牧增膘（见图 7-13）。如有良好的豆科—禾本科人工牧地，驴能进行短期的强度放牧肥育，使其有一个中等膘度则更为理想。驴经过放牧肥育后，再经过 30～50 天的舍饲强度肥育，效果甚佳而且节约成本。

图 7-13　驴的放牧

（来源：侯文通　提供）

（三）自繁自养式肥育

集驴的繁育和驴的肥育为一体，传统的零星农户常采用此种方式。

（四）农户的规模化肥育

目前农村以出售老残驴和架子驴居多，少有对驴进行肥育出售的。我们提倡有条件的农户，就地收购肥育，这样可以减少驴的应激和更换饲料的不适，缩短育肥时间，提高经济效益。驴群大小不一，十几头，几十头均可。一年之内可育肥几批驴。

(五)易地育肥

这是一种专业化的肉驴生产方式。是指在自然和经济条件不同的地区,分别进行驴驹生产、培育和架子驴的专业化育肥。这可以使驴在半牧区或产驹集中而经济条件较差的地区,充分利用当地的饲草、饲料条件,将驴驹饲养到断奶或1岁以后,转移到精饲料条件较好的农区进行短期强度育肥,然后出售或屠宰。

易地育肥驴的选购,要坚持就近原则,这样可以减少驴的应激,也可以减少驴体重的损失和运输费用。易地育肥的驴要注意安全,路途不远时可采用赶运的办法;中远程的距离,就要用汽车或火车运输。

驴运回,要安置在干净舒适的环境中,加强饮水,投以优质干草。管理上要加强观察,悉心照料,消除运输造成的影响,恢复体重。待驴适应了新的环境和饲养条件后,再进入育肥阶段。

易地育肥,可以缓解驴集中的地区肉驴因精料不足,出栏时间长,肥育等级低,经济效益差等问题和矛盾。由于加快了驴群的周转,提高了人们养驴的积极性,从而搞活了地区经济。

(六)集约化肥育

这是今后肉用驴肥育发展的方向。其特点是在建立完整的肉用驴生产体系的前提下,育种场、繁殖场、肥育场各负其责,这不仅便于肉用驴专门化品系的选择、提高,也利于驴肉高质量、标准化生产和效益的进一步增强。集约化的肉用驴肥育,就是建立专门化的肥育驴场,进行工业性的机械化肥育。按照需求分批进行,每批驴的年龄、膘度要大体一致,每批可为50~100头或更多一些。集约化肥育驴场的设施和肥育方法、要求,可参考产品养马学有关内容。

四、肉用驴的快速育肥

驴在屠宰前,不论是青年驴、成年驴、老龄驴均应催肥。催肥后的驴,不仅体重增加,而且肌肉和肌肉间脂肪含量增加,肉的大理石样花纹明显,肉的嫩度、多汁性及香味都会有所改善。

为了使驴尽快地肥育,要求肥育的驴要有中等的基础膘度,饲喂的营养物质必须高于维持和正常生长发育的需要。在不影响驴的正常消化吸收的前提下,在一定范围内,给驴的营养物质越多,所获得的日增重就越高,并且每单位增重所消耗的饲料越少,出栏日期越提前。

(一)1~1.5岁驴的肥育

年龄为1~1.5岁的青年驴相对生长速度快。肉用驴多为超过驴群补充计划和出售计划的那部分青年驴,因受群体规模限制而肥育肉用。一般说来,中、小型驴因为1~1.5岁驴绝对生长低、体重小、产肉量少而一般不主张此时肥育。

如有需求,待肥育的青年驴后天应受到良好培育,肥育的时间为50~80天。日粮营养要全面,精料蛋白质水平应在18%左右。这一时期驴驹增重的主要部位是肌肉、内脏和骨骼。应给青年驴优质的饲草、精料,日采食量应占体重的2%以上。饲养上如不能做到自由采食,每天应比成年驴增加1~2次饲喂次数。要保证饮水和厩舍干燥,温度适宜。

（二）3～4 岁以上成年架子驴的肥育

这些驴为超过 3～4 岁淘汰的公驴及母驴、退役的老残驴。肥育后，经济价值和食用价值得到了明显的改善。待肥育的成年架子驴要驱虫，剔除有消化疾患的驴，公驴要去势，要加强饲养管理，注意驴体和厩舍卫生。外地新购回的驴，为减少应激，要有一个15 天的适应期。驴刚来应多饮水，多给草，少给料，3 天后再开始饲喂少量精料。

成年架子驴肥育分为两个阶段。一为成熟育肥期，此期为 45～60 天，这一时期要限制驴的运动，增喂蛋白质含量高的饲料，增加饲喂次数，促进增膘。二为强度催肥期，一般为 20 天。目的是通过增加肌肉纤维间脂肪沉积量来改善驴肉品质，使之形成大理石花纹的瘦肉，此间日粮能量浓度可再提高，尽量设法增加驴的采食量。

（三）高、中档驴肉的生产——青年架子驴的肥育

2 岁的驴，育肥期一般为 5～7 个月，应形成大理石花纹的瘦肉。收购回的青年架子驴肥育，除做好适应期所要求的准备工作外，一般把育肥期分成两个阶段，一为生长肥育期，时间为 2～3 个月，重点是促进架子驴的骨骼、内脏、肌肉的生长。要饲喂富含蛋白质和矿物质、维生素的优质饲料，使青年驴在保持良好生长发育的同时，消化器官得到锻炼。此阶段能量饲料要限制饲喂。二为成熟肥育期，时间为 3～4 个月。任务是改善驴肉品质，增加肌肉肌纤维间脂肪的沉积量。因此，日粮中粗饲料的比例不宜超过 40%。饲料要充分供给，以自由采食较好。

五、影响驴肉生产的几个因素

归纳起来有以下列几条。

（一）驴种和个体差异

不同驴种肥育的效果不同，如选育程度较高的关中驴、晋南驴等大、中型驴种，由于早熟性好，饲料报酬相对较高。同一驴种的不同个体，由于体型外貌和体质不同，育肥速度也不相同。如在山西长治对不同年龄驴的肥育试验中，在肥育 1～33 天中的断奶、1.5 岁左右和退役驴中，都发现日增重 1 303～1 484.8g 的个体，而 1～63 天的肥育中也发现了平均日增重 881～968g 的个体。驴种和个体相比较，往往品种内的差异大于品种间的差异，因而肉驴生产要注意品种内的系统选育。

（二）年龄阶段

根据驴的肥育试验得出以下结论：不同年龄阶段驴的日增重，断奶驴驹相对值高，绝对值低，产肉少，利用不划算；1.5～2 岁的驴日增重相对值、绝对值都较高；成年退役驴绝对值高。屠宰率、净肉率和胴体骨肉比、脂肉比均呈现，断奶驴＜1.5～2 岁＜成年退役驴，其中，净肉率 1.5～2 岁和成年退役驴相当。内脏重量绝对值随年龄增长而增长明显，成年驴比驴驹和青年驴优质肉的比例大，脂肪沉积也好。

（三）产驹季节

驴虽春、秋两季发情，但秋配驴初生重、断奶重、生长发育速度和成活率、胴体品质都远不如春产驴，还影响下一代繁殖，因而不主张配秋驴。希望驴驹能产在一年之中气候和饲料条件最好的季节，如 4～5 月份。若在 4 月份以前产驹，则要求有良好的接产条件和饲料条件。

（四）肥育月份

严寒和酷暑都不利于驴的肥育。如能改善驴育肥所处的环境，全年连续性批量肥育，也是可行的。

（五）肥育方式

要因地制宜地选择肉用驴的生产肥育方式。正式肥育前的驴一定要有一个中上等膘度，在保证肥育驴所需营养前提下，采用工厂化、集约化的肥育方式，可以大幅度地提高劳动生产率，是现代肉驴生产必由之路。

（六）阉割年龄

1.5 岁的公驴已可评定种用价值。此时非种用公驴阉割后肥育，增重大，肉质好。如 70 天肥育的晋南驴公驴，驴平均日增重 490g，而阉驴可达 700g。

（七）扩大肉驴来源

一要改善驴群结构，提高可繁母驴的比例，母驴多才有繁殖基础。二要实行适龄母驴全部配种的方法，除后备驴的补充，种驴按计划出售外，超过这些计划筛选后的驴驹，都可作为肉用驴驹培育，供长大一些肥育。

第七节 畜禽肉质研究进展

畜禽肉类品质研究只有 60 年的历史，自从猪肉 PSE 肉的报道出现以后，人们才广泛注意肉的品质问题。我国开展肉质科学研究也是近 30 年的事情，研究的对象主要是猪及禽，次之为牛与羊，而马、驴研究则很少。随着肉质研究的迅速发展，新项目不断探索，新技术不断出现，研究水平也得到很大提高。为了借鉴其他畜禽肉质研究成果，引领、探讨驴肉及其副产品独特的生物学特性，挖掘它对人类营养和健康不可替代的作用，现将近些年畜禽肉质研究进展，予以介绍。

一、畜禽肉质研究涵盖内容

畜禽肉质研究广义包括从肉畜生产到调制为食品的整个食物链各个过程和环节，其完整体系包括 10 个方面。

第一，肉用畜禽生长发育规律及影响肉用畜禽生长发育的因素（遗传、生理、营养、繁殖和管理方式）。

第二，畜禽不同时期、不同部位肌肉的组织学（肌束内肌纤维根数、肌纤维直径等）、化学变化及肌肉生长状况。

第三，肌肉常量化学成分（如水分、灰分、粗脂肪、粗蛋白等），矿物质含量（Ca、P、Fe、Mn、Zn、Cu、Se 等），维生素含量（水溶性和脂溶性等），肌肉的呈味（香味和滋味）物质，如肌苷酸、脂肪酸、氨基酸和其他脂类化学物质等。

第四，由肌肉到食用肉转化，包括屠宰前、后各种处理因素对胴体与肉品质的影响。

第五，肌肉的微生物污染、腐败及预防措施和各种检测技术。

第六，肌肉的贮存方法，包括温度和水分控制法，直接灭菌法等。

第七，肌肉的颜色、系水力、嫩度、多汁性、pH 测定，以及它们形成、变化的物理、化学和生物化学机制。

第八，胴体和肌肉等级评定与分割标准。

第九，肉与人类营养，肉食与健康、毒素和残留物质等。

第十，肉制品（含重组肉）的研制分配、包装、零售、货架期和市场体系等。

而通常对肉质研究主要概括为4个方面，即感官品质、食用品质、加工品质、卫生质量或安全性。

第一，肉的感官品质包括肉的颜色、光泽、弹性、肌肉脂肪纹理等。

第二，肉的食用品质包括营养成分、嫩度、多汁性、风味物质及肌纤维类型等。

第三，加工品质包括肉保水性、黏结性、凝胶性、烹调损失及烹调颜色等，这一性质主要取决于屠宰后的处理。

第四，卫生品质或安全性是指将微生物控制在最低数量及无药物残留。

肉质评价体系，采用的是全面系统的评价方法，因而应对肉质评价指标、采样程序、测定方法与手段等进行科学规范，使肉质评价结果成为可比较、可交流、可重复的一整套标准体系。这包括统一的肉质评价指标、统一的测定方法、统一的采样程序等。目前肉质评价体系仍处于积极建设之中，并将随科技进步，不断完善发展。

二、肉质测定常用项目

（一）pH

pH是测定肉品品质的重要指标之一。它与肉的许多质量性状都有关系，如肉的嫩度、肉的系水力、肉色等。刚屠宰的肉pH为6～7，约经1 h后开始下降，经僵直最低达5.4～5.6，而后随僵直解除，成熟时间延长，pH开始缓慢上升。肌肉pH下降速度和程度对肉的颜色、系水力、蛋白质溶解度以及细菌繁殖速度等均有影响，终pH较高的肉（pH>6.0）呈深色（黑色）如DFD肉、黑切牛肉等。一般pH匀速下降，终pH为5.6左右，肉的颜色正常。如pH下降过快还会造成蛋白质变性，肌肉失水肉色灰白，即产生PSE肉。宰后动物肌肉主要依靠糖酵解，利用糖原产生能量来维持一些耗能反应。糖酵解的最终产物是乳酸，而乳酸过多积累会导致肉的品质下降。因此pH被认为能很好反映肉品质量。实际上pH对肉品质来讲是一个中性性状，因为pH过高对于正常肌肉转向食用肉的成熟过程不利，而pH过低又往往导致异常肉的发生。不同肉品的成熟时间存在一定的差异，不同畜禽肌肉的pH究竟应以多少为好，目前尚无统一的标准。pH随年龄增长有上升趋势。

我们对断奶、1.5岁左右和成年驴育肥2～3个月，测定屠宰后不久驴肉pH为6.59～6.82。

（二）肉色

肉色主要取决于肌肉中的色素物质肌红蛋白和血红蛋白含量和状态。如果放血充分，肌红蛋白起着主要的显色作用。肉色能反映肉的新鲜程度，正常肉色在新鲜时切面有光泽、鲜红。但仅从表面肉色判断肉质是不够全面的，必须了解影响肉色稳定因素，主要有氧分压、细菌、pH、温度及其他因素（如光线、冷冻、盐等）。肉表面的氧分压越高，越易形成氧合肌红蛋白，肉色越好，反之越差。细菌繁殖影响肉色变化，因细菌繁殖与温度关系密切，温度升高有利于细菌繁殖，加快肌红蛋白氧化，所以温度与高铁肌红蛋白形成，即肉色变深呈正相关。除此之外，动物种类、性别、年龄、营养等因素也会影响肉色。肉色测量方法很多，如肉色评分色板、波长测定仪、白度仪、色差仪。此外，Trout法、Hornsey法、目测方法等也可鉴别肉色。通常鲜牛肉呈深红色，猪肉则较浅，鸡肉更淡。

我们测定驴肉呈稍深红或鲜红色。断奶、1.5岁左右和成年驴育肥2～3个月不同年龄不同部位驴的肉色评分为3.50～4.33。

（三）嫩度

嫩度反映了肉的质地，指肉在食用时口感的老嫩，由肌肉中各种蛋白质结构特性决定。主要决定因素是肌肉中结缔组织、肌原纤维和肌浆蛋白含量与化学结构状态。

肉嫩度的评价主要根据其柔软性、易碎性、可咽性来判定。这些都是由人的口感来评判的，但也可以通过仪器来评价，如剪切力，即用一定钝度的刀切断一定粗细的肉所需力量。影响嫩度的主要因素有畜种、品种、遗传、年龄、肌肉解剖部位、营养状况。此外，宰后因素（如糖酵解、热反应、电刺激）、胶原蛋白和结缔组织含量、肌束内肌纤维数也是重要因素。

我们测定断奶、1.5岁左右和成年驴育肥2～3个月，驴肉嫩度剪切值，股二头肌为3.525～4.637，臂三头肌为3.923～5.510，背最长肌为2.739～3.821。

（四）系水力

和失水力含义相反，系水力是当肌肉受到外力作用时，如加压、加热、冷冻、融冻、贮存、加工等，保持原有水分与添加水分的能力。系水力是一项重要的肉质指标，它直接影响肉的风味、肉的质地、营养成分、多汁性、色汁等食用品质。影响系水力的因素很多，屠宰前后的各种条件、品种、年龄、脂肪厚度、肌肉的解剖学部位、宰前运输、屠宰工艺、能量水平、pH变化、尸僵开始时间、蛋白质水解酶活性、胴体贮存、熟化、切碎、盐渍、加热、冷冻、融冻、干燥、包装等都影响肌肉系水力，其中最主要的是pH、能量水平、加热和盐渍。肌肉系水力测定方法可分三类，一是不施加任何外力，如滴水法；二是施加外力，如加压法和离心法；三是施加热力，如用熟肉率来反映烹调水分的损失。

我们测定断奶、1.5岁左右和成年驴育肥2～3个月，背最长肌失水率为3.61%～6.24%。

（五）风味

即气味（香味）和口味（滋味）的综合特征。据研究，烹饪后的风味主要来源于烹饪前肉的风味，熟肉中与风味有关的物质超过1 000多种，其中有上百种化合物对肉的风味和芳香性起重要作用，影响着肉的贮藏、烹饪等。这些物质包括碳水化合物、醛类、酮、醇、呋喃、吡咯、嘧啶、吡嗪、含硫化合物等，这些物质都直接影响着肉的风味及肉品质。

通过对猪禽肌肉香味研究表明，香味来源不是瘦肉，而是脂肪。特有的肉香味主要来自挥发性物质对感官的刺激，产生途径为脂类的降解、美拉德反应、硫胺素降解等。而滋味是味蕾对鲜味、咸味、甜味等的感受，研究认为，食肉呈现鲜味的滋味基本来自谷氨酸钠（MSG）和肌苷酸（IMP）。上述这些主观感受综合起来就是风味，也就是说，肉的风味是由水溶性和脂溶性的挥发性化合物组成，肉基本风味物质遍布瘦肉和脂肪，但种间特有成分则存在于脂肪中。

风味好坏与某些风味物质含量相关，主要靠感官评定。我们测定断奶、1.5 岁和成年驴育肥 2～3 个月时，驴肉品味评分为 5.61～8.15；品味试验驴肉得分均高于牛肉、羊肉。

（六）大理石花纹

肉食生产多努力减少集中可见脂肪，提高瘦肉率。但是，脂肪含量降得太低，又不利于满足肉的营养水平，因此肌内是否有大理石花纹状脂肪成为消费者购买的主要依据。

肌肉内脂肪主要分布在肌束之间和肌纤维之间，大理石花纹是小肌束间脂肪结缔组织分布形成的纹理。其数量和分布的不同使肌肉呈现出不同程度的大理石纹。沉积在肌肉内的脂肪从肌纤维间融化出来，使肉质鲜嫩多汁。对猪肉品质来说，肌肉内脂肪含量的影响较大，尤其是嫩度、风味和多汁性。

研究结果发现，肌肉内脂肪含量也会影响肉质风味，如果肌肉内脂肪含量增加，香味也会增加，但香味最适宜的脂肪含量为 3%，若高于 7.3%，则会影响肉质风味及接受程度，降低消费者的购买欲。

大理石花纹多少采用目测对照比色法目测评分，也可采用甲醇脱水后用三氯甲烷脱脂进行测定。

我们用目测法评分，断奶、1.5 岁左右和成年驴育肥 2～3 个月时驴肉，肌间脂肪适当，大理石状结构明显，评为 5 分。

（七）肌肉组织学性状

肌肉组织主要是由肌纤维、结缔组织和肌内脂肪组成。肌肉的组织学特性一般包括肌纤维类型、肌纤维直径、肌纤维密度、肌纤维面积比例、肌节长度、结缔组织特性和肌肉内脂肪含量与分布等。

肌纤维类型及组成与肉品质的形成具有重要的影响，猪的肌纤维根据肌球蛋白重链（MyHC）的多态性可分为 1、2a、2b 和 2x，4 种类型，在代谢上分别与慢速氧化型、快速氧化型、快速酵解型和中间类型相对应，肌纤维在生长期间不断地发生转化，这种动态变化受到内在和外在的因素影响。高生长速度与酵解型（Ⅱb 型）纤维的含量高相关，而优质肉质与高含量的氧化型（Ⅰ型）纤维相关，在生长速度、肉质品质和肌纤维类型之间存在着一定的拮抗性关系。

肌纤维特性研究最早见于肉牛，其特性受营养、年龄、性别、运动、品种等影响。一般认为肌纤维数量从出生后，终生保持不变，生后只是体积、直径的增加。肌纤维长度增加是由于肌节长度的增加。肌纤维特性与其他肉质关系，通过研究认为：猪 PSE 劣质肉与肌肉中不同肌纤维的含量有关，肌纤维直径同嫩度大小呈负相关。肌纤维较细，肌束内纤维根数较多时，肌肉纹理好，系水力强，含糖量高，口味也好。

我们测定，1.5 岁左右驴育肥 2～3 个月，肌束内肌纤维根数平均为 150.63 根/mm^2；肌纤维直径平均为 33.34μm，呈现驴肉＜牛肉＜猪肉；肌纤维根数平均为 600.23 根/mm^2，单位面积肌纤维根数远多于猪肉和牛肉，差异达极显著水平（$p<0.01$），因此驴肉口感好，宜于咀嚼。

此外，在研究肉质时，肉的营养成分，也是需要考虑的。如肉的营养成分中，蛋白质的必需氨基酸、限制性氨基酸、色氨酸含量，以及代表蛋白质质量指标的色氨酸和羟脯氨酸比例；脂肪中必需脂肪酸、不饱和脂肪酸含量，特别是亚油酸、亚麻酸、花生四烯酸含量；以及维生素、矿物质的含量和比例。这些营养成分不仅决定肉品质量，而且通过分子生物学研究也可说明不同肉品所具有的独特生物学特性。如何通过营养调控来改善肉品质是目前营养学者研究的一大热点。

三、肉类科学研究进展

肉类科学研究大致趋势：一是深入进行有关肌肉和脂肪的化学和生物化学特性的研究；二是将现代物理、化学、生物学、和生物工程等学科的新技术应用于肉质的评定、分析、检测及肉质改善相关的基因定位的研究，尤其是蛋白质组学研究取得进展，对肌肉蛋白质组进行分析，可以提供海量信息，展示参与决定肉质各种生理机制过程中的蛋白质的结构和功能。

（一）肉质改善方面研究

1. 抗氧化 防止牛肉过快氧化有重要的现实意义；可防止脂类氧化产生不良气味；可防止对人类健康有益的不饱和脂肪酸被氧化；可维持肉色鲜红喜人。维生素 E 有良好的抗氧化性能。此外，糖萜素、牛至油、维生素 C、谷胱甘肽、肌肽都是具有应用潜力的良好的抗氧化剂。今后，维生素 E 与其他抗氧化剂的复配协同效果需要进一步研究

2. 改善肌肉嫩度 这方面关键在于调节钙蛋白酶Ⅰ和钙蛋白酶Ⅱ活性。有试验结果显示注射钙能有效提高肌肉嫩度，但操作不方便。虽然现有的试验效果不明显，但在提高肌肉嫩度方面维生素 D_3 依然是一种最值得期待的物质。今后宜重点研究维生素 D_3 和日粮钙水平对肌肉嫩度的影响，以及适宜的添加时间。

3. 增加肌内脂肪 饲喂低蛋白质低氨基酸日粮对提高肌内脂肪含量有益，但由于添加时间过长，势必损害生长性能，因此探讨适宜的蛋白质和氨基酸水平以及实施时间十分必要。

4. 抑制肌肉糖原酵解 肌肉糖原酵解的程度跟宰后 pH 密切相关。乳酸积累过多，肉质下降。已经有研究结果表明含高脂肪、低可消化碳水化合物日粮可降低糖原贮存量并抑制糖原酵解，但其机理研究还处于刚刚起步阶段。部分研究结果表明宰前短期添加镁即能有效抑制糖原酵解，但各个研究结果变异大，今后宜重点研究不同化合物形式的镁生物效价以及镁和其他金属元素的相。

5. 击晕方式 各种击晕方式都会造成动物的神经系统兴奋，致使宰前猪只发生应激，使体内部分物质释放入血，引起猪肉品质发生改变。通过比较认为，CO_2 击晕与不击晕、电击晕相比，被宰动物应激小，能最大程度减少营养改变和流失，所以，生产中采用 CO_2 击晕被宰动物较好。

（二）影响肉质基因研究

基因组学研究肉质，重在肉质改善相关基因定位。通过研究得知，猪氟烷基因和 RN－基因是影响肉品质的主效基因，氟烷基因的表达调控导致了 PSE 肉的产生，RN－基

因则主要使肌肉 pH 下降，从而产生酸肉。除此之外，影响肉品质的候选基因还有脂肪酸结合蛋白（FAHP），主要调控肌内脂肪（IMF）的表达，IMF 是影响肉食用品质的因素之一，决定肉的质地的肌纤维类型及其含量受到了钙蛋白酶抑制蛋白 CAST）和 MyoD 基因的调控，肉的嫩度则与钙蛋白酶基因的表达有关。

（三）蛋白质组学在肉类研究应用

蛋白质组学是以蛋白质组为研究对象，分析细胞内动态变化的蛋白质组成成分、表达水平与修饰状态，了解蛋白质之间的相互作用与联系，在整体水平上研究蛋白质的组成与调控的活动规律的一门新兴学科。

与基因组学相比，因蛋白质有其自身特定的活动规律，通常都无法直接从基因组的信息中反映出来。这是因为基因组是均一的，在同一生物个体的不同细胞中基本相同，而且它是静态的，比较稳定而不易改变。蛋白质组则具有多样性，同一生物个体的不同细胞中所含蛋白质的种类和数量都不相同，并且它是动态的，且不断地改变着，即使是同一种细胞，在不同时期或在不同环境条件下，其蛋白质组分也在不断地发生着变化。更重要的是，虽然可以从基因组学 mRNA 水平上了解基因表达状况，但是这在一定程度上仍然不能全面代表蛋白表达水平。从基因中得到的蛋白质的信息是不完整的，比如在基因组水平上无法获知蛋白质的结构形成、修饰加工、转运定位、蛋白质与蛋白质相互作用等活动。因此，若要精确地研究基因的功能解释复杂的生命现象，就必然要在整体、动态、网络的水平上对蛋白质进行研究，即进行蛋白质组学的研究。

目前，支撑蛋白质组学的技术有三大关键技术，分别是蛋白质分离技术、蛋白质鉴定技术和生物信息学，其中蛋白质分离技术主要是二维凝胶电泳（2－DE），蛋白质鉴定技术主要是质谱鉴定。

由于肌肉中蛋白质的变化会引起肉品质的改变，所以蛋白质组学在肉品质研究中获得了应用并已经取得了一定的成果，特别是质谱法与双向凝胶电泳技术联合应用是肉品蛋白质研究的重大突破。对牛肉、猪肉和鸡肉在品质形成过程中蛋白质组的变化研究，阐述了肌肉到食用肉的转变过程中发生的分子变化，及其宰前因素和宰后加工对肉品品质（如嫩度、肉色、脂肪沉积、PSE 肉、持水性等）的影响及其机理。目前研究具体可归纳四个方面：

①肉品质形成机理研究，表明肌钙蛋白 T 亚型似乎影响了肌肉生长抑制素基因的突变。

②运用蛋白质组学技术对肌肉蛋白片段进行分析，在动物宰后初期，肌肉 pH 迅速下降，结合一定温度致使肉中的部分蛋白质发生改变，从而导致了 PSE 肉的形成。

③研究宰后肌肉组织中钙蛋白酶，发现引起肌动蛋白和肌球蛋白重链的降解，进而影响猪肉的嫩度。

④用蛋白质组学和生物信息学方法研究了鲁西黄牛的半腱肌，宰后储藏（0，5，10 和 15 天）中肉色及肌浆蛋白的变化，结果发现肌浆蛋白复杂的变化会引起储藏期间肉色的改变。

（四）蛋白质组学在肉质研究中展望

虽然蛋白质组学技术已经在肉类工业各个方面得到应用，为理解肉品品质的形成提供了一定基础。但是目前蛋白质组学对宰后新陈代谢和肉品质形成机制进行研究，能够预测肉品品质的蛋白质标记物多种多样，仍没有出现一个能够预测肉品品质的标记蛋白质，因此，需要进一步实验来建立影响肉品品质的完整的代谢途径，进行验证和明确。

因蛋白质组学受基因调控，是蛋白质表达的根源。我们蛋白质组学在肉质研究中还要结合基因组学手段，探寻蛋白质组表达差异的原因，评价宰前宰后各因素对肉品品质的影响，并确定影响肉品品质的基因标记。蛋白质组学和基因组学结合，共同预测和控制肉品品质。

我们相信，在不久的将来运用蛋白质组学技术对肌肉和骨骼的生长情况进行深入研究，会帮助我们更好地理解肌肉生长和肉品质性状之间是如何相互联系的。随着消费者对健康、安全肉类制品的需求日益强烈，未来在提高驴肉肉品质研究和从驴肉肉品中获得新的生物活性分子将会是蛋白质组学应用的另一个重要领域，这将也是驴肉肉质研究所追求的“价值再造”目标。

第八章 CHAPTER8 驴的乳用

乳汁是哺乳动物出生后至断奶期间最基本的天然营养物质，它对这一阶段幼小动物各种组织和不同器官生长和发育都是不可或缺的。由于乳汁有营养全面和易于被机体吸收的特点，因而它也是病人和老人良好的食品。

其实，在自然选择情况下，哺乳动物母乳的分泌量，只是仅够哺乳其幼小后代，并没有多余。但是，随着人类社会的进步，家养动物的兴起，将大量生产动物性食品——肉、奶、蛋作为主要目标，已经成为畜牧业重要任务。经过若干世代长期选育，人们最终育成了奶牛和奶羊这些泌乳力大的家畜奶用品种和类型。社会在不断变革，科学在不断进步。20世纪下半叶至今，快速发展的农业机械化全面替代了畜力，速度较慢的耕牛首当其冲，于是人们加大了牛业全面向肉、奶方向转化力度，充分运用现代遗传育种和繁殖技术，使牛的泌乳潜力得到更大发挥，现在育成的专门化荷斯坦奶牛，一个泌乳期产奶量超过10 000kg，已很常见。

目前，马和驴的产品生产也提到议事日程，产品养马（主要生产马肉和马奶）在世界已经成为新的业态，而驴业由传统役用向现代皮、肉、奶多用途转化也在积极推进，意大利和南美一些地区有利用驴肉和驴奶的习惯，但产业不大，多未形成规模。我国一些地区驴的皮用、肉用历史久远，现在又开发出阿胶新品种和不少美味佳肴。而近10年来，我国科技工作者也在积极探索驴奶开发，一些地区已经开始食用驴奶，但是由于本国驴种原为役用，如不讲科学地强行挤奶，必然影响幼驹发育和产业发展。虽然目前围绕驴奶业发展进行了不少应用基础研究，但是一些相关研究报道以及研究方法上的不足，结论可靠程度受到某些质疑，因此，从整个产业来看，驴的乳用选育和如何进行乳用生产，仍是缺乏科学系统地研究和整体地规划利用，这在一定程度上影响了驴业的转型和发展。为了系统、规范地进行驴的奶用研究和产业生产，现将相关的基本知识和技能梳理如下。

第一节　母驴乳房结构和泌乳特点

一、有关泌乳的基础知识

（一）哺乳动物乳房结构的共同特点

哺乳动物乳房结构有一些共同特点。乳房最外面一层是比较柔软的皮肤，皮肤下方是一层浅筋膜，深部还有深筋膜，内含弹性纤维，在两侧乳腺中间形成乳房间隔，将乳房分成左右两半。深筋膜下方即为乳腺本体部的富有弹性的被膜，内含脂肪和弹性纤维。这种被膜内还有平滑肌纤维，与血管、神经一起深入乳腺的实质，将它分割成许多叶和小叶。小叶间结缔组织包绕着乳腺的分泌组织。以上的各部分总体就构成了乳腺间质部分。

乳房的腺泡是生成乳汁的主要部位，腺泡周围有极薄的结缔组织，内含丰富的毛细血管、神经和巨噬细胞、淋巴细胞、浆细胞等细胞成分（见图 8-1）。

乳房导管部是自小叶内导管开始，先汇合成中等大小乳导管，再汇集成大型乳导管，最后通至乳池和乳头管。小叶间导管上皮为单层立方上皮，在乳腺分泌旺盛时也有分泌机能。乳腺泡、乳导管和乳池的全部腔室构成了乳汁容纳系统。

乳汁生成和乳房血液供应密切相关，各种家畜乳房血液来源有差异。母驴乳房血液供应主要是通过阴部外动脉和会阴动脉，乳房静脉为阴部外静脉和腹皮下浅静脉。

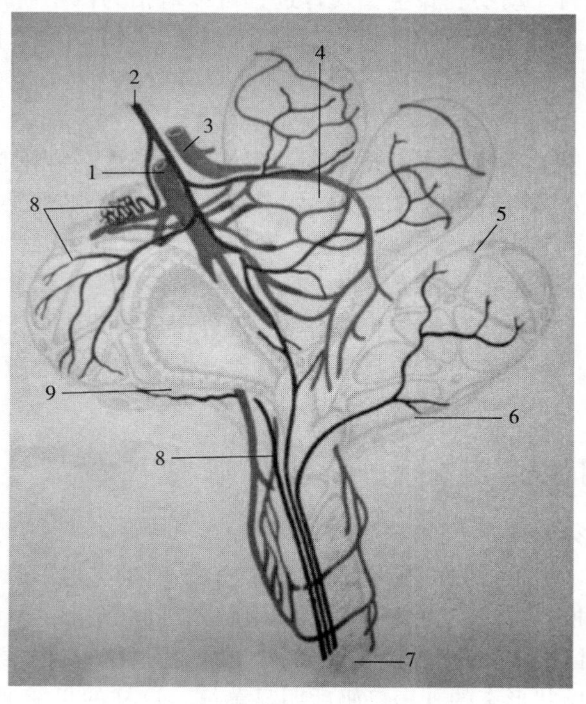

图 8-1　乳腺泡结构的模式图

1. 静脉　2. 神经　3. 动脉　4. 细胞血管　5. 肌上皮　6. 玻璃样缘　7. 乳导管　8. 神经纤维　9. 腺上皮

（来源：《泌乳生理学和生物化学》）

（二）泌乳生理

家畜乳房位置和构造不尽相同。猪、猫和狗等的乳腺并排于腹壁白线两侧，猪的乳腺一般有乳头 10～14 个，有的个体甚至达 18 个，每个乳头有 2～3 个乳头管。狗有 8～10 个乳头，各有 6～12 个乳头管。而大型家畜，如驴、马和反刍动物，独立的乳腺数目减少并集中起来，位于骨盆下的腹股沟部。驴和马的乳房分左右两个半部，每半部都有一个乳头，每个乳头一般有两个乳头管和两个容积不大的乳池。牛乳房也为左右两半，但每半部又分为前后两部分，共有四个乳头，每一乳头都有一个乳头管和容积极大的乳池（见图 8－2）。

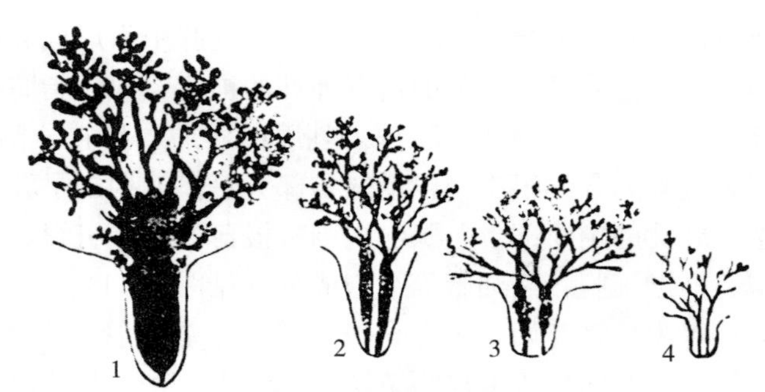

图 8－2　构成乳腺导管的模式图

1. 牛　2. 驴　3. 猪　4. 大白鼠

（来源：《泌乳生理学和生物化学》）

1. 乳腺的生长发育　动物乳腺生长发育过程可以概括为四个阶段：未成年动物的乳腺仅有简单导管，由乳头向周围辐射；已成年而未妊娠动物的乳腺，因发情周期内雌激素的刺激，乳导管系统逐渐繁复扩大；妊娠后乳腺、乳导管扩大更加繁复，且在管的末端形成腺泡；泌乳时腺泡可以分泌乳汁。

2. 乳腺的泌乳　哺乳动物到了妊娠后期，腺泡逐渐长大，腺泡内出现了空间，日益膨大，并且开始积聚分泌物，乳房的体积显著增长。乳腺的分泌机能必须到分娩以后，才能充分表现。一旦开始泌乳，活动的乳腺就一直维持着泌乳的机能，这时充分发育的乳腺就由相对静止状态，转入具有分泌活动的状态和持续维持分泌活动的状态。这两种状态都受神经内分泌的调节。泌乳的发动在于垂体前叶激素和孕酮的共同作用，泌乳的维持则与垂体前叶的促生乳素、生长素和促肾上腺皮质激素、促甲状腺素等激素有着重要关系（见图 8－3）。

二、驴的乳用性能

（一）驴的乳房形态

母驴的乳房不大，由独特的左右两部分组成。在所有的乳房形态中，碗状乳房出现较多，是理想的形态。根据中线、侧线和宽度的比例，它同椭圆形、悬垂乳房——“山羊乳房”等不良形态是有区别的。一般碗状乳房配置更宽，且乳头更粗大，这给机器挤奶带来了一定的方便。具有碗状形态的乳房挤奶后明显萎缩，这样的母驴通常具有较高的奶量。良好母驴的乳房，腺体发达，内部无硬结，皮薄毛细，弹性良好；乳静脉弯曲明显，左右两个乳房对称，各有一个乳头，每一乳房的前区和后区发育一致，有一定的容积。乳头为

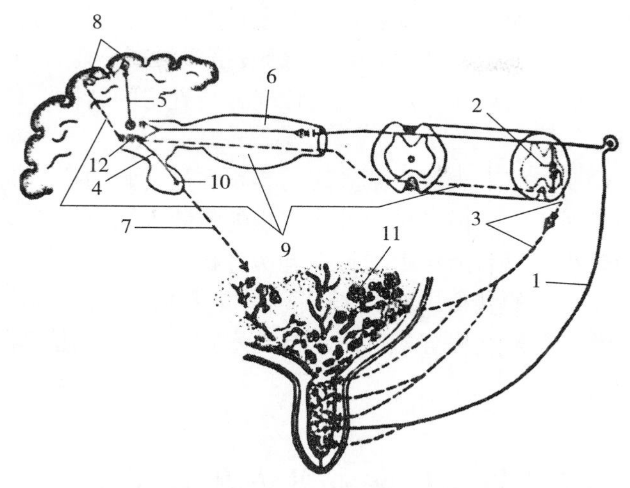

图 8-3 排乳反射性调节的图解

1. 传入神经 2. 走向脊髓神经的侧枝 3. 走向乳腺平滑肌的传出神经 4. 视上核垂体径 5. 自丘脑下部走向大脑皮层的路径 6. 走向间脑的路径 7. 体液作用（催产素） 8. 大脑皮层的中枢 9. 自皮层到脊髓的下行径 10. 垂体后叶 11. 肌上皮细胞 12. 视上核

（来源：《泌乳生理学和生物化学》）

截面圆形的上大下稍小倒圆锥形，大小适中并有一定的间距（见图 8-4）。目前，对母驴乳房研究还不够。

（二）母驴乳房结构和泌乳

母驴左右两半乳房中间有结缔组织的间壁，不仅将乳房分割，同时成为悬韧带，起着支持和联系的作用。在乳房间壁，除结缔组织外，还有神经和血管相连，但两边乳房的乳通路和腺体组织都互不相通，各自都有两个乳区、独立的腺体、乳导管系统和乳池、乳头孔。因此母驴的乳头上有两个由乳房前区和乳房后区分别相连的乳头孔。大多数前区比后区发育的好。偶尔可遇三个乳区，一个乳头有三个乳头孔，而这样的乳房都发育较差，挤奶困难。

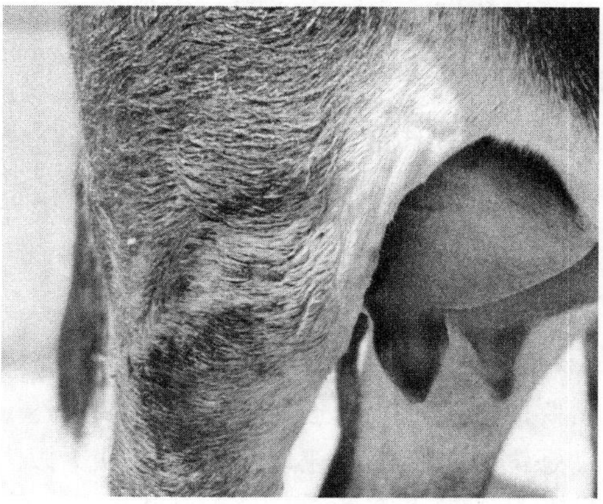

图 8-4 驴的乳房和乳头

（来源：李海静 提供）

母驴乳房的乳池容积很小，乳通路的总容积是乳池容积的 9～10 倍。母驴乳房容积不大，母驴乳房生成的奶很快充满了大的乳通路，而后是小的乳导管和腺泡。在这里形成了额外的压力，从而阻碍了乳汁的继续生成。这一乳房构造的特点，要求母驴要经常挤奶。

乳房腺泡占总乳量 70%～85%，乳通路占总乳量 15%～30%。母驴泌乳分两个阶段，由停止来区分。开始挤奶（或幼驹吮吸），母驴首先将乳池里的一部分奶放完，泌乳停止，乳头变空。为了激活乳通路周围的平滑肌，乳汁停止分泌若干秒。当乳通路周围平滑肌开始收缩，乳汁几乎同时进入所有的乳导管，立即大量地充满乳房，乳汁分泌强烈，这时一定要快速挤奶，一次挤完不得超过 1.5min，若延缓挤奶，就会阻滞乳池放奶，平滑肌也就停止了收缩，大部分奶则会剩在乳房里。这种现象与乳房的结构密切相关。

（三）乳房的容积

在相同条件下，母驴的泌乳力取决于乳房的容积和最适宜的挤奶次数。母驴与其他大家畜相比，乳房容积相对不大，但是母驴乳房容积随年龄不同也有所变化。头胎母驴，第一次泌乳乳房的容积较小。以后随年龄增长，乳房容积也在不断增大，6～10 岁壮年的母驴达到最大容积，成年母驴的乳房一般到 15～16 岁老年时容积逐渐减少。乳房容积和泌乳力之间存在着相关性，母驴乳房容积可用泌乳乳房重量与干奶乳房重量进行对比，这些基础研究仍然比较缺乏。

第二节　母驴泌乳力和乳用生产

目前，国内外系统规范测定母驴泌乳力相关报道尚未见到。国内只有多份关于喀什关中驴杂交种和 4 家养驴专业户 77 头母驴等的挤奶量的不全面地报道；国外也只有报道关于母驴挤奶量而没有关于泌乳力的报道。所见这些文献因缺乏具体的驴种、年龄、泌乳月份，挤奶隔离时间的资料和具体推算方法，很难通过这些数据较为准确地得知不同品种、不同杂交代数、不同年龄、不同泌乳月份的母驴的泌乳力，进而应用于母驴个体间和品种间比较。

由于母驴泌乳力低，而研究驴的泌乳力是研究驴的乳用生产必要性和可行性基础之一，所以我们首先应当学习确定母驴泌乳力的方法以及相关概念，进一步分析影响母驴泌乳力的因素和了解国内驴奶生产状况，给驴的乳用生产，提供一些科学思路。

一、母驴泌乳力

首先区分两个概念，一是泌乳力，是指母驴分泌乳汁能力；二是挤奶量，是指泌乳母驴挤出的商品奶量。

（一）与母驴泌乳力有关的概念

1. 泌乳期　除因品种、年龄等因素外，母驴的泌乳期还随着饲养管理的条件和利用的需要而发生变化。通常母驴泌乳期可达 6 个月（180 天），而舍饲母驴如需要常年生产，在良好饲养条件下，泌乳期可在 200 天以上。同一母驴不同年份的泌乳期也会不同，这与泌乳期是否延长有关。

2. 泌乳力　一般以母驴 6 个泌乳月的泌乳力来确定，不同的品种间和品种内的不同个体泌乳力差异很大。大型驴种比小型驴种绝对泌乳力高。每一驴种内不同个体的泌乳力都有很大的变动范围，这对评定个体的变异性，指导选种工作提供了很大的可能性。

3. 泌乳曲线　分为泌乳期泌乳曲线和终生泌乳曲线。泌乳期泌乳曲线一般在 2～3 个泌乳月（50～80 天）达到泌乳高峰，如能平缓下降，则为理想泌乳曲线。规范 6 个泌乳月作为一个泌乳期，进行对比。

终生泌乳曲线是以每年 6 个泌乳月的泌乳量绘制，6～12 岁时母驴泌乳力最高。

4. 泌乳力指数　是一种相对泌乳能力的表示，即每 100kg 体重的平均泌乳量。泌乳力指数愈高，表明它的饲料报酬越高。对舍饲或半放牧半舍饲管理的驴，还表现在所负担饲养费用的多少和管理驴的数量上。这些工作应当在驴种测定了泌乳力后即刻进行。

5. 标准乳 不同驴种和个体乳中脂肪含量有所差异，尤其是品种间差异明显，为了便于比较驴种和个体驴奶数量和质量以及对泌乳母驴规定营养标准，从而提出了标准乳的概念。牛的标准乳是以乳中脂肪含量4.0%为准进行折算，马是以乳中脂肪含量1.5%为准进行折算。驴是马属动物，根据大量测值并以马的标准奶类比推算，我们提出驴标准乳脂肪含量可拟为0.8%（参考值），暂时以此为准进行折算，进而规定营养水平和评定母驴。

NRC中，不论200kg还是400kg体重的泌乳母马，每增加1kg奶均增加3.76（MJ）消化能，可作为驴的参考。

又如，驴奶平均的总蛋白（1.9%）、脂肪（1.4%）和糖（6.2%），计算其净能为1.92MJ，将驴奶的净能折算为消化能则为4.37MJ。即则每增加1kg驴奶需要消化能大约是4.18MJ左右。

有专家建议，鉴于驴奶功能性与驴奶蛋白质含量，尤其与白蛋白含量密切相关，那么驴奶的优劣也可以用所产乳中总蛋白的含量来衡量，即乳量与乳中蛋白质比率之积来表示。

（二）确定泌乳力的方法

母驴泌乳力确定方法的理论基础是母驴没有（较小）乳池，而昼夜频繁均衡泌乳，那么我们就可以用部分挤奶量来求得整体的泌乳力。

泌乳月，不是日历月份。是以出生之日算起，30天为1个泌乳月，180天为6个泌乳月，可计为年度泌乳力。

第1个泌乳月的泌乳力根据幼驹增重推算。因为母驴一般应当在产后20天才挤奶，另因幼驹这时主要食物为母驴奶，生后1个月幼驹每增重1kg大体需10kg驴奶（借用马驹算法）。如幼驹出生时30kg，在1月龄时增重到45kg，那么第1个泌乳月的泌乳力则为10×（45－30）＝150（kg），再加上后10天的商品奶量。

第2～6个泌乳月泌乳力，可用监测性的挤奶测定。每一泌乳月的月中和月末相邻的两昼夜进行。其原理是母驴一昼夜形成奶的能力是均等的，这样就能用昼夜的部分奶量，如6～8h或12h，折算昼夜的泌乳力。测定挤奶时应2～3h挤一次，如母驴需幼驹吮吸才下奶，该次挤奶量应估加幼驹吮吸量。每次挤奶也可仅挤一个乳房，所挤的量乘以2则为两个乳房的量。第2～6泌乳月每昼夜挤奶量可用以下公式计算：

$$y_c = y_T \times 24 / T$$

其中，y_c——昼夜泌乳力（kg）；

y_T——实际挤奶量（kg）；

T——母驴挤奶间隔时间；

24——昼夜小时数。

一个泌乳月4天监测的平均昼夜泌乳力乘以30，则为该泌乳月的泌乳力。

驴的6个泌乳月的泌乳力相加则为该驴年度的泌乳力。

（三）泌乳期泌乳力水平变化

一般母驴在第2～3个泌乳月达到泌乳高峰，此后泌乳力逐渐下降。良好半放牧一半舍饲管理条件母驴，有的整个泌乳期泌乳力的水平下降缓慢，有的直至第6个泌乳月时，才下降10%～20%。

而按专门饲养标准饲养的舍饲挤奶母驴，到第6个泌乳月泌乳力也可以几乎在同一水平上，它的泌乳期可以延长至7个月以上。

二、影响母驴泌乳力的因素

（一）体质外貌

多选用地方良种或地方良种的低代杂种。理想母驴，要求体质结实，体格不过大，结构良好，体躯舒展，胸深而宽，尤其注意尻部选择，要求尻部宽长，腹部容量很大，繁殖性能好，泌乳力高，有大的碗状乳房和大的乳头，乳静脉弯曲明显。这些母驴具有鲜明的消化类型体格，能利用大量的粗饲料，饲料报酬很高。这种完全标准的体质外貌是我们选育乳用母驴的目标，虽然目前难于寻觅，但是经过若干世代选择是能够逐步达到要求的。

（二）品种

母驴挤奶一般从产后20～40天开始，由于品种不同，经过长期选育早熟的大型地方良种绝对泌乳力高，而中小型地方品种则相对泌乳力和饲料报酬高。

国外报道，驴的泌乳期一般为180天，整个泌乳期内商品奶量约为300～350kg。意大利西西里岛地区的驴产乳量较高，在295±12天泌乳期内，平均商品奶量达490±36kg。

（三）年龄

一般母驴泌乳力最高年龄阶段为6～12岁，有的可能到14岁，15岁以后泌乳力逐渐降低。因品种和饲养条件不一，有的也不完全一致。

（四）饲养条件

母驴摄入氮的增加对泌乳力有良好的影响。丰富全价的营养可增加泌乳量，延长泌乳期，但要防止泌乳高峰下降过快的现象。一般全舍饲比半舍饲半放牧母驴泌乳力高，如若舍饲为不全价的干草型，改为良好牧地半放牧管理，因青绿饲料的牧草采食量大和蛋白质、灰分含量较高，又增加了运动，这将导致驴乳相应成分含量增高，泌乳力也得到明显提高。

（五）系统选择

同一品种个体间泌乳力有差异，采用综合评定，系统选择体质外貌良好、有挤奶习惯、泌乳力高的母驴，建立品族或品系，可使群体的泌乳能力提高。据了解，玉昆仑公司多年选育有隔离6h，挤奶量为1.5kg的母驴，每天泌乳力可达6kg。

母驴个体间比较，如若随年龄增加，高的年度泌乳力到来得早，维持年度时间长，泌乳力下降得慢，则母驴终生泌乳力高。

（六）产驹季节

研究发现，驴的产驹季节显著影响泌乳指标，在春季（3月、4月）产驹的母驴在第二泌乳月时乳产量达最高（每次挤乳量达913g），而在秋季（9月、10月）产驹的母驴在第三泌乳月时乳产量达最高（每次挤乳量为833g）。还有研究证实产驹季节影响乳产量及泌乳天数；在春季产驹时，驴乳的数量和质量都最好。在泌乳期间，驴乳中脂肪和蛋白含量减少，而乳糖含量增加。

（七）挤奶技术

人工挤奶，按摩乳房，技术高者挤奶量高；机器挤奶比手工挤奶最高可提高奶量10%以上。要注意把奶挤净，最后的奶脂肪含量高。可机器挤奶后，及时手工补充挤奶。

（八）挤奶次数

母驴乳腺活动频繁，泌乳时间均衡，乳池很小，乳汁不断地生成和排出。据东阿黑驴研究院测定（2017），幼驹平均每天吃奶为50次左右，每次吮吸时间在52s～85s之间，平均为1min左右，因之母驴和幼驹隔离后不超过3h即应挤奶一次。挤奶次数过少会严重影响泌乳量，间隔超过8h，乳房由于淤积奶过多造成泌乳停滞。过度频繁挤奶也会影响乳房健康。

（九）适度运动

虽然缺乏对比试验，但从马适度运动可提高奶量3%～4%，增加奶中维生素A含量5%～10%来看，适度运动对提高舍饲母驴挤奶量也很重要。

（十）泌乳力与体尺、体重和一些生理指标相关

泌乳力正相关有体重、尻宽、胸宽、胸深、胸围指数、体宽指数；负相关的有肢长指数等。这些相关对乳用母驴选择都有一定的参考价值。生理指标与泌乳力呈相关关系的有血液容积、血红蛋白含量、心脏收缩体积、组织里1min需氧量等。

三、国内目前驴奶生产方式

我国在一些地方已经开始生产驴奶，目前鲜奶除直接饮用外，为防止酸败，多做成冻干粉或奶粉供应市场。其生产形式有下列几种。

（一）挤奶专业户

专门饲养产奶母驴进行挤奶。他们在市场购入刚产驹母驴，当母驴接近干奶时再卖出，又补充购入新的刚产驹母驴入群挤奶。挤奶多在4～9月份进行，幼驹白天隔离，晚上随母驴哺乳。一天挤3～4次，每次间隔3h，粗放的饲养管理情况下，180天平均每头母驴生产商品奶可达300kg左右。鲜奶直接被收购至乳品加工厂。挤奶专业户饲养产奶母驴不多，生产多用手工操作。

（二）挤奶合作社

在养驴较为集中的地区，养驴户成立了挤奶合作社，采取平日各户分散饲养，产驹季节母驴集中挤奶方式。有的挤奶合作社还采用了奶羊挤奶器给母驴挤奶，挤下的驴奶也多被乳品加工厂收购。

（三）乳品加工厂和母驴繁殖场一体

即乳品加工厂自办母驴繁殖场。这样生产有了一定规模，畜牧技术措施能够得到贯彻，减少了驴奶收购、运输环节，不仅乳品质量得到了保证，而且乳品卫生也有很大改善。

四、目前驴奶生产存在的主要问题

（一）驴的泌乳力低

一般驴种从未向专门乳用方向选择，受物种先天影响，母驴乳房小，泌乳力低。经对不同驴种推算一般泌乳力为2.0～4.0 kg/（头・天），仅够驴驹自用。若要对驴这样低泌

乳力家畜乳用，从理论到技术既需要科学论证，又需要措施保障。

（二）缺乏哺乳幼驹培育方案

目前，驴奶的生产多为掠夺式生产，只顾挤奶，忽视幼驹培育。母驴的驴驹没有培育方案，又缺乏科学补饲，幼驹的生长发育就会受到严重影响。

（三）缺乏挤奶母驴专门饲养标准

驴的营养需要和饲养标准研究整体缺乏。哺乳母驴的营养需要研究不足，不同体重不同泌乳能力的挤奶母驴营养需要研究更是不足。由于缺乏科学饲养，母驴泌乳潜力也难于充分发挥。

（四）缺乏驴的乳用选择标准和繁育体系

在上述影响母驴泌乳力因素中已经谈到乳用母驴外形选择要求，但是驴的乳用方向选择是一个系统工程，不仅要有驴的外形要求，而且需要优化选种选配技术，建立科学的繁育体系，才能使驴群泌乳力整体得到提高。这些都需要经过反复研究、探讨，才能够全面完整地建立起来。

五、今后驴的乳用生产一些思路

驴的乳用生产是否必要和可行，需要经过科学试验和系统测定，只有结论认为驴的乳用是有价值、有效益，对国民经济、人民健康和驴业发展有好处，才能进一步研究如何科学地进行驴奶生产，形成现代产业。这里仅在如若需要发展的前提下，对驴的乳用生产提出一些思路。

（一）建立驴的乳用方向选择标准和繁育体系

1. 高产母驴选择　除对挤奶母驴体质外貌有要求，在影响母驴泌乳力的有关因素章节中已经叙述而外，还应考虑到母驴的挤奶习惯、泌乳力指数、泌乳期和终生的泌乳曲线以及良好的繁殖能力等。

2. 群体泌乳力提高　要同一品种母驴组群，进行全价饲养和良好的管理；提倡本品种选育，依照乳用驴的要求进行选种选配；在系统选择高产母驴后裔时，不仅要注意昼夜泌乳力，还要注意泌乳期的持续时间、泌乳力指数的高低和幼驹生长发育；在驴奶场里，要由高产母驴为群体的核心，形成类群和品族；种公驴只能从高产母驴的后代里选留，根据女儿泌乳力对种公驴进行评定；母驴挤奶调教应在青年驴时就进行。

同时，也可推广适应性强的优良驴种与当地驴种低代杂种乳用。这属于杂交利用，应在本品种选育的育种群外进行。

3. 肉、乳用驴品质评定和育种记录　驴种的育种核心群进行品质鉴定，选择种公驴和母驴时，除按品种鉴定标准进行鉴定，还应当加上按专门生产方向的要求进行品质评定。如驴的肉用和乳用品质评定都有自己的要求。

肉、乳用驴的品质评定　一般分特级、一级、二级三个等级。从血统来源、体尺体重、体质外貌、泌乳能力、适应性、后裔品质六个方面进行综合评定。驴一般的综合评定方法在驴的繁育章节已经讲过，这里仅对泌乳力等级评定方法进行补充介绍。

母驴泌乳力对肉用和乳用驴业都很重要。一般通过挤奶量估算母驴泌乳力，并作为选种的重要指标。

第一步，依照昼夜平均泌乳量拟订求泌乳期泌乳力对照表。这需要从同一驴种群体大量挤奶记录中进行汇总计算，将总体泌乳期的泌乳力依照总体平均数和标准差，合理划分十个等级，再求得不同等级对应的各个泌乳月昼夜平均泌乳量，最终形成根据不同泌乳月昼夜泌乳量可以估算出泌乳期泌乳力的表。现仿照乳用马做母驴模式表，待资料齐全再修订。

表 8-1 按昼夜平均泌乳量求泌乳期泌乳力对照模式表

泌乳期泌乳力/kg	各泌乳月昼夜平均泌乳量/kg					
	1	2	3	4	5	6
900	5.3	6.0	5.4	4.9	4.4	4.0
850	5.0	5.7	5.1	4.6	4.1	3.8
800	4.7	5.3	4.8	4.3	3.9	3.6
750	4.5	5.0	4.6	4.0	3.6	3.3
700	4.2	4.7	4.3	3.7	3.4	3.0
650	4.1	4.5	4.0	3.5	3.0	2.6
600	3.9	4.3	3.8	3.3	2.7	2.0
550	3.6	4.0	3.6	3.0	2.3	1.8
500	3.4	3.7	3.3	2.7	2.1	1.5
400	2.9	3.2	2.7	2.2	1.6	0.8
350	2.6	2.9	2.4	1.8	1.3	0.7
300	2.3	2.6	2.1	1.5	1.0	0.5

第二步，根据泌乳期的泌乳力评定母驴等级。不同驴种泌乳期的泌乳力评定母驴等级不同。组群初期可根据群体泌乳期泌乳力平均数定为 8 分或 7 分，再依照泌乳力平均数加或减两个标准差，形成泌乳力范围，把范围均等划分形成 10、9、8、7、6、5、4 七个等级，最后列成表格便于查找。随着育种进展，指标也做相应调整。下面是仿照乳用马做的母驴泌乳期的泌乳力评定母驴等级模式表（表 8-2）。

表 8-2 根据泌乳力评定母驴等级模式表

成年母驴/kg	5 岁母驴/kg	4 岁母驴/kg	分数
700 和 700 以上	600 和 600 以上	550 和 550 以上	10
650～699	550～599	480～549	9
600～649	500～549	440～479	8
550～599	450～499	400～439	7
500～549	400～449	350～399	6
450～499	350～399	300～349	5
400～449	300～349	250～299	4

第三步，依照下表评定驴的等级（见表 8 - 3）。

表 8 - 3　肉、奶用驴综合评价表

指　标	等　级					
	特级		一级		二级	
	公	母	公	母	公	母
血统和类型	9	8	7	6	5	4
体尺和体重	9	8	7	6	5	4
外貌	9	8	7	6	5	4
泌乳能力	—	8	—	6	—	4
适应性	8	8	6	6	4	4
后裔品质	8	8	6	6	4	4

综合评定指标 除血统来源和类型表现、体尺体重、体质外貌、泌乳力、适应性、后裔品质六项外，如进一步要求泌乳力指数也可以考虑作为一个参考指标。

这里特别指出，采用该表评定肉用驴时，注意要有优良的血统，结实的体质，良好的适应性，发达的肌肉，适度的骨量。其中体重最为重要，体尺和体重都被看作是育种工作的重要方面。

驴的综合评定，无论母驴和公驴一般都在 2.5 岁的秋天进行，因为这一年龄的驴有了充分的生长力和良好的适应性。2.5 岁幼驹评定的结果决定了这些驴的用途变化，或种用，或肉用、乳用，或役用。以后在 3.5～4.5 岁，及 6 周岁以上还需进行两次等级鉴定。

育种核心群的母驴和公驴及 2.5 岁留种用的幼驹，在鉴定时要填写专用的品质评定表格（见本节后）。

（二）生产方式

驴奶作为鲜奶直接饮用，因乳糖含量高，久置易酸败，对保存时间和温度有一定要求。如加工制作成奶粉或冻干粉，则可长期保存，均衡利用。驴奶生产类型可以有下列几种。

1. 季节性生产　目前多为农区散养户，当然也可在肉用驴繁殖群或种用驴场，从大群中选出体型偏重，产奶多的母驴，在繁殖季节生产驴奶。1 天挤 4～5 次，每次间隔 2～3h，幼驹白天隔离，晚上随母驴哺乳。生产多用手工操作，原料奶多被乳品加工厂收购，进行加工销售。有条件的半放牧的季节驴奶场，除建立人畜用房舍外，还应当有驴奶处理车间和带棚圈的补饲基地，使用可移式围栏、挤奶器等设施和设备。如挤奶母驴达到一定生产规模，为了提高劳动生产率，也可在相距不远的季节驴奶场，建立共用的机械化挤奶车间。

母驴因白天挤奶，影响采食，应注意给母驴补饲。挤奶母驴的幼驹，白天要单独组群，加强补饲，定期称重。瘦弱或生长发育达不到要求的幼驹，应减少其母驴挤奶次数，甚至停止挤奶。如每天挤下昼夜奶量的1/3，留2/3给幼驹吃，加上补饲，一般不会明显影响幼驹发育。

2. 常年性生产 常年性驴奶场经营集中、专业化强，繁重的工作实现了机械化，进行部门的经济核算，明显地提高了驴奶的生产，并为培育新的高产类型或品系、品族而进行的选种工作创造了条件。常年驴奶场，生产人员常年工作，畜群结构齐全，产驹母驴全年平均分配。除舍饲期间要有足够的饲料基地外，能有一定放牧地更加理想。它一般可以建在离城市，工业中心、疗养院和休养所不远的地方。

常年性驴奶场要全舍饲方式进行生产，精选地方品种和体重偏重母驴以及具有高度泌乳力的杂种母驴，以专门的日粮，科学地饲养和管理它们。

常年性驴奶场一般应为集约化生产，挤奶母驴规模较大，散放式管理，不系留。因幼驹培育管理到断奶后离开母驴，因此要有足够的厩舍，用可移式隔板在厩舍内以60～70m^{2}划为一个单元，分别饲养挤奶、哺乳、干奶不同的10头母驴，单元内有饲槽和自动饮水器。运动场上有凉棚，同样也设有饲槽和自动饮水器。有的地方，母驴常年饲养在运动场，仅冬季、怀孕后期及产驹后母驴才饲养在厩舍里。给料和清粪都采用机械化，挤奶在挤奶台集中挤奶。

（1）挤奶母驴的饲养管理 常年驴奶场，母驴挤奶时间很长，干奶时间不得迟于分娩前2～3个月。母驴在妊娠期获得丰富全价的饲料，营养储备良好，所产幼驹体重大、健康，而且这些母驴的泌乳力很高。

常年驴奶场对母驴和幼驹都应按饲养标准进行。怀孕母驴，在驴的饲养标准出台前，是否先依照怀孕母马标准70%～75%试行，需经实践认定。

NRC中，200kg体重母马，在非使役、非生长情况下，妊娠5～11个月，平均营养需要为6.7～8.6（Mcal）消化能，252～375g粗蛋白，8.0～14.4g钙，5.6～10.5g磷。400kg体重母马，在非使役、非生长情况下，妊娠5～11个月，平均营养需要为13.3～17.1（Mcal）消化能，504～714g粗蛋白，16.0～28.8g钙，11.2～21.0g磷。

建议依照体重和泌乳力水平来确定泌乳母驴营养标准。我们先计算出不同体重母驴，在非使役、非生长情况下平均营养需要。再根据不同体重每增加1kg奶均增加0.9（Mcal)消化能，算出适应泌乳母驴的，不同体重不同泌乳力泌乳母驴的营养需要模式表，待资料齐全再予以修订。

表8-4 不同泌乳力挤奶母驴每匹每昼夜的营养需要模式表

单位：Mcal

昼夜泌乳力/kg	体重/kg				
	100	150	200	250	300
1.0	4.25	5.94	7.60	9.26	10.95
1.5	4.70	6.39	8.05	9.71	11.40
2.0	5.15	6.84	8.50	10.16	11.85
2.5	5.60	7.29	8.95	10.61	12.30

（续）

昼夜泌乳力/kg	体重/kg				
	100	150	200	250	300
3.0	6.05	7.74	9.40	11.06	12.75
3.5	6.50	8.19	9.85	11.51	13.20
4.0	6.95	8.64	10.30	11.96	13.65
4.5	7.40	9.09	10.75	12.41	14.10
5.0	7.85	9.54	11.20	12.86	14.55
5.5	8.30	9.99	11.65	13.31	15.00
6.0	8.75	10.44	12.10	13.76	15.45

注：①挤奶母驴如采用上表估算泌乳营养需要，是否考虑驴的消化利用率比马高70%～75%，需经实践后确定。

②因该表为新旧资料对比，为避免单位换算造成误差，这里单位仍用“cal”，1cal=4.186 8J。

为正确合理地饲喂，母驴在每一泌乳月应固定在相连的两昼夜进行单独挤奶，将其昼夜奶量与全场平均昼夜奶量进行对比，以便按不同的奶量进行组群和调整母马的补饲标准。青、粗料可由公共饲槽供给，精料按不同的奶量群分别补给。

挤奶母驴的夏季日粮，青绿饲料占总营养价值的65%，可由良好禾本科—豆科牧地青草和由燕麦、大麦、麸皮、饼渣组成精料构成。冬季，牧地青草可用优质干草及多汁饲料替代。如此时泌乳结束，幼驹已断奶，可按妊娠母驴配给精料，如继续泌乳，可从9月份开始在饲养标准中增加6%～7.5%的营养物质。

（2）挤奶母驴幼驹的培育　驴奶场的重要任务是将母驴的挤奶和幼驹的培育相结合。为了使幼驹能够正常地生长发育，应当让幼驹在母驴处昼夜哺乳到一定日龄（20～40天），使幼驹体格强健，活重有大的增加。随着幼驹月龄的增加，它的营养从完全是奶，逐渐变成奶—植物性营养，此时母驴开始挤奶次数较少，以后逐渐增加。幼驹白天在母驴挤奶期间处在围栏中隔离，不拴系，自由采食和饮水。目前国内幼驹代乳品研究正在进行，沈阳一些个体用户使用反应良好。也有报道认为，容易获取良好的现成代乳品就是脱脂牛奶，按一定比例兑水加糖，能较好地把幼驹喂大。牛奶相对便宜，对幼驹加强补饲，最好一昼夜给一定量脱脂奶。我们强调补饲幼驹的精料（燕麦和大麦）采用粉碎或压扁的方式，麦麸、饼渣和其他蛋白质饲料注意给幼驹补充，青草、干草、维生素及矿物质添加剂和水都应使幼驹充分得到满足。准备饲养地方品种母驴挤奶的良种场，应当拟定自己的幼驹饲养方案。该方案要求：不同幼驹日龄（40天前断奶），每段结束期要获得平均体重、幼驹平均昼夜增重、对应的母驴挤奶昼夜持续时间、母驴平均昼夜挤奶量、母驴总泌乳力、幼驹日粮及精粗料量等。

常年性驴奶场，由于饲料费用、房屋折旧和其他开支，成本高于季节性驴奶场，因此要对母驴强化挤奶。往往在泌乳力的65%～75%成为商品奶的情况下，驴奶的生产才能有利。为保证幼驹正常的生长发育，强化增产的这部分奶要用全价的日粮补偿给幼驹。日粮中包括牛奶脱脂乳、精料、干草、青草、胡萝卜等。喂给幼驹专门的代乳品，可获得良好的效果，强化挤奶的母驴也应单独组群，保持高的营养水平。

苏联养马科学研究所给马驹推荐一种颗粒状配合饲料，代乳品成分为：燕麦60%、大麦10%、麦麸18%、饲用酵母5%、黑色蜜糖4.8%、骨粉1.5%和小麦麸同微量物质（包括维生素D_3、维生素B_{12}、维生素C和微量的碳酸钴和硫酸铜，即在1kg混合饲料中添加0.2mg维生素D_3、0.05mg维生素B_{12}、170mg维生素C、0.5mg碳酸钴和1mg硫酸铜）0.3%产后第1个月内给幼驹除喂颗粒饲料状代乳品外，还应增喂牛奶脱脂乳。上述颗粒配合饲料，1～2月龄幼驹每匹每天喂0.5kg，以后喂量逐步提高，产后5～6个月幼驹可喂到4～5kg。脱脂乳在第1个泌乳月，每天给幼驹喂5kg。在幼驹的饲槽中，应始终有青草、良好的干草和配合饲料代乳品。应用代乳品培育的幼驹，要密切注意幼驹的增重。

另一种给马驹颗粒饲料状代乳品成分为：燕麦40%，大麦15%，麦麸16%，向日葵油脂6%，脱脂奶粉14%，小麦粉0.3%，糖浆6.8%，骨粉1.5%，盐0.4%。

马、驴都是马属动物，马驹的这些代乳品配方，对挤奶母驴幼驹代乳品配制都有一定的参考价值。

（三）母驴的挤奶

母驴乳池小，乳房容积不大，但富有腺体组织。乳汁的分泌是在乳头乳池，乳导管和腺泡内充满乳汁后，一直持续到乳房内压过高才发生。对泌乳很重要的是将储积的奶适时地让幼驹吮吸或挤出，及时挤空母驴的乳房，能促进奶大量产生。

对母驴挤奶要注意其特点，母驴乳房容积有限，一般仅为几百毫升，每昼夜均衡泌乳，估计产奶约一般为2.0～4.0kg，因此母驴应每隔2～3h挤一次奶。这些特点决定了驴奶的生产工艺和劳动组织。

母驴每经2～3h挤一次奶，挤奶量最高的是第2～3泌乳月，以后母驴泌乳量减少，因而后期挤奶时间间隔可增加到3～3.5h，泌乳期将近结束时，间隔时间可达4～5h。

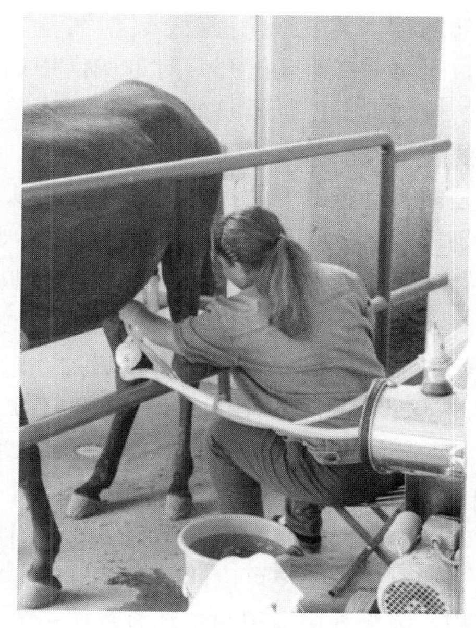

图8-5 驴的机器挤奶

（来源：李海静 提供）

母驴泌乳仅1min左右，分为两阶段，先释放到乳池然后再进入乳导管，这之间有若干秒间隔。产后20天，每昼夜挤1～2次，其他供幼驹吮吸，到产后40天，挤奶次数可达5～6次。

母驴挤奶分手工挤奶和机器挤奶（见图8-5，图8-6）：手工挤奶有滑榨法和压榨法；机械挤奶有两节拍和三节拍两种，三节拍的特点是母驴开始挤奶和结束挤奶时，除缩、张两节拍外，又增加了“休息”节拍（见图8-6）。给母驴挤奶是一个渐进的过程。逐渐增加幼驹和母驴隔离时间，起初驱赶母驴进入挤奶架，可一面给母驴补饲，一面用温水洗净乳房和乳头，然后再按摩乳房，用手工挤奶多次后渐渐过渡到机器挤奶。按摩乳房是一个重要的技术措施，不仅促进母驴的乳腺发育，刺激乳汁的分泌，而且也可提高奶量。合理的乳房按摩可提高奶量5%～10%。机器挤奶与手工挤奶相比不仅提高了驴奶质量和劳动生产率，也可增加奶量5%～10%。强化挤奶是常年驴奶场增产的重要手段。一般从母驴产后25～30天开始，机器挤奶在泌乳期前半段每昼夜挤奶9次，每次间隔2h。手工挤奶每昼夜7次，每次间隔2.5h。强化挤奶即要求全群母驴挤奶结束后再进行补充性挤奶。由于强化挤奶增加了挤奶次数，商品奶量可增加20%～30%。进行强化挤奶的母驴和非强化挤奶的母驴分开饲养。强化挤奶的母驴，要加强营养，要求每半个月称重1次，确定膘度，以便决定营养水平的提高和降低。

目前，对母驴乳房缺乏研究。仅从形态来说，不少大中型驴数据都缺乏度量，只有东阿阿胶黑驴研究院近期做了一些工作，如对乳房基部平坦处围度、高度、侧线长度、中线长度；母驴乳头长度、乳头基部围度、乳头间距等大数据测量。但是，国内一些地区已开始对母驴借用奶山羊的挤奶机实行机器挤奶，由于奶山羊和驴的乳头大小与形态不一致，挤奶杯，尤其是内胎，奶山羊的都偏大，母驴乳头与挤奶杯内胎之间有空隙，挤奶力度不足，需要重新设计挤奶杯和内胎，以便母驴挤奶时挤奶杯内胎与乳头服帖地全面接触，挤奶更加充分，有利于挤奶量增加。东阿阿胶黑驴研究院对挤奶母驴进行实测（2017年）挤奶前后数据（cm）如下：乳房基部围度55～70，56～75；乳房高度8～16，10～15；乳头上围度5.5～10.5，6～11；乳头下围度3.5～5.5，4.5～6；乳头间距5.5～9.5，6～10，这些数据可作为研制驴用挤奶杯参考。

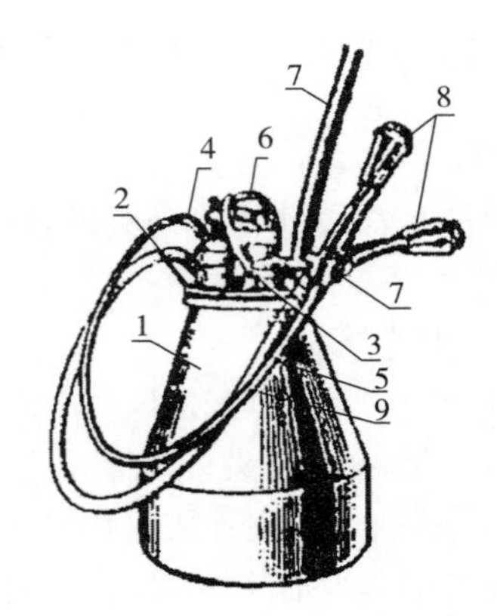

图8-6　DDA-2型两节拍挤奶器

1. 挤奶桶　2. 挤奶桶盖　3. 脉动器
4. 液压调节器　5. 过奶软管　6. 脉动真空软管
7. 收集器　8. 挤奶杯　9. 真空主管道

如有条件，还可以测定哺乳母驴乳房重量和干乳时母驴乳房重量，用来研究母驴乳房容积，因为乳房容积和泌乳力密切相关。

附录1 母驴品质评定卡片

<table>
<tr><td colspan="5">单位</td><td colspan="6">母驴品质鉴定表</td></tr>
<tr><td colspan="5">省、区</td><td rowspan="2"></td><td colspan="2">烙印</td><td colspan="3" rowspan="5">毛色和别征</td></tr>
<tr><td>NO.</td><td colspan="4">出生年</td><td>左侧</td><td>右侧</td></tr>
<tr><td>品种</td><td colspan="4">血统</td><td>颈部</td><td></td><td></td></tr>
<tr><td colspan="5">类型</td><td>肩部</td><td></td><td></td></tr>
<tr><td colspan="5"></td><td>尻部</td><td></td><td></td></tr>
<tr><td colspan="5">母</td><td colspan="6">父</td></tr>
<tr><td>外祖母</td><td colspan="4">外祖父</td><td colspan="3">祖母</td><td colspan="3">祖父</td></tr>
<tr><td rowspan="2"></td><td colspan="4">日期</td><td colspan="3" rowspan="2">外貌部位</td><td>良</td><td>可</td><td>不良</td></tr>
<tr><td></td><td></td><td></td><td></td><td>2</td><td>1</td><td>0</td></tr>
<tr><td>体高</td><td></td><td></td><td></td><td></td><td colspan="3">头部</td><td></td><td></td><td></td></tr>
<tr><td>体长</td><td></td><td></td><td></td><td></td><td colspan="3">颈部</td><td></td><td></td><td></td></tr>
<tr><td>胸围</td><td></td><td></td><td></td><td></td><td colspan="3">躯干部</td><td></td><td></td><td></td></tr>
<tr><td>管围</td><td></td><td></td><td></td><td></td><td colspan="3">胸部</td><td></td><td></td><td></td></tr>
<tr><td>体重</td><td></td><td></td><td></td><td></td><td colspan="3">背部</td><td></td><td></td><td></td></tr>
<tr><td>膘度（营养）</td><td></td><td></td><td></td><td></td><td colspan="3">腰部</td><td></td><td></td><td></td></tr>
<tr><td colspan="5" rowspan="7"></td><td colspan="3">尻部</td><td></td><td></td><td></td></tr>
<tr><td colspan="3">前肢</td><td></td><td></td><td></td></tr>
<tr><td colspan="3">后肢</td><td></td><td></td><td></td></tr>
<tr><td colspan="3">蹄</td><td></td><td></td><td></td></tr>
<tr><td colspan="3">外形评定（等级）</td><td></td><td></td><td></td></tr>
<tr><td colspan="3">其他损征</td><td></td><td></td><td></td></tr>
</table>

附录 2　母驴品质评定卡片（反面）

配种年	公驴名、号、品种	产驹日期	幼驹性别	毛色	烙印	幼驹品质、用途

品质评定	日期			其他特征
来源和类型				
体尺和体重				
外貌				
适应性				
泌乳力				
后裔品质				鉴定人姓名 日期 签字
等级				
繁育方法				

附录3 公驴品质评定卡片

单位		公驴品质鉴定表			
省、区			烙印		毛色和别征
NO.	出生年		左侧	右侧	
品种	血统	颈部			
类型		肩部			
		尻部			
母		父			
外祖母	外祖父	祖母		祖父	

	日期				外貌部位	良	可	不良
						2	1	0
体高					头部			
体长					颈部			
胸围					躯干部			
管围					胸部			
体重					背部			
膘度（营养）					腰部			
					尻部			
					前肢			
					后肢			
					蹄			
					外形评定（等级）			
					其他损征			

附录4　公驴品质评定卡片（反面）

<table>
<tr><td colspan="14">种　用</td><td colspan="4">品质鉴定</td></tr>
<tr><td rowspan="3">配种年</td><td rowspan="3">群中母驴</td><td colspan="3">其中</td><td colspan="6">幼驹用途</td><td rowspan="2"></td><td colspan="3" rowspan="2">日期</td></tr>
<tr><td rowspan="2">产驹</td><td rowspan="2">流产</td><td rowspan="2">空怀</td><td colspan="3">公驹</td><td colspan="3">母驹</td></tr>
<tr><td>种用</td><td>役用</td><td>肉用</td><td>种用</td><td>役用</td><td>肉用</td><td></td><td></td><td></td><td></td></tr>
<tr><td rowspan="7"></td><td rowspan="7"></td><td rowspan="7"></td><td rowspan="7"></td><td rowspan="7"></td><td rowspan="7"></td><td rowspan="7"></td><td rowspan="7"></td><td rowspan="7"></td><td rowspan="7"></td><td rowspan="7"></td><td>来源和类型</td><td></td><td></td><td></td></tr>
<tr><td>体尺和体重</td><td></td><td></td><td></td></tr>
<tr><td>外貌</td><td></td><td></td><td></td></tr>
<tr><td>适应性</td><td></td><td></td><td></td></tr>
<tr><td>后裔品质</td><td></td><td></td><td></td></tr>
<tr><td>等级</td><td></td><td></td><td></td></tr>
<tr><td>繁育方法</td><td></td><td></td><td></td></tr>
<tr><td colspan="10">备注</td><td colspan="5">鉴定人姓名
日期
签字</td></tr>
</table>

第三节　驴奶营养成分

和其他家畜奶相比，驴奶基本化学成分的蛋白质、乳糖和灰分含量虽然都接近人奶，但脂肪含量显著低于人奶，加之驴奶产量低，水分含量较高，全乳固体含量少，这都严重影响驴乳用方向的确立，于是驴奶的质量即营养价值和价格就成为决定驴能否由役用向奶用方向转化的关键因素。

一、驴奶的化学成分

驴奶色白，无不良气味，是一种复杂的生物液体，由水和可溶于水的物质如蛋白质、脂肪、碳水化合物、矿物质、酶、维生素、激素、免疫体、色素、气体等组成（见图8-7）。

图 8－7　国内外的瓶装鲜驴奶

（来源：东阿阿胶　提供）

驴奶的化学成分和理化指标受品种、年龄、胎次、泌乳力、泌乳月份、气候、饲草饲料、饮水、挤奶方法和次数、管理等多种因素影响，同时，采样、样品保存、检测方法、仪器设备以及试剂等是否规范也会直接影响测定结果。

目前，世界上可为人们提供食用奶的家畜种类很多。这些奶一般可分两大类，即单胃动物奶（亦称白蛋白奶）和多胃动物奶（亦称酪蛋白奶）。驴奶和马奶都是单胃动物的奶，与牛奶、羊奶、骆驼奶相比，驴奶 pH、蛋白质、乳糖和灰分含量与人奶更为接近，但脂肪含量低于人奶。驴奶中溶菌酶含量高，驴奶的微生物总数远低于牛奶和羊奶。有关驴奶营养成分现提供两个表供参考。

表 8－5　人奶与各种家畜常用乳的化学成分表

奶	总蛋白/%	其中/%		乳糖/%	脂肪/%	灰分/%	干物质/%
		酪蛋白	白蛋白和球蛋白				
驴	1.9	35.7	64.3	6.2	1.4	0.4	9.9
马	2.0	50.7	49.3	6.7	2.0	0.3	11.0
骆驼	3.7	89.5	10.2	4.1	4.2	0.9	12.9
牛	3.3	85.0	15.0	4.7	3.7	0.7	12.5
山羊	3.4	75.4	24.6	4.6	4.1	0.9	13.1
绵羊	5.8	77.1	22.9	4.6	6.7	0.8	17.1
水牛	4.7	89.7	10.3	4.5	7.8	0.8	17.8
骆驼	3.5	89.8	10.2	4.9	4.5	0.7	13.6
人	2.0	40.0	60.0	6.4	3.7	0.3	12.4

注：资料来自侯文通《产品养马学》。

表 8-6　混合样与不同泌乳月份的驴乳营养成分表

序号	测定头数	泌乳日/天	水分/%	全乳固体/%	蛋白质/%	脂肪/%	乳糖/%	灰分/%
1	12	不分	90.62	9.38	1.35±0.11	1.16±0.49	6.52±0.08	0.35±0.0
2	50	不分	90.5	9.50±1.38	1.52±0.30	1.18±0.62	6.39±0.40	0.38±0.07
3	10	15	90.74	9.26±0.81	1.85±0.20	0.50±0.15	6.01±0.18	0.51±0.05
4	10	30	91.06	8.94±0.70	1.72±0.15	0.80±0.22	6.07±0.10	0.44±0.03
5	10	60	90.38	9.62±0.65	1.52±0.08	1.32±0.25	6.37±0.22	0.38±0.03
6	10	105	90.46	9.54±0.46	1.49±0.14	1.40±0.35	6.46±0.14	0.37±0.03
7	10	120	90.31	9.69±0.69	1.37±0.15	0.95±0.28	6.60±0.16	0.35±0.04
8	10	150	90.27	9.73±0.54	1.49±0.13	1.43±0.27	6.45±0.24	0.36±0.03
9	10	180	90.07	9.93±0.39	1.53±0.11	1.70±0.32	6.38±0.12	0.37±0.03
	平均		—90.49	9.51	1.54	1.16	6.36	0.39
幅度	—	—	90.07～91.06	8.94～9.93	1.35～1.85	0.50～1.70	6.01～6.60	0.35～0.5

注：水分为计算值。

1. 陆东林，李雪红，叶尔太·沙比尔哈孜，等．疆岳驴乳成分测定［J］．中国乳品工业，2006，(11)；2. 张晓莹，赵亮，郑倩，等．新疆疆岳驴乳理化和微生物指标分析［J］．食品科学，2008，29 (1)；3. GUO H Y，PANG K，ZHANG X Y，et al. Composition，Physiochemical Properties，Nitrogen Fraction Distribution，and Amino Acid Profile of Donkey Milk［J］. Journal of Dairy Science，2007，90 (4)：1635-1643.

研究表明，驴奶理化特性和成分并非一成不变的。驴的初乳与常乳相比，驴初乳的相对密度、折光度、电导率、酸度均高于常乳，而 pH 低于常乳，但都随泌乳期的增加接近常乳。驴初乳 6h 时 pH 仍明显低于常乳，但 pH 随泌乳期的延长呈上升趋势，至 168h（7 天）时基本接近常乳。在化学组成方面驴初乳中蛋白质、灰分、脂肪含量均随泌乳期延长呈下降趋势。驴分娩后第一次（6h）所挤初乳中各指标（乳糖除外）含量最高，其中蛋白质含量为 5.07%，灰分含量为 0.95%，脂肪含量为 3.85%，之后含量都下降。分娩后第一次（6h）所挤初乳中乳糖含量最低，为 2.39%，之后随泌乳期延长乳糖含量呈上升趋势。初乳免疫球蛋白含量，伴随着泌乳时间的延长呈下降趋势。

对 180 天泌乳期常乳研究表明，泌乳 30 天以后驴奶的相对密度和 pH 没有明显的变化。总的奶中平均含水分 90.49%，总干物质为 9.51%，乳蛋白率为 1.54%，乳脂率 1.16%，乳糖含量 6.36%，灰分 0.39%。但是如果仔细分析，驴奶成分随泌乳天数增加还是有一些变化。发现在 180 天泌乳期内，驴奶的蛋白质和灰分从 15 天至 120 天随泌乳力增加，呈逐渐下降趋势，150 天以后则有所上升；乳糖在前 120 天逐渐升高，而后则有所下降；脂肪呈现出较大的波动状态。

驴奶成分的昼夜变化也存在一定节律。体细胞数和 pH 昼夜变化无节律性，而脂肪、乳糖和蛋白质含量昼夜变化节律性很强，脂肪和乳糖含量在夜晚达到高峰，而蛋白质含量在白天达到高峰。

上述报道的这些趋势和节律是否有统计学意义，尚需进一步研究。

二、驴奶中的蛋白质

（一）蛋白质组成及含量

驴奶蛋白质由乳清蛋白（WP）和酪蛋白（CN）两大类蛋白质组成。乳清蛋白包括α-乳白蛋白（α-LA）、β-乳球蛋白（β-LG）、血清白蛋白（SA）、免疫球蛋白（Ig）、乳铁蛋白（LF）、溶菌酶（LYS）等。酪蛋白包括αs1-酪蛋白（αs1-CN）、β-酪蛋白（β-CN）、r样酪蛋白等。

在150天泌乳期内，每100 g驴乳中平均含乳清蛋白（WP）0.86 g，酪蛋白（CN）0.61 g，乳清蛋白∶酪蛋白为58.54∶41.45。在泌乳初期（15～30天）乳清蛋白（WP）所占比率稍高于中、后期。如下表所示。

表8-7 150天泌乳期内每100g驴乳中乳清蛋白（WP）和酪蛋白（CN）质量分数

单位：g

泌乳日/天	乳清蛋白（WP）	酪蛋白（CN）	WP/CN
15	1.03	0.71	59.2/40.8
30	0.98	0.65	60.1/39.9
60	0.83	0.61	57.6/42.4
105	0.82	0.59	58.2/41.8
120	0.73	0.54	57.5/42.5
150	0.81	0.58	58.3/41.7
平均	0.86	0.61	58.5/41.5

注：资料来自 陆东林，张明《新疆疆岳驴乳研究进展》中国乳品工业 2013.2。

据测定，喀什关中驴杂交种在整个泌乳期中，酪蛋白百分比没有显著变化，免疫球蛋白随泌乳期延长而逐渐增加，β-乳球蛋白、α-乳白蛋白和溶菌酶在90天或120天左右达到最小值，其后又有所上升。各种蛋白质平均含量见下表。

表8-8 驴乳蛋白质组成及质量分数

种　类	驴乳中质量分数/（$g \cdot kg^{-1}$）	占蛋白质/%	占WP/%
酪蛋白（CN）	6.11	38.90	—
乳清蛋白（WP）	8.63	54.94	—
其中：			
α-乳白蛋白（α-LA）	2.00	12.74	23.19
β-乳球蛋白（β-LG）	3.46	22.06	40.15
血清白蛋白（SA）	0.43	2.74	4.99
免疫球蛋白（Ig）	0.16	1.01	1.84
乳铁蛋白（LF）	0.33	2.09	3.80
溶菌酶（LYS）	2.25	14.31	26.05

注：资料来自 陆东林，张明《新疆疆岳驴乳研究进展》中国乳品工业 2013.2。

国外资料，采用蛋白质等电点方法，从意大利驴乳中鉴定出 α_{S1}-酪蛋白、β-酪蛋白、溶菌酶、α-乳白蛋白、β-乳球蛋白 5 种蛋白质。β-乳球蛋白和 α-乳白蛋白的平均含量分别是 3.75mg/mL 和 1.8mg/mL，溶菌酶含量为 1.0mg/mL。

我国对驴奶的分析表明，驴奶中含有酪蛋白和乳清蛋白，其含量分别为 6.11g/kg 和 8.63g/kg。乳清蛋白主要含有 α-乳白蛋白、β-乳球蛋白、免疫球蛋白、血清白蛋白、乳铁蛋白和溶菌酶，其含量分别为 2.0g/kg、3.46g/kg、0.16g/kg、0.43g/kg、0.33g/kg 和 2.25g/kg，溶菌酶含量远高于意大利驴乳。

（二）非蛋白氮含量

驴奶中非蛋白氮（NPN）质量分数较高。资料报道，按泌乳天数将母驴分为 7 组，在 180 天泌乳期内，不同阶段（泌乳天数）驴乳中非蛋白氮（NPN）平均占总氮的 11%，变异幅度为 10%～12%。在整个泌乳期内，非蛋白氮（NPN）占总氮的比率保持基本稳定。

（三）驴奶氨基酸组成

近些年国内外对驴奶氨基酸研究报道较多。驴乳蛋白质氨基酸（AA）种类齐全，含量较高者为谷氨酸（Glu）、天门冬氨酸（Asp）、亮氨酸（Leu）和脯氨酸（Pro），含量较低者为色氨酸（Trp）、半胱氨酸（Cys）和甘氨酸（Gly）。据研究，在整个泌乳期中，除天门冬氨酸（Asp）和苏氨酸（Thr）含量变化显著外，其他氨基酸（AA）均无显著变化，说明驴奶的氨基酸（AA）组成受泌乳阶段的影响不大。

表 8-9，测定了 180 天泌乳期内 7 组（按泌乳日分组）驴奶中氨基酸质量分数（即某氨基酸质量占乳中全部氨基酸质量之比），其中 8 种必需酸氨基酸（EAA）（未测色氨酸 Trp）占总氨基酸（TAA）40.26%。报道 2 测定了，驴奶中 9 种人体必需酸氨基酸（EAA）占总氨基酸（TAA）42.52%。报道 3 测定了，驴奶中 8 种必需氨基酸（EAA）（未测色氨酸 Trp）占总氨基酸（TAA）44.02%。而综合以上 3 份研究资料，驴乳蛋白质必需酸氨基酸（EAA）占总氨基酸（TAA）的比率平均为 42%。下表为 3 份对驴奶蛋白质氨基酸（AA）的测定结果报告。

表 8-9 3 组驴奶必需氨基酸（EAA）和非必需氨基酸（NEAA）在总氨基酸（AA）含量

单位：%

氨基酸 AA	1	2	3	平均	氨基酸 AA	1	2	3	平均
组氨酸（His）	2.44	1.98	3.07	2.50	天门冬氨酸（Asp）	9.15	8.84	8.76	8.92
异亮氨酸（Ile）	5.49	5.62	4.02	5.04	丝氨酸（Se）	6.10	5.92	5.26	5.76
亮氨酸（Leu）	8.54	9.91	8.76	9.07	谷氨酸（Glu）	22.50	20.42	17.52	20.17
赖氨酸（Lys）	7.32	6.10	8.03	7.15	甘氨酸（Gly）	1.22	1.68	1.61	1.50
蛋氨酸（Met）	1.83	2.27	3.72	2.61	精氨酸（Arg）	4.27	4.21	5.48	4.65
苯丙氨酸（Phe）	4.27	4.81	7.15	5.41	丙氨酸（Ala）	3.66	3.11	2.70	3.16
苏氨酸（Thr）	3.66	3.83	4.23	3.91	脯氨酸（Pro）	8.54	9.26	8.03	8.61
色氨酸（Trp）	—	1.13	—	1.13	半胱氨酸（Cys）	0.61	0.78	2.63	1.34
缬氨酸（Va l）	6.71	6.87	5.04	6.21	酪氨酸（Tyr）	3.66	3.29	3.94	3.63
必需氨基酸（EAA）合计	40.26	42.52	44.02	42.27	非必需氨基酸（NEAA）合计	59.77	57.51	55.93	57.74

注：资料来自 陆东林，张明《新疆疆岳驴乳研究进展》中国乳品工业 2013.2。

三、驴奶脂肪

（一）驴奶脂肪的组成

驴奶中的脂肪含量远低于牛奶，约为1.1%～1.5%，生产中驴奶中的脂肪测定往往不到1.0%，这与没有挤净最后一部分奶有关，最后一部分奶脂肪含量高。

驴奶脂肪球小，平均直径是1.92μm，含量2.18×10^9/ml。驴奶胆固醇含量低，为2.2mg/100g，仅为牛乳的15%。

三酰甘油（TAGs）又称甘油三酯（Triglyceride，TG）是乳脂的主要成分，驴乳三酰甘油组成与人奶存在一定程度的相似性。驴乳三酰甘油（TAGs）的特殊性在于其癸酸（capric acid，CA）含量非常高，在已鉴定的50多个三酰甘油（TAGs）中，16个中发现存在癸酸（CA）。

（二）驴奶脂肪酸的构成

驴奶中富含各种短链、中链和长链脂肪酸，也含有大量不饱和脂肪酸。据测定驴奶脂肪酸组成和含量如下：

表8-10 驴奶脂肪酸的组成和含量

单位：%

名称	含量（X±S）	名称	含量（X±S）
C4：0	0.60±0.29	C10：1	2.20±0.16
C6：0	1.22±0.29	C12：1	0.25±0.10
C7：0	微量	C14：1	0.22±0.05
C8：0	12.80±0.59	C16：1n－7	2.37±0.57
C10：0	18.65±0.91	C17：1	0.27±0.05
C12：0i	10.67±0.49	C18：1n－9	9.65±0.70
C13：0r	0.22±0.05	C20：1n－11	0.35±0.10
C13：0	3.92±0.90	n－3 PUFA	
C14：0r	0.12±0.05	C18：3	6.32±1.02
C14：0	5.77±0.33	C18：4	0.22±0.10
C15：0r	0.07±0.01	C20：3	0.12±0.05
C15：0	0.32±0.05	C20：4	0.07±0.01
C16：0r	0.12±0.05	C20：5	0.27±0.05
C16：0	11.47±0.59	C22：5	0.07±0.01
C17：0r	0.20±0.08	C22：6	0.30±0.08
C17：0	0.22±0.05	n－6 PUFA	
C18：0	1.12±0.24	C18：2	8.15±0.94
C20：0	0.12 ±0.05	C18：3	0.15±0.03
C22：0	0.05±0.01	C20：2	0.35±0.10

注：资料来自 周小玲《驴泌乳生理及乳营养成分研究进展》中国奶牛 2010.6。

据对喀什关中驴杂交种驴奶脂肪酸测定，饱和脂肪酸（SFA）占总脂肪酸（TFA）37.1%，不饱和脂肪酸（USFA）占总脂肪酸（TFA）62.9%。在不饱和脂肪酸（USFA）中，单不饱和脂肪酸（MUFA）占38.95%，多不饱和脂肪酸（PUFA）占23.95%；亚油酸占总脂肪酸（TFA）21.23%，亚麻酸占总脂肪酸（TFA）2.72%（另有资料报道，驴乳亚油酸占总脂肪酸（TFA）27.32%，亚麻酸占总脂肪酸（TFA）3.75%）。见表8-11。

表8-11　喀什关中驴杂交种驴奶中各种脂肪酸占总脂肪酸的比率

单位：%

脂肪酸（FA）	占总脂肪酸（TFA）	脂肪酸（FA）	占总脂肪酸（TFA）
丁酸 C4：0	0.30	棕榈油酸 C16：1	5.52
己酸 C6：0	0.70	油酸 C18：1	33.43
辛酸 C8：0	0.80	单不饱和脂肪（MUFA）合计	38.95
癸酸 C10：0	3.11		
月桂酸 C12：0	2.33	亚油酸 C18：2	21.23
豆蔻酸 C14：0	3.20	亚麻酸 C18：3	2.72
棕榈酸 C16：0	24.89	多不饱和脂肪酸（PUFA）合计	23.95
硬脂酸 C18：0	1.69		
饱和脂肪酸（SFA）合计	37.10	不饱和脂肪酸（USFA）合计	62.90

注：资料来自陆东林，李景芳《驴乳的营养成分含量声称和适用人群》中国乳业 2016.6。

亚油酸和α-亚麻酸是人体必需脂肪酸（EFA），具有一系列重要的生理功能，因此驴乳脂具有较高的营养价值。

共轭亚油酸（CLA）是亚油酸的一种具有重要生理活性的同分异构体。共轭亚油酸（CLA）在驴乳脂中的含量很高（2.57 mg/g～87.60 mg/g），平均为14.54mg/g，而牛乳中仅为1.80 mg/g。由于驴乳脂率低，相对牛乳而言，这一数值就显的更高。

四、驴奶乳糖

驴奶常乳与初乳相比，蛋白质、脂肪和灰分随时间在逐渐减少，而乳糖在逐渐增加。驴奶常乳乳糖含量为6%～7%，高于牛奶，约为牛奶的1.5倍以上，因此驴奶比牛奶甜。乳糖是由乳腺合成的双糖，水解时变成葡萄糖和半乳糖。

五、驴奶中的矿物质元素

驴奶中的矿物质元素含量受土壤、饲草、饲料、饮水等多种因素影响而变化。驴奶灰分含量为每100g含0.40g，钙（Ca）、磷（P）比值为0.93～2.37，平均为1.48。国内曾误报驴奶Se矿物元素的质量分数为90μg/kg，产生所谓“驴奶富硒说”。作者后又采集5头份巴里坤县新疆驴乳测定，其平均Se质量分数仅为1.38μg/kg（1.3～1.6μg/kg），对以往报道予以纠正。并认为：仅根据个别测定结果认定所谓“疆岳驴”乳是“富硒食品”，不足为凭。

表 8－12　喀什关中驴杂交种驴奶中矿物元素质量分数

种类	混合驴乳（n=2）	种类	混合驴乳（n=1）
Ca /（$mg \cdot kg^{-1}$）	719.5	Cl/（$mg \cdot kg^{-1}$）	506
P /（$mg \cdot kg^{-1}$）	506.5	K/（$mg \cdot kg^{-1}$）	438
Fe/（$mg \cdot kg^{-1}$）	1.55	Na/（$mg \cdot kg^{-1}$）	194
Zn/（$mg \cdot kg^{-1}$）	2.20	S/（$mg \cdot kg^{-1}$）	120
Se/（$\mu g \cdot kg^{-1}$）（n=5）	1.38	Mg/（$mg \cdot kg^{-1}$）	47.6
—	—	Cu/（$\mu g \cdot kg^{-1}$）	80

注：资料来自 陆东林，张明《新疆疆岳驴乳研究进展》中国乳品工业 2013.2。

还有资料表明，采用电感耦合等离子体质谱法对驴奶中无机元素进行研究，将无机元素作为整体，通过化学计量学中的主成分分析建立主成分模型，4 个主成分即可全面进行综合评价。Be、Mg、K、V、Cr、Mn、Fe、Zn、Se、Ba、U、Co、Ni、As、Tl、Sr 为驴奶中关键指标元素，其综合信息可以反映驴奶中无机元素的主要信息，同时建立无机元素指纹谱，为驴奶功效作用与微量元素提供理论基础。

六、驴奶中的维生素

驴奶中含多种维生素，但大多数种类的含量均很低，唯独维生素 C 每 100g 驴奶中含量达 5.16 mg，见下表。

表 8－13　喀什关中驴杂交种驴奶中维生素含量

种类	质量分数（$mg \cdot kg^{-1}$）	种类	每 100g 驴奶中的含量（μg）
维生素 A	0.18	维生素 B_1	4.44
维生素 E	0.49	维生素 B_2	6.07
维生素 C	5.16	维生素 D_3	3.60

注：样本为混合驴乳；资料来自 陆东林，张明《新疆疆岳驴乳研究进展》中国乳品工业 2013.2。

第四节　驴奶的生物学特性

哺乳动物奶的营养成分虽有其共性，但同一营养成分不同畜种生物学价值也存在差别，对人体健康影响也不一样。驴奶营养的特异性可由不同中药材有不同药性来加强理解。因而对驴奶的研究，除了一般营养成分外，重要的是研究其独特的生物学价值。

一、蛋白质特性

驴奶的成分和马奶十分相似，但干物质略低于马乳。驴与马为同属动物，酪蛋白和乳清蛋白的氨基酸（AA）序列非常接近，驴与马的乳清蛋白是同源蛋白，驴 α-乳清蛋白为马 α-乳清蛋白的 A-型变体，只有几个氨基酸的差异。

驴奶营养成分含量与品种、地域、气候、土壤、饲养管理、泌乳期以及采样等因素有关。

（一）驴奶蛋白质生物学价值高

驴奶乳蛋白由酪蛋白（CN））和乳清蛋白（WP）两大类蛋白质构成，属白蛋白奶类。酪蛋白和乳清蛋白的比例及含量接近人奶，人奶中酪蛋白与乳清蛋白的比例为 4∶6，牛奶为 8∶2，驴奶约为 7∶9。一般奶中乳清蛋白更容易被人体吸收，而酪蛋白属于难溶性蛋白质，较难吸收。营养学家把乳中全蛋白质的生物学价值（BV）定为 100 分，酪蛋白为 77 分，乳清蛋白为 104 分，乳清蛋白的营养价值高于酪蛋白。据此，驴奶蛋白质生物学价值（BV）为 93，略低于人奶的 95。但是，驴奶的酪蛋白与其他奶类有别，良好的溶解性则提高了它的利用价值。

（二）驴奶氨基酸种类齐全，蛋白质属营养学上的完全蛋白质

驴奶中氨基酸种类齐全，其中必需氨基酸含量高，占蛋白质总量的 46.7%，远高于牛乳（42.2%）和人乳（38.1%）。9 种人体必需氨基酸（含婴幼儿必需的组氨酸）占总氨基酸比例的 42.52%（来自酪蛋白 48%、乳清蛋白 52%）与人乳的含量大体相当。对比牛、羊、驴和马乳酪蛋白中的氨基酸表明，驴奶中属于人体的必需氨基酸（EAA）的缬氨酸和赖氨酸含量最高。

（三）驴奶乳清蛋白中溶菌酶含量明显高

有报道，从乳清蛋白中检测到溶菌酶占乳清蛋白的 21.03%。

（四）驴奶乳铁蛋白（Lf）含量接近人乳

乳铁蛋白（Lf）属免疫因子，表观分子量为 72～85KD，驴乳铁蛋白（Lf）的等电点值接近 6.6，不同的异构体间存在差异。

二、脂肪特性

乳脂 90%由脂肪酸构成。脂肪酸因其碳链的长短、饱和程度和空间结构不同，从而具有不同的特性和生理功能。

（一）驴奶低脂肪，低胆固醇

每 100g 驴奶平均脂肪含量仅为 1.1 g，为人奶的 32%，牛奶的 30%，羊奶的 27%。每 100g 驴奶中胆固醇的含量为 2.2 mg，为人奶（11 mg）的 20%、牛奶（15 mg）的 14.7%、羊奶（31 mg）的 7.1%。因此驴奶是典型的低脂肪、低胆固醇食品。

（二）驴奶脂中短链的和不饱和脂肪酸所占比例较高，低级挥发性脂肪酸较其他多

驴奶脂的熔点低于人体体温，加上乳脂本身已形成很好的乳化状态，容易被机体消化吸收，因此是能量的来源。

（三）驴奶脂中富含人体必需的脂肪酸

目前，营养界认为最有价值的脂肪酸是 n－3（或 ω－3）和 n－6（或 ω－6）系列不饱和脂肪酸，其中 n－6 系列的亚油酸和 n－3 系列的 α－亚麻酸是必需脂肪酸（EFA）。花生四烯酸（AA）、二十碳五烯酸（EPA）、二十二碳六烯酸（DHA）等都是人体不可缺少的脂肪酸，但人体可利用亚油酸和 α－亚麻酸来合成这些脂肪酸。因此亚油酸（C18∶2）和 α－亚麻酸（C18∶3），是人体不可缺少而体内又不能合成、必须由食物供给的脂肪酸。

国外报道，每 100g 驴奶乳必需脂肪酸（EFA）含量丰富，约为 40mg，其中亚油酸

含量（15mg）是牛乳的 2.5 倍（6mg）。意大利 Martina Franca 驴奶中亚油酸和亚麻酸含量也很高，每 100g 脂肪酸中分别达到 8.15 g 和 6.32g。

还有报道，驴奶中亚油酸占总脂肪酸（TFA）的比率平均达 21.3%，分别比人奶、牛奶高 1.7 和 16 个百分点；亚麻酸占总脂肪酸（TFA）4.5%，分别比人奶、牛奶高 3.6 和 2.4 个百分点。测定巴里坤新疆驴奶中亚油酸占总脂肪酸比率达 21.95%，也显著高于牛奶（5.3%）、羊奶（4.0%）、骆驼奶（4.72%），也高于马奶（13.19%），而和人奶（19.6%）十分接近。

驴奶 5 种脂肪酸中，棕榈酸和硬脂酸为饱和脂肪酸（SFA），油酸为单不饱和脂肪酸（MUFA），亚油酸和亚麻酸为多不饱和脂肪酸（PUFA）。3 类脂肪酸占总脂肪酸的比率分别为 24.97%、22.0%、24.51%，相当于 1∶0.88∶0.98，较适合于人体对膳食脂肪酸结构（1∶1∶1）的营养需要。

现有资料表明，与牛奶、羊奶和骆驼奶不同，驴乳脂中亚油酸占总脂肪酸比率基本不受脂肪含量的影响。如报道，乳脂率在 1%以下的 9 份驴乳，平均乳脂率 0.52%，亚油酸占总脂肪酸比率平均 21.72%；乳脂率在 1%以上的 10 头份驴乳，平均乳脂率 1.22%，亚油酸占总脂肪酸的比率平均 22.15%，两者基本持平。

（四）乳脂共轭亚油酸浓度高

据测定，平均乳脂率 0.44%的喀什关中驴杂交种，全乳共轭亚油酸（CLA）浓度为 31.74 mg/L，乳脂共轭亚油酸（CLA）浓度为 14.54 mg/g，为牛奶 8 倍。

低乳脂率的驴乳，乳脂共轭亚油酸（CLA）浓度高。驴奶乳脂率和全乳共轭亚油酸（CLA）浓度呈正相关，和乳脂共轭亚油酸（CLA）浓度呈负相关。通过改善驴的饲养管理、优化日粮结构、饲喂优质牧草等措施，可以提高驴乳的乳脂率和全乳共轭亚油酸（CLA）浓度，保证驴奶的质量。

三、乳糖特性

驴奶乳糖含量高，生糖指数低。驴乳含乳糖 6.4%，接近人奶；乳糖含量占全乳固体的 68%，是主要的能量来源。乳糖是双糖，在体内消化时水解为 1 分子葡萄糖和 1 分子半乳糖。

四、体细胞数（SCC）特性

体细胞数是指每毫升奶中体细胞总数，多为白细胞，可用于检测乳房健康状况。驴奶中体细胞数为 0.2×10^4/ml～4.8×10^4/ml，远低于牛的 20×10^4/ml～50×10^4/ml，说明驴抗乳房炎能力强。

五、维生素特性

驴奶中含多种维生素，但大多数种类的含量不高，唯独维生素 C 每 100g 驴奶含量达 4.75 mg，远高于牛奶、羊奶，和人奶相近（每 100g 人奶含 5.00mg，每 100g 牛奶含 1.00 mg，每 100g 羊奶含 1.50 mg），仅低于每 100g 马奶含 8.70mg），见表 8－14。

表 8-14　各种动物每 100g 奶中维生素含量的对比

单位：mg

种类	维生素 A	维生素 B_1	维生素 B_2	维生素 C	维生素 E
牛奶	34.00	0.03	0.14	1.00	0.21
羊奶	84.00	0.04	0.12	1.50	0.19
马奶	0.03	0.02	0.02	8.70	0.20
驴奶	—	0.006	0.02	4.75	0.02
人奶	11.00	0.01	0.05	5.00	—

六、驴奶中矿物质种类齐全

钙磷比为 1.7∶1，与人奶接近。其中钙含量低于牛奶，但高于羊奶、马奶和人奶。驴奶中钙磷及矿物质含量，受饲料、饲草和水中含量多少影响较大。

第五节　驴奶的功能性食品研究进展

古今中外人们对驴奶独特营养成分已有感性认识，常把它作为滋补、药疗、食疗、康复、保健的食品和婴儿的代乳品，即现代称谓的“功能性食品”。由于功能性食品强调营养和保健双重作用，重在研究对某项生理调节的功能和机理，因而现代科技工作者对驴奶的功能性近些年也进行了研究，发表了不少很好的报告。但我们仍然看到，一些报道还有不足，有些尚属于推论，这都要求我们需要进一步进行科学试验和测定予以证实。现将有关资料整理如下，供继续研究。

一、驴奶食用

驴奶为乳清蛋白乳类型，驴奶中酪蛋白溶解度好易消化吸收，可避免由牛乳蛋白引起的过敏症，为婴儿良好母乳代乳品。

（一）驴奶和人奶都属白蛋白奶类

乳清蛋白所占比率较高，能在胃中形成细颗粒状的水凝块，容易消化利用。驴奶不仅酪蛋白比例低，而且驴奶酪蛋白中的 β-酪蛋白高（>34%），且没有发现 κ-酪蛋白和 α_{s2}-酪蛋白。驴奶做成酸驴奶，仍为液态不凝固，可见酪蛋白在下部形成小的颗粒，酪蛋白水中溶解度好，摇后均质。这也是驴奶容易被消化容易吸收利用的重要原因。这也是因驴奶酪蛋白含量低和不易凝固，难于做成奶酪的原因。据报道，塞尔维亚的斯洛博丹·西米奇想尽办法，从大量驴奶中提炼出少量奶酪，使之成为世界上最昂贵的奶酪。

如前所述，牛、山羊和绵羊奶属酪蛋白奶类。它们的酪蛋白，含有较高比例的 α_s-酪蛋白（>49%），牛羊奶中酪蛋白的等电点接近胃内的 pH，易在婴儿胃内形成凝块，造成消化障碍。

（二）驴奶作为一种有效的母乳或牛乳替代品，食用驴奶可避免由牛乳蛋白引起的过敏症

过敏症是限制牛奶广泛应用的一个主要因素，尤其是亚洲人群和婴幼儿。追踪调查发现，原来牛乳蛋白引起的生长受阻现象，在食用驴乳后出现补偿生长现象。

二、驴奶抗病性

驴奶蛋白质是优质蛋白，富含多种功能性活性成分。

（一）驴奶富含免疫因子

驴奶乳清蛋白（WP）中富含免疫球蛋白、乳铁蛋白、溶菌酶等免疫因子，具有抗菌、抑菌、调节免疫、调整肠道菌群、中和毒素等多种生物活性功能。有报道，驴奶和人奶饲养的小鼠线粒体活性和解毒酶活性增强，抗氧化物增加。

特别的是，驴奶中溶菌酶的含量很高，据测定，新疆喀什关中驴杂交种驴乳中溶菌酶的含量为每千克 2.25g，是人乳的 20 倍，牛乳的 750 倍。溶菌酶是一种能水解致病菌细胞壁的碱性酶，可溶解细菌，并可使病毒失活，具有抗菌、抗病毒、抗肿瘤、消炎等一系列生理作用。近期，有人正在研究驴奶溶菌酶对肠道损伤的作用，认为驴奶溶菌酶对溃疡性结肠炎有缓解作用。

（二）研究发现驴奶与马奶相同，对结核杆菌生长有明显抑制效果

（三）驴奶的抗微生物活性对猪霍乱沙门氏菌和志贺痢疾杆菌最敏感

一是通过琼脂扩散法检测到这样的研究结果。二是在 4℃和 20℃下长期保存，研究驴奶微生物区系的变化，结果同样表明，驴奶明显具有抗猪霍乱沙门氏菌活性作用。在 20℃，1mL 样品中微生物存活量减少到可检测到的最低水平。生鲜驴奶微生物含量低，在 4℃下保存 96h 后，除大肠杆菌增加 1 log 外，微生物区系无显著变化。

（四）驴奶活性肽能够抑制 A549 肿瘤细胞的增殖，阻滞细胞周期；驴奶活性肽还能间接地调节淋巴细胞和巨噬细胞的分泌细胞因子

（五）驴奶表现出的一些免疫活性在治疗人类免疫相关疾病方面，尤其是驴乳诱导一氧化氮（NO）可能在预防动脉硬化症方面具有潜在用途

研究发现驴的初乳和常乳都能诱导人外周血单核细胞（PBMCs）的免疫球蛋白 A（IgA）和免疫球蛋白 G（IgG）反应及一氧化氮（NO）释放，也能诱导外周血单核细胞（PBMCs）中具有免疫调节功 CD25 和 CD69 的表达；常乳还有诱导白细胞介素（IL－12，IL－1β 和 IL－10）和肿瘤坏死因子 α 的能力。

因为病原体和（或）其产物可能起促动脉粥样硬化作用，因而驴奶可作为一个增强血管扩张剂和有效的抗菌剂。此外，驴乳不仅能提高机体的免疫能力，而且对环磷酰胺所造成的免疫低下具有缓解作用。

（六）驴奶的密度为 1.04，几乎呈中性，pH 为 6.95，优越的缓冲性能使之成为治疗胃溃疡的理想食品

主要的缓冲成分是蛋白质和磷酸盐类，自然酸度仅为 3.3°T，远低于牛奶的自然酸度（13.6°T）。

三、驴奶脂肪酸功能性

驴奶是低脂、低胆固醇食品，驴奶脂肪不易聚集凝固，驴奶脂肪酸组成和比例适合人体健康需要，其所含必需脂肪酸（EFA）和共轭亚油酸（CLA）具有调节脂质代谢、降低胆固醇、降血脂、软化血管、降血压、促进微循环、抑制动脉粥样硬化等作用，对心脑血管病、“三高症”（高血压、高血脂、高血糖）、肥胖症、中风等有较好的预防和辅助治疗功效。

（一）驴奶中不饱和脂肪酸在维持细胞膜流动性，对降低血中胆固醇和血液黏稠度，合成前列腺素和凝血恶烷，促进脑细胞生长发育和增加记忆力方面都有重要作用

这些必需脂肪酸（EFA）大多在 sn－2 位酯化，致动脉硬化和致血栓指数低于其他哺乳动物乳。

驴奶必需脂肪酸（EFA）含量高，其含量占总脂肪酸的 27.95％，是磷脂的重要组成部分，也是合成前列腺素的前体，参与胆固醇在体内的运转和代谢的重要物质。人体缺乏必需脂肪酸（EFA）会影响机体代谢，引起生长迟缓、生殖障碍、皮肤损伤以及心血管、内脏、神经系统和视觉方面的多种疾病。市售婴儿奶乳制品必须强化添加必需脂肪酸（EFA）和二十二碳六烯酸（DHA）。

（二）驴奶高含量的 n－3 多不饱和脂肪酸（PUFA），可作为人体心血管最有价值 n－3 脂肪酸（FA）的重要补充

驴奶必需脂肪酸（EFA）和二十二碳六烯酸（DHA），都属于 n－3 多不饱和脂肪酸（PUFA），一般认为体内 n－6/n－3 多不饱和脂肪酸（PUFA）比值应为 1∶1，但是现代人由于饮食结构的变化，n－3 多不饱和脂肪酸（PUFA）的摄入量远低于世界卫生组织的推荐量。而驴乳中 n－3/n－6 多不饱和脂肪酸（PUFA ）的比率是 0.86，高于反刍动物（0.44～0.55）和人乳（0.07）。n－3 多不饱和脂肪酸（PUFA）且包括能治疗冠心病、高血压的二十碳五烯酸（EPA）和对婴儿智力和视力发育有关二十二碳六烯酸（DHA）。

（三）低乳脂率的驴乳，乳脂共轭亚油酸（CLA）浓度高，可作为功能性保健食品的原料

驴奶共轭亚油酸（CLA）具有抗肿瘤、抗氧化、抗动脉硬化、降低胆固醇、减少脂肪堆积、促进蛋白质合成、提高骨密度、增强免疫力等一系列活性功能。平均乳脂率 0.4％的驴乳样品，乳脂共轭亚油酸（CLA）平均浓度达 47.04±26.51 mg/g。

四、驴奶维生素 C 含量高，增强免疫力

可防治坏血病，而且还具有抗氧化、促进淋巴细胞增殖、增强吞噬细胞功能和自然杀伤细胞的活性、提高免疫力等作用。每 100g 驴奶维生素 C 的含量达 5.16 mg，和每 100g 人乳含量（5 mg）十分接近，是牛乳（每 100g 含 1mg）的 5 倍。

五、驴奶中乳糖含量高，有益于健康

驴奶常乳乳糖含量约为 6％～7％。乳糖是双糖，在体内消化时水解为 1 分子葡萄糖

和1分子半乳糖，前者可供给能量，保证高水平的乳酸发酵和酒精发酵，乳糖的发酵产物—乳酸对小儿肠胃有调节保护作用，而且还能调节肠道菌群，抑制腐败菌繁殖，减少毒素对人体的危害，促进钙吸收，参与机体组织、器官的构成，提高骨骼的质量。后者是合成神经组织的结构物质—糖脂质的原料，对婴幼儿神经系统发育有至关重要的作用。

血糖生成指数，简称生糖指数（G1），是衡量食物引起餐后血糖反应的一项有效指标。G1＜55的食物为低G1食物，驴奶乳糖生糖指数（G1）为46，是麦芽糖（105）的43.8%，葡萄糖G1（100）的46%，因此糖尿病患者可以适量饮用驴乳。

对驴奶低聚糖研究认为，它可以抑制人结肠癌细胞HT-29和人克隆结肠癌细胞Caco-2的生长。

近些年，驴奶保健作用的动物实验研究也多见报道，主要集中在：提高免疫力，抗菌、抑菌，消炎、镇痛，抗氧化、护肝，抑瘤，缓解疲劳，发酵驴奶的生理功能及矿物元素和维生素护肤美容方面等。

同时，也有人倡导并开始进行母驴产奶的基础性研究，一是在产奶与驴种、体型结构，以及产奶性能数学模型等方面的研究，二是驴奶主要候选基因多态性研究，如二酰甘油酰基转移酶基因，酪蛋白基因，催乳素/催乳素受体基因，硬脂酰复合酶A去饱和酶基因等；三是采用蛋白质组学技术研究驴奶营养成分差异的分子机制和解析驴乳分泌及其调控机制。

目前这些研究，无论是驴奶功能性研究，还是驴产奶的基础性研究，都是刚刚开始，更多是在实验室进行，今后仍有很多工作要做，特别需要加强试验设计科学性和功能性研究临床性，使结论更加可靠，将驴的奶用建立在坚实的理论基础之上。

第九章 CHAPTER9 驴产品加工

驴产品是指对驴机体各组成部分加工而得的产品。以往驴产品的加工对象主要是驴皮和驴肉，随着产品开发的不断深入，也对内脏、脂肪、血液等副产品进行加工利用。而近年来，国内对驴奶也在研究、开发，部分产品已开始进入市场。全面、深入地研究驴的各种产品功能，科学、充分地开发利用驴产品，使其发挥最大效益是驴业工作者一项常抓不懈的重大任务。

第一节 驴皮利用——阿胶

驴皮制作阿胶历史久远，但在众多家畜皮中形成“唯我独尊”地位也有着一个演变过程。现代对阿胶的药用成分、机理和疗效研究，正由传统经验的定性研究向现代试验医学的定量研究不断探索，并且已经取得了不小的进步。

一、驴皮组织结构

驴皮结构从外到里可分为三层，最外层是比较薄的表皮层；中间是最厚最紧密的真皮也叫胶原蛋白层；下层是皮下层，也叫脂肪层（见图 9－1）。

（一）表皮层

表皮为复层上皮组织，由角化的复层扁平上皮构成，是皮肤的浅层，由胚胎的外胚层而来。表皮层由各种形状、彼此紧密贴着的许多单核细胞结构的角朊蛋白组成。表皮层的厚度占 1%～1.5%。表皮层很薄而且是由非胶原蛋白组成，在制胶上并无价值。组成表皮层的角朊蛋白具有疏水性，比胶原蛋白对化工材料有较高的稳定性。不过，由于表皮层溶于碱水溶液中，所以在制胶的原料炮制处理过程中，往往加入碱性物质促使其溶解。

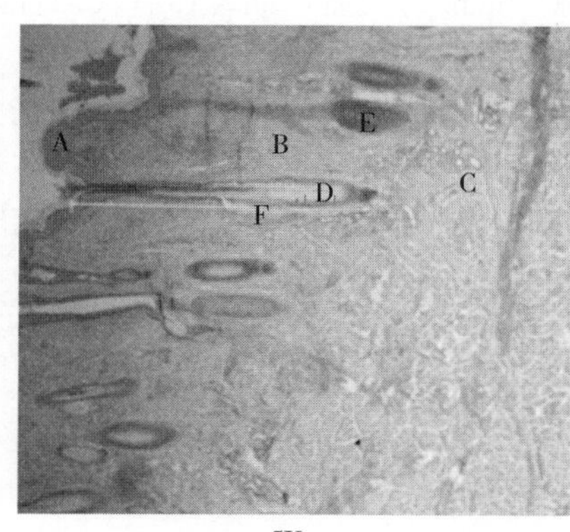

5X

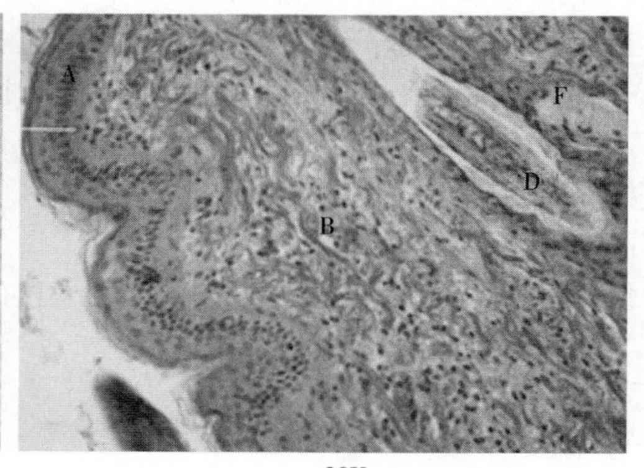

20X

图 9-1 驴皮组织切片

A. 表皮层 B. 真皮层 C. 皮下结缔组织 D. 毛囊 E. 汗腺 F. 皮脂腺

（来源：中国农业大学赵春江 提供）

（二）真皮层

驴真皮层是制备阿胶的主要加工对象，其重量和厚度均占皮料的 90%以上，介于表皮层和皮下层之间。真皮是结缔组织，主要由中胚层而来，比较厚而变化较少。

真皮又可分为乳头层和网织层，乳头层为紧邻表皮的薄层结缔组织，胶原纤维和弹性纤维较细密，毛细血管丰富。网织层在乳头层下方，较厚，是真皮的主要组成部分，由致密结缔组织组成，粗大的胶原纤维束交织成密网，并有许多弹性纤维。网织层内有许多血管，淋巴管和神经，毛囊、皮脂腺和汗腺液多存在于此层内。

虽然典型真皮的主要成分是结缔组织纤维，但还有其他成分。有一定数量的弹性纤维，纤维间有几种细胞，特别是产生纤维的成纤微细胞胶原纤维呈束状，最初级的胶原纤维由胶原微纤维组成，而胶原微纤维又有极微小的原胶原组成，所以原胶原具有胶原蛋白的基本化学结构和空间构型。驴真皮深层是脂肪组织的主要形成中心。

（三）皮下层

皮下层是一层松软的结缔组织，由排列疏松的胶原纤维和弹性纤维构成，纤维间包含着许多脂肪细胞、神经、肌肉纤维和血管等。

脂肪的含量依据种类、宰杀时间和牲畜的肥瘦不同而异，一般脂肪的含量为 0.5%～3%。显然，皮下层也含有少量的胶原纤维，可以提取少量的胶，但是胶的质量较差。

所以，上好的阿胶都是巧妙利用驴皮的真皮层，也就是胶原蛋白层来熬制的胶。但胶原蛋白与表皮层紧密相连，需要通过复杂的炼制程序将其分开。

二、阿胶药理作用

传统中医认为阿胶有止血补血、保胎安胎、润肺滋阴的作用。现今通过动物试验表明，阿胶具有强大的补血作用，能促进实验动物骨髓和脾造血干细胞的增殖，增加血中红细胞和血红蛋白的生成，作用优于铁剂；具有强壮作用，能提高小鼠耐缺氧、耐寒冷、耐疲劳和抗辐射的能力；对因失血而造成休克的动物，可使血压升高而抗休克；能预防和治疗进行性肌营养障碍；有促进健康人体淋巴细胞转化作用；能改善动物体内钙平衡，促进钙的吸收和在体内的存留；能扩张血管，尤以静脉扩张最为明显，同时伴有代偿性扩容作用，并且血小板计数明显增加，对病理性血管通透性增加有防治作用。

另有试验表明，阿胶可以抗肿瘤、减轻化疗损伤；保护大脑抗衰老，增强记忆力；抑制哮喘，炎症的反应；改善皮肤等保健作用等。有研究者还从驴皮中分离获得了一种近年证实有抗栓活性的糖胺聚糖—硫酸皮肤素（DS）。研究显示，中医确认的驴皮和阿胶疗效可能与所含的DS有关。

现代科学技术对阿胶的药理和功效研究一直在进行。

三、原料驴皮制取

（一）剥皮

活驴击晕后，倒置悬挂或仰卧采用三管齐断放血，在驴的体温未下降时立刻剥皮。用尖刀在腹中线先横向划开皮层约20cm，继而向前沿着胸部中线挑至下颚的唇边，此后回手沿中线向后挑至直肠处。再从两前肢和两后肢内侧挑开两横线，直达蹄间，垂直于胸腹部的纵线，环剥四个蹄子，沿纵线向里剥开5cm左右，一手拉紧四肢挑开的皮边，一手用尖刀剥离驴皮，直至腿皮全部剥离。用刀沿着胸腹部挑开的皮层向里剥开5cm左右，一手拉紧胸腹部挑开的皮边，一手用尖刀剥离驴皮，边拉边剥至脊椎骨，再剥另一侧。脖子部位剥离驴皮要求无脂肪。头皮保留耳朵、口唇。（详见驴肉加工、屠宰）

（二）整形

将剥下的生皮，用钝刀刮除皮板上的肉屑、脂肪、凝血及杂质，小心不要刮破皮板，维持毛皮的完好性。遵守皮张的天然形状和伸缩性质，肉面向上，把皮张各部位都平整地展开，使皮形平整、方正。

先将四肢驴皮垂直折向驴皮背部中线，头尾方向使皮形呈长方形，像叠被子一样由驴皮的左右两侧向中间对折，调整背部着地驴皮宽度不超过40cm。从尾部开始，将尾巴向左或右侧平移90°角，使尾巴与驴皮背部中线垂直，按照45～50cm长度向头皮方向翻折，直至头皮。头皮朝上，尾巴侧露，类似豆腐块的鲜驴皮装入至少是50cm×70cm食品级透明无色塑料袋中。

（三）冷冻防腐

装袋后的鲜驴皮，应在－35℃以下冷库内急冻，中心温度应在24h内降至－15℃以下，并在－18℃环境冷藏保存。鲜驴皮堆积高度与冷库屋顶距离≥1m，以便冷气的流通。仓库每周巡检一次，检查项目包括：库温、产品存放整洁度、标牌清晰度、地面清洁度和产品质量变化状况。

（四）质量标准

处理部位达到无油、无肉、无污血。

四、驴皮皮料贮存

驴皮皮料的贮存无论是长期贮存还是短期贮存，最根本的目的是使皮料干燥防腐。驴皮皮料的贮存分为长期贮存和短期贮存。当皮料积压量大，短期内不能投入生产时，应考虑长期贮存，皮料干燥后把它的码垛封存，如果通风灭菌等条件较好可贮存达数年之久。

在我国北方也有的单位采用露天自然冰冻皮料的方法。在山东省一带一般采用晒干法或室温贮存法（见图 9-2）。

图 9-2 驴皮晒干

（来源：东阿阿胶 提供）

（一）晒干法

晒干法是将各类湿皮料经过分类，剔除杂质，然后摊开靠日光晒干。晒干是以太阳辐射干燥为主，阳光的干燥能力和皮料水分的蒸发速度取决于照射强度，太阳的辐射强度也因地区纬度和季节而异。例如，我国中部北纬 35°附近地区，晴天时地面受到的太阳辐射热量，冬至前后每日约为 10.45MJ/m^2，而夏天前后约为 18.81 MJ/m^2。按标准煤计算，则每 1 000m^2 晴天一天所受到的太阳辐射热量，在冬季约相当于 350kg 标准煤，夏季约相当于 640kg 标准煤的发热量。

采用晒干法应注意以下几点：所晒皮料要均匀单张摊开，不要重叠，以免影响皮料的干燥速度。晒皮场地要求整洁宽敞，空气流通，场地上不应有石块、沙砾等杂物。不要在强烈阳光下暴晒，因日光中的紫外线能使胶原分子聚合而不溶于水，高温晒干或晒的时间过长的皮料，既难浸泡又难出胶。

晒干法的缺点是：晒干的皮料不易回软，即使浸软也达不到原有皮料的膨胀丰满程度，给工艺操作带来麻烦，也影响到出胶率和胶的质量。

新疆特干旱地区，采用风干的方法，皮料质量更好。

（二）冷藏法

该法是以在低温时细菌和霉菌的活动停止为基础，从而达到防腐的目的。方法与肉类食品的冷藏相同，一般分速冻和冷藏两步，首先将鲜皮料置于冷冻盘内送入－20℃的速冻室内，经过一昼夜后，从盘中取出，再将冻成的皮料送入－10℃的冷藏室保存。

采用冷冻贮存的方法，能够保持皮料的鲜度，贮存时间长，对环境污染小，但因成本高，故在阿胶的生产上很少采用。

（三）室温贮存法

干燥、晒干、晾透合格（水分低于 15%）的驴皮，方可置于驴皮仓库内（室内）。库内保持干燥，并定期进行熏杀处理、定期晾晒、倒库等措施以保证库内驴皮的质量。如果驴皮的水分较高，驴皮较湿就入库，或者是对原料库处理不好，可能会造成库内的驴皮发生虫蛀、霉烂变质。

常用的措施有：一般每3个月用氯化钴熏杀灭菌一次，防止生虫；每6个月必须出库翻晾驴皮，以保证驴皮的干燥。为保持库内干燥，可在驴皮库的四角放些石灰。

目前，生产企业采购的一般为干燥的驴皮，保管的方法一般采用室内保存法。

国家规定，驴皮的贮藏应符合《山东省药材标准（2002年版）》驴皮质量标准项下的要求，故应将驴皮置通风干燥处，防腐、防霉，防虫蛀保存。

五、驴皮真伪鉴别

目前发现，在阿胶制作过程中有的地方有混入其他畜皮的现象，这可能是有意为之，也可能是原料皮收购不慎造成的，因此掌握驴皮真伪鉴别很有必要。

近年来，DNA分子标记鉴定驴皮真伪技术、核磁共振（NMR）代谢组学技术、RAPD分析方法、细胞色素B基因PCR－RFLP方法等现代科学技术逐步应用到驴皮性状鉴别工作中，以上技术能有效鉴别驴皮真伪，但检验成本高、周期长、操作较复杂。

现介绍一种简单可行、快速便捷、易操作、结论可靠驴皮鉴别方法，供参考。

（一）整张驴皮具有的特征

略呈长方形，驴头皮较长，耳大且较宽，耳长约12～25cm，耳内侧灰白色或血红色，较光滑；嘴唇、眼圈部多呈灰白色。躯干皮长约80～160cm，宽约55～140cm；四肢对称生长于躯干两侧，长约40～60cm，宽约10～20cm，腿表面有横斑（虎斑）；外表皮被毛细短，有纯黑色、皂黑色、灰色、青色、栗色等，但多为灰色，除黑色或其他深色外多数中间有一暗黑色背线，肩膊部有暗黑色肩纹，略似十字形（鹰膀）；多数后腹部两侧无毛旋，及少数有毛旋，且不明显，腹部多呈灰白色。尾部呈圆锥形，基部直径约2～5cm，尾长约28～46cm，从尾根部约总长的3/4处有短毛，尾梢部的1/4处有少量长毛。腿皮窄长，前腿上部的内侧皮内有无毛斑块（附蝉），多呈圆形或椭圆，呈黑色。

（二）常见伪品

1. 骡皮　骡是驴和马的杂交物种，骡皮整张为方形，四肢宽大壮实，头皮较驴皮小马皮大，小眼圈，耳朵有大有小，驴骡耳朵和驴差不多，马骡耳朵小于驴大于马；在鼻梁中间（眉心与鼻孔中间）有毛旋；鬃鬣毛密、粗、宽过肩，竖鬃一般不倒，鬃鬣毛起始点位于两耳根中部；腿皮较宽长，附蝉较小呈方形陷于前腿下半部内侧，呈灰黑色；尾芯扁粗有盖尾毛，1/2处为长毛；被毛稍粗，毛锋钝圆，光泽较弱；颜色分为红、黑、灰、土黄等多种，但全身均匀，比马皮模糊，没有马皮那样艳丽，部分有较明显的十字架（鹰膀）；唇、鼻、眼圈、肚皮多呈白色或棕色，少数肚皮部有长毛；后臁部有两个较明显的圆形毛旋。

2. 马皮　为马科动物马的皮，整张皮略显长方形，四肢粗长，头皮较驴皮小，眼圈小，耳朵短、尖小，不到驴的1/2，两眼之间（在眉心上）有一毛旋；鬃领宽长，鬃鬣毛长而密，且向后伸超过肩部，鬃鬣毛起始点位于两耳根前部；无十字架（即“鹰膀线”）；前肢上方有附蝉，较小椭圆形，呈灰白色，大多数肚皮后半部有毛旋呈长条形；

腿皮宽长，蹄部有较长的马蹄毛（距毛）；尾芯粗短全尾长毛；被毛粗硬长，坚挺，有锋尖，光泽好；毛色红、棕、黑、黄、白、杂；唇、鼻、眼圈、肚皮毛的颜色和躯干部基本相同。

3. 黄牛皮 被毛粗、硬、短，光泽强；无鬃领，无鬃鬣毛；脊背之间有毛旋，后膁处被毛无旋；尾毛细、密、长、无盖尾毛，只在尾梢部有长毛；腿皮宽短，无附蝉；无十字架（鹰膀）；耳朵宽且短小；头部两侧有角，在两角之间有一毛旋；鼻秃且光滑无毛，唇、腮内侧尖内牙；毛色淡黄、红、黑、白、黑白、花等。有较强的异味，有油质感。

4. 山羊皮 被毛短、齐、密，无鬃领无鬃鬣毛；后腹处被毛无旋，尾毛密、细、短，无盖尾毛；无附蝉；无十字架（鹰膀，成都麻羊有）；耳朵小、短；毛黑、白、花、棕、青。

5. 牦牛皮 牦牛皮大小颜色较接近驴皮，多为纯黑色和黑白相间的花色，细观之牦牛皮没有驴皮的任何特征，板质厚实，四肢短小、毛细密、软、光亮，用手摸顺手倒，耳大宽无鬃毛，尾根低，尾毛丛生帚状。

六、阿胶的加工

阿胶，别名傅致胶（《神农本草经》），又名盆覆胶（《本草经集注》），为马科动物驴（*Equus asinus* L.）的干燥皮或鲜皮经煎煮、浓缩制成的固体胶块，主产于山东省，以东阿县所产者品质最优，故以“阿胶”命名。传统的九朝贡胶是以每年冬至子时取阿井水，炼制乌驴皮，用金锅、银铲、桑柴火，历时九天九夜而制成。阿胶味甘，性平，无毒。主归肺、肝、肾经。主要功效为补血，滋阴润燥，止血。被历代医家誉为滋补“上品”、补血“圣药”，与人参、鹿茸并称中药滋补“三宝”。

据不完全统计，全国生产阿胶企业有几百家，由于企业规模大小不一、技术水平高低不齐、科学规范程度有别，产品质量差异很大。总体来看，以东阿阿胶股份有限公司为代表的大型阿胶企业，在传统基础上对阿胶加工要求的更加严格，机械加工更加科学、卫生，工艺程序更加细致、规范，阿胶质量一直高度稳定。

研究表明，酶法提取驴皮胶原蛋白的纯度高于酸法提取驴皮胶原蛋白的纯度。

据测定，一张驴皮重约 9～11kg，熬制 1kg 阿胶需要 3～4 kg 驴皮。

（一）驴皮原料的选择

驴皮挑选，选择整张驴皮，无马皮、骡皮等杂皮，无腐败、霉变、虫蛀现象；驴皮上不得附带头骨、腿骨和尾骨；驴皮不得用有害化学药品处理，不得使用皮质颜色发蓝或皮板脱毛皮。

（二）驴皮的净化处理

1. 泡皮回软 采用泡皮池、转鼓或其他设施设备进行泡皮回软，用饮用水将驴皮浸泡至胶质层吸水膨胀，皮色发白、柔软。

2. 洗皮 用饮用水将浸泡后的驴皮清洗干净。

3. 净制 洗净的驴皮除去驴毛及内层附着的油、肉。

4. 切制 根据工艺要求，将驴皮切割成适宜大小的皮块，一般切割成 20cm×40cm 见方的块。

（三）焯皮（驴皮的深度净化）

将皮块置于蒸球化皮机内（或其他适宜容器），加适量的食用碳酸钠，用热水进行焯洗，焯洗完成后用水反复冲洗至冲洗水清澈，进一步去除油脂等热溶性杂质。

（四）化皮（胶液提取）

1. 挥发性物质的净化去除　精制后的驴皮加水煎取胶汁，升温至适宜温度后进行排汽，排出挥发性异味物质及空气。

2. 胶汁提取　排气后进行升温提取，提取过程中保持适当的压力与温度，确保药用物质提取完全，减少非药用物质的进入。

此步骤为阿胶生产的关键步骤，阿胶的凝胶性能、水不溶物等指标均与化皮操作密切有关。

（五）胶汁的精制

1. 过滤分离　提取后的胶汁依次通过过滤筛网、双联过滤器、脱汽罐、过滤罐，实现胶汁与提取剩余物分离，完成初步净化。

2. 离心分离　将初步净化后的胶汁进行离心分离，进一步去除杂质。

3. 提沫　将离心分离后的胶汁蒸发浓缩至适当程度时，向胶汁内加入适量饮用水，使胶液微沸上沫，沫满后进行除沫，去除胶汁中的浮沫杂质（易于上浮的杂质）。

4. 精制提杂　提沫后的胶液，保持适当的水分，在微沸状态状态下进行提杂，反复提杂至胶液发亮（杂质提取干净）时，停止提杂。

（六）浓缩出胶

1. 化糖　将冰糖以适量水溶化成糖浆液沉淀适当时间，备用。

2. 加入辅料　根据工艺要求，按顺序过滤加入冰糖溶液、豆油、黄酒等辅料，与胶液混合均匀。

3. 浓缩出胶　将胶液与辅料的混合液进行浓缩，浓缩至胶液挂旗，停止加热，塌锅，出胶至胶箱内，出胶 1/3 后取样检测。

（七）凝胶

1. 常温冷凝　出胶后，胶膏在室温下冷凝。

2. 低温凝集　将冷却至室温的凝胶移入冷库中进行低温凝胶。

（八）切胶

冷冻后的胶坨称重，切制成规定规格的胶片。

（九）晾胶

1. 摆胶及灯检　切制后的胶块摆放在晾胶床上，对胶块进行逐块灯检，挑出次品，查清数量。要求：块与块、行与行之间间隙均匀，胶块无黏连。

2. 晾胶

（1）鲜胶区晾胶　将摆满胶块的网床转移至晾胶鲜胶区内，排放整齐，晾制适当时间后翻胶，同时挑出不规格的胶块，摆放整齐，继续晾制适当时间，转移至半干胶区。

（2）半干区晾胶　半干胶区晾置后倒床，将胶块摆放整齐，继续晾置至适当水分后进行瓦胶。

（3）瓦胶　将胶块置于瓦胶箱中，反复倒置使胶块平整。

（4）干胶区晾胶　将瓦胶后的胶块在干胶区内进行晾制，取样检测水分合格后收胶。

（十）擦胶、印字

1. 擦胶

（1）手工擦胶　将纯化水加热至工艺规定的温度，灭菌后的擦胶布用热纯化水洗过后，包住胶块两大面，将胶块六面擦光、擦亮，拉出直纹，摆放在胶筛内。

（2）机器擦胶　按照工艺参数要求进行擦胶，质量要求同手工擦胶。

2. 印字　将擦好的胶块晾至表面不黏手后，印上要求的文字及图案，将印字后的胶块烘干，备用。

（十一）包装

1. 内包装　将胶块用经注册批准的包材及包装方式进行包装。

2. 外包装　按照工艺要求进行外包装。

（十二）检验、放行

包装后的产品按照《中国药典》及内控质量标准进行检验，合格后放行（见图 9-3）。

图 9-3　盒装阿胶和胶片合照

（来源：东阿阿胶　提供）

七、阿胶的贮藏

试验表明，阿胶含水量超过 21%在温度 25℃ 以下即开始霉变，故阿胶的安全含水量应在 20% 以内。含有 18% 水分的阿胶，在温度 35℃ 相对湿度 84% 时既不增加水分，也不减少水分，且不会霉变，故相对湿度 84%为阿胶的临界安全湿度。阿胶如长期储放在相对湿度 81%的空气中（温度 35℃），其含水量会降低至 16%左右。如储放在相对湿度 75%的空气中（温度 35℃）其含水量会降低至 14% 以内，故阿胶也不宜储放在过于干燥的空气中，以免水分降低，胶面脆裂而影响质量。

以上实验说明驴皮胶的适宜含水量应为16%～18%，适宜的相对湿度为80%～84%。如含水量和相对湿度均在安全范围以内，一般夏季温度对驴皮胶的保管储藏影响不大。当阿胶的含水量超过20%时即应采取降潮措施（如用石灰或无水氯化钙等吸潮剂吸潮），否则即有生霉可能。

第二节　驴肉加工

驴早熟性好具有良好的肉用基础，优质肉比例大，肉用的性能也很突出。驴肉因鲜美的肉质，独特的营养，一直被人们所钟爱。肥育后的驴肉、牛肉、羊肉一起品味试验，驴肉得分最高，驴肉在我国各地加工形成了众多的特色小吃和地方名、优食品受到了大家推崇。现在驴肉加工技术逐渐现代化，产品正由传统食品转变成为现代食品。

一、驴肉营养和肉质

这一问题在驴的肉用一章有详细介绍，这里再简要予以回顾。从营养看，驴肉是高蛋白、低脂肪、低热量的优质肉品；驴肉氨基酸含量丰富，鲜味氨基酸高，蛋白质质量高；驴肉不饱和脂肪酸和必需脂肪酸含量高，胆固醇远低于猪肉、羊肉、牛肉；维生素和微量元素驴肉和其他畜肉含量相近；驴肉的肌间脂肪沉积良好。

从肉质看，驴肉的感官指标和品味试验优于其他家畜肉；驴肉熟肉率高，失水率低，嫩度好；驴肉眼肌面积较大，肌纤维直径细；经过肥育的驴肉，肉质明显优于猪肉、牛肉。

因而说，驴肉是各种家畜肉中的珍品。

二、驴的屠宰与驴肉保藏

屠宰驴的肉量，是按驴的活重将肠胃内容物打折扣或按屠宰后实际胴体重乘以屠宰率来计算的。肠胃内容物的折扣，一般运输距肉联厂100km以内的，折扣为驴活重的1.5%，超过100km的不打折扣。

（一）宰前检验

宰前检验包括验收检验、待宰检验和送宰检验，应采用看、听、摸、检等方法。

1. 验收检验　检验人员要检验检疫合格证明，临床观察未见异常；然后逐头观察驴的健康状况。

2. 待宰检验　待宰期间，检验人员要进行“静、动、饮水”的观察，检查有无病驴漏检。待宰生驴在宰前停食静养12～24h，宰前3h停止饮水。这不仅可以降低微生物对肉的污染，而且也可以降低肉的pH，有利于驴肉的保存贮藏。绝食后的驴可减少胃肠的内容物，有利于操作，减少污染机会，降低驴体代谢，使宰杀时放血比较完全。

3. 送宰检验　驴在送宰前，检验人员还要进行一次全面检查，确认健康。

（二）赶挂

把驴驱赶进屠宰车间，在驱赶过程中，注意保护驴的福利，严禁用棍棒驱赶、乱打，以免出现淤血或损伤，同时避免屠宰的驴受到强烈的刺激，过度紧张，影响放血，造成产品的质量下降。

（三）屠宰

在驴两耳连线的中间前方2～4cm的顶骨处将驴击晕，用水管冲淋前后腿、腹部和肛门处，冲掉污物。用扣脚链扣紧驴的右后管部，匀速提升，使驴后管部接近输送机轨道，然后挂至轨道链钩上。挂驴要迅速，从击昏到放血之间的时间间隔不超过1.5min。从驴喉部下刀，横断食管、气管和血管。从驴头盖骨放血处挑开驴皮，并朝驴嘴方向划开，剥离头部驴皮。

在枕骨和第一颈骨椎间垂直切过颈部肉将头去除。剥前褪皮，在驴蹄冠上方圆圈式地切开驴皮，沿内侧朝腹部方向划开，剥离管蹄驴皮。从前膝处割掉前管和蹄。剥颈部及前腿皮，从前膝关节下刀，沿前腿内侧中线挑开驴皮至胸中线。沿颈中线自下而上挑开驴皮。从胸颈中线向两侧进刀，剥开胸颈部皮及前腿皮至两肩止。去尾，在荐椎和尾椎连接处去掉尾椎，保留驴后尾于驴皮。剥后腿皮，同样从后蹄蹄冠上方圆圈式地切开驴皮，沿内侧朝腹部方向划开，剥离后管蹄驴皮。从飞节处割掉后管和蹄。从飞节下刀，刀刃沿后腿内侧中线向上挑开驴皮。沿后腿内侧线向左右两侧剥离飞节上方至尾根部驴皮，同时割除生殖器。剥胸、腹部皮用力将驴胸腹部皮沿胸腹中线从胸部挑到裆部。沿腹中线向左右两侧剥开胸腹部驴皮至肷窝止。

扯（撕）皮，在驴屠体两只前腿腕关节（前膝）肌筋健处穿孔，挂钩链将两只前腿稳固在栓腿架上，左右前腿皮放入扯皮机锁钩内锁紧，启动扯皮机。要求皮上不带肉，皮张不破。扯下的驴皮应用专用运输设备将其放入皮张整理间，屠宰结束后及时送入皮张晾晒场，不得在车间内长期存放。扯完皮后将扯皮机复位。

第一次冲洗在操作台上，从后腿部位开始，右手持水管，左手拂拭驴屠体后腿和腹部表面的污物和驴毛，自上而下，冲洗彻底。取“白内脏”（去皮胴体）沿腹侧线切开腹腔，纵向锯断胸骨和盆腔骨，肠胃自行流出一部分，用右手先将肚油取下，放入专用容器中，左手将直肠拽出，然后双手同时用力将肠胃自腹腔内取出，分开放入相应的专用容器内，同步检验合格后，输送至白内脏车间。取膛油、取红内脏、用左手抓住隔肌，右手握刀，刀尖朝下，贴胸膛等到内壁，将隔肌割开，同时用刀将心血管紧贴胸腔割开，隔肌取出放入专用容器内。左手抓住气管，用力上提，将心、肝、肺分开放入相应的专用容器内，同步检验合格输送至红内脏车间。取肾油、肾，将肾油从腹腔取出，肾连带取出，放入指定容器内。公驴切下阴茎（驴鞭）放入专用容器内。母驴切下乳房放入专用容器内。

第二次冲洗在升降台上，从后腿部位开始，右手持水管，左手拂拭驴屠体后腿和背部表面的污物和驴毛，自上而下，冲洗彻底。第三次冲洗先冲洗腹腔两遍，然后从颈部开始，右手持水管，左手拂拭驴屠体颈和前腿表面的污物和驴毛，自上而下，冲洗彻底。去板油，劈半沿脊椎骨中央分割为左右各半片胴体。不用电锯时，可沿椎体左侧椎骨端由前向后劈开，分软、硬两半（左侧为软半，右侧为硬半）。四分体用斧头分割脊椎和肋骨连接处，产生的碎骨，随即剔除。剔骨驴肉入库排酸，0～4℃排酸24h后驴肉出库分装。胴体检验和出库肉品检验，均按《肉品卫生检验试行规程》的规定进行（见图9-4）。

（四）驴肉保藏

宰后24～36h，将驴的胴体分割成半或再劈成1/4，在−20～−18℃温度下冷冻三昼夜，然后放入冰冻室，这样的驴肉可保藏半年左右。

一般宰后的驴肉都有一个后熟过程，时间长短不一。这与驴的年龄、性别有关，一般驴肉在4℃温度下5天即可成熟。需经过冷却→僵直→解僵→成熟的变化。

宰后6h的新鲜肉，pH为6.3～6.6，三磷酸腺苷含量很高，这种驴肉仅可以加工香肠、灌肠，其产品的结合力和组织状况好。

宰后经96～120h，处于冷冻极限驴肉处于僵直状态，系水力很低，不宜加工成高质量的肉制品。

宰后120～180h，处于冷冻状态的驴肉正在解除僵直，系水力令人满意，完全适宜加工成食品。

宰后7～10天的驴肉，完全成熟，是加工成很多肉制品的良好原料。

（五）运输

驴肉运输时应使用符合食品卫生要求的冷藏车（船）或保温车，不应与有毒、有害、有气味的物品混装。

图9-4 驴的屠宰照

（来源：李海静 提供）

三、驴肉制品加工

驴肉加工种类和方法多种多样，但与其他畜禽肉加工相比，仍显得较少。其实，无论是驴肉加工的名、优、特产品，还是现代食品，只要掌握了它们的加工原理，就可互相借鉴，推陈出新。这里介绍的是国内常见的驴肉加工方法，其他方法就可以触类旁通了。

目前，驴肉制品生产也由传统方式向现代方式转变，不少工艺都已经机械化，生产的成品更加卫生，更加标准化。如腌制工艺已采用注射法，真空滚揉机替代了手工等。

（一）腌腊制品

腌腊是畜禽肉品加工的一项重要技术。在我国应用历史悠久、范围广泛，世界各国也普遍采用此种加工技术。所谓腌腊就是将肉品应用食盐（或盐卤）、砂糖、硝酸盐和其他香辛料腌制，在温度较低的环境下，使其自然风干成熟。腌腊制品在风干成熟过程中，脱掉大部分水分，肉质由疏松变为紧密硬实。腌腊应用的硝酸盐具有发色和抑菌作用，因而腌腊制品耐贮藏，色泽红白分明，肉味咸鲜可口，便于携带和运销，是馈赠、酬宾之佳品。

腌腊制品，它可以随市场的需求，通过腌渍料的调制，加工成适合不同人群口味的肉制品。

陕西凤翔腊驴肉的加工工艺

1. 原料肉 主要取腰、尻、股、臀、背、颈、上膊、胫的大块肌肉和驴阴茎。

2. 腌制 取食盐（肉重的3%～7%）和硝酸钠（肉重的0.8%～1.2%）混匀，均匀涂抹原料肉的表面。然后一层肉一层食盐叠加入缸，最后在上面再撒一层硝盐。每10天翻缸一次，坯料上下变动，倒入另一缸中。30天出缸时肉剖面呈鲜艳玫瑰红色，手摸无黏感。

3. 挂晾 腌制好的肉，挂在露天自然风吹日晒（温度不能高于20℃），一般7天即可。手摸不黏。腌制的不良气味蒸发消散。

4. 压榨 将晾晒后的肉块在加压机中压榨，压力由小到大，流出渗出液为准。时间2～3天。这样可使肉脱水，肌纤维间紧固。

5. 改刀 将大块肉切成1.5～2.5kg的小块，这不仅利于成品分割和炖煮时同时成熟，也利于调料配液的附着和吸收。

6. 烫漂 锅中水淹没肉，煮沸10～15min，强火加热，除去汤中浮物；然后翻动肉块，再煮沸5～10min，二次漂去浮物；再次强火煮沸捞肉，去汤加新水重新煮。对驴钱肉，应将尿道从阴茎的海绵体肌中抽出。

7. 晾干 烫漂3次的肉，捞出放在晾板上（堆得不要太高）散热，晾至室温。

8. 配料 将白胡椒、上元桂、良姜、草果、豆蔻、砂仁、荜拨、丁香作为上八味，花椒、桂皮、小香、荜拨、大香、干姜、草果、丁香作为下八味，按一定的给量配成调料。

9. 炖煮 将调料用纱布包好，放入沸水中煮半小时，然后放肉，强火、文火结合，先强火将肉炖开，再用文火将肉炖熟。用手指迅速插入肉中，如能插入，即表示炖熟。这时可用强火，待水翻滚，将肉捞出。

10. 上腊 熟肉冷却后，放入驴油锅中（驴油中加少量香油）浸提几次，使其表面均匀涂上一层驴油，使肉块呈霜状颜色，油膜可防腐，油入肉还可增强酥脆性和香味。

成品腊驴肉，色泽透红。呈现出鲜红色，表面覆盖一层霜状物，气味浓香，味美可口，具备香浓、质密的特点，为冷食佳品。驴钱肉更为珍贵，“治百虚诸损，有强阴助阳之奇功”。

据测定，成品腊驴肉与驴肉相比，脂肪酸含量有所降低，而氨基酸含量则升高。

除陕西凤翔腊驴肉外，山西的腊驴肉也很有名。

（二）干制品

肉品干制就是在自然条件或人工控制条件下，促使肉中水分蒸发的一种工艺过程。肉中水分降低的水平，能达到足以使其不能变质腐败为准。肉类食品脱水干燥是最古老的贮藏方法之一，我国古书上的“焙”字，即为火干五谷之意。北魏《齐民要术》一书就提到了阴干制造肉脯的方法。实质上，人类在游牧时期就已开始了干燥肉制品的生产。发展到今天，我国仍有肉松和肉干等干制品的加工。这些干燥肉制品，由于肉类的水分脱出、体积缩小，便于携带和运输，还可以长期贮藏，因此适用于行军、探险和地质勘探野外作业人员及旅游人员的需要。

驴肉松的配方和加工工艺

1. 配方（按 50kg 驴肉计）　食盐 1kg，红糖 1.2kg，黄酒 1.2kg，海米 1.2kg，白萝卜 1.2kg，酱油 1.8kg，面粉 12.5kg，花生油 12.5kg，白糖 5kg，大茴香 75g，丁香 100 g，味精 150 g，大葱 250 g，生姜 250 g。

2. 加工工艺　将驴瘦肉修整干净后，用凉水浸泡，排出血水，切成 5cm 的方块，投入凉水锅中烧开后，撇净浮沫，放大盐 1kg 和辅料袋（包括姜、葱、大茴香、丁香）、红糖、黄酒、海米、白萝卜、酱油、白糖，用旺火煮 2h，以肉丝能用手撕开为成熟。将浮油、沫子撇净。将驴肉捞出放入细眼绞肉机中绞碎，放在空锅中炒干，并将原煮锅内清过的卤汤全部倒入，约炒 30min，使水分蒸发为止。炒干后用细眼筛子过筛，将未散开的肉块用手搓碎，以完全过筛。将面粉放入空锅内干炒约 1.5h，以面粉变黄为止，过筛仍为干粉状，再与经煮熟过筛后的驴肉混合炒，放食盐 400g，白糖 4.5kg，炒匀后放入味精，再炒匀过筛，将肉搓碎。过筛后将炼好的花生油、肉末共同放在锅内炒（花生油应随炒随放），待花生油全部放入肉末后，继续炒 2h，出锅和再过筛即为成品。包装前要筛选去杂，剔出块、片、颗粒大小不合标准的产品。为使肉松进一步蓬松，可用擦松机使其更加整齐一致。

驴肉松的特点是红褐色，酥甜适口。

驴肉干的加工

1. 原料肉的选择处理　取驴瘦肉筋腱，洗净沥干，然后切成 0.5kg 左右的肉块。总计 100kg。

2. 水煮　煮至肉块发硬，捞出切成 1.5cm^3 肉丁。

3. 复煮　取原汤一部分，加入食盐、酱油、五香粉（分别为 2.5～3kg，5～6kg，0.15～0.25kg）。大火煮开，汤有香味时，改用小火，放入肉丁，用锅铲不断翻动，直到汤干将肉取出。

4. 烘烤　将肉丁放在铁丝网上，用 50～55℃烘烤，经常翻动，以防烤焦。经过 8～10h，烤到肉硬发干，味道芳香，则制成肉干。

5. 包装　用纸袋包装，再烘烤 1h，可防霉变，延长保质期。如包装为玻璃瓶或马口铁罐，可保存 3～5 个月。

（三）熏烤制品

熏烤制品严格説来又分熏制品和烤制品。熏制品是指用木材焖烧所产生的烟气进行熏制加工的一类食品。烟熏可以防腐，但更重要的是提高了制品的风味。烤制品是经过配料、腌制，最后利用烤炉高温烤熟的食品，也称炉产品。制品经 200℃以上高温的烤制，表面焦化，使产品具有特殊的香脆口味。

熏驴肉的配方和加工工艺

1. 配方（按 50kg 驴肉计算）　食盐 5kg，硝酸钠 25g，花椒粉 50g，桂皮粉 50g。

2. 加工工艺

(1) 腌制　将驴肉切成2～4kg的条肉，用配料擦匀，逐条入缸，一层驴肉条，一层配料，最上面也撒一层配料。每天上下互调，同时补撒配料，15～20天后，将条肉取出用铁钩挂晾，离地50cm以上。

(2) 熏制　挖坑，坑中放松柏枝，松柏锯末，将驴肉条用铁钩挂在坑上面的横木上，点燃树枝锯末，仅让其冒烟，坑上面盖好封严，熏1～2h，待驴肉表面干燥，有腊香味，肉呈红色即可。熏好驴肉放于阴凉通风处保存。

(3) 煮食　将熏好的驴肉用温水洗净，放入锅内，加热高压煮熟（约20min），取出切片，装盘上桌。也可把擀好的面切成二指宽、三指长的面片放开水内煮熟，装在大盘内，上放煮熟切好的肉片，然后把洋葱切丝，与煮肉的汤最后一起倒入大盘，即可上桌食用。

(四) 灌制类产品

将驴肉及副产品切碎之后，加入调味品，香辛料均匀混合，灌装在肠衣中，制成的肉类制品总称为灌制类产品。灌制类产品是一种综合利用肉类原料的产品，它既可以精选原料制成质量精美，营养丰富的高档产品，也可以利用肉类加工过程中所产生的碎肉等，制成价格低廉，经济实惠的大众类产品。灌制产品营养丰富，食用方便，便于携带，有些产品贮存期较长，因此是具有广泛发展前途的一类肉制品。

灌制类产品种类很多，按其加工特点有中式香肠和欧式香肠之分。由于原料肉种类不同，加工过程不同，调味品和辅助材料不同等原因，使香肠和灌肠无论在外形和口味上都有明显区别。

驴肉灌肠的配方和加工工艺

1. 配方（按50kg驴肉计算）　驴肉35kg，猪肥肉15kg，食盐1.5kg，白酒1kg，味精50g，胡椒粉100g，花椒粉100g，白糖200g，维生素C5g，硝酸钠25g。

2. 加工工艺

(1) 原料选择与整修　选用经卫生检验合格的鲜、冻驴肉及猪硬膘肉为原料。将驴肉用清水浸泡后，修割掉淤血、杂质。如选用驴肉的前、后腿，则修净碎骨、结缔组织及筋、腱膜等。

(2) 绞肉、切丁　将选择修好的驴肉切成500g左右的肉块，用1.3cm大眼蓖子绞肉机绞出，将猪硬膘肉用刀切成1cm^{3}的膘丁。

(3) 腌制　将绞、切好的原料混合在一起，加入硝酸钠、食盐和所有辅料，放入搅拌机内搅拌均匀后，放入容器在腌制间腌制1～2h。腌制时间，随室内温度，灵活掌握。

(4) 灌制　将腌制好的馅，灌入口径为38～40mm的猪肠衣中，肠衣一定要卫生干净。每根腊肠，以15cm左右长度扎一节。串杆时要注意间距，避免过密而烤不均匀。

(5) 烘烤　烘烤温度为55～75℃。烘烤6h后，视其干湿程度再烘烤4～6h。烘烤时要缓慢升温，不可高温急烤，要让水分逐渐蒸发干燥，肌肉慢慢收缩。待肠体表面干燥、坚实、色泽红亮时，即可出炉晾凉为成品。

3. 质量标准　驴肉腊肠成品表面干爽，清洁完整，肉馅紧贴肠衣，外表枣红发亮，肠体坚实，气味醇香，口感甘香鲜美。

驴肉肠的配方与加工工艺

1. 配方 （按50kg驴肉计算）香油3kg、大葱10kg、硝酸钠25g、鲜姜3kg、食盐3kg、淀粉30kg、肉料面200g、花椒（熬水）200g、红糖（熏制用）200g。

2. 加工工艺 将驴肉放入清水中浸泡，以排出血水，切成10cm方块肉，放入细眼绞肉机中绞碎后放入容器内，加入葱末、姜末、花椒水，再将淀粉的一部分用开水冲成浆糊状，然后加入香油、淀粉、肉料面等辅料，与容器内的肉馅一起调匀，灌入洁净的驴小肠内，两端用麻绳扎紧，长度40～50cm，放入100℃的沸水锅内煮制1h，然后熏制25min，即为成品。

驴肉肠加工工艺大体与北京粉肠的加工工艺相同。

驴肉肠呈红褐色，有明亮的光泽，具有熏香味，风味独特。

上述两种灌肠分别采用中、西两种灌肠的生产流程。

（五）酱卤制品

这是我国传统的一大类肉制品。其特点是，一是成品都是熟的，可以直接食用；二是产品酥润，有的带有卤汁，不易包装和保藏，适于就地生产，就地供应。酱卤制品加工方法有两个主要过程：一是调味，二是煮制。调味以不同地区加入不同种类和数量的调料，加工成特定的口味。如北方人喜欢咸味，盐多加些，而南方人喜爱甜味，糖多放些。调味的方法根据加入调料的时间，大致可分为：基本调味，即将加热的原料肉整理后，须经腌制，所用的盐、酱油或其它配料，奠定了产品的咸味；定性调味，即下锅和同时加入的主要配料，决定基本口味的，如酱油、盐、酒、香米等；辅助调味，即煮熟后或即将出锅时加入糖、味精等，增进产品的色泽和鲜味。

五香驴肉（北京）的配方和加工工艺

1. 配方（按50kg驴肉计算） 大茴香、豆蔻、料酒、陈皮各250g，良姜350g，花椒、肉桂各150g，丁香、草果、甘草各100g，山楂200g，食盐4～7kg，硝酸钠100～150g。

2. 加工工艺

（1）腌制 将驴肉剔去骨、筋膜，并分割成1kg左右的肉块，进行腌制。夏季采用暴腌，即50kg驴肉，用食盐5kg，硝酸钠150g，料酒250g，将肉料揉搓均匀后，放在腌肉池或缸内，每隔8h翻1次，腌制3天即成。春、秋、冬季主要采用慢腌，每50kg驴肉，用食盐2kg，硝酸钠100g，料酒250g，肉下池后，腌制5～7天，每天翻动1次。

（2）焖煮 将腌制好的驴肉，放在清水中浸泡1h，洗净捞出放在案板上，控去水分。而后将驴肉、丁香、大茴香、花椒、豆蔻、陈皮、良姜、肉桂、甘草和2kg食盐，放在老汤锅内，用大火煮2h后，改用小火焖煮8～10h，出锅即为成品。

3. 产品特色 色佳、味美，外观油润，内外紫红，入口香烂，余味长久。

五香驴肉（河南周口）的配方和加工工艺

1. 驴肉的准备 无病的驴，适当肥育，宰前绝食1～2天，栓入温室，大量排汗，排出体内异味，然后给驴饮大量五料水（丁香、豆蔻、草果、辛夷等10多种药材），驴宰后去骨和筋膜，分割成1kg大小的肉块，清水洗净。

2. 加工工艺

（1）腌制 50kg驴肉，用硝酸钠150g，料酒250g，食盐5kg，腌20天，每天翻肉1次。

（2）焖煮　暴火2h后，改小火，锅中大滚不见，小滚不断，中间翻花冒泡8～10h，出锅为成品。

3. 产品特点　肉闻喷香，入口肥烂，味厚无穷。1984年该产品获河南优质产品证书。

北京酱驴肉的配方与加工工艺

1. 配方　（按50kg驴肉计算）食盐2.5kg，酱油2kg，硝酸钠25g，大葱500g，黄酒250g，丁香75g，桂皮150g，小茴香150g，山柰100g，白芷25g，鲜姜250g。

2. 加工工艺　将驴肉选修干净后，切成1～1.5kg重的肉块，放入清水锅中加入辅料袋（大葱、鲜姜装一袋，丁香、桂皮、小茴香、山柰、白芷另装一袋），煮至大开后放入食盐、硝酸钠，撇净血污、杂质，盖上锅盖（锅盖要能直接压入汤内），煮制60min，其间翻锅2次。翻好锅后在锅内放入汤油盖住肉汤，再在锅上压上重物，然后小火，焖6h后取出，即为成品。

洛阳卤驴肉的配方与加工工艺

1. 配方　（按50kg驴肉计算）花椒、良姜各100g，大茴香、小茴香、草果、白芷、陈皮、肉桂、荜拨各50g，桂子、丁香、火硝各25g，食盐3kg，老汤、清水各适量。

2. 加工工艺

（1）制坯　将剔骨驴肉切成重2kg左右的肉块，放入清水中浸泡13～14h（夏天短些，冬天长些）。浸泡过程，要翻搅换水3～6次，以去血去腥，然后捞出晾至肉中无水。

（2）卤制　先在老汤中加入清水，煮沸撇去浮沫，水大滚时，将肉坯下锅，待滚开后再撇去浮沫，即可将辅料下锅。用大火煮2h，改用小火煮4h。煮熟后浓香四溢，这时要撇去锅内浮油，然后将肉块捞出，凉透即为成品。

（3）产品特点　酱红色，表里如一，肉质透有原汁佐料香味，肉烂利口。如加适量葱、蒜、香油，切片调拌，其口味更佳。为洛阳特产。

驴内脏的卤制

驴的心、肝、脾、肺、肾、食道、胃、小肠、大肠、蹄筋等均可制成卤制品，不过心、肝、脾、肺、肾不应与大肠、小肠同一锅煮。

1. 原料准备　先将内脏用清水清洗干净。心脏应掏去血凝块。肺应反复用清水冲洗干净。将肺放入热水锅（气管置锅外），加热煮。将肺内的灌水全部排出，切去气管。胃、肠要除去内容物，用剪刀剪开，先冲洗干净，再用碱面揉搓，清水冲洗，食醋揉搓，清水冲洗，食盐揉搓，再清水冲洗，使其消除异味。球系部刮毛去垢，清洗干净。

2. 分别预煮　将处理好的心、肝、脾、肺、肾放入锅内，加清水煮透而不烂。所有的胃、肠也另用清水煮透而不烂，煮过的汤弃去不用。球系部可与心、肝一起煮，但必须煮熟至筋皮软烂为止。

3. 原料　（以10kg内脏计）食盐1kg、酱油500g、白糖500g、花椒50g、八角100g、茴香20g、桂皮50g、丁香5g、草果5g、生姜50g（拍裂）、黄酒150g、红米汁50ml。

4. 卤制　锅底先放锅垫，放入球系部后，再放入各种内脏和各种原料，然后旺火煮熟，使胃肠呈淡红色。再加入煮过心、肝、肺等的白汤，淹没所有主料，放入食盐，加盖烧至沸腾，改小火焖2h左右，当内脏能嚼烂时取出，仅留球系部继续文火煮至离骨时取蹄筋。冷透后切成片条食用。

除上述地方的驴肉酱卤制品外，广饶肴驴肉、高唐驴肉、曹记驴肉、闹汤驴肉等都在各地非常有名。河间驴肉火烧、保定驴肉卷火烧更是在华北地区享有盛名的小吃。

（六）肉类罐头

肉类罐头是将肉类密封在容器中，经高温杀菌处理，把绝大多数微生物消灭掉，同时在防止外界微生物再次入侵条件下，借以获得在室温下长期贮藏的一类食品。它的生产过程是由预处理、预煮、调味或直接装罐，再经排气、密封、杀菌和冷却等工序组成。容器必须具备对人体无害和良好的密封性能，良好的耐腐蚀性，适于工业化生产的特点。目前制作罐头容器的有镀锡薄板罐、镀铬薄板罐、铝合金罐、复合铝箔袋、塑料罐等。用铝箔袋做成的产品又称为软包装罐头。

市场上常见到驴肉罐头多为复合铝箔包装，有五香驴肉、卤驴肉等。比较有名的山东莱州、德州，陕西三原、甘肃张掖等地的真空软包装袋驴肉，销售国内外，美味可口，食用方便，深受消费者欢迎。

真空铝箔袋包装将驴肉配方和加工工艺

1. 配方（按 50kg 驴肉计算）八角茴香 50g、花椒 25g、黄酒 750g、白砂糖 250g、小茴香 5g、草果 5g、荜拨 20g、山柰 20g、葱白 300g、食盐 1.5kg、味精 100g、红辣椒 250g、酱油 10kg。

2. 加工工艺

（1）原料整理　先将洗干净的驴肉顺肌纤维切成 5～8cm 的条，放清水内充分泡洗，去净血后挂于铁钩上沥干水分。

（2）白烧　锅内加入清水，放入沥干水分驴肉，加热至 80～90℃，撇净血沫。

（3）烧汁卤制　先将 260g 白砂糖放锅内炒黄不焦，炒出糖色。加清水、黄酒，把其他原料以纱布包好放入水中煮沸 30min。待有香味后，放入经白烧的驴肉和酱油（水和酱油把所有驴肉淹没），加盖煮沸后再改用慢火烧卤。当用竹筷可以插透驴肉时，用铁钩把肉取出放在能漏水的竹筐中，便于沥出卤汁。沥出的卤汁下次加入适量的盐和香料还可再用。

（4）装袋、排气和密封　称取一定重量的酱卤驴肉，装入复合铝箔袋中，采用抽气的方式使之密封（见图 9－5）。

图 9－5　驴肉制品

（来源：东阿阿胶　提供）

(5) 杀菌和冷却　采用加压杀菌法，温度控制在112～121℃。杀菌后五香酱卤驴肉立即进行冷却，避免食品过烂和维生素及肉的色、香、味有大的变化。最好采用先喷冷，再慢冷，当罐头（软包装）温度到38～40℃时即完成这道工序。

3. 检验与贮藏　在55℃保温库中，保温检查7天，合格者贴商标装箱。贮藏适宜温度为0～10℃，不能高于30℃。

四、驴肉及其产品食（药）用方法

除将驴肉加工成以上的名优产品外，驴肉及其产品最为常见的食（药）用方法为地方小吃、家常菜肴和药膳。

（一）地方小吃

淮北名吃烫煺驴肉

1. 驴肉准备　要求屠宰驴健康无病，以1岁以内的、毛色为银白色的淮北灰驴为佳。宰后烫煺完毛，洗净、开膛，胴体剔骨，切成肉块，放入锅中进行煮制。

2. 熟制方法　一为五香咸驴肉。在锅内加水适量，以覆盖住肉为准。放入食盐、八角、茴香、花椒、胡椒、辛夷为佐料，先用旺火将水烧滚，再用文火慢烧，至肉煮熟（而不煮烂）后，捞出沥干。五香烫煺咸驴肉有香咸、味美、可口等特点。

二为清雅淡驴肉。锅内加水适量，任何佐料都不放，驴肉直接煮熟后，捞出沥干。吃时另备一碗佐料汤，将肉切片，蘸佐料汤食用。这种肉保持着驴肉的原有清香，别具特色。

驴血调制：驴血沉淀后，取上部血清，灌入洗净的驴肠内，肠的两头扎口，放入锅内煮熟，捞出。用它可做驴血块汤，也可切片蘸佐料汤食用。吃起来清香可口，嫩而不淡，特别受老年人欢迎。

（二）家常菜肴

1. 椒盐驴肉　将驴肉顺肌纤维切成4～5cm的长条，多次换水浸泡至无血色。锅内先放拍裂的生姜、葱白段，加清水放驴肉条煮烂。吃时再顺肌纤维切成薄片，蘸椒盐食用。如用拔毛后带皮驴肉加工，别有风味。

2. 外肾（睾丸）**炒食法**　将驴睾丸经凉水泡净，切成薄片，用酱油、五香粉、味精腌1～2h后，加清油急炒，再放辣椒粉、大葱、生姜丝，翻炒后出锅食用。

3. 凉拌驴鞭（凉拌“钱肉”）　将驴阴茎剪开、洗净，抽出尿道，用八角、桂皮、茴香各20g（茴香做成纱布包），山柰、荜拨各10g及适量的盐加适量的水腌透，放入高压锅或蒸笼蒸烂，切片后根据个人爱好蘸不同佐料食用。

（三）药膳和外用药

中医认为，驴肉性味甘、酸、平，有补血益气之功，适用于虚劳损伤、消瘦、风眩，心烦等。《本草纲目》记载：“驴肉味甘、无毒、解心烦、止风狂、能安心气、补血益气、治劳损。”《千金·食治》记载：“主风狂，愁忧不乐，能安心气。”《日华子本草》：“解心烦，止风狂，治一切风。”《饮膳正要》记载：“野驴，食之能治风眩。”

千百年来，实践中人们应用驴产品治疗疾病，获得了一些经验方法，有作药膳和外用药两种用法。现摘要部分，仅供参考。

1. 药膳

（1）驴肉五味汤　驴肉泥 200g、生姜 20g、花椒 7 粒、葱白 1 根、加清水 700～1 000ml，煮半小时，加少许盐制成汤。每日 1 次，连服数日，可治忧愁不乐，能安心气。

（2）清煮驴肉汤　驴肉 200g，煮烂去肉，空心饮汤，常服能补血益气。驴肉亦可食用。

（3）驴头肉汁　驴头剥皮洗净，加热至肉离骨后，去骨肉，将汤放冷处保存。每日温服，每次 200～300ml，治多年消渴。肉也可食用。

（4）驴头肉姜齑汁　驴头肉 200g，生姜泥 50g，加清水 700～1 000ml，煮至肉烂熟加食盐少许，先饮汤，肉另外吃，可治黄疸。

（5）驴头豉汁汤　去皮驴头一个，清水、豆豉适量，煮至肉烂离骨。去头饮汤，次数不限。可治心肺积热，肢软骨疼，语蹇身颤，头眩中风后遗症。

（6）驴脂乌梅丸　驴脂适量与乌梅肉粉 30g 和匀成丸，未发作前服一丸，治多年疟疾。

（7）生驴脂酒　取新鲜生驴脂 20～40g，与等量白酒同服，治咳嗽。

（8）驴鞭枸杞汤　驴鞭剖开切成小块，与枸杞同煮至烂熟，吃肉喝汤，治阳痿，壮筋骨。

（9）牡驴剔骨汤　剔去肉的公驴骨头，煮汤，肉烂离骨即可，放少量盐饮用，可治多年消渴。

2. 外用药

（1）驴头骨汤　去肉驴头骨，加清水一面盆煮 30～40min。取此汤洗头，治头风风屑。

（2）驴脂暗疮疥膏　驴内脏包裹的脂肪和系膜，加热炼制。放冷处保存（不酸败），敷恶疮、疥癣和风肿。

（3）生脂花椒塞　生驴脂适量与花椒粉 5g，捣成泥状，棉花外包塞耳内，治多年耳聋病。

（4）驴脂鲫鱼胆汁滴耳油　乌驴脂少许，鲫鱼胆一个取胆汁，加麻油 20ml，和匀，注入鲜葱管中，7 日后，取出放入有塞玻璃瓶备用。滴耳内 3 滴，每日 2 次，治耳聋。

（5）食盐驴油膏　适量的盐和驴油调成膏，涂患处，治身体手足风肿。

（6）驴头骨灰　取驴头一个，火内烧透，凉后研细末，和油调匀，涂小儿囟门，治解颅（小儿囟门到时不合）。

第三节　驴奶加工

在中南美和环地中海的欧洲一些国家长期以来就把驴奶作为辅助医疗、病人滋补的食品和哺乳婴儿代乳品，有的还把驴奶作为美容的基础原料。而在我国虽有古籍对驴奶性质和功效有所记载，但是一直未被广泛利用。

目前，我国驴奶用的核心，即在保证幼驹正常生长发育的前提下，母驴如何提供商品奶问题尚未研究解决，但是在驴奶营养、功效和加工利用方面的研究已是如火如荼。驴奶因产量低、易酸败、规模小、分散，批量加工成驴奶粉困难，现在驴奶仅限于做成巴氏消毒鲜驴奶和冻干驴奶粉加以利用。

一、原料奶的验收

在对原料驴奶进行现场检验的时候，与其他奶类一样，主要进行的就是感官检验，感官检验可分为视觉检验、嗅觉检验、味觉检验和触觉检验。

（一）颜色的检验

新鲜正常驴奶是乳白色的不透明液体，具有胶体的特性。乳白色是由于乳中的酪蛋白酸钙—磷酸钙胶粒及脂肪球等微粒对光的不规则反射产生的。

（二）滋味、气味

乳中含有挥发性脂肪酸及其他挥发性物质，这些物质是驴奶滋味和气味的主要构成成分。这种香味随温度的高低而异，乳经加热后香味强烈，冷却后减弱。乳中羰基化合物，乳乙醛、丙酮、甲醛等均与驴乳风味有关。驴奶除了原有的香味之外容易吸收外界的各种气味。所以挤出的驴奶如在厩舍中放置时间太久会带有粪味或饲料味，贮存器不良时则产生金属味，消毒温度过高则产生焦糖味。

（三）杂质度检验

此法只用于奶桶收奶的情况。用一根移液管从奶桶底部吸取样品，然后用滤纸过滤，如滤纸上留下可见杂质，要降低驴奶价格。

二、原料奶的预处理过程

（一）原料奶的净化

采用离心或过滤净化，在去除杂质的同时可减少微生物数量。使用离心净乳机可以显著提高净化效果，有利于提高产品质量，离心净乳机还能将乳中的乳腺体细胞和某些微生物除去 90%带孢子的细菌。

（二）原料奶的过滤

乳品厂简单的过滤是在受乳槽上装不锈钢制金属网加多层纱布进行粗滤，进一步地过滤可采用管道过滤器。管道过滤器可设在受乳槽与乳泵之间，与驴乳输送管道连在一起。中型乳品厂也可采用双筒驴乳过滤器。一般连续生产都设有两个过滤器交替使用。使用过滤器时，为加快过滤速度，应采取 4～15 ℃的低温过滤，但要降低流速，不宜加压过大。在正常操作情况下，过滤器进口与出口之间压力差应保持在 6.86×104 Pa（0.7kg/cm^2）以内。如果压力差过大，易使杂质通过滤层。

（三）奶的净化

原料奶经过数次过滤后，虽然除去了大部分杂质，但奶中污染的很多极微小的细菌细胞和机械杂质、白细胞及红细胞等，不能用一般的过滤方法除去，需用离心式净乳机进一步净化。老式分离机操作时须定时停机、拆卸和排渣。新式分离机多能自动排渣。大型奶品厂也采用三用分离机（奶油分离、净乳、标准化）来净奶。三用分离机应设在粗滤之后，冷却之前。

（四）原料奶的冷却

采用 4～10℃低温净化时，应在原料奶冷却以后，送入贮奶槽之前进行；采用 40℃中温或 60℃高温净化后的奶，最好直接加工。如不能直接加工，必须迅速冷却到 4～6℃贮藏，以保持奶的新鲜度。

原料奶的标准化指的是调整奶中脂肪的含量，使其符合生产品种的要求。例如，含脂率低时，我们要向其中加入稀奶油提高其脂肪的含量，而相反含有脂肪含量高的，我们要向其中加入脱脂奶降低其含脂率。驴奶标准乳含脂率暂定为0.8%。但驴奶因其脂肪酸的特殊性，能否分离稀奶油仍需研究（见图9-6）。

图9-6 驴奶原料奶处理照
（来源：李海静 提供）

三、巴氏杀菌鲜驴奶的加工技术

（一）巴氏杀菌鲜驴奶概述

巴氏杀菌奶是以合格的新鲜驴奶为原料，经离心净乳、标准化、均质、巴氏杀菌、冷却和灌装，直接供给消费者饮用的商品奶。目的是通过热处理尽可能地将来自于驴奶中的病原性微生物的危害降至最低，同时保证制品中化学、物理和感官的变化最小。

基本指标要求：主要目的是减少微生物和可能出现在原料乳中的致病菌。不可能杀死所有的致病菌，它只可能将致病菌的数量降低到一定的、对消费者不会造成危害的水平。巴氏杀菌后，应及时冷却、包装，一定要立即进行磷酸酶试验，呈阴性为合格。

（二）巴氏杀菌奶的生产工艺

1. 生产工序 原料奶的验收→缓冲缸→净乳→标准化→均质→巴氏杀菌→灌装→冷藏（见图9-7）。

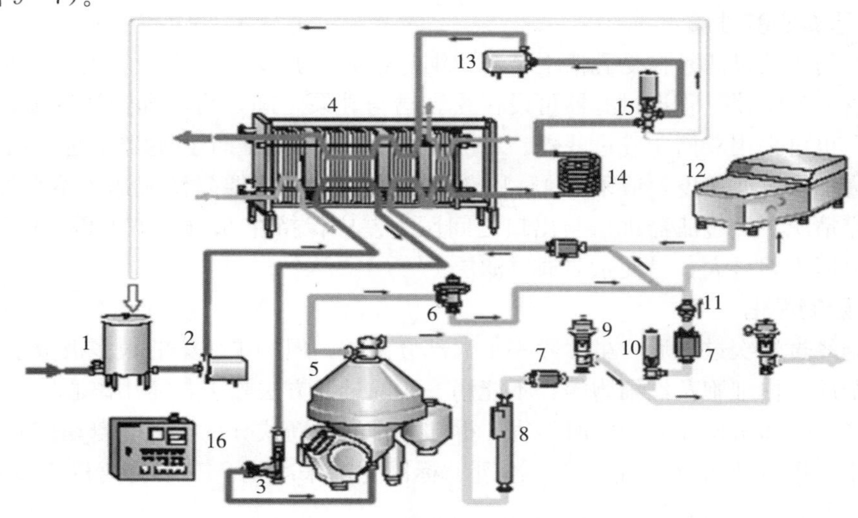

图9-7 巴氏杀菌奶生产线示意图

1. 平衡槽 2. 进料泵 3. 流量控制器 4. 板式换热器 5. 分离机 6. 稳压阀 7. 流量传感器 8. 密度传感器 9. 调节阀 10. 截止阀 11. 检查阀 12. 均质机 13. 增压泵 14. 保温管 15. 转向阀 16. 控制盘

（来源：东阿阿胶 提供）

2. 巴氏杀菌奶生产工艺要点

（1）原料奶要求　巴氏奶的原料奶检验内容包括：①感官指标 包括驴奶的滋味、气味、清洁度、色泽、组织状态等；②理化指标 包括酸度（酒精试验和滴定酸度）、相对密度、含脂率、冰点、抗菌素残留量等，其中前三项为必检项目，后两项可定期进行检验；③微生物指标 主要是细菌总数，其他还包括嗜冷菌数、芽孢数、耐热芽孢数及体细胞数等；④滴定酸度 要求新鲜驴乳的滴定酸度参考马奶为不高于 7°T，乳品厂也采用刃天青还原试验和美蓝试验来检查原料乳的新鲜度；⑤相对密度的测定 用乳稠密度计测定，并换算为标准温度下的乳的密度。

原料奶的质量可参考表 9-1 中所示欧洲共同体 1993 年有关牛奶原料奶细菌总数的标准；巴氏杀菌奶感官特性参照表 9-2；相关质量标准执行表 9-3、表 9-4。

表 9-1　欧洲共同体液态乳制品细菌总数的标准

项　　目	细菌总数（cfu/ml）
原料奶	<100 000
原料奶在乳品厂贮存超过 36h	<200 000
巴氏杀菌奶	<30 000
巴氏杀菌奶在 8℃下培养 5 天后	<100 000
超高温和保温灭菌奶在 30℃下培养 15 天后	<10

表 9-2　巴氏杀菌奶感官特性

项目	感官特性
色泽	呈均匀一致的乳白色
滋味和气味	具有驴乳固有的滋味和气味，无异味
组织状态	均匀的液体，无沉淀，无凝块，无黏稠现象

表 9-3　巴氏杀菌奶的卫生指标

项　　目	巴氏鲜驴奶
硝酸盐（以 $NaNO_3$ 计），mg/kg≤	11.0
亚硝酸盐（以 $NaNO_2$ 计），mg/kg≤	0.2
黄曲霉毒素 M_1，μg/kg≤	0.5
菌落总数，cfu/ml≤	30 000
大肠菌群，MPN/100ml≤	90
致病菌（指肠道致病菌和致病性球菌）	不得检出

表 9-4　生产巴氏杀菌奶的主要热处理分类

工艺名称	温度/℃	时　间	方　式
初次杀菌	63～65	15s	
低温长时间巴氏杀菌（LTLT）	62.8～65.6	30min	间歇式
高温短时间巴氏杀菌（HTST）	72～75	15～20s	连续式
超巴氏杀菌	125～138	2～4s	

另一个衡量原料奶质量的指标就是驴奶中体细胞的含量。1994 年欧洲共同体修订的牛奶原料奶标准中规定原料乳中体细胞含量不得高于 400 000 个/ml。可供驴奶参考。

（2）原料奶的预处理　净乳、冷却、贮存、标准化、均质。

（3）杀菌　巴氏杀菌乳一般采用巴氏杀菌法：

间歇式热处理对驴奶的感官特性的影响很小，对驴奶的乳脂影响也很小。

连续式热处理要求热处理温度至少在 71.1℃保持 15s（或相当条件），此时奶的磷酸酶试验应呈阴性，而过氧化物酶试验呈阳性。如果在巴氏杀菌奶中不存在过氧化物酶，表明热处理过度。热处理温度超过 80℃，也会对驴奶的风味和色泽产生负面影响。磷酸酶与过氧化物酶活性的检测被用来验证驴奶已经巴氏杀菌，进行了适当地热处理，产品可以安全饮用。

经高温短时间巴氏杀菌（HTST）杀菌的驴奶加工后在 4℃贮存期间，磷酸酶试验会立即显示阴性，而稍高的贮温会使驴奶表现出碱性磷酸酶阳性。经巴氏杀菌后残留的微生物芽孢还会生长，会产生耐热性微生物磷酸酶，这极易导致错误的结论，IDF（国际乳品联合会 1995）已意识到用磷酸酶试验来确定巴氏杀菌是有困难的，因此一定要谨慎。

目前，有人对驴奶试验，采用超高压灭菌，取得良好效果。

（4）杀菌后的冷却　杀菌后的驴奶应尽快冷却至 4℃，冷却速度越快越好。其原因是驴奶中的磷酸酶对热敏感，不耐热，易钝化（63℃/20min 即可钝化）。

但同时驴奶中含有不耐高温的抑制因子和活化因子，抑制因子在 60℃/30min 或 72℃/15s 的杀菌条件下不被破坏，所以能抑制磷酸酶恢复活力，而在 82～130℃加热时抑制因子被破坏；活化因子在 82～130℃加热时能存活，因而能激活已钝化的磷酸酶。所以巴氏杀菌奶在杀菌灌装后应立即置 4℃下冷藏。

（5）灌装　冷却后要立即灌装。灌装的目的是便于保存、分送和销售。

① 包装材料　包装材料应具有以下特性：能保证产品的质量和营养价值；能保证产品的卫生及清洁，对内容物无任何污染；避光、密封，有一定的抗压强度；便于运输；便于携带和开启；减少食品腐败；有一定的装饰作用。

② 包装形式　巴氏杀菌奶的包装形式主要有玻璃瓶、聚乙烯塑料瓶、塑料袋、复合塑纸袋和纸盒等。

③危害关键控制　在巴氏杀菌奶的包装过程中，要注意避免二次污染，包括包装环境、包装材料及包装设备的污染；避免灌装时产品的升温；包装设备和包装材料的要求高。

（6）贮存、分销　必须保持冷链的连续性，尤其是出厂转运过程和产品的货架贮存过程是冷链的两个最薄弱环节。应注意温度，避光，避免产品强烈震荡；远离具有强烈气味的物品（见图 9-8）。

四、驴奶粉的加工技术

(一) 冻干驴奶粉

又称真空冷冻干燥驴奶粉，它是以合格的新鲜驴奶为原料，经离心净乳、标准化、均质、巴氏杀菌、浓缩、真空冷冻干燥和真空充氮包装后，供给消费者冲调饮用的奶粉。

基本指标要求：主要目的是减少微生物和可能出现在原料奶中的致病菌。不可能杀死所有的致病菌，它只可能将致病菌的数量降低到一定的、对消费者不会造成危害的水平。

1. 冻干驴奶粉的生产工艺 原料奶的验收→缓冲缸→净乳→均质→巴氏杀菌→浓缩→冷冻干燥→真空充氮包装→出库。

2. 冻干驴奶粉生产工艺要点

(1) 原料奶要求 感官指标同于巴氏杀菌乳生产工艺对原料奶要求。原料奶理化指标、污染物限量指标和微生物指标，应研究另订。

图 9-8 巴氏消毒鲜驴奶瓶装照
(来源：东阿阿胶 提供)

(2) 杀菌后的冷却 杀菌后的驴奶应尽快冷却至4℃，冷却速度越快越好。其原因是驴奶中的磷酸酶对热敏感，不耐热，易钝化（63℃/20min 即可钝化）。

(3) 浓缩 将冷却后的驴奶在温度20～25℃和真空度－0.095～0.098MPa条件下进行低温真空浓缩，浓缩后使混合驴奶的相对密度在1.05校对至1.08时停止浓缩，并脱去混合乳液中的异味，将浓缩后的驴奶打入制冷暂存罐内。

(4) 真空冷冻干燥 制冷暂存罐内的浓缩驴奶均匀地打入到真空冻干机的装盘中，浓缩驴乳在30min内快速降温至－45℃，保持4h，在温度为－10℃真空状态下物料保持10～15h，后温度升到0℃真空状态下物料保持10h，后温度升至20～25℃保持10～15h，待水分含量低于5%，即得到成品冻干驴奶粉（见图9-9）。

图 9-9 冻干驴奶粉照
(来源：东阿阿胶 提供)

在对驴奶有益活性成分研究透彻前提下，为保持驴奶活性成分在冻干过程中较少损失，应研究驴奶专门的冻干曲线。

(5) 包装　对粉状冻干驴奶粉进行真空充氮包装。

(二) 雾化干燥驴奶粉

采用雾化干燥方法，制成奶粉罐头，是驴奶贮运、保存、利用的最好方法。要求每百升原料可出干奶粉 8kg 左右，可溶性 99%～99.5%，湿度不超过 3%，细菌培养率不高于 1 级，奶粉可保存 0.5～1 年。还原奶仍可发酵制成酸驴奶。驴奶粉的制作可以摆脱季节性生产的局限，还可运到全国各地制成还原奶后生产酸驴奶，让病人饮用。

五、酸驴奶制作

酸驴奶制作工艺如下：

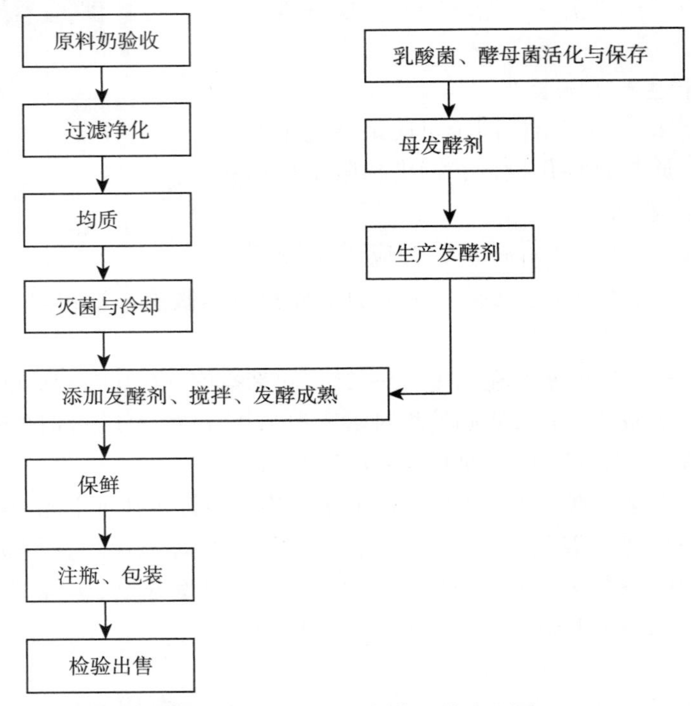

图 9-10　酸驴奶制作工艺流程图

制作酸驴奶时应选用品质纯正、质量优秀、活力旺盛的菌种，建议采用保加利亚乳酸杆菌和具有抗生素活性发酵乳糖用的乳用酵母作为发酵剂。制作方法可以参考酸马奶的制作。

酸驴奶制作注意三个要素：一是要调整好发酵剂和鲜驴奶的合适比例；二是要保持微生物发育的适宜温度；三是要充分搅拌，促进二氧化碳和氧的交换，保持稠度均匀。

根据驴奶产量低，一天挤奶多次，且乳糖含量高的特点，如若确定驴的乳用方向，开发这种驴奶制品是较为适宜的。

第四节 驴胎盘、驴油加工和血清开发

驴副产品内涵广泛，它的开发利用是我们驴业生产不可忽视的重要一翼。

一、驴胎盘

驴胎儿与驴母体之间进行物质交换的临时性器官称之为驴胎盘或驴胞衣。它是母体与胎儿之间营养物质交换的场所，具有代谢、防御、免疫和内分泌调节的功能。

《本草纲目》记载胎盘，称其味甘咸、性温，入肺、肝、肾经，具有补气、养血、补肾益精的功效，被列为入药上品。

（一）驴胎盘的化学成分

含氨基酸、多肽、蛋白质、生长因子、核酸和微量元素等一些化学成分

（二）驴胎盘的功能

具有免疫调节作用、抗炎止痛、促进组织伤愈、抗氧化、抗疲劳、延缓组织衰老等功能，含有生长因子和酶抑制因子等。这些仍需进一步作药理和临床研究、验证。

（三）驴胎盘的加工、利用及展望

20 世纪 80 至 90 年代，胎盘资源开始受到重视，逐步有相关商业化产品出现。但是研究多集中在人胎盘，而随着我国对人胎盘的使用规范的出台，人胎盘已经不适合作为工业化原料。因此，其他动物性胎盘，如羊、鹿、牛、猪、马等的胎盘的使用得到充分重视。

1. 驴胎盘加工利用 多将整个胎盘利用，经简单处理后胎盘在控制烘箱温度烘干，经真空干燥箱干燥（或者真空冷冻干燥），得到色泽浅黄的胎盘粉末。

2. 胎盘加工研究 主要集中在胎盘的充分粉碎，如何提高胎盘利用率上，选择对胎盘生物活性影响小的干燥方式等几个方面。

目前，利用胎盘全粉并不能得到纯度和功效较佳的产品。因此，研究者们将提取、纯化胎盘提取物中的有效成分，包括水溶性提取物、蛋白类（包括大分子蛋白和小分子的肽）、脂多糖等方面作为研究重点。

二、驴油（驴脂肪）

（一）驴油的化学成分

现代对驴脂肪成分研究证实了，其脂肪中富含不饱和脂肪酸达 65%，单不饱和脂肪酸、多不饱和脂肪酸、亚麻酸、亚油酸和脂溶性维生素等含量高，驴脂是最适宜人体健康的食用油脂之一。

（二）驴油的功能

从驴油的化学成分可以推知，驴油能抗氧化、预防心血管疾病、调节免疫系统、延缓衰老，可以用来辅助治疗冠心病、高黏血症、高血压等疾病。当然这些认知以后应当通过临床继续验证。

（三）对驴脂传统认识

哈萨克医学认为，驴驹油即驴驹脂肪，性热，渗透力强，能活血通络、滋补壮体。涂抹驴油对颈椎病、骨折、软化骨折畸形愈合，对肩关节炎、寒冷症、膝痛、腰痛等症状有效；对一般的跌打损伤有消肿止痛作用；重度烫伤、烧伤时，将驴驹油涂于患处可很快痊愈，且不留疤痕；对长期卧床病人的褥疮症的治疗效果甚佳；对过敏性鼻炎、湿疹、花粉症、脚癣、特异反应性皮炎、皮肤粗糙等症状效果也很显著。

驴脂还可用来美发、护肤、消斑等；同时可以对抗老年斑、防止脱发、减少皱纹等。

（四）驴油的加工、利用及展望

日本人已经研发出了驴脂化妆品，据说有神奇的抗老化效果，能解决年龄增大所引起的肌肤衰老问题。现在，利用动物脂肪独特的天然渗透功能和丰富的皮肤营养成分原理生产出来的功能型皮肤护理产品已风靡日本、西欧等国家和地区，且价格昂贵。

三、孕驴生产驴绒毛膜促性腺激素和健驴生产血清的前景

驴绒毛膜促性腺激素（donkey Chorionic Gonadotrophin，dCG）曾经称为孕驴血清促性腺激素，是一种糖蛋白激素，具有 FSH（促卵泡素）和 LH（促黄体素）的双重作用，既可诱导卵泡发育又可刺激排卵。除马属动物以外的其他家畜、经济动物、珍禽异兽均可使用，可促进发情排卵、超数排卵，治疗不孕。但由于所组成氨基酸的糖基化修饰位点等结构上的差异，dCG 比孕马生产的马绒毛膜促性腺激素（equine Chorionic Gonadotrophin，eCG）在诱导卵泡发育方面的功能弱得多。

马属动物（马、驴、斑马）妊娠后的绒毛膜带状结构和子宫内膜杯状结构的滋养层双核细胞均能分泌绒毛膜促性腺激素（CG）。在妊娠 35 天左右，胚胎绒毛膜带状结构的滋养层双核细胞分化形成并开始分泌 CG，至妊娠 150～180 天，母体血中 CG 消失。马属动物 CG 在母体血中的含量受许多因素的影响，胎体的遗传型可能是重要因素。

表 9－5 驴、马怀不同胎体时外周血中效价均值（小白鼠单位/ml 血清）

	怀孕 35 天	怀孕 55 天	怀孕 75 天	怀孕 95 天	怀孕 120 天	平均值
驴怀骡	16.7	2 100	1 483.3	675.0	265.0	908.0
马怀马	0	716.7	933.3	441.7	96.7	437.7
驴怀驴	36.7	350.9	423.3	250.7	175.0	247.3
马怀骡	＜10	＜10	＜10	＜10	＜10	＜10

从表 9－5 中我们可以得知，驴怀骡时效价最高，马怀马次之，再次为驴怀驴，而马怀骡时最低。因而，我们不仅通过驴怀骡来制取 CG，还可以通过提高驴骡受胎率来生产高效的 CG。

健驴血清和健马血清一样，在细胞培养、疫苗生产、生物制药方面有着良好的应用前景。我们可以在不影响驴健康情况下，有计划地采得，也可以在肉驴宰杀时大量地获得。

此外，驴的骨、鬣毛、尾毛、蹄壳和胸腺等都可加工综合利用。

CHAPTER10 第十章 游乐伴侣与竞技休闲用驴（骡）

尽管亚洲、非洲和南美洲等地的发展中国家仍大量将驴用于农业与交通运输，但在北美洲、欧洲等经济发达地区，游乐伴侣与竞技休闲已成为驴种的主要利用形式，并逐步向产业化方向发展。

第一节　伴侣用驴

一、伴侣用驴的功能

伴侣用驴（Donkey Companion）是用于观赏、陪同、舒缓其他动物或人精神压力的一类驴种利用形式。微型驴、矮驴因体小温顺，是伴侣用驴中最受欢迎的类型（微型驴品种介绍详见本书第三章第三节“国外驴种”）。母驴和骟驴更为适合作为伴侣用驴。如今，欧洲、北美等经济发达地区的驴已很少从事农业生产，驴的伴侣用途已成为这些地区的发展主流。

伴侣用驴对其他动物和人的作用如下包括。

（一）对其他动物的作用

驴对其他动物有安抚、平静的作用。驴最常用作马的伴侣，可以将驴和马一起饲养，为精神紧张的马缓解压力。如果在马驹断奶前就在其生活的厩舍和活动场内放入一头温顺的驴，则当马驹断奶时，友好的驴与马驹一起生活，可以帮助缓解与母亲分离后幼驹的孤独情绪，此时断奶马驹会转向驴以获得安慰。

（二）对人的作用

西方国家有一句谚语“马在看着你，而驴能看透你并看到你的灵魂”。驴与人类会自然亲近，耐心温顺的驴可以成为陪伴儿童、老年人和残疾人士的理想选择（见图 10－1），也可以作为正在从手术或伤病中恢复人群的良好伴侣。

图 10－1 驴作为老年人的忠实伴侣

（三）游乐伴侣用驴的其他用途

经过适当地选择和训练，游乐伴侣用驴也可以用于驾车和儿童骑乘。

游乐伴侣用驴可以在大型游乐园和公园内设游乐场，供儿童骑乘、挽车、照相等。假期还可开办少儿骑乘俱乐部，进行骑术培训和骑乘比赛。在相距不远的游乐点，用驴驾打扮花枝招展的大棚车来运送儿童更具吸引力。此外，矮驴宜训练，小演员可用来表演马（驴）戏，这样更能吸引儿童观众。

驴的营养需要研究，用矮驴作试验动物，不仅方便，而且节省试验经费。

近年来，北美、欧洲等地因游乐伴侣用驴的需求度不断增加，其选育目标正往矮小俊美、毛色多样和有挽车技能等方向转变，以进一步适应宠物和观赏用途等驴业新发展的需要。

二、我国矮驴分布与开发利用前景

20 世纪 70～80 年代经过畜禽资源调查发现，我国拥有独特的矮驴种质资源。我国西南地区，海拔高而干湿季节明显的川西北和滇西部分地区，有山地小型驴种，成年驴的平均体高不到 100cm，平均体重不足 100kg，是我国体格最小的驴种（见图 10－2）。多以自然选择为主，农业生产水平较低，饲养管理比较粗放，饲养水平较低，加之驴的繁殖多行自然交配，人工选育程度很差，因而体格小，性能差。毛色以灰色、黄褐色居多，多有背线、鹰膀等特征。体格虽小，但其对寒冷气候和粗放的管理条件有很强的适应性，役力较强，富持久力。

图 10－2 云南驴

（来源：侯文通 提供）

随着我国综合国力和经济水平的不断提升，如今已具有游乐伴侣用驴开发的广阔市场，因此可以在主产区选择体格最小的公母驴，建立伴游乐侣用矮驴繁育品系，以逐步形成体格矮小、结构良好的矮驴新品种，开拓供观赏和儿童骑乘的新利用途径。

三、游乐伴侣用驴饲育技术

（一）饲养管理

伴侣用驴以微型驴和矮驴为代表，其体高标准尚无统一规定。借鉴马的分类，暂且把体高 110～95cm 的驴称之为小型驴，体高 95～85cm 的驴称之为矮驴，体高 85cm 以下称之为微型驴。

矮驴饲养时要以草为主。注意提供优质干草、少量精料、微量元素、维生素和清新干净的水。

矮驴要做到营养适度，具有中等膘度为好；同时管理精心，态度友好，做到人驴亲和。由于矮驴体重小，因此仅可使轻役，并注意休息。

如果有条件，最好实行放牧，因此配置优良的牧地是游乐伴侣用驴饲养和增强运动锻炼的良好措施。牧地建设时应该避免或尽量减少雨、雪、风、炎热和飞虫对驴的侵扰。游乐伴侣用驴体小，防护力弱，放牧时需要看管，倍加保护。驴虽然不及马耐寒，但仍有一定的抗寒能力，需要在牧场内建设防护棚，并做好相关的饲养和护理工作。

家庭饲养伴侣用驴时，为了避免驴产生难以承受的压力和孤独感，建议不要将驴单独饲养，而要再选择一头同伴或其他合适家畜作长期陪伴。

（二）训练调教

矮马的训练方法值得借鉴。人应当主动接近驴驹，6 个月断奶前要戴笼头，牵驴使其与人并列前进；学会左转弯、右转弯，并理解人的口令等。

训练时人要和气、坚定，科目要由简到繁。循序渐进，巩固一个科目，再学习新的科目，一般要求三年完成全部训练。上笼头、备鞍、使长缰、熟悉交通，都应掌握。

日本训练设特兰矮马时，不同年龄对不同科目训练要求相对更为具体，可参考为对矮驴要求。1 岁驴，从小温和对待，会戴笼头，与母驴同行，让人捉拿不害怕。2 岁驴，可单独离群牵着行走，会前进、停止，左右两侧都可牵驴行走，每次训练时间不长，科目要反复练习。3 岁驴，会使用各种调教用具，会用不同步法和停止与前进，习惯装勒、备鞍。4 岁驴，能乘、挽，能前进、停止、后转，熟练掌握不同步法。满 5 岁，完成调教，交付使用。

（三）矮驴育种

矮化育种近数十年，不论是植物、动物，无论是家畜、家禽，都得到蓬勃发展，使它们有效服务于人类。育成的矮狗、矮猪。矮鸡、矮马受到大家普遍欢迎。从目前来看，矮驴育种也应提到议事日程。

对我国矮驴育种指标要求建议是，体高要求为 95～85cm（85cm 以下为微型驴）；外形美观，匀称协调，挽乘皆宜，体质结实，顺从温和，体矮力强；群体外貌一致；耐粗饲、适应性、持久力、驮载力好，尽量建立特殊毛色体系。

矮驴选育过程中，容易仅看体高这一个性状，以“矮”配“矮”。但这不应作为唯一选择。单选种应当避免，要坚持综合选种的方法，即按血统来源、体质外貌、体尺类型、生产性能和后裔品质等五项指标，依照育种方向、要求、进度，根据年龄和性别的不同，而各有侧重地运用。

矮驴选育，近交虽是重要技术手段，但运用时要慎之又慎。

提倡建立矮驴选育场。开始组群时，体尺标准要适当放宽，以便容易达到一定的群体规模。然后逐渐严格选留，经过若干年，基础母驴全部达到标准的要求后，即可大量生产优质矮驴。

目前育种方法正由表型选择向基因型选择方向转变，我们期望随着分子育种技术的成熟，效率较高的矮驴分子育种将会成为现实。

第二节 辅助康复治疗用驴

一、辅助康复治疗用驴发展概况

驴和马一样，也可以达到“辅助骑乘康复治疗”的目的，即功能障碍和神经肌肉疾患病人通过骑乘这种规律性的运动模式及参与人、马（驴）互动活动，辅助实现康复治疗。

用驴进行辅助康复治疗最适合针对患病儿童，患儿可以参加正规的驴背骑乘课程，也可以通过梳理或只是抚摸一头温顺的驴来接受治疗。据英国驴庇护所（The Donkey Sanctuary）的经验，即使是最烦恼、情绪最激动的孩子，通过抚摸或与驴交流都可以达到心情放松的目的。在辅助骑乘治疗过程中，行进时驴的节律性运动对驴背上病人产生的刺激性作用是治疗效果的关键。

公元前5世纪，在希腊就有利用马来为受伤的士兵作康复治疗的记载。1965年，挪威籍的物理治疗师 Eilset Bodther 女士为残障朋友成立了第一个马术康复中心。1978年，英国 Elisabeth Svendsen 博士在英国驴庇护所建立了世界上第一家驴的辅助骑乘康复中心，专门用于为身体和精神残疾儿童提供辅助康复治疗手段。此后，英国陆续建立了10多家驴的辅助康复治疗中心，并逐步扩展到欧洲大陆、北美和南亚等地。

二、辅助康复治疗活动的开展

辅助康复治疗用驴的选取要求驴健康、安静、温顺，乐于与人相处，需要通过兽医检查并开具健康证明，以充分保障儿童骑乘安全。每个辅助康复治疗中心最好同时配备有12～15头驴，每天使用其中6头最为合适，驴的体高要求在1m左右为宜，微型驴和矮型驴是首选。尽量建设有室内场馆和室外练习场，铺有沙地。

一般骑乘活动都会有残障人士学校与康复治疗中心参与。骑乘开始之前，康复中心治疗师会为每位学员制订具体的康复方案和目标。

每次活动以团队形式开展，大约进行4h。在此期间，每名孩子至少可以完成一次两个课时的骑乘和驾驴车活动。大部分活动都要依靠志愿者协助完成。一般是由志愿者牵驴，治疗师负责指导驴行进的方式（速度、方向），并根据患儿的具体反应，及时调整相应的治疗方案。孩子们在骑乘训练中可以学习换缰、侧身、后转、变向、图形骑乘、平躺、站立等动作技能。参加辅助康复治疗活动，不仅可以锻炼孩子们的骑驴技能，还可以提高他们对字母、数字、颜色和形状的辨识能力，平衡和协调性差的孩子经过锻炼能够有效改善原有不足（见图 10－3）。

图 10－3 英国开展的户外辅助骑驴康复治疗

对于一些患儿来说，有人牵行并骑乘 10min 可以得到很大锻炼，还有一些孩子会花时间和驴进行交流和接触，治疗师也鼓励患儿多与驴交流。有时也鼓励患儿倒着骑驴，这给他们既带来了欢乐，同时也进行了肌肉锻炼。患儿在活动中还被鼓励要变得独立和自信。但有些人持反对意见，他们认为孩子年龄太小，不够强壮，有时戴不上或者不戴安全头盔，骑驴并不适合他们。患儿所穿戴装备是保障安全的重要环节，康复中心规定，所有骑行的装备都要进行严格检查，并且可以根据每个孩子的不同需求做出调配。

当然，驴的辅助康复治疗只是患儿全面康复、整体治疗的一种手段，在配合肢体康复功能训练、语言训练、认知训练、心理训练、传统医学、文体训练等全方位的指导下，患儿相关功能才能得以全面补偿和恢复，最终回归家庭与社会。

第三节 竞技与休闲骑乘用驴

机械化逐渐普及以来，驴的役用功能被机械动力所替代，驴的数量呈下降趋势。近年来，随着竞技与休闲娱乐活动的开展，尤为突出的是北美地区，驴的数量又开始递增。驴因为性情相对温顺，很适合中老年人群的马术爱好者，因此一部分原有马术爱好者转而使用驴和骡进行骑乘活动。驴在北美地区正越来越多地被用于旅游骑乘、驾车、展示、速度赛等活动，也用于在牧场上带领牛犊和马驹，这都使得驴的市场价值日益显现。在巴西等南美国家，利用大型驴杂交产骡，作为牧场肉牛放牧时的优良骑乘工具。

一、参加马术竞技、休闲骑乘和展示评比活动

一些地区驴的培育方向关注体型外貌和运动成绩，驴的主要用途是参加展示评比活动和骑乘竞赛。以美国为例，美国斑点驴委员会（American Council of Spotted Asses）、美国国家微型驴协会（National Miniature Donkey Association）分别开展斑点驴和微型驴的观赏展示评比活动（见图 10－4）。

图 10－4　2015 年 ACOSA 全美斑点驴展示评比冠军种公驴

美国和加拿大每年都举办专门的关于驴的竞技赛事，如速度赛、盛装舞步、驾车赛（见图 10－5）、西部骑术等，甚至还与运动用马、运动用骡同场竞技。

大部分骑乘用驴要求体高在 134～144cm，毛色不限。运动成绩优秀的种驴价值会得到很大提升，参加繁育后的受欢迎程度也会大大提高。

图 10－5　2007—2008 年度美国国家微型驴协会年度高评分母驴

二、乘用骡生产

目前，世界各国关于驴业发展的经济数据统计还非常缺乏，以典型的北美地区为例，该地区驴业似乎一直在围绕骡业的用途转型而随之发展。传统上驴是杂交生产大型役用骡的重要父本，由于北美地区骡子用途的转变，如今当地驴种发展的经济驱动力已随骡子的发展转向休闲骑乘、马术运动、速度竞赛以及远途驮运和少量农业用途。北美地区有多个协会开展驴、骡的登记和举办相关竞技赛事与休闲娱乐活动（表 10－1）。

表 10-1 北美进行驴、骡登记和举办竞技赛事、休闲娱乐活动的主要协会

名　称	网　址
美国驴和骡协会 (American Donkey & Mule Society)	http：//www. lovelongears. com/
美国巨型驴协会 (American Mammoth Jackstock Registry)	http：//www. amjr. us/
美国国家微型驴协会 (National Miniature Donkey Association)	http：//www. nmdaasset. com/
美国斑点驴委员会 (American Council of Spotted Asses)	http：//www. spottedass. com/
美国骡协会 (American Mule Association)	https：//www. americanmuleassociation. org/
美国速度赛骡协会 (American Mule Racing Association)	http：//www. muleracing. org/AMRA/index. asp
美国步态骡协会 (American Gaited Mule Association)	http：//www. americangaitedmule. com/
加拿大驴和骡协会 (Canadian Donkey & Mule Association)	http：//www. donkeyandmule. com/Home. html
北美骑乘骡协会 (North American Saddle Mule Association)	http：//www. nasma. us/

生产乘用骡，就需要使用优质种驴来改善农业用骡的气质、体型外貌和运动性能。加泰罗尼亚驴、比利牛斯驴、普瓦图驴、萨莫拉诺驴等品种是较受欢迎的驴种。

（一）生产速度赛与马术竞技用骡

美国西部地区使用驴来杂交生产速度赛用骡，比如在美国西海岸的加利福利亚州、爱达荷州等地的骡子速度赛是一种比较流行的竞赛项目（见图 10-6），因而也出现了以短途速力优秀而闻名的种公驴，比如在加利福尼亚大学戴维斯分校饲养超过 20 年的种公驴 Action Jackson，生产的骡子多具有突出的速力性能，多次在赛事上获奖。2003 年，世界第一头克隆骡“爱达荷宝石（Idaho Gem）”诞生，它是由一匹速度赛用骡身上提取的体细胞培育而成。

图 10-6　2005 年度美国 70-77 速力指数冠军骡 Jet Fuel

在美洲，也使用驴来杂交生产马术竞技用骡，参加跳跃障碍、盛装舞步等马术赛事，或参加优秀骡的展示评比活动，深受爱好者的喜爱。每年在美国加利福尼亚州的毕肖普（Bishop）和田纳西州的哥伦比亚（Colombia）都举办大型的骡日（Mule Day ）活动，举办骡的竞技赛事、展示评比以及花车游行、观光等活动，有数十万游人参加（见图 10－7，图 10－8）。

图 10－7　2007 年美国加利福尼亚州毕肖普骡日活动上的骡子跳跃障碍赛

图 10－8　1996 年 4 月，美国田纳西州莫瑞郡公园骡日活动上的骡子展示评比

（二）生产远途休闲骑乘用骡

在野外环境下，驴和骡对突如其来的危险比马的反应更小，不似马容易受惊，因此对骑手来说骑骡更加安全。用种公驴来培育优良的远途休闲骑乘用骡是北美以及南美部分地区骡的重要用途，骑骡穿越国家公园，穿越沙漠、山地、森林、湿地等不同地形是深受人们喜爱的一项户外休闲活动（图 10－9）。

利用能以特殊步态（gaited）行进的驴种杂交生产特殊步态骡是美洲流行的一种利用骡的方式。美国步态骡协会（American Gaited Mule Association）允许步态骡和步态驴都可以在本协会参加登记。田纳西走马（Tennessee Walking Horse）善走四蹄音的快慢步，

图 10－9 利用骡进行野外休闲骑乘

似小走，马在行进中点头摇身、轻咬牙，人马都很放松，适于长途旅行骑乘。田纳西走骡（Tennessee Walking Mule）就是用步态公驴和田纳西走马杂交培育的步态骡。南美地区也有一些步态驴品种，比如哥伦比亚的帕索·菲诺驴（Paso Fino Donkey）、巴西的佩加驴（Pega Donkey）等，多和当地的马种杂交生产步态骡（见图 10－10）。

图 10－10 2013 年度美国田纳西州步态骡展览会

第十一章 CHAPTER11 骡及骡和驴的役用

农业机械化后，家畜的役用退居辅助位置，但在边远农村和高原沟壑地区，还经常见到工作中的驴和骡，第三世界国家农村，驴和骡在很多地方依然作为重要的役用家畜，主要为农业和交通业服务。在现代化战争中，也会因地形和交通限制，将驴和骡作为工具，如美军在阿富汗山区作战中，也不得不经常用驴和骡驮来运送战争物资（见图 11－1，图 11－2）。

图 11－1　驴碾玉米脱粒
（来源：中国驴博物馆　提供）

图 11－2　驴运送战争物资
（来源：中国驴博物馆　提供）

截至 2016 年年底，我国有驴 259.3 万头，现有骡 89.5 万头。骡主要分布在多用于驮运的云南和黄河、秦岭以北广大农区和半农半牧区，是农村的重要役畜。

据 WTO（2016 年公布）统计，世界共有骡为 977 万头，养骡最多的国家前 10 名依次是墨西哥（3 286 505）、中国（2 099 500）、巴西（1 236 196）、埃塞俄比亚（409 877）、摩洛哥（385 000）、秘鲁（313 315）、印度（194 889）、阿根廷（186 001）、巴基斯坦

(185 709)、伊朗(176 857)。多米尼加、厄瓜多尔、西班牙、玻利维亚、突尼斯、海地、委内瑞拉、洪都拉斯、土耳其等也都在5万至10多万不等。国家统计局2018年公布的数据显示，2015年我国骡只总数调整为140.1万匹。

第一节 骡的生物学特性

一、骡的体型外貌

马骡和駃騠都是马和驴杂交产生的杂种，骡为其统称。母马所生称马骡，母驴所生称駃騠(又称为驴骡)。

(一) 骡的体质外貌一般要求

骡的外形紧凑匀称，具有一定的长度、深度和广度，神经类型平衡、稳定，呼吸和消化系统发达。

骡比马的体质更加结实，体躯肌肉更显坚实，皮肤紧密有弹性，被毛光润。

1. 头部 头稍大，干燥，眼大明亮，鼻孔大，口方，颌凹宽，上下牙齿咬合齐，头颈结合好。

2. 颈部 颈长，有一定的广度和厚度，肌肉、韧带坚实有力，颈肩结合良好。

3. 躯干部 鬐甲不高而厚实，背腰强固、宽广平直，尻长且广，臀深股长，肷小，腰尻结合良好，前胸宽，胸廓深广且长，腰部平坦丰圆。

4. 四肢 要求四肢结实，干燥，湿润疏松是最大的缺陷。前膊和颈长广且厚，四肢关节角度比马大，系长广，蹄缘厚，蹄质结实。

(二) 马骡和駃騠(俗称驴骡)外貌特点

马骡和駃騠都具有马和驴的某些特征。表现为耳中等长，鬃鬣毛较驴长，较马稀疏而短。肩、背和四肢中部多长有暗色条纹。蹄小蹄踵高，蹄质坚韧，筋腱发育良好。马骡的毛色多取决于马的毛色。马骡较多像马，鸣声似驴，多数比双亲都高大；駃騠较多像驴，体格一般大于驴而接近公马，叫声似马，实用价值不如马骡。

马骡和驴骡外形主要区别如下(见图11-3，图11-4)。

图11-3 马 骡
(来源：侯文通 提供)

图11-4 駃 騠
(来源：侯文通 提供)

1. 头颈部　马骡头近似马。驴骡倾向于驴的头相，额广少突，两眼间距较宽，头略短，鼻小，下颌有的稍长。驴骡和马骡耳朵比马短小比驴长大，驴骡两耳比马骡长大宽厚，耳内毛较细致。

2. 躯干部　马骡和驴骡体躯深广度介于马驴之间，鬐甲毛比驴多，尾毛比马稀少。马骡长毛比驴骡丰厚，尾根部较宽，盖尾毛比较丰厚，比驴骡多。驴骡尾根窄，盖尾毛极稀少，尾干和尾端的长毛也少，近似驴。

3. 四肢部　马骡的蹄踵比驴骡稍宽，距毛较长。驴骡距毛稀短，蹄形高而窄。

表 11-1　骡与駃騠外貌的区别

骡别	头形	眼距	耳	上下切齿咬合情况	鬐甲毛	尾盖毛	四肢	体格	禀性
马骡	似马、平直较长	中等宽	较小	多正常，间有鹰嘴（天包地）	有少量	较多而蓬松	距毛较长；蹄踵稍宽	较大而重	较机警
駃騠	似驴，多成菱形，较短	较宽	较大	多噘嘴（地包天）	很少或无	少而平顺	距毛稀短；蹄踵较窄而高	较小而轻	较执拗

二、骡的生物学特性

骡是马和驴远缘杂交的后代，马骡一般高于驴骡（駃騠），除了有与马相近的习性而外，它们还有着很强的杂种优势。

(一) 适应性强

骡世界各地广为分布，能适应不同的自然环境和地理条件。据研究，海南岛测定马的体温、呼吸数、脉搏均高于骡，说明骡更耐热；在 4 500m 海拔高原上骡的体温、呼吸数、脉搏均低于马，而血红蛋白量比马稍高，说明骡在海拔高、氧分压低的环境适应性强于马。骡的耐热性、耐劳苦性和抗病性比马好，但是骡耐寒性和夜牧能力不如马。

(二) 体质结实，生活力强，发病少

骡神经类型较均衡。俗话说“铁驴、铜骡、纸糊的马”，是指骡的体质强于马，弱于驴。骡的腰肢病、骨瘤、裂蹄的发病率大大低于马，并且很少患淋巴管炎。骡寿命一般在30 岁以上。

(三) 役用性能强

骡的结构一般都较匀称，可用于驮、挽、乘。2 岁可使轻役，使役年限长达 20 年以上。尤其因体短、背腰结实，速度均匀，显得步伐稳健。还因耐劳苦，富有持久力。骡善走山路而更适于驮载。“走骡”的步法为对侧步，骑者甚感舒适。

骡的奔跑性能虽不如马，但挽力大，正常挽力为体重的 18%～20%，而马为 14%～15%。最大挽力，关中骡可达体重 87%。同样高度的骡，粗重结实的挽力大，持久力强。

(四) 骡食量不大，饲料报酬高

与马相比，骡对饲料和管理条件要求不高，耐粗饲，采食慢，咀嚼细。骡的饲料报酬

高，骡的食量大于驴而小于马，比马少 20%～25%。骡对饲料消化能力比马高 10%，骡对饲料干物质消化率比马高 8%。骡不易得消化道疾病。

（五）骡生长发育快，成熟早，寿命长

据测定，3.5 岁骡的体高可达成年体高 98.9%（马为 97.8%），体长达 97.85%（马为 95.9%），胸围、管围也是骡比马发育快。4 岁时骡已成熟，1.5～2 岁即可参加轻度使役。

骡的寿命可达 30 岁以上，使役可达 20 年。

（六）骡驹合群性比马强，胆大、活泼、好奇

骡驹合群性强，尤其在夜间，总是栖居于马群中间。骡驹喜群居，不愿与马驹相处，骡驹胆大、机警、勇于与野兽搏斗。好奇心强，遇新奇事物，喜围拢观看。

（七）性情执拗

如调教、管理不当，容易养成坏习惯。

（八）公骡都是不育的，只有个别母骡能受胎生驹

三、骡的繁殖问题

（一）骡是种间杂交的杂种，有生殖障碍

马和驴的染色体数目不同，马为 32 对，驴为 31 对。公骡由于精原细胞进行减数分裂时染色体不能联合，往往没有精子或者都是死精子，所以公骡都是不育的。个别母骡能受胎生驹，不完全统计 200 年间仅有 50 头骡驹是由母骡所生。一般情况，母骡发情周期和发情期与母马相同，发情表现也较明显，但卵巢缺乏弹力，卵泡小或卵泡不破裂，常萎缩、不排卵。

据各地报道，马配马和驴配母马受胎率最高，一般为 70%～80%；驴配驴受胎率次之，一般为 50%～60%；而公马配母驴受胎率最低，一般为 30%左右。繁殖驴骡时，要求种公马精力充沛，精液品质良好，同时加强母驴饲养管理，减轻劳役，促进发情旺盛，保证子宫干净无病；再做到适时配种，便可提高受胎率。人工授精时，要防止母驴在输精后努责，精液外流。

优质大型骡，一般是结构良好的大型公驴和结构良好的挽用型母马交配，才能产生大型或重型骡。

（二）精液倒流问题

人工授精时母驴比母马容易发生精液倒流。分析其原因是由于驴的子宫颈较细，发情期开张程度也不似马的大，输精时，子宫因受刺激，或因精液温度低，操作人员手臂过凉等，引起生殖道强烈努责，以至精液倒流。此外，产后母驴子宫颈过于松弛，特别是老弱母驴，都容易发生精液倒流。所以，操作时应尽可能排除引起精液倒流的因素。输精完毕，用手猛击母驴后驱，对防止精液倒流有一定作用。

（三）驴骡难产问题

驴骡驹个体比驴驹大 10%，故易难产，加之驴怀骡羊膜较厚，羊水较多，不注意接产，会造成幼驹产时窒息或被羊水淹死。解决难产问题，要注意分娩时要有专人照料，作好产前准备和助产工作，同时母驴妊娠后期的饲养管理要加强，保持体力强壮

便于分娩。

(四) 骡驹易患溶血病

该病发病率高达30%以上，发病迅速，病情严重，死亡率可达100%。这是因为马、驴杂交后会产生一种抗原物质，传给骡驹，使胎儿红细胞带有父本的抗原刺激母本，产生对应的抗体（溶血素），这种抗体血液进入乳中，初乳中含量最高，骡驹吃了这种初乳，使红细胞遭到溶解和破坏，即发生溶血性黄疸而死亡。尤其是驴骡患病概率比马骡高。为此，母驴（马）分娩后，先勿让骡驹哺母乳，将隔离的母驴（马）和骡驹分别采血后作凝集效价测定。如果效价为1：16以下为安全范围，母驴（马）乳可食；效价在1：16～1：32以上为可发病，不可食母驴（马）乳，应找代乳品。所以骡驹出生后要先进行人工哺乳，喂鲜牛奶250g或奶粉20g，要将鲜奶煮沸，加糖，再加1/3开水，晾温后喂给，每隔2h喂250ml。或与马（驴）驹交换哺乳，或找其他母马（驴）代养，一般经过3～9天后，再吃自己母亲的奶就不会发病了。

四、骡的年龄鉴定

骡齿齿质坚硬、磨灭慢，6岁以下牙齿变化情况往往介于马、驴之间。故在6岁以后鉴定时，可先按鉴定马的年龄方法得出一定年龄后，再按下列标准加岁：6～7岁者加1岁，8～10岁者加2岁，11岁以后加3～4岁，即为骡的实际年龄。

五、骡的分类

可分为大型骡和普通骡。大型骡体高达140～150cm，是用大型公驴配体格较大的母马，加强妊娠母马的饲养和骡驹的培育而获得的。普通骡体高为130cm左右，即不是在上述条件下所繁殖的骡。母体大小对所生后代影响较大，驴骡一般比马骡小，多属普通型。用良种公马配营养良好的体大母驴，亦能产生大型驴骡。

六、驴和骡的役用价值

驴和骡作为农村主要畜力之一，平原多挽，高原、山地多驮。因调教程度不一，最大挽力测定也产生一定差异。大型驴最大挽力，公驴约为体重81%～96%（180～250kg），母驴约为体重70%～93%（150～220kg）；中型驴最大挽力公驴约为体重98%～125%（205～280kg），母驴约为体重76%～98%（173～185kg）；小型驴最大挽力，公驴在130kg以上，母驴在120kg以上。驮重50～80kg，日行30km。

骡易饲养，恢复快，驮、挽能力优于马和驴。发展中国家，仍用骡作田间劳动辅助动力和短途轻载之运输工作。发展驮用军骡，对国防仍有一定的意义。

第二节　骡和驴挽驮能力测定

目前，个别品种驴做了一些役用能力测定，而骡则没有做过专门的测定，在这一节里有些数据将借助于马的，用来说明问题。

一、挽力

骡和驴拉动车辆或农具所用的力称之为挽力。挽力的大小主要靠体重，但也与骡和驴的体型、年龄、健康状况、饲养管理及调教程度有关，挽力的单位为千克，一般用挽力计测得。

图 11-5 挽力计

（一）几种挽力的概念

实际挽力是指骡或驴在挽曳时实际付出的力。正常挽力亦称适当挽力、经济挽力或标准挽力，系指骡或驴在正常饲养管理情况下，不影响骡或驴的健康，8h 挽曳不显疲劳所付出的力，一般骡为体重的 18%～20%，驴为体重的 12%～14%。最大挽力是指骡或驴拉爬犁，在不损害健康的前提下，每行进 10m 加重 25～50kg 重物，至骡或驴拉不动时其表现的实际挽力，一般为正常挽力的 3 倍以上，有的超过体重 90%。瞬间最大挽力是指驱赶骡或驴牵引固定物时所付出的前冲力量，它表现了骡或驴的潜在力量，一般可达体重的 1 倍以上。

表 11-2 佳米驴和凉州驴最大挽力和瞬间最大挽力测定

品种	性别	头数	平均体重/kg	最大挽力/kg	占体重/%	瞬间最大挽力/kg	占体重/%
佳米驴	公	9	248.4	214.6	86.4	241.2	97
	母	36	210.2	173.7	83.4	197.4	94
凉州驴	公	—	199.5	192.8	96.6	—	—
	母	—	178.0	140.8	79.12	—	—
	骟	—	161.5	132.4	81.99	—	—

（二）正常挽力测定和估算

1. 体重推算法 即是正常挽力相当于体重的多少，大型骡相当于体重的 18%，普通骡相当于体重的 20%；大型驴相当于体重的 12%，中型驴相当于体重的 13%，小型驴相当于体重的 14%。

2. 运输挽力 可用挽力计直接测得，也可根据道路阻力系数计算。挽力＝挽重（车重＋载重）×阻力系数。

3. 耕地挽力 除用挽力计直接测定外，还可根据耕宽、耕深和土壤阻力系数求得。

公式为，挽力=耕深×耕宽×土壤阻力（阻力系数见表11-3）。

表11-3　黑龙江省车辆和爬犁在不同道路上阻力系数

种　类	道路状况	阻力系通
珠轴承胶轮大车（两轮和四轮）	柏油马路	0.005
	方块石铺平的马路	0.001 1
	良好的土路（坚固、平坦、干燥）	0.013
	中等的土路（路面不平、有辙）	0.031
	不良的土路（路面软，无辙）	0.086
四轮铁车	方块石铺平的马路	0.048
	良好的土路（坚固、平坦、干燥）	0.052
	中等的土路（路面不平、有辙）	0.078
	不良的土路（路面软、无辙）	0.155
	翻后未耙的耕地	0.248
木爬犁	平坦的冰路	0.058
	平坦无辙的雪路	0.061
	露土的残雪路	0.117
	有铺沙的坚实土路	0.235
	中等的土路（路面不平、有辙）	0.435

（三）上坡、圆周挽曳的挽力和多骡或驴联驾对挽力的损失

1. 上坡　在平地挽曳的基础上，除增加拉动车辆的力外，还增加移动骡或驴身体所需的力，这两种力我们称之为附加挽力。附加挽力=（车和载重+骡或驴体重）×角度正弦值（sinα）。例如体重400kg的骡，车及货重为800kg，坡度7°时，附加挽力=（800+400）×0.12=144kg。若该骡平地驾车需挽力48kg，那么上坡总挽力为48+144=192（kg）。由此可见，上坡骡或驴付挽力很大，需多休息。

表11-4　不同土壤的阻力系数

土壤类别	土壤阻力系数/（$kg\cdot cm^{-2}$）
黏土	0.7
重砂质黏土	0.5～0.7
中砂质黏土	0.3～0.5
轻砂质黏土	0.3～0.4
沙壤土	0.2～0.3
沙土	0.2

2. 圆周挽曳　圆周越小，需挽力越大，做功也越大；反之，圆周越大，挽力越小，做功也越小。随圆周加大，愈能接近直线运动效率。圆周运动，骡或驴内侧肢费力，易疲劳。圆周半径与挽力发挥关系如下：

表 11-5 不同圆周半径所发挥的百分比

圆周半径挽力/m	6	5	4	3
挽力/%	83	80	75	65

一般认为圆周半径过小不利，过大也不好，以 4m 为宜。

3. 多骡或驴联驾 会因动作不协调造成总挽力的损失。联驾越多，损失越大。多骡或驴联驾挽力的损失同时和骡或驴的性格、调教程度、步伐合作及驾驭技术有关。联驾骡或驴匹数 3 匹以内较经济、超过 4 匹效率减低。

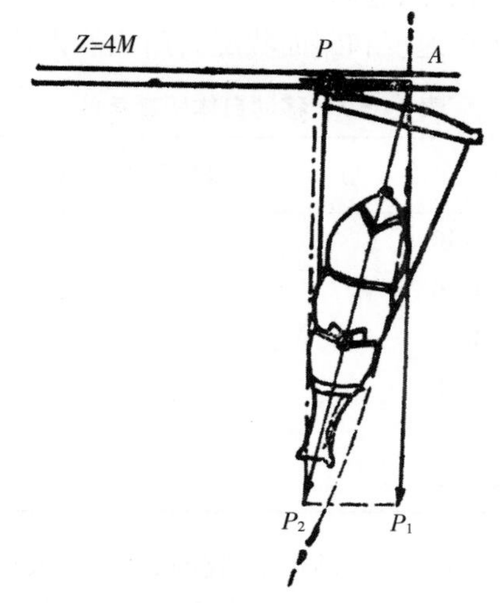

图 11-6 马圆周运动时（半径为 4m）力的示意图

表 11-6 联驾作业损失的挽力

骡或驴 数	1	2	3	4	5	6	7	8
每骡或驴的有效挽力/%	100	98	87	80	73	66	55	44

二、持久力

持久力为骡或驴重要的工作能力指标。一般根据骡或驴作业后的精神状态，疲劳程度和体温、呼吸、脉搏等生理指标来评定。持久性强的骡或驴，在正常工作中表现步伐稳健，呼吸均匀，出汗不多，役后精神状态好，食欲正常，体温、呼吸、脉搏三项生理指标均能在役后半小时内恢复正常。

持久力测定，一般挽曳时速 5.5km；长途赛以平安到达、速度较高为好。挠骨动脉压的脉压指数一般为 0.83～2.0，超过 2.0 的骡或驴持久力高。

脉压指数＝（运动后的血压－运动前的血压）÷（运动后的脉搏－运动前的脉搏）

第三节　骡或驴工作量的计算

役用的骡或驴工作量分为机械功和产品数量（骡或驴生产率）。

一、骡或驴所做的功

可作为科学饲养、划分役类及确定骡或驴工作负担的依据。由于缺乏骡或驴移动自体耗能和不同体重平均每日可能完成的功的数据，这里仅以骡为例，下两表借用马的测值来计算和理解骡或驴的做功问题。

（一）骡或驴在移动体躯时所做的功

决定于骡或驴的体重、运动速度和路面状况。用热能来计算，用焦耳来表示。

表 11-7　移动自体所耗势能

步法	运动速度/（$m \cdot s^{-1}$）	运动速度/（$km \cdot h^{-1}$）	1kg 体重在 1m 距离所耗热能/J
慢步	1.10	3.96	1.189 1
慢步	1.30	4.68	1.362 3
慢步	1.50	5.35	1.515 0
慢步	1.63	5.75	1.643 9
快步	3.09	11.10	2.292 4
快步	3.25	11.70	2.402 0

例如，体重 300kg 的骡，时速 11.7km 驾驭时，每千米消耗热量为 2.402 0×300×1 000=720 600J；而在以每小时 4.68km 速度驾驭时，每千米热能消耗为 1.362 3×300×1 000=408 690J。因此认为骡在连续工作完成较大工作量时，选慢步为合理。

实际应用于骡体运动的热能，又仅是所耗热能的 1/3，其余 2/3 都用于骡体生理需要。因此上述举例所耗热能 720 600J，也只有 240 200J 消耗于骡体移动。

（二）骡或驴在挽曳时所做的功

计算公式：功（J）=挽力（kg）×距离（m）×9.8。当不知挽力大小，可根据阻力系数计算，功=（车重加载重×阻力系数）×距离×9.8。如单骡重载拉车时，挽力为 60kg，行程 20km，所做的功为 60×20×1 000×9.8=11 760 000J。返回空载时挽力为 15kg，行程 20km，所做的功为 2 940 000J，则该骡共做功 14 700 000J。其中空载时做的功为无效功。为充分利用骡的生产力，应组织好往返运输，减少空载（见图 11-7）。

用于运输的骡，以每日工作 8h，每小时 4km 的慢步速度计，骡每日实际所做的功，按体重基本为：

表 11-8　不同体重平均每日可能完成的功

体重/kg	300	350	400	450	500	550	600	700
功（$KJ \cdot m^{-1}$）	14 112	15 879	17 640	19 208	21 168	22 932	27 636	28 224

图 11-7 骡的运输
（来源：中国畜牧业协会驴业分会）

图 11-8 埃及金字塔旁驴的骑乘
（来源：中国畜牧业协会驴业分会）

（三）骡或驴在乘驮作业时所做的功

骡或驴在乘驮时负担量一般为体重的 30%，若要有一定的速度，驮载量以体重 25% 为好。

表 11-9 佳米驴和凉州驴驮载能力测定

品种	性别	头数	平均体重/kg	平均驮重/kg	占体重/%	距离/km	需要时间/min	备注
佳米驴	公	5	220.4	64.0	30.12	20	200	坡地
	母	14	231.1	69.6	30.11	20	241	平地
凉州驴	公	2	199.5	83.5	41.85	23.2	275	
	母	2	178.0	63.8	31.89	23.2	318	
	骟	2	161.5	54.8	34.52	23.2	318	

乘驮与挽曳作业所做的功不同，它是以体躯直接负担重量的，一般按移动骡或驴体和载重量所耗热能来测定的。这里仍以马的测值作参考。

比如，中型骡在静止状态中，每千克体重每天消耗 84.098KJ 热能。当移动骡每千克体重行进 1km，慢步时需消耗 1.226KJ，快步时为 2.092KJ；而移动骑者和全部装备的 1kg 重量，每千米慢步消耗热能 1.820KJ，快步时为 3.540KJ。如骡的体重 400kg，骑者和全部装备 120kg，则每千米慢步和快步所耗热能如下：

慢步时为：（400×1.226）+（120×1.820）=708.8（KJ）；快步时为：（400×2.092）+（120×3.540）=1 261.6（KJ）

如果骡行进 50km，其中慢步 16km，快步 28km，牵骡行进 6km，则完成该项行军任务所消耗热能如下：

慢步时=708.8×16=11 340.8（KJ）；快步时=1 261.6×28=35 324.8（KJ）

带装备（35kg）牵引行每 km 消耗为（35×1.820）+（400×1.226）=554.1（KJ）；6km 消耗为 554.1×6=3 324.6（KJ）。

因此，以上三者的总和为 49 990.2KJ，是用于行军 50km 的全部热量。但其中直接转变成为功而耗热能，只占 1/3，约有 16 663.4KJ。

一般认为乘驮骡每日工作量以 14 700～29 400KJ 之间为宜。

关于田间作业所做的功，其计算公式如下：

1ha 需要的功＝某种工作所需要的挽力（kg）×1 000m^2（每公顷面积）÷农具的幅度（m）÷9.8

二、功率的计算

骡或驴在单位时间内所做的功，称为功率。其单位为瓦（W）。

功率计算公式：功率＝ P×D÷T ×9.8

P 为驴或骡所用的力或它的挽力（kg），D 为距离（m），T 为时间（s）。

上式可写为：

功率＝挽力×距离÷时间×9.8

功率（W）＝工作量（kg・m）÷时间（s）×9.8

三、骡或驴的生产率

骡或驴的生产率可理解为骡或驴工作的产品数量，不可与机械功相混淆。

（一）运输工作的生产率

一般以 t・km 来表示。

运输工作生产率＝载重（t）×载重距离（km）

这里工作量以有效工作量计算，因而远距离运输比近距离运输生产率高。

（二）田间作业的生产率

工作量以生产率（ha）（1 公顷等于 15 亩）来计算，其公式：

生产率（ha）＝速度（m/h）×有效工作时间（h）×农具作业宽度（m）÷10 000

（三）乘驮工作的生产率

亦以 t・km 表示。

乘驮生产率＝驮载（t）×距离（km）

第四节　科学合理使役

家畜福利和健康养殖，除了饲养以外，与其关系最为密切的就是管理工作，而是否真正做到科学合理使役则显得特别重要。

一、影响骡或驴合理使役的因素

（一）内在因素

决定骡或驴役用性能好坏的内在因素有年龄、体重、体型、气质、健康状况和膘度。

1. 年龄　骡或驴幼驹在 2～2.5 岁开始使役，4～15 岁期间工作能力最高，15 岁以后逐渐下降。正确的饲养管理和使役，可以提高工作能力和延长使役年限。幼驹过早重役，影响生长和发育，招致各种疾病，幼驹应比成年骡或驴减少 20%～25%工作量，而老龄骡或驴可减少10%～15%。

2. 体重 体重和挽力间存在着一定的相关性。就绝对值而言，体重越大，挽力越大；而相对值而言，挽力与体重的百分比，体重小的却比体重大的相对正常挽力大。

3. 体型 呈低方形的骡或驴，重心低，支持面大，易于发挥挽力；呈正方形和高方形的骡或驴，则利于速力的发挥。

4. 健康和膘度 健康而有良好膘度的骡或驴，能很好采食，爱运动，活泼，精神饱满，劳役后很少表现疲劳。

5. 气质 骡或驴神经类型不同，工作能力表现也不同。无论是有益的反射和有害的反射，如能区别对待，则可提高工作能力。骡或驴的神经类型，一生并非完全固定不变，在良好的外界环境下，可以得到改善和逐步发展。从初生驹开始，有意识地进行训练和培养，给予良好的外界条件，就可以发展有益和抑制无益的条件反射，并在一定程度上改善其神经类型。

（二）外界因素

调教程度、饲养管理、使役条件及道路状况等都会影响骡或驴役用性能发挥。

1. 调教程度 调教成的骡或驴，可将外界因素转化为内在因素。调教可促进血循环、神经、肌肉、内分泌、排泄及呼吸系统的活动，加强有机体的新陈代谢和器官的协调。骡或驴不做多余运动，呼吸很有节奏，肌肉动作协调，合理有效利用热能，保持良好健康，提高持久力。

2. 饲养管理 骡或驴工作紧张，能量消耗大，营养物质需要多，应保证供应；要采取科学的饲喂技术，使骡或驴保持有良好的膘度；刷拭、护蹄和良好的厩舍条件，对骡或驴工作能力的发挥均有良好作用。

3. 使役条件 车辆的构造，包括车辆的弹性，车轴的摩擦，车轮的大小，轮缘的宽度以及车辆的种类和装载的方法都影响骡或驴役力的发挥。此外，挽曳的角度、路面的斜度、多骡或驴联驾和配套以及挽具装备等，或本身即为影响因素，或因科学原理应用不当，都会造成骡或驴工作能力的降低。

二、役类的划分

根据骡或驴每天工作量（KJ，千焦耳）的多少划分役类较为合理，但是在实际生产中挽力大小主要根据体重来划分。

骡挽力占自身体重18%以下为轻役，占自身体重18%～20%时为中役，占自身体重20%以上为重役。驴挽力占自身体重12%以下为轻役，占自身体重12%～14%时为中役，占自身体重14%以上为重役。

对于不同健康状况和不同生理状态的骡或驴，应当根据个体情况，来看待役别。如对健康骡或驴是轻役的工作量，对体弱的骡或驴可以认为是中役甚至是重役。对幼龄骡或驴、老龄骡或驴、繁殖骡或驴，或在不良条件下工作都应酌减工作量。另外，恶劣的驾具，黏重的土壤以及不良的驾驭技术，均会增加骡或驴挽曳负担，使役时确定工作量，应予以考虑。

三、合理使役

科学而巧妙地利用骡或驴，可充分发挥其工作能力，显著提高劳动生产率，并保持骡或驴健康、延长工作年限。首先应根据农业和运输工作对畜力的总需要，结合骡或驴实际能力制定全年及季节骡或驴使役计划，使骡或驴各时期劳役负担均衡。再依照计划计算各项使役所需工作量，将骡或驴按强弱分组，按不同役别工作；体大力强、膘好、工作熟练、5～14 岁壮年骡或驴为强骡或驴组，承担重役工作；体格及力量中等或虽体大力欠强且不持久者、15～17 岁仍有工作能力者、妊娠 6 个月以前、产驹 2 个月以后的母骡或驴属中等骡或驴组，负担中役工作，定额比强的骡或驴组低 10%～20%；弱骡或驴组包括体小力弱、工作不熟练的青年骡或驴、18 岁以上的老骡或驴、患病初愈骡或驴、妊娠 6 个月以后、产驹 2 个月以内母骡或驴，负担轻役，定额比强骡或驴组低 20%～40%。建立骡或驴使役制度，使役员和饲养员要有岗位责任制和交接班制度。加强爱骡或驴教育结合实施奖惩办法。

制定役骡或驴工作日程并遵守用骡或驴卫生规则。第一，量力使役、防止过度疲劳。做到“量力定活、定时、定速度”，工作中发现骡或驴疲劳，应作适当调整。第二，注意劳役结合和役后照料，工作始、末要慢步缓行，使役中要保持节律性的工作和休息，利于骡或驴健康和提高工作效率。农民的“牲畜有松套之力”经验，是指在使役中，松一松挽具，撑起辕杆，让骡或驴稍事休息。役后应充分休息，以恢复体力。要温和对待骡或驴，使役后不马上饮水，冬季不马上卸鞍褥和项圈，待汗消失后，再卸，以免受冷得病。农谚说“冬不抢鞍，夏不卸衔”，就是这个意思。役后要检查骡或驴体，如有擦伤或蹄伤应及时治疗。第三，按畜定役，合理配套。已合套的骡或驴，没有特殊原因，不要轻易变动。实践证明，临时合套，不仅工作量降低 10%～15%，而且易发生损伤。第四，提高有效工作时间，减少无用功的浪费。农忙季节应减少空驰和多余停歇，田间有效工作要达全天 75%；远地田间工作时，可考虑野外宿营，节省往返时间，减少体力消耗；装卸费工费时，可多派劳力，提高劳动生产率。

四、乘驮使役

乘驮使役时，备鞍位置应正确，镫革与肚带与骡或驴体重心垂线重合，骑者骑坐位置和动作正确，重心始终与骡或驴体重心保持一致。备鞍和骑坐偏前偏后以及不正确的动作，都不利于骡或驴速力和持久力的发挥。遵守用骡或驴卫生规划，出厩不可立即驰行，慢步 10～15min 后加快步伐，途中变换步法行进，注意步度配合，防止骡或驴过劳。行程末段慢步 10～15min 或牵行。到终点后系拴于无风处，稍松肚带，活动鞍及鞍褥，稍歇后卸鞍，摩擦骡或驴背，汗干后刷拭马体，按摩四肢。驮载使役载重量为骡或驴体重 25%～30%为宜，最高为 32%～35%，且慢步行进，日行程 30～35km。货物应置于马体两侧肋部适当的前后位置，两侧重量均等。鞍垫适当厚且柔软，保持清洁无泥沙及污物。驮运途中休息时间长时应卸货，并喂饮骡或驴。山地驮运及骑乘时必须给骡或驴装蹄铁。

CHAPTER12 | 第十二章 福利、环境和驴场建筑

世界上第一部关于保护动物的法律，是因为马、驴常被鞭打，人们对于马、驴福利的关注而颁布的。而今，集约化养殖盛行，常常不考虑动物福利，限制畜禽的基本活动，忽视畜禽适宜生存条件，同时也会造成环境严重污染，对人畜健康产生危害。因而学习驴的福利、环境需要和建筑符合相应要求的驴场、驴舍，对驴业发展是有着重要意义。

第一节　驴的福利

现代畜牧业，由于过于强调规模化、集约化，往往不顾畜禽作为活的生命个体的感受，一味进行掠夺式地极度开发，近年来备受诟病。目前不少发达国家在畜牧业现代化的同时，也把动物福利保障作为畜牧业发展的重要内容一并考虑。人类在从动物身上攫取畜产品的同时也给予动物必要的人文关怀，让其身体健康，情绪愉悦，行为舒展，在环境控制和养殖设施设计方面应该引入动物福利保障方面的理念。欧盟已经实行了全新的养殖方式以充分保证动物的福利要求，北美地区也通过一系列立法工作逐步实现动物福利养殖。

一、动物福利的概念

20 世纪 30 年代国外就有人提出“动物福利”的概念。但作为一门独立学科进行真正研究还不到 50 年，较为突出的是，20 世纪 80 至 90 年代在一些畜牧业生产发达的国家，学者们在这一领域开始取得了许多较为引人注目的研究成果。

2010 年世界卫生组织（OIE）将动物福利纳入工作范围，在《陆生动物卫生法典》中，已制定动物福利标准 9 项。

动物福利（Animal Welfare）尤指动物生存状况，其概念是指动物如何适应其所处的环境，满足其基本的自然需求。科学证明，如果动物健康、感觉舒适、营养充足、安全、能够自然表达天性并且不受痛苦、恐惧和压力威胁，则为满足动物的福利要求。而高水平动物福利则更需要在疾病免疫和兽医治疗、适宜的居所、管理、营养、人道对待和人道屠宰等有进一步要求。没有痛苦和恐惧，没有疫苗和药物残留，动物福利促进了驴的健康水平及畜产品数量增加和品质的提升。

动物福利的概念基本由五个要素组成：

①生理福利即无饥渴之忧虑；

②环境福利也就是让动物有适当的居所；

③卫生福利主要是减少动物的伤病；

④行为福利应保证动物表达天性的自由；

⑤心理福利即减少动物恐惧和焦虑的心情。

畜牧业生产方式应充分满足家畜在这五个方面的福利要求，作为原则，从品种选育、饲养管理、饲料营养、疫病防控以及运输屠宰等各个环节来保证家畜福利，从事畜牧生产。

二、动物分类和福利状况

（一）动物分类

按照国际公认标准，动物被分为农场动物、试验动物、伴侣动物、工作动物、娱乐动物和野生动物六类。

驴在现代，承担了农场动物、伴侣动物、工作动物和娱乐动物的功能。

（二）我国动物福利状况

1. 家畜福利学地位　在如何看待家畜福利学地位的问题上过去曾经有三种不同的观点，其中有两种观点尖锐对立。一种是极端的动物福利学家所主张的动物包括家畜应当享受类似于其自然栖息地，并为其所乐意接受的环境条件，至于家畜生产力则是次要的；而另一种则由所谓集约化专家提出，他们认为如果在集约化条件下家畜能生产丰富的畜产品，那么很可能在其福利方面没有什么欠缺或根本无错；第三种观点相对折中也比较合理可取，认为动物处于始祖栖息地的生活条件并非最理想，此时它们通常很容易因患病而使生产力大幅度下降，另外不良的天气、天敌等都会对畜群产生危害。

尽管还没有充分的证据表明采取对动物福利有益的措施能提高家畜的生产力，但当前高度集约化畜牧场的饲养管理方式，往往对畜禽的本能行为、习性产生种种限制使它们始终处于一种十分紧张而又单调的应激状态，这使人们有根据地怀疑畜群的健康受到损害。另外在许多情况下集约化畜牧生产与当地农业生产相脱离，常对动物及人类的环境造成严重污染。

2. 家畜福利在我国的发展　我国是发展中国家，为了满足人们对畜产品日益增长的需要，一直在大力发展畜牧业。家畜福利问题，虽然对品种的保护已经进行了立法，但是，集约化、规模化生产中还存在这样或那样的家畜福利问题。现实生活中还存在吃还是不吃狗肉的争议；乱棍扑杀流浪狗方式不少人认为不够妥当；不法商人注水折磨活猪、活牛后宰杀受到舆论关注：不当运输、宰杀，家畜或宠物亲眼看到同伴被宰杀，满眼是深深的恐惧，心理和生理产生巨大的痛苦；靠疫苗和药物维持集约化猪、禽生产等，这都是需要改进的。

我国学者已经开展家畜福利科学的研究、宣传和教育多年。其中有孙江教授的《动物福利立法研究》、法学专家起草的《反虐待动物法》等。2008 年中国农业大学与英国驴庇护所联合在北京举办“驴的健康与福利研讨会”，同年，中国动物卫生与流行病学中心组织成立了动物福利工作组，积极参与世界卫生组织（OIE）动物福利标准评议工作，参与 OIE 亚太地区战略计划起草工作，2011 年结合我国实际情况编写了《动物福利良好操作指南》一书。为鼓励更多的企业关注动物福利，推广健康友好的生产方式，促进人与动物和谐生存和发展，中国兽医协会和世界动物保护协会于 2014 年共同创立“农场动物福利促进奖”。

（三）家畜福利立法问题

欧美多数国家在家畜福利保障方面已有立法以及相关福利操作标准，鉴于家畜福利科学未来发展趋势强劲，有关国家在家畜福利方面设置贸易壁垒势必严重影响我国进出口贸易。为了在未来畜产品国际贸易中有效规避因家畜福利造成贸易壁垒，学习动物福利相关知识，培养我国在此领域立法方面的专业人才很有必要。

动物福利也涉及我国公共伦理道德的建设，改善动物福利不仅让我们明确爱护动物的重要性，还能提升我们自身的行为修养。2014 年 5 月，《农场动物福利要求·猪》标准由中国标准化协会批准发布，这是中国首部农场动物福利标准。2015 年 11 月我国启动制定首部畜禽养殖和屠宰福利标准，这将成为我国畜牧兽医领域首部涵盖生猪、肉鸡、蛋鸡、肉羊、肉牛、奶牛六大畜种的农场动物福利行业标准。可以预料，家畜福利仍会不断立法，并在生产实践中将这一科学理念得以有力地贯彻。

三、驴的福利

从动物福利五要素要求来看，对驴的福利我们应当从以下方面进行要求：

（一）人驴关系良好

饲养人员可以抚摸驴，驴与饲养人员接触时，饲养员富有表情并用声音信号与之交流，饲养人员既可作为驴的管理者，也能处于从属地位或扮演母驴充当照顾小驴的角色。

（二）要为驴提供优质全价饲料

避免驴遭受缺少食物威胁和以不平衡日粮饲养，避免其处于饥饿状态，消瘦、无精打采。

（三）驴的卫生福利

不允许发生不规范调教和乘挽，多给予爱抚、鼓励，而不是大声斥责，甚至鞭打造成伤害；要重视护蹄，防止蹄裂或蹄部损伤；阉割、烙印和手术，应进行减少疼痛化处理。

（四）不当运输和暴力屠宰

这会形成应激，影响驴的健康和肉品质量。改进运输车辆、装载驴方法和密度，将大锤击头屠宰改为电击等。

（五）健康福利

动物福利专家反对滥用药物和以疫苗来维持畜禽健康，主张为家畜创造一个有适当活动空间能满足其生理和身心需求、安全感强、清洁卫生的环境。

应执行严格的清洁、消毒制度，尽量避免驴的寄生虫病、传染病的发生和传播。

（六）畜舍、运动场地面材料质量要符合要求

避免造成驴的外伤、软肿及发生蹄病等。

（七）良好驴舍形式

北方驴舍和南方畜栏的结构、材料、形式要为驴保温与隔热创造适宜的湿热环境。饲养密度要符合要求。

（八）主张采用自然通风和主要靠自然采光方式解决畜舍的通风和光照

自然通风与光照，使温度、湿度、气流形成良好小气候，为驴提供适宜生活环境条件。

（九）良好饲养管理和环境卫生更是不可忽视的问题

四、驴的福利研究

驴的福利问题应当深入研究。需要明确，驴的福利不单是追求驴自身福利状况的改善，求得减少生产过程中所遭受不必要的痛苦，其实搞好驴的福利也有利于提高驴的个体生产成绩和产品质量。我们应当把改善驴的福利状况与生产中追求利润的目标相结合，只要福利有相应的改善，驴个体单产就会相应提高，这样增加生产成本会因生产性能和产品质量的提高所带来的附加值所抵消。

驴的福利研究方法可参考下面几点：

第一，找准驴的福利要求和产品数量、质量提高相关的增长点。根据重要性依次排队。

第二，通过测定驴在不同条件下，尤其在应激或其他异常条件下的生理（呼吸、脉搏、体温、消化、排泄、内分泌腺体活动水平等）生化（血液中有关激素及指标变化），作为确定适宜环境的根据。

第三，在基本符合驴的福利要求的前提下，研究驴舍结构、饲养管理制度、粪、尿处理等对驴的健康和生产力的影响。

第四，根据上述工作项目，给予不同权重，提出驴的福利的综合量化标准。

五、健康养殖

健康养殖（healthful aquaculture）的概念最早是在20世纪90年代中后期我国海水养殖界提出的，随后逐渐向淡水养殖、生猪养殖和家禽养殖渗透并完善。

驴的福利和健康养殖密切相关。驴的健康养殖是指根据驴的生物学特性，运用生态学、营养学原理来指导养殖生产，为养殖的驴营造一个良好的、有利于快速生长的立体生态环境条件，提供充足的全价的营养丰富均衡的饲料，使其在生长发育期间最大限度地减少疾病的发生，使生产的食用产品无污染、个体健康、肉质鲜嫩、营养丰富与天然鲜品相当。

国家对健康养殖非常重视，要求我国的养殖业未来发展要加大创新，推进供给侧改革，加快转变发展方式，走生产高效、产品安全、资源节约、环境友好的现代化养殖业发展道路。

驴的健康养殖的内涵主要包括以下三个方面：第一，养殖环境要能保证驴的健康，要求养驴业的从业者们要千方百计改善驴的养殖环境，提高动物（驴的）福利，为驴提供一个舒适的生长环境；第二，养驴业所生产的驴产品要求对人是安全、健康的，养驴业要严

以律己，以保障食品安全为己任，不能在饲料中添加或者超量添加任何可能对人体造成危害或者具有潜在风险的成分；第三，驴的养殖生产环境对周围环境不产生污染和危害，是可持续的、和谐的，这要求养驴业仅仅考虑到为驴提供一个健康、舒适的生长环境还是不够的，还要考虑对周边环境的污染问题，要科学治理养殖场粪污排放，不对周边环境造成影响，做到人与动物和谐共存。驴的健康养殖最终目的是为人类健康（满足营养、口感、健康等需要）服务，健康养殖应能体现经济、社会和生态效益的高度统一。综上所述，驴的健康养殖要求养驴业不但要注重产品的“安全和优质”双重质量保证，还要努力实现“环境与经济”的双重效益。

第二节 驴的环境

驴的环境是指存在驴周围的可直接或间接影响驴的自然与社会因素的总体。驴环境的自然因素有物理因素、化学因素、生物学因素；社会因素主要包括驴群体和人为管理措施。而每一个因素我们又称作环境因素。所谓直接影响因素，是指气温、气湿等可直接作用于驴体的因素。而土壤中的重金属元素可能通过饲料或饮水而危害驴，成为间接环境影响因素。环境因素一般存在有利和有害两方面的作用，我们应对其进行分辨，做到趋利避害。

一、驴的环境因素

主要有温热、光照、噪声、地形、地势、海拔、土壤、牧场和驴舍等。物理因素对生产影响较大，尤其是温热因素和光照控制。

（一）温热环境

是指驴周围空气中的温暖、炎热和寒冷，它是由空气的温度、湿度、气流（风）速度和太阳热辐射因素综合而成，是影响驴的健康和生产性能的重要环境因素。其中空气温度又最为重要。

比较不同气温、气湿和气流多种因素综合作用下的生产环境，需要通过温湿指数、等温指数、有效温度、风冷指数进行温热因素的综合评定。

（二）光照环境

光是驴的环境中一个较重要因素，是其生存和生产必不可少的外界条件。一般光照分为自然光照和人工光照。

可见光从强度、波长（光色）和照射时间及其变化对驴的生产性能和健康产生影响。红外线主要产生热效应，如用红外灯采暖。紫外线照射对驴有利有弊，应趋利避害，有利方面主要发挥它的杀菌、提高驴体免疫力和抗病力的作用。

（三）空气环境

自然状态下的空气是一种无色、无臭、无味的混合气体，其化学组成是比较稳定的。各种成分中，氮占78%，氧占21%，二氧化碳占0.03%，另外空气中还含有一定量的水蒸气以及尘埃、微生物等各种杂质。

1. 大气中的有害气体 对驴危害最大的有害气体有氟化物、二氧化硫和氮氧化物等。

主要来自自然界污染和人为排放。

2. 驴舍内有害气体　对驴危害最大的有害气体有 NH_3、H_2S、CO 等。当有害气体浓度过大时，可造成驴的中毒，影响其健康和生产力。

3. 空气中微粒　对驴呼吸道危害最大，尤其是有些微粒本身具有毒性。应当采取措施减少驴舍空气微粒的污染。

4. 空气中微生物　一般以飞沫传染或尘埃传染。应经常测定空气中微生物数量，进而采取措施。

5. 驴场空气质量　在此，参考禽、猪、牛舍空气质量标准，来执行驴舍环境空气质量标准。见表 12-1。

表 12-1　驴场环境空气质量建议标准

单位：mg/m^3

序号	项目	场区	舍区			
			猪舍	禽舍		牛舍
				雏	成	
1	氨气	5	25	10	15	20
2	硫化氢	2	10	2	10	8
3	二氧化碳	750	1 500	1 500	1 500	1 500
4	可吸入颗粒（标准状态）	1	1	4	4	2
5	总悬浮颗粒物（标准状态）	1	3	8	8	4
6	恶臭	50	70	70	70	70

（四）水环境

水是生命之源。在驴场选址和规划中，水源和水质是首要考虑的四大条件之一。应当注意水的净化和消毒，达到生活饮用水标准。

水源选择目的是选用符合生活及养殖饮用水水质要求的水源。水源分地面水、地下水、降水、自来水等。这些水之间相互转换，互相补充，形成自然界的水循环。进行驴场水源选择时，应从卫生、经济、技术和水资源等多方面进行综合评价，要选择水质良好、水量充足、便于防护和经济技术指标合理的水源。

水质是否符合驴场饮用水卫生要求，是否被污染以及污染的来源、性质和程度如何，可根据水质性状指标的检测结果来评价，从而判断其对驴体健康可能产生的危害。

天然水中常含有多种微生物。受人畜粪便、生活污水或工业废水污染，水中细菌可大量增加，所以细菌学检查，特别是粪便污染指示菌的检查，在水质的卫生评价中具有重要意义。在实际工作中常进行以下两项检查来间接判断水质受到污染的情况。

细菌总数　指 1ml 水在普通琼脂培养基中经 37℃，24h 培养后所生长的细菌菌落总数。它可反映水体受生物性污染的程度，水体受污染越严重，水的细菌总数越多。但是在实验室条件下，人工培养基上生长的细菌菌落，只能说明在该种条件下适宜生长的细菌数，不能表示水中所有的细菌数，更不能指示出有无病原菌的存在。因此，细菌总数只能作为水被生物性污染的参考指标。

我国《生活饮用水卫生标准》中规定，1ml 饮用水中细菌总数不得超过 100 个。

总大肠菌群 由于人畜粪便中存在大量的大肠菌群细菌，因而此种细菌可作为粪便污染水体的指示菌。大肠菌群有两种测定指标：一种是指发现一个大肠菌群的最小水量，另一种是多少毫升水中可发现一个大肠菌群。

我国《生活饮用水卫生标准》中规定，1L 饮用水中大肠菌群数不超过 3 个。

（五）土壤

土壤经常受废弃物排放、污水灌溉、废气沉降、农药和施肥的污染，尤其人们毫无顾忌地滥用土地作为接纳有害废弃物的场地，投弃了许多土壤微生物所不能分解的或超出其分解能力和缓冲性能的物质，以至于使土壤成了污染物的贮库。土壤中的污染物不断地通过空气、水和植物间接地对驴体和人体健康产生危害。因此，没有符合卫生标准的土壤，不可能有卫生的空气、饮用水和食物。

驴场土壤卫生（soil health）主要研究土壤污染对驴体健康的影响。虽然舍饲的驴不像完全放牧家畜那样对土壤非常依赖，但是驴舍建筑仍需要高质量土壤。同时不可忘记，土壤缺乏某些微量元素，所长出的饲料也会缺乏这种微量元素，如关中驴曾因所食饲料缺硒，患过白肌病。

土壤生态环境的监测指标分为物理指标、化学指标和生物指标。

物理指标：土壤质地、土壤水分、孔隙度、容重、温度、毛细作用等。

化学指标：酸碱性、氮磷钾等养分含量、有机质含量、重金属（汞、镉、铬、砷、铅）含量、氟化物含量、农药（有机氯、有机磷等）残留量。

生物指标：土壤动物（如蚯蚓数量）、微生物种群、土壤酶等。

（六）噪声

从生理学观点来讲，凡是使驴讨厌、烦躁、影响驴的正常生理机能、导致驴的生产性能下降、危害驴的健康的声音都叫做噪声。

驴场噪声主要来自外界环境传入、驴舍内机械运行和驴本身的鸣叫。

为防治噪声，驴场选址时不要建在机场、大型工厂、主要交通道路附近；驴场设备选择注意噪声指标，安装要采取防震、隔音和消音措施；驴舍周围绿化。

驴环境中的生物学因素，主要指饲料霉变、有毒有害植物及传染病寄生虫的问题；社会因素主要是指驴群群体和人为管理措施等。这些内容相关章节已有涉及，不再重复。

二、驴场环境控制

驴与其他家畜比，具有耐粗饲，抗病力强，对饲养管理要求不高的特点。然而，驴养殖业并没有像其他畜禽养殖业那样成熟，规模化、集约化程度不高，多以散养为主要方式。因此加强驴场环境建设与控制具有重要的意义。

（一）场区建设要求

场址的选择要充分考虑其排放物对周边村庄、河流、农田及大气的影响，要考虑当前及今后（发展）当地环境的承载能力，结合自身的处理能力做出科学综合的判断。要远离噪声、粉尘大的工厂、矿区，远离机场、公路、铁路、牲畜市场、屠宰场及居民区。要求距普通道路至少 500m 以上，距交通主干线不少于 1 000m。但是还要注意驴场附近交通要方便，以利于饲料的购入，驴驹、繁育母驴的购买与出栏销售，减少运输费用。

要禁止在生活饮用水源上游、风景旅游区及自然保护区建场。驴场要修建在村庄居民点的下风向，水源充足，供电方便，距住宅区 1 000～1 500m。驴场与各类养殖场之间的距离不得小于 2 000m。建场要符合国家质量监督检验总局发布的《农产品安全质量无公害畜禽肉产地环境要求》。

驴场要求在地势高燥、地下水位低，坡度平缓、水电网配套齐全、空气流通的地方，同时背风向阳、无西北风、有东南风的地区建场。不宜选择在风口或气流交换强烈的地方，也不宜选择在气流交换不足的低洼地。场区排水好、需要设置 2%～5%的排水坡度，用于排水、防涝，并能绝对防止污水倒灌，利于清洁和内部的干燥。

驴场用地土质要坚实，核实当地地层构造有无断层、陷落、塌方及地下泥沼地层等，土壤宜选择透水透气性强、毛细管作用弱，吸湿性和导热性弱，质地均匀，抗压性强的沙壤土和壤土。

（二）驴舍内环境控制

1. 温度要求 气温影响驴体健康及其生产能力的发挥。研究表明，驴的环境温度一般要求为 5～21℃（适宜为 10～20℃），幼驴舍为 10～24℃（适宜为 18～24℃），(育肥舍为 16～21℃)。驴舍温度控制在这个温度范围内，驴的增重速度最快，高于或低于此范围，均会对驴的生产性能产生不良影响。

2. 湿度要求 驴舍内最适宜的湿度为 55%～75%，日常生产中，舍内湿度要控制在 80% 以下。湿度对驴体机能的影响，是通过水分蒸发影响驴体散热，干涉驴体热的调节。低温高湿会增加驴体热散发，使体温下降，生长发育受阻，饲料报酬降低。

3. 气流要求 空气流动可使驴舍内的冷热空气产生对流，带走驴体所产生的热量。适当的空气流动可以保持驴舍空气清新，维持驴正常的体温。驴舍气流的控制及调节，一般舍内气流速度以 0.2～0.3m/s 为宜，在气温超过 30℃ 的酷热天气里，气流速度可提高到 0.9～1m/s。

4. 有害气体 如果设计不当和管理不善，驴体排出的粪尿、呼出的气体，以及饲槽内剩余的饲料腐败分解，就会造成驴舍内有害气体（如 NH_3、H_2S、CO_2）增多，诱发驴的呼吸道疾病。所以，必须重视驴舍的通风换气，保持空气清新卫生。一般要求驴舍中 CO_2 的含量不超过 0.25%，H_2S 的浓度不超过 0.001%，NH_3 的浓度不超过 0.002 6mL/L。

5. 光照要求 冬季光照可增加驴舍温度，有利于驴的防寒取暖。采用 16 h 光照 8 h 黑暗，可使育肥驴采食量增加，日增重明显改善。一般情况下，驴舍的采光系数为1∶16，驴驹舍为 1∶10～14。

6. 尘埃 新鲜的空气是促进驴新陈代谢的必需条件，并可减少疾病的传播。为防止疾病的传播，驴舍一定要通风换气良好，尽量减少空气中的灰尘。

7. 噪声 强烈的噪声可使驴受到惊吓，烦躁不安，出现应激等不良现象，从而导致食欲下降，抑制增重，降低生长速度。一般要求驴舍内的噪声水平白天不能超过 90dB，夜间不超过 50dB。

（三）卫生防疫要求

1. 驴舍环境卫生 驴舍环境要符合家畜环境卫生学的要求，及时清扫和定期预防消毒，对圈舍墙壁每年用生石灰刷白，饲槽、水槽、用具、地面等要定期消毒，减少传染病的侵袭。每天数次清扫粪尿，并堆积发酵，以消灭寄生虫卵。

2. 做好检疫工作 在引进种驴、购进饲料时，一定要十分注意，不可从疫区购买。新进的种驴，应在隔离厩舍内隔离饲养 1 个月，经检疫无病，才可合群饲养。

3. 防止传染病流行 预防接种应有的放矢，要摸清疫情，选择最有利的时机实施预防接种。例如春季对驴进行炭疽芽胞苗的预防注射，以预防炭疽病。

4. 控制疫情 当疫病发生时，首先将病驴安排在隔离病舍内饲养、治疗。对驴的传染病，要做到早期诊断、适时用药。其次对疫区道路实行封锁，严禁流动。最后是彻底消毒，消灭病原。对病驴尸体应在指定地点深埋和烧毁。

第三节 驴场布局和驴舍建设要求

一、驴场的总体布局

驴场主要分管理区、生活区、生产区、隔离治疗区和粪污处理区。各区之间要严格分开，间距应在 100 m 以上。各区域根据驴场的规模及人员配置进行设计。

（一）管理区

管理区应坐落在场区上风口，主要包括办公室、接待室、档案资料室、财务室等。

（二）生活区

生活区应规划整洁、安全，生活区是职工休息和饮食的区域，应在驴场上风头和地势较高地段，主要包括保卫室、宿舍、餐厅、卫生间及停车场。

（三）生产区

生产区分为主生产区和生产辅助区，是驴场的核心区域。生产区应设在场区地势相对较低的位置，主要包括种公驴舍、种母驴舍、后备公驴舍、后备母驴舍、育成驴舍、妊娠驴舍、分娩舍、幼驴舍等。各驴舍之间要保持适当距离，便于防疫和防火及管理。

生产区要能控制场外人员和车辆，不能让场外人员随便进出，大门口设立门卫传达室、消毒室、更衣室和车辆消毒池，严禁非生产人员出入场内，出入人员和车辆必须经消毒室或消毒池进行消毒。更衣室需要在不同方向安装紫外灯，更衣室可分成男、女室，可为全封闭室，也可留窗，且使用磨砂玻璃，更衣室设置更衣柜、鞋靴存放处。驴场入口处设立消毒池尺寸应以车轮间距确定，小型场常用消毒池长 3.8m，宽 3m，深 0.1m，大型消毒池一般长 7m，宽 6m，深 0.3m。池底要有一定坡度，池内设排水孔。常用消毒液为 2%火碱液。

生产区驴舍要合理布局，根据不同性别、年龄、生理状态分群饲养，各驴舍之间要保持适当距离，布局整齐，以便防疫和防火。但也要适当集中，节约水电线路管道，缩短饲草饲料及粪的运输距离，便于科学管理。

生产辅助区应设在生产区边沿，地势稍高的干燥处。包括供水、供电、维修、饲料库、饲料加工车间、草棚、青贮池（窖）、采精室等。

粗饲料库设在生产区下风口地势较高处，与其他建筑物保持 60 m 防火距离。兼顾由场外运入，再运到驴舍两个环节。饲料库、干草棚、加工车间离驴舍要近一些，位置适中一些，便于车辆运送草料，降低劳动强度。但必须防止驴舍和运动场因污水渗入而污染草料。

（四）隔离区

该区应设在场区的下风向，生产区外围下风、地势较低处。隔离区包括兽医室、药品室、隔离驴舍、剖检室、化验室等，是驴场病驴、卫生防疫和环境保护工作的重点。

（五）粪污处理区

粪污处理区应设在下风口和地势最低区，是对废弃物和粪污的集中、暂贮或加工区域。主要包括废弃物、粪便污水处理及贮存设施设备。

二、驴舍类别

可细分为种公驴舍、后备公驴舍、母驴带仔舍、怀孕母驴舍、空怀母驴舍、产房、后备母驴舍、驴驹舍、隔离舍。

驴舍按照墙可分为凉棚式（敞棚式）、开放式、半开放式、有窗式和无窗式等。按照屋顶可分为单坡式、双坡式、联合式、半钟楼式、钟楼式、拱顶式、平顶式等。我们应当根据饲养头数、各地气候和建材条件选择不同的驴舍样式。最基本驴舍样式见图 12－1：

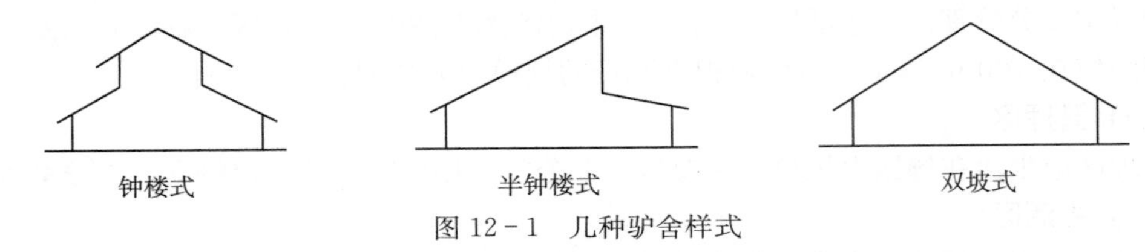

图 12－1　几种驴舍样式

钟楼式：通风良好，但构造比较复杂，耗料多，造价高，不便于管理。

半钟楼式：通风较好，但夏天驴舍北侧较热，构造亦较复杂。

双坡式：加大门窗面积可增强通风换气，冬季关闭门窗有利保温，驴舍造价低，可利用面积大，易施工，适用性强。

排列方式 驴舍内部母驴的排列方式，视驴数的多少而定，分单列式、双列式和四列式等。驴群 20 头以下者可采用单列式，20 头以上者多采用双列式。

在双列式中，由于母驴站立方向不同，又分为对尾式和对头式两种。如下图 12－2。

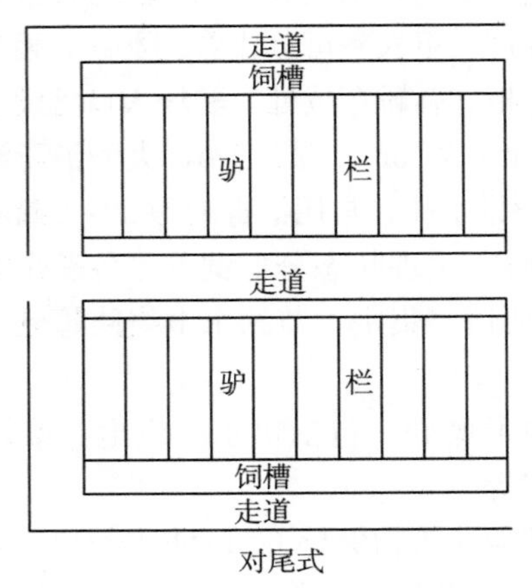

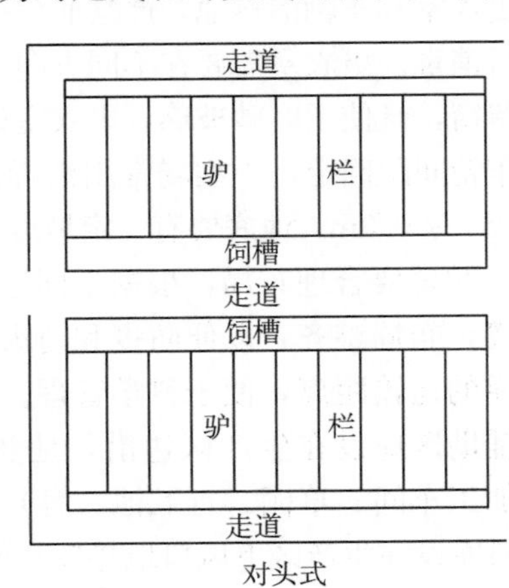

图 12－2　对尾式和对头式排列图

（一）单坡封闭驴舍

只有一排驴床，舍宽一般5.0～6.0m，高2.4～3.5m，舍顶可修成平顶也可修成脊形顶，这种驴舍跨度小，易建造，通风好，但散热面积相对较大。单坡封闭驴舍适用于小型规模化驴场，以每栋舍饲养100头以内驴为宜。

（二）双坡封闭驴舍

舍内设有两排驴床，双坡式驴舍驴床多采取头对头式饲养。中央为通道。舍宽10～12m，高2.4～5.0m，脊形棚顶。双坡式封闭驴舍适用于规模较大的驴场，以每栋舍饲养100～500头驴为宜。

三、驴舍建设要求

（一）基本要求

驴舍建设，与当地气候密切相关。要根据当地情况，决定建筑材料，根据驴体长短决定驴舍、驴床大小和驴槽高低和尺寸。

总体要求不仅经济实用，还要符合兽医卫生要求。驴舍内应干燥，冬暖夏凉，地面应保温，不透水，不打滑，且污水、粪尿易于排出，舍内通风透光良好，清洁卫生、空气新鲜。饲养密度要适宜（种公驴12～16m^2、成年母驴4.0～5.2 m^2、育成驴2.4～3.0 m^2、怀孕或哺乳驴5.2～7.0m^2）。

中原地区驴舍一般坐北朝南或朝东南，每隔5m左右预留一定数量的窗户或通风换气孔，保证阳光充足和空气流通，屋顶隔热保温以承重冬季降雪为建设依据，一般脊高4～5m，前后檐高2.4～3.5m，门高2.1～2.2m，宽2～2.5m，窗高1.5m，宽1.5m，窗台距地面1.2m。室内设施科学合理。驴舍间平行间距5～9m左右，运动场面积15～20m^2/头。

1. 驴床 驴床是驴采食草料和休息的地方，多采取群饲通槽喂养。一般的驴床设计是使驴前躯靠近料槽后壁，后肢接近驴床边缘，粪便能直接落入粪沟内即可，尺寸大小因驴种而异。成年母驴床长1.8～2.0m，宽1.1～1.5m；种公驴床长2.0～2.2 m，宽1.3～1.5 m；肥育驴床长1.9～2.1m，宽1.0～1.3 m。6月龄以上育成驴床长1.7～1.8 m，宽1.0～1.2 m。驴床应高出运动场地面5 cm，保持1.5%平缓的坡度为宜，以利于排水排尿。驴床最好以三合土为地面，即保温又护蹄。也有人建议上述驴床尺寸再宽些，有利驴体卫生。

2. 饲槽 驴槽设在驴床前面，饲槽建成固定式的、活动式的均可（见图12-3）。水泥槽、铁槽、木槽均可用作驴的饲槽。饲槽长度与驴床宽相同，上口宽60～70 cm，下底宽35～45 cm，饲槽的高度，不同体高的驴有所不同，一般近驴侧槽高35～80 cm，远驴侧槽高50～90 cm，底呈平面结构，利于清洁，槽底U型则驴易采食干净。在饲槽后设栏杆，用于拦驴。

规模养驴场为实现机械化饲喂，提高人均饲喂效率，有的将育成驴或肥育驴饲料通道和饲槽合一，但是饲槽要高出驴床35cm以上（见图12-4）。

我们仍然提倡，饲料通道和饲槽分开，南面驴舍中间开一通往运动场大门，南北的驴均可进出。饲槽高度与驴的肘部持平，以利于幼驹、青年驴头形和颈形的正常发育，以利于保持繁殖用公母驴良好的种用体态。分槽饲喂，精细管理，对于公驴和基础母驴还是需要的。

图 12-3　固定式饲槽
（来源：沈善义　提供）

图 12-4　饲料通道和饲槽合一
（来源：沈善义　提供）

3. 粪尿沟　驴床后设有排粪沟，排粪沟与驴床之间缓坡结构，以便清粪车作业。沟宽 35～40 cm，深 10～15 cm，沟底呈一定坡度，以便污水流淌（见图 12-5）。

4. 清粪通道　清粪通道也是驴进出运动场和驴床的通道，多修成水泥路面，路面应有一定坡度，并以拉毛处理方式防滑。清粪道宽 1.5～3.5 m。

5. 饲料通道　在饲槽前设置饲料通道。通道高出地面 10 cm 为宜。饲料通道宽 1.5～2.5m。规模养驴场饲料通道和饲槽合一，但通道要提高（见图 12-6）。

图 12-5　运动场清粪通道
（来源：沈善义　提供）

图 12-6　驴床清粪通道
（来源：沈善义　提供）

6. 驴舍的门　驴舍通常在舍的两端，即正对中央饲料通道设两个侧门，较长驴舍在纵墙背风向阳侧也设门，以便于人、驴出入运动场。门应做成双推门，不设槛，其大小为（2.0～2.5 m）×（2.0～2.5 m）为宜。规模养驴场饲料通道和饲槽合一的情况下，驴舍的门与饲料通道同宽，高度以饲喂机车最高点为最低点。

7. 运动场　饲养种公驴、种母驴、育成驴的驴舍，应设运动场。运动场多设在两舍间的空余地带，四周栅栏围起，将驴拴系或散放其内。其每头驴应占面积为：种公驴40～80m²、成年基础母驴15～20 m²、育成驴10～15 m²、幼驹5～10 m²。运动场的地面以三合土为宜，场内设置补饲槽和水槽，布局合理，以免驴相互争撞。

8. 驴场绿化建设 驴场周边根据当时的实际情况，有针对性地选择绿化树木或草坪。在风沙比较大的区域，可以种植上乔木和灌木混合林带，以及栽种刺篱，可以起到防风、阻沙、安全的作用。绿化树木一般可用杨树、榆叶、垂柳和松柏等。在运动场的南、东、西三侧种上遮阳林。一般可选择枝叶开阔，生长势强，冬季落叶后枝条稀少的树种。种花种草因地制宜，就地选材绿化，改善驴场的环境，净化空气，起到隔离的作用。

9. 门窗的大小和高低 与舍内通风和采光有直接关系，一般门的高度至少为2.1m，门的宽度至少1.2m。窗户的大小，一般是根据驴的用途和厩床面积确定。公母种驴和幼驹厩的窗户较大，约与地面成1∶（10～12）的比例，役用驴因其白天多在外面工作，窗户可小些，一般为1∶15。窗户距地面的高度，可根据驴的大小和用途而定，公母种驴厩约1.8m，役用驴厩为1.5m。

10. 其他 厩舍的棚顶高度为3m，屋脊的高度为3.7～4.5m，外面屋檐的高度一般为2.25m以上，对于厩舍棚顶的高度，在热的地区可高些，在寒冷地方可低些，必要时可加设天花板以便保温。

（二）不同驴舍的要求

驴舍内的附属房间和设备，可靠近值班室人员休息室设精料贮备调制室，一般为15～20m²。此外，驴舍内的设置还有饲槽和饮水设备等。饲槽有单槽和通槽，前者用于单间管理，后者多用于通间。不论哪种饲槽，都要求坚固耐用，光滑，容易清洗消毒。

1. 种公驴舍与后备公驴舍 种公驴与后备公驴圈舍一般为单列设计，分为圈舍和运动场两部分。圈舍全部为单舍单栏，每个舍长4m，宽4m，中间饲喂通道宽2.1～2.5m。地面使用3cm厚的水泥沙浆，2%的坡度，方便驴的粪尿的收集处理。每个驴舍内饲喂通道侧设置饲喂槽，槽高1m，长1.5m，宽0.8m，近槽深0.35m，并设立铁栅栏门，门高2m，宽1.5m。两个圈舍间设立1个水槽（有条件的设置自动饮水槽），满足两侧种公驴同时饮水。运动场长度10～20m，运动场使用20cm沙土铺地，也可以选择渗透性较好的土质铺地。运动场按照圈舍门对应位置设立出口，方便种公驴进出（见图12-7，图12-8）。

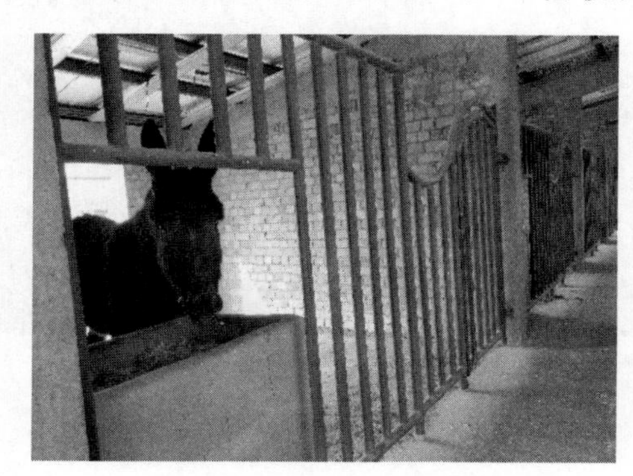

图12-7 种公驴圈舍
（来源：沈善义 提供）

图12-8 种公驴运动场
（来源：沈善义 提供）

2. 繁育母驴舍（空怀母驴舍、怀孕母驴舍、后备母驴舍）　一般为对头式设计，分为圈舍和运动场两部分。圈舍长根据需要而定，驴舍宽 10～12m，脊高3.5～4.4m，檐高 2.4～3.2m，坡度为 10%～16%。驴舍内驴槽、驴床、粪尿沟等符合驴舍建筑“基本要求”，运动场按照饲养规模和饲养种畜不同设计宽度 9～13m，运动场使用 20cm 沙土铺地，也可以选择渗透性较好的土质铺地。运动场进出口按照 2.5～3.5m 设计，方便机械进出作业（见图 12－9，图 12－10）。

图 12－9　繁育母驴舍圈舍
（来源：沈善义　提供）

图 12－10　繁育母驴舍运动场
（来源：沈善义　提供）

3. 带驹母驴舍　母驴分娩后，母驴与驴驹在产房照料 7～15 天，待驴驹能够健康地采食后，转入带驹母驴舍，带驹母驴舍的圈舍与运动场的设计基本与繁育母驴舍相似，但需要在带驹母驴舍增加防护栏，并在圈舍内一侧增加补饲栏。防止驴驹因栏间距过大而挤出圈舍（详见图饲料通道和饲槽合一，最底层的横栏）。补饲栏长度为 4～5m，与圈舍同宽，一端设立精料槽，槽为斗型，上宽 40cm，下宽 30cm，槽深 25cm 左右，离地面 50～70cm 处悬挂（见图 12－11，图 12－12）。

图 12－11　补饲栏
（来源：沈善义　提供）

图 12－12　精料槽
（来源：沈善义　提供）

4. 产房　设计尺寸与种公驴相同，全部为单舍单栏，产房应为全封闭式圈舍，圈舍内设置摄像头和浴霸，母驴在预产期进入产房，直至驴驹出生 1 周后移出，冬季母驴生产需在门处悬挂棉门帘及开启浴霸（见图 12－13，图 12－14）。

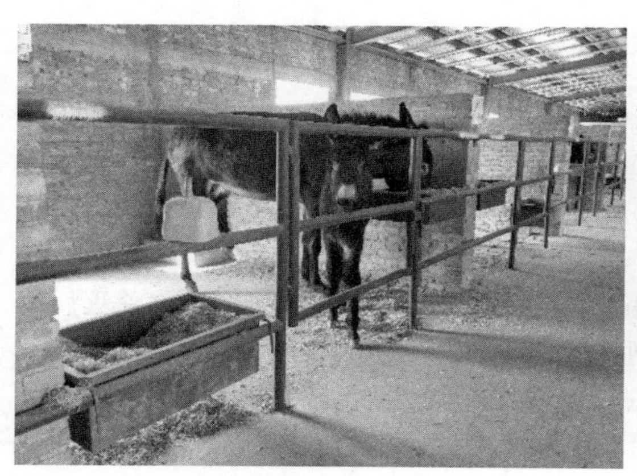

图 12－13 产房圈舍

（来源：沈善义 提供）

图 12－14 产房运动场

（来源：沈善义 提供）

5. 后备驴舍 一般设计较为简单，建筑参数基本可参照繁育母驴舍，西南各省为降低成本可建造成敞开式圈舍。驴舍内驴槽、驴床、粪尿沟等符合驴舍建筑“基本要求”。

运动场可根据场地适当调整宽度，一般 7～9m 为宜，运动场可使用 20cm 沙土铺地，也可以选择渗透性较好的土质铺地。

6. 配种室 配种室设置内外 2 间，内间为洁净间用于处理鲜精、存放消毒灭菌后的耗材，外间为更衣、耗材清洗及准备。配种室尺寸可根据实际场地大小进行调整，一般建筑使用砖混结构，长度可为 6.0m，宽 3.5m，高 2.8m。配种室前设置遮阳棚，遮阳棚下方设立保定架（四柱栏）。保定架长 1.5m，高 1.15m，宽 0.75m。保定架用于保定发情母驴和配种。

7. 饲草料仓库 饲料库和草棚的建设应符合保证生产、合理贮备的原则，与驴舍有 100 m 以上的距离。饲料库应满足贮存 1～2 个月生产精料需要量的要求；草棚应满足贮存 3～6 个月生产需要量的要求。

干草料棚参考尺寸长 20 m、宽 6m、高 4m，钢结构彩钢瓦顶，最高处 5m，相邻干草棚之间用铁丝网间隔开，预计储备青干草 70～100t。

第四节 粪污无害化处理

畜禽粪污无害化处理，是畜牧业生产共同需要面对的问题，规模化驴业生产同样也需要。资源化利用是解决我国畜禽养殖废弃物污染的出路，建立种养结合的农牧生态模式可以使畜禽生产废弃物得到最大程度的利用，实现资源的高效循环利用。畜禽养殖废弃物的不合理处置是造成环境污染的主要原因，表现为畜禽粪便和污水未经处理而随意弃置或排放，耕地中畜禽粪便负荷量过高等。因此，根据建立农牧平衡模型估测土地消纳粪污能力和研究开发畜禽养殖废弃物处理技术，对于实现畜牧业可持续发展具有重要的意义。畜禽粪便处理目的是将其无害化、减量化和资源化，目前国内外畜禽粪便处理方法较多，主要有以下几种处理方法。

一、物理处理与利用

（一）焚烧法

粪便中含有有机物，焚烧后可利用粪便中的热能。干燥的粪便在充分燃烧后，体积大大减少，并且能够杀灭致病性的病原菌，燃烧后的热量可以利用，但存在耗能大、燃烧后产生大量的SO_2、CO以及二恶英等有害气体污染大气的缺点。

（二）脱水干燥

干燥法是利用燃料、太阳能、风能等使畜禽粪便快速干燥，除去粪便臭味，杀灭病原微生物，以供肥用。按处理机制主要分为物理法、化学法和生物法3种。

物理法是通过沉淀、过滤、烘干等方式对粪便进行初步处理，该方法具有简单、经济的优点，但该方法处理规模小、有机质损失严重、可能会产生病源微生物与杂草种子的危害等问题。

二、化学处理法

是在畜禽粪便中加入一些化学药剂与粪便有机物发生氧化反应，实现固液分离、除臭杀菌、絮凝沉淀的目的，该方法具有操作简单的优点，但处理成本太高，不易推广。

三、生物处理与利用

生物法是在畜禽粪便堆肥过程中加入菌种，利用微生物的分解作用，将粪便中有机质分解，同时发酵产生的热量可以有效地杀灭病原微生物，加快水分的蒸发，达到快速脱水干燥的目的，该方法具有投资少、操作简单的优点，但对操作管理要求较高，目前未得到有效推广。

主要包括生物腐熟堆肥、土地直接施用、生物能生产沼气利用、蚯蚓与甲虫的处理等方式。这里主要介绍常用的堆肥法。

（一）堆肥处理

堆肥是在微生物作用下通过高温发酵使有机物矿物质腐殖化和无害化而变成腐熟肥料的过程。堆肥原料的特性决定堆肥的效果，粪污与无霉变、干燥的锯末、稻壳等垫料混合，也可与粉碎的秸秆、杂草、垃圾等混合、堆积，因为它们不仅含碳量高而且可以改善堆体结构。畜禽粪便在微生物分解有机质过程中产生大量的有效氮、磷、钾等肥力物质，国家粪便无害化卫生标准中规定堆肥无害化卫生应符合的指标。

（二）堆肥方式

常见的堆肥方式有条垛式堆肥、强制通风静态垛堆肥、堆肥反应器。

条垛式堆肥是一种传统的堆肥方法，它是将堆肥原料以条垛式条堆状堆置，在好氧发酵下进行发酵1～3个月，堆体体积不易过大，否则容易造成内部厌氧，堆体过小不利于保温。优点是简单易行，缺点是占用场地、堆肥期长、受气候影响大、需要经常翻堆，堆体尺寸大小根据当地气候、原料特性决定。一般将粪堆堆积成长条状，高不超过1.5～2m，宽1.5～3m，长度视场地大小和粪便多少而定。

强制通风静态垛堆肥是通过鼓风机强制通风向堆体供氧，在静态堆肥垛底部设有通风管路，管路上铺有一层锯末或其他填充物，达到通风均匀的目的，堆肥期一般 2～3 周，优点是占地面积少、投资不大、容易商品化生产。

堆肥反应器主要分为粪便发酵塔和粪便发酵仓两种，通过箱式或仓式堆肥实现畜禽粪便的无害化处理。

1. 堆肥发酵过程 堆肥法是利用一定比例的稻壳、锯末、麸皮、菌种组成发酵垫料，将粪污加入到垫料中，或粉碎的秸秆、杂草、垃圾等直接与粪污混合、堆积，一般粪与垫料的比例以 1∶（3～4）为宜而后进行定期翻堆，使粪尿与垫料混合均匀，利用微生物的活动分解有机质转化成无机物和菌体蛋白，达到无害化处理目的的过程。

堆积方法，先比较疏松地堆积一层，待堆温达 60～70℃时，保持 3～5 天。或待堆温自然稍降后，将粪堆压实。然后再堆积加新鲜粪一层，如此层层堆积至 1.5～2m，用泥浆或塑料膜密封。

中途翻堆，为保证堆肥质量，含水量超过 75％的最好中途翻堆，含水量低于 60％的最好泼水。

启用，密封 2 个月或 3～6 个月，待堆肥溶液的电导率小于 0.2ms/cm 时启用。

促进发酵过程，为促进发酵过程，可在肥料堆中竖插或横插适当数量的通气管，即上述强制通风静态垛堆肥。条件允许的驴场，可采用堆肥舍、堆肥槽、堆肥塔、堆肥盘等设施进行堆肥。优点是腐熟快、臭气少，可连续生产。

粪便经腐熟处理后，其无害化程度通常用两项指标来评定：一是肥料质量。外观呈暗褐色，松软无臭。如测定其中总氮、磷、钾的含量，肥效好的，速率氮有所增加，总氮和磷、钾不应过多减少。二是卫生指标。首先是观察苍蝇孳生情况，如成蝇的密度、蝇蛆死亡率和蝇蛹羽化率；其次是大肠杆菌值及蛔虫卵死亡率；此外需定期检查堆肥的温度。见表 12-2。

表 12-2 粪便无害化程度评定指标

编号	项目	卫生标准
1	堆肥温度	最高堆温达 50～55℃以上持续 5～7 天
2	蛔虫卵死亡率	95％～100％
3	大肠菌值	10^{-3}～10^{-1}
4	苍蝇	有效地控制苍蝇孳生

堆肥发酵过程可分为三个阶段：第一，温度上升期，一般 3～5 天。需氧微生物大量繁殖，使简单的有机物质分解，放出热量，使堆肥增温；第二，高温持续期，温度达 50℃以上后，便持续在一定的范围内。此时，复杂的有机物（如纤维素、半纤维素、蛋白质）在大量嗜热菌作用下，开始形成稳定的腐殖质，使病原菌、其他嗜中温性微生物和蠕虫卵死亡。温度持续 1～2 周，可杀死绝大部分病原菌、寄生虫、卵和害虫。第三，温度下降期，随有机物质被分解，放出热量减少，温度开始下降到 50℃以下，嗜热菌逐渐减少，堆肥的体积减小，堆内形成厌氧环境，厌氧微生物的繁殖，使有机物变成腐殖质。

2. 堆肥所需条件　堆肥条件主要有温度、水分、pH、碳氮比（C/N）、氧气、有机质等，这里主要讲一讲前三项。

（1）温度　温度是影响微生物生长繁殖的重要因素，也是衡量发酵效果的重要指标之一，有研究表明，堆肥发酵启动时最适温度为37～38℃。高温55℃以上可有效杀灭致病菌、病虫卵、杂草种子等。但堆肥温度超过70℃会抑制微生物的活动，导致堆肥效果下降。我国粪便无害化处理标准是55℃维持5～7天。

（2）水分　水分是维持微生物正常生命活动的重要条件，水分含量影响微生物新陈代谢的速度，有研究表明，堆肥前最适水分含量大约为50%～60%，最低不能低于40%，否则会影响微生物的正常生长和繁殖，导致堆肥效果差。水分含量低于10%，微生物活动严重受到抑制，发酵停止，同时还产生灰尘。水分含量高于65%，垫料空隙被水分充斥，氧气无法进入，导致厌氧发酵，产生大量的恶臭气体。因此，选择吸水性好的垫料是堆肥成功的关键。

（3）pH　绝大多数微生物适宜生长的pH范围在6.4～8.1，也有研究表明，pH在7.5～8.5微生物最为活跃，分解速度最快。固体堆肥最适pH为6.5～7.5，pH低于5.0，微生物不能分解葡糖和蛋白质。

3. 机械化生产工艺　随着科学技术的发展，高温好氧发酵技术的理论研究及实际工程应用也日臻完善。目前常用传统堆肥方法已采用科学工艺，机械化生产。

高温好氧发酵工艺主要有：条垛式翻抛、槽式、转筒式一体化设备。

（1）条垛式翻抛高温好氧发酵工艺　条垛式翻抛高温好氧发酵工艺的典型工艺流程为用轮式装载机将物料堆积成三棱形锥体，为保证堆体中的碳氮比和含水率，需先将各种物料进行混合。发酵过程中堆体温度可达75℃，通过翻堆机械可保证堆体内的氧气供应，翻堆频率大约为每周2次。整个发酵过程大约需要5～6周的时间（见图12-15）。

（2）槽式高温好氧发酵工艺　槽式高温好氧发酵改变了条垛式翻抛发酵的露天发酵方式，把发酵槽放到了厂房中，发酵槽的尺寸一般根据所处理物料量的多少及选用的翻堆设备型号来决定。槽式高温好氧发酵工艺通过翻堆机搅拌并使物料后移。翻抛机搅拌的过程，是对堆体进行打碎、均匀的过程，避免了发酵过程中堆体过分密实，提高了堆体的疏松度，有利于对堆体进行充氧；同时通过翻抛的作用，可以使最底部物料和最上部物料也能经过高温过程，堆出的产品更加均匀。发酵槽底部安装有通风管道系统，通过强制通风来保证发酵过程所需的氧气。物料一般在入槽后1天即可达到55℃，在槽内要求温度55℃以上持续7天左右，发酵周期为2～3周（见图12-16）。

图12-15　条垛翻抛工艺

（来源：沈善义　提供）

（3）转筒式一体化设备高温好氧发酵工艺　转筒式高温好氧发酵工艺为单层圆筒形或

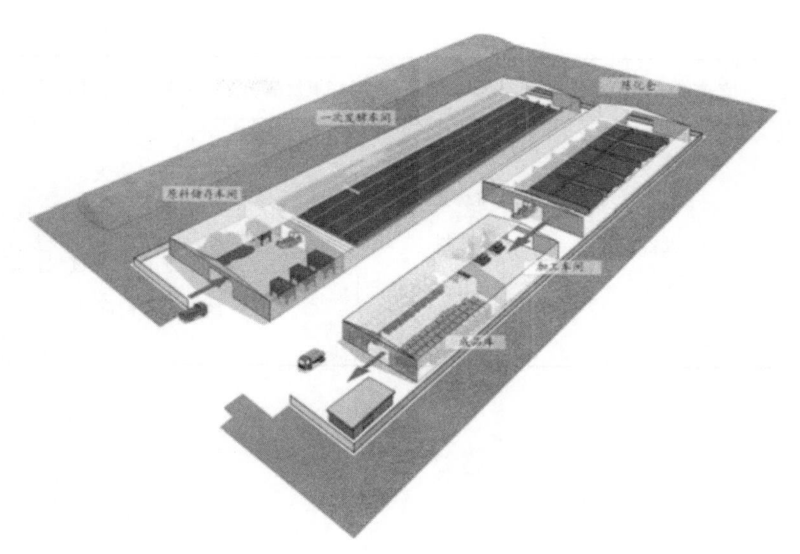

图 12－16 槽式工艺

（来源：沈善义 提供）

矩形，发酵仓深度一般为 4～5m，大多采用钢筋混凝土结构。通常转筒发酵仓采取物料从仓顶加入，螺旋出料机从下出料，由发酵仓底用高压离心机强制通风供氧，以维持仓内物料的好氧发酵。物料发酵周期约为 2～4 周（见图 12－17）。

图 12－17 转筒式工艺

（来源：沈善义 提供）

表 12－3 三个工艺的工程方案比较表

工艺技术方案	槽式高温好氧发酵	条垛式翻抛高温好氧发酵	转筒式一体化设备高温好氧发酵
优点	1. 占地较少 2. 物料均匀、处理效果好 3. 发酵周期短 4. 可进行臭味控制 5. 自动化程度高	1. 设备少 2. 运行简单	1. 占地较少 2. 物料均匀、处理效果好 3. 发酵周期短

（续）

工艺技术方案	槽式高温好氧发酵	条垛式翻抛高温好氧发酵	转筒式一体化设备高温好氧发酵
缺点	1. 设备较多	1. 占地大 2. 堆体温度、氧含量无法控制 3. 工作环境差 4. 堆肥周期长	1. 基建投资大、运行成本高 2. 单体处理量小，工艺序列多 3. 工艺设备及过程控制复杂，设备系统的可靠性低

CHAPTER13 | 第十三章 驴的主要疾病及防治

“以养为主，养防结合，预防为主，防重于治”是兽医工作保障驴业生产发展的总方针。要重视防疫卫生工作，只有搞好了防疫卫生工作才能有效地发挥饲养管理的作用，产生良好的经济效益。

第一节 驴场及圈舍的防疫卫生

驴的防疫措施很多，但最为重要的有三条：一是驴场和圈舍的建设要科学合理，二是增强驴的抗病能力，三是消灭传染病来源和传染媒介。

一、保持良好的环境卫生是驴业兽医保健的重要措施之一

良好环境卫生对增强驴群体质和抗病能力都起着重要的作用。

（一）驴场场址应选择地势高、平坦、背风、向阳、水源充足、排水方便、无污染及用电和交通方便的地方

驴场应远离铁路、公路、城镇、居民区和其他公共场所500m以外，特别要远离其他养驴场、屠宰场、畜产品加工厂、牲畜交易场所、垃圾和污水处理场所、风景旅游区等1 000～2 000m以上。驴场周围筑有围墙或防疫沟。生产区、管理区、生活区和隔离区严格分开。生产区要在地势较高，离生活区、管理区100m以外的上风处。生活区应在生产区下风头，生产区内不同驴群也应相距一定距离，要设置行人、车辆消毒设施。车辆消毒设施为宽同大的机动车，长为车轮一周半水泥结构的消毒池。行人消毒设施为门侧设置更衣换鞋的更衣室、消毒室和淋浴室。驴场隔离区包括兽医室、病驴隔离舍、病死驴无害化处理设施等，应建在生产区下风向、地较低处并距健康驴舍300m以外。驴

场围墙外还要在下风向设堆粪场和粪便处理设施，并且要符合环境保护要求。驴场建有自来水管道或自建水井、水塔、输入管道，直通各栋驴舍，不用场外的水，以防饮水污染。场内道路应分设净道（饲料）和污道（清粪道），并且不要重叠或交叉。生产区不设直通场外道路。

（二）气候的环境卫生

驴舍小气候环境适宜，才能充分发挥优良品种的遗传潜力，提高饲料转化率，增强驴的抵抗力和免疫力，降低发病率和死亡率，为驴群创造适宜的小气候环境条件非常重要。适宜的小气候环境主要包括：适宜的温度、湿度、光照、新鲜空气，且饲养密度适宜、无污染等。

1. 适宜的温度 适宜的环境温度对保证驴只正常生长、发育、繁殖非常重要，气温过高或过低都会影响驴的生长发育、饲料转化率、抵抗力和免疫力，对驴只健康不利，诱发各种疾病。因此，要采取有效管理措施，改善驴舍小气候，为驴只创造适宜的环境温度。

2. 适宜的湿度 养驴适宜的湿度范围为65%～75%。在任何情况下，湿度过高、过低对驴都是不利的。湿度过高，有利于各种病原微生物、寄生虫的繁殖，驴易患疥癣、湿疹等皮肤病，同时高湿易使饲料发霉，驴只抵抗力、免疫力降低，驴群发病率增高；湿度过低，驴的皮肤和呼吸道黏膜表面蒸发量加大，使皮肤和黏膜干裂，对病原微生物的防卫能力减弱，驴易患皮肤病和呼吸道疾病；湿度过高，如加上剧烈冷、热的刺激，使驴群更易患病等。防止湿度过高的主要措施是：经常适当通风换气；及时清扫粪便；驴舍的地面向粪尿沟方向的倾斜度要在3°左右，防止积水等。

3. 适宜通风，保持空气新鲜 养驴场或驴群如果密度大，驴舍密闭，驴呼吸时排出CO_2和粪便挥发产生有害气体，排出不畅，聚积驴舍，刺激呼吸道，易引起呼吸道疾病，还可使驴食欲下降、生产性能下降、体质变差、抗病力下降、发病率和死亡率升高。因此，驴舍经常通风换气，保持空气新鲜，是非常重要的。同时，通风还可调节驴舍内的温度和湿度。一般以通风窗自然排风结合机械排风为宜。

4. 适宜的光照 适宜的太阳光照，对驴舍的杀菌、消毒，提高驴的免疫力、抵抗力都有很好的作用，特别是可以促进维生素D的合成，保证正常钙、磷代谢，促进骨骼生长，预防佝偻病。

5. 适宜的饲养密度 驴的饲养密度过大，一方面影响驴舍的空气卫生，另一方面对驴的采食、饮水、睡眠、运动及群居等行为有很大影响，从而间接地影响驴的健康和生产力。因此，驴群饲养密度要适宜。

二、科学饲养增强驴的抗病能力

饲料要清洁卫生，品质优良，多种多样，精、粗、多汁饲料合理搭配，满足各种驴的营养需要。水源要清洁，水质要好。

（一）饮水卫生

在养驴生产中，应特别重视驴对水的需要。不仅要供给驴充足的饮水，而且保证水的清洁卫生。有条件的驴场应可检测水质，水质应符合饮水卫生要求，不含有害物质和病原微生物。

（二）饲料卫生

饲料是保证驴健康生长、发育、繁殖和生产的物质基础。应根据不同品种、年龄和发育阶段喂给全价配合饲料。特别是蛋白质、维生素、微量元素等，满足驴的生长、发育、繁殖和生产需要。此外，也要保证饲料的清洁和卫生，确保加工过程中防止饲料和饲养用具被病原体污染。严格检查饲料是否变质和霉变，严禁给驴饲喂发霉变质的饲料，防止霉菌毒素中毒。

（三）隔离饲养

隔离饲养是预防、控制疫病的重要措施。为严格隔离饲养，驴场生产区只能有一个出入口，杜绝非生产人员、物品和车辆进入生产区。生产人员要在场内宿舍居住，凡进入生产区时，要经淋浴、消毒，更换已消毒的工作衣裤和鞋。驴场严禁饲养禽、犬、猫等动物，更不准其他地方的犬、猫、禽等动物进入驴场。可能染疫的物品不准带入生产区内，凡进入生产区的物品必须消毒处理。外来人员不能随意进场，必须进场者应经场长批准，并经淋浴、消毒，更换场区工作衣、裤、鞋方准进入。如外来人在 4 天内接触过病驴，则坚决不允许进场。场内兽医人员不准对外诊疗驴病，场内配种人员不准对外开展驴的配种工作。

（四）切断疫病传播途径

为预防、控制传染病，商品驴实施全进全出的饲养管理方式，以利于消除连续感染、交叉感染，切断疫病传播途径。驴群离舍后，驴舍应经彻底清扫、冲洗、消毒、熏蒸并空圈半个月以上方可再进新的驴群。

三、做好检疫工作，以防传染源扩散

采购驴只时，一定要严格做好检疫工作，不要把患有传染病的驴只买进来。尤其是一些对驴危害比较严重的疫病和一些新病，更应严格检疫。凡需从外地购买驴只时，必须首先调查了解当地传染病流行情况（种类、分布等），以保证从非疫区健康驴群中购买。再经当地动物检疫机构检疫，签发检疫证书后方可启运。运回场后，要隔离饲养 30 天，在此期间进行临床检查、实验室检查，确认健康无病，方可进入生产区健康驴舍。平时还应定期对主要传染病进行检疫，及时淘汰病驴，建立一个健康状况良好的驴群。

平时还应做好免疫效果监测、消毒效果监测、驴场污染情况监测、饲料饮水卫生监测等工作，及时掌握疫情动态，为及早采取防治措施提供依据。

四、免疫接种和药物预防

实施预防接种，防止传染病流行 预防接种应有的放矢。要摸清疫情，选择最有利的时机进行。

（一）免疫接种

有组织、有计划地进行免疫接种，是预防和控制驴群传染病的重要措施之一。预防接种的疫（菌）种类要根据本驴场及其周围疫情，做到有的放矢，由于目前缺乏驴用疫（菌）苗，许多疫病仍需要采取一般预防措施。常进行的预防接种是炭疽芽孢苗和破伤风类毒素苗，每个春季注射一次。免疫接种时，要注意选择质量优良的疫苗，严格规定运输、保存、正确使用疫苗。免疫前后不要滥用药物；如肾上腺皮质酮类抑制免疫应答。注意无菌操作，注意观察免疫接种后驴的精神、食欲、饮水、大小便等变化，对反应严重的或发生过敏反应的须及时抢救。为了保证上述工作的顺利实施，驴场负责人要与畜牧兽医人员结合，制定相应的计划，并做好经常性宣传工作，使广大驴业工作人员明了卫生防疫工作的意义。在具体操作时，要充分发动群众，使饲养员、畜牧兽医工作人员与群众三结合，确保防疫工作收到实效。

（二）药物预防

1. 预防传染病的发生与流行 有些传染病可接种疫（菌）苗来预防，但有些传染病目前尚无有效的疫（菌）苗用于预防，或者需接种疫（菌）苗与药物预防相结合，因此药物预防就十分重要。例如，用中药苍术、菖蒲、艾叶、雄黄等药物燃烟熏棚厩；用贯众、苍术等泡在饮用水里，供驴饮用，有预防疾病的作用。

2. 预防营养缺乏与代谢障碍病 在日粮中添加氨基酸、微量元素和维生素，可预防营养缺乏和代谢障碍病，使用铁钴针剂防治幼驴缺铁性贫血，使用锌制剂防治锌缺乏所致皮肤病。

五、消毒

驴场要做到及时清扫和定期预防消毒。每天数次清扫粪尿，并堆积发酵，消灭寄生虫卵。对圈舍墙壁，每年用生石灰刷白，饲槽、水槽、用具、地面定期消毒，每年不少于两次。

传染病发生后，传染源向外排出大量的病原体，污染环境、用具、人员、物品等。消毒就是消除或杀灭外界环境中的病原体，切断传播途径。消毒是预防驴病发生传播的一项重要措施。

（一）消毒药分类

1. 复合酚类 主要有农福、菌毒敌（原名农乐）、福康、农家福、菌毒灭、来苏儿等。

2. 含氯制剂类 主要有强力消毒灵、“84”消毒液、抗毒威、菌毒净、次氯酸钠、优氯净等。

3. 阳离子表面活性消毒剂 主要有新洁尔灭、易克林、洗必泰、百毒杀等。

4. 酸类 主要有过氧乙酸、柠檬酸、乳酸、戊二酸等。

5. 碱类 主要有苛性钠、氨水、生石灰等。

6. 醛类及其他消毒剂 主要有福尔马林、戊二醛、环氧乙烷等。

（二）消毒方法

消毒方法分物理消毒法、化学消毒法和生物消毒法 3 种。

1. 物理消毒法 利用机械、热、光、放射能的方法进行消毒。它又可分机械消毒法、加热消毒法和光照消毒法。

（1）机械消毒法 这种方法操作简单、易于广泛应用，可收到良好的效果，但不能杀灭病原体，而只是机械地消除病原体。因此，必须配合其他的消毒方法进行。如清除的粪便等物，应与堆积发酵、掩埋、焚烧或药物消毒等方法配合起来，才能达到彻底消毒的目的。

（2）加热消毒法　包括焚烧、烧灼、煮沸、干热空气、湿热空气和高压蒸气等措施。焚烧与烧灼是一种有效而彻底的方法。当发生鼻疽、气肿疽等传染病时，其病原体的抵抗力极强，须对病畜尸体及污染的垫草等进行焚烧；对不易燃的厩舍地面、墙壁、驴栏等消毒时，可用火焰喷灯消毒。煮沸能使蛋白质迅速变性，是一种简便有效的消毒方法。一般病原菌的繁殖在水中加温至50℃时，15～45min即可死亡；加热到100℃时，可于1～2min内死亡；煮沸1～2h，可杀死所有病原体。各种耐煮的物品和金属器械可用煮沸消毒。在煮沸金属器械时，如在水中加入1%～2%碳酸钠或0.5%肥皂等碱性物质，可增强杀菌效果。此外，可应用干热空气（相对湿度在20%以下的热空气）、湿热空气（相对湿度在50%～100%的湿空气）和高压蒸气进行消毒。这些方法主要用于实验室的玻璃器皿、工作服等的消毒。

（3）光照消毒法　日光的消毒作用来自热、干燥和紫外线。一般细菌在太阳光直射下数小时死亡，但芽孢和痰内的结核杆菌须50h日晒方能死亡。因此，利用日光消毒时，必须在直射阳光下保持一定的时间。日光消毒简便易行，不损坏物品。但其作用仅限于物体表面病原微生物，且受气候的影响较大。对于牧场、草地、畜栏、运动场、用具和物品的消毒有实际意义。紫外线灯产生的紫外线为阳光中有效紫外线的50倍，但杀菌作用常受到室内温度、湿度、墙壁涂料性质、空气中尘埃多少、被消毒物体的距离、表面光滑程度等的影响。紫外线是直线射出来的，对不能照到的阴暗地方没有消毒效果。紫外线对人体和动物体有害。在消毒时，人畜必须暂离，消毒后再进入室内。

2. 化学药品消毒法　利用化学药品杀灭病原体的方法，所用的化学药物称为消毒药（剂）。化学药品消毒法的效果与许多因素有关，如病原体的抵抗力大小，病原体所处的环境，消毒药的浓度、剂量、作用时间和温度等。理想的消毒药应具备杀菌力强、有效浓度低、作用迅速、性质稳定、易溶于水、不易受有机物和其他因素的影响，对人、畜无害，使用简便、安全、价廉等优点。但目前完全符合上述要求的消毒药品较少，每种消毒药品各有其优缺点。消毒时，应根据不同的消毒对象和预防目的，选择高效、安全的消毒药。使用时配制成适宜的浓度，消毒时对被消毒对象要先清扫或清洗，再喷洒消毒药液。消毒液量要充足，消毒液要作用于被消毒对象全部表面，使消毒液同病原体接触有足够时间（一般30min左右）。消毒剂的效力随温度变化而变化。一般温度高时效果好，但有些消毒剂受温度的影响较小；冬天消毒时，要选用低温时仍能保持消毒效果的消毒剂。另外，水的硬度会影响消毒效果。配制消毒液时要注意水的质量。

3. 生物学消毒法　生物学消毒是利用一些微生物来杀死或清除病原微生物的一种方法。例如，污水净化，就是利用厌氧微生物在生长过程中所产生的缺氧条件，来阻止需氧微生物的生长而达到消毒目的。粪便堆积发酵就是利用嗜热细菌繁殖时产生的高热，杀死病原微生物或寄生虫。生物学消毒法过程缓慢，需要较长的时间才能达到消毒目的，但成本低、效果好，有推广价值。

（三）驴场具体的消毒

1. 车辆　车辆进场时，车轮必须经消毒池消毒，对车身和车底盘喷雾消毒。消毒池中的消毒液应选择耐有机物、耐日晒、不易挥发、杀菌谱广、消毒力强的消毒剂，并应经常更换，时刻保持有效，确保消毒效果。如选用2%苛性钠、巧菌毒敌等。

2. 人员 凡进入生产区的人员（外来人员和本场人员）都必须经消毒室，淋浴、消毒，更换消毒衣、裤、鞋、帽后方可进入。工作服应保持清洁，经常消毒。

3. 驴舍 坚持每天打扫驴舍，保持清洁卫生，舍内可用0.2%过氧乙酸、0.5%强力消毒灵、次氯酸钠等消毒药液喷洒消毒，每月1～2次。发生疫情时要酌情增强消毒次数。产房的消毒，要更加严格。要根据驴舍污染情况，有针对性地进行消毒。消毒后进行消毒效果检测，如果消毒效果不好，可重新筛选有效消毒剂再进行消毒。母驴进入产房前要进行体表消毒，用0.1%高锰酸钾溶液对外阴和乳房擦洗消毒。在每批驴出栏后，驴舍应按以下次序消毒后，方准再进入新的驴群。

（1）彻底清扫 清除驴舍内的粪尿、垫料、剩余的饲料和其他异物，并将它们运出驴舍，作堆积发酵无害化处理。

（2）彻底冲洗 用高压水龙头彻底冲洗顶棚、墙壁、门窗、地面、用具及其他一切设施。驴舍消毒好坏，与冲洗干净程度有很大关系，因此冲洗一定要彻底。

（3）药物消毒 驴舍经冲洗干燥后，选用消毒效果好的消毒药，对驴舍墙壁、地面、屋顶设备、用具等喷洒。喷洒消毒药时，各个角落一定要喷到，使消毒药液作用于所有消毒物的全部表面。一些小型器具可在消毒液中浸泡消毒。不怕火烧的设备、地面等，还可用火焰消毒。消毒药可选用：0.5%～1%菌毒敌、0.2%过氧乙酸、5%氨水、0.5%强力消毒灵、1%抗毒威等。常用消毒剂还有：氢氧化钠（火碱）、氧化钙（生石灰）、过氧乙酸、有机氯（消毒威或岛脾）、灭毒净、福尔马林等，用于浸泡消毒池、刷拭空栏、喷雾消毒畜舍内外环境及畜体等。

（4）熏蒸 将驴舍门窗关闭，再用福尔马林熏蒸。一般每立方米用福尔马林28ml、高锰酸钾14g，水14ml，在室温15℃～18℃、相对湿度70%时，熏蒸8～12h；然后，打开门窗，排出福尔马林气体，消毒后密闭驴舍5～7天，开封后立即使用，以防再污染。也可以用过氧乙酸、菌毒敌等熏蒸消毒，但用量不能小于$2g/m^3$。

4. 用具 驴饲槽、水槽、饮水器等用具需每天刷洗，保持清洁卫生。定期用新洁尔灭、强力消毒灵、“84”消毒液、抗毒威等消毒药液消毒。

5. 运动场 运动场平时应经常清扫，保持清洁，运动场为泥土地时，可将地面土壤深翻30cm左右，在翻地同时撒上漂白粉或新鲜生石灰（用量为$0.5kg/m^2$），然后用水湿润、压平。

6. 道路、环境 要经常清扫，用高效、低毒、广谱的消毒药喷洒消毒。

7. 粪便、污水 为防止污染环境和防止传播疫病，对驴场的粪便、污水应进行无害化处理。最常用的粪便消毒法是生物热消毒法。应用这种方法，能使非芽孢病原微生物污染的粪便变为无害，且不丧失肥料的应用价值。粪便的生物热消毒方法通常有两种：一是发酵法，适用于稀薄粪便的发酵；二是堆粪法，适用于干固粪便的处理，驴粪即用此法。

污水的处理方法有沉淀法、过滤法和化学药品处理法。较实用的是化学药品处理法，即先将污水引入池后再加入化学药品（漂白粉或生石灰）进行消毒。消毒药品用量视污水量而定，一般每升污水用2～5g漂白粉。消毒后打开污水池。

六、杀虫、灭鼠

一些节肢动物及鼠类是许多传染病的传播媒介和传染源。杀虫、灭鼠是切断传染病传播途径和消灭传染源的措施。

（一）杀蚊、蝇、虻、蜱等

它们是驴的多种传染病的传播媒介，杀虫是预防和控制虫媒传染病发生和流行的一项重要措施。

1. 保持驴舍、驴场及周围环境清洁卫生 驴舍、驴场及周围的污水、粪便、垃圾、杂草等常常是蚊蝇孳生和藏身的场所，搞好驴舍、驴场及周围环境的清洁卫生。割除杂草；保持排水、排污通畅，无积水；做好垃圾、粪便、污水无害处理等都是消灭蚊蝇的重要措施。

2. 使用药物杀虫 使用各种杀虫药杀虫，是常用的杀虫方法。常用的药物有敌百虫、蝇毒磷、菊酯类等杀虫药。每月在驴舍内外和蚊蝇容易孳生的场所喷洒2次。

（二）灭鼠

鼠类是很多传染病的传播媒介和传染源，因此灭鼠是预防传染病的措施之一。灭鼠主要方法有：

1. 生态学灭鼠 生态学灭鼠主要改变和破坏鼠类赖以生存的适当条件，断绝鼠粮、捣毁隐蔽场所。例如，应经常保持驴舍及周围地区的整洁，及时清除饲料残渣，将饲料保藏在鼠类不能进入的房舍内，使之得不到食物；在建筑驴舍和仓库等房屋时，在墙基、地面、门窗等方面注意防鼠要求，发现有洞，随时用铁丝网或水泥等封住，使鼠不能进入驴舍和仓库。

2. 器械灭鼠 主要利用食物作诱饵，用捕鼠器械（鼠夹等）捕杀鼠类；或用堵洞、挖洞、灌洞等方法捕杀鼠类。

3. 药物灭鼠 直接用毒鼠药或将其和食物混合制成毒饵后毒杀鼠类。大面积灭鼠常用的毒鼠药物有敌鼠钠盐、安妥、磷化锌等。

七、疫病发生后的防疫措施

（一）及时报告病情

任何单位和个人发现驴传染病、疑似传染病时，首先要由兽医尽快做出初步诊断，并立即就地隔离病驴和疑似病驴，向地方兽医机构详细报告病情（包括发病时牲畜种类、年龄、范围、头数、传播速度、一般症状、死亡头数、病理剖检变化），以便做出确诊，并采取相应的措施。

（二）及时做出正确诊断

传染病发生实施隔离和封锁后，首先应对病驴在本场内安排僻静的地方隔离起来饲养和治疗，并在地方兽医机构派员的指导下对疫区的交通要道施行严格封锁，出示疫情标志，严禁驴及所有牲畜流动，有必要时关闭活畜市场。传染病的治疗效果取决于用药准确与适时和良好的护理。对驴传染病，只要能早期确诊、适时有针对性地用药一般是可以治愈的。经治疗无效死亡的病尸，应在指定地点深埋或烧毁。严禁食用、加工和出售，以免造成对人的危害和疫病传播。动物防疫机构接到疫情报告后，应立即派技术人员奔赴现场认真进行流行病学调查、临床诊断、病理变化检查，根据需要采取病料，进行病原分离鉴定、血清学试验、动物接种试验等，尽快做出正确诊断。在尚未做出准确诊断之前，应将病驴隔离，派专人管理。未经兽医同意，不得随意食用死驴，以保证无害，不准买卖、急宰等。

（三）隔离和处理病驴

隔离是将有传染性的病驴和可疑病驴置于不能向外散播病原体、易于消毒的地方或房舍，隔离病驴是为了控制传染源，防止健康驴继续受到感染，以便将疫情控制在最小范围，并就地消灭。因此，发生传染病时，首先应对感染驴群逐头进行临床检查，必要时可进行血清学试验。根据检查结果，将受检驴分为病驴、可疑病驴和假定健康驴三类，以便分别处理。

1. 病驴　包括有典型症状或类似症状，或血清学检查呈阳性的驴，它们是最危险的传染源，将其集中隔离在原来的驴舍或送入专用病驴隔离舍。隔离圈舍要特别注意消毒，由专人饲养，固定专用工具，禁止其他人、畜接近或出入，粪便和其他排泄物单独收集并进行无害化处理。对有治疗价值的病驴，尤其是细菌性疾病，要进行及时治疗，尽可能减少经济损失；没有治疗价值的病驴或烈性传染病不宜治疗的病驴，应扑杀、销毁或按国家有关规定处理。

2. 可疑病驴　无临诊症状，但与患病驴是同舍或同群，使用共同的饮水、饲料、用具等。它们有可能感染传染病，有排菌（毒）的危险，应在消毒后转移至其他地方，将其隔离，限制其活动，并立即进行紧急预防接种或用药物进行预防性治疗，详细观察。如果出现发病症状，按病畜处理。隔离观察时间的长短，可根据该种传染病的潜伏期长短而定。经过一定时间不发病，可取消其限制。

3. 假定健康驴　除上述两类外，疫区内其他易感驴都属于假定健康驴，应与上述两类严格隔离饲养，加强消毒，立即进行紧急免疫接种或药物预防，以及采取其他保护性措施，严防感染。

（四）封锁疫点、疫区

暴发危害较大的传染病时，在隔离的基础上，要迅速采取封锁措施，以防止传染病向安全地区传播蔓延和健康动物误入疫区而被感染。封锁的目的是保护广大地区驴群的安全和人民的健康，把疫病控制在最小范围内，以便集中力量就地扑灭。封锁区的划分应根据该病的流行特点、流行情况和当地自然条件等，由当地畜牧兽医行政部门划分，并报请当地政府实行封锁。封锁要“早、快、严、小”，即封锁要早、行动要快、封锁要严、范围要小。疫点为病畜所在驴场、自然村；疫区为疫病正在流行的地区；受威胁区为疫区周围可能受到传染病侵袭的地区。封锁区内应采取以下措施：

1. 严格管理　在封锁边缘地区，应设立明显标志，指明绕行路线，设置监督岗哨，禁止易感动物通过封锁区。在重要的交通路口设立临时动物检疫消毒站，对必须通过的车辆、人员及动物等进行消毒检疫。在封锁期间，封锁区内禁止染疫和可疑染疫动物、动物产品流出疫区，禁止非疫区的动物进人疫区，并根据扑灭传染病的需要对出人疫区的人员、运输工具及有关物品采取消毒和其他限制性措施。

2. 消灭病源 彻底消毒，凡病驴和疑似病驴使用过的垫草污染的圈舍、运动场的地面、墙壁、残余饲料、粪便、污染的土壤，以及工作人员的工作衣、帽、鞋、交通工具、驴舍等进行严格消毒工作。常用的消毒药有1%～3%烧碱水、10%～20%的石灰乳，或草木灰水、1%漂白粉水、2%来苏尔等进行喷雾或浸泡。

3. 暂停交易 暂停驴的集市交易和其他集散活动，禁止由疫区输出易感动物及其产品和污染的饲料饲草等。

4. 预防接种 对疫区及受威胁地区易感动物应及时进行紧急预防接种，搞好杀虫、灭鼠工作，防止疫病的传播和蔓延。

5. 对病死驴进行无害处理 传染病病死驴含有大量的病原体，并可污染外界环境。若不及时作无害化处理，常可引起人畜发病。因此，正确及时地处理病驴尸体，在防制传染病和维护公共卫生上都有重大意义。处理尸体的方法有以下几种：

（1）化制 将病驴尸体在高温高压特殊的加工设备中加工处理，不仅对尸体可进行无害化处理，作为有机肥加工而且还可保留许多有利用价值的东西，如工业用油脂、骨粉、肉粉等。

（2）掩埋 利用土壤微生物将尸体腐化、降解、这是一种极不彻底的处理方法，但由于简便易行，目前还被广泛地使用。掩埋尸体应选择平坦、高燥地势，且距驴场、住宅、道路、水井、牧场及河流较远的偏僻地点进行。

（3）化尸 化尸井大小为直径3m、深9～10m的圆井，坑壁与坑底用砖、石、水泥砌成，坑沿高于地面，坑口有严密的盖子，坑内有通气管。将病驴尸体从井口投入，自然腐化、降解，此法较掩埋方法合理。当尸体达到完全分解后，可取出作肥料。

（4）焚烧 此法是消灭病原体最彻底的方法。焚烧时要注意防火，应选择在村镇较远的下风头的地方。将坑挖好后，病死驴在坑内烧成黑炭为宜，并就地掩埋。

第二节 驴病的特点及诊断

一、驴病的特点

驴与马是同属异种动物，因此驴的生物学特性及生理结构，与马基本相似，但它们之间又有较大的差异，故在疾病的表现上也有不同。

驴所患疾病的种类，不论内科、外科、产科、传染病和寄生虫等病均与马相似。如常见的胃扩张、便秘、疝痛、腺疫等。由于驴的生物学特性所决定，其抗病能力、临床表现和对药物的反应等方面与马有所区别，因而驴病在发生的病因、病情、病理变化及症状等方面又独具某些特点。例如疝痛的临床表现，马表现得十分明显，特别是轻型马，而驴则多表现缓和，甚至不显外部症状。驴对鼻疽敏感，感染后易引起败血或脓毒败血症；而对传染性贫血有着较强的抗力。驴和马在相同情况下，驴不患日射病和热射病，而马则不然。当然驴还有一些独特的易患的特异性疾病，如霉玉米中毒，母驴怀骡的产前不吃等。

因此，在诊断和治疗驴病时，必须加以注意，不能死搬硬套马病治疗经验，而应针对驴的特性，加以治疗。

二、驴病的诊断及注意事项

驴病的诊断方法与其他家畜一样，即采用中兽医的望、闻、问、切和现代兽医学的视、触、听、叩及化验检查和仪器诊断等。凡兽医临床诊断学方面的有关知识和方法，均可应用。这里应重点了解健康驴和异常驴的行为表现，以便及早发现疾病，及时治疗。

（一）健康驴

驴不管平时还是放牧中，总是两耳竖立，活动自如，头颈高昂，精神抖擞。特别是公驴相遇或发现远处有同类时，则昂头凝视，大声鸣叫，跳跃并试图接近。健康驴吃草时，咀嚼有力，格格发响，如有人从槽边走过，鸣叫不已。健康驴的口色鲜润，鼻、耳温和。粪球硬度适中，外表湿润光亮，新鲜时草黄色，时间稍久变为褐色。被毛光润。时而喷动鼻翼，即打"吐噜"。俗话说"驴打吐噜牛倒沫，有病也不多"，这些都是健康驴的表现。

（二）异常驴

驴对一般疾病有较强的耐受力，即使患了病也能吃些草，喝点水。若不注意观察，待其不吃不喝、饮食欲废绝时，病就比较严重了。判断驴是否正常，还可以从平时的吃草、饮水的精神状态和鼻、耳的温度变化诸方面进行观察比较。驴低头耷耳，精神不振，鼻、耳发凉或过热，虽然吃点草，但不喝水，说明驴已患病，应及早诊治。

饮水的多少对判断驴是否有病具有重要的意义。驴吃草少而喝水不少，可知驴无病；若草的采食量不减，而连续数日饮水减少或不喝水，即可预知该驴不久就要发病。

如果粪球干硬，外被少量黏液，喝水减少，数日后可能要发生胃肠炎。饲喂中出现异嗜，时而啃咬木桩或槽边，喝水不多，精神不振，则可能发生急性胃炎。

驴虽一夜不吃，退槽而立，但只要鼻、耳温和，体温正常，可视为无病。黎明或翌日即可采食，饲养人员称之为"瞪槽"。驴病发生常和天气、季节、饲草更换、草质、饲喂方式等因素密切相关。因此，一定要按照饲养管理的一般原则和不同生理状况对饲养管理的不同要求来仔细观察，才能做到"无病先防，有病早治，心中有数"。

另外，驴病后卧地不起，或虽不卧地但精神委顿，依恋饲养员不愿离去，这些都是病重的表现，应引起特别的注意。

第三节　驴常见的传染病

传染病是由病原细菌或病毒引起的疾病，可从病畜传染给其他健畜。病原进入畜体后不立即发病，经在畜体内繁殖产生毒素，伤害神经和其他器官而发病。从感染到发病这段时间称为潜伏期。

一、破伤风

破伤风又称强直症，俗称锁口风。破伤风是一种人畜共患的中毒性、急性传染病，病原为破伤风杆菌。破伤风杆菌经创伤感染后，产生的外毒素引起的疾病，其特征是驴对外界刺激兴奋性增高，全身或部分肌群呈现强直性痉挛。

该菌在自然界中广泛存在，其芽孢的抵抗力甚强，在干燥环境下，经十年仍有活力。破伤风杆菌的芽孢能长期存在于土壤和粪便中，当畜体受到创伤时，因泥土、粪便污染伤口，病菌就可能随之侵入，在其中繁殖并产生毒素，引起此病。潜伏期1～2周。

其病主要是由创伤引起；病例中大部分为缰绳勒伤，其次为脐带伤。驴体受到钉伤、鞍伤或去势消毒不严，以及新生驴驹断脐不消毒或消毒不严都极易传染此病。特别是小而深的伤口，而创口又被泥土、粪便、痂皮封盖，形成无氧条件，则极适合破伤风芽孢的生长而发病。

（一）症状

由于运动神经中枢受病菌毒素的毒害，而引起全身肌肉持续的痉挛性的收缩。病初，肌肉强直常出现于头部，逐渐发展到其他部位。开始时两耳发直，鼻孔开张，颈部和四肢僵直，步态不稳，全身动作困难，高抬头或受惊时，瞬膜外露更加明显。随后咀嚼、吞咽困难，牙关紧闭，头颈伸直，四肢开张，关节不易弯曲。皮肤、背腰板硬，尾翘，姿势像木马一样。响声、强光、触摸等刺激都能使痉挛加重。呼吸快而浅，鼻翼扇动，黏膜缺氧呈蓝红色，脉细而快，偶尔全身出汗，后期体温可上升到40℃以上。

如病势轻缓，还可站立，稍能饮水吃料。病程延长到两周以上时，经过适当治疗，常能痊愈。如在发病后2～3天内牙关紧闭，全身痉挛，心脏衰竭，又有其他并发症者，多易死亡。

（二）治疗

消除病原，中和毒素，镇静解痉，强心补液，加强护理，为治疗本病的原则。

1. 消除病原 清除创伤内的脓汁、异物及坏死组织，创伤深而创口小的需扩创，然后用3%双氧水或2%高锰酸钾水洗涤，再涂5%～10%碘酊。肌内注射青霉素、链霉素各100万单位，每日两次，连续1周。但许多病例，不容易发现伤口。用破伤风抗毒素中和毒素是主要治疗手段，同时配合解痉镇痛药物。同时结合整体治疗：强心、补液，纠正酸中毒，解痉镇痛。为了防止继发感染，可注射青霉素和链霉素。此外还可结合针灸疗法。

2. 中和毒素 早期，大剂量注射破伤风抗毒素；首次30万单位，必要时可重复注射20万单位；中、后期，首次注射30万单位，第二、第三天再重复注射两次，每次20万单位，血清可混在5%葡萄糖液中注入。

3. 镇静解痉 肌注氯丙嗪200～300mg。也可用水合氢醛20～30g，混于淀粉浆500～800ml内灌肠，每日1～2次。等到病畜安静时，可停止使用。

4. 强心补液 每天适当静注5%葡萄糖生理盐水，并加入复合维生素B和维生素C各10～15ml。心脏衰弱时可注射维他康复10～20ml。

中药治疗：常用加减防风散效果较好。

处方：防风、羌活、炒僵蚕各30～60g，天麻、天南星、蝉蜕（炒黄研末）、姜、白芷各15～45g，川芎24～45g，红花30g，全蝎（去头足）12～24g，半夏24～45g；黄酒130ml为引。连服3～4剂，以后则每隔1～2日服1剂。引药改用蜂蜜150g或猪胆2个，其中红花可换当归20～30g，蝉蜕减为小量，至病势基本稳定时，即可停药观察。

5. 加强护理　要做好静、养、防、遛四个方面的工作。要使病驴在僻静较暗的单厩里，保持安静。加强饲养，不能采食的，常喂以豆浆、料水、稀粥等。能采食的，则投以豆饼等优质草料，任其采食。

要防止病驴摔倒，造成碰伤、骨折，重病驴可吊起扶持。对停药观察的病驴，要定时牵遛，刷拭、按摩四肢。

（三）预防

主要是抓好预防注射和防止外伤的发生。实践证明，坚持预防注射，完全能防止此病发生。每年定期注射破伤风类疫苗，每头用量 2ml，注射 3 周后即可产生免疫力，可持续免疫，至第五年时再注射 1 次。有外伤要及时治疗，同时可肌注破伤风风血清 1 万～3 万单位，同时注射破伤风类疫苗 2ml。

二、驴腺疫

中兽医称槽结、喉骨肿。是由马腺疫链球菌引起的马、驴、骡的一种接触性的急性染病。断奶至 3 岁的驴驹易发此病。

（一）症状

其典型临床症状为体温升高，上呼吸道及咽黏膜呈现表层黏膜的化脓性炎症，颌下淋巴结呈急性化脓性炎症，鼻腔流出脓液。各种年龄驴都可发病，以 1 岁左右的幼驹最易感染，传播快，发病率高。该病多发于秋冬初春，呈地方流行或散发。病驴康复后可终身免疫。

病原为马腺疫链球菌。病菌随脓肿破溃和病驴喷鼻、咳嗽排出体外，污染空气、草料、水等，经上呼吸道黏膜、扁桃体或消化道感染健康驴。该病潜伏期平均 4～8 天，有的 1～2 天。

病初体温升高达 39.0～40.5℃，精神委顿，食欲减少，结膜潮红黄染，鼻腔流出黏液性甚至脓性鼻液。当炎症继发至咽喉部时，病驴头颈伸直而僵硬，出现咳嗽、呼吸和吞咽困难。颌下淋巴结肿大如鸡蛋大，用手触摸热、硬，指压痛感明显。病程长短不定，如不及时治疗，极个别因极度衰弱或继发脓毒败血症而死亡。

由于驴体抵抗力的强弱和细菌的毒力以及数量的不同，在临床上可出现三种病型。

1. 一过型　主要表现为鼻、咽黏膜发炎，有鼻液流出。颌下淋巴结有轻度肿胀，体温轻度升高。如加强饲养，增强体质，则驴常不治而愈。

2. 典型型　病初病驴精神沉郁，食欲减少，体温升高到 39～41℃。结膜潮红黄染，呼吸、脉搏增数，心跳加快。继而发生鼻黏膜炎症，并有大量脓性分泌物。咳嗽，咽部敏感，下咽困难，有时食物和饮水从鼻腔逆流而出。颌下淋巴脓肿破溃，流出大量脓汁，这时体温下降，炎性肿胀亦渐消退，病驴逐渐痊愈。病程为 2～3 周。

3. 恶性型　病驴由于抵抗力很弱，马腺疫链球菌可由颌下淋巴蔓延或转移，而发生并发症，致使病情急剧恶化，预后不良。常见的并发症如体内各部位淋巴结的转移性脓肿，内部各器官的转移性脓肿以及肺炎等。如不及时治疗，病驴常因脓毒败血症而死亡。

（二）治疗

1. 封闭疗法　发病初期，淋巴结呈现轻度硬固肿胀，未化脓时，每日用青霉素、链霉素和普鲁卡因分别在颌下淋巴结周围分点作封闭注射，用药最好现用现配，每天 1 次，连用 3 天，有消炎、杀菌、缩小肿胀作用。

2. 输液疗法 当病驴体温升高，淋巴结硬肿不散，全身症状加重时，用 5%葡萄糖氯化钠液 1 000～1 500 ml 加青霉素 1 600 万国际单位加地塞米松 0.5g 静脉注射，连用 3 天。再配合中药治疗，以清热、解毒、催脓、消肿为原则，用加味黄芪散，其方剂为：黄芪、当归、郁金、甘草、花粉、穿山甲、皂角刺、金银花、牛蒡子、马勃各 30g。水煎去渣，候温，加蜂蜜 120g，胃管灌服，效果更为明显。

3. 手术疗法 当颌下淋巴结肿胀较大，指压柔软有波动感时，采用手术疗法。病驴保定好以后，术部剪毛，用酒精消毒，左手将肿大的颌下淋巴结固定，右手持已消毒好的手术刀将刀尖刺入淋巴结内，划一小口，用手挤压，排完脓汁。再用 0.1%的高锰酸钾液冲洗，然后在术部及周围涂擦消炎药，10 天左右可痊愈。

本病轻者无需治疗，通过加强饲养管理，即可自愈。重者，可在肿胀化脓处擦樟脑酒精、10%～20%松节油软膏、20%鱼石脂软膏等。患部破溃后可按外科常规处理。如体温升高，有全身症状，可用青霉素、磺胺治疗，必要时静脉注射。

中兽医治疗：病初可内服中药四子散加减。黄药子、白药子、栀子、车前子、黄芩、大黄、山豆根各 40g，天花粉、玄参、银花、连翘、苏叶、桔梗各 30g，黄连 20g。水煎服，每日 1 剂，连服 3 天。以清热解毒，利咽消肿。驴个体小者可分两次服。

中期可内服普济消毒饮加减。黄芪、连翘、桔梗各 30g，郁金、栀子、山甲、皂角刺、天花粉、牛蒡子、黄芩、银花、川黄连、甘草各 25g，水煎服。连服 3 剂，以散瘀排毒。对脓溃而体温下降者，加生地、丹皮、玄参各 30g，以清热凉血。

局部可敷双白拔毒散。白芨 60g，白蔹、大黄、黄柏、栀子、郁金、姜黄各 30g。共研细末，鸡蛋清或食醋调匀，敷于下颌肿胀处，每日换药 1 次。

4. 加强护理 治疗期间要给予富于营养，适口性好的青绿多汁饲料和清洁的饮用水。并注意夏季防暑，冬季保温。

（三）预防

①在发病季节之前，对易感的幼龄驴给予优质饲料和清洁的饮水，保持厩舍清洁、干燥和通风，防止感冒，增强机体抵抗力。

②在发病季节，对易感的幼龄驴要注意观察，发现病畜立即隔离和及时治疗。

③厩舍及环境用 10%石灰水或 1%～2%福尔马林消毒。病驴的粪便和污物应通过堆肥发酵，再用 3%的来苏尔消毒处理。

对断奶驴驹应加强饲养管理，加强运动锻炼，注意优质草料的补充，增进抵抗力。

发病季节要勤检查，发现病驹立即隔离治疗，其他驴驹可第一天给 10g，第二、第三天给 5g 的磺胺拌入料中。也可以注射马腺疫死菌苗进行预防。

三、流行性乙型脑炎

是由乙脑病毒引起的一种急性传染病。马属家畜（马、驴、骡）感染率虽高，但发病率低，一旦发病，死亡率较高。该病人、畜共患，其临床症状为中枢神经机能紊乱（沉郁或兴奋和意识障碍）。

本病病原体存在于病驴的脑、脑脊髓液、血液、脾脏和睾丸等组织内，主要由带毒媒介蚊虫叮咬而传播。具有低洼地发病率高，和在7～9月份气温高、日照长、多雨季节，气温潮湿闷热、蚊蝇孳生易流行的特点。猪是乙脑病毒的增殖宿主和重要传染源。3岁以下幼驹多发。

（一）症状

潜伏期1～2周。在起初的病毒血症期间，病驴体温升高达39.5～41℃，精神沉郁，食欲减退，肠音多无异常。部分病驴经1～2天体温恢复正常，食欲增加，经过治疗，1周左右可痊愈。

部分病驴由于病毒侵害脑脊髓，出现明显神经症状，表现沉郁、兴奋或麻痹。临床可分为四型。

1. 沉郁型　病驴精神沉郁、呆立不动，低头耷耳，对周围事物无反应，眼半睁半闭，呈睡眠状态。有时空嚼磨牙，以下颌抵槽或以头顶墙。常出现异常姿势，如前肢交叉或做圆圈运动，或四肢失去平衡，走路歪斜、摇晃或高抬腿呈现鸡跛。后期卧地不起，昏迷不动，感觉机能消失。有的衔草于口内不咽，有的吞咽障碍，流涎或口吐白沫。以沉郁型为主的病驴较多，病程也较长，可达1～4周。如早期治疗，注意护理，多数可以治愈。

2. 兴奋型　病驴表现意识丧失，兴奋不安，重则狂暴，双目失明，乱冲乱撞，两前肢经常站立呈前扑后跨姿势，攀登饲槽，不知避开障碍物，低头前冲，甚至撞在墙上，坠入沟中。有的不停地转圈，口吐白沫，有的不断点头，或头向一侧弯转；有的不停地刨地，乱踢、乱咬。后期因衰弱无力，卧地不起，四肢前后划动如游泳状。以兴奋为主的病程较短，多经1～2天死亡。

3. 麻痹型　主要表现是后躯的不全麻痹症状。腰萎，视力减退或消失，尾不驱蝇，衔草不嚼，嘴唇歪斜，不能站立。这些病驴，病程较短，多经2～3天死亡。

4. 混合型　沉郁和兴奋交替出现，间歇时间不等，有长也有短，兴奋时乱冲乱撞或转圈运动，过后沉郁站立、磨牙、空嚼吐白沫等。同时出现不同程度的麻痹。

本病死亡率平均为20%～50%。耐过的病驴常有后遗症，如腰萎、口唇麻痹、视力减退、精神迟钝等症状。

（二）诊断

体温升高达38.6～41.5℃，有少部分病畜体温正常。可视黏膜潮红、发钳，皮肤弹性减退，血液浓稠黑紫，严重呼吸困难，心动疾速，心音混浊，节律不齐，第二心音减弱，二音分辨不清，肌肉震颤，前胸、肘后出汗，有的全身大汗，耳鼻四肢发凉，即呈现呼吸衰竭，心力衰竭，休克现象。根据流行病学（发病季节、发病年龄），临床症状及血清学检查结果诊断为驴流行性乙型脑炎。

（三）治疗

1. 消炎　10%磺胺嘧啶钠，10.0ml×（15～20）支静注每天1次，连用7天。

2. 降低颅内压　①颈静脉放血1 500～2 000ml。②20%甘露醇500～1 000ml（以1 000ml为宜）静注，每天1～2次，连用3～4天。③10%氯化钠500～1 000ml静注，每天1次连用3～4天。但在心力衰竭时不宜应用此药。④10%～25%葡萄糖500～1 000ml

静注。⑤冷敷头部，用冷水浇头，或用纱布包住冰块敷在额部，溶化了再换。

3. 补液、强心、纠酸 脑炎造成高渗性脱水，补液时水和盐之比 1.5∶1 为宜。可选用低分子糖苷、5%葡萄糖、葡萄糖生理盐水、复方生理盐水、生理盐水等。每次用量 3 000～4 000ml（不宜量大，否则造成颅内压升高），每天 1～2 次，连用 5～7 天。

强心药宜选用西地兰 0.4mg1.0ml×10 支，或强心灵 0.25mg1.0ml×（5～10）支，加入输液中静注，10%安钠咖 10.0ml×3 支皮下注射，严重心力衰竭时不宜用之。

纠酸选用 5%碳酸氢钠 1 000～1 500ml 静注，呼吸衰竭时忌用。40%乌洛托品 20.0 ml×（5～7）支静注。

中兽医治疗：用石膏汤和双花汤加减治疗效果较好。

石膏汤处方：生石膏 150 g、元明粉 120g、天竺黄 21g、板蓝根 60g、大青叶 60g、青黛 21g、滑石 50g、朱砂 20g（另包）。除朱砂外，水煎两次合液，候温加朱砂灌服（上下午各 1 次）

加减：高热不退者加知母 50g、生甘草 21g，重用生石膏；大便秘结者，加生大黄 100g，重用元明粉；高热昏迷者重用天竺黄、青黛，加连翘 21g、山栀 21g、黄芩 21g；抽搐不止者，加全蝎 21g、蜈蚣 12g（均另包研末，以药汁冲灌服）；病后虚弱者，加当归 35g、白术 35g、熟地 40g、天冬 30g、麦冬 30g、白芍 21g、牡蛎 45g，以补血气。

双花汤处方：双花 60g、天竺黄 30g、山栀 21g、黄芩 30g、生地 60g、花粉 42g、郁金 35g、玄参 60g、白芷 42g、生石膏 100g、蜈蚣（去头足）4 条、菊花 90g、蝉蜕 30g、薄荷 30g、板蓝根 30g、大青叶 30g。水煎两次合液，分早晚两次灌服。

加减：黄疸明显者，去蜈蚣加茵陈 30g、柴胡 30g、龙胆 90g、山栀 50g、狂暴抽搐者，加朱砂 35g、炒枣仁 30g、琥珀 21g、茯苓 15g；大便干燥者，加生大黄 50g、芒硝 60g。

4. 护理 ①兴奋型的病畜，除应用镇静药外，要有专人护理，防止碰撞，尤其保护好头部，并防止发生其他意外事故。②采食吞咽困难的病畜，除静脉注射葡萄糖和其他液体外，还要灌服牛奶、玉米面粥、小米粥、麸皮粥等。③倒卧不起的病畜，要垫沙土、软草并随时翻转畜体，防止发生褥疮，一旦发生褥疮立即进行治疗。

（四）预防

杜绝传播媒介增强特异性抵抗力和加强饲养管理是控制本病的主要环节和措施；从发病特点看，消灭传播媒介是预防和控制乙脑流行的根本措施，故在蚊虫孳生和繁殖季节前，应开展防蚊、灭蚊的工作。根据蚊虫喜潮湿的生活规律和自然条件，采取有效措施，搞好驴舍的环境清洁卫生工作，填平坑、沟等易积水的地方，铲除蚊虫孳生的场所，并在圈舍及周围定期喷洒灭蚊药液，养殖场区及周围不留开放式的水注，污水能顺畅排入发酵池进行生物发酵处理。

在疫区为增加驴对本病的特异抗体，对 4～24 月龄和新引入的外地驴，可注射乙脑弱毒疫苗，每年 6 月至翌年元月，肌注 2ml。同时要加强饲养管理，增强驴的体质。对病驴要及早发现，每天要测体温和临床检查。病驴要及时隔离，及时治疗。尸体深埋，污染物要用来苏尔或烧碱水消毒。

四、传染性胸膜肺炎（驴胸疫）

该病是马属动物的一种急性传染病。该病的病原体至今不甚清楚，可能是支原体或病毒。本病多为直接或间接接触传染。发病的多为 1 岁以上的驴驹和壮龄的驴。本病有厩舍病之称，多因厩舍潮湿、寒冷、通风不良、阳光不足及驴多拥挤造成。虽全年可发病，但以秋、冬和早春天气骤变时较多发。一般为散发，有时呈地方流行性发生。防治措施不当时，可持续数年之久。

（一）症状

本病潜伏期一般为 10～60 天。患畜精神沉郁，低头耷耳，拱腰挟尾，呆立不动或卧地不起，食欲减退，眼睑半闭，结膜肿胀充血，怕光流泪，鼻黏膜潮红，流浆性或黏性鼻液，时有喷鼻，继发异物性肺炎时，流行秽恶臭的脓性鼻液，喉部敏感，颌下淋巴结肿胀，频频咳嗽，呼吸浅表，呼吸 20～70 次/min，心跳 60～100 次/min，体温 39.5～41.5℃，稽留 2～3 天徐徐降至常温。

根据临床表现，可分为典型和非典型（一过型）胸疫，其中一过型胸疫较为多见。

1. 典型胸疫 本型较少见，呈现纤维素性肺炎或胸膜炎症状。病初突发高烧 40℃以上，稽留不退，持续 6～9 天或更长，以后体温突降或渐降。如发生胸膜炎时，体温反复。病驴精神沉郁，食欲废退，呼吸、脉搏增加。结膜潮红水肿，微黄染。皮温不整，全身战栗。四肢乏力，运步强拘。腹前、腹下及四肢下部出现不同程度的浮肿。

病驴呼吸困难，次数增多，呈腹式呼吸。病的初期流水样鼻液，偶见痛咳，听诊肺泡音增强，有湿性啰音。中后期流红黄色或铁锈色鼻液，听诊肺泡音减弱、消失，到后期又可听见湿性啰音及捻发音。经 2～3 周恢复正常。炎症波及胸膜时，听诊有明显的胸膜摩擦音。

病驴口腔干燥，口腔黏膜潮红带黄，有少量灰白色舌苔。肠音减弱，粪球干小，并附有黏液；后期肠音增强，出现腹泻，粪便恶臭，甚至并发肠炎。

2. 非典型胸疫 表现为一过型。本型较多见。病驴突然发热，体温达 39～41℃。全身症状与典型胸疫初期同，但比较轻微。呼吸道及消化道往往只出现轻微炎症，咳嗽，流少量水样鼻液，肺泡音增强，有的出现啰音。及时治疗，经 2～3 天后，很快恢复。有的仅表现短时体温升高，而无其他临床症状。

非典型的恶性胸疫，多因发现太晚、治疗不当、护理不周所造成。

（二）诊断

对先后死亡的病尸进行剖检，除驴尸鼻孔流有铁锈色分泌物外，其他病理变化基本一致。咽、喉、食道黏膜有卡他性炎症，胃肠黏膜有弥漫性出血，心肌松弛，心内膜有出血点，右心室充满凝固不良的血液，肺脏肿胀瘀血，呈紫黑色，切面流出多量茶色泡沫状液体，气管、支气管黏膜附有腐烂恶臭的粥状物，肝脏略有肿胀，质地易碎，颌下淋巴结，肠系膜淋巴结肿胀充血，其他脏器无明显变化。

（三）治疗

青霉素 240 万国际单位，5% 普鲁卡因 20ml，混合喉头周围封闭注射，每日两次。20% 葡萄糖 200ml、四环素 2g、安钠咖 20ml、维生素 C 26ml 混合 1 次静脉注射，每日 1 次。

中兽医治疗：1. 中药荆芥、防风各 40g，姜活、独活、紫胡、前胡各 25g，川芎、枳壳、桔梗、玄参、山豆根、牛蒡子各 25g，麦冬、杏仁、冬花、紫菀各 20g，生姜、甘草各 15g，共研为细末，开水调为糊状，候温 1 次灌服，每日 1 剂。

2. 可用清肺止咳散。当归、桔梗各 22g，甘草 19g，知母、贝母、桑白皮、黄芩、木通各 25g，冬花、瓜蒌各 31g。共研为细末，开水冲开，候温灌服。

加减：初期，加杏仁、苏叶、防风、荆介各 25g；中期热盛者，加栀子、丹皮、杷叶各 21g；热盛气喘者，加生地、黄柏各 30g，重用桑白皮、苏子、赤芍；鼻流脓涕者，减天冬、百合，加金银花、连翘、车前子各 21g，重用桔梗、贝母、瓜蒌等；粪干者加蜂蜜 60g；口内涎多者加枯矾 10g；胸内积水者，重用木通、桑白皮，加滑石 100g，车前子、旋复花各 21g，猪苓、泽泻各 25g；年老体弱者，重用百合、天冬、贝母，加秦艽 21g，鳖甲 30g、法夏各 21g；气血虚弱者，减寒性药，重用当归、百合各 30g，天冬 21g，加苍术 21g，党参、山药各 30g，五味子、白芍各 21g，熟地 30g，秦艽、黄芪、首乌各 21g 等。

（四）预防

平时要加强饲养管理，严格遵守卫生制度，特别是冬春要补料，给予充足的饮水，以提高驴的抵抗力。要注意圈舍干燥，通风良好。发现病驴，立即隔离治疗。被污染的厩舍及饲养用具，用 2%～4%氢氧化钠溶液或 3%来苏尔溶液消毒。粪便要进行发酵处理。

五、流行性感冒（流感）

驴的流行性感冒是由一种病毒引起的急性呼吸道传染病。主要表现为发热、咳嗽和流水样鼻涕。驴的流感病毒分为 A_1、A_2 两个亚型，二者不能形成交叉免疫。本病毒对外界条件抵抗力较弱，加热至 56℃，数分钟即可丧失感染力。用一般消毒药物，如福尔马林、乙醚、来苏尔、去污剂等都可使病毒灭活，但对低温抵抗力较强，在－20℃以下可存活数日，故冬、春季多发。

本病主要是经直接接触，或通过飞沫（咳嗽、喷嚏）经呼吸道传染。不分年龄、品种，但以生产母驴、劳役抵抗力降低和体质较差的驴易发病，且病情严重。临床表现有 3 种。

（一）症状

1. 一过型 较多见。主要表现轻咳，流清鼻涕，体温正常或稍高，过后很快下降。精神及全身变化多不明显。病驴 7 天左右可自愈。

2. 典型型 咳嗽剧烈，初为干咳，后为湿咳，有的病驴咳嗽时，伸颈摇头，粪尿随咳嗽而排出，咳后疲劳不堪。有的病驴在运动时，或受冷空气、尘土刺激后咳嗽显著加重。病驴初期为水样鼻涕，后变为浓稠的灰白色黏液，个别呈黄白色脓样鼻涕。病驴精神沉郁，食欲减退，全身无力，体温升高到 39.5～40℃，呼吸增加。心跳加快，每分钟达 60～90 次。个别病驴在四肢或腹部出现浮肿。如能精心饲养，加强护理，充分休息，适当治疗，经 2～3 天，即可体温正常，咳嗽减轻，两周左右康复。

3. 非典型型 即合并症和继发症的发生。这均因病驴护理不好，治疗不当造成。如继发支气管炎、肺炎、肠炎及肺气肿等。病驴除表现流感症状外，还表现继发症的相应症状。如不及时治疗，则引起败血、中毒、心衰而导致死亡。

（二）治疗

轻症一般不需药物治疗，即可自愈，重症应施以对症治疗，给予解热、止咳、通便的药物。降温可肌注安痛定10～20ml，每日1～2次，连用2天。剧咳可用复方樟脑酊15～20ml，或杏仁水20～40ml，或远志酊25～50ml。化痰可加氯化铵8～15g，也可用食醋熏蒸。

中药可用加减清瘟败毒散。生石膏120g，生地30g，桔梗17g，栀子24g，黄芩30g，知母30g，玄参30g，连翘24g，薄荷12g，大青叶30g，牛蒡子30g，甘草17g。共研末开水冲服，或煎汤灌服。

（三）预防

应做好日常的饲养管理工作，增强驴的体质，勿使过劳。注意疫情，及早做好隔离、检疫、消毒工作。出现疫情，舍饲驴可用食醋熏蒸进行预防，按3ml/m^{3}醋汁，每日1～2次，直至疫情稳定。为配合治疗，一定要加强护理给予充足的饮水和丰富的青绿饲料。让病驴充分休息。

六、鼻疽

鼻疽是由鼻疽伯氏菌引起的马、驴和骡等马属动物的一种接触性传染性致死性传染病。临床表现为鼻黏膜、皮肤、肺脏、淋巴结和其他实质性器官形成特异的鼻疽结节、溃疡和瘢痕。人也易感此病。开放性及活动性鼻疽病畜，是传染的主要来源。鼻疽杆菌随病驴的鼻涕及溃疡分泌物排出体外，污染各种饲养管理用具、草料、饮水，而引起传染。主要经消化道和损伤的皮肤感染，无季节性。

通常认为驴鼻疽最可能的传播途径是通过采食。污染的食物、水和工具能够传播该疾病。研究表明，水源污染后可能将病原从动物传播到人类，并保持感染能力达几个星期。该病菌也可以从动物的粪便和破损的皮肤中分离到。

该病的传播风险因素包括污染和拥挤的圈舍条件。污染的动物分泌物可以从一个动物传染到另一个动物。当饲养条件拥挤和不卫生时，鼻疽可能出现流行，所有品种和性别的驴都可能感染，但两岁以上的更可能出现皮肤鼻疽。尽管该病能在任何季节发生，但其最高的发生率是在非常寒冷的天气下，而驴营养不良，饲养环境较差将更易感。当健康的驴与病驴在一起饲喂，且身体上有损伤时，蝇也可传播该病。

（一）症状

根据鼻疽的临床症状，一般可分为4种型式（鼻腔型、皮肤型、肺脏型、无症状携带者型。前3种类型一般可以互相转化且鼻腔型和皮肤型常呈开放性，持续向外排菌。

1. 鼻腔型　鼻疽主要症状是鼻黏膜潮红，鼻炎，鼻孔流出浆液性或黏液性鼻液，上呼吸道出现结节或溃疡。溃疡通常出现在鼻甲骨的下端，鼻中隔软骨之上，结节坏死后崩溃，形成溃疡边缘不整而稍隆起，底部凹陷，溃疡面呈灰白色或黄白色，破溃后流出带血的黏性、脓性分泌物（见图13-1）。

2. 皮肤型　鼻疽主要发生于四肢、胸侧及腹下，以后肢较多见。主要是皮肤形成结节、脓疱、溃疡。结节通常沿着淋巴管呈链状分布，形成串珠样水肿，病肢发生浮肿、变粗，形成橡皮腿。最初，局部皮肤发生热、痛的炎性肿胀，而后肿胀中心出现结节，然后破溃形成深陷的坑状溃疡，边缘不整，如火山口状，底部呈现黄白色肥肉样，不易愈合，并有浓厚、黄色、黏性、脓性黏液流出，且含有大量病菌。

3. 肺脏型 鼻疽是该病最常见的临床表现形式。临床上出现鼻出血或咳出带血黏液，干性无力短咳，呼吸次数增加，肺部啰音。剖检特征是在肺组织中形成圆的、灰色的、坚硬的、胶囊状的结节包埋，或出现不连续的、颗粒状肉芽肿结节，结节中心坏死，嗜中性粒细胞退化。咳嗽和高热则说明支气管肺炎的发生，是急性病例的特征。

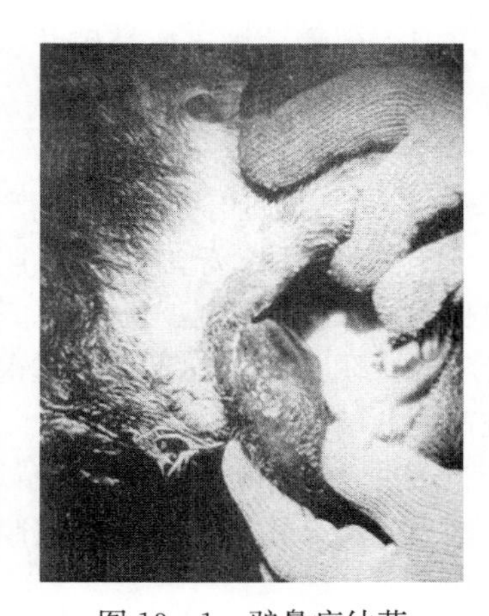

图 13-1 驴鼻疽幼芽

（来源：The Professional Handbook of the Donkey）

4. 无症状的携带者型（隐性感染） 病畜在驴鼻疽发展几个月后无显著的临床症状出现。感染的驴从外观上看，完全健康，但是持续带菌，且鼻疽菌素试验为阳性，无可见的明显皮肤损伤和结节出现。

驴、骡感染性最强，多为急性，迅速死亡。马多为慢性。因侵害的部位不同可分为鼻腔鼻疽、皮肤鼻疽和肺鼻疽。前两种经常向外排菌，故又称开放性鼻疽，但一般该病常以肺鼻疽开始。

（二）诊断

开放性鼻疽可根据临床症状来诊断，除临床症状外，一般采取实验室方法如鼻疽菌素试验。主要采用鼻疽菌素点眼和皮内注射，必要时可做补体结合反应。需要注意的是驴对点眼的反应敏感性较低，可以采用注射法结合补体结合反应。凡注射法检出阳性者，可采血清送专门实验室进行补体结合反应诊断。

（三）治疗

目前尚无有效疫苗和彻底治愈的疗法。即使用土霉素疗法（土霉素 2～3g，溶于 15～30ml5％氯化镁溶液中，充分溶解，分 3 处肌内注射，隔日 1 次），也仅可临床治愈，仍是带菌者。

（四）预防

首先，要加强饲养管理，控制传播途径；固定用具，不喂污染草料；定期对所有驴进行马来因（鼻疽菌素）试验，扑杀所有感染的驴，以及加强消毒。病驴要及时淘汰，对污染的环境认真消毒；不从疫区引入病驴。其次，要做到每年春、秋两季的检疫，检出的阳性病驴要及时扑杀、深埋。

七、沙门氏菌病（副伤寒）

马驴沙门氏菌病，别名副伤寒，是一种引起妊娠母驴（马）流产、幼驹关节肿大、下痢和公畜睾丸炎等疾病的传染性疾病。一年四季发生，春、秋多发。一般呈地方流行性。沙门氏菌对干燥、日光等具有一定的抵抗力，在外界可生存数周或数月。健康动物带菌现象较普遍，致病菌潜藏于消化道、淋巴组织和胆囊内而不致病。当受到应激刺激或机体抵抗力下降时，致病菌被迅速繁殖并引起内源性感染，并通过畜间传播、复壮，在一定范围内传播、致病。

（一）症状

孕驴（马）以流产为特征。流产前常无先兆而突然发生，妊娠后期可有轻微腹痛、战栗、出汗，频频排尿，乳房肿胀，阴道流出血样液体。流产时，通常是胎儿、胎衣一起排出，很少有胎衣停滞。流产后，恶露呈红色、灰白色，逐渐自愈。继发子宫炎，体温高，全身症状重，阴道流污秽不洁的红褐色腥臭液体。可因败血症而死亡。

流产胎儿病变

胎膜水肿、增厚，表面附有糠麸样物质，部分胎膜呈污红色坏死。羊水混浊，呈淡黄色或紫红色。胎儿皮肤、黏膜、浆膜及实质脏器呈现黄染和出血性败血症变化，个别脏器发生坏死。

（二）预防

加强饲养管理工作，提高抵抗力。接种驴（马）沙门氏菌疫苗，灭活苗或弱毒冻干菌苗，每年2次，11～12月、5～6月各1次，每次间隔7天注射2次，第一次1份，第二次2份。

种公畜不接种弱毒活菌苗，在配种前用试管凝集反应检查，阳性反应的种畜应淘汰或不做种用、隔离治疗，呈阴性反应的方可配种。

发病时，立即隔离治疗。流产的胎儿、胎衣等应深埋。被污染的场所和用具等严格消毒，垫草烧毁。

母驴在流产2个月后，生殖道恢复正常方可配种。

第四节　驴常见的寄生虫病

一、胃蝇蛆病

胃蝇蛆病是由胃蝇科（Gasterophilidae）胃蝇属（*Gasterophilus*）不同种类胃蝇的幼虫寄生于马、驴等马属动物胃肠道内所引起的一种寄生虫病。宿主高度贫血、消瘦、中毒，严重感染时可导致动物死亡。

（一）病原

胃蝇蛆的幼虫。

（二）生活史

胃蝇属完全变态型发育，即要经过卵，幼虫、蛹的发育后，才能变为有翅的成蝇。全部发育期长约一年，成蝇不采食，在外界环境中仅能存活数天，雄蝇交配后很快死去，雌蝇产完卵后死亡。雌成蝇在炎热的白天将卵产于驴的背部、胸、腹及腿部被毛上，一生能产约700个卵。经1～2周后，卵发育为幼虫。幼虫借助外部机械力（摩擦、啃咬）的作用从卵内爬出，并在宿主体上移动，引起发痒。驴啃咬时，大量幼虫黏在牙、唇及舌上，并钻入口腔黏膜下或舌表层组织内寄生约1个月左右，蜕化为第2期幼虫，随吞咽进入胃内发育成第3期幼虫，直到第二年春季发育成熟后随粪便排到外界，钻入土中化成蛹。蛹经1～2个月羽化为成蝇。成蝇多在5～9月份活动，以8～9月份活动最为旺盛。胃蝇因种类不同而产卵的部位不同，其中肠胃蝇产卵于前肢球节及前肢上部、肩处；鼻胃蝇产卵于下颌间隙；红尾胃蝇产卵于口唇周围和颊部；兽胃蝇产卵于地面草上。多雨和阴沉的天气对马胃蝇发育不利，因为不但成蝇在阴雨天气不飞翔产卵，而且蛹在高湿条件下易受真菌侵袭而死亡。所以，干旱、炎热的气候和饲养管理不良、驴体消瘦都是有利于本病流行的条件。

（三）致病作用及症状

胃蝇对马属动物的危害主要是由其幼虫的寄生造成的。胃蝇的幼虫在其整个寄生期间均有致病作用，但病情轻重与宿主动物的体质、幼虫数量以及寄生部位密切相关。体质较弱的动物寄生有大量幼虫（几百个至上千个）时，则出现与寄生部位相一致的明显临床症状。在口腔内寄生时，病驴表现为咀嚼吞咽困难，咳嗽、流涎、打喷嚏，有时饮水从鼻孔流出。幼虫移行到胃及十二指肠后，由于损伤胃肠黏膜，引起胃肠壁水肿、发炎和溃疡，常表现为慢性或出血性胃肠炎症状，导致胃功能障碍。幼虫吸血，加之虫体毒素作用，使驴出现营养障碍为主的症状，如食欲减退、消化不良、贫血、消瘦、腹痛等，甚至逐渐衰竭死亡。幼虫寄生部位呈火山口状，伴以周围组织的慢性炎症甚至造成胃穿孔和较大血管损伤以及继发细菌感染。如果直肠有幼虫寄生则引起直肠充血、发炎，病驴频频排粪或努责，又因幼虫刺激而发痒，患畜摩擦尾根，引起尾根损伤、发炎、尾根毛逆立，有时兴奋和腹痛。

（四）诊断

本病无特殊症状，许多症状与消化系统疾病相似。所以在诊断本病时，因结合流行病学特点进行详细了解和检查以后再加以判断。诊断时因综合考虑以下因素：

①既往病史，驴是否从流行地区引进的；

②驴体被毛上有无胃蝇卵；

③夏秋季发现驴咀嚼、吞咽困难时，检查口腔、齿龈、舌、咽喉黏膜有无幼虫寄生；

④春季注意观察驴粪便中有无幼虫。发现尾毛逆立，排粪频繁的驴，详细检查肛门和直肠上有无幼虫寄生；

⑤必要时进行诊断性驱虫；

⑥尸体剖检时，在胃、十二指肠等部位检查胃蝇的幼虫。

（五）治疗

①伊维菌素和阿维菌素，按每千克体重0.2mg的剂量皮下注射或1次拌入饲料喂服。

②埃普利诺菌素，按每千克体重0.4mg的剂量，1次皮下注射。

③精制敌百虫，成驴9～15g，幼驹5～8g或按每千克体重30～70mg，配成10%～20%水溶液，一次内服，药后4h内禁饮，效果确实。

④口腔内寄生的幼虫，可涂擦5%敌百虫豆油（敌百虫加于豆油内加温溶解）。涂1～3次即可。也可用镊子摘除虫体。

（六）预防

1. 预防性驱虫 每年秋、冬两季按每千克体重30～40mg剂量一次投服兽用精制敌百虫，或按每千克体重0.2mg皮下注射伊维菌素和阿维菌素。这样既能保证驴安全度过冬春，又能消灭未成熟的幼虫，达到消灭病原的目的。

2. 清除驴体表的虫卵 可重复用热醋洗刷，使幼虫提早脱离卵壳，并使卵上的黏胶物质溶解。也可以用点着酒精棉球烧燎被毛上的虫卵。

3. 防止环境污染 及时摘集消灭患驴排出的成熟幼虫，用理化方法杀灭粪便中的幼虫。

二、疥螨病

驴疥螨病又称疥疮、疥癣或癞病，是由疥螨科（Sarcoptidae）、疥螨属（*Sarcoptes*）的马疥螨（*S. equi*）寄生于驴的皮肤内，引起以剧痒、结痂、脱毛和皮肤增厚为特征的一种顽固、接触、传染性皮肤病。

（一）病原

疥螨虫体较小，约 0.2～0.5mm，乳白色，呈近圆形，有四对粗短的足和一个位于虫体前端呈马蹄铁形的口器（见图 13－2）。

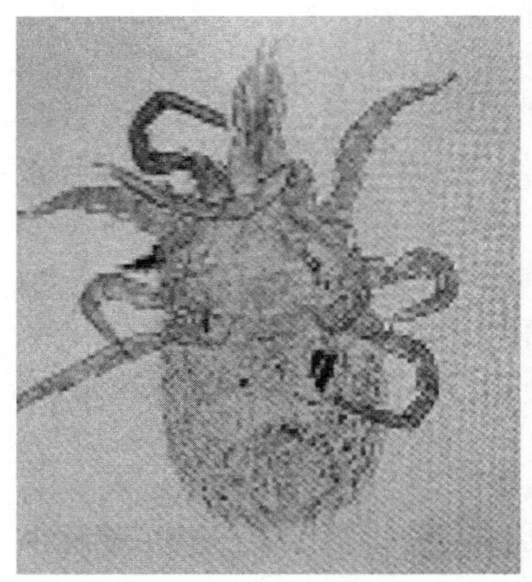
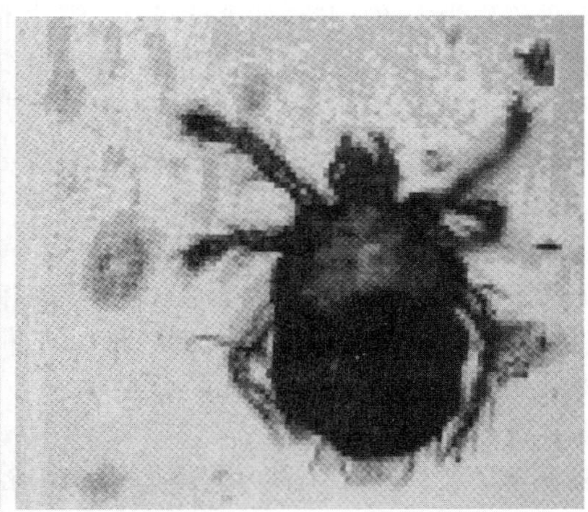

图 13－2 左为禽螨虫 右为饲料螨虫
（来源：The Professional Handbook of the Donkey）

（二）生活史

疥螨的生活史属于不完全变态，发育过程包括虫卵、幼螨、若螨和成螨 4 个的阶段，其中以幼螨的致病能力最强。疥螨的 4 个阶段均在宿主身上发育，属终生寄生虫。疥螨整个发育过程为 8～22 天，平均 15 天。雌螨与雄螨在宿主的皮肤表皮交配。交配后的雌螨钻入宿主角质层，并在表皮层内不断挖掘隧道，每天能挖凿 2～5mm。并在其中产卵，孵育出的幼螨离开隧道爬至宿主皮肤表面继续发育，成熟后进行交配。每只雌螨每天可产卵 2～4 枚，一生可产卵 40～50 枚。

（三）致病作用及症状

疥螨病的流行具有季节差异，一般春冬季节发病率明显高于夏秋季节。幼年驴比成年驴更易遭受疥螨侵害，发病较严重，随着年龄的增长，抗螨力也随之增强。体质瘦弱，抵抗力差的驴易受感染。反之，体质强壮、抵抗力强的驴则不易感染。潮湿、阴暗、拥挤的驴舍，饲养管理差和卫生条件不良，是促使螨病蔓延的重要因素。

马属动物的疥螨病主要以剧痒，皮肤脱毛、增厚、弹性降低和消瘦为特征。病初在病驴的头部、颈部和肩部皮肤出现损伤，被毛较长的部位一般受其侵害较轻。早期症状为强烈瘙痒，出现丘疹和小泡，患驴会出现用蹄搔痒或在墙壁、栏栅等处摩擦患病皮肤现象，导致发展成急性皮炎，皮肤迅速鳞屑化随后结痂、掉毛、皮肤增厚。痂皮硬固，不易剥离。以颈部皮肤病变最严重。病情严重的可蔓延至全身，导致虚弱无力，全身衰竭，厌食。病程长，预后差，尤其是感染严重而体质差的病例更是如此。

（四）诊断

根据临床症状可进行初步诊断，分离检查到病原才能够确诊。采集病料时，先剪去患部和健康部皮肤交界处的毛，用火焰消毒后的手术刀片垂直于皮肤面用力刮取交界处痂皮，直至皮肤微微出血为止，将刮取物收集到容器。按以下方法进行病原分离检查。

1. 直接涂片法 将刮取的皮屑放置于载玻片上，滴加1滴5%甘油（丙三醇）水溶液，加盖载玻片，搓压玻片至病料散开，置显微镜下检查。

2. 浓集法 皮屑中疥螨数量较少时，刮取较多的皮屑并放入10%氢氧化钠（或氢氧化钾）溶液并浸泡过夜或加热煮数分钟，溶液离心后取沉淀物镜检。

3. 加热法 将刮取的皮屑放入平皿内，将平皿放人37℃的恒温箱中约30 min，由于疥螨虫体具有趋热性，因此，受热后会从皮屑内爬出，将平皿置于显微镜下检查。

（五）治疗

治疗螨病的药物和方法较多，方法有外用（喷雾、擦洗、药浴）、肌肉注射和口服等，应该根据实际情况，选择容易执行，方便操作，效果良好的方法进行治疗。

1. 涂擦，喷淋或药浴 3%的敌百虫溶液涂擦患部；巴胺磷125～250mg/L、溴氰菊酯50～60mg/L、氰戊菊酯80～200mg/L等外用杀虫药物进行局部涂擦、喷淋药物或药浴。香精油、5%茶树油、20%柠檬油、楝油和樟脑油等植物提取物也有很好的杀螨作用。外用杀螨药可用于喷雾和涂搽以及圈养动物笼舍与运动场的处理。

2. 口服或皮下注射 伊维菌素，按每千克体重0.2～0.3mg，1次口服或皮下注射，间隔7天后进行第2次用药治疗；多拉菌素，按每千克体重0.3mg，1次肌内注射；埃普利诺菌素，按每千克体重0.4mg，1次皮下注射；莫西菌素，按每千克体重0.2mg，1次口服或皮下注射。氯氰碘柳胺钠，及阿维菌素类药物也是高效杀螨药物。

（六）预防

保持驴舍清洁干燥、通风、透光、不拥挤。经常刷洗动物体表，定期用杀螨剂喷洒厩舍和饲具。在疥螨病的常发地区定期对驴检查，一旦发现可疑驴，立即隔离治疗。新引进的驴，隔离观察15～30天，确诊无螨后方能合群。兽医和饲养人员接触患病驴时应进行严格的安全防护，以防人体感染。

三、蛲虫病

蛲虫病又称尖尾线虫病由尖尾科的马尖线虫寄生于马、骡和驴等马属动物的盲肠和结肠中引起的一类线虫病。本病分布于世界各地，尤其在饲养管理较差的条件下具有较高的发病率。

（一）病原

寄生于驴体内的尖尾线虫主要是马尖尾线虫，虫体粗壮呈白色，如火柴杆状。雌雄虫长短差异很大，雄虫短小，体长约 9～12mm。雌虫体长约为雄虫的 2 倍，可达 150mm 左右，尾部细而尖，占整个雌虫体长的 2/3 以上。虫卵呈长卵圆形，大小平均为 90μm×42μm，两侧不对称。

（二）生活史

驴因采食被虫卵污染的饲料或舔食被虫卵污染的场地、墙柱、饲槽等物品而感染。虫卵进入动物体内后约经 6 周发育为成虫。雌雄交配后，雄虫死亡，受精后的雌虫移行至肛门处，将卵产于肛门周围和会阴部皮肤处，卵互相黏附成黄白色团块。由于肛门周围的温度、湿度适宜虫卵发育，经 3～5 天，卵内发育形成第 3 期感染性幼虫。在感染性虫卵的刺激下引起皮肤发痒，患驴摩擦肛门部或因干燥而脱落，散布于饲草、饮水、饲槽、厩舍墙壁、地面及褥草等处，再次经口食入而遭受感染。

（三）致病作用及症状

蛲虫的成虫寄生于大肠内时的致病作用较轻。感染强度较大时，幼虫可引起寄生处的炎性浸润，幼虫能分泌溶蛋白酶，使肠黏膜液化而作为其营养来源。蛲虫主要致病作用表现为雌虫在肛门周围产卵时分泌的胶样物质有强烈刺激作用，能引起剧烈肛痒，使会阴部发炎，病驴经常摩擦后体，以致被毛脱落，皮肤肥厚，尾毛逆立蓬乱，甚至使尾根部形胼胝，皮肤破溃，引起继发性感染及深部组织损伤。病驴常显不安，影响食欲，精神萎靡，导胃肠道障碍，营养不良、消瘦。

（四）诊断

根据患驴特有的临床症状和表现，如经常摩擦尾部，肛门周围被毛及会阴部皮肤出现损伤等进行初步诊断。确诊则需要进行病原检查，可用透明胶带黏取肛门部位，再将此胶带置于载玻片上镜检。也可用棉签蘸湿 50%甘油水溶液后，刮取肛门周围和会阴部皱壁上的黄色污垢物，在显微镜下检查，发现蛲虫卵，便可确诊。严重感染时可在粪便中发现虫体也可作为确诊的依据。

（五）治疗

1. 对症治疗 用石碳酸软膏涂抹于肛门周围及会阴部以杀灭虫卵和进行止痒。

2. 体内驱虫 一般的线虫驱虫药对蛲虫均有显著效果。阿苯达唑，按每千克体重 10mg，1 次口服；伊维菌素，按 0.3mg，1 次口服或皮下注射；噻苯达唑，按每千克体重 10mg，1 次口服。敌百虫，按每千克体重 50mg，一次口服。

（六）预防

预防驴蛲虫病的关键是要做好厩舍的卫生工作，饲槽、柱栏、用具均应经常消毒，保持饲料、饲草和饮水的清洁卫生，发现病驴立即驱虫，并严格进行周围环境的消毒及杀灭虫卵的工作。

四、圆线虫病

驴的圆线虫病是由圆线目的线虫所引起的一种感染率高，分布广泛的肠道线虫病。是马属动物的重要寄生虫病之一。根据虫体大小一般分为大型圆线虫和小型圆线虫，其中大型圆线虫危害最为严重，我国各地的马属动物均有较高的感染率。本病常造成幼龄动物发育不良，成年动物引起慢性肠卡他，尤其当幼虫在体内移行时，引起动脉炎、血栓性疝痛、腹膜炎，甚至可导致死亡。

（一）病原

寄生于马、驴等体内的大型圆线虫主要有普通圆线虫、无齿圆线虫和马圆线虫。虫体较大，一般长 20 mm 左右，呈灰色或红褐色。主要是根据口囊内齿的形状和有无进行种类鉴定。

（二）生活史

圆线虫的成虫寄生于动物大肠内，雌虫产出大量虫卵随粪便排出体外，在外界适宜的条件下，经 1～2 周发育为感染性的三期幼虫，这种感染性幼虫主要附着于草叶、茎上或积水中，在早晨、傍晚或阴天爬上草叶，温暖时活动力增强；落入水中的幼虫常沉于底部，存活一个月或更久。当动物吃草或饮水时，经口吞食感染性幼虫，其便在小肠移行发育。普通圆线虫的幼虫经肠黏膜进入肠壁小动脉，在其下移行，逆血流方向移行到较大动脉（主要为髂动脉、盲肠动脉及腹结肠动脉），约 2 周后到达积聚在肠系膜动脉根部，部分幼虫进入主动脉向前移行到心脏，向后移行到肾动脉和髂动脉。故普通圆线虫常在肠系膜动脉根部引起动脉瘤，并在此发育为童虫。然后各自通过动脉的分枝往回移行到盲肠和结肠的黏膜下，在此蜕皮发育到第五期幼虫，最后回到肠腔发育为成虫。无齿圆线虫的幼虫移行较普通圆线虫远，时间长，幼虫钻入盲肠、大结肠黏膜后，经门脉进入肝脏，到肝韧带后在肠腔沿腹膜下移行，故其幼虫主要见于此处的特殊包囊中，在继续移行到达肠壁后，然后进入肠腔发育为成虫。马圆线虫的幼虫也在腹腔脏器及组织内广泛移行，幼虫穿通盲肠及小结肠黏膜，先在浆膜下结节内停留，后经腹腔到达肝脏，然后到胰腺，最后回到肠腔，发育为成虫。

（三）致病作用与症状

圆线虫对驴的危害主要是由于肠内寄生（成虫）和肠外移行（幼虫）而导致的。成虫大量寄生于肠道时，以宿主动物的血液为食，不仅可造成肠道卡他性炎症、创伤和溃疡，而且虫体可分泌溶血素、抗凝血素，造成伤口难以愈合，使血液大量流失，造成宿主严重贫血。幼虫移行对驴造成的危害常常要大于成虫，可引起动脉炎，进而形成动脉瘤和血栓性疝痛，导致肠扭转和肠套叠，肠破裂等，在临床上常表现为便秘，腹痛等症状。

（四）治疗

驱肠道成虫，可用丙硫咪唑按每千克体重 20mg，一次口服；噻苯哒唑每千克体重按 50mg，一次口服；噻嘧啶每千克体重按 15mg 一次口服。对于幼虫引起的疾病，特别是栓塞性疝痛，主要是对症进行常规疝痛治疗方法。

（五）预防

每年对所有驴进行 2 次预防性驱虫，每天清扫粪便，集中发酵处理。同时要注意饲料饮水卫生。

第五节　驴常见的消化系统疾病

一、口炎

口炎，又名口疮、舌疮，是驴口腔黏膜表层及深层组织炎症的总称，包括腭炎、齿龈炎、舌炎、唇炎等。

（一）病因

1. 机械性因素　采食粗硬、有芒刺或刚毛的饲料，如出穗成熟的大麦、狗尾草等；或饲料中混有尖锐异物，如玻璃、铁丝、鱼刺及尖锐骨头等；以及不正确地使用口衔、整牙器械、开口器或锐齿直接损伤口腔黏膜等；驴驹乳齿长出期和换齿期，易引起齿龈及周围组织发炎。

2. 物理性因素　经口投服刺激性药物的浓度过大或灌服过热的药液。

3. 化学系因素　动物误食强酸碱；不当地口服刺激性或腐蚀性药物（如水合氯醛、稀盐酸等）或长期服用汞、砷和碘制剂等可导致口炎发生；采食霉变饲料或有毒植物等亦可引发口炎。

4. 生物性因素　当受寒或过劳，防卫机能降低时，可因口腔内的条件病原菌，如链球菌、葡萄球菌、螺旋体等的侵害而引起口炎。

此外，还常继发于咽炎、唾液腺炎及某些维生素缺乏症。

（二）症状

发病初期，驴常表现采食和咀嚼障碍、流涎、口腔黏膜红肿及口温增高等病征。舌面被覆大量舌苔，有干臭或腐败臭味，有的唇、颊、硬腭及舌等处有损伤或烂斑。口炎按炎症的性质可分为卡他性、水疱性和溃疡性 3 种，驴最易发生卡他性和溃疡性口炎。

1. 卡他性口膜炎　常由饲喂麦糠，其中的麦芒机械性刺激引起。另外，采食霉败饲料或维生素 B_2 缺乏等因素也可引起发病。症状为口流涎，不敢采食，口腔黏膜疼痛，发热。检查口腔时，可见颊部、硬腭、齿龈与上、下唇交界处、舌下等处有麦芒扎透黏膜刺入肌肉，有的还刺入舌下肉阜的开口引起肿胀。

2. 溃疡性口炎　主要发生在舌面、颊部和齿龈。病初黏膜潮红，肥厚粗糙，继而黏膜层脱落，呈现条状或片状溃疡面，流黏性唾液，食欲减退，多发生在秋后和冬初，驴驹多发。病程 10～15 天。原因尚不十分清楚，是否有传染性待查。

3. 水疱性　临床上较为少见，有的病驴口腔黏膜上有大小不等的水疱（见图 13－3）。

（三）诊断

首先应判断是原发性口炎还是继发性口炎。原发性口炎，根据病史及口腔黏膜炎症变化，不难做出诊断。继发性口炎，临床诊断时必须通过流行病学调查、实验室诊断结合病因及临床特征，进行类症鉴别，诊断原发病。

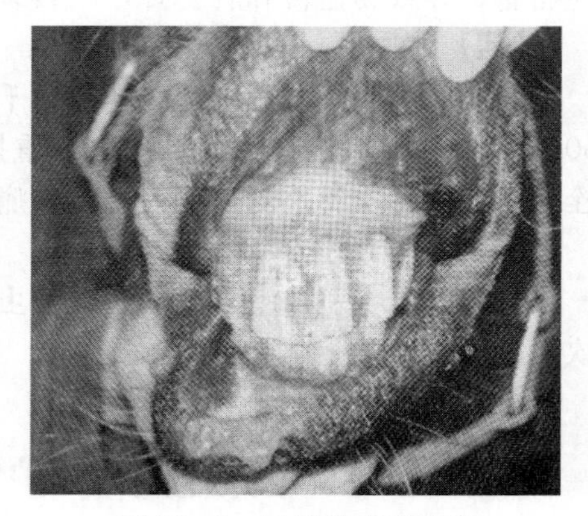

图 13－3　口腔溃疡至疱疹

（四）治疗

治疗原则是消除病因，加强护理，净化口腔，抗菌消炎。

首先消除病因，如摘除麦芒等异物，同时，给予病畜柔软而易消化的饲料，牙齿磨灭不正者，还应修整锐齿；然后，可用 1％的盐水，或 2％～3％硼酸水，或 2％～3％苏打水，或 0.1％高锰酸钾冲洗后，于患处涂 2％龙胆紫，或 1％磺胺乳剂，或碘甘油（10％碘酊 1 份、甘油 9 份），每天 2 次。

中药青黛散：青黛 15g、黄连 10g、黄柏 10g、薄荷 5g、桔梗 10g、儿茶 10g，共研细末。装纱布袋中，以水浸湿后衔入口内，两端以绳固定在耳后。

（五）预防

加强饲养管理，合理调配饲料，防止尖锐的异物、有毒的植物混于饲料中；不喂发霉变质的饲草、饲料；服用带有刺激性或腐蚀性药物时，按要求使用；正确使用口衔和开口器；定期检查口腔，牙齿磨灭不齐时，应及时修整。

二、咽炎

咽炎又称为扁桃体炎或咽峡炎，是驴咽黏膜、黏膜下组织和淋巴组织的炎症。

（一）病因

1. 原发性咽炎 常见于机械性、物理性或化学性刺激。主要病因有：采食粗硬的饲料或霉败的饲料；采食过冷或过热的饲料和饮水，或者受刺激性强的药物、强烈的烟雾、刺激性气体的刺激和损伤，或胃管的直接刺激和损伤；受寒或过劳时，机体抵抗力下降，受条件性致病菌如链球菌、大肠杆菌、巴氏杆菌、沙门氏菌、葡萄球菌和坏死杆菌等侵害并引起内在感染。因此，在早春晚秋，气候剧变，长途运输，劳役过度的情况下，容易发生咽炎。驴驹受到腺疫链球菌、副伤寒沙门氏菌感染时，发生传染性咽炎，常呈地方流行性。

2. 继发性咽炎 常继发于口炎、马腺疫、炭疽、巴氏杆菌病、鼻疽以及维生素 A 缺乏症等。

（二）症状

驴患咽炎时常表现头颈伸展、吞咽困难、流涎。饮水时有水和嚼碎的饲料从鼻孔返流于外的现象。当炎症波及喉时，表现咳嗽；触诊咽喉部表现敏感或躲闪。每当吞咽时，常常咳嗽、初期干咳，后湿咳，有疼痛表现，常咳出食糜和黏液。

（三）诊断

根据患病驴头颈伸展、流涎、吞咽障碍以及眼部视诊的特征性变化，可做出诊断。但需与咽腔内异物、咽麻痹、咽腔肿瘤、腮腺炎、喉卡他、食管阻塞及腺疫、炭疽和鼻疽等疾病进行鉴别。

（四）治疗

治疗原则是加强护理，抗菌消炎。

对病驴要加强护理，喂给柔软易消化的草料，饮温水，圈舍要通风保暖。咽部可用温水、白酒湿敷，也可涂 1%樟脑酒精、鱼石脂软膏或复方醋酸铅加醋酸外敷，重症病例可注射抗菌素或磺胺类药物。

中药玄麦甘桔汤：玄参 30g，麦冬 30g，甘草 10g，桔梗 15g，煎汤候温，经口频频灌服。

咽炎无并发症时，适时正确治疗，常在 7～14 天内痊愈。如并发异物性肺炎，则预后常不良。

（五）预防

搞好饲养管理，保持圈舍卫生，防止受寒、过劳，增强防卫机能；对于咽部邻近器官炎症应及时治疗；应用胃管、投药器时，应细心操作，避免医源性损伤咽黏膜。

三、食道梗塞

食道梗塞俗称“草噎”，是由于吞咽的食物或异物过于粗大、吞咽过急和咽下机能障碍，导致食道梗阻的一种疾病。

（一）病因

堵塞物除日常饲料外，还有马铃薯、甜菜、萝卜等块根块茎或骨片、木块等异物。

1. 原发性食道梗塞 多因车船运输、长途赶运使其陷于饥饿状态，当饲喂时，采食过急，摄取大口草料（如谷物和糠麸），咀嚼不全，唾液混合不充分，匆忙吞咽而阻塞于食道中；在采食草料、小块豆饼、胡萝卜等时，因突然受到惊吓，吞咽过急而引起。亦有因全身麻醉，食道神经功能尚未完全恢复及采食，从而导致阻塞。

2. 继发性阻塞 常伴随于异嗜癖（营养缺乏症）以及食管的炎症、痉挛、麻痹、狭窄、扩张、憩室等疾病。

（二）症状

采食过程中突然发病，病驴退槽，停止采食，神情紧张，苦闷不安，头颈伸展，张口伸舌，呈现吞咽动作，呼吸急促，大量流涎，饲料与唾液从鼻孔逆出，咳嗽。约1h后，强迫或痉挛性吞咽的频率减少，患驴变得安静。

颈部食道梗塞时，梗塞部位触诊可感觉到阻塞物；胸部食道梗塞时，在阻塞部位上方的食道内积有大量唾液，触诊能感到波动并引起哽噎运动。用胃管进行探诊，当触及阻塞物时，感到阻力，无法推进。X射线检查：在完全阻塞时，阻塞部呈块状密影；食道造影检查，显示钡剂到达该处则不能通过。

（三）诊断

根据病史和大量流涎、呈现吞咽动作等症状，结合食道外部触诊、胃管探诊或X线检查等可以做出正确诊断。但需与食道狭窄、食道炎、食道痉挛、食道麻痹和食道憩室等疾病进行鉴别诊断。

（四）治疗

治疗原则是解除阻塞，疏通食道，消除炎症，加强护理和预防并发症的发生。

5%水合氯醛乙醇溶液200～300ml，静脉注射，或静松灵3ml，肌肉注射，可使食管壁弛缓，从而达到治疗的效果。

若经1～2h尚无理想效果时，可插入胃管先抽出梗塞部位上方的液体，然后灌入液体石蜡200～300ml，用胃管小心将异物向胃内推送。或在胃管上方连接打气筒，有节奏地打气，趁食管扩张时，将胃管缓缓推进，有时可将阻塞物送入胃内。

也可灌服液体石蜡或植物油100～200ml，然后经皮下注射3%盐酸毛果云香碱液3ml，经3～4h见效。

若上述疗法无效，应尽快对颈部食管梗塞可行手术疗法，切开食管，取出梗塞物。

对食管梗塞病驴，要有专人护理。病程较长的，要注意人工饲养，如静脉注射葡萄糖生理盐水加5%碳酸氢钠液300～500ml，或行营养灌肠等。为了补充水分，也可反复用1%食盐水深部灌肠。

（五）预防

对于食管梗塞的预防，主要是饲喂要定时定量，勿使其过度饥饿，防止采食过急，合理调制饲料，如块根类饲料要适当切碎等。

四、疝痛

疝痛即腹痛，中兽医统称"起卧症"，因马属动物发病时卧如倒山之状，故称"疝痛"，泛指动物腹腔和盆腔各组织器官内感受疼痛性刺激而发生反应所表现的腹痛综合征。在兽医临床上有真性疝痛和假性疝痛之分，真性疝痛是指胃肠疾病过程中发生的腹痛，如肠阻塞、急性胃扩张、急性肠臌气、肠痉挛、肠变位等；假性疝痛是指胃肠以外的器官或组织疾病过程中所发生的腹痛，如急性胃肠炎、流产、腹主动脉病等。

疝痛虽然在驴相较于马发病率低，但其在驴的消化道疾病中仍是主要疾病，发病率约占驴病的1/3左右。若不及时治疗或治疗不当，死亡率很高，经常会造成重大损失，应引起高度重视。

（一）肠痉挛

肠痉挛又称肠痛、痉挛疝、卡他性肠痛、卡他性肠痉挛，中兽医称冷痛。是由于肠壁平滑肌受到异常刺激，而发生痉挛性收缩，导致以明显的间歇性腹痛和肠音增强为特征的一种真性腹痛。

1. 病因 肠痉挛发生的主要原因是由于寒冷刺激所致，其次是化学性刺激，常见于下列几种情形：

（1）气候剧变 肠痉挛多因气温和湿度的剧烈变化所致，如气温下降，寒夜露宿，风雪侵袭，圈舍防寒设施差等造成夜间受凉；

（2）受凉 使役后或出汗后淋雨受凉，或暴饮冷水（占其发病原因的60%）；

（3）物理、化学性刺激 采食霜冻或发霉、腐败的草料等而引起；

（4）继发因素 可继发于消化不良、胃肠的炎症、肠道溃疡或肠道内寄生虫等内在致病因素。

2. 症状 间歇性腹痛是肠痉挛的主要特征。

（1）腹痛 腹痛剧烈或中等程度，间歇性发作。发作时，病驴起卧不安，倒地滚转，持续约数分钟（3～5min）。间歇期，外观似乎无病，往往照常采食和饮水。隔若干时间（5～20min），腹痛再发作。在通常情况下，腹痛表现越来越轻，间歇期越来越长，送诊途中不药而自愈者屡见不鲜。

（2）口腔检查 口腔多湿润，轻者口色正常或色淡，重者口色苍白，口温降低。

（3）肠音变化 肠音增强，两侧大小肠音连绵高朗，侧耳可闻或远扬数步，有时带有金属音调。排粪较频，粪量不多，粪便稀软或松散带水，气味酸臭，含粗大纤维及未消化谷粒，有的混有黏液。

（4）全身症状 轻微，体温、脉搏、呼吸无明显改变。有的耳鼻部发凉，常见心律失常（心音间歇）、第一心音分裂等迷走神经紧张性增高的表现。腹围一般正常，个别因伴发轻度肠臌气而稍显膨大。

（5）直肠检查 可感到肛门紧缩，直肠壁紧压手臂，狭窄部较难入手，除有时可见局部气肠外，概无异常发现。

3. 诊断 肠痉挛主要依据病史（寒冷刺激）和临床症状（间歇性腹痛，高朗连绵的肠音，松散稀软的粪便以及相对良好的全身状态）不难做出肠痉挛的论证诊断。

4. 治疗 肠痉挛的治疗原则是解痉镇痛和清肠制酵。

（1）解痉镇痛：是治疗肠痉挛的基本原则。如因寒冷刺激所致的肠痉挛，即所谓的冷痛，单纯实施解痉镇痛即可。

可依据条件选择应用：30%安乃近注射液 20～40ml，皮下或肌肉注射；安溴注射液 80～120ml，或 0.5%普鲁卡因注射液 50～150ml，或 5%水合氯醛注射液 200～300ml，静脉注射；10%辣椒酊 15～30ml，温水 30～50ml，灌入直肠坛状部。

（2）清肠制酵：在缓解痉挛制止疼痛后，还应清肠制酵。如人工盐 300g，鱼石脂 10g，酒精 50ml，温水 5 000ml，胃管投服。

（二）肠便秘

肠便秘亦称结症，是由肠内容物阻塞肠道而发生的疝痛。小肠阻塞者称小肠积食，在大肠段阻塞称大肠便秘，驴以大肠阻塞为多，常发生部位在小结肠、骨盆弯曲部、左下大结肠和右上大结肠的胃状膨大部，其他部位如右上大结肠、直肠、小肠阻塞则较少见。

1. 病因 肠便秘的病因极其复杂，既有外在因素，也有内在因素和诱发因素。

①饲草品质不良。小麦秸、蚕豆秸、花生藤、甘薯蔓、谷草和糜草等粗硬饲草，含粗纤维、木质素等较多，特别在其受潮霉败、湿且柔韧时，难以咀嚼，不易消化，是致发肠便秘的基本因素；或长期喂单一的麦秸，特别是半干不湿的红薯藤、花生秧最易发病。

②饮水不足。饮水不足易导致大肠阻塞，主要是因为机体缺水时血浆水分向大结肠内的净渗出减少而回收过度，以致肠运动功能减退，内容物逐渐停滞、干涸而造成的。

③喂盐不足。喂盐不足时，消化液分泌不足，大肠内含水量减少，缓冲物质欠缺，内容物 pH 降低，肠肌弛缓，常激发各种不完全性大肠阻塞。

④饲养突变。草料种类、日粮组分、饲喂方法、饲喂程序以及饲养环境的突然变化，特别是由饲喂青干草、稻草而转为霉草、谷草、麦秸等粗硬饲草，可使驴长期形成的规律性消化活动遭到破坏，肠道内环境急剧变动，胃肠的自主神经控制失去平衡，肠内容物停滞而发生阻塞。

⑤天气骤变。气温、空气湿度、气压等气象参数发生骤变，如降温、降雨、降雪前后，驴胃肠性腹痛病特别是肠便秘的发生显著增多，可能与气象突变而产生的应激有关。

⑥内在因素。抢食或吞食过程中采食过急，咀嚼不均，混唾不均，胃肠反射性分泌不足，食团囫囵吞下，妨碍消化，易发阻塞；另外长期休闲，运动不足也可导致驴胃肠平滑肌紧张性降低，消化腺兴奋性减退，胃肠运动缓慢无力，消化液分泌减少而易发阻塞。

2. 症状 由于阻塞部位、阻塞物的性质不同，其临床表现也不一致。

①小肠便秘。常发生于采食中间或采食后 4h 左右，病驴开始立即停食，精神沉郁，四肢内聚欲卧地。若继发胃扩张则腹痛明显，因驴吃草细慢，临床上急性胃扩张少见。

②大肠秘结。发病缓慢，病初排粪干硬，后停止排粪，食欲大减或废绝。患驴口腔干

燥，舌面有苔、干臭，精神沉郁。严重时，呈间歇性腹痛、起卧。有的横卧于地，四肢伸展滚转，尿少或无尿，腹胀。小结肠阻塞、胃状膨大部阻塞时，膨大部不臌气，腹围不大，但步态拘谨沉重。

③直肠秘结。患驴努责，但排不出粪便，有时有少量黏液排出，尾上翘，表现直尾形态。

3. 诊断 肠便秘的诊断首先应依据腹痛、肠音、排粪及全身症状等临床表现，参照起病情况、疾病经过和继发病症，可以推断出疾病性质和发病部位，分析判断是小肠阻塞还是大肠阻塞，是完全阻塞还是不完全阻塞。要确定诊断，必须结合直肠检查。最后进行综合分析，必要时须作剖腹探查，可明确诊断（见图 13-4）。

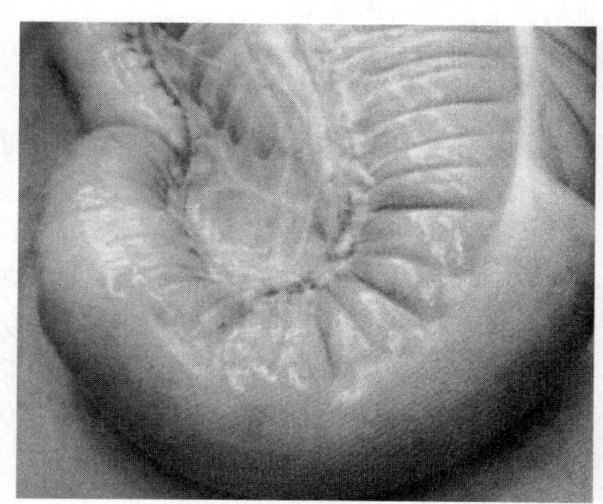

图 13-4 大肠秘结

4. 治疗 肠阻塞的基本矛盾是肠腔秘结不通，并由此引起腹痛、胃肠膨胀、脱水失盐、自体中毒和心力衰竭等。因此，实施治疗的关键是解除肠管阻塞不通。诸多实践也证明，直肠入手、隔肠破结是行之有效的方法。

应依据病情，采取“镇”“通”“补”“减”“护”的 5 字治疗原则，灵活运用以疏通为主，兼顾镇痛、减压、补液、强心。做到“急则治其标，缓则治其本”。

①“镇”即镇痛。目的在于阻断疼痛对大脑皮层的刺激，以恢复大脑皮层对全身机能的调节作用，消除肠管痉挛，缓解腹痛，并为诊疗工作创造方便条件。兽医临床上常用的药物有 5%水合氯醛酒精注射液（100～200ml）（睡眠疗法），安溴注射液（50～100ml），20%硫酸镁注射液（80～120ml），30%安乃近注射液（20～40ml），2.5%盐酸氯丙嗪注射液（8～16ml）。也可用 0.25%～0.5%普鲁卡因注射液作肾脂肪囊或腹膜外蜂窝组织内注射（封闭疗法），但禁用阿托品、东莨菪碱、山莨菪碱、琥珀酰胆碱和吗啡作为镇痛解痉药。

②“通”即疏通。目的在于消散结粪，疏通肠道，是治疗肠阻塞的根本措施和中心环节。常用的方法有药物泻法、生物软化法、直肠破结法和手术破结法。

直肠入手法破结是指使患驴保定后，术者剪去指甲并磨光，涂凡士林或软皂，缓慢伸入直肠触摸到结粪后以手按压、切压、挤压，或移于就近腹壁，外用拳头捶结。能直接摸到的粪便，可直接取出，以达疏通肠道的目的。

③“补”即补液强心。目的在于维护心血管功能，纠正脱水与失盐，调整酸碱平衡，缓解自体中毒，以增强机体抗病力，提高疗效。根据机体脱水和心功能状况，可采取多次静脉注射补液。小肠阻塞，宜用复方氯化钠注射液；大肠阻塞，宜用复方氯化钠注射液与5%葡萄糖注射液、5%碳酸氢钠注射液；不完全性阻塞，可用0.9%氯化钠溶液，并加适量氯化钾，进行口服补液和灌肠补液。心功能不全者，可肌肉注射20%安钠咖注射液10～20ml。

④“减”即胃肠减压。及时用胃管导出胃内积液，或者穿肠放气，解除胃肠臌胀状态，降低腹内压，改善血液循环机能。

⑤“护”即护理。适当做以牵遛活动，防止病畜急剧滚转和摔伤。

对顽固性便秘可切开腹壁直接按压破结，或切开肠管取结。

（三）急性胃扩张

急性胃扩张是由于驴采（贪）食过多或胃内容物排空受阻，导致胃体积急剧膨胀，而引起的一种急性腹痛病。

1. 病因

①原发性胃扩张常见病因。采食过量难消化的饲料，如麦秆、稻草、玉米秸秆、谷草等；采食过量容易膨胀的饲料，如燕麦、大麦、豆类、豆饼、谷糠、酒糟等；采食易于发酵的青绿饲料，如苜蓿、草木樨、嫩青草等；采食蔫青草或堆积发热变黄的青草以及发霉的草料；偷食大量精料或饱食后，突然饮用大量冷水；劳役后立即饲喂，饱食后立即使役和突然变换饲料等情况下，更易发病。

②继发性胃扩张主要继发于小肠阻塞、小肠变位等疾病。

2. 症状

①原发性急性胃扩张，常在采食后不久或数小时内突然发病。

一般症状：病畜食欲废绝，精神沉郁；眼结膜发红甚至发绀；嗳气时左颈静脉沟可见食管逆蠕动波；有的患驴还表现干呕或呕吐；肠音逐渐减弱或消失；全身或局部出汗。

腹痛：病初多呈轻微或中度间歇性腹痛，而后很快（3～4h）即发展为持续而剧烈的腹痛。病驴快步急走或直往前冲，急起急卧，卧地滚转，前肢刨地，有时呈犬坐姿势。

口腔检查：病初口腔湿润，随后发黏，重症干燥，味奇臭，出现黄腻苔；口色除有相应变化外，齿龈边缘部分比其他可视黏膜颜色变化更为明显。

心肺功能变化：由于腹压增大，胃压迫隔肌，造成呼吸急促，初期心跳增强，后期心跳减弱，呈心力衰竭。

胃管检查：送入胃管后，从胃管排出少量酸臭气体和稀糊状食糜甚至排不出食糜，腹痛症状并不减轻，则为食滞性胃扩张；当送入胃管后，有多量气体从胃管排出，随气体排出而转为安静，则为气胀性胃扩张；当送入胃管后，有大量液体从胃管排出，病畜随液体排出而转为安静，腹痛消失，则为液胀性胃扩张。

直肠检查：在左肾前下方可摸到膨大的胃后壁，触之胃壁紧张而富有弹性，为气胀性胃扩张；当触之胃壁有黏硬感，压之留痕，则是食滞性胃扩张；当触之胃壁有波动感，则是液胀性胃扩张。

血液检查：血沉减慢，红细胞压积容量增高，血清氯化物含量减少，血液碱贮增加。

②继发性胃扩张，症状基本同原发性胃扩张，但病驴很快转重，反复发作。其特点是插入胃管后，间断或连续地排出大量具有酸臭气味、淡黄色或暗黄绿色的液体，并混有少量食糜和黏液。随着液体的排出，逐渐安静。一段时间后又复发，再次经胃管排出大量液体，病情又有所缓解，如此反复发作。两次发作的间隔时间越短，表示小肠不通的部位距离胃越近。

3. 诊断 急性胃扩张主要根据病史调查，临床症状（发病急，腹痛剧烈，间歇性很快转为持续性），胃管检查和直肠检查即可确立诊断。

4. 治疗 由于胃扩张的性质不同，采取的治疗措施也有所不同，但总的治疗原则是：缓解幽门痉挛，解除胃扩张状态，镇痛止酵，恢复胃功能，补液强心。以解除扩张状态，缓解幽门痉挛，镇痛止酵和恢复胃功能为主，补液强心，加强护理为辅。

由鼻腔插入胃管，使胃内积滞的气体、液体导出，并用生理盐水反复洗胃。然后，灌服水合氯醛、樟脑、95%酒精、乳酸和松节油合剂；也可灌服水合氯醛、酒精、福尔马林、温水合剂。缺少药物的地区也可灌服食醋 100ml、姜末 40g、食盐 20g，或单灌石蜡 300ml。

因失水而血液黏稠，心脏衰弱时，可强心补液，输液量 2 000～3 000ml。

对病驴要有专人护理，防止起卧打滚，导致胃破裂或肠变位，适当牵遛有助于康复。治愈后停喂一天，饮水充分供给，以后再逐渐恢复正常饲喂。

五、胃肠炎

胃肠炎是胃肠黏膜表层及深层组织的重剧性炎症。临床上胃炎和肠炎往往相伴发生，故合称为胃肠炎。临床上以腹泻，脱水，粪便中带有病理性产物（黏液、血液、脱落组织）及明显的全身症状为特征。

（一）病因

1. 原发性胃肠炎的病因 常见的病因有饲料和饮水品质不良，如饲喂霉败、腐烂的饲料或不洁的饮水；药物使用不当，如错用刺激性药物如水合氯醛、酊剂，或盐类泻剂浓度过高，刺激胃肠黏膜；误食或采食有毒物质，如采食了蓖麻、巴豆、杜鹃、狼毒等有毒植物；误食了酸、碱、砷、汞、铅、磷等有强烈刺激或腐蚀的化学物质；误食农药、化肥、除草剂等；机械性损伤，如食入了尖锐的异物损伤胃肠黏膜后被链球菌、金色葡萄球菌等化脓菌感染，而导致胃肠炎的发生；应激刺激，如畜舍阴暗潮湿，卫生条件差，气候骤变，车船运输，过劳，过度紧张，机体处于应激状态，抵抗力减弱，容易受到胃肠道条件性致病菌的因素侵害，致使胃肠炎的发生；抗生素的滥用，一方面细菌产生抗药性，另一方面在用药过程中造成肠道的菌群失调引起二重感染，如驴驹在使用广谱抗生素治愈肺炎后不久，由于胃肠道的菌群失调而引起胃肠炎。

2. 继发性胃肠炎 常继发于传染性疾病、中毒性疾病和其他普通性疾病。

（二）症状

初期，出现似急性胃肠卡他的症状，而后精神沉郁，食欲废退，饮欲增加。结膜发绀，齿龈出现不同程度的紫红色。舌面有苔，污秽不洁。剧烈的腹痛是其主要症状。粪便酸臭或恶臭，并带有血液和黏液。有的病驴呈间歇性腹痛。体温升高，一般为 39～40.5℃。脉弱而快。眼窝凹陷，有脱水现象，严重时发生自体中毒。

（三）诊断

本病的诊断主要依据临床症状（腹泻、脱水、重剧性全身表现、粪便中含有病理性产物等）即可确诊。临床上应注意的是，要区别原发性和继发性，如果是继发性要区别传染性、寄生虫性和中毒性。

（四）治疗

本病的治疗原则是：去除病因、消除炎症、清理胃肠、预防脱水、解除中毒、维护心脏功能。

1. 去除病因，加强护理　初期，禁食或控制采食量，当病驴 4～5 天，可灌炒面糊或小米汤、麸皮大米粥。开始采食时，应给予易消化的饲草、饲料和清洁饮水，然后逐渐转为正常饲养。

2. 抑菌消炎　一般可灌服 0.1%高锰酸钾溶液 2 000～3 000ml，或者用磺胺脒 30～40g 内服。可内服诺氟沙星（每千克体重 10mg）或者环丙沙星（每千克体重 2.0～5.0mg），乙基环丙沙星（每千克体重 2.5～3.5mg），黄连素，痢菌净等抗菌药物。

3. 清理胃肠　在肠音弱，粪干、色暗或排粪迟缓，有大量黏液，气味腥臭者，为促进胃肠内容物排出，减轻自体中毒，应采取缓泻。常用液体石蜡（或植物油）500～1 000ml，鱼石脂 10～30g，酒精 50ml，内服。也可以用硫酸钠 100～300g（或人工盐 150～400g），鱼石脂 10～30g，酒精 50ml，常水适量，内服。在用泻剂时，要注意防止剧泻。

4. 防止脱水　当病驴粪稀如水，频泻不止，腥臭气不大，不带黏液时，应止泻。可用药用炭 200～300g 加适量常水，内服；或者用鞣酸蛋白 20g、碳酸氢钠 40g，加水适量，内服；次硝酸铋 20～30g 内服。

5. 补液、强心、解毒　可采用静脉补液或口服补液。可使用生理盐水、5%葡萄糖生理盐水、5%葡萄糖、复方氯化钠、5%碳酸氢钠、口服补液盐。为了维护心脏功能，可应用西地兰、毒毛旋花子苷 K、安钠咖等药物。

6. 对症治疗　注意止吐、止血、缓解胃肠痉挛。可选用阿托品，654－2，氯丙嗪，胃腹安（甲氧氯普胺），维生素 B_6，爱茂尔（溴米那普鲁卡因），止血敏，维生素 K_3 等。

（五）预防

做好日常的饲养管理工作和环境卫生，防止各种应激因素的刺激；做好定期驱虫工作；不喂霉败饲料，避免接触有毒物质和有刺激、腐蚀的化学物质。

六、新生驹胎粪秘结

新生驹胎粪秘结又称脐屎秘结，为新生驴驹常发病，尤以夏季多发。

（一）病因

新生驹胎粪秘结主要是由于母驴妊娠后期饲养管理不当、营养不良，使新生驴驹体质衰弱所致。

(二) 症状

病驹不安，拱背、举尾、肛门突出，频频努责，常呈排便动作。严重时疝痛明显，起卧打滚，回视腹部和拧尾。久之病驹精神不振，拒吃母乳，全身无力，卧地，直至死亡。

(三) 治疗

应用温肥皂水和10%的甘油适量灌肠，并进行腹部按摩。在灌肠后内服少量双醋酚酊，效果更佳。也可给予泻剂或轻泻剂，如液状石蜡或硫酸钠（但应严格掌握用量）。

(四) 预防

①加强孕驴产前饲养管理，给予足够的青绿多汁饲草饲料，饮水要充分，注意提高产后泌乳量。

②驴驹出生后及时协助其吃足初乳，对新生驴驹应密切注意其表现和胎粪是否迟滞排出。

七、幼驴腹泻

幼驴腹泻是一种常见病，多发生在驴驹出生1～2个月内。病驹由于长时间难以治愈，造成营养不良，影响发育，甚至死亡，危害性大。

(一) 病因

幼驴腹泻病因多样，如给母驴饲喂过量蛋白质饲料，造成乳汁浓稠，引起驴驹消化不良而腹泻。驴驹急吃使役母驴的热奶，异食母驴粪便，以及母驴乳房污染或有炎症等原因，均可引起腹泻。

(二) 症状

幼驴腹泻的主要症状为腹泻，粪稀如浆。初期粪便黏稠色白，以后呈水样，并混有泡沫及未消化的食物。患驹精神不振、喜卧，食欲消失，而体温、脉搏、呼吸一般无明显变化，个别体温升高。

如为细菌性腹泻，多数由致病性大肠杆菌所引起。病驹症状逐渐加重，腹泻剧烈，体温升高至40℃以上，脉搏疾速，呼吸加快。结膜暗红，甚至发绀。肠音减弱，粪便腥臭，并混有黏膜及血液。由于剧烈腹泻使驹体脱水，眼窝凹陷，口腔干燥，排尿减少而尿液浓稠。随着病情加重，幼驹极度虚弱，反应迟钝，四肢末端发凉。

(三) 治疗

对于轻症的腹泻，主要是调整胃肠功能。重症应着重于抗菌消炎和补液解毒。前者可选用胃蛋白酶、乳酶生、酵母、稀盐酸、0.1%的高锰酸钾和木炭末等内服。后者重症可选用磺胺脒或长效磺胺，每千克体重0.1～0.3g，黄连素每千克体重0.2g。必要时，可肌肉注射庆大霉素。对重症幼驹还应适时补液解毒。

(四) 预防

搞好厩舍卫生，及时消毒。驴驹每天应有充足的运动。给母驴饲以丰富的多汁饲料，限制过多摄入豆类饲料。防治患病幼驹要做到勤观察、早发现、早治疗。

八、白肌病

白肌病是常发生于驴驹的一种以骨骼肌、心肌以及肝组织等发生变性、坏死为主要特征的疾病。在临床上多表现突然发生运动障碍和急性心力衰竭。病变部位肌肉色淡、苍白，因而得名白肌病，以前称为肌营养不良。有时成年驴也患病，且多发于冬春气候骤变、青绿饲料缺乏时，其发病率和死亡率较高。

（一）病因

1. 饲料或牧草中硒含量不足 是白肌病发生的主要原因。

2. 饲料中维生素 E 缺乏 是白肌病发生的重要因素。

3. 其他因素 如含硫氨基酸缺乏，影响谷胱甘肽的合成，硒失去抗氧化作用的载体，会出现硒缺乏的状态。饲料中不饱和脂肪酸含量过多，则增加了脂质过氧化物的产生，提高了机体硒缺乏的需求量。另外，饲料中镉、汞、钼、铜等金属与硒之间有拮抗作用，也可干扰硒吸收和利用。妊娠驴缺硒也可引起胎儿先天性白肌病。

（二）症状

急性型：往往不表现症状即突然死亡，剖检变化主要是肌营养不良。如出现症状，主要表现为兴奋不安，心动过速，呼吸困难，有泡沫状血样鼻液流出，约在 10～30min 死亡。

亚急性型：多以心力衰竭、运动障碍、呼吸困难和消化功能紊乱为特征。表现精神沉郁，不愿运动，喜卧。轻者，腰背弓起，四肢僵硬，走路摇晃，站立或运动时肌肉震颤，原因不明的跛行。重者，起立困难，站立不稳，容易跌倒。当前后肢轻瘫时，呈前肢跪地或犬坐姿势，甚至卧地不起。触诊腰背、臀部肌群坚实、僵硬、疼痛、躲闪。

慢性型：生长发育明显受阻，典型的患驴表现为运动障碍和心功能不全，并有顽固腹性腹泻。

驴驹发生白肌病时往往表现精神沉郁，食欲减退，低头闭目，起立困难，站立时肌肉颤抖，后肢频频交替负重，运步强拘，左右摇摆，有痛感。背腰、臀部、颈部、肩胛及肢端部位发生水肿。呼吸促迫，心搏加快，心律不齐。常有下痢，尿淡红、深红甚至酱油色。血液浑浊似豆油状，但血沉减慢。

（三）诊断

1. 病史调查 有采食低硒饲料或牧草的病史，有一定的地区性，多发生于驴驹和寒冷的季节。

2. 临床特征 不同类型有其不同的临床特征。归纳起来，有跛行，站立不稳，腰背臀肌疼痛，心率增数，心音减弱，呼吸困难，腹泻，皮下水肿等临床症状。

3. 剖检变化 心肌出血、坏死，肝出血、坏死，背部、臀部肌肉凝固性坏死；胃肠黏膜充血，皮下蓝绿色水肿液渗出等病理变化。

4. 血液酶学检查 天门冬氨酸氨基转移酶（AST），肌酸磷激酶（CPK），乳酸脱氢酶（LDH），异柠檬酸脱氢酶（ICO），血浆谷胱甘肽过氧化物酶（GSH－Px）活性测定，红细胞内脂质过氧化物浓度可作为硒缺乏所致白肌病的可靠指标。

5. 治疗性诊断 应用硒制剂治疗，取得良好效果，即可作出诊断。

（四）治疗

治疗原则是补充硒制剂和维生素 E，加强护理。

用每支 10ml 含亚硒酸钠 10mg、500IU 的亚硒酸钠维生素 E 注射液，每次肌肉注射 20ml，重症病例 7 天后再行肌肉注射 20ml，一般均可治愈。渗出性素质除采用硒治疗外，还可配合止血药物和对症疗法。

（五）预防

在低硒地带饲养或饲用由低硒地区运入的饲草、饲料时，必须补硒，补硒的办法：直接投服硒制剂；将适量硒添加于饲料、饮用水中喂饮；对饲用植物作植株叶面喷洒，以提高植株及籽实的含硒量；低硒土壤施用硒肥。目前简便易行的方法是应用饲料硒添加剂，硒的添加剂量为 0.1～0.3mg/kg。

九、高脂血症

高脂血症，又称妊娠毒血症，是驴妊娠末期由于营养负平衡而导致的一种代谢性疾病，以高脂血症、酮血症和低糖血症为特征。母驴表现为产前顽固性不食不饮，如发病距产期较远，常支持不到分娩而母子死亡，多见于 1～3 胎的母驴，多在产前 1 月以内发病，以临产前 10 天内占大多数，死亡率可高达 70%左右。

（一）病因

①驴怀骡。骡有杂交优势，生长发育迅速，孕畜所得营养不能满足胎畜需要，引起代谢机能障碍。

②为防止流产，孕期不宜适当运动，胎儿的增大可影响母驴的胃肠活动，影响消化机能和新陈代谢，肌红蛋白结合的氧释放较少，无氧分解占优势，脂肪氧化不全，导致乳酸、酮体积蓄过多，刺激肾脏影响排泄，加剧中毒症状。

③母驴孕后期有感染，致使母驴发生毒血症。

（二）症状

轻症：患驴精神不振，下唇轻度下垂，体温正常，心音稍亢进，吃草量减少，不吃精料，也有仅吃少量料而不吃草，口潮红稍干臭，无舌苔，眼结膜潮红。排干粪球，量少有黏液，有的粪稀软，有的干稀交替，肠音弱，尿少而黄。

重症：食欲废绝或仅吃几口，或用嘴啃，喜舐墙、舐槽，眼结膜暗红或黄红色，口干，少数流涎。舌红而有裂纹，口恶臭。粪量少、干而黑，后期稀干交替，或在死前 2～3 天排出极臭的暗灰色或黑色稀粪。极度沉郁，运步沉重，至晚期卧地不起，下唇松垂且有肿胀。心跳 80 次/min 以上，心音亢进，节律不齐，静脉怒张，肠音很弱，临产时分娩无力。产后 2～3 天逐渐好转，并开始吃草。

（三）病理变化

患驴可视黏膜暗红色并有出血点，个别驴黏膜黄染，皮下水肿。脂肪组织，尤其肾周围及腹膜外的脂肪发生变性，有散在点状坏死。血液浓稠、凝固不良，血浆呈不同程度的乳白色，肝、脾严重脂肪浸润，实质器官及全身静脉充血、出血。骡驹的病变与母畜基本相同，主要是肾和肠有炎症（见图 13－5）。

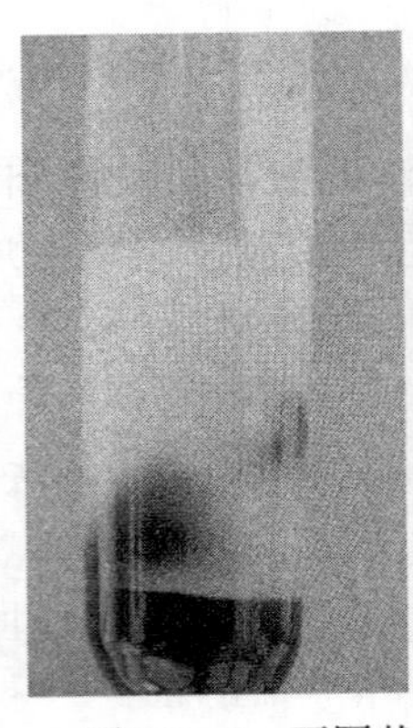 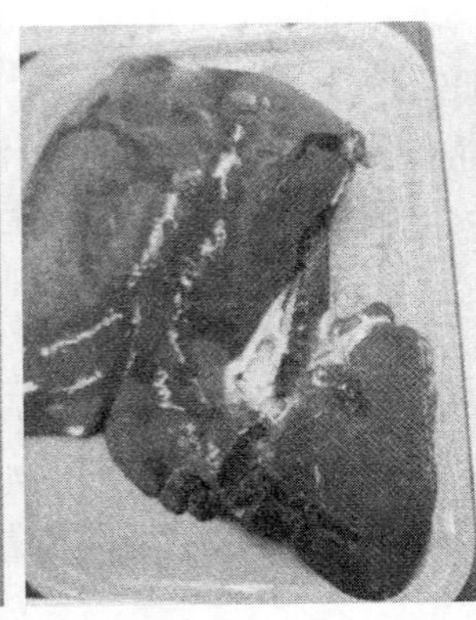 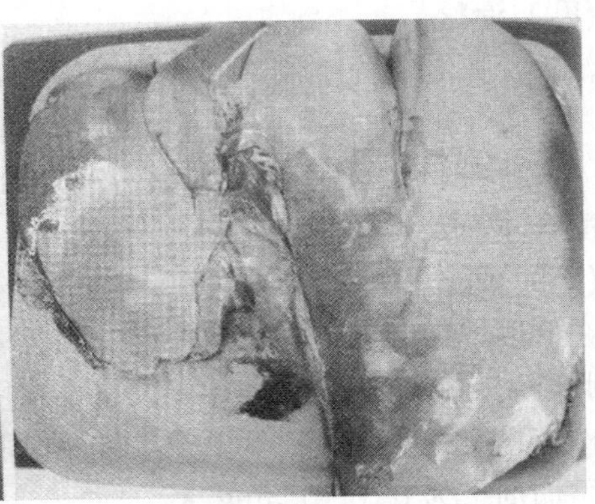

图 13-5　不同状态下的驴肝（从左至右依次为高血脂试管、正常驴肝、高血脂驴肝）

（四）诊断

该病多发生在驴怀骡的后期，体温正常或稍高，表现胃肠卡他症状，患驴吃得少或不吃。粪干稀交替，肠音弱，有舌苔。采病畜血液静放 20～30min，病驴血清呈乳白色、浑浊，表面带有灰蓝色荧光（正常为透明淡灰黄色）。尿由碱变酸，出现蛋白质，粪有潜血。

（五）防治

给孕驴供应充足的营养物质，以满足胎畜生长发育的需要，并让孕驴适当运动，增强代谢机能，保证母驴健康分娩。

可用肌醇，20～30ml、10%葡萄糖 1 000ml、25%维生素 C 8～10ml 静注，每日 1～2 次，连用 5～7 天，以促使脂肪代谢，降低血脂并保肝。

患驴食欲不佳时，用五倍子、龙胆、大黄各 30g 水煎服，服时再加食母生 200～300 片。如完全绝食，除补 25%葡萄糖外，还应增加氨基酸 500～750ml。

临床所见病驴大多有骨软症，用 5%氯化钙 100ml。

如体温升高，为防止毒血症，用四环素 1～1.5g，含 5%葡萄糖的生理盐水 1 000～2 000ml、25%维生素 C 8～10ml、10%樟脑磺酸钠 20ml 静注，12h 1 次。

初期也可用茵陈、龙胆草各 60g，栀子、柴胡、苍术、厚朴、藿香各 30g，黄芩、陈皮、车前各 20g，半夏、甘草各 15g 水煎服，服时加滑石 30g 及蜂蜜 250g；中后期用党参、神曲、山楂各 60g，黄芪、茵陈各 45g，当归、生地、山药、丹参、郁金、板蓝根各 30g，白芍、黄精、泽泻各 25g，秦艽 2g，水煎服。

如驴产后食欲不振，用党参、熟地、茯苓、益母草、山楂各 30g，当归、白芍、白术、陈皮各 25g，红花 20g，川芎、炙甘草、桃仁各 15g，共研为细末，用水冲服。

第六节　驴常见的外科疾病

一、蹄冠蹑伤

蹄冠蹑伤是蹄冠部和蹄球部的皮肤组织因受蹄的踏蹑引起的损伤。通常情况下损伤的性质为擦伤、挫创或挫裂创，有时可引起严重的并发感染。

（一）病因

由于驴有交突和追突肢势，运步时左右两肢在交替前进的过程中，前进肢以蹄尖壁或蹄侧壁等碰撞对侧支柱肢的蹄冠、蹄壁或球节等部位（交突时），或运步时后肢蹄尖踩撞同侧前肢蹄球部（追突时），或被邻驴的践踏等是引起发病的主要原因；道路不平或泥泞，或在林区以及雪地上使役，不合理的驾驭，肢势不正等都是发生本病的诱因。

（二）症状

①表在性新鲜擦伤一般不影响运动机能，炎症反应较强时，患部肿胀、疼痛，表现轻微跛行，并发感染较重时，蹄冠角质软化、剥离，可继发化脓感染。

②严重挫创经常感染化脓，患部肿痛，蹄温高，有时体温升高，表现程度不同的跛行。早期治疗不当常并发蹄冠蜂窝织炎、蹄软骨坏死、坏死杆菌病和化脓性蹄关节炎等。

③蹄冠创伤经久不愈时，常引起肉芽赘生。由于生发层受损害，从而破坏蹄角质的正常生长。出现不正蹄轮、粗糙无光泽的角质，或造成蹄壁缺损、蹄冠裂、甚至继发角壁肿。

本病一般预后良好。重症时因破坏角质的正常生长，甚至引起严重并发症，常预后不良。

（三）治疗

对交突、追突病驴改装交突、追突蹄铁。除去患部污物及坏死组织，剪毛，用肥皂水或煤酚皂溶液洗涤患部，拭干。对新创涂5%碘酊、2%～5%龙胆紫酒精、5%甲醛酒精溶液等，包扎绷带。出血较多时，包扎压迫止血绷带。挫创时用3%过氧化氢溶液清洗伤口，除去坏死组织，包扎绷带。

化脓性蹄冠蹑伤，可用抗生素疗法，应注意消灭脓窦和切开创囊，去除剥离的角质，薄削角壁，以防压迫伤面，影响愈合。

伤面肉芽组织过度增生时，可烧烙，也可应用腐蚀剂，包扎压迫绷带。已形成窦道的，可用手术治疗。方法为切除坏死的管道，清除深部的坏死组织，并打蹄绷带。

（四）预防

对交突、追突的驴装着交突、追突蹄铁，对步样异常的驴，注意冬季的装蹄。加强群驴的管理，预防在密集运动中互相践踏蹄冠部，在不平、泥泞的道路上或森林灌木茂密地带以及冰雪较多地区使役时，应减慢运动的速度，不要过劳。在使役前后经常注意检查，做到早发现早治疗。

二、蹄裂

蹄裂又叫裂蹄，是蹄壁角质层分裂形成各种状态裂隙的一种疾病。

（一）病因

①倾蹄、低蹄、窄蹄、举踵蹄等不良蹄形；肢势不正，蹄的各部位对体重的负担不均；蹄角质干燥、脆弱以及发育不全等，均为发生蹄裂的因素。

②驴的饲养管理不良，不能保持正常的健康状态，蹄部的血液循环不良，均能诱发蹄裂。蹄角质缺乏色素时，角质脆弱而发生此病。

③遭受外伤及施行四肢神经切断术的驴，也易引起蹄裂。

（二）分类

按角质层分裂延长的状态可分为负缘裂、蹄冠裂和全长裂；按发生的部位则有蹄尖裂、蹄侧裂、蹄踵裂。根据裂缝的深浅，可分为表层裂、深层裂；按照裂隙的方向，即沿角细管方向的裂口谓之纵裂，与角细管的方向成直角的裂口是横裂。

比较严重的为蹄冠或全长的纵向深层裂。一般来说蹄裂前蹄比后蹄多发，冬季比夏季多发。

（三）症状

新发生的角质裂隙，裂缘比较平滑，裂缘间的距离比较接近，多沿角细管方向裂开；陈旧的裂隙则裂缝开张，裂缘不整齐，有的裂隙发生交叉。

蹄角质的表层裂不致引起疼痛，并不妨碍蹄的正常生理机能；深层裂，特别是全层裂，负重时在离地或踏着的瞬间，裂缘开闭，若蹄真皮发生损伤，可导致剧痛或出血，伴发跛行。如有细菌侵入，则并发化脓性蹄真皮炎，也可能感染破伤风。病程较长的易继发角壁肿。

（四）治疗

要使已裂开的角质愈合是困难的，主要是防止继发病和裂缝不继续扩大，应努力消除角质裂缘的继续裂开。为了避免裂隙部分的负重，可行造沟法。在裂缝上端或两端造沟，切断裂缝与健康角质的联系，以防裂缝延长。沟深度 5～7mm，长约 15～20mm，深达裂缝消失为止，以减轻地面对蹄角质病变部的压力，避免裂隙的开张及延长。主要适用于浅层裂或深层的不全裂。

薄削法用于蹄冠部的角质纵裂，在无菌的条件下，将蹄冠部角质薄削至生发层，患部中心涂鱼肝油软膏，每天一次，包扎绷带。促进瘢痕角质的形成，经过一定时间，逐渐生长蹄角质。

用医用高分子黏合剂黏合裂隙，在黏合前先削蹄整形或进行特殊装蹄，再清洗和整理裂口，并进行彻底消毒后，最后用医用高分子黏合剂黏合。

为了防止裂缝继续活动和加深，可用金属锔子锔合裂缝。此法可单独应用，也可以配合其他方法应用。

（五）预防

对不正肢势、不正蹄形的驴进行合理的削蹄与装蹄，矫正蹄形和保护蹄机。需经常注意蹄的卫生，适时地洗蹄和涂油，防止蹄角质干燥脆弱。

（六）预后

由于其他因素而引起的蹄裂，要比外伤性的蹄裂预后不良。如有并发症则治疗困难。按发病的部位，蹄尖壁的蹄裂预后不良。

三、蹄冠蜂窝织炎

蹄冠蜂窝织炎是发生在蹄冠皮下、真皮和蹄缘真皮以及与蹄匣上方相邻被毛皮肤的真皮化脓性或化脓坏疽性炎症。

（一）病因

蹄冠蜂窝织炎的主要原因是病菌侵入蹄冠部的皮下组织。往往因蹄冠蹍伤未能及时进行外科处理，以致引起严重化脓而继发蜂窝织炎。亦可由于附近组织化脓、坏死转移所致。在道路不良或经常在阴雨天作业，畜舍不卫生，蹄冠部长时间地遭受粪尿的浸渍，微生物侵入，也能引起本病的发生。

（二）症状

在蹄冠形成圆枕形肿胀，有热、痛。蹄冠缘往往发生剥离。患肢表现为重度支跛。病驴体温升高，精神沉郁。以后可形成一个或数个小脓肿，在脓肿破溃之后，病驴的全身状况有所好转，跛行减轻，蹄冠部的急性炎症平息。

如炎症剧烈，或没有及时治疗，或治疗不当，蹄冠蜂窝织炎可以并发附近的韧带、腱、蹄软骨的坏死，蹄关节化脓性炎，转移性肺炎和脓毒血症。

（三）治疗

首先应将病驴放在有垫草的厩舍内，使其安静，并经常给以翻身，以免发生褥疮。全身应用抗生素控制感染，同时应用各种支持疗法如输液、注射维生素 C 和碳酸氢钠液等。处理蹄冠皮肤，用蹄刀切除已剥离的部分。病初的几天，在蹄冠部使用 10%樟脑酒精湿绷带。不宜用温敷及刺激性软膏。同时肌肉注射抗生素或口服磺胺类制剂。如病情未见好转，肿胀继续增大，为减缓组织内的压力和预防组织坏死，可在蹄冠上做许多长 2～3cm 和深 1～1.5cm 的垂直切口。手术后包扎浸以 10%高渗氯化钠溶液的绷带。以后可按常规进行创伤治疗。当并发蹄软骨坏死时，可将蹄软骨摘除。

（四）预防

主要包括蹄冠创伤的预防、及时的外科处理和注意蹄部感染创的治疗。

（五）预后

本病预后要极为慎重，尤其并发蹄关节病时更应注意。严重病例可造成蹄匣脱落。

四、蹄底刺伤

（一）病因

蹄底刺伤是由于尖锐物体刺入驴的蹄底、蹄叉或蹄叉中沟及侧沟，轻则损伤蹄底或蹄叉真皮，重则导致蹄骨、屈腱、籽骨滑膜囊的损伤。蹄底刺伤往往引起化脓感染，也可并发破伤风。

蹄底刺创，前蹄比后蹄多发，尤其多发生在蹄叉中沟及侧沟。

蹄角质不良，蹄底、蹄叉过削，蹄底长时间地浸湿，均为刺创发病的因素。

刺入的尖锐物体以蹄钉为最多，多因装蹄场有散落旧蹄钉及废弃的带钉蹄铁所致。另外也有木屑、竹签、玻璃碎片、尖锐石片等引起刺创。如果驴在山区、丛林地带作业，由于踏灌木树桩、竹茬、田间的高粱、豆茬等亦可致本病。

（二）症状

刺创后患肢突然发生跛行。若为蹄铁落铁或部分脱落，铁唇或蹄钉可刺伤蹄尖部的蹄底或蹄踵部。如果刺伤部位是在蹄踵，运步时即蹄尖先着地，同时球节下沉不充分。

有时刺伤部出血，或出血不明显，切削后可见刺伤部发生蹄血斑，并有创孔。经过一段时间之后，多继发化脓性蹄真皮炎。

从蹄叉体或蹄踵垂直刺入深部的刺创，可使蹄深层发炎、蹄枕化脓、蹄骨的屈腱附着部发炎，继发远籽骨滑液囊及蹄关节的化脓性炎症，患肢出现高度支跛。

蹄叉中、侧沟及其附近发生刺创，不易发现刺入孔，约 2 周后炎症即在蹄底与真皮间扩展，可从蹄球部自溃排脓。

若病变波及的范围不明确或刺入的尖锐物体在组织内折断，可行 X 射线检查。

（三）治疗

除去刺入物体，注意刺入物体的方向和深度，刺入物的顶端有无脓液或血迹附着，并注意刺入物有无折损。如果刺入部位不明确，可进行压诊、打诊，以切削患部的蹄底或蹄叉以利确诊。

对于刺入孔，可用蹄刀或柳叶刀切削成漏斗状，排出内容物，用 3%过氧化氢溶液注洗创内。注入碘酊或青霉素、盐酸普鲁卡因溶液，填塞灭菌纱布块，涂松馏油。然后敷以纱布棉垫，包扎蹄绷带。排脓停止及疼痛消退后，装以铁板蹄铁保护患部（见图 13－6）。

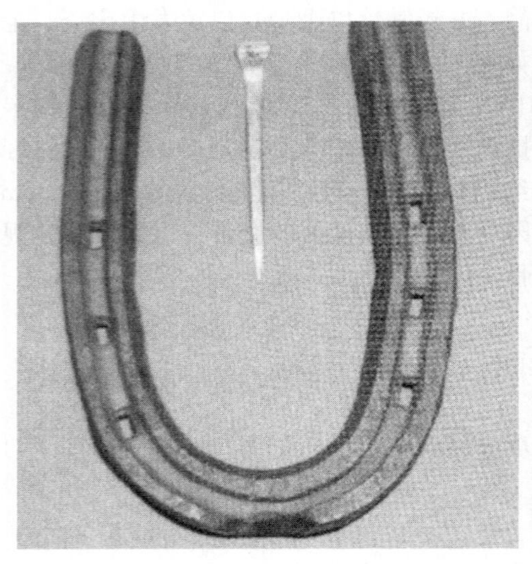
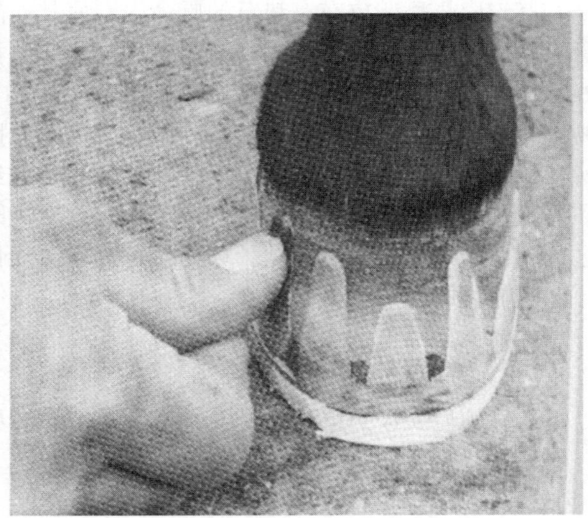

图 13－6　蹄铁和塑料板蹄铁

如并发全身症状，应施行抗生素疗法或磺胺类药物疗法。应注意注射破伤风抗毒素。

（四）预防

要注意厩舍、运动场及装蹄场的清洁卫生。应合理装蹄，蹄底、蹄叉不宜过削。

五、蹄底挫伤

蹄底挫伤是由于石子、砖瓦块等钝性物体压迫和撞击蹄底，引起蹄底真皮发生挫伤，有时也伤及更深部组织，通常伴有组织溢血，如挫伤的组织发生感染，可引起化脓性过程。

驴多发生于前肢，因前肢负重较大，而蹄底的穹窿度又小。大多数蹄底挫伤发生于蹄底后部，如蹄支角。

（一）病因

肢势和指（趾）轴不正，蹄的某部分负担过重；某些变形蹄，如狭蹄、倾蹄、弯蹄、平蹄、丰蹄、芜蹄等，因蹄的负担不均匀，或蹄的穹窿度变小；蹄底过度磨灭，或蹄支角质软、脆、不平，弹性减弱等，都易引起蹄底挫伤。

直接引起蹄底挫伤的原因是装蹄前削蹄失宜，蹄负面削得不均匀、不一致，多削的一侧容易发生挫伤，蹄底多削时，多削的蹄底处变弱，容易受到压迫；装蹄不合理，如蹄铁短而窄，蹄铁过小；护蹄不良，蹄变软或过分干燥；驴在不平的、硬的（如石子地、山地等）道路上长期使役，蹄底经常受到挫伤，甚至小石子可夹到蹄叉侧沟内，或蹄和蹄铁之间，引起挫伤。

（二）症状

轻度挫伤可能不发生跛行，只是在削蹄时，可看到蹄底角质内有溢血痕迹。

挫伤严重时，有不同程度的机能障碍，患肢减负体重，患肢以蹄尖着地，运步时呈典型的支跛，特别是在不平的道路上运步时，可见跛行突然有几步加重，这是挫伤部又重新踏在坚硬的石头或硬物上引起疼痛所致，患侧的指（趾）动脉亢进，蹄温可增高，有时在蹄球窝可看到肿胀，以检蹄器压诊，压到挫伤部时，动物非常疼痛。

削蹄检查时，在挫伤部可看到出血斑，这是由于发生挫伤时，常使小血管发生破裂溢血，如为毛细血管破裂时，出血呈点状，如为较大的血管时则呈斑状，由于流出的血液分解，可呈现不同的颜色，如红色、蓝色、褐色或黄色等。重剧的挫伤，有时在挫伤部形成血肿，在蹄底角质下形成小的腔洞，其中蓄有凝血块。

挫伤部发生感染时，可形成化脓性过程，脓汁可向其他部位蔓延，致使角质剥离，形成潜洞或潜道。有时顺蹄壁小叶，引起蹄冠蜂窝织炎，并可从蹄冠处破溃。一般局部化脓时，常从原挫伤处破溃，流出污秽灰色脓汁，恶臭。蹄部化脓时，常伴有全身症候。化脓过程蹄冠或蹄底破溃时，跛行可减轻，全身症状可消失。

（三）治疗

治疗原则是除去原因，采取外科治疗措施，实行合理装蹄。

轻度无败性挫伤，除去原因后，使驴休息，停止使役，配合蹄部治疗，一般在2～3天后，炎症可平息。

如果采取上述措施炎症不消除时，可能已发生化脓过程，应该取除蹄铁，机械清蹄后，用消毒液浸泡病蹄，擦干后，在挫伤部将角质切除，使成倒漏斗状，这时脓性渗出物即可从切口流出，充分排除蹄内渗出物和脓汁后，灌注碘酊或碘仿醚到蹄内，外敷松馏油或其他消毒剂浸泡的纱布，外装蹄绷带，或装铁板蹄铁，全身应用抗生素（见图13-7）。

如已蔓延到蹄冠，引起蹄冠蜂窝织炎时，应采取相应治疗措施。

六、蹄叉腐烂

蹄叉腐烂是蹄叉真皮的慢性化脓性炎症，伴发蹄叉角质的腐败分解，是常发蹄病。

本病为马属动物特有的疾病，多为一蹄发病，有时两三蹄，甚至四蹄同时发病。多发生在后蹄。

（一）病因

蹄叉角质不良是发生本病的因素。

护蹄不良，厩舍和运动场不洁潮湿，粪尿长期浸渍蹄叉，都可引起角质软化；在雨季，驴经常作业于泥水中，也可引起角质软化，长期舍饲，不经常使役，不合理削蹄，如蹄叉过削、蹄踵壁留得过高、内外蹄踵壁切削不一致等，都可影响蹄叉的功能。使局部的

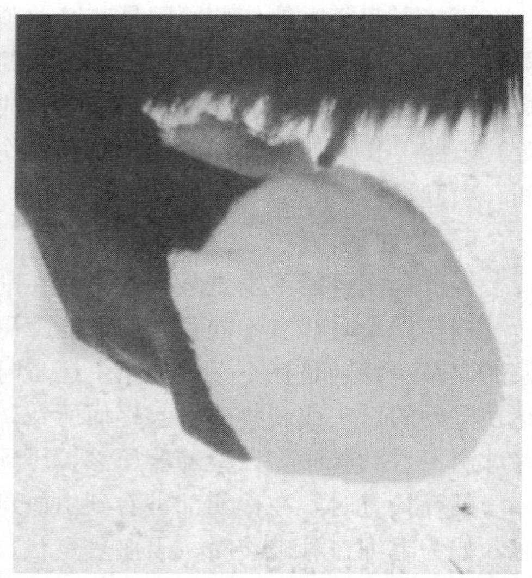
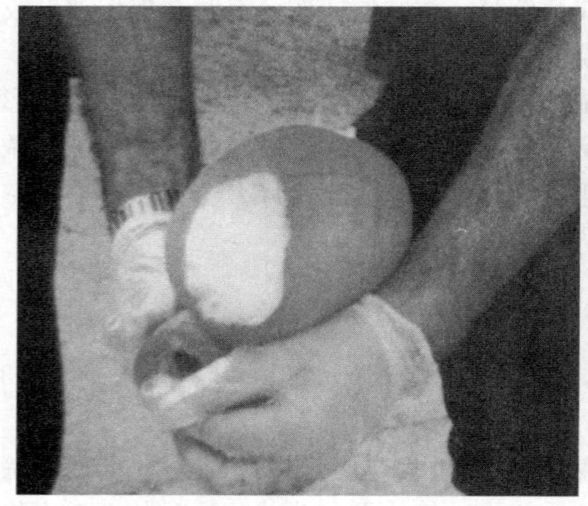
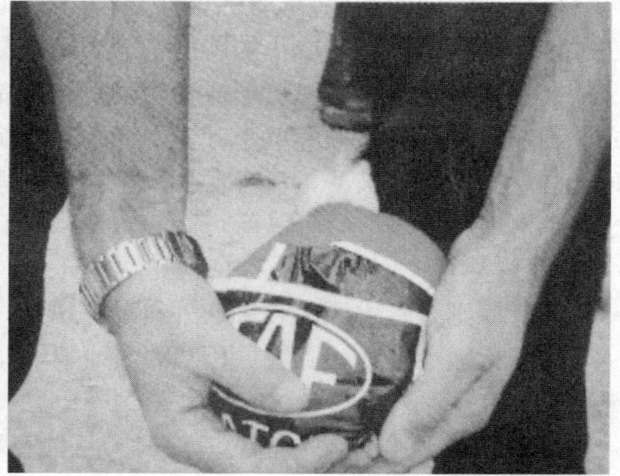

图 13－7　塞药棉垫（左上）　垫好药棉垫（右上）　缠安全绷带（左下）　黏合剂防水包裹（右下）

血液循环发生障碍；不合理的装蹄，如装以高铁脐蹄铁，运步时蹄叉不能着地，或经常装着厚尾蹄铁或连尾蹄铁，都会引起蹄叉发育不良，进而导致蹄叉腐烂。

肢蹄的淋巴循环被破坏，也可引起蹄叉腐烂。

（二）症状

前期症状，可在蹄叉中沟和侧沟，通常在侧沟处有污黑色的恶臭分泌物，这时没有机能障碍，只是蹄叉角质的腐败分解，没有伤及真皮。

如果真皮被侵害，立即出现跛行，这种跛行走软地或沙地特别明显。运步时以蹄尖着地，严重时呈三脚跳。蹄底检查时，可见蹄叉萎缩，甚至整个蹄叉被腐败分解，蹄叉侧沟有恶臭的污黑色分泌物。当从蹄叉侧沟或中沟向深层探诊时，患畜表现高度疼痛，用检蹄器压诊时，也表现疼痛（见图 13－8）。

因为蹄踵壁的蹄缘向回折转而与蹄叉相连，炎症也可蔓延到蹄缘的生发层，从而破坏角质的生长，引起局部发生病态蹄轮。蹄叉被破坏，蹄踵壁向外扩张的作用消失，可继发狭窄蹄。

(三) 治疗

将病驴放在干燥的厩舍内，使蹄保持干燥和清洁。

用0.1%升汞溶液，或2%漂白粉液，或1%高锰酸钾液清洗蹄部，除去泥土粪块等杂物，削除腐败的角质。再次用上述药液清洗腐烂部，然后再注入2%～3%福尔马林酒精液。

用麻丝浸松馏油塞入腐烂部，隔日换药，效果很好。

可用装蹄疗法协助治疗，为了使蹄叉负重，可适当削蹄踵负缘。为了增强蹄叉活动，可充分削开绞约部，当急性炎症消失以后，可给驴装蹄，以使患蹄更完全着地，加强蹄叉活动，装以浸有松馏油的麻丝垫的连尾蹄铁最为合理。

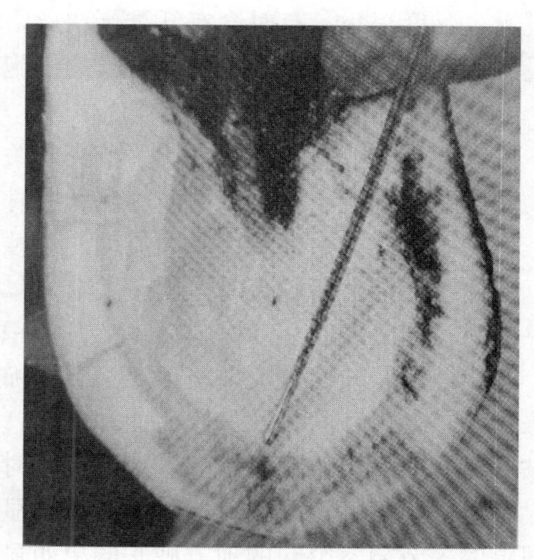

图13-8 早期白线处开始腐烂

引起蹄叉腐烂的变形蹄应逐步矫正。

(四) 预后

大多数病例预后良好，在发病初期，还没有发生蹄叉萎缩、蹄踵狭窄及真皮外露时，经过适当地治疗，可以很快痊愈。如已发生上述变化时，需要长期治疗和装蹄矫正。

七、浆液性关节炎

本病又称关节滑膜炎，是关节囊滑膜层的病理变化为主的渗出性炎症，本病的特点是不并发关节软骨损害的关节滑膜炎症。多见于跗关节、膝关节、球关节和腕关节。

(一) 病因

引起该病的主要原因是损伤，如关节的捩伤、挫伤和关节脱位都能并发滑膜炎；幼龄动物过早重役，在不平道路、半山区或低湿地带挽曳重车，肢势不正、装蹄不良及关节软弱等也容易发生；有时也是某些传染病（流行性感冒、马腺疫、布氏杆菌病）的并发病，急性风湿病也能引起关节滑膜炎。

本病的特点是滑膜充血，滑液增量及关节的内压增加和肿胀。急性炎症病初滑膜及绒毛充血，肿胀，纤维蛋白的浆液渗出物大量浸润、以后关节腔内存有透明或微浑浊（因内含有白细胞、剥脱的滑膜细胞及大量蛋白）的浆液性渗出物，有时浆液中含有纤维素片。重外伤性滑膜炎滑膜破损较重，滑液（渗出物）有血红色。一般病例关节软骨无明显变化。

如若原发病因不除掉，例如轻度的捩伤、挫伤等反复发生或有肢势不良及关节软弱等因素存在时，则容易引起慢性滑膜炎，但也有个别病例不是来自急性滑膜炎，而是逐渐发生的。慢性过程的特点是滑膜，特别是纤维囊由于纤维性增殖肥厚，滑膜丧失光泽，绒毛增生肥大、柔软，呈灰白色或淡蓝红色。关节囊膨大，贮留大量渗出物，微黄透明，或带乳光，黏度很小，有时含有纤维蛋白丝，渗出物量多至原滑液的15～20倍，其中含有少量淋巴细胞、分叶核白细胞及滑膜的细胞成分。

（二）症状

①急性或亚急性浆液性跗关节炎时关节变形，可出现三个椭圆形凸出的柔软而有波动的肿胀，分别位于跗关节的前内侧、胫骨下端的后面和跟骨前方的内、外侧。交互压迫这三个肿胀时，其中的液体来回流动。急性期，热、痛、肿均显著，跛行也明显。

慢性浆液性滑膜炎时，因患关节大量积聚浆液性渗出物，高度肿胀有波动，无热痛。一般无机能障碍。运动时容易疲劳。如积液过多、运动量过大时，表现混跛。

②急性浆液性膝关节炎时，患部热痛肿胀有波动，关节囊滑膜层肿胀向外突出很紧张，关节变形。肿胀部位在前面和侧面，特别是在膝直韧带之间的滑膜盲囊最明显。病畜站立时屈曲患肢或仅以蹄尖着地。运动时，表现中等度或重度混跛。

慢性浆液性滑膜炎时，膝关节有明显的波动性无痛性或微痛性的肿胀，特别是在韧带间隙的关节憩室突起的地方肿胀的更明显。关节内浆液渗出物蓄积量过大时，能窜入第三腓骨肌、趾长伸肌及趾外侧伸肌腱下滑液囊中。病畜一般无明显的跛行，如快步运动或在疲劳后则出现跛行。倘若关节腔积水过多时（关节积液），运动间出现轻度或中等度跛行，日久患肢的股部和臀部的肌肉逐渐萎缩。

③浆液性球关节炎时在球节的后上方内侧及外侧，即在第三掌骨（跖骨）下端与系韧带之间的沟内出现圆形肿胀。当屈曲球节时，因渗出物流入关节囊前部，肿胀缩小，患肢负重时肿胀紧张。急性发作时，肿胀有热、痛，呈明显肢跛。

（三）治疗

急性浆液性滑膜炎时，病畜安静。为了镇痛和促进炎症消退，可使用2%利多卡因溶液15～25ml患关节腔注射，或0.5%利多卡因青霉素关节内注入。

为了制止渗出，病初可用冷疗法，包扎压迫绷带或石膏绷带，适当制动。

急性炎症缓和后，为了促进渗出物吸收，可应用温热疗法，一般用干温热疗法，或饱和盐水、饱和硫酸镁溶液湿绷带，或用樟脑酒精、鱼石脂酒精湿敷。也可以使用石蜡疗法及离子透入疗法等。制动绷带一般两周后拆除即可。

对慢性滑膜炎可用碘樟脑醚涂擦后结合用温敷，或应用理疗，如碘离子透入疗法、透热疗法等。还可用低功率氦氖激光患关节照射或二氧化碳激光扩焦患部照射。

当渗出物不易吸收时，可用注射器抽出关节内液体，然后迅速注入已加温的1%普鲁卡因液10～20ml，青霉素20万～40万单位。最后，装着压迫绷带，并在绷带下涂敷醋调雄黄散（雄黄、龙骨、白芨、白蔹、大黄各31g），定期向绷带内加醋使雄黄散保持作用。隔日更换雄黄散和绷带1次，可连用数次。

可的松疗法效果较好，可用于急、慢性滑膜炎，常用醋酸氢化可的松2.5～5ml加青霉素20万国际单位，也可用0.5%盐酸利多卡因溶液1∶1稀释患关节内注射，隔日1次，连用3～4次。在注药前先抽出渗出液适量然后注药。

八、蹄叶炎

蹄叶炎是蹄真皮的弥散性、无败性炎症，又叫蹄壁真皮炎。常发生在驴的两前蹄，也发生在所有四蹄，或很偶然地发生于两后蹄或单独一蹄发病。本病以突然发病、疼痛剧烈、症状明显为特征。如不及时合理治疗，往往转为慢性，甚至引起蹄骨下沉和蹄匣变形等后遗症。

（一）病因

致病原因尚不能确定，一般认为本病属于变态反应性疾病，但从疾病的发生看，可能为多因素的。

广蹄、低蹄、倾蹄等在蹄的构造上有缺陷，躯体过大使蹄部负担过重，均为发生蹄叶炎的因素。

蹄底或蹄叉过削、削蹄不均、延迟改装期、蹄铁面过狭、铁脐过高等，均能使蹄部缓冲装置过度劳累，成为发生蹄叶炎的诱因。

运动不足，又多给难以消化的饲料；偷吃大量精料，分娩、流产后多喂精饲料，引起消化不良；同时肠管吸收毒素，使血液循环发生紊乱，可招致本病。

长途运输；在坚硬的地面上长期站立；有一肢发生严重疾患，对侧肢进行代偿，长时间、持续性担负体重，势必过劳；驴骡遇寒冷、使体力消耗等，均能诱发本病。

（二）症状

患急性蹄叶炎的驴，精神沉郁，食欲减少，不愿意站立和运动。因避免患蹄负重，常常出现典型的肢势改变。如果两前蹄患病时，病驴的后肢伸至腹下，两前肢向前伸出，蹄尖翘起，以蹄踵着地，同时头颈高抬，体重重心后移，拱腰，后躯下蹲，两后肢前伸于腹下负重。如站立时间稍长，患畜常想卧地。强迫运动时，两前肢步幅急速而短小，呈时走时停的紧张步样。病情增重时，不敢行走，常卧地不起。两后蹄患病时，头颈底下，躯体重心前移，两前肢尽量后踏以分担后肢负重，同时拱腰，后躯下蹲，两后肢伸向前方，蹄尖翘起，以蹄踵着地负重。强迫运动时，两后肢步幅急速短小，呈紧张步样。如果四蹄均发病，站立姿势与两前蹄发病类似，体重尽可能落在蹄踵上。如强迫运步，病畜运步缓慢、步样紧张、肌肉震颤。

触诊病蹄可感到增温，特别是靠近蹄冠处。指（趾）动脉亢进。叩诊或压诊时，可以查知。可视黏膜常充血，体温升高，脉搏频率增加，呼吸变快。

亚急性病例可见上述症状，但程度较轻。常是限于姿势稍有变化，不愿运动。蹄温或指（趾）动脉亢进不明显。急性和亚急性蹄叶炎如治疗不及时，可发展为慢性型。

慢性蹄叶炎常有蹄形改变。蹄轮不规则，蹄前壁蹄轮较近，而在蹄踵壁的则增宽。慢性蹄叶炎最后可形成芜蹄，蹄匣本身变得狭长，蹄踵壁几乎垂直，蹄尖壁近乎水平。当站立时，健侧蹄与患蹄不断地交替负重。X 射线摄影检查，有时可发现蹄骨转位以及骨质疏松。蹄骨尖被压向后下方，并接近蹄底角质。在严重的病例，蹄骨尖端可穿透蹄底。

（三）治疗

治疗急性和亚急性蹄叶炎有四项原则，即除去致病或促发的因素、解除疼痛、改善循环、防止蹄骨转位。

必须尽可能早地采取治疗措施，形成永久性伤害后则预后不良。

1. 急性蹄叶炎的治疗 包括给止痛剂、消炎剂、抗内毒素疗法、扩血管药、抗血栓疗法，合理削蹄和装蹄，以及必要时的手术疗法。限制病驴活动。

泻血疗法：对体格健壮的病畜，发病后立即泻胸膛血或肾膛血；也可用小宽针扎蹄头血，放血 100～300ml。

冷却或温热疗法　发病最初 2～3 天内，对病蹄施行冷蹄浴，即病畜站立于冷水中，或用棉花绷带缠裹病蹄，用冷水持续灌注，每天 2 次，每次 2h 以上。3～4 天后，仍不痊愈，就必须改用温热疗法。用热酒糟、醋炒麸皮等（40～50℃）温包病蹄，每天 1～2 次，每次 2～3h，连用 5～7 天。

普鲁卡因封闭疗法：掌（跖）神经封闭，用加入青霉素 20 万～40 万单位的 1%普鲁卡因液，分别注入掌（跖）内、外侧神经周围各 10～15ml，隔日一次，连用 3～4 次。

脱敏疗法：病初可试用抗组织胺药物，如盐酸苯海拉明 0.5～1g 内服，每天 1～2 次；10%氯化钙液 100～150ml、维生素 C 10～20ml，分别静脉注射；0.1%肾上腺素 3ml，皮下注射，每天 1 次。

清理胃肠：对因消化障碍而发病者，可内服硫酸镁或硫酸钠 200～300g，常水 5 000ml混合液，每天 1 次，连服 3～5 次。

2. 慢性蹄叶炎的治疗　首先应注意护蹄，并预防急性型或亚急性型蹄叶炎的再发（如限制饲料、控制运动等）。首先，应注意清理蹄部腐烂的角质以预防感染。刷洗蹄部后，在硫酸镁溶液中浸泡。蹄骨微有转位的病例（例如蹄骨尖移动少于 1cm 而蹄底白线只稍微加宽），即简单地每月削短蹄尖并削低蹄踵是有效方法。

如蹄骨已有明显的转位，就更加需要施以根治的措施，即在蹄踵和蹄壁广泛地削除角质，否则蹄骨不能回到正常的位置。

3. 芜蹄矫正法　对已形成芜蹄的病例，可锉去蹄尖下方翘起部，适当削切蹄踵负面，少削或不削蹄底和尖负面。在蹄尖负面与蹄铁之间留出约 2mm 的空隙，以缓解疼痛。

（四）预后

驴蹄叶炎的预后与病的程度、患蹄数目和恢复的速度有关。

几天内恢复的预后良好，多于 7～10 天的病例，预后应慎重。蹄骨尖已穿破蹄底的，预后不良。

九、皮肤癣菌病

皮肤癣菌病是皮肤表层的真菌感染以及那些能利用角蛋白的微生物一起的毛发纤维的感染。暴露于皮肤的真菌并不总会引起感染。是否感染取决于真菌的类型、宿主的年龄、免疫力、暴露的皮肤表面情况等。

（一）病原

驴皮肤癣菌病的主要致病真菌是马发癣菌、须毛癣菌，偶尔感染犬微孢子菌和石膏样小孢子菌。

（二）症状

皮肤感染可为局灶性或全身性，如果发生瘙痒，程度多轻微或中等，偶尔有剧痒。损伤包括环形、不规则或弥散性脱毛及结痂。马发癣菌是最常见的驴皮肤癣菌病原，伍德氏灯下不发荧光，有嗜动物性，驴之间的相互传播是最主要的感染方式；须毛癣菌在伍德氏灯下不发荧光，有嗜动物性，可由啮齿动物传染给驴，有时也可从犬猫传染给驴；犬微孢子菌偶尔感染驴，有一些菌株能发荧光，有嗜动物性，可由犬猫传染给驴，也可在驴之间相互传播；石膏样小孢子菌偶尔感染驴，不发荧光，有地域性，主要是土源性感染，能引起严重的炎症反应。

（三）治疗

皮肤癣菌病大多数情况下是一种自限性疾病，多数驴几个月后就能自我恢复。尽管如此，治疗可加速愈合，降低疾病的严重程度，最低限度地减少其他动物和人的接触。

由于皮肤癣菌病有高度的传染性，对患驴应采取隔离措施，对其梳理工具、毯子、挽具、驴厩进行消毒，可以使用次氯酸钠、含硫石灰、福尔马林溶液。

对已感染的驴和接触过感染动物的驴局部使用抗真菌药：1%碘酒、2%次氯酸盐溶液（漂白粉）、硫石灰（5%的溶液）。前5～7天每天全身使用抗真菌溶液，之后每周1～2次，直至症状消失后两周（见图13-9）。

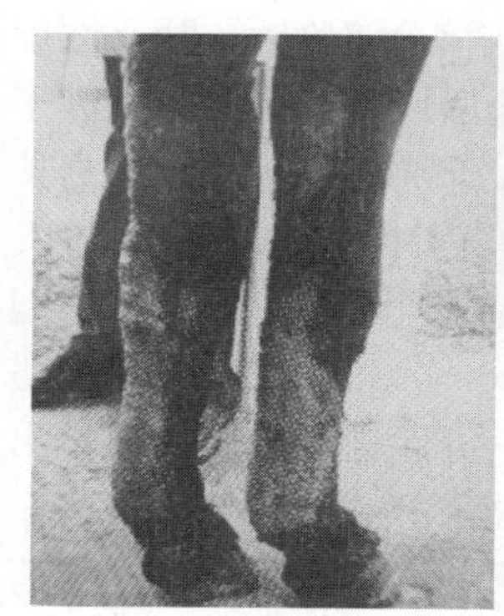

图13-9 驴腿皮肤癣菌病（左）披毯防瘙痒（中）腿癣菌治疗（右）

第七节 驴常见的生殖疾病

一、子宫内膜炎

子宫内膜炎是子宫内膜发生的炎症，可见于各种家畜，是母畜不育的主要原因之一。病原微生物一般是在配种、输精或分娩时到达子宫，有时也可以通过血液循环而导致感染，并常转为慢性炎症，最终导致长期不孕。

（一）病因

分娩时或产后，微生物可通过各种感染途径侵入，这些细菌可短期或长时间存在于子宫内。当发生难产、胎衣不下、子宫脱出、流产（胎儿浸溶）时，使子宫迟缓、复旧延迟，均易引起子宫发炎。子宫内膜炎也可继发于沙门氏菌病、媾疫、支原体等疾病。

（二）症状

母驴发情不正常，或是正常发情而不受胎。有时即使妊娠，也容易流产。在产后，病畜时常拱背、努责，从阴门内排出少量黏性或脓性分泌物。严重者，分泌物呈污红色、恶臭，卧下时排出增多。体温升高，精神沉郁。若治疗不当，可转变为慢性子宫内膜炎，出现不发情或虽发情但屡配不孕。直检子宫角稍变粗，子宫壁增厚，弹性弱。阴道检查，有少量絮状或浑浊黏液。有的发生子宫积水。致病微生物在未复旧的子宫内繁殖，一旦毒素被吸收，将引起严重的全身症状，甚至可危及生命。

（三）治疗

1. 主要是应用抗菌消炎药物　防止感染扩散，清除子宫腔内渗出物并促进子宫机能的恢复。

2. 抗生素疗法　常用青霉素120万单位或青霉素40万单位及链霉素100万单位，溶剂为生理盐水或蒸馏水20～30ml在子宫冲洗后注入。临床表明单纯向子宫内注入多种抗生素混悬油剂，而不冲洗子宫也有助于受胎。也可用碘制剂，即取2%碘酊1份，加入2～4份液状石蜡中，加温到50～60℃，注入子宫。

3. 子宫冲洗　驴产后急性子宫内膜炎或慢性子宫内膜炎，可用大量（3 000～5 000ml）1%淡盐水或含有抗生素的盐水冲洗子宫。在子宫内有较多分泌物时，盐水浓度可提高到5%。用高渗盐水冲洗子宫可促进炎性产物的排出，防止吸收中毒。并可刺激子宫内膜产生前列腺素，有利于子宫机能的恢复。驴的子宫颈宽短，环形肌不发达，很易扩张，子宫角尖端朝上，输卵管的宫管结合部有明显的括约肌，子宫内冲入液体的压力增大时，液体会自行经子宫颈排出。在急性子宫内膜炎时，冲洗子宫后其全身症状会立即得到缓解。但怀疑子宫破裂时不可冲洗，否则将造成炎症扩散。

4. 激素疗法　慢性子宫内膜炎时，使用$PGF_{2\alpha}$及其类似物，可促进炎症产物的排出和子宫功能的恢复。在子宫内有积液时，还可用雌激素、催产素等。

5. 针灸和中药疗法　治疗慢性子宫内膜炎，可针刺百会、阳关、后海等穴位。中药疗法有以下三个方剂。

方一：完带汤。适用于急慢性子宫内膜炎。白术、山药、党参各31g，陈皮、柴胡各25g，酒白芍18g，酒车前12g，甘草15g。共研为细末，黄酒250g为引，开水冲开，候温服。

方二：此方适用于体质较壮实而屡配不妊的母驴，在子宫冲洗和注入的同时应用。酒当归、川芎、熟地、茯苓、制香附、白术各31g，酒白芍、吴茱萸各21g，丹皮、陈皮各18g，元胡12g，砂仁15g。共研为细末，开水冲开，候温灌服。发情后连服2～3剂。加减：血虚有寒，加肉桂12g，炮姜、熟艾15g；血虚有热，加炙黄芩31g，或白蔹25g；子宫松软的加益母草31g。

方三：此方适用于脓性子宫内膜炎。大云、当归、故纸、泽泻各31g，山芋、茴香各25g，白术21g，川芎18g，车前子、肉桂、木通、竹叶、生姜各15g，灯芯12g。共研为细末，食盐15g，黄酒250g为引，开水冲开，候温灌服。

二、卵巢机能不全

卵巢机能不全是指包括卵巢机能减退、卵泡萎缩及交替发育等在内的、由卵巢机能紊乱等引起的各种异常变化。卵巢机能减退是卵巢机能暂时受到扰乱，处于静止状态，不出现周期性活动；卵泡萎缩及交替发育是指卵泡不能正常发育成熟到排卵阶段的卵巢机能不全。

（一）病因

常见的原因是饲养管理和使役不当。

①某些疾病能并发卵巢功能减退。比如营养不良，生殖器官发育受到影响，卵巢功能自然减退，卵巢脂肪浸润，卵泡上皮脂肪变性，卵巢功能减退甚至萎缩，或者腐败油脂中毒，生殖功能遭受不良影响。

②饲料中缺乏维生素A和B族维生素，以及缺乏磷、碘、锰时，也对生殖功能影响较大。

③当母驴使役过度，可导致生殖器官供血不足，引起卵巢功能减退。

④母驴长期饲养在潮湿或寒冷厩舍内，并缺乏运动，早春天气变幻不定，外来母驴不适应当地气候等，都可以发生母驴卵巢功能降低，发情推迟，发情不正常或长期不发情。在配种季节里，气温突变，会使母驴卵泡发育受到影响，可能发生卵泡发育停滞及卵泡囊肿。生殖器官及全身疾病，也可引起卵巢功能减退及萎缩。

（二）症状

卵巢机能减退的特征是发情周期延长或者长期不发情，发情的外表症状不明显，或者出现发情症状，但不排卵。

1. 卵泡萎缩 发情征候微弱或无。直检可能触到卵巢有中等卵泡，闭锁不排卵。数日后检查卵泡缩小或消失，不形成黄体。

2. 排卵延迟 母驴发情延长，虽有成熟卵泡，但数日不排卵，最后可能排卵和形成黄体。

3. 无卵泡发育 母驴产后饲养管理失宜，膘情太差，而出现长期不发情。直检可发现卵巢大小正常，但无卵泡和黄体。

4. 卵巢萎缩 母驴长期不发情。卵巢缩小并稍硬，无卵泡及黄体。

5. 卵泡交替发育 发情时，一侧卵巢上正在发育的卵泡停止发育，开始萎缩，而在对侧（有时也可能在同侧）卵巢上又有数目不等的新卵泡出现并发育，但发育至某种程度又开始萎缩，此起彼伏，交替不已。卵泡交替发育的外表发情症状随着卵泡发育的变化有时旺盛，有时微弱，连续或断续发情，发情期拖延很长，有时可达30～90天，一旦排卵，1～2天之内就停止发情。

（三）治疗

根据病因和性质选择适当疗法。

1. 改善饲养管理，是本病治疗的根本 增强卵巢的机能，首先要从饲养管理方面入手，改善饲料质量，增加日粮中的蛋白质、维生素和矿物质的数量，增加放牧和日照的时间。

2. 生物刺激法 将施行过精管结扎术或阴茎扭转术的公驴，放入驴群，刺激母驴的性反射，促进卵巢功能恢复正常。

3. 隔乳催情法 对产生不发情的母驴，半天隔离，半天与驴驹一起，隔乳1周左右，卵巢中就能有卵泡开始发育。

4. 物理疗法 一为子宫热浴法，可用1%盐水或1%～2%碳酸氢钠液2 000～3 000ml，加热至42～45℃，冲洗子宫，每日或隔日1次。同时，配合以按摩卵巢法有较好效果，6次以内即可见效。二为卵巢按摩法，隔直肠先从卵巢游离端开始，逐渐至卵巢系膜，如此反复按摩3～5min，连续数日，隔日1次，3～5次收效较好。

5. 激素疗法 一为促黄体素又称黄体生成素，肌内注射200～400单位，促进排卵。

二为采孕马血清1 000～2 000单位，肌内注射，隔日1次，连续3次。三为垂体前叶激素，驴每日1次，肌内注射1 000～3 000单位，连续注射1～3次。四为促黄体释放激素类似物，每日肌内注射50～60mg，可连续用2～3次。还有用电针、中草药疗法等。

三、卵巢囊肿

卵巢囊肿可分为卵泡囊肿和黄体囊肿两种。前者表现为不规律的频繁发情，或持续发情，后者则长期不表现发情。目前，此病病因尚未清楚。初步认为与内分泌腺功能异常、饲料、运动、气候变化等有关。卵泡囊肿壁较薄，呈单个或多个存在于一侧或两侧卵巢上，是由于卵泡上皮变性，卵泡壁结缔组织增生变厚，卵细胞死亡，卵泡液未被吸收或者增多而形成的。黄体囊肿一般多为单个，存在于一侧卵巢上，壁较厚，是由于未排卵的卵泡壁上皮黄体化而引起（见图13－10）。

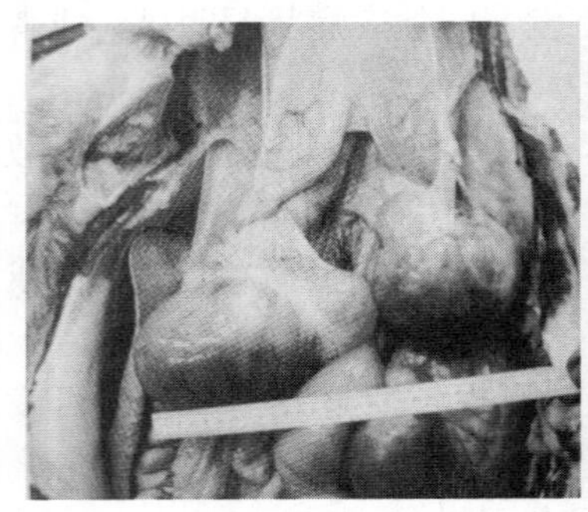
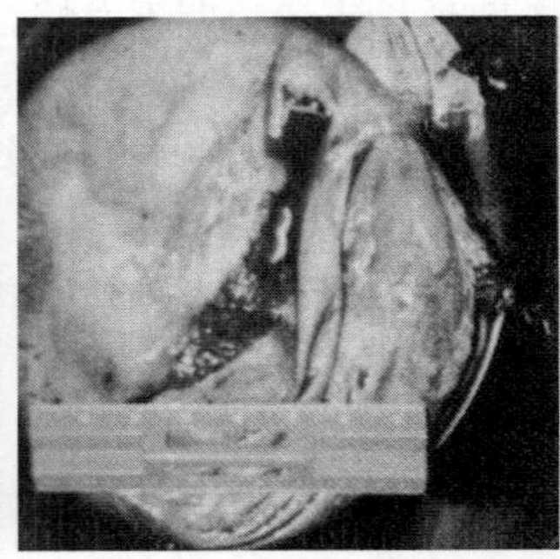
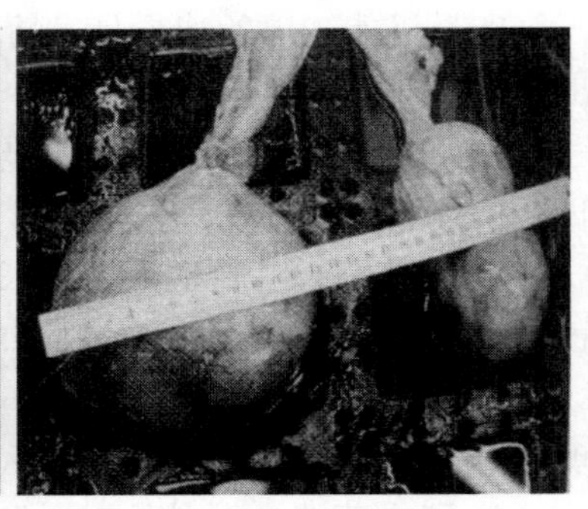

图13－10　卵巢囊肿

（一）症状

病驴的症状及行为变化个体之间的差异较大，按照外部表现基本可以分为两类，即持续发情亢进和乏情。持续发情（慕雄狂）的驴一般经常表现无规律的、长时间或连续性的发情症状，不安，偶尔接受其他公驴交配，但大多数病驴试图爬跨其他母驴并拒绝接受爬跨，常表现出攻击性的性行为。病驴常由于过多的运动而体重减轻。表现为乏情的驴则长时间不出现发情征象，有时可长达数月。

卵巢囊肿的病驴卵泡发育不正常。黄体囊肿时，表现不发情，卵巢体积增大，囊肿直径可达5～7cm，波动明显，触压有痛感。卵泡囊肿时，表现为发情亢进，卵巢体积增大，卵泡囊肿的壁较薄，且容易破裂。

（二）诊断

直肠检查时，有时可能将有些卵巢的正常结构误认为是卵巢囊肿。而患卵巢囊肿的驴，其子宫与乏情驴相比，比较松软。

（三）治疗

卵巢囊肿的治疗方法种类繁多，其中大多数是通过直接引起黄体化而使母驴恢复乏情周期。

1. 改善饲养管理　改善饲养管理，加强营养，有利于母驴恢复正常乏情周期。

2. 摘除囊肿　将手伸入直肠，找到患病卵巢，将它握于手中，用手指捏破囊肿。这种方法只有在囊肿中充满液体的病例中才容易实施。但操作不慎时会引起卵巢损伤出血，使其与周围组织黏连，进一步对生育造成不良影响。

3. 激素治疗法 一是促黄体素，驴一次肌内注射200～400单位，一般在注射后4～6天囊肿即成黄体，15～30天恢复正常发情周期。若1周未见好转，第二次用药剂量应适当增加。二是促性腺激素释放激素，驴每次肌内注射0.5～1.5mg。三是孕酮，驴每次肌内注射100mg，隔日1次，可连用2～7次。四是地塞米松，驴每次肌内注射10mg。

4. 中药疗法 原则是破血去瘀。处方：三棱、莪术、香附、藿香各50g，青皮、陈皮、桔梗、益智各40g，肉桂25g，甘草15g。共研为细末，开水冲调，候温灌服。

5. 电针疗法 取穴同侧肾俞、肾棚，直刺3～5cm。也可取穴同侧肾棚、雁翅。一般在6～9天内，可促使卵泡囊肿消散。

6. 囊肿穿刺法 母驴的卵泡囊肿或黄体囊肿，可通过腹壁进行穿刺。由于此法易引起输卵管及伞黏连而造成不孕，因此只有当其他疗法无效时，方可试用。此外，卵巢囊肿伴有子宫疾病时，应该同时加以治疗。

（四）预防

虽然卵巢囊肿的遗传性质不显著，但选种时仍要注意，选择后代发病率低的公驴配种可以降低发病率。多次发生卵巢囊肿母驴的后代最好不再用作繁殖。

四、阳痿

阴茎不能勃起，或虽能勃起但不能维持足够的硬度以完成交配，都称为阳痿。从未进行性交的阳痿成为原发性阳痿；原来可以正常交配，后来出现勃起障碍者为继发性阳痿。

（一）病因

阳痿是一种复杂的机能障碍，影响因素较多。根据病因又可将阳痿分为器质性阳痿和功能性阳痿。功能性阳痿往往是因老龄、过肥、使用过度、长期营养不良或消耗性疾病、疼痛以及不适宜的交配环境等原因造成。初开始配种的公驴有时也有阴茎不能勃起的现象，经调教后可逐渐改进。

器质性阳痿的病因包括以下几个方面：

1. 阴茎解剖异常 阴茎充分勃起时，要求阴茎海绵体内维持很高的血压。而引起阳痿最常见的原因，是由于先天性的或因损伤所造成的阴茎海绵体与其他海绵体或阴茎背侧静脉之间出现吻合的交通支，造成阴茎海绵体内血液外流，从而达不到很高的血压而使阴茎不能勃起。另外，阴茎及骨盆内炎性损伤、精索静脉曲张、包茎等，也可导致阳痿。

2. 内分泌异常 如睾丸肿瘤、原发性睾丸发育不全、睾丸间质细胞瘤引起雌性化以及甲状腺机能亢进和肾上腺出现肿瘤等均可引起阳痿。

3. 神经系统损伤 颞叶、脊髓及阴部神经损伤可引起阳痿。

4. 药物 过量使用雌激素、阿托品、巴比妥、吩噻嗪、安体舒通、利血平等药物均可能导致阳痿。

5. 血管疾病 动脉瘤、动脉炎、动脉硬化、动脉血栓阻塞等可能引起流入阴茎海绵体的血量不足而致阳痿。

（二）症状

用乏情的母驴逗引公驴时，公驴可能出现性兴奋，甚至出现爬跨动作，但阴茎不能勃起或勃起不坚，不能完成性交过程。若发生包茎、阴茎肿瘤或阴茎黏连的公驴在性兴奋时阴茎可能勃起，但不能伸出包皮口。

（三）治疗

①由疾病所致阳痿，应消除病因、改善饲养管理、改换试情母驴或变更交配和采精的环境。

②皮下或肌肉注射丙酸睾酮或苯乙酸睾酮，100～300mg，隔天一次，一般连续2～3次；皮下或肌肉注射冻干eCG2 000～3 000国际单位（IU），每天1次，一般1～3次，对某些阳痿有效。

③电针百会（7～10cm）和交巢穴（20～27cm），对某些阳痿也有一定的治疗作用。

五、睾丸炎

睾丸炎是睾丸实质的炎症。由于睾丸和附睾紧密相连，易引起附睾炎（epididymitis），两者常同时发生或互相继发。根据病程和病性，临床上可分为急性与慢性，非化脓性与化脓性。

（一）病因

睾丸炎常因直接损伤或由泌尿生殖道的化脓性感染蔓延而引起。直接损伤如打击、蹴踢、挤压，尖锐硬物的刺创或撕裂创和咬伤等，发病以一侧性为多。化脓性感染可由睾丸或附睾附近组织或鞘膜的炎症蔓延而来，病原菌常为葡萄球菌、链球菌、化脓棒状杆菌、大肠杆菌等。某些传染病，如布氏杆菌病、结核病、放线菌病、鼻疽、腺疫、沙门氏杆菌病、媾疫等亦可继发睾丸炎和附睾炎，以两侧性为多。

（二）症状

病驴患急性睾丸炎时，一侧或两侧睾丸呈现不同程度的肿大、疼痛。病驴站立时拱背，拒绝配种。有时肿胀很大，以致同侧的后肢外展。运步时两后肢开张前进，步态强拘，以避免碰触病睾。触诊睾丸体积增大、发热，疼痛明显，鞘膜腔内有浆液纤维素性渗出物，精索变粗，有压痛。外伤性睾丸炎常并发睾丸周围炎，引起睾丸与总鞘膜甚或阴囊的黏连，睾丸失去可动性。

病情较重的除局部症状外，病驴出现体温增高，精神沉郁，食欲减退等全身症状。当病发化脓性感染时，局部和全身症状更为明显。整个阴囊肿得更大，皮肤紧张、发亮。随着睾丸的化脓、坏死、溶解，脓灶成熟软化，脓液蓄积于总鞘膜腔内，或向外破溃形成瘘管，或沿着鞘膜管蔓延上行进入腹腔，继发严重的弥漫性化脓性腹膜炎。

由结核病和放线菌病引起的，睾丸硬固隆起，结核病通常以附睾最常患病，继而发展到睾丸形成冷性脓肿。布氏杆菌和沙门氏杆菌引起的睾丸炎，睾丸和附睾常肿得很大，触诊硬固，鞘膜腔内有大量炎性渗出液，其后，部分或全部睾丸实质坏死、化脓，并破溃形成瘘管或转变为慢性。鼻疽性睾丸炎常取慢性经过，并伴发阴囊的慢性炎症，阴囊皮肤肥厚肿大，丧失可动性。由传染病引起的睾丸炎，除上述局部症状外，尚有其原发病所特有的临床症状。

慢性睾丸炎时，睾丸发生纤维变性，萎缩，坚实而缺乏弹性，无热痛症状。病驴精子生成的功能减退，甚或完全丧失。

（三）治疗

主要应控制感染和预防并发症，防止转化为慢性，导致睾丸萎缩或附睾闭塞。

急性病例应停止使役，安静休息。24h内局部用冷敷，以后改用温敷、红外线照射等温热疗法。局部涂擦鱼石脂软膏，阴囊用绷带托起，使睾丸得以安静并改善血液循环，减轻疼痛。疼痛严重的，可用盐酸普鲁卡因青霉素溶液作精索内封闭。睾丸严重肿大的，可用少量雌性激素。全身应用抗菌药物。

进入亚急性期后，除温热疗法外，可行按摩，配合涂擦消炎止痛性软膏，无种用价值的病畜宜去势。已形成脓肿的最好早期进行睾丸摘除。

由传染病引起的睾丸炎应先治疗原发病，再进行上述治疗，可收到预期效果。

六、包皮炎

包皮炎是包皮的炎症，通常与龟头炎伴发，形成包皮龟头炎。

（一）病因

1. 急性包皮炎 主要发生于包皮龟头的机械性损伤。这种损伤较多发生在交配、采精过程中，或在包皮口进入草茎、麦秆、树枝、砂粒等异物后。包皮内常积留尿液、包皮垢、脱落的上皮细胞及细菌。一旦包皮受损，隐伏于包皮腔内的葡萄球菌、链球菌以及假单孢菌属和棒状杆菌属细菌等，可侵入而发生急性感染。

2. 慢性包皮炎 常因尿液和包皮垢的分解产物长期刺激黏膜而引起，或由附近炎症蔓延而来。此外，包皮炎也可出现在某些特定传染性疾病过程中。例如，马交媾疱疹病毒可引起公驴的包皮、阴茎发生脓疱。凡患有包茎的病畜，更容易发生本病。

（二）症状

①包皮龟头急性炎症时，包皮前端呈现轻度的热痛性肿胀。包皮口下垂，流出浆液性或脓性渗出物，黏附于毛丛上，公畜拒绝配种。以后炎症可蔓延到腹下壁和阴囊上，包皮口严重肿胀、淤血。由于包皮口紧缩狭窄，阴茎不能伸出，病畜排尿困难、痛苦，尿流变细或呈滴状流出。在包皮内可发现暗灰色、污秽、带腐败味的包皮垢。有时包皮垢积聚变硬，成为包皮腔结石，固着在龟头窝内。

②包皮内感染可形成脓肿，其大小不定，呈球形，触诊柔软有波动。脓肿破溃，从包皮口向外流出具有腐败气味的脓液。严重的可发展为蜂窝织炎，导致包皮腔、阴茎及其周围组织的广泛化脓和坏死，使排尿极度困难，膀胱内尿潴留，有的甚至发生尿道穿孔或膀胱破裂。

③慢性经过病例，可出现包皮纤维性增厚，阴茎自由活动受限。有时阴茎与包皮腔间形成黏连，造成包茎。若炎症扩延至阴茎体，则阴茎向外脱出不能回缩至原位而遭受挫伤，龟头肿胀，成为箝顿性包茎。

（三）治疗

①剪除包皮口毛丛，清除包皮内异物、积尿和包皮垢，用3%过氧化氢溶液或弱刺激性收敛消炎药液充分灌洗包皮腔。在硬膜外腔麻醉下，对挫伤、坏死、溃疡部进行清洗，

对过度生长的肉芽面可用硝酸银腐蚀，最后涂布抗生素或磺胺类软膏。也有采用干燥疗法，即在包皮腔内先充气，后撒布收敛、止痒和抗菌药物的混合粉剂。包皮内每 1～2 天用药 1 次。

②局部肿胀严重的病例，为了控制炎症发展，可使用盐酸普鲁卡因青霉素溶液封闭治疗。为改善局部血液循环，促进吸收，可配合温敷、红外线照射等温热疗法。

③包皮内脓肿，应及时拉出阴茎，通过内包皮黏膜切开排脓。若通过皮肤作切口，容易继发感染。患有包皮龟头炎的病驴，如有明显疼痛不安的，可应用镇静止痛药物，同时还应全身使用抗生素药物治疗。

七、精索炎

精索炎是马、驴常见的去势后并发症，是精索断端被感染后所引起的纤维素性-化脓性炎症。多与总鞘膜炎同时发生，常取慢性经过，最后形成精索瘘。

（一）病因

①去势时消毒不严或创口被污染，如精索断端被毛、尘土、秸秆碎片、植物芒刺及消毒不彻底的结扎线污染，是引起术后精索断端发生感染的主要因素。

②去势创口过小，总鞘膜与阴囊切口不一致，创缘黏连，创口位置不当等引起的血液和渗出液蓄积于总鞘膜腔内，给病原微生物的发育繁殖创造了良好的条件。

③去势时粗暴或过度地牵引精索和总鞘膜，使用具有很大挫切面的器械使坏死组织残留过多，精索断端留的过长，增加了被感染的机会。

（二）症状

病初精索断端肿胀，触诊疼痛。病畜体温升高，精神沉郁。一般在发病后 3～4 天，因渗出液浸入总鞘膜及阴囊壁而出现患侧阴囊肿大。若继续向周围蔓延时则引起包皮和腹下壁的水肿。以后从创口流出脓性渗出液，并在其中混有精索断端组织溶解碎片。脓汁的排出在最初 7～8 天比较顺畅。随着时间延长，创口逐渐愈合而变得狭窄并形成瘘管，脓汁和精索断端组织溶解碎片的排出变得困难而蓄积于腔内。管的外口因周围结缔组织增生和瘢痕化而下陷，呈向下开口的漏斗状。由于精索断端及总鞘膜的结缔组织增生，可导致阴囊体积增大。随着被栓塞的血管壁及附近组织的化脓溶解，于精索断端形成许多孤立的，并且互相连通的小脓肿，其大多数可向断端边缘的方向破溃。

一般急性炎症症状经 10～14 天平息，当无异物和大量的坏死组织时，有时伤口可自愈。但绝大部分病例则形成久不愈合的精索瘘。

化脓性精索断端炎有继发腹膜炎和转移性肺炎的危险。临床上常见公驴去势后因化脓性精索断端炎而继发腹膜炎，最后导致全身化脓性感染。

（三）治疗

扩开创口，用防腐消毒药物清洗鞘膜腔和化脓的精索断端，彻底清除脓汁和组织溶解碎片，去除去势时用的结扎线，然后按化脓创进行引流和药物治疗。急性炎症期可在阴囊颈部用青霉素盐酸普鲁卡因溶液封闭，以阻止炎症的发展。局部处理的同时，还必须全身使用抗生素、磺胺药物和碳酸氢钠等。已转入慢性经过和形成精索瘘者，可将精索瘘管及增生的结缔组织一起切除，术后按化脓创处理。

八、精子异常

精子在睾丸中产生，在附睾中成熟，经输精管进入尿生殖道，又混合了几个副性腺的分泌物组成精液排出体外，因此上述生殖器官的功能状态决定了精子是否正常。一般情况下都将精子异常视为某些公畜不育症的症状，但是在临床上往往由于病因和病变微微暂时无法确定或同时涉及几种生殖器官，因此也把精子异常视为一类引起公畜不育的功能性疾病，比如精子形态异常、无精症、精子稀少症和死精症等。

（一）病因

各种先天性和后天获得性生殖器官发育不全、损伤和炎症。

①原发性精子畸形见于睾丸发育不良、睾丸变性、睾丸炎和某些遗传精子畸形病例，表现为精液中出现大量头部异常和近端原生质小滴附着的精子表明生精功能障碍。近端原生质小滴附着的精子增多还可能与射精过频、精子通过附睾过快有关。

②继发性精子畸形通常表现为尾部异常和尾端原生质小滴附着，常见于附睾、副性腺和输出管功能障碍疾病。

③精液采出后冷应激也可引起卷尾。精液中混合畸形精子数增多说明生殖道功能障碍严重。

（二）诊断

由于从精子开始生成到排出体外通常需要50～60天，因此在估计疾病和环境条件，比如热应激，对精液品质的影响时，要考虑到“时效”。同样，在病因消除后，正常精液的恢复往往也需要数月时间。

在正常情况下精液中就存在一定数量的异常形态精子，通常不超过15%～20%时，公驴基本具有正常生育力；当异常精子数达到30%～50%以上时，明显影响生育力。精子形态异常包括精子头部异常（主要为大头、小头、双头、短头、梨形头、锥体头、宽头、顶体畸形、顶体帽脱落、顶体缺失、端头等）、中段异常（近端原生质小滴，偏轴精子，中段卷曲、缠绕、残断等）和尾段异常（尾端原生质小滴、卷尾、折尾、断尾、双尾等）。

其他精子异常包括无精症、精子稀少症、死精子症和精子凝集。无精子和精子稀少症常见于睾丸发育不全、睾丸变性和输精管阻塞。死精子症多见于长期营养不良的公驴和精液中混入尿液或其他有害物质时，长期闲置不用的公驴前几次采出的精液中死精和其他异常精子较多。

对各种精子异常进行确诊时，需要连续检查几份精液，原发性精子畸形检查结果相似；由于精子在附睾和输精管中停留的时间不等，继发性精子畸形检查结果相差较大。

（三）治疗

治疗的原则是消除病因。遗传性精子畸形无治疗价值，生殖器官损伤和炎症应对症治疗。临床上出现原因不明的精子异常时公驴应停止作种用，同时加强饲养管理。可以用雄激素和促性腺激素类药物。在治疗期间应定期采精，进一步分析病因和检查治疗效果。

参考文献

敖冉，赵雪聪，田晨曦，等，2016. 驴肉在低温成熟过程中理化指标的变化 [J]. 肉类研究，30 (05)：11-14.

敖冉，赵雪聪，王伟，等，2016. 驴肉在低温成熟过程中质构变化研究 [J]. 食品工业，37 (07)：126-128.

敖维平，艾买尔·依明，陆东林，等，2014. 加热处理对驴乳脂肪酸组成的影响 [J]. 食品研究与开发 (06).

包牧仁，刘永旭，孙洪岩，2017. 库伦驴的保有现状与开发利用 [J]. 中国畜牧业 (07)：53-54.

包文斌，吴圣龙，束婧婷，等，2008. 肉品质蛋白质组学研究进展 [J]. 中国畜牧杂志 (03)：52-55.

Borisenko 著，繆尧源等译，1954. 农畜繁育学 [M]. 北京：财经出版社.

[北魏] 贾思勰，2001. 齐民要术 [M]. 南京：江苏古籍出版社.

毕兰舒，肖海霞，臧长江，等，2017. 疆岳驴催乳素受体基因多态性及其与泌乳性状间的相关性分析 [J]. 中国畜牧兽医，44 (01)：180-185.

曹景峰，高雪，侯文通，2001. 云南驴血液蛋白遗传检测 [J]. 云南畜牧兽医 (04)：5-6.

曾国爱，2009. 牛皮制阿胶的探讨 [J]. 明胶科学与技术，29 (03)：155-156.

曾勇庆，孙玉民，1999. 鲁西黄牛与利鲁杂交牛肉质特性的研究 [J]. 黄牛杂志 (03)：15-19.

常洪，1985. 家畜遗传资源学纲要 [M]. 北京：中国农业出版社.

常洪，2009. 动物遗传资源学 [M]. 北京：科学出版社.

常焕章，周保利，2001. 发展我国肉驴业势在必行 [J]. 中国动物保健 (02)：12-13.

陈炳卿，孙长颢，2002. 食品污染与健康 [M]. 北京：化学工业出版社.

陈大元，2000. 受精生物学 [M]. 北京：科学出版社.

陈贺亮，钱程，郜双丽，2005. 浅谈高档驴肉生产 [J]. 现代畜牧兽医 (08)：9-10.

陈慧慧，2015. 阿胶药理研究进展 [A]. 中国畜牧业协会首届 (2015) 中国驴业发展大会高层论坛论文汇编 [C]. 5.

陈建兴，孙玉江，潘庆杰，等，2015. 驴生长激素基因序列初步分析 [J]. 湖北农业科学，54 (07)：1751-1754.

陈建兴，孙玉江，潘庆杰，等，2017. 驴和马 COL1A1 基因比较分析 [J]. 江苏农业科学，45 (10)：42-44.

陈建兴，孙玉江，沈伟，等，2009. 基于 ND4 基因部分片段探讨中国 4 个家驴品种的母系构成 [J]. 青岛农业大学学报 (自然科学版)，26 (04)：271-275.

陈建兴，王银朝，张庆蛟，等，2014. 驴朊蛋白基因序列分析 [J]. 赤峰学院学报 (自然科学版)，30 (23)：14-16.

陈树禄，李新春，刘汉玉，等，2008. 佳米驴遗传资源保存及利用研究 [J]. 榆林学院学报 (04)：

21 - 23.
陈松，冯月荣，曹淑萍，2009 . pH 对屠宰肉品质的影响 [J]. 肉类工业（06）：21 - 23.
川井田博，郁明发，1983. 猪肉肌纤维粗细与肉质的关系 [J]. 国外畜牧学（猪与禽）（03）：51 - 54，64.
豆智华，蒋新月，杨洁，2013. 驴乳与牛乳脂肪酸化学成分的 GC - MS 分析 [J]. 食品科技，38（09）：273 - 277.
段丰富，祃鸿飞，2008. 驴的肥育技术探讨 [J]. 吉林畜牧兽医（03）：54 - 55.
段彦斌，1982. 佳米驴役用性能的初步研究 [J]. 中国畜牧杂志（05）：29 - 32.
段彦斌，张瑞雪，1985. 陕西省驴种形成与生态变异规律初探 [J]. 家畜生态（02）：39 - 46.
樊绘曾，刘曦，徐天泽，1994. 驴皮成分在化胶过程中的降解 [J]. 中国中药杂志（09）：543 - 545，574.
樊绘曾，刘或曦，谢克勤，等，1994. 驴皮硫酸皮肤素的鉴定与含量分析 [J]. 中国中药杂志（08）：477 - 480，511.
樊庆利，2016. 探讨中药阿胶的临床应用和药理 [J]. 中医临床研究，8（11）：28 - 30.
范元长，1984. 驴皮的真伪鉴别 [J]. 中药通报（06）：15.
冯媛媛，张志胜，刘非，等，2013. 腌制对驴肉理化性质影响的研究 [J]. 食品工业，34（01）：24 - 26.
冯志华，1984. 老驴肥育屠宰报告 [J]. 山西农业科学（05）：21.
冯志华，刘英，2014. 不同击晕方式对猪肉品质的影响 [J]. 中国动物检疫，31（08）：43 - 45.
付琼，2004. 蛋白质组学研究进展与应用 [J]. 江西农业大学学报，26（5）：818 - 823.
付玥，张茹，吴昊轩，等，2014. 阿胶的研究进展 [J]. 新经济（08）：18 - 19.
甘肃农业大学，1990. 养马学（第二版）[M]. 北京：中国农业出版社.
高儒松，张春霞，赵红艳，2009. 肌肉组织学特性与肉品质的关系 [J]. 肉类研究（05）：11 - 15.
高文彦，2017. 驴的类型及品种 [J]. 农业技术与装备（04）：90 - 91.
高学敏，2009. 中药学 [M]. 北京：中国中医药出版社.
高雪，2001. 中国驴种来源的遗传学研究 [D]. 杨陵：西北农林科技大学.
高雪，史明艳，侯文通，等，2003. 我国主要驴品种亲缘关系研究 [J]. 西北农林科技大学学报（自然科学版）（02）：33 - 35，40.
葛庆兰，雷初朝，党瑞华，等，2007. 中国家驴 mtDNA D - loop 遗传多样性与起源研究 [J]. 畜牧兽医学报（07）：641 - 645.
葛长荣，2002. 肉与肉制品工艺学 [M]. 北京：中国轻工业出版社.
葛长荣，马美湖，2002. 肉与肉制品工艺学 [M]. 北京：中国轻工业出版社.
耿尊恩，刘雪怡，步瑞兰，2016. 阿胶药用理论的形成与演变 [J]. 山东中医药大学学报，40（06）：507 - 509.
龚月生，张文举，2010. 饲料学 [M]. 杨陵：西北农林科技大学出版社.
谷英，孙海洲，桑丹，等，2013. 肉品质评定指标及影响因素的研究进展 [J]. 中国畜牧兽医，40（07）：100 - 106.
郭成浩，金毅，张辉，等，1999. 阿胶药理作用的结构学说 [J]. 中国中药杂志（01）：55 - 57.
郭红霞，李文海，马玉红，2008. 无公害肉用驴的养殖技术要点 [J]. 中国畜禽种业（17）：38
韩国才，2017. 马学 [M]. 北京：中国农业出版社.
韩俊彦，崔香淳，宫庆森，1982. 驴的屠宰试验 [J]. 中国畜牧杂志（03）：22 - 23.
韩姗姗，孟祥崇，2014. 肉用驴的育肥模式和饲喂方法 [J]. 养殖技术顾问（10）：236.

贺树清，张生卫，韩英豪，等，2011. 佳米驴的营养需要［J］. 畜牧兽医杂志，30（04）：99－101.
洪子燕，薛邦群，汪立甫，1989. 我省驴肉品质及其经济性状的研究［J］. 河南农业科学（04）：28－30.
洪子燕，薛邦群，汪立甫，等，1989. 河南土种驴肉品质及其经济性状的研究［J］. 豫西农专学报（01）：5－12.
侯文通，1991. 产品养马学［M］. 西安：天则出版社.
侯文通，2010. 中国西北重要地方畜禽遗传资源［M］. 北京：中国农业出版社.
侯文通，2013. 现代马学［M］. 北京：中国农业出版社.
侯文通，2015. 驴的肉用性能研究［C］. 首届（2015）中国驴业发展大会高层论坛论文汇编.
侯文通，侯宝申，2002. 驴的养殖和肉用［M］. 北京：金盾出版社.
侯文通，卢文龙，1983. 关中驴生长发育的初步研究［J］. 畜牧兽医杂志（01）：26－33.
侯文通，王永军，2002. 中国马驴遗传资源研究［R］. 中国马业协会首届学术讨论会.
胡宝利，2001. 不同年龄秦川牛胴体性状与肉质性状的研究［D］. 杨陵：西北农林科技大学.
胡晶红，李佳，张永清，2014. GC－MS 分析驴皮、牛皮、马皮的脂肪成分［J］. 中成药，36（12）：2648－2652.
胡晶红，张永清，丁代兄，2013. 我国阿胶原料动物驴的种质资源概况［J］. 中国现代中药，15（05）：388－393.
胡元发，廖凤霞，幸显高，等，2016. 进口驴皮与国产驴皮制备阿胶质量的比较［J］. 中成药，38（06）：1427－1428.
黄世琼，张伟，彭娅，2016. 驴皮的真伪鉴别［J］. 海峡药学，28（04）：50－53.
黄世琼，张伟，彭娅，等，2016. 不同地区驴皮中 6 种元素的测定［J］. 中成药，38（07）：1574－1578.
黄伟坤，1989. 食品安全性［M］. 北京：中国轻工业出版社.
黄一凡，郭尚伟，等，2016. 基于 ICP－MS 对驴奶中无机元素分布特征的相关性分析和主成分分析［J］. 中国乳品工业，44（11）：12－16.
家畜禽遗传资源委员会组编，2011. 中国畜禽遗传资源志・马驴驼志［M］. 北京：中国农业出版社.
江波涛，2017. 标准化驴场环境控制与卫生防疫要求［J］. 当代畜禽养殖业（07）：41.
江波涛，2017. 规模化驴舍建筑与设计技术［J］. 畜禽业，28（05）：53，55.
江春雨，宋玲玲，谢璐，2015. 驴乳和牛乳抗炎镇痛作用的比较研究［J］. 黑龙江畜牧兽医（14）：130－131.
江俊峰，李莉，陆东林，2012. 驴乳中的溶菌酶及其协同保健作用［J］. 新疆畜牧业（10）：4－6.
蒋永青，2007. 中国 10 个家驴品种的微卫星遗传分析［D］. 杨陵：西北农林科技大学.
焦中枢，王京娥，李家庭，2000. 阿胶制作提取工艺的研究［J］. 中成药（05）：11－13.
金鹏，1992. 驴皮的质量与真伪鉴别［J］. 中药材（10）：21－23.
靳洪新，2017. 德州驴规模化养殖技术［J］. 山东畜牧兽医（08）.
雷初朝，2002. 中国四个畜种（黄牛、水牛、牦牛、家驴）线粒体 DNA 遗传多样性研究［D］. 杨陵：西北农林科技大学.
雷初朝，陈宏，侯文通，等，2005. 中国驴种线粒体 DNA D－loop 多态性研究［J］. 遗传学报（05）：481－486.
雷初朝，陈宏，王德解，等，2004. 关中驴线粒体 DNA D－loop 多态性分析［J］. 中国畜牧杂志（04）：10－12.
雷天富，1987. 关中驴（母）役用性能的研究［J］. 畜牧兽医杂志（02）：21－24.
雷天富，段彦斌，1983. 佳米驴肉用性能的测定［J］. 畜牧兽医杂志（03）：26－29.

李 宁，2015. 动物遗传学第三版 [M]. 北京：中国农业出版社.
李昊，黄美娟，张少权，等，2006. 驴真皮中主要蛋白的组成及其相互作用的研究 [J]. 中国中药杂志 (08)：659-663.
李吉宏，杭志宏，张骞，1997. 佳米驴生后生长发育规律的研究 [J]. 榆林高专学报 (02)：32-35.
李建国，2004. 四个驴品种微卫星位点的遗传分析 [D]. 太原：山西农业大学.
李建基，2018. 驴常见病诊疗要点. 第四届 (2018) 中国驴业发展大会.
李金霞，陆东林，吾布力·沙地克，等，2014. 疆岳驴泌乳曲线分析 [J]. 新疆农业科学，51 (10)：1923-1927.
李景芳，陆东林，董茂林，2013. 放牧加补饲条件下驴乳化学成分测定 [J]. 中国乳业 (04)：32-33.
李景芳，齐新林，陆东林，等，2012. 新疆巴里坤县新疆驴乳化学成分分析 [J]. 草食家畜 (04)：16-18.
李军祥，2000. 青海省家驴染色体核型研究 [J]. 华北农学报 (04)：137-140.
李群，李士斌，1986. 中国驴、骡发展历史概述 [J]. 中国农史 (04)：60-67.
李祥，李京，郭恩宽，等，2013. 复合磷酸盐对驴肉出品率影响的研究 [J]. 食品科技，38 (06)：137-140.
李云龙，刘春巧，2003. 动物发育生物学 [M]. 山东：山东科学技术出版社.
李长强，陈强，赖桦，高士争，2006. 肌纤维类型转化与肉品质的关系 [J]. 云南农业大学学报 (05)：641-645.
蔺军，2016. 陇西腌驴肉的加工技术 [J]. 肉类工业 (05)：6-7.
刘伯钧，2000. 驴肉标准化问题的思考 [J]. 食品与药品 (04)：27-27.
刘成江，李开雄，2007. 几种驴肉制品的开发 [J]. 肉类工业 (01)：12-14.
刘方菁，刘辉，宁娜，于丰宇，2011. 感官评价原理在肉质评价中的应用 [J]. 肉类工业 (02)：12-15.
刘建斌，杨博辉，郎侠，等，2010. 中国 9 个家驴品种 mtDNA D-loop 部分序列分析与系统进化研究 [J]. 中国畜牧杂志，46 (03)：1-6.
刘美玉，任发政，朱茂云，等，2006. 临洺关驴肉香肠的加工技术及保鲜方法 [J]. 食品研究与开发，27 (10)：98-101.
刘鹏然，周树南，1985. 食品卫生工作手册 [M]. 北京：人民卫生出版社.
刘庆芳，2003. 阿胶的药理研究进展 [J]. 河南大学学报 (医学科学版) (01)：64-66.
刘维国，吾布力，1992. 家畜福利学与畜牧业生产 [J]. 国外畜牧学 (草食家畜) (01)：1-3.
刘晓明，2017. 论规模化高效养驴生产技术 [J]. 农业技术与装备 (04)：92，94.
刘新安，陆东林，周玉贵，2011. 驴乳中的脂肪含量 [J]. 新疆畜牧业 (08)：14-15.
刘逸浓，杨居荣，马太和，1988. 农业与环境 [M]. 北京：化学工业出版社.
刘艳艳，谭晴晴，范阳阳，等，2017. 乌头驴和三粉驴微卫星遗传多态性分析 [J]. 中国畜牧杂志，53 (01)：44-50.
卢长吉，谢文美，雷初朝，等，2008. 中国家驴的非洲起源研究 [J]. 遗传 (03)：324-328.
陆东林，2006. 驴乳的化学成分和营养价值 [J]. 中国乳业 (22)：2-2.
陆东林，库尔班·阿木提，周小玲，等，2012. 喀什地区奶驴养殖户生产经营状况调查 [J]. 新疆畜牧业 (10)：17-20.
陆东林，李景芳，2016. 驴乳的保健作用 [J]. 新疆畜牧业 (04)：9-12，34.
陆东林，李景芳，2016. 驴乳的营养成分含量声称和适用人群 [J]. 中国乳业 (06)：58-61.
陆东林，李景芳，张明，等，2012. 驴乳的营养特点和保健功效 [J]. 草食家畜 (03)：7-11.

陆东林，李雪红，叶尔太·沙比尔哈孜，等，2006. 疆岳驴乳成分测定 [J]. 中国乳品工业（11）：26-28.
陆东林，刘新安，尹庆贺，等，2012. 驴的产乳量及其影响因素 [J]. 新疆畜牧业（12）：12-14.
陆东林，齐新林，李景芳，等，2012. 关于修订驴乳粉地方标准的建议 [J]. 新疆畜牧业（08）：4-6.
陆东林，齐新林，李景芳，等，2012. 关于制定生驴乳地方标准的研究 [J]. 中国乳业（09）：68-72.
陆东林，玉山江，张明，等，2013. 全泌乳驴养殖的利弊及对策 [J]. 草食家畜（02）：44-46.
陆东林，张丹凤，刘朋龙，等，2006. 驴乳的营养价值和开发利用 [J]. 乳业科学与技术（06）：267-268，275.
陆东林，张明，2013. 新疆疆岳驴乳研究进展 [J]. 中国乳品工业，41（02）：32-36.
陆东林，张明，江俊峰，2011. 发展新疆驴乳产业的探讨 [J]. 中国乳业（06）：14-17.
陆东林，张明，刘新安，2013. 新疆疆岳驴乳中钙、磷、铁、锌、硒质量浓度检测 [J]. 中国奶牛（18）：42-43.
陆东林，张明，刘新安，等，2012. 冻干驴乳粉化学成分测定 [J]. 新疆畜牧业（02）：27-28，39.
吕汉林，2016. 肉用驴的改良技术要点探索和研究 [J]. 农业开发与装备（11）：191.
吕岳文，杨洁，蒋新月，2010. 驴初乳理化性质和主要成分的动态变化 [J]. 食品科学，31（21）：114-118.
马龙，苏德奇，姬凤彩，等，2008. 鲜驴奶的保健功效研究 [J]. 食品科学（05）：423-426.
马龙，赵效国，杨浩峰，等，2005. 驴奶的开发利用及前景展望 [J]. 中国乳业（06）：40-41.
毛衍伟，张一敏，朱立贤，等，2014. 应用蛋白质组学研究肉品品质形成的机理 [J]. 食品与发酵工业，40（09）：107-114.
门正明，1999. 动物遗传学第2版 [M]. 兰州：兰州大学出版社.
牛晓颖，邵利敏，董芳，等，2014. 基于近红外光谱和化学计量学的驴肉鉴别方法研究 [J]. 光谱学与光谱分析，34（10）：2737-2742.
庞永宏，2012. 驴奶中微量元素的测定 [J]. 畜牧与饲料科学，33（02）：10.
彭珊珊，李胜杰，陈廷涛，等，2013. 发酵驴奶乳酸菌的筛选及其生理作用 [J]. 食品科学，34（15）：143-147.
齐新林，李景芳，陆东林，等，2013. 关于在驴乳粉标准中增设"低脂驴乳粉"品种的建议 [J]. 新疆畜牧业（04）：4-5.
齐新林，叶东东，陆东林，等，2013. 不同饲养水平下驴乳化学成分比较 [J]. 草食家畜（03）：60-63.
秦永良，闵向松，丁志，孙百生，1999. 海黑杂种肉牛屠宰试验报告 [J]. 黄牛杂志（06）：27-28.
秦玉峰，尤金花，2013. 阿胶古今临床应用 [M]. 北京：中国中医药出版社.
邱怀，1995. 现代肉牛生产及产品加工 [M]. 陕西：陕西科学出版社.
裘沛然，2003. 中华医典第1版 [M]. 湖南：湖南电子音像出版社.
任海波，杨清香，陆东林，等，2009. 发酵酸驴乳的生理功能研究初探 [J]. 农产品加工（学刊）（09）：33-35.
戎平，赵雪聪，李雨哲，等，2016. 驴肉在低温成熟过程中肌纤维微观结构变化研究 [J]. 食品科技，41（10）：102-105.
桑润滋，2006. 动物繁殖生物技术 [M]. 北京：中国农业出版社.
石金祥，2017. 肉驴饲草料配置与养殖技术 [J]. 今日畜牧兽医（04）：50.
史景红，2008. 新疆驴乳粉地方标准的研制 [D]. 乌鲁木齐：新疆医科大学.
世界卫生组织，1986. 食品安全在卫生和发展中的作用 [M]. 北京：人民卫生出版社.

宋光晔，周东辉，陈立，2010. 驴的饲养与现代化养殖模式的思考 [J]. 饲料博览 (04)：41 - 43.
宋宇轩，牛竹叶，贾存灵，等，2014.《家畜环境卫生学》课程内容的扩展 [J]. 家畜生态学报，35 (01)：88 - 91.
苏德奇，马龙，丁玉松，等，2010. 鲜驴乳缓解体力疲劳作用的实验研究 [J]. 食品科学，31 (13)：280 - 282.
苏德奇，马龙，杨浩峰，等，2010. 鲜驴乳对溴代苯诱导小鼠肝脏脂质过氧化保护作用的实验研究 [J]. 新疆医科大学学报，33 (07)：774 - 775，778.
苏德奇，王雯雷，符文慧，等，2010. 驴乳粉缓解小鼠体力疲劳作用的实验研究 [J]. 新疆医科大学学报，33 (01)：11 - 12，15.
苏薇，杨洁，沈晓丽，等，2010. 驴乳中蛋白质组分的分离纯化与鉴定 [J]. 食品科学，31 (23)：44 - 48.
苏学轼，1985. 黄土高原地区马、驴繁殖规律及其与气温、光照的关系 [J]. 家畜生态 (02)：33 - 39.
孙宁，2012. 功能性乳制品及其相关开发途径 [J]. 食品与机械，28 (03)：243 - 245.
孙伟丽，杨博辉，曹学亮，2007. 中国四个地方驴品种 mtDNA D - Loop 部分序列分析与系统进化研究 [J]. 中国草食动物 (02)：7 - 10.
《陕西省地方家畜家禽品种志》编辑委员会编著，2011. 陕西省地方家畜家禽品种志 [M]. 西安：三秦出版社.
山东东阿阿胶集团公司，2002. 东阿阿胶集团 DNA 分子标记鉴定驴皮真伪技术通过鉴定 [J]. 中成药 (12)：91.
唐敏，严建业，徐博，等，2017. 基于 UPLC - ESI - QTOF - MS/MS 技术检测龟甲胶中新阿胶成分 [J]. 世界科学技术-中医药现代化，19 (02)：339 - 343.
田家良，2002. 马驴骡饲养管理 [M]. 北京：金盾出版社.
田俊生，那丽丹，向欢，等，2015. 基于核磁代谢组学的驴皮与其伪品的鉴别研究 [J]. 中草药，46 (02)：255 - 261.
田俊生，史碧云，张福生，等，2013. 驴皮药材 RAPD 分析方法建立及其与伪品马皮的鉴别 [J]. 中草药，44 (03)：354 - 358.
万红玲，雒林通，吴建平，2012. 牦牛肉品质特性研究进展 [J]. 畜牧兽医杂志，31 (01)：36 - 40.
汪小龙，潘洁，王师，等，2006. 细胞色素 B 基因 PCR - RFLP 鉴定阿胶原料 [J]. 中国海洋大学学报 (自然科学版) (04)：645 - 648.
汪志铮，2015. 怎样提高肉用驴的肥育效果 [N]. 河北科技报，01 - 22 (B07).
王成章，王 恬，2011. 饲料学第二版 [M]. 北京：中国农业出版社.
王锋，2012. 动物繁殖学 [M]. 北京：中国农业大学出版社.
王红娟，郑峥，杨洁，2012. 新疆疆岳驴乳粉增强小鼠免疫功能的研究 [J]. 中国乳品工业，40 (05)：20 - 23.
王洪斌，2011. 兽医外科学 (第五版) [M]. 北京：中国农业出版社.
王建光，孙玉江，芒来，2006. 马奶与几种奶营养成份的比较分析 [J]. 食品研究与开发 (08)：146 - 149.
王立之，李鸿文，李景芬，等，1983. 泌阳驴调查报告 [J]. 河南农林科技 (05)：27 - 28，38.
王墨清，朱享林，汤培文，1987. 凉州驴役用性能测定 [J]. 甘肃农大学报 (01)：44 - 48.
王培基，焦多成，高景辉，等，2007. 关新杂交驴部分体尺和产肉性能测定 [J]. 家畜生态学报 (02)：35 - 36，106.
王庆轩，陆学裕，周永伦，1995. 关中驴与本地驴杂交改良效果观察 [J]. 中国畜牧杂志 (05)：

36－37.
王全喜，陈建兴，闵令江，等，2012. 中国家驴品种遗传多样性及母系起源研究［J］. 内蒙古农业大学学报（自然科学版），33（02）：7－11.
王文君，2017. 中药阿胶的临床应用及其药理研究［J］. 内蒙古中医药，36（10）：104.
王武，2013. 青年驴与成年架子驴肥育［J］. 当代畜禽养殖业（03）：24.
王雪，杨洁，蒋新月，等，2011. 贮藏条件对驴初乳理化性质的影响［J］. 食品工业科技，32（06）：96－98，101.
王颜颜，托乎提·阿及德，肖海霞，等，2011. 新疆良种驴 DGAT2 基因第 3 内含子 PCR－SSCP 多态性与体尺性状的相关性分析［J］. 石河子大学学报（自然科学版），29（01）：40－44.
王艳萍，高帅，刘迥，等，2017. 驴皮成纤维细胞的体外培养研究［J］. 中国畜牧兽医，44（08）：2255－2260.
魏荣，李卫华，2011. 农场动物福利良好操作指南［M］. 北京：中国农业出版社.
邬理洋，黄兴国，2010. 肌纤维类型对肉质品质的影响［J］. 湖南饲料（03）：21－23.
吴伯姝，2014. 阿胶的临床应用及药理作用［J］. 首都医药，21（24）：151.
吴锦淑，1998. 德州驴群体血液蛋白质多型和系统地位研究［D］. 杨陵：西北农林科技大学.
吴锦淑，杨从军，段玉兰，2008. 浅谈中国驴种起源与驯化［J］. 山东畜牧兽医（03）：16－17.
肖国亮，杨继恒，周小玲，等，2014. 牛乳替代驴乳对早期断奶驴驹生长发育的影响［J］. 草食家畜（05）：49－53.
肖海霞，托乎提·阿及德，田可川，等，2011. 应用 RACE 技术扩增驴 DGAT1 基因 3′端及序列分析［J］. 中国奶牛（20）：1－5.
谢成侠，1991. 中国养马史（修订版）［M］. 北京：中国农业出版社.
谢芳，2004. 应用微卫星标记分析中国驴品种的遗传多样性［D］. 扬州：扬州大学.
谢璐，宋玲玲，江春雨，2015. 驴乳和牛乳对免疫抑制小鼠免疫功能调节的比较研究［J］. 塔里木大学学报，27（02）：112－115.
徐光启，2002. 农政全书（上下）［M］. 湖南：岳麓书社.
徐苹，2013. 马和驴 Y－SNPs 筛选及多拷贝基因鉴定［D］. 杨陵：西北农林科技大学.
徐夏生，1979. 驴皮胶储藏条件的实验小结［J］. 中成药研究（05）：31－32.
徐庸中，杨锁山，杨世成，等，1958. 佳米驴调查报告［J］. 畜牧与兽医（06）：280－282，2.
许凤鸣，樊平，1995. 驴肉腊肠的加工工艺［J］. 肉类工业（10）：26.
许兆君，廖想想，托乎提·阿及德，等，2012. 我国家驴遗传资源现状分析［J］. 中国草食动物科学，32（04）：70－73.
［英］R. A. Pearson，2008. 驴的营养与饲喂［R］. 驴的健康与福利研讨会.
［英］D. M. Broom，［加］A. F. Fraser 编著，魏荣等主译，2015. 家畜行为与福利第 4 版［M］. 北京：中国农业出版社.
杨传任，1963. 泌乳生理学和生物化学［M］. 北京：农业出版社.
杨凤，2003. 动物营养学［M］. 北京：中国农业出版社.
杨公社，1985. 八眉猪产肉性能和肉脂品质的研究［D］. 杨陵：西北农林科技大学.
杨公社，1996. 肉类学［M］. 陕西：陕西科技出版社.
杨浩峰，马龙，赵效国，等，2006. 新疆驴奶业开发利用研究初探［J］. 中国食物与营养（04）：22－24.
杨虎，阿吉，王金富，等，2008. 新疆 3 个地方品种驴微卫星遗传分析［J］. 中国畜牧杂志（01）：8－10.

杨虎，王金富，托乎提·阿吉，等，2006. 我国地方驴种遗传多样性研究进展 [J]. 畜禽业 (14): 24-26.
杨纪柯，1979. 数量遗传基础知识 [M]. 北京：科学出版社.
杨金三，等，1987. 养驴 [M]. 北京：农业出版社.
杨利国，2010. 动物繁殖学 [M]. 北京：中国农业出版社.
杨霞，王珊珊，赵芙钗，等，2011. 驴皮中胶原蛋白的提取及其特性 [J]. 精细化工，28 (09): 883-886.
杨勇，马长伟，2006. 屠宰过程中改良畜禽肉品质的研究进展 [J]. 肉类研究 (02): 40-44.
杨宇锋，孙勇，马永胜，于玉，2008. 动物乳化学成分和营养价值的比较 [J]. 农产品加工 (02): 66-68.
杨再，洪子燕，1989. 中国驴的地理生态和种群生态 [J]. 生态学杂志 (01): 40-42, 47.
杨增明，孙青原，夏国良，2005. 生殖生物学 [M]. 北京：科学出版社.
杨章平，2014. 家驴生长激素受体 (GHR) 及肌肉生长抑制素基因 (MSTN) 的克隆与多态性分析 [A]. 中国畜牧兽医学会马学分会成立大会学术论文集 [C], 54-55.
杨章平，2014. 我国家驴遗传资源现状分析 [A]. 中国畜牧兽医学会马学分会成立大会学术论文集 [C], 50-52.
叶延河，于明，贾伟星，2015. 简述肉驴育肥技术要点 [J]. 中国畜禽种业，11 (09): 72-73.
伊娜，杨铧，武勇，等，2017. 阿胶药理药效研究进展 [J]. 世界最新医学信息文摘，17 (54): 12-15.
尹庆贺，姜萍，陆东林，等，2016. 季节因素对冻干驴乳粉质量指标的影响 [J]. 新疆畜牧业 (12): 18-20.
尹庆贺，周玉贵，陆东林，等，2014. 新疆喀什地区驴乳理化指标分析 [J]. 草食家畜 (06): 58-60.
尤娟，罗永康，张岩春，2008. 驴肉蛋白质氨基酸组成特点及与其他畜禽肉的分析比较 [J]. 农产品加工 (学刊) (12): 93-95.
尤娟，罗永康，张岩春，2009. 驴肉脂肪和脂肪酸组成特点及与其他畜禽肉的分析比较 [J]. 食品科技，34 (02): 118-120.
尤娟，罗永康，张岩春，2009. 我国养驴业及驴肉加工业的发展概况 [J]. 肉类工业 (02): 51-53.
尤娟，罗永康，张岩春，等，2008. 驴肉脂肪和脂肪酸组成的分析与评价 [J]. 中国食物与营养 (09): 55-56.
尤娟，罗永康，张岩春，等，2008. 驴肉主要营养成分及与其它畜禽肉的分析比较 [J]. 肉类研究 (07): 20-22.
尤娟，郑喆，张岩春，等，2008. 驴肉蛋白质氨基酸分析与评价 [J]. 肉类工业 (09): 34-35.
于大甲，聂鸿瑶，1987. 驴的肉用营养与药用价值 [J]. 山西农业科学 (09): 40-41.
余佰良，叶光武，1992. 食品污染与食品安全 [M]. 北京：中国轻工业出版社.
玉山江，托乎提·阿及德，肖海霞，等，2016. 驴体况评分及营养需要的研究进展 [J]. 黑龙江畜牧兽医 (17): 53-58.
翟宝菊，肖辉，李莉，2011. 鲜驴奶体内抑瘤作用的实验研究 [J]. 新疆医科大学学报，34 (03): 274-278.
占秀梅，张玉葵，2007. 驴乳粉中乳糖含量的测定及注意事项 [J]. 中国畜牧兽医 (07): 150-151.
张沅，2001. 家畜育种学 [M]. 北京：中国农业出版社.
张才骏，王勇，徐树仁，等，1996. 藏野驴与家驴血清同工酶的比较研究 [J]. 青海畜牧兽医杂志 (04): 12-14.

张建成，1994. 环境污染与健康［J］. 世界环境，(1)：39－42.
张静，江俊峰，陆东林，2012. 共轭亚油酸及其在驴乳中含量［J］. 新疆畜牧业（6)：10－12.
张莉，杜立新，2015. 对我国驴产业发展的思考与建议［J］. 草食家畜（05)：1－5.
张明，陆东林，刘新安，等，2011. 驴乳乳脂率变化规律及影响因素的分析［J］. 新疆畜牧业（12)：29－31.
张淑珍，孙爱林，李守富，等，2016. 我国肉驴产业现状与展望［J］. 贵州畜牧兽医，40（04)：37－38.
张廷模，彭成，2015. 中华临床中药学［M］. 北京：人民卫生出版社.
张晓东，杜文兴，2002. 无公害畜产品手册［M］. 北京：科技文献出版社.
张晓莹，赵亮，郑倩，等，2008. 新疆疆岳驴乳理化和微生物指标分析［J］. 食品科学（01)：303－305.
张岩春，尤娟，罗永康，2008. 驴乳蛋白质组成及其与人乳和牛乳的比较［J］. 中国乳业（09)：50－51.
张岩春，尤娟，罗永康，2008. 驴乳的主要成分及与其它乳的分析比较［J］. 中国食物与营养（10)：54－55.
张岩春，尤娟，郑喆，等，2008. 驴乳的氨基酸组成与人乳及牛乳的分析比较［J］. 农产品加工（08)：77－78.
张云生，2009. 中国 13 个家驴品种 mtDNA Cyt b 基因及 Y 染色体微卫星遗传多样性与起源研究［D］. 杨陵：西北农林科技大学.
张喆，胡晶红，李佳，等，2014. 阿胶基本属性管见［J］. 中成药，36（09)：2000－2001.
张仲葛，朱先煌，1996. 中国畜牧史料集［M］. 北京：科学出版社.
赵朝霞，刘文忠，朱文进，等，2008. 六个家驴品种 mtDNA D－Loop 部分序列的遗传多样性分析［J］. 中国草食动物（04)：3－5.
赵改名，王艳玲，田玮，2000. 影响牛肉嫩度的因素及其机制［J］. 国外畜牧科技（02)：35－40.
赵雅娟，苏琳，尹丽卿，等，2016. 蛋白质组学技术在肉品质中的研究进展［J］. 食品工业，37（04)：233－236.
赵政，1994. 驴肉与猪肉蛋白质营养成分比较［J］. 塔里木农垦大学学报（02)：97－99.
赵政，李旭，1996. 新疆驴若干肉质性状的分析［J］. 畜牧兽医杂志（02)：13－14.
郑立，刘延鑫，赵绪永，等，2011. 河南 3 个驴种 mtDNA D－loop 区序列多态性及起源进化分析［J］. 西北农林科技大学学报（自然科学版)，39（04)：29－34.
郑丽敏，张录达，郭慧媛，等，2007. 近红外光谱波段优化选择在驴奶成分分析中的应用［J］. 光谱学与光谱分析（11)：2224－2227.
中村良一等编，段传德等译，1985. 兽医指南［M］. 郑州：河南科技出版社.
中国马驴品种志编写组，1988. 中国马驴品种志［M］. 上海：上海科技出版社.
中华人民共和国农业部行业标准 NY5271—2004《无公害食品-驴肉》，2004. 中华人民共和国农业部发布.
周安国，陈代文，2017. 动物营养学第三版［M］. 北京：中国农业出版社.
周杰，陈韬，2010. 基因与肉品质关系的研究进展［J］. 食品工业科技（09)：417－421.
周楠，韩国才，柴晓峰，等，2015. 驴的产肉、理化指标及加工特性比较研究［J］. 畜牧兽医学报，46（12)：2314－2321.
周通，李志，尤金花，等，2012. 驴乳营养成分和生物活性研究进展［J］. 食品与药品，14（05)：216－220.

周小玲，2010. 驴泌乳生理及乳营养成分研究进展［J］. 中国奶牛（06）：44－48.

周小玲，敖维平，陆东林，2013. 不同日粮结构对驴乳质量的影响［J］. 草食家畜（01）：32－36.

周小玲，孙红专，赵奋飞，等，2011. 驴乳中共轭亚油酸含量研究［J］. 乳业科学与技术，34（03）：118－120.

周小玲，肖国亮，文全银，等，2012. 品种和营养水平对驴产奶量的影响［J］. 畜牧与兽医，44（05）：38－39.

周小玲，肖国亮，赵奋飞，等，2012. 补饲高蛋白质、高脂肪精饲料对驴产乳量和乳成分的影响［J］. 动物营养学报，24（03）：577－582.

周玉贵，姜萍，陆东林，等，2015. 新疆市售驴乳粉蛋白质含量和氨基酸组成分析［J］. 草食家畜（02）：32－34.

周玉贵，尹庆贺，陆东林，2012. 收购驴乳酸度的分析［J］. 新疆畜牧业（12）：33－35.

朱蓓蕾，1994. 动物性食品药物残留［M］. 上海：上海科学技术出版社.

朱文进，张美俊，葛慕湘，等，2006. 中国8个地方驴种遗传多样性和系统发生关系的微卫星分析［J］. 中国农业科学（02）：398－405.

Abitbol M，Legrand R，Tiret L. 2014. A missense mutation in \ r，melanocortin 1 receptor \ r，is associated with the red coat colour in donkeys ［J］. Animal Genetics，45（06）：878－880.

Abitbol M，Legrand R，Tiret L，2015. A missense mutation in the agouti signaling protein gene（ASIP）is associated with the no light points coat phenotype in donkeys ［J］. Genetics Selection Evolution，47（01）：28.

Aurich，J，et al，2015. Effects of season，age，sex，and housing on salivary cortisol concentrations in horses ［J］. Domestic Animal Endocrinology，52：11－16.

Bonelli，F，et al，2017. Determinationofsalivary cortisol in donkey stallions. In：ECEIM Congress 2016 Abstracts ［J］. Journal of Veterinary Internal Medicine，31，604－618.

Bruyas J F，Sanson J P，Battut I，et al，2000. Comparison of the cryoprotectant properties of glycerol and ethylene glycol for early（day 6）equine embryos ［J］. Journal of Reproduction & Fertility Supplement，56（56）：549.

Canisso I. F.，Decar，Mclean Amy K，et al，2017. The current situation and trend of the donkey industry in North America ［J］. Proceedins of 1st International Symposium on Donkey Science. Dong'E，China.

Carluccio A，Contri A，Amendola S，et al，2013. Male isolation：A behavioral representation of the pheromonal'female effect'in donkey（Equus asinus）［J］. Physiology & Behavior，118（12）：1－7.

Carmack C F，Kastner C L，Dikeman M E，et al，1995. Sensory evaluation of beef－flavor－intensity，tenderness，and juiciness among major muscles ［J］. Meat Science，39（1）：0－147.

Chen S Y，Zhou F，Xiao H，et al，2010. Mitochondrial DNA diversity and population structure of four Chinese donkey breeds ［J］. Animal Genetics，37（04）：427－429.

Choi Y H，Velez I C，Riera F L，et al，2011. Successful cryopreservation of expanded equine blastocysts ［J］. Theriogenology，76（01）：0－152.

Clemens E，Arthaud V，Mandigo R，et al，1973. Fatty acid composition of bulls and steers as influenced by age and dietary energy level ［J］. Journal of Animal Science，37（06）：1326－1331.

Contri A，Amicis I D，Veronesi M C，et al，2010. Efficiency of different extenders on cooled semen collected during long and short day length seasons in Martina Franca donkey ［J］. Animal Reproduction Science，120（01－04）：0－141.

Curry，M. R，2000. Cryopreservation of semen from domestic livestock ［J］. Reviews of Reproduction. 5；

46－52.

Diaz F，Bondiolli K，Paccamonti D，et al，2016. Cryopreservation of Day 8 Equine Embryos Following Blastocyst Micromanipulation and Vitrification [J]. Theriogenology，85（05）：894－903.

Diehl J F，1992. Food safety：Julie Miller Jones [M]. St Paul，MN，USA，Eagan Press.

Elisabeth D. Svendsen，2008. The Professional Handbook of the Donkey（4th Edition） [M]. London：Whittet Books.

Folch P，Jordana J，Cuenca R，1997，Reference ranges and the influence of age and sex on haematological values of the endangered Catalonian donkey [J]. Veterinary Journal，154（02）：163－168.

Forhead A J，Dobson H，1997. Plasma glucose and cortisol responses to exogenous insulin in fasted donkeys [J]. Research in Veterinary Science，62（03）：265.

Gault N F，1985. The relationship between water－holding capacity and cooked meat tenderness in some beef muscles as influenced by acidic conditions below the ultimate pH [J]. Meat Science，15（01）：15－30.

Gonzalez－De Cara C A，Perez－Ecija A，Aguilera－Aguilera R，et al，2016. Temperament test for donkeys to be used in assisted therapy [J]. Applied Animal Behaviour Science：S0168159116303252.

Haase B，Rieder S，Leeb T，2015. Two variants in the \ r，KIT \ r，gene as candidate causative mutations for a dominant white and a white spotting phenotype in the donkey [J]. Animal Genetics，46（03）：321－324.

Han H，Chen N，Jordana J，et al，2017. Genetic diversity and paternal origin of domestic donkeys [J]. Animal Genetics，48（06）：708－711.

Hodges M，1993. Training mules and donkeys：a logical approach to longears [M]. Alpine Publishing，Inc.；1st edition.

Hoffmann B，Bernhardt A W，Failing K，et al，2014. Profiles of estrone，estrone sulfate and progesterone in donkey（Equus asinus）mares during pregnancy [J]. Tierarztl Prax Ausg G Grosstiere Nutztiere，42（42）：32－39.

Huang J，Zhao Y，Bai D，et al，2015. Donkey genome and insight into the imprinting of fast karyotype evolution [J]. Scientific Reports，Sep 16；5：14106.

Hubbert W T，Hagstad H V，Spangler E，et al，1996. Food safety and quality assurance：foods of animal origin [M]. Iowa State University Press.

Jordana J，Folch P，1996. The endangered catalonian donkey breed：The main ancestor of the American ass or mammoth [J]. Journal of Equine Veterinary Science，16（10）：436－441.

Julie Courtney，1997. "Donkey Therapy for children with special needs"，in Elisabeth Svendsen（ed.），The professional handbook of the donkey，3rd edition [M]. London：Whittet Books. pp. 302－318.

Legrand R，Tiret L，Abitbol M，2014. Two recessive mutations in FGF5 are associated with the long－hair phenotype in donkeys [J]. Genetics Selection Evolution，46（01）：1－7.

Lei C Z，Ge Q L，Zhang H C，et al，2007. African Maternal Origin and Genetic Diversity of Chinese Domestic Donkeys [J]. Asian Australasian Journal of Animal Sciences，20（05）：645－652.

Marilyn Squance，1997. "Breeds in Europe"，in Elisabeth Svendsen（ed.），The professional handbook of the donkey，3rd edition [M]. London：Whittet Books. pp. 138－154.

Martini M，Altomonte I，Salari F，et al，2014. Short communication：Monitoring nutritional quality of Amiata donkey milk：Effects of lactation and productive season [J]. Journal of Dairy Science，97（11）：6819－6822.

Miró J，et al，2013. Effect of donkey seminal plasma on sperm movement and sperm polymorphonuclear neutrophils attachment in vitro [J] . Anim Reprod Sci. 140：164 - 72.

Polidori P，Cavallucci C，Beghelli D，et al，2009. Physical and chemical characteristics of donkey meat from Martina Franca breed [J]. Meat Science，82 (04)：469 - 471.

Polidori P，Vincenzetti S，Cavallucci C，et al，2008. Quality of donkey meat and carcass characteristics [J]. Meat Science，80 (04)：1222 - 1224.

Purchas，R. W，1990. An assessment of the role of pH differences in determining the relative tenderness of meat from bulls and steers [J]. Meat science，27 (02)：129 - 140.

Quartuccio，M，et al，2011. Seminal characteristics and sexual behaviour in Ragusano donkeys (Equus asinus) during semen collection on the ground [J] . Large Animal Review，17，151 - 155.

Reuben J. Rose，David R，2000. Hodgson，Manual of Equine Practice (2nd Edition) [M] . St. Louis：Saunders，374 - 394.

Risco R，Elmoazzen H，Doughty M，et al，2007. Thermal performance of quartz capillaries for vitrification [J]. Cryobiology，55 (03)：222 - 229.

Rota A，Sgorbini M，Panzani D，et al，2017. Effect of housing system on reproductive behaviour and on some endocrinological and seminal parameters of donkey stallions [J]. Reproduction in Domestic Animals，53 (11) .

Salimei，E. ，F. Fantuz，R. Coppola，et al，2004. Composition and characteristics of asss milk [J]. Anim. Res. ，53：67 - 78.

Samper JC，2001. Management and fertility of mares bred with frozen semen. Anim Reprod Sci [J] . 68：219 - 28.

Sargentini C，Tocci R，Lorenzini G，et al，2009. Morphological characteristics of Amiata donkey reared in Tuscany [J]. Italian Journal of Animal Science，8 (sup2)：721 - 723.

Scott M，2000. A glimpse at sperm function in vivo：sperm transport and epithelial interaction in the female reproductive tract [J] . Anim Reprod Sci；60 - 61：337 - 48.

Seidel G E，Cullingford E L，Stokes J E，et al，2010. Pregnancy rates following transfer of biopsied and/or vitrified equine embryos：evaluation of two biopsy techniques [J]. Animal Reproduction Science，121 (1 - 2Suppl)：297 - 298.

Stephen R. Purdy，2010. Donkeys：miniature，standard，and mammoth：a veterinary guide for owners and breeders [M] . Vermont：Trafalgar Square Books.

Stout，T. A. ，2012. Cryopreservation of equine embryos：current state - of - the - art [J]. Reproduction in Domestic Animals，47 (s3)，84 - 89.

Stout T A E，2006. Equine embryo transfer：Review of developing potential [J]. Equine Veterinary Journal，38 (05)：467 - 478.

Sue Weaver，2008. The Donkey Companion：Selecting，Training，Breeding，Enjoying and Caring for Donkeys [J] . North Adams：Storey Publishing.

Sun T，Li S，Xia X，et al，2017. ASIP gene variation in Chinese donkeys [J]. Animal Genetics，48 (03).

Talbot P，et al，1985. Motile cells lacking hyaluronidase can penetrate the hamster oocyte cumulus complex [J] . Dev Biol，108：387 - 98.

Tharasanit T，Colenbrander B，Stout T A E，2005. Effect of cryopreservation on the cellular integrity of equine embryos [J]. Reproduction，129 (06)：789 - 798.

Veronesi, M. C, et al, 2011. PGF (2α), LH, testosterone, oestrone sulphate, and cortisol plasma concentrations around sexual stimulation in jackass [J] . Theriogenology, 75, 1489 - 1498.

Waheed M M, Ghoneim I M, Abdou M S, 2015. Sexual Behavior and Hormonal Profiles in Arab Stallions [J]. Journal of Equine Veterinary Science, 35 (06): 499 - 504.

Waltraud Kugler, Hans - Peter Grunenfelder, Elli Broxham, 2008. Donkey Breeds in Europe: Inventory, Description, Need for Action, Conservation [J] . Report 2007/2008.

Woods G L, 2003. A mule cloned from fetal cells by nuclear transfer [J]. Science, 301 (5636): 1063 - 1063.

驴的重要术语汉英对照词汇

非洲野驴	African Wild Ass，*Equus africanus*
努比亚野驴	Nubian Wild Ass，*Equus africanus africanus*
索马里野驴	Somalian Wild Ass，*Equus africanus somaliensis*
亚洲野驴（骞驴）	*Equus hemionus*
蒙古野驴（库兰驴）	*Equus hemionus hemionus*
库兰驴（蒙古野驴）	*Equus hemionus Kulan*
奥纳格尔驴（伊朗驴）	*Equus hemionus Onager*
藏野驴（康驴）	*Equus hemionus kiang*
驴学	Donkey science
驴业	Donkey industry
养驴学	Donkey husbandry science
驴文化	Donkey culture
驴	Donkey，Ass
公驴	Jack
母驴	Jenny，Jennet
骟驴	Donkey Gelding，Gelded jack
骡	Mule or Hinny
马骡	Mule
駃騠（驴骡）	Hinny
斑驴骡（斑马和驴的杂交后代）	Zeonkey
外貌	Physical characteristics
驴的外貌	The physical characteristics of the donkey
体质	Constitution
体型	Conformation
体格	Size
秉性（气质）	Temperament
体况	Body condition
体况评分	Body condition score
驴体部位	Points of the donkey，Body parts of a donkey

口	Mouth
鼻孔	Nostril
鼻端部	muzzle
面颊	Cheek
下颌（下颚）	Jaw
颚凹	Mandibular space
咽喉部	Throatlatch
头础	Base of head
项	Poll
鬣床（颈脊）	Crest
颈础	Base of neck
鬐甲	Withers
肩	Shoulder
肩端	Point of shoulder
上膊	Arm
前膊	Forearm
肘	Elbow
带径部	Girth line
前胸	Breast，Brisket
胸廓	Chest
肋部	Ribs
腹	Abdomen，belly
腹线	Underline
腰	Loin
腰角	Point of hip
鼠蹊部	Groin
肷部	Coupling
胁部	Flank
尾根	Dock（Root of tail）
尾础	Base of tail
臀	Buttock
臀端	Point of buttock
尻	Croup
尖尻	Sharp croup
斜尻	Steep croup，Sloping croup，Goose-rumped
股	Thigh
胫	Gaskin
前肢	Forelimb

后肢	Hind Limb
前膝	Knee
后膝	Stifle
腱	Tendon
飞节	Hock
飞端	Point of hock
管部	Cannon
球节	Fetlock
距	Ergot
系部	Pastern
蹄	Hoof
蹄冠	Coronet
蹄踵	Heel
鬃毛	Forelock
鬣毛	Mane
尾毛	Tail
距毛	Fetlock
体尺	Body measurement
体高	Height at withers
体长	Body length
胸围	Heart girth，chest girth
管围	Cannon circumference
体重	Body weight
失格	Unsoundness
损征	Defect（Blemish）
趾骨瘤	Ringbone
管骨瘤	Splint
飞节内肿	Bog spavin
飞节骨肿	Bone spavin
飞节外肿	Curb
飞节软肿	Bog Spavin
飞节后肿（飞节上部腱鞘软肿）	Thoroughpin
飞端肿	Capped hock
肘端肿	Capped elbow
腱肥厚	Bowed Tendon
脐疝	Hernia
隐睾	Cryptorchid
蹄叉腐烂	Thrush

蹄壁裂	Quarter crack / toe crack
鸡跛	Stringhalt
喘鸣	Roaring
姿势	Posture
肢势	Limb conformation
狭踏肢势	Base-narrow，stands close
广踏肢势	Base-wide，stands wide
内弧（O状）肢势	Bow-legged
外弧（X状）肢势	Cow-hocked，knock-knees
内向肢势	Toed-in，Pigeon-toed
外向肢势	Toed-out，Splay-footed
前踏肢势	Camped out in front
后踏肢势	Camped out behind
刀状肢势（曲飞节）	Sickle-Hocked，Sabre-Hocked
弯膝	Buck-kneed
凹膝	Calf-kneed
步样检查	Inspection in action
慢步	Walk
快步	Trot
跑步	Gallop
步幅	Stride
蹄音	Beat
重心	Center of gravity
恶癖	Vice
咽气癖	Windsucking，Cribbing
啃槽癖	Wood chewing
空怀母驴	Barren ass
怀孕母驴	Pregnant ass
幼驹	Foal
公驹	Colt
母驹	Filly
断奶驹	Weanling
周岁驹	Yearling
分群栏	Grouping pen
毛色	Coat Color
黑毛	Black
粉黑	Black with light points
乌头黑	Black with no light points，Black with dark points

皂角黑	Brown black
灰毛	Grey dun
栗毛	Sorrel
沙毛	Roan
斑毛	Spotted
白毛	white
别征	Marking
白章	White marking
暗章	Black point
“背线”（骡线）	Dorsal stripe，Eel-stripe
“鹰膀”（肩部有一条黑带）	Shoulder stripe
“虎斑”	Leg stripe
“耳斑”	Ear plaque
附蝉（夜眼）	chestnut（night eye)
烙印	Branding
伤痕	Scar
旋毛	Whorl，cowlick
牙齿	Teeth
根据牙齿鉴定年龄	Judge age by teeth
黑窝	Cup
齿星	Dental star
切齿	Incisor teeth
犬齿	Canine teeth
狼齿	Wolf teeth
臼齿	Molar
燕尾	Hook
鲤口（天包地，鹦鹉口）	Overshot，Parrot mouth
掬齿（地包天，猴子嘴）	Undershot，Monkey mouth，sow mouth
隅齿纵沟	Galvayne's groove
品种	Breed
地方驴种	Native/Local Breed
关中驴	Guanzhong donkey
德州驴	Dezhou donkey
晋南驴	Jinnan donkey
广灵驴	Guangling donkey
长垣驴	Changyuan donkey
和田青驴	Hetian Gray donkey
吐鲁番驴	Turfan donkey

佳米驴	Jiami donkey
泌阳驴	Biyang donkey
庆阳驴	Qingyang donkey
阳原驴	Yangyuan donkey
临县驴	Linxian donkey
新疆驴	Xingjiang donkey
凉州驴	Liangzhou donkey
青海毛驴	Qinghai donkey
西吉驴	Xiji donkey
川驴	Sichuan donkey
云南驴	Yunnan donkey
西藏驴	Tibetan donkey
太行驴	Taihang donkey
库伦驴	Kulun donkey
苏北毛驴	Subei donkey
淮北灰驴	Huaibei Gray donkey
普瓦图驴	Poitou Donkey
大黑莓驴	The Grand Noir Du Berry Donkey，Berry Black Donkey
阿米阿塔驴	Amiata Donkey
马丁纳·弗兰卡驴	Martina Franca Donkey
加泰罗尼亚驴	Catalan Donkey，Catalonian Donkey
安达卢西亚驴	Andalusian Donkey
美国大型驴	American Mammoth Donkey
微型地中海驴	Miniature Mediterranean Donkey
比利牛斯驴	Pyrenean Donkey
普罗旺斯驴	Provence Donkey
波旁驴	Bourbonnais Donkey
科唐坦驴	Cotentin Donkey
诺曼驴	Norman Donkey
科西嘉驴	Corsican Donkey
巴利阿里驴	Balearic Donkey
萨莫拉诺-利昂驴	Zamorano-Leonés Donkey
阿西纳拉驴	Asinara Donkey
米兰达驴	Miranda Donkey
塞浦路斯驴	Cyprus Donkey
巴尔干驴	Balkan Donkey
马耳他驴	Maltese Donkey
帕索·菲诺驴	Paso Fino Donkey

佩加驴	Pega Donkey
饲养管理	Feeding and Management
厩舍	Stable，Barn
厩棚	Shed，shelter
饲槽	Feeder
料桶	Bucket
水槽	waterer
盐砖	Salt block
垫料	Bedding
刷拭	Grooming
驱虫	Deworming
修蹄师	Farrier
蹄铁	Shoe
装蹄铁	Shoeing
跛行	Lameness
蹄叶炎	Laminitis，Founder
缰	Reins
衔铁（口衔）	Bit
镫	Stirrup
驯致	Breaking
调教	Training
调教师	Trainer
笼头	Halter
挽具	Harness
颈圈	Collar
驮具	Packsaddle
鞍具	Saddlery
繁殖	Reproduction
发情	Estrus，in heat
发情周期	Estrus cycle
试情	Teasing
产后发情	Foal heat
反唇（性嗅反射）	Flehmen
配种（交配）	Mating，Service，Cover
本交（自然交配）	Natural mating，Natural cover
人工辅助交配	Hand breeding
人工授精	AI（Artificial insemination）
假阴道	Artificial vagina

直肠检查	Rectal palpation
超声波	Ultrasound
妊娠	Pregnancy，gestation
流产	Abortion
分娩	Parturition
产驹	Foaling
断奶	Weaning
驴绒毛膜促性腺激素（孕驴血清促性腺激素）	dCG，donkey Chorionic Gonadotrophin
阴道（部分）缝合手术	Caslick's operation
去势	Castration
性能	Performance
挽力	Pulling power，draught power
马力	Horse power（H. P.）
持久力	Stamina，Endurance
功	Work
驴肉	Donkey meat
屠宰	Slaughter
贮藏	Storage
驴乳	Donkey milk
乳房	Udder
乳头	Teat
泌乳	Lactation
泌乳力	Lactation ability
挤奶量	Milk yield
泌乳曲线	Lactation curve
泌乳力指数	Lactation index
标准乳	Fat corrected milk
乳品质	Milk quality
乳成分	Milk composition
阿胶	Donkey-hide gelatin
驴皮	Donkey skin
加工	Processing
伴侣用驴	Donkey for Companion
矮驴	Miniature Donkey，Dwarf donkey
辅助骑乘康复治疗	Assisted Hippotherapy
速度赛	Racing
盛装舞步赛	Dressage

驾车赛	Driving
西部骑乘	Western riding
田纳西走骡	Tennessee Walking Mule
美国驴和骡协会	American Donkey & Mule Society
美国大型驴协会	American Mammoth Jackstock Registry
美国国家微型驴协会	National Miniature Donkey Association
美国斑点驴委员会	American Council of Spotted Asses
美国骡协会	American Mule Association
美国速度赛骡协会	American Mule Racing Association
美国步态骡协会	American Gaited Mule Association
加拿大驴和骡协会	Canadian Donkey & Mule Association
北美骑乘骡协会	North American Saddle Mule Association
动物福利	Animal Welfare
环境控制	Environmental control
粪污无害化处理	Disposal of fecal contamination
胃扩张	Gastric dilatation
疝痛	Colic
腺疫	Strangles
肠便秘	Intestinal constipation
肠痉挛	Intestinal spasm
鼻疽	Glanders
霉玉米中毒	Moldy Corn Poisoning
妊娠毒血症	Pregnancy Toxemia（Ketosis） in Ewes and Does

驴的重要术语英汉对照词汇

Abdomen，belly	腹
Abortion	流产
African Wild Ass，Equus africanus	非洲野驴
AI（Artificial insemination）	人工授精
American Council of Spotted Asses	美国斑点驴委员会
American Donkey & Mule Society	美国驴和骡协会
American Gaited Mule Association	美国步态骡协会
American Mammoth Donkey	美国大型驴
American Mammoth Jackstock Registry	美国大型驴协会
American Mule Association	美国骡协会
American Mule Racing Association	美国速度赛骡协会
Amiata Donkey	阿米阿塔驴
Andalusian Donkey	安达卢西亚驴
Animal Welfare	动物福利
Arm	上膊
Artificial vagina	假阴道
Asinara Donkey	阿西纳拉驴
Assisted Hippotherapy	辅助骑乘康复治疗
Balearic Donkey	巴利阿里驴
Balkan Donkey	巴尔干驴
Barren ass	空怀母驴
Base of head	头础
Base of neck	颈础
Base of tail	尾础
Base-narrow，stands close	狭踏肢势
Base-wide，stands wide	广踏肢势
Beat	蹄音
Bedding	垫料
Bit	衔铁（口衔）

Biyang donkey	泌阳驴
Black	黑毛
Black point	暗章
Black with light points	粉黑
Black with no light points，Black with dark points	乌头黑
Body condition	体况
Body condition score	体况评分
Body length	体长
Body measurement	体尺
Body weight	体重
Bog spavin	飞节内肿
Bog Spavin	飞节软肿
Bone spavin	飞节骨肿
Bourbonnais Donkey	波旁驴
Bowed Tendon	腱肥厚
Bow-legged	内弧（O 状）肢势
Branding	烙印
Breaking	驯致
Breast，Brisket	前胸
Breed	品种
Brown black	皂角黑
Bucket	料桶
Buck-kneed	弯膝
Buttock	臀
Calf-kneed	凹膝
Camped out behind	后踏肢势
Camped out in front	前踏肢势
Canadian Donkey & Mule Association	加拿大驴和骡协会
Canine teeth	犬齿
Cannon	管部
Cannon circumference	管围
Capped elbow	肘端肿
Capped hock	飞端肿
Caslick's operation	阴道（部分）缝合手术
Castration	去势
Catalan Donkey，Catalonian Donkey	加泰罗尼亚驴
Center of gravity	重心
Changyuan donkey	长垣驴

Cheek	面颊
Chest	胸廓
Chestnut（night eye）	附蝉（夜眼）
Coat Color	毛色
Colic	疝痛
Collar	颈圈
Colt	公驹
Conformation	体型
Constitution	体质
Coronet	蹄冠
Corsican Donkey	科西嘉驴
Cotentin Donkey	科唐坦驴
Coupling	肷部
Cow-hocked，knock-knees	外弧（X 状）肢势
Crest	鬣床（颈脊）
Croup	尻
Cryptorchid	隐睾
Cup	黑窝
Curb	飞节外肿
Cyprus Donkey	塞浦路斯驴
DCG，donkey Chorionic Gonadotrophin	驴绒毛膜促性腺激素（孕驴血清促性腺激素）
Defect（Blemish）	损征
Dental star	齿星
Deworming	驱虫
Dezhou donkey	德州驴
Disposal of fecal contamination	粪污无害化处理
Dock（Root of tail）	尾根
Donkey culture	驴文化
Donkey for Companion	伴侣用驴
Donkey Gelding，Gelded jack	骟驴
Donkey husbandry science	养驴学
Donkey industry	驴业
Donkey meat	驴肉
Donkey milk	驴乳
Donkey science	驴学
Donkey skin	驴皮
Donkey，Ass	驴

Donkey-hide gelatin	阿胶
Dorsal stripe，Eel-stripe	背线（骡线）
Dressage	盛装舞步赛
Driving	驾车赛
Ear plaque	耳斑
Elbow	肘
Environmental control	环境控制
Equus hemionus	亚洲野驴（骞驴）
Equus hemionus hemionus	蒙古野驴（库兰驴）
Equus hemionus Kulan	库兰驴（蒙古野驴）
Equus hemionus Onager	奥纳格尔驴（伊朗驴）
Equus kiang	藏野驴（康驴）
Ergot	距
Estrus cycle	发情周期
Estrus，in heat	发情
Farrier	修蹄师
Fat corrected milk	标准乳
Feeder	饲槽
Feeding and Management	饲养管理
Fetlock	距毛
Fetlock	球节
Filly	母驹
Flank	胁部
Flehmen	反唇（性嗅反射）
Foal	幼驹
Foal heat	产后发情
Foaling	产驹
Forearm	前膊
Forelimb	前肢
Forelock	鬃毛
Gallop	跑步
Galvayne' groove	隅齿纵沟
Gaskin	胫
Gastric dilatation	胃扩张
Girth line	带径部
Glanders	鼻疽
Grey dun	灰毛
Groin	鼠蹊部

Grooming	刷拭
Grouping pen	分群栏
Guangling donkey	广灵驴
Guanzhong donkey	关中驴
Halter	笼头
Hand breeding	人工辅助交配
Harness	挽具
Heart girth，chest girth	胸围
Heel	蹄踵
Height at withers	体高
Hernia	脐疝
Hetian Gray donkey	和田青驴
Hind Limb	后肢
Hinny	驶騠（驴骡）
Hock	飞节
Hoof	蹄
Hook	燕尾
Horse power（H. P.）	马力
Huaibei Gray donkey	淮北灰驴
Incisor teeth	切齿
Inspection in action	步样检查
Intestinal constipation	肠便秘
Intestinal spasm	肠痉挛
Jack	公驴
Jaw	下颌（下颚）
Jenny，Jennet	母驴
Jiami donkey	佳米驴
Jinnan donkey	晋南驴
Knee	前膝
Kulun donkey	库伦驴
Lactation	泌乳
Lactation ability	泌乳力
Lactation curve	泌乳曲线
Lactation index	泌乳力指数
Lameness	跛行
Laminitis，Founder	蹄叶炎
Leg stripe	虎斑
Liangzhou donkey	凉州驴

Limb conformation	肢势
Linxian donkey	临县驴
Loin	腰
Maltese Donkey	马耳他驴
Mandibular space	颚凹
Mane	鬣毛
Marking	别征
Martina Franca Donkey	马丁纳·弗兰卡驴
Mating，Service，Cover	配种（交配）
Milk composition	乳成分
Milk quality	乳品质
Milk yield	挤奶量
Miniature Donkey，Dwarf donkey	矮驴
Miniature Mediterranean Donkey	微型地中海驴
Miranda Donkey	米兰达驴
Molar	臼齿
Moldy Corn Poisoning	霉玉米中毒
Mouth	口
Mule	马骡
Mule or Hinny	骡
Muzzle	鼻端部
National Miniature Donkey Association	美国国家微型驴协会
Native/Local Breed	地方驴种
Natural mating，Natural cover	本交（自然交配）
Norman Donkey	诺曼驴
North American Saddle Mule Association	北美骑乘骡协会
Nostril	鼻孔
Nubian Wild Ass，Equus africanus africanus	努比亚野驴
Overshot，Parrot mouth	鲤口（天包地，鹦鹉口）
Packsaddle	驮具
Parturition	分娩
Paso Fino Donkey	帕索·菲诺驴
Pastern	系部
Pega Donkey	佩加驴
Physical characteristics	外貌
Point of buttock	臀端
point of hip	腰角
Point of hock	飞端

Point of shoulder	肩端
Points of the donkey，Body parts of a donkey	驴体部位
Poitou Donkey	普瓦图驴
Poll	项
Posture	姿势
Pregnancy Toxemia（Ketosis）in Ewes and Does	妊娠毒血症
Pregnancy，gestation	妊娠
Pregnant ass	怀孕母驴
Processing	加工
Provence Donkey	普罗旺斯驴
Pulling power，draught power	挽力
Pyrenean Donkey	比利牛斯驴
Qinghai donkey	青海毛驴
Qingyang donkey	庆阳驴
Quarter crack / toe crack	蹄壁裂
Racing	速度赛
Rectal palpation	直肠检查
Reins	缰
Ribs	肋部
Ringbone	趾骨瘤
Roan	沙毛
Roaring	喘鸣
Saddlery	鞍具
Salt block	盐砖
Scar	伤痕
Sharp croup	尖尻
Shed，shelter	厩棚
Shoe	蹄铁
Shoeing	装蹄铁
Shoulder	肩
Shoulder stripe	鹰膀（肩部有一条黑带）
Sichuan donkey	川驴
Sickle-Hocked，Sabre-Hocked	刀状肢势（曲飞节）
Size	体格
Slaughter	屠宰
Somalian Wild Ass，Equus africanus somaliensis	索马里野驴
Sorrel	栗毛
Splint	管骨瘤

Spotted	斑毛
Stable，Barn	厩舍
Stamina，Endurance	持久力
Steep croup，Sloping croup，Goose-rumped	斜尻
Stifle	后膝
Stirrup	镫
Storage	贮藏
Strangles	腺疫
Stride	步幅
Stringhalt	鸡跛
Subei donkey	苏北毛驴
Taihang donkey	太行驴
Tail	尾毛
Teasing	试情
Teat	乳头
Temperament	秉性（气质）
Tendon	腱
Tennessee Walking Mule	田纳西走骡
The Grand Noir Du Berry Donkey，Berry Black Donkey	大黑莓驴
The physical characteristics of the donkey	驴的外貌
Thigh	股
Thoroughpin	飞节后肿（飞节上部腱鞘软肿）
Trot	快步
Throatlatch	咽喉部
Thrush	蹄叉腐烂
Tibetan donkey	西藏驴
Toed-in，Pigeon-toed	内向肢势
Toed-out，Splay-footed	外向肢势
Trainer	调教师
Training	调教
Turfan donkey	吐鲁番驴
Udder	乳房
Ultrasound	超声波
Underline	腹线
Undershot，Monkey mouth，sow mouth	掬齿（地包天，猴子嘴）
Unsoundness	失格
Vice	恶癖

Walk	慢步
Waterer	水槽
Weaning	断奶
Weanling	断奶驹
Western riding	西部骑乘
White	白毛
White marking	白章
Whorl，cowlick	旋毛
Windsucking，Cribbing	咽气癖
Withers	鬐甲
Wolf teeth	狼齿
Wood chewing	啃槽癖
Work	功
Xiji donkey	西吉驴
Xingjiang donkey	新疆驴
Yangyuan donkey	阳原驴
Yearling	周岁驹
Yunnan donkey	云南驴
Zamorano-Leonés Donkey	萨莫拉诺-利昂驴
Zeonkey	斑驴骡（斑马和驴的杂交后代）

后 记

——中国驴种质“遗传改良”之管见

家畜品种出现时间不像家畜那样久远，驯养以后的家畜，随着人类迁徙和饲养技术的改进，分布越来越广，质量也逐渐提高。分布在各地的家畜，由于受交通不便的影响形成了地理隔离，迁徙来的小群体，在当地自然环境和社会经济差异影响下，经过一定时间人工选择、自然选择和基因漂变三者共同作用，就形成了在体型外貌、生产能力、适应性等方面与外地同种家畜均有差异的群体。人们为不同产地各具特色的家畜群体予以不同名称，以示区别，这就是原始品种的由来。我国驴品种大都是这样形成的。

如果对这些原始家畜品种继续定向选择育种，生产性能更为专一，就会形成经济效益更高的家畜品种。例如，皮用、肉用、奶用、观赏用等专用或兼用的不同家畜品种。这正是我们现代驴业所追求的目标。

家畜“遗传改良”规划，国内已开展多年，而驴的种质“遗传改良”问题近年也在业内进行了几次讨论，提出了规划（草案）。这是一个良好的开端，但是我们仍感到需要对种质“遗传改良”理论认识的全面性和实践操作的可行性诸内容加以完善。这里仅对什么叫驴种质的“遗传改良”，和如何进行驴种质的“遗传改良”，谈谈自己浅显的认识。

一、驴的“遗传改良”不是“杂交改良”的别称

什么是驴的“遗传改良”。“遗传改良”就是利用现有的可以控制驴的种质遗传特性科学技术措施，使驴优良性状的质和量，向着人们希望的方向得到有效地提高和改良，并使之累代地遗传下去。换言之，按照特定方向、针对特定性状改进品种遗传品质的一切活动，通称为“遗传改良”。

现实生产中，一些人缺乏科学理论分析，误将“遗传改良”当作是“杂交改良”的别称，沿袭旧有思维，满足于表型性状的一时改善，缺乏对当地驴种保护意识，“大水漫灌”地一味杂交，推广某些单一驴种，使我国驴种的品种多样性和遗传多样性遭受了极大地破坏，产生了一大批遗传不稳定的杂种群。而对缺乏育种资料的杂种群，有的甚至还被命名为新驴种，间接地助长了某些乱杂交的风气。

我们认为，“遗传改良”不能只满足表型性状好坏，关键是看基因型是否得到了改良和提高。以现有成熟技术为手段，运用科学地选种、选配技术，进行驴种的本品种选育

（纯种繁育），仍不失为一种可行的方法。

二、杂交不等于“改良”，横交也难于“固定”遗传学背景

苏联学阀、伪科学家李森科，就杂交发表过一句著名论断：“杂交是改变动物后代遗传性的一种根本性的方法。”其实，杂交不一定有优势，有时候会产生劣势，而劣势会导致品种质量恶化。因此，不可将杂交简单称之为改良。

这一“学派”的错误理论影响甚广，不仅表现出对本国家畜文化遗产和固有品种的蔑视，也缺乏对杂交遗传效应的科学分析。

对杂交的遗传效应分析大体可以归纳为以下四个方面：

第一，提高各位点的平均杂合子频率，增加群体的杂合性；

第二，掩盖隐性基因的作用，提高群体的显性效应值；

第三，增加互作内容，破坏群体固有的基因组合和遗传共适应体系；

第四，使不同的亚群趋同，减少孟德尔群体内体现于亚群的固定的变异类型种类。

因而，虽然我们把杂交后产生良好表型效应的称之为杂种优势，即在一定世代提高一部分性状的表型水平，但问题是这种提高不能稳定遗传。分子遗传学也发现基因间作用相当复杂，显性、超显性、上位效应，各种效应也难以区分。而第一、第三、第四，对于在长期选择中逐渐形成，决定品种优良特性的纯合态、遗传共适应体系以至品种与类型，同样有破坏作用。

这就是“杂交不等于改良”的遗传学背景。

所谓“横交固定”，因其实质是表型选择和选同交配，所以横交也难于“固定”。

目前，数量性状的常规育种，一般采用家系间和家系内选择相结合的方法进行，提高不快，分子育种尚有时日。期望随着遗传标记研究进展，基因图谱逐步完善，基因定位深入开展，根据分子数量遗传学原理，采用DNA遗传标记辅助选择（MAS）策略，选择与位点紧密连锁的DNA标记，将会加快分子育种的进程，提高分子育种效率。

质量性状组合，常洪改进了杨纪柯公式，进行遗传学测算表型选择多个性状，如要使4重显性纯合子恢复到90%，需要时间为76.42代。就是说要几十个世代，才达到所谓基本“固定”，效率太低；而针对固定孟德尔性状的多元测交选择多重显性纯合子公畜进行固定性状，需要世代虽减少，但由于种种原因，至今没人应用。这就是我们杂交育种几十年家畜遗传仍不稳定，依然只能算是培育品种而达不到育成品种的根本原因。

三、对纯种繁育（品种内选择）的认识

家畜的繁育方法有两种，一种是杂交繁育，虽然隐性基因固定不困难，但鉴于优良性状组合中，包括多个显性性状固定，是历史性育种学难题，因此目前我们不提倡随意采用，但可利用杂种优势进行商品生产。另一种是纯种繁育（本品种选育是意义宽泛的纯种繁育），即品种内选择。从遗传效应看，后一种选育不仅有利于家畜遗传资源保护，重要的是能够使家畜保持很好地遗传稳定性（包括作为家畜各位点基因种类；多样化基因组合体系；特定位点的基因纯合态和基因组合体系），保持体现于品种或生态遗传共适应体系，以及良好抗性基因。同时，科学地选种、选配，可以提高群体质量。因而，我们倡导品种

内选择。

从上述分析可以看出，繁育方法不同遗传效应也不同，杂交不等于改良，杂交只是一种繁育手段，杂交育种常出现遗传性难于稳定的问题，一时还难以解决。在家畜繁育实践中，繁育方法运用，我们首先应当倡导品种内选择，然后才考虑其他繁育方法。

四、根据遗传稳定性和选育程度对我国现有驴的分类

我国驴种众多，遗传资源丰富，与欧美驴种关系疏远，在东亚独领风骚。中国驴种是大家畜中少有的未被外种入侵的畜种，始终保持着它固有的遗传稳定性、生态适应性、基因多样性和品质纯正性。

根据遗传稳定性和选育程度，将现有驴分为遗传性稳定和人工选育程度深的大中型优良地方驴种、遗传性稳定和自然选择程度大的小型驴种、遗传不稳定和选育程度低的大型驴杂种和新命名驴种三类。为了能够更好满足人们对驴产品不断增长的多样需求，必须对这三类驴采取适宜的繁育技术，使驴的性能利用能够实现由单一役用向多方向利用的转变。

如何合理的利用现有的驴种向现代驴业转变。历史上由于重视不够，对国内的驴没有深入地调查和进行必要地研究，缺乏向现代驴业转变基础数据，难以提出生产上可行的具体方案和指标，即使在驴的“遗传改良”规划（草案）中，也只能笼统地提出遴选国家驴核心育种场、建立种公驴站、大力推广大型驴杂交等项工作和一些愿景。

对大中型优良地方驴种采用本品种选育进行“遗传改良”，似乎没有异议，但是对小型驴的利用，今后应当本品种选育还是杂交利用，还是兼而有之，认识不够一致，多数小型驴驴种本品种选育至今没有按照要求进行，而盲目引入大型驴杂交则较为普遍。

这种盲目杂交的实质依然是把“杂交利用”错误地认为“杂交就是改良”。其后果会使人类社会在数千年养畜历史中一点一滴积累起来的丰富多彩的变异迅速消失，当代特定遗传资源储备日益枯竭。往往得到的不过是相对而言微不足道的局部的眼前利益，而失去的是人类区域性甚至全球性长远利益。盲目杂交甚至并不一定能够满足市场的一时需求，然而却挥霍了未来育种所依赖大量遗传资源。

五、驴的“遗传改良”实施策略

由于多数驴种长期缺乏系统选育，加上乱引种杂交现象较为普遍，这都给驴的种质“遗传改良”工作带来不少困难。

（一）认真调查驴的种质资源是实施驴“遗传改良”的前提

为了提高驴种整体质量，任何一个驴种都需要对其进行深入细致的调查，摸清现状。目前，各地驴种多数资源不清，特别是驴种交叉分布地区和引入驴种杂交地区，纯种、杂种不易区分，因此需要进行驴种资源调查。调查者先要进行培训，掌握本驴种的特征特性、体尺类型，认真学习以往的调查报告、资料、照片，了解有无引入驴种历史和杂交范围，过去种驴人工授精站点分布，以及查看畜牧机构统计报表。同时要走访当地老畜牧工作者和以往参加过驴种调查的人员等，当调查者能够准确区分纯种、杂种时，才可进行调查。调查前准备好表格和校正好体尺测量工具。

驴的种质资源调查时，要有育种家的敏锐眼光，善于发现尽管总体平平，但在肉用、奶用、皮用某一方面、某一性状优秀的个体，做好登记，给以后不同生产方向组群选育带来方便。

（二）对资料和试验数据进行科学分析才可拟定选育计划

在取得大量数据的条件下，各驴种要拟定出切实可行的选育方案，划分等级，进行整群。将等级高的驴组成育种群，进行本品种选育，等级低的驴可为一般繁殖群。

通过调查，顺应自然生态、体型外貌倾向和社会需求，确定驴种选育方向。在体尺等级划分上，最初的选育计划，要求不可过高。根据调查的大数据统计，将平均数列为一级，在平均数基础上加一个标准差为特级，在平均数基础上减一个标准差为二级，减两个标准差为三级。规范科学地生产性能测定方法，随着选育的进程，按需加入肉、奶、皮性能要求，分阶段适当滚动提高选育指标，这样才能循序渐进地逐步达到最终选育目标。

驴种无论肉用、奶用或皮用，选育目标拟定得要合理。要通过调查、试验取得可靠数据，对提出肉、奶、皮生产性能指标要求予以有说服力的支撑。

需要指出，选育不是无休止地要求驴种“高、大、上”，而是要以最小的饲料报酬换取最多的产品为其外貌和体量目标。

（三）只有建立三级繁育体系，驴种质“遗传改良”实施方能有序进行

就目前可行的方法，我们提倡任何驴种不论大型、中型、小型都应拟定保种计划，建立保种场，组织核心育种群，保种选育一体，按人们需要多型选育有序保种。也就是说，我国驴种不论体型大小，都应建立“阶梯型”的三级繁育体系，第一级为保种和育种场，通过本品种选育提高驴种质量和品质；第二级为繁育场，接受保种选育场的种驴进行扩繁；第三级为生产（商品）驴场，接受繁育场的种驴，根据需要生产肉、奶、皮。一些体型中、小的商品驴场，可与适应性强、专用性好、方向一致的种驴低代杂交利用。生产驴场应在保种区外。

不提倡无序级进杂交，历史上库车本地驴引入关中驴级进杂交失败的实例应引以为训。现有杂种群体，受外血冲击严重的驴种，对仍保留本品种特征特性低代杂种，可经回交、提纯复壮，纳入本品种选育；对适应性强，品质优秀，同一类型较多的杂种，和近些年验收的新驴种，它们选育程度低，遗传性不稳定，可拟定科学选育方案，加以选种；大部分性能一般，或要求条件苛刻的杂种驴，一律充作商品用驴。

我们认为，驴的种质“遗传改良”不是孤立进行的，它和驴的饲养营养、繁殖技术、生态环境等是密不可分的。同时，我们也认为，随着分子育种技术日臻成熟，驴的种质“遗传改良”理论和实践都将会实现质的飞跃，呈现一个更加崭新的局面。

注：在《驴学》即将付印之际，为了更清楚地说明我们对驴的种质“遗传改良”问题地认识，我们将《驴学》中相关内容重新进行了串编，作为后记供大家讨论。

驴部分毛色彩图

粉黑色（东阿　沈善义　提供）

乌头黑色（东阿　沈善义　提供）

青色（侯文通　提供）

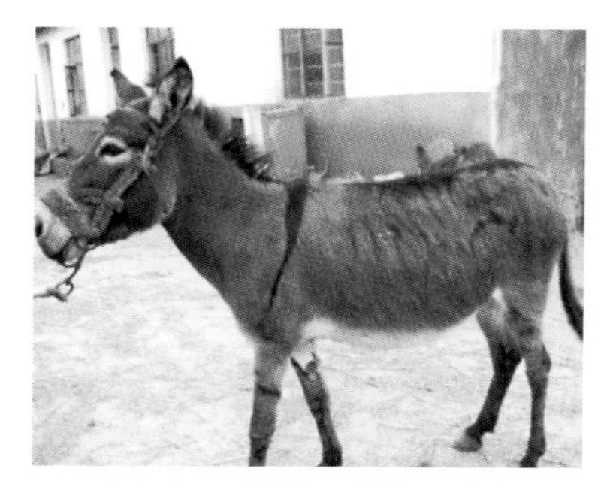
青灰色　背线　鹰膀　虎斑
（侯文通　提供）

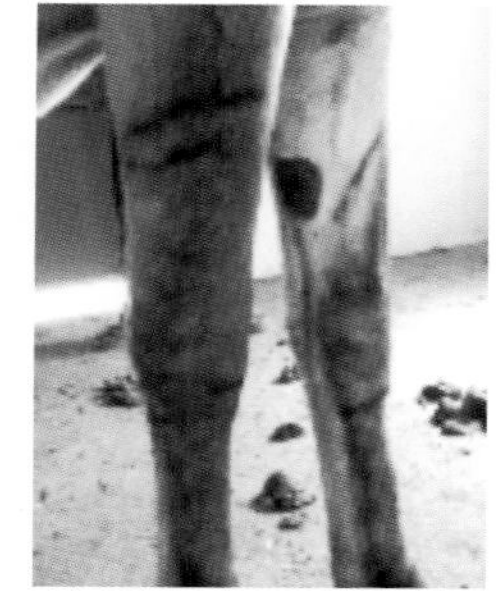
虎斑（侯文通　提供）

花毛（赤峰　解鹏　提供）

棕色和白色（邓亮　提供）

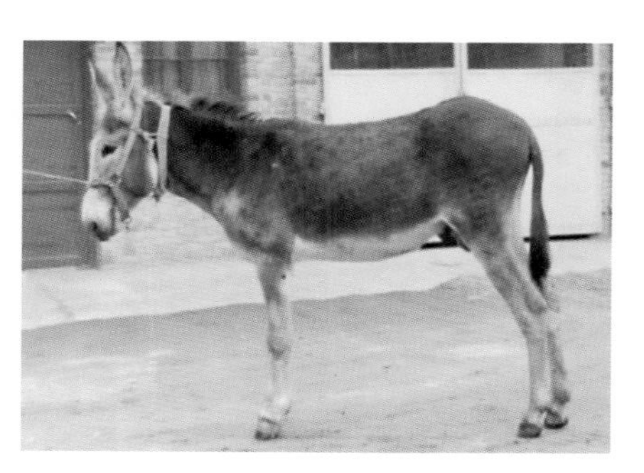
栗色　（陇县　常洪　提供）

红色（邓亮　提供）

黄灰色（邓亮　提供）

短期充分肥育不同年龄不同部位驴的大理石状花纹脂肪分布情况

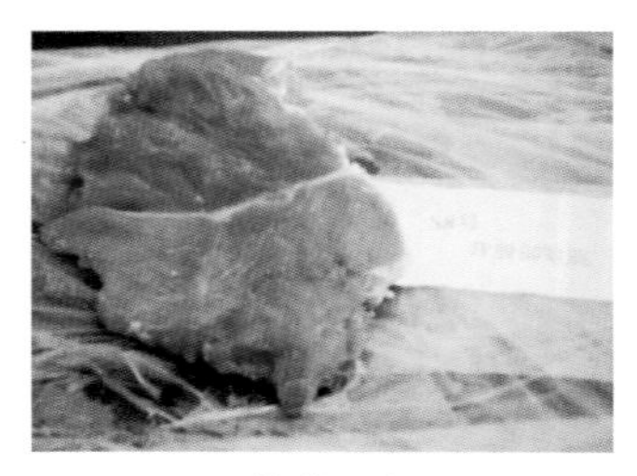

6月龄背最长肌

6月龄股二头肌

6月龄臂三头肌

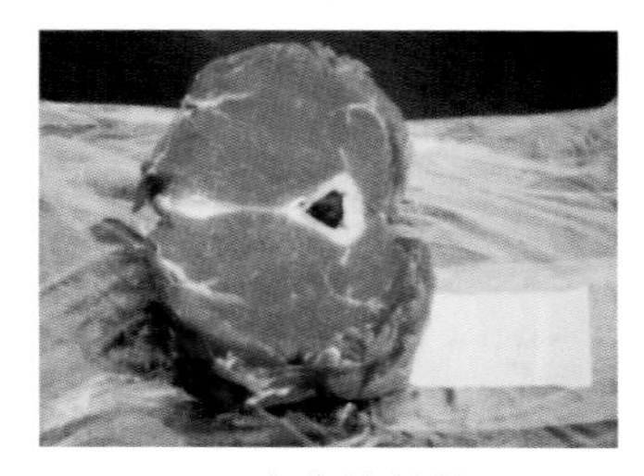

1.5岁背最长肌

1.5岁股二头肌

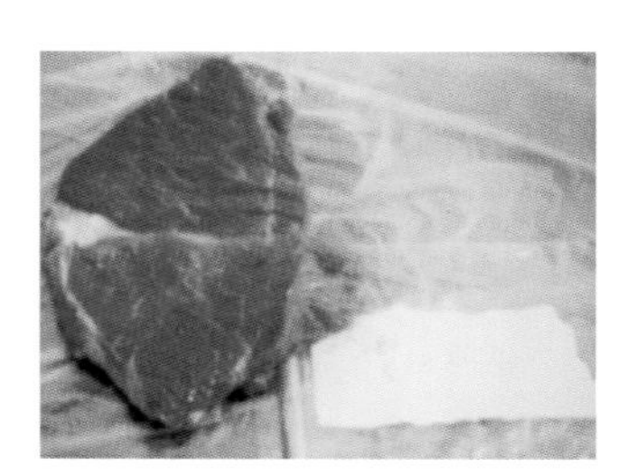

1.5岁臂三头肌

成年驴背最长肌

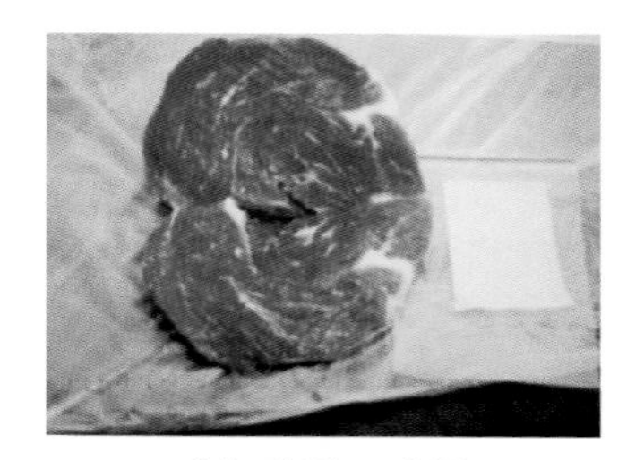

成年驴股二头肌

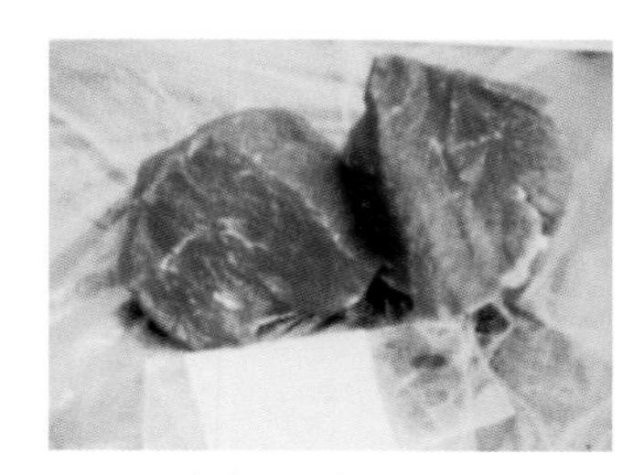

成年驴臂三头肌

驴肉肌束、肌纤维切片图

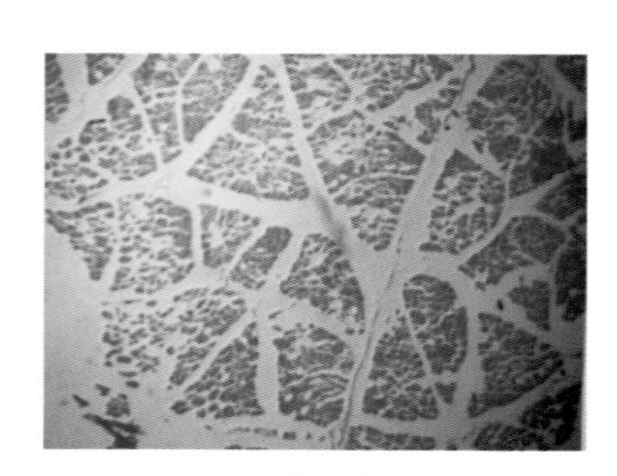

10×4

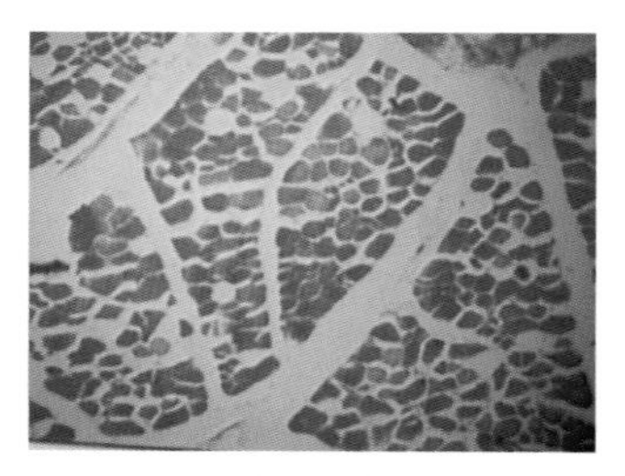

10×10

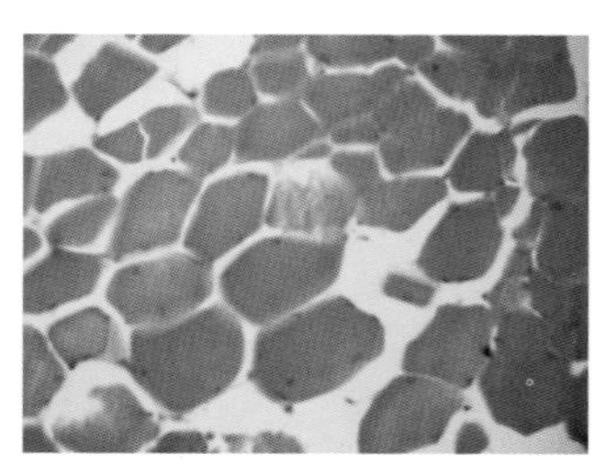

10×40

（本页照片均由侯文通提供）